大数据及人工智能产教融合系列丛书

大数据采集与处理

张雪萍　主编

杨腾飞　王军峰　朱彦霞　副主编

電子工業出版社
Publishing House of Electronics Industry
北京 · BEIJING

内 容 简 介

本书是一本专门论述大数据采集与处理相关技术及应用的著作，也是一线研发工程师的实战经验结晶。本书依次介绍了大数据采集、大数据预处理、大数据存储与计算、大数据安全等相关内容，并结合大数据应用各行业背景，介绍了电商、煤炭、教育、医疗、电信、交通等行业的大数据采集与处理。最后，本书以某电商网站数据分析为背景，介绍一个完整的数据采集、清洗、处理的离线数据分析案例，以期给读者展示一个系统的实践操作过程。

与本书所述技术相关的论著较少，所著内容新颖、系统全面、实践指导性强，既适合大数据、人工智能等领域的工程技术人员学习参考，也可作为高等院校计算机学科大数据及其相关专业的本科生和研究生教材。

图书在版编目（CIP）数据

大数据采集与处理/张雪萍主编. —北京：电子工业出版社，2021.11

（大数据及人工智能产教融合系列丛书）

ISBN 978-7-121-42011-5

Ⅰ. ①大…　Ⅱ. ①张…　Ⅲ. ①数据采集②数据处理　Ⅳ. ①TP274

中国版本图书馆 CIP 数据核字（2021）第 188219 号

责任编辑：米俊萍　　特约编辑：张燕虹

印　　刷：北京捷迅佳彩印刷有限公司

装　　订：北京捷迅佳彩印刷有限公司

出版发行：电子工业出版社

北京市海淀区万寿路 173 信箱　　邮编：100036

开　　本：787×1 092　1/16　印张：30.75　字数：748 千字

版　　次：2021 年 11 月第 1 版

印　　次：2024 年 7 月第 4 次印刷

定　　价：128.00 元

凡所购买电子工业出版社图书有缺损问题，请向购买书店调换。若书店售缺，请与本社发行部联系，联系及邮购电话：（010）88254888，88258888。

质量投诉请发邮件至 zlts@phei.com.cn，盗版侵权举报请发邮件至 dbqq@phei.com.cn。

本书咨询联系方式：mijp@phei.com.cn。

前 言

大数据时代的到来为社会各行各业的发展带来了多方位的影响，在大数据时代背景下，包括航空、金融、电商、政府、电信、电力、医疗、煤炭、教育等各个行业或企业都在纷纷挖掘大数据。大数据的能量是不可估量的，比如在 2020 年，大数据分析技术在新冠肺炎疫情预测、密切接触者追踪方面都产生了至关重要的作用，大大提升了疫情防控和复工复产的效率。

大数据处理关键技术一般包括大数据采集、大数据预处理、大数据存储及管理、大数据分析及挖掘、大数据展现和应用（大数据检索、大数据可视化、大数据应用、大数据安全等）。然而，调查显示：未被使用的信息比例高达 99%，造成这种结果的主要原因是无法采集高价值的信息。如何从大数据中采集有用的信息并合理地存储起来是大数据发展的最关键因素之一，也可以说数据采集与处理是大数据产业的基石。

目前，大数据方面的著作、系列教材很多，但专门论述大数据采集与处理方面的书籍不多。应电子工业出版社米俊萍编辑之邀，我负责组织团队编写本书。考虑到大数据应用与行业及企业的结合紧密，在大数据技术学习和教学中，应更偏向新技术的应用，对工程实践能力要求更高，我邀请中原工学院的杨腾飞、郑州煤机液压电控有限公司的王军峰、河南省职工医院的朱彦霞、郑州天迈科技股份有限公司的孙方金、河南有线电视网络集团有限公司的华南参与编写，他们都是单位大数据应用的一线研发工程师，具有较丰富的大数据技术及应用实战经验。书中部分内容是他们多年研发心血的结晶。产教融合是我们编写团队的目标。

因考虑到目前市场上已有不少关于大数据存储、分析与挖掘的理论及技术的书籍，故本书在大数据存储部分只对目前流行的数据库技术加以介绍，对大数据分析与挖掘技术不再论述。本书内容组织框架如图 0-1 所示。

全书共 12 章，各章主要内容如下。

第 1 章　大数据基础。本章主要介绍面向大数据的基础知识体系，学习大数据的概念、基本特征、处理流程及分析应用等。

第 2 章　开源 Hadoop。本章主要介绍 Hadoop 框架及特性、Hadoop 生态系统及其各功能组件，学习 Hadoop 的安装和使用。

第 3 章　大数据采集。本章主要介绍大数据采集的分类和方法，学习如何利用 Flume、Fluentd、Logstash、Chukwa、Scribe、Forwarder、Scrapy 等常用大数据采集平台及网络爬虫技术采集大数据。

第 4 章　日志采集。本章主要对比分析常用的开源日志采集系统 Scribe、Chukwa、Kafka 和 Flume 等，学习如何基于 Flume 进行日志采集实战。

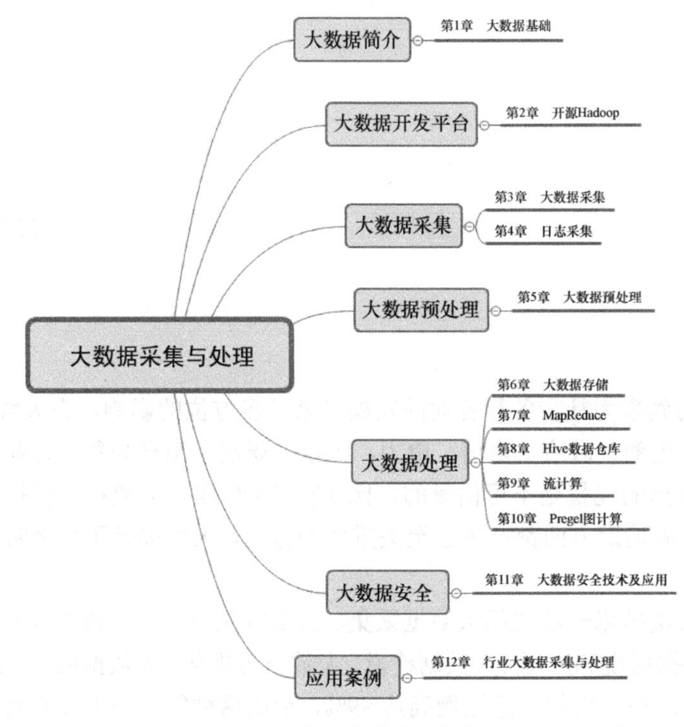

图 0-1　本书内容组织框架

第 5 章　大数据预处理。本章主要介绍大数据预处理总体架构及常用的四种数据预处理方法，学习如何使用目前流行的 ETL 工具 Kettle 基于 Hadoop 生态圈进行大数据预处理。

第 6 章　大数据存储。本章主要介绍 HDFS 数据库和 HBase、MongoDB、Redis 等 NoSQL 数据库及 ElasticSearch，学习如何基于 Redis 进行数据存储实战。

第 7 章　MapReduce。本章主要介绍 MapReduce 计算框架、工作流程、原理及 Shuffle 过程等，以 WordCount 为例学习实战编程。

第 8 章　Hive 数据仓库。本章主要介绍 Hive 的体系结构、工作原理、数据模型及其基本操作，从运行结构、执行流程、实际应用操作等方面介绍 Impala 和 Spark SQL，以 YouTuBe 项目为例进行项目实战。

第 9 章　流计算。本章主要介绍目前流行的三大流计算框架 Spark Streaming、Storm、Flink 的基本原理、运行架构及适用场景，通过实例学习三大流计算框架的运行机制及应用实现。

第 10 章　Pregel 图计算。本章主要介绍 Pregel 图计算模型、工作原理、体系结构及 Pregel 开源实现 Hama，学习图计算应用经典案例 PageRank 的 Pregel 和 Hama 实现。

第 11 章　大数据安全技术及应用。本章主要介绍大数据安全的定义、常见大数据安全威胁形式、大数据安全管理和应用，通过案例学习大数据安全的重要性及预防措施。

第 12 章　行业大数据采集与处理。本章主要结合大数据应用各行业背景，介绍电商、煤炭、教育、医疗、电信、交通等行业的大数据采集与处理，并以某电商网站数据分析为背景，介绍了一个完整的数据采集、清洗、处理的离线数据分析案例，以期给读者展示一个系统的实践操作过程。

本书框架和内容由张雪萍规划；第 1、3、4 章由杨腾飞编写，第 2、7 章由王军峰和孙方金合写，第6章由王军峰和杨腾飞合写，第5、10章由张雪萍编写，第8章由张雪萍和杨腾飞合写，第9、11章由朱彦霞和华南合写，第12章由上述6人合写；全书由张雪萍统稿润色。

本书既适合大数据、人工智能等领域的工程技术人员学习参考，也非常适合作为高校教材使用。本书涉猎技术领域相关论著较少，所著内容新颖、系统全面、实践指导性强，且每章均有习题，可作为高等院校计算机学科大数据及其相关专业的本科生和研究生教材。高职高专院校也可以选用本书部分内容开展教学。课程教学建议为64学时，其中，上机实验设20～24学时为宜。

感谢我的恩师王家耀院士一路的指导、支持和帮助，他从2003年引领我入门空间数据挖掘研究，到带领研究团队在第三届时空大数据产业技术发展高峰论坛上正式发布“时空大数据通用平台系统”，他高瞻远瞩、与时俱进，时时鞭策我在大数据与人工智能的研究道路上不断前行；感谢我的导师庄雷教授一路亦师亦友的关怀、帮助和鼓励，她严谨治学、孜孜不倦，时时提醒我要以更高的标准写好书；感谢我的研究生团队多年的支持和配合，他们不计名利、通力合作、无私奉献的精神让我感动；感谢信息学院2017—2020级的中外研究生们，他们在《高级数据库系统》和《空间数据库原理》课上的深入讨论、精彩演讲使我收获颇多；感谢书中所引材料的那些不知道真实姓名的学者（书中所引大部分为网上资料，我们尽可能在书中标注文献索引，但有些资料已找不到原文链接或出处，敬请谅解！），他们呕心沥血、不断创新、无私分享，为本书提供很多素材；感谢我的研究生王居正、Azza Abdellatif Siddig Omer为本书实战部分上机验证；感谢云创大数据刘鹏教授及其团队的帮助；感谢诸位审稿专家的不吝赐教。

由于编写时间仓促，水平所限，书中难免会出现一些错误或不准确的地方，恳请读者批评指正。如果您有更多的宝贵意见，可通过微信号zz67789875或邮箱zhang_xpcn@aliyun.com联系我，期待在技术之路上与您互勉共进。

张雪萍
2021年3月16日
于河南工业大学

目录

1 第 1 章　大数据基础

计算技术的进步，以及移动互联网、物联网、5G 移动通信技术的发展，引发了数据规模的爆发式增长。大数据（Big Data，Mega Data）蕴含巨大价值，引起了社会各界的高度关注。大约从 2009 年开始，“大数据”成为互联网信息技术行业的流行词汇。在经历了几年的批判、质疑、讨论、炒作之后，大数据终于迎来了属于它的时代。大数据时代将在众多领域中掀起变革的巨浪。在以云计算为代表的技术创新大幕的衬托下，这些原本很难收集和使用的数据开始容易被利用起来了，通过各行各业的不断创新，大数据会逐步为人类创造更多的价值。

那么，什么是大数据？大数据的处理流程是什么？大数据的发展现状如何？本章将概括地介绍面向大数据的基础知识体系，重点阐述大数据的产生背景、大数据的概念、大数据的基本特征、大数据采集与处理的基本流程、大数据的应用现状等。

大数据基础导览如图 1-1 所示。

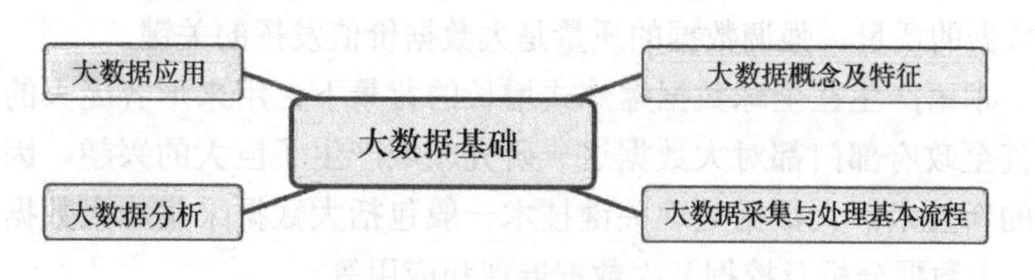

图 1-1　大数据基础导览

1.1　大数据概念及特征

高速发展的信息时代催生了很多高科技产物，而这些产物的灵魂就是数据（Data）。从计算机科学的角度，数据是所有能输入计算机并被计算机程序处理的符号的总称[1]。通过数据发现需求，通过数据验证技术的有效性，可以说，数据是科技发展的基石。

按照数据是否有强的结构模式，可将数据划分为结构化数据、半结构化数据和非结构化数据[2]。结构化数据指具有较强的结构模式、可用关系型数据库表示和存储的数据，通常表现为一组二维形式的数据集。半结构化数据是一种弱化的结构化数据形式，这类数据中的结构特征相对容易被获取和发现，通常采用类似 XML、JSON 等标记语言来表示。非结构化数据没有固定的数据结构或难以发现统一的数据结构。各种存储在文本文件中的系统日志、文档、图像、音频、视频等数据都属于非结构化数据。

随着移动设备和互联网业务的快速发展，每天都会有 TB 级甚至更多的数据量产生。这些数据具有数据量大、增长快速、非结构化等特点，可能隐藏着大量的潜在信息。在数据的采集、处理过程中，会根据数据的不同类型，选择不同的数据采集方法和处理技术。

互联网工作人员可以通过对这些海量数据进行分析、处理，从中挖掘出一些有价值的信息。这些信息既可以在企业业务拓展、市场营销、产品推荐和企业管理等方面为企业提供一定的决策支持，也可以作为对某行业未来发展趋势进行判断的依据。

大数据指无法在一定时间范围内用常规软件工具进行捕捉、管理和处理的数据集合，是需要新处理模式才能具有更强的决策力、洞察发现力、流程优化能力的海量、高增长率和多样化的信息资产。较为公认的大数据定义需要满足规模性、多样性、高速性的特性。大数据产生的价值不可估量。国际数据公司（International Data Corporation，IDC）进一步认为大数据还具有价值性、真实性的特点，通常以稀疏性呈现出来。

依据大数据的相关定义内容，目前通常认为大数据具有“5V”特征，即规模庞大（Volume）、种类繁多（Variety）、变化频繁（Velocity）、价值（Value）巨大但价值密度低、真实性（Veracity）[3]。

规模庞大：数据的大小决定所考虑的数据的价值和潜在的信息。

种类繁多：在大数据面对的应用场景中，数据类型的多样性。

变化频繁：数据所刻画的事物状态在频繁、持续地变化，大数据应当具有持续的数据获取和更新能力，即获得数据的速度。

价值：合理运用大数据，以低成本创造高价值。

真实性：数据的质量，强调数据的质量是大数据价值发挥的关键。

大数据这一术语产生在全球数据爆炸式增长的背景下，用来形容庞大的数据集合。工业界、学术界甚至政府部门都对大数据这一研究领域产生了巨大的兴趣。因此，大数据领域涌现出大量的新技术。大数据处理关键技术一般包括大数据采集、大数据预处理、大数据存储及管理、大数据分析及挖掘、大数据展现和应用等。

与传统的数据集合相比，大数据通常包含大量的非结构化数据。此外，大数据还为挖掘隐藏的价值带来了新的机遇，也带来了新的挑战，即如何有效地组织与管理这些数据。面对这些井喷的数据，如何高效地使用相关技术进行大数据采集、存储、处理并分析，有效地利用这些数据为人类社会发展做出贡献，成为人们目前亟待解决的问题。

1.2 大数据采集与处理基本流程

大数据的来源广泛，应用需求和数据类型不尽相同，但最基本的处理流程是一致的。

大数据处理基本流程图如图 1-2 所示。大数据处理基本流程主要包括数据采集、数据存储、数据处理、数据应用等环节。大数据质量贯穿于整个流程，每个数据处理环节都会对大数据质量产生影响和作用。通常，一个好的大数据产品应具有大量的数据规模、快速的数据处理、精确的数据分析与预测、优秀的可视化图表及简练易懂的结果解释。如何从真实世界对象中采集出有用的信息，并合理地存储、有效地处理这些信息是大数据发展的最关键因素，大数据采集与处理技术一直是大数据产业的基石。

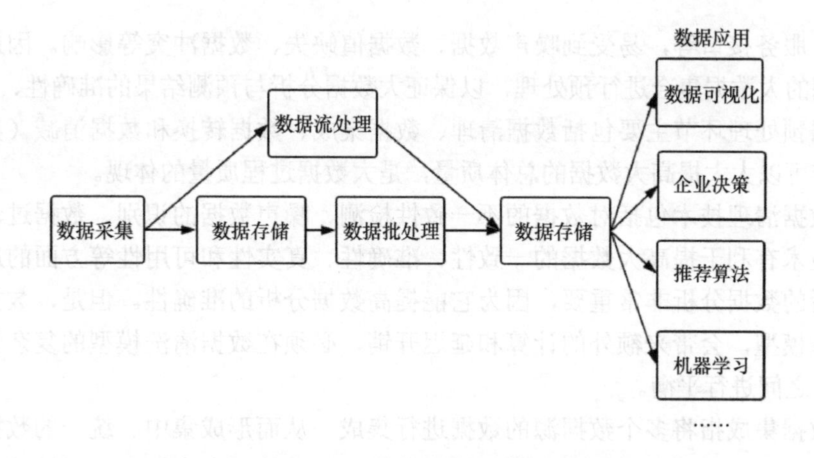

图 1-2 大数据处理基本流程图

1.2.1 大数据采集

大数据的来源多种多样，如何获取这些规模大、产生速度快的大数据，并且能够使这些多源异构的大数据得以协同工作，从而有效地支撑大数据分析等应用，是大数据采集阶段的工作，也是大数据的核心技术之一。

大数据采集涉及以下方面[4]。

（1）数据从无到有的过程（Web 服务器打印的日志、自定义采集的日志等）。每天定时去数据库抓取数据快照，这可利用各种工具来实现，如 maxComputer，它是阿里巴巴提供的一项大数据处理服务，是一种快速、完全托管的 TB/PB 级数据仓库解决方案。编写数据处理脚本，设置任务执行时间和任务执行条件，项目就可以按照要求，每天产生需要的数据。

（2）通过使用 Flume 等工具把数据采集到指定位置。前台数据埋点，要根据业务需求来设置，也通过流数据传输到数据仓库。实时接口调用数据采集，可采用 LogHub、DataHub、流数据处理技术。DataHub 具有高可用、低延迟、高可扩展、高吞吐的特点。通过在平台上汇总和分析采集的数据，最终可形成一套完整的数据系统。原始数据采集后必须将其传送到数据存储基础设施（如数据中心）等待进一步处理。

整体的数据采集方案需要根据实际解决方案进行具体设计。以基于数据库的 Web 应用为例，数据采集为利用 SDK 把所有后台服务调用及接口调用情况记录下来，开辟线程池，把记录下来的数据不停地往数据中心、日志中心存储，前提是设置好接收数据的数据中心表结构。

在数据采集过程中，数据源会影响大数据质量的真实性、完整性、一致性、准确性和安全性。对于 Web 数据，多采用网络爬虫方式进行收集，可根据需要对爬虫软件进行自定义设置。目前比较流行的网络数据采集软件有八爪鱼、集搜客、神箭手等。

1.2.2 大数据预处理

大数据采集过程中通常有一个或多个数据源，这些数据源包括同构或异构的数据库、文件系统、服务接口等，易受到噪声数据、数据值缺失、数据冲突等影响。因此，需要首先对收集到的大数据集合进行预处理，以保证大数据分析与预测结果的准确性、价值性。

大数据预处理环节主要包括数据清理、数据集成、数据转换和数据消减（归约）等内容。该环节可以大大提高大数据的总体质量，是大数据过程质量的体现。

（1）数据清理技术包括对数据的不一致性检测、噪声数据的识别、数据过滤与修正等方面。该技术有利于提高大数据的一致性、准确性、真实性和可用性等方面的质量。数据清洗对随后的数据分析非常重要，因为它能提高数据分析的准确性。但是，数据清洗依赖复杂的关系模型，会带来额外的计算和延迟开销，必须在数据清洗模型的复杂性和分析结果的准确性之间进行平衡。

（2）数据集成指将多个数据源的数据进行集成，从而形成集中、统一的数据库、数据立方体等。这一过程有利于提高大数据的完整性、一致性、安全性和可用性等。数据集成在传统的数据库研究中是一个成熟的研究领域，如数据仓库和数据联合方法。数据仓库由以下三个步骤构成。

① 抽取：连接源系统并选择和收集必要的数据，用于随后的分析处理。

② 转换：通过一系列的规则将提取的数据转换为标准格式。

③ 加载：将提取并转换后的数据加载到目标存储基础设施。

数据联合创建一个虚拟的数据库，从分离的数据源查询并合并数据。虚拟数据库并不包含数据本身，而是存储了真实数据及其存储位置的信息或元数据。

然而，这两种方法并不能满足流式和搜索应用对高性能的需求，因此这些应用的数据高度动态，并且需要实时处理。通常，数据集成技术最好能与流处理引擎或搜索引擎集成在一起。

（3）数据转换包括基于规则或元数据的转换、基于模型与学习的转换等技术，可通过转换实现数据统一。这一过程有利于提高大数据的一致性和可用性。

（4）数据消减（归约）是在不损害分析结果准确性的前提下降低数据集规模，使之简化，包括维归约、数据归约、数据抽样等技术。这一过程有利于提高大数据的价值密度，即提高大数据存储的价值性。

除了前面提到的大数据预处理技术，还有一些对特定数据对象进行预处理的技术，如特征提取技术，它们在多媒体搜索和 DNS（Domain Name System，域名系统）分析中起着重要的作用。这些数据对象通常具有高维特征矢量。数据变形技术通常用于处理分布式数据源产生的异构数据，对处理商业数据非常有用。然而，没有一个统一的数据预处理过程和单一的技术能够用于多样化的数据集，必须考虑数据集的特性、需要解决的问题、性能需求和其他因素选择合适的数据预处理方案。

总之，数据预处理环节有利于提高大数据的一致性、准确性、真实性、可用性、完整性、安全性和价值性等，而大数据预处理中的相关技术是影响大数据过程质量的关键因素。

1.2.3　大数据处理

大数据的分布式处理技术与存储形式、业务数据类型等相关，针对大数据处理的主要计算模型有 MapReduce 分布式计算框架、分布式内存计算系统、分布式流计算系统等。MapReduce 是一个批处理的分布式计算框架，可对海量数据进行并行分析与处理，它适合对各种结构化、非结构化数据进行处理。分布式内存计算系统可有效地减少数据读/写和移动的开销，提高大数据处理性能。分布式流计算系统对数据流进行实时处理，以保障大数据的时效性和价值性。

总之，无论哪种大数据分布式处理与计算系统，都有利于提高大数据的价值性、可用性、时效性和准确性。大数据的类型和存储形式决定了其所采用的数据处理系统，而数据处理系统的性能与优劣直接影响大数据的价值性、可用性、时效性和准确性。因此，在进行大数据处理时，要根据大数据类型选择合适的存储形式和数据处理系统，以实现大数据质量的最优化。

1.3 大数据分析

大数据分析指对规模巨大的数据进行分析，是整个大数据处理流程的核心。从异构数据源抽取和集成的数据构成了数据分析的原始数据。根据不同应用的需求，可以从这些数据中选择全部或部分数据进行分析，大数据的价值产生于分析过程。

小数据时代的分析技术，如统计分析、数据挖掘和机器学习等，并不能适应大数据时代的数据分析需求，必须做出调整。大数据时代的数据分析技术面临着一些新的挑战，主要有以下几点。

（1）数据量大并不一定意味着数据价值的增加，反而意味着数据噪声增多。因此，在数据分析之前必须进行数据清洗等预处理工作。但是，预处理如此大量的数据，对于计算资源和处理算法来讲都是非常严峻的考验。

（2）对大数据时代的算法需要进行调整。首先，大数据的应用常常具有实时性的特点，算法的准确率不再是大数据应用最主要的指标。在很多场景中，算法需要在处理的实时性和准确率之间取得一个平衡。

其次，分布式并发计算系统是进行大数据处理的有力工具，这就要求很多算法必须做出调整以适应分布式并发计算框架，算法需要变得具有可扩展性。

许多传统的数据挖掘算法都是线性执行的，面对海量的数据，很难在合理的时间内获取所需的结果。因此需要重新把这些算法实现成可以并发执行的算法，以便完成对大数据的处理。

最后，在选择算法处理大数据时必须谨慎，当数据量增长到一定规模以后，可以从少量数据中挖掘出有效信息的算法并不一定适用于大数据。

（3）数据结果的衡量标准。对大数据进行分析比较困难，但对大数据分析结果好坏的衡量却是大数据时代数据分析面临的更大挑战。

因为大数据时代的数据量大、类型混杂、产生速度快，故很难清楚地掌握整个数据的分布特点，从而导致在设计衡量的方法和指标时遇到许多困难。

1.4 大数据应用

大数据价值创造的关键在于大数据的应用，随着大数据技术飞速发展，大数据应用已经融入各行各业。

1.4.1 大数据应用行业分类

总体来看，应用大数据技术的行业可以分为以下四大类。

1. 互联网和电商行业

互联网行业是离消费者最近的行业，同时拥有大量实时产生的数据。业务数据化是企业运营的基本要素，因此，互联网行业的大数据应用程度是最高的。其中，电商行业是最早将大数据用于精准营销的行业，它可以根据消费者的习惯提前进行生产物料和物流管理，这样有利于美好社会的精细化生产。随着电子商务越来越集中，大数据在行业中的数据量变得越来越大，并且种类非常多。通过这些数据资源，人们可以挖掘出许多具有价值的信息，如消费趋势、区域消费特征、顾客消费习惯、预测消费者行为、消费热点、影响消费的重要因素等信息。

2. 信息化水平比较高的行业

大数据在金融行业的应用非常广泛。现在许多股权交易都是使用大数据算法进行的。这些算法能够越来越多地考虑社交媒体和网站新闻，并决定在接下来的几秒内是选择购买还是出售。大数据在高频交易、社交情绪分析和信贷风险分析三大金融创新领域发挥着重大作用。

一些信息化行业比较早地进行信息化建设，内部业务系统的信息化相对比较完善，对内部数据有大量的历史积累，并且有一些深层次的分析类应用，目前正处于将内外部数据结合起来共同为业务服务的阶段。

3. 政府及公用事业行业

不同部门的信息化程度和数据化程度的差异较大。例如，交通行业目前已经有不少大数据应用案例，但有些行业还处在数据采集和积累阶段。政府将是未来整个大数据产业快速发展的关键，政府及公用数据开放可以使政府数据信息化发展更快，从而激发大数据应用的大发展。

在能源行业，随着智能电网的发展，电力公司可以掌握海量的用户用电信息，利用大数据技术分析用户用电模式，改进电网运行，合理设计电力需求响应系统，确保电网运行安全。

在城市管理方面，大数据技术用于实现智能交通、环保监测、城市规划和智能安防。

在体育、娱乐方面，大数据技术可以帮助训练球队，预测比赛结果，以及决定投拍哪种题材的影视作品。

在安全领域，政府可以利用大数据技术构建起强大的国家安全保障体系；企业可以利用大数据技术抵御网络攻击；警察可以借助大数据技术预防犯罪。

4．制造业、物流、医疗、农业等行业

这些行业的大数据应用水平还处在初级阶段，但未来消费者驱动的 C2B（Customer to Business，消费者到企业）模式会倒逼这些行业的大数据应用进程逐步加快。

在生物医学领域，大数据可以帮助实现流行病预测、智能医疗、健康管理，同时还可以帮助解读 DNA，让人们了解更多的生命奥秘。

在制造领域，可以利用工业大数据提升制造业水平，包括诊断与预测产品故障、分析工艺流程、改进生产工艺、优化生产过程能耗、分析与优化工业供应链、辅助管理生产计划与排程。在汽车行业，使用大数据和物联网技术的无人驾驶汽车在不远的未来将走入人们的日常生活。

1.4.2　大数据分析在商业上的应用

1．体育赛事预测

对体育比赛的结果进行预测几乎已成为赛前的必备活动。现在，互联网公司不断探索体育赛事预测领域，如魔方云科技、摩羯体育等企业。百度北京大数据实验室的负责人介绍说：“在百度对世界杯的预测中，一共考虑了团队实力、主场优势、最近表现、世界杯整体表现和博彩公司的赔率五个因素，这些数据的来源基本上都是互联网，随后再利用一个由搜索专家设计的机器学习模型来对这些数据进行汇总和分析，进而得出预测结果。”

2．股票市场预测

2013 年，英国华威商学院和美国波士顿大学物理系的研究发现，用户通过 Google（谷歌）搜索的金融关键词或许可以用来预测金融市场的走向，使相应的投资战略收益高达 326%。此前，有专家尝试通过 Twitter 博文情绪来预测股市波动。

和传统量化投资类似，大数据投资也依靠模型，但模型里的数据变量几何倍地增加了，在原有的金融结构化数据基础上，增加了社交言论、地理信息、卫星监测等非结构化数据，并且对这些非结构化数据进行量化和吸收。

由于大数据模型对成本要求极高，所以业内人士认为，大数据将成为共享平台化的服务，数据和技术相当于食材和锅，基金经理和分析师可以通过平台制作自己的策略。

3．市场物价预测

CPI 表征已经发生的物价浮动情况，但统计局数据并不权威。大数据则可能帮助人们了解未来物价的走向，提前预知通货膨胀或经济危机。最典型的案例莫过于马云通过阿里巴巴 B2B 大数据提前知晓亚洲金融危机，当然这是阿里巴巴数据团队的功劳。

4. 用户行为预测

基于用户搜索行为、浏览行为、评论历史和个人资料等数据，互联网业务可以洞察消费者的整体需求，进行针对性的产品生产、改进和营销。《纸牌屋》选择演员和剧情、百度基于用户喜好进行精准广告营销、阿里巴巴根据天猫用户特征包下生产线定制产品、亚马逊预测用户点击行为提前发货，这些均受益于互联网用户行为预测。

5. 人体健康预测

中医可以通过望闻问切发现一些人体内隐藏的慢性病，甚至看体质便可知晓一个人将来可能会出现什么症状。人体体征变化有一定规律，而人体在发生慢性病前已有一些持续性异常。理论上来说，如果大数据掌握了这样的异常情况，则可以进行慢性病预测。

6. 疾病疫情预测

基于人们的搜索情况、购物行为，预测大面积疫情暴发的可能性，最经典的“流感预测”便属于此类。如果来自某个区域的“流感”“板蓝根”搜索需求越来越多，则可以推测出该处有流感趋势。

7. 灾害灾难预测

气象预测是最典型的灾难灾害预测。对于地震、洪涝、高温、暴雨这些自然灾害，如果可以利用大数据能力进行更加提前的预测和告知，则有助于减灾、防灾、救灾、赈灾。过去的数据收集方式存在着死角、成本高等问题，物联网时代可以借助廉价的传感器摄像头和无线通信网络，进行实时的数据监控收集，再利用大数据预测分析，做到更精准的自然灾害预测。

8. 环境变迁预测

除可以利用大数据进行短时间微观的天气、灾害预测外，还可以进行更加长期、宏观的环境和生态变迁预测。森林和农田面积缩小、野生动物植物濒危、海岸线上升、温室效应等问题是地球面临的“慢性问题”。人类掌握的地球生态系统、天气形态变化的数据越多，就越容易模型化未来环境的变迁，进而阻止不好的转变发生。大数据可以帮助人类收集、存储和挖掘更多的地球数据，同时还提供了预测的工具。

9. 交通行为预测

基于用户和车辆的 LBS（Location Based Services，基于位置的服务）定位数据，可分析人车出行的个体和群体特征，进行交通行为的预测。交通部门可预测不同时点、不同道路的车流量进行智能的车辆调度，或应用潮汐车道；用户则可以根据预测结果选择拥堵概率更小的道路。

百度基于地图应用的 LBS 预测涵盖范围更广。在春运期间预测人们的迁徙趋势可指导人们设置火车线路和航线；在节假日预测景点的人流量可指导人们选择景区；百度热力图可告诉人们城市商圈、动物园等地点的人流情况，可指导人们的出行选择和商家的选点选址。

多尔戈夫的团队利用机器学习算法来创造路上行人的模型。无人驾驶汽车行驶的每一英里（1 英里=1.609344 公里）路程的情况都会被记录下来，汽车电脑就会保持这些数据，并分析各种不同的对象在不同的环境中如何表现。有些司机的行为可能会被设置为固定变量（如“绿灯亮，汽车行”），但汽车电脑不会生搬硬套这种逻辑，而是从实际的司机行为中进行学习。

这样一来，跟在一辆垃圾运输卡车后面行驶的汽车在垃圾运输卡车停止行进时，可能会选择变道绕过去，而不是跟着停下来。Google 已建立了 70 万英里的行驶数据，这有助于 Google 汽车根据自己的学习经验来调整自己的行为。

10. 能源消耗预测

加利福尼亚州电网系统运营中心管理着加利福尼亚州超过 80%的电网，向 3500 万个用户每年输送 2.89 亿兆瓦电力，电力线长度超过 2.5 万英里。该中心采用了 Space-Time Insight 软件进行智能管理，综合分析来自包括天气、传感器、计量设备等各种数据源的海量数据，预测各地的能源需求变化，进行智能电能调度，平衡全网的电力供应和需求，并对潜在危机做出快速响应。中国智能电网业已在尝试类似大数据预测应用。

习　题

1. 什么是大数据的“5V”特征？
2. 请描述大数据处理的一般流程。
3. 根据个人背景知识，描述一个大数据的应用案例。

参考文献

[1] 汤羽，林迪，范爱华，等. 大数据分析与计算[M]. 北京：清华大学出版社，2018.

[2] 张尧学. 大数据导论[M]. 北京：机械工业出版社，2018.

[3] 胡春明，等. 网络信息空间的大数据计算[J]. 中国计算机学会通讯, 2018，14(9)：8-10.

[4] 大数据离线—网站日志流量分析系统（1）——简介及框架[EB/OL]. [2018-9-17]. https://blog.csdn.net/weixin_42229056/article/details/82734441.

第 2 章 开源 Hadoop

Hadoop 依赖 MapReduce 计算模型及 HDFS（Hadoop Distributed File System，Hadoop 分布式文件系统）等组件，在分布式环境下提供强大的海量数据处理能力。随着各行业数据量的激增，传统的数据处理能力已遇到瓶颈。基于此背景，Hadoop 强大的数据处理能力逐渐在业内得到了广泛的应用，并成为大数据的代名词。由于其底层细节的透明性，程序员能够很容易地编写分布式并行程序并将其程序运行于计算机集群之上。

本章主要介绍 Hadoop 框架、特性、发展史、Hadoop 生态系统及其各功能组件等，并实战演示 Hadoop 在 Linux 操作系统上的几种安装模式与使用方法。

开源 Hadoop 导览如图 2-1 所示。

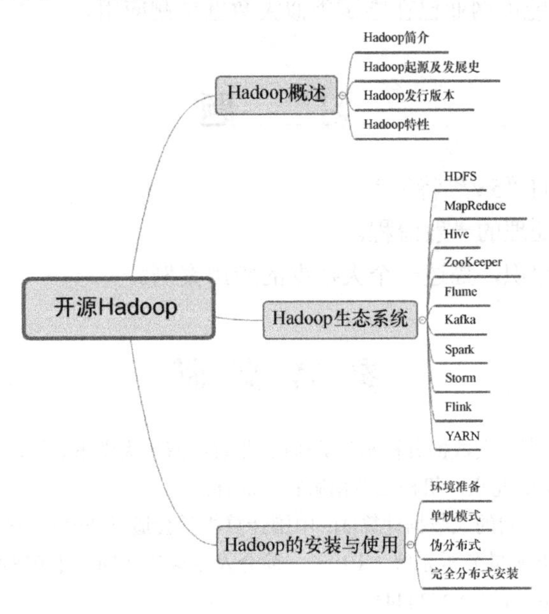

图 2-1　开源 Hadoop 导览

2.1　Hadoop 概述

2.1.1　Hadoop 简介

Hadoop 基于 Java 语言开发，是由 Apache 软件基金会开发的并行计算框架与分布式文件系统，具有跨平台性[1]。该系统框架的核心模块由 Hadoop Common、HDFS、YARN、

MapReduce 等组件组成。

Hadoop Common 主要包括系统配置工具 Configuration、远程过程调用 RPC、序列化机制和 Hadoop 抽象文件系统 FileSystem 等；为在普通的硬件环境上搭建云计算环境提供了基本的服务。

HDFS 具有较高的读/写速度，很好的容错性及可伸缩性，为海量数据提供分布式存储，其冗余数据存储的方式很好地保证了数据的安全性。

MapReduce 是一种用于并行处理大数据集的软件框架（编程模型）。用户可在不需要了解底层细节的情况下，编写 MapReduce 程序分析和处理分布式文件系统上的数据，MapReduce 保证了分析和处理数据的高效性。

YARN 是一个任务调度和集群资源管理系统，主要由两类长期运行的守护线程来提供其核心服务：一类是用于管理集群上资源使用的资源管理器（Resource Manager）；另一类是运行在集群中各节点上且能够启动和监控容器（Container）的节点管理器（Node Manager）。

Hadoop 系统框架具有高可靠性、高效性、高扩展性、高容错性、成本低等特点，被国内外众多公司广泛应用，如 Facebook、Yahoo、百度、淘宝、网易、华为、中国移动等。Hadoop 在日志处理、海量计算、并行计算、数据挖掘等场景也得到广泛应用。

2.1.2 Hadoop 起源及发展史

2002 年，Nutch 项目面世。它是一个爬取网页工具和搜索引擎系统，和其他众多的工具一样，都遇到了在处理海量数据时效率低、无法存储爬取网页和搜索网页时产生的海量数据的问题。

2003 年，Google 发布了一篇论文，专门介绍其分布式文件存储系统 GFS。鉴于 GFS 在存储超大文件方面的优势，Nutch 按照 GFS 的思想在 2004 年实现了 Nutch 的开源分布式文件系统，即 NDFS。

2004 年，Google 发布了另一篇论文，专门介绍其处理大数据的计算框架 MapReduce。2005 年年初，Nutch 开发人员在 Nutch 上实现了开源的 MapReduce，这就是 Hadoop 的雏形。2006 年，Nutch 将 NDFS 和 MapReduce 迁出 Nutch，并命名为 Hadoop，同时 Yahoo 专门为 Hadoop 建立一个团队，将其发展成为能够处理海量数据的 Web 框架。2008 年，Hadoop 成为 Apache 的顶级项目。

2007 年 9 月发布的 Hadoop 0.14.1 是第一个稳定版本。

2009 年 4 月发布了 Hadoop 0.20.0 版本。

2011 年 12 月发布的 Hadoop 1.0.0 版本是经过将近 6 年的酝酿后发布的一个版本，该版本基于 0.20 安全代码线，增加了以下功能。

（1）HBase（append/hsynch/hflush 和 security）。

（2）WebHDFS（完全支持安全）。

（3）增加 HBase 访问本地文件系统的性能。

2012 年 5 月发布的 Hadoop 2.0.0-alpha 是 Hadoop-2.x 系列的第一个版本，增加了以下重要特性[2]。

（1）NameNode HA（High Availability，高可用性）。当主 NameNode 出故障时，备用

NameNode 可以快速启动，成为主 NameNode，向外提供服务。

（2）HDFS Federation。

（3）YARN aka NextGen MapReduce。

2017 年 9 月发布的 Hadoop 3.0.0 generally 版本是 Hadoop 3.x 系列的第一个版本。

2.1.3 Hadoop 发行版本

1. 社区版

Hadoop 社区版是一款支持数据密集型分布式应用并以 Apache 2.0 许可协议发布的开源软件框架。它支持在商品硬件构建的大型集群上运行的应用程序。Hadoop 根据 Google（谷歌）发表的 MapReduce 和 Google 档案系统的论文自行制作而成。

社区版本优点如下：

（1）完全开源免费。

（2）社区活跃。

（3）文档、资料翔实。

缺点如下：

（1）复杂的版本管理。版本管理比较混乱，各种版本层出不穷，让很多使用者不知所措。

（2）复杂的集群部署、安装、配置。通常按照集群需要编写大量的配置文件，分发到每个节点上，容易出错，效率低下。

（3）复杂的集群运维。对集群的监控、运维，需要安装第三方的其他软件，如 Ganglia、Nagios 等，运维难度较大。

（4）复杂的生态环境。在 Hadoop 生态圈中，组件（如 Hive、Mahout、Sqoop、Flume、Spark、Oozie 等）的选择、使用，需要大量考虑兼容性的问题，如版本是否兼容、组件是否有冲突、编译是否能通过等，经常会浪费大量的时间去编译组件，解决版本冲突问题。

2. 第三方发行版

Hadoop 第三方发行版遵从 Apache 开源协议，用户可以免费地任意使用和修改 Hadoop，也正是出于此原因，市面上出现了很多 Hadoop 版本。有很多厂家在 Apache Hadoop 的基础上开发自己的 Hadoop 产品，如 Cloudera 的 CDH、Hortonworks 的 HDP、MapR 的 MapR 产品等。第三方发行版的优点如下：

（1）基于 Apache 协议，100%开源。

（2）版本管理清晰。例如，Cloudera、CDH1、CDH2、CDH3、CDH4、CDH5 等，后面加上补丁版本，如 CDH4.1.0 patch level 923.142，表示在原生态 Apache Hadoop 0.20.2 基础上添加了 1065 个补丁。

（3）与 Apache Hadoop 相比，在兼容性、安全性、稳定性上有所增强。第三方发行版通常都经过了大量的测试验证，有众多部署实例大量地运行在各种生产环境中。

（4）版本更新快。例如，CDH 每个季度会有一次更新，每年会有一个版本。

（5）基于稳定版本 Apache Hadoop，并应用了最新修复或补丁。

（6）提供了部署、安装、配置工具，大大提高了集群部署的效率，可以在几个小时内部署好集群。

（7）运维简单。提供了管理、监控、诊断、配置修改的工具，管理配置方便，定位问题快速、准确，使运维工作简单、有效。

2.1.4　Hadoop 特性

Hadoop 具有海量数据的存储和海量数据的处理分析能力，其主要特性如下。

（1）高可靠性：在处理数据时，Hadoop 往往会将多份数据备份分发至不同的机器进行保存，这样就避免了在处理数据时，机器宕机导致数据丢失的麻烦，保证了数据的安全性、可靠性。

（2）高扩展性：在处理数据时，如果当前集群的资源（如存储能力和运算能力）不足以完成数据处理和分析任务，则可通过快速扩充集群规模进行扩容和加强集群的运算能力。

（3）高效性：相比传统的单台机器处理数据，Hadoop 效率是极高的。

（4）高容错性：Hadoop 能自动保存数据的多个副本，当某个节点宕机时，它可以自动地将副本复制给其他机器，保证数据的完整性，并且可以将失败的任务重新分发。

（5）低成本：Hadoop 集群可以将程序运行在廉价的机器上并发地进行处理，其成本低、效率高，是处理海量数据的最佳选择。

2.2　Hadoop 生态系统

Hadoop 生态系统是以 Hadoop 为平台的各种应用框架，相互兼容，组成一个独立的应用体系，也可以称之为生态圈。Hadoop 生态系统结构如图 2-2 所示。除核心的 HDFS 和 MapReduce 外，Hadoop 还包括 ZooKeeper、YARN、HBase、Hive、Flume、Kafka、Spark、Flink/Storm 等功能组件。下面介绍各功能组件。

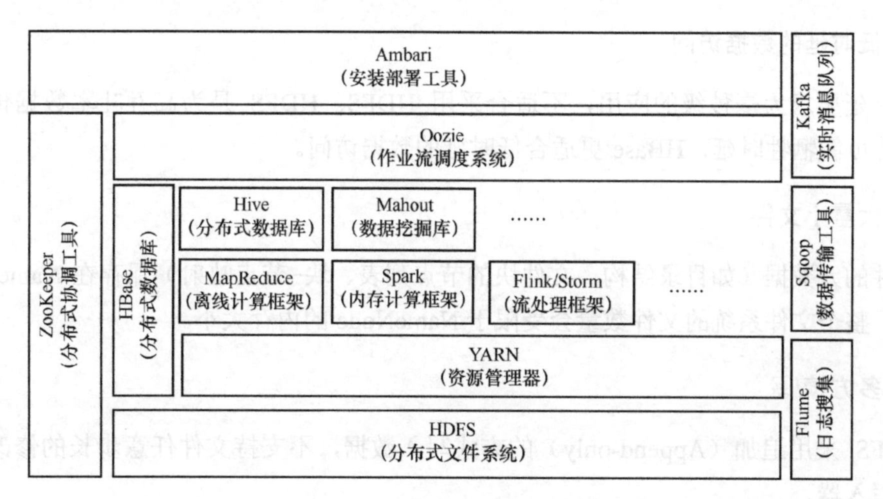

图 2-2　Hadoop 生态系统结构

2.2.1 HDFS

HDFS 是 Hadoop 项目的两大核心之一，源自 Google 于 2003 年 10 月发表的 GFS 论文，是对 GFS 的开源实现。HDFS 最初是作为 Apache Nutch 搜索引擎项目的基础架构而开发的。

HDFS 具有高度容错性的特点，通常部署在廉价机器上即可提供存储服务。HDFS 能提供高吞吐量的连续数据访问，适合超大数据集的应用。它运行在普通的硬件之上，即使硬件出故障，也可通过容错来保证数据的高可用性[3]。

HDFS 在设计之初就非常明确其应用场景、适合什么类型的应用，它有一个相对明确的指导原则。HDFS 的设计目标如下。

1. 存储非常大的文件

非常大指几百 MB、GB 或 TB 级。在实际应用中已有很多集群存储的数据达到 PB 级。根据 Hadoop 官网，Yahoo 的 Hadoop 集群约有 10 万颗 CPU，运行在 4 万个机器节点上。

2. 采用流式的数据访问方式

HDFS 基于这样的一个假设：最有效的数据处理模式是一次写入、多次读取数据集，经常从数据源生成或者复制一次，然后做很多分析工作，分析工作经常读取其中的大部分数据。因此，读取整个数据集所需时间比读取第一条记录的时延更重要。

3. 运行于商业硬件上

Hadoop 不需要特别贵的、可靠的机器，可运行在普通商用机器（可以从多家供应商采购）上，商用机器不代表低端机器。在集群（尤其是大的集群）中，节点失败率是比较高的。HDFS 的目标是确保集群在节点失败时不会让用户感觉到明显的中断。

HDFS 不适用于以下应用场景。

1. 低时延的数据访问

对时延要求为毫秒级的应用，不适合采用 HDFS。HDFS 是为高吞吐率数据传输设计的，因此可能牺牲时延，HBase 更适合低时延的数据访问。

2. 大量小文件

文件的元数据（如目录结构、文件块的节点列表、块–节点映射）保存在 NameNode 的内存中，整个文件系统的文件数量会受限于 NameNode 的内存大小。

3. 多方读/写

HDFS 采用追加（Append-only）的方式写入数据，不支持文件任意步长的修改，不支持多个写入器。

2.2.2 MapReduce

MapReduce 是 Google 在 2004 年发表的论文里提出的一个概念[4]。MapReduce 是一种编程模型，用于大规模数据集（大于 1TB）的并行运算。MapReduce 的核心思想是“分而治之”：将复杂的、运行于大规模集群上的并行计算过程高度地抽象到两个函数（Map 和 Reduce）中。其理念是“计算向数据靠拢”，而不是“数据向计算靠拢”，这样就减少了大量的网络传输开销。MapReduce 是一个分布式运算程序编程框架，需要用户实现业务逻辑代码并与它自带的默认组件整合成完整的分布式运算程序，并行在 Hadoop 集群上。

MapReduce 的优点如下。

1．开发简单、易于编程

MapReduce 简单地实现一些接口，就可以完成一个分布式程序，这个分布式程序可以分布到大量廉价的 PC 上运行。用户可以不用考虑进程间通信、套接字编程，不需要非常高深的技巧，只需要实现一些非常简单的逻辑，其他的交由 MapReduce 计算框架去完成，从而大大简化了分布式程序的编写难度。

2．可扩展性强

当计算资源不能得到满足的时候，可以通过简单地增加机器来扩展它的计算能力。

3．容错性强

对于节点故障导致的作业失败，MapReduce 计算框架会自动将作业安排到健康节点上重新执行，直到任务完成，而这一切对于用户来说都是透明的。

4．适合 PB 级以上海量数据的离线处理

MapReduce 适合离线处理而不适合在线处理。例如，在毫秒级内返回一个结果，MapReduce 很难做到。

MapReduce 不擅长做实时计算、流式计算、DAG（Direct Acyclic Graph，有向无环图）计算。这三种计算的特点如下。

（1）实时计算：MapReduce 无法像 MySQL 一样，在毫秒级或秒级内返回结果。

（2）流式计算：流式计算的输入数据是动态的，而 MapReduce 的输入数据集是静态的，不能动态变化。MapReduce 自身的设计特点决定了其数据源必须是静态的。

（3）DAG 计算：多个应用程序存在依赖关系，后一个应用程序的输入为前一个的输出。在这种情况下，MapReduce 并不是不能做，而是使用后，每个 MapReduce 作业的输出结果都会写入磁盘，会造成大量的磁盘 I/O（输入/输出），导致性能非常低下。

2.2.3 Hive

Hive 最初是为了满足对 Facebook 每天产生的海量新兴社会网络数据进行管理和机器学习的需求而产生、发展的。Hive 基于 Hadoop 的一个数据仓库工具，可以将结构化数据文件映射为一张数据库表，提供对分布式存储的大型数据集的查询和管理。

Hive 主要提供以下功能。

（1）Hive 提供一系列工具，可用来对数据进行抽取-转换-加载（Extract-Transform-Load，ETL）。

（2）Hive 是一种可以存储、查询、分析存储在 HDFS（或者 HBase）中的大规模数据的机制[5]。

（3）Hive 提供简单的 SQL 查询功能，可以将 SQL 语句转换为 MapReduce 任务运行。

Hive 的优点是学习成本低，可以通过类 SQL 语句快速实现简单的 MapReduce 统计，不必开发专门的 MapReduce 应用，十分适合数据仓库的统计分析[6]。Hive 的本质就是 MapReduce，就是将 SQL 语句转换为 MapReduce 任务运行，其作用是对海量的大数据（结构化）进行分析和统计。

Hive 的主要特点如下[7]。

（1）Hive 使用 HQL（Hibernate Query Language，Hibernate 查询语言）实现对数据的操作，操作方便、简单（比 MapReduce 操作方便）。

（2）Hive 处理大数据（比 MySQL/Oracle 强大）。

（3）Hive 提供大量工具。

（4）Hive 支持自定义函数，满足自定义需求。

（5）Hive 实现离线数据分析。

（6）Hive 使用类 SQL 语句实现功能，处理数据相关业务。

2.2.4 ZooKeeper

ZooKeeper 是一个开放源码的分布式应用程序协调服务。它是一个为分布式应用提供一致性服务的软件，提供的功能包括配置维护、域名服务、分布式同步、组服务等[8]。ZooKeeper 的设计目标是成为一个分布式数据一致性解决方案，将那些复杂且容易出错的分布式一致性服务封装起来，构造一个可靠的原语集，并提供一些简单的接口给用户（分布式应用程序）使用[8]。分布式应用程序可以基于 ZooKeeper 实现，应用于数据发布/订阅、负载均衡、命名服务、分布式协调/通知、集群管理、Master 选举、配置维护、名字服务、分布式同步、分布式锁和分布式队列等场景。

ZooKeeper 是大数据生态圈中的重要组件，其特点如下。

1. 顺序一致性

从同一客户端发起的事务请求，最终将会严格地按照顺序被应用到 ZooKeeper 中。

2. 原子性

所有事务请求的处理结果在整个集群中所有机器上的应用情况是一致的，也就是说，要么整个集群中所有机器都成功地应用了某个事务，要么都没有应用。

3. 单一系统映像

无论客户端连到哪个 ZooKeeper 服务器上，其看到的服务端数据模型都是一致的。

4. 可靠性

一旦一次更改请求被应用，更改的结果就会被持久化，直到被下一次更改覆盖。

2.2.5 Flume

Flume 是由 Cloudera 开发的，后在 2009 年被捐赠给 Apache 软件基金会，现已成为 Apache Top 项目之一[9]。Flume 是一个高可用、高可靠、分布式海量日志采集、聚合和传输的系统。Flume 支持在日志系统中定制各类数据发送方，用于收集数据；同时，Flume 提供对数据进行简单处理并写到各种数据接收方（可定制）的能力[10]。Flume 基于数据流的简单灵活的架构。它具有可靠性机制、故障转移和恢复机制、强大的容错性。它使用可扩展数据模型，允许在线分析应用程序[11]。Flume 适用于大部分日常数据采集场景。

Flume 的数据流由事件（Event）贯穿始终。事件是 Flume 的基本数据单位，它携带日志数据（字节数组形式）且携带头信息。这些事件由代理外部的资源生成，当资源捕获事件后会先进行特定的格式化，然后资源会把事件推入（单个或多个）通道中。可以把通道看成一个缓冲区，它将保存事件直到 Sink 处理完该事件。Sink 负责持久化日志或者把事件推向另一个资源。

Flume 的特性如下。

1. 可靠性

当节点出现故障时，日志能够被传送到其他节点上而不会丢失。Flume 提供以下三种从强级别到弱级别的可靠性保障。

（1）end-to-end。收到数据后，代理首先将事件写到磁盘上，当数据传送成功后，再删除数据；如果数据发送失败，可以重新发送。

（2）store on failure。这也是备份采用的策略，当数据接收方崩溃时，将数据写到本地，待恢复后，继续发送。

（3）best effort。数据发送到接收方后，不会进行确认。

2. 可恢复性

推荐使用 FileChannel，事件持久化在本地文件系统里（性能较差）。

2.2.6 Kafka

Kafka 最初由 LinkedIn 开发，被 LinkedIn 于 2010 年贡献给了 Apache 软件基金会，并成为顶级开源项目。Apache Kafka 是分布式发布/订阅消息系统，其设计目标是通用的 API（Application Programming Interface，应用程序接口）、消息持久化、高吞吐量、支持离线系统加载数据、低时延的消息系统[26-27]。Kafka 目前是分布式系统中最流行的消息中间件之一，凭借着其高吞吐量的设计，在日志收集系统和消息系统的应用场景中深得开发者的喜爱[12]。

Kafka 优点如下。

（1）解决了百万条级别的数据中生产者和消费者之间数据传输的问题。

（2）Kafka 提供的发布/订阅模式，可使消费者针对统一数据做不同的业务逻辑处理。

（3）Kafka 实现了生产者和消费者之间的无缝对接，提供了系统之间的消息通信。

Kafka 是一个开源的消息发布和订阅系统，主要用在以下场景中。

（1）持续的消息：为了从大数据中派生出有用的数据，任何数据的丢失都会影响生成的结果，Kafka 提供了一个复杂度为 $O(1)$的磁盘结构存储数据，即使是百万条级别的数据，也提供一个常量时间性能。

（2）高吞吐量：Kafka 采用普通的硬件支持每秒百万条级别的吞吐量。

（3）分布式：明确支持消息的分区，通过 Kafka 服务器和消费者机器的集群分布式消费，维持每个分区是有序的。

（4）支持多种语言：Java、.net、PHP、Ruby、Python。

（5）实时性：消息被生成者线程生产就能马上被消费者线程消费，这种特性和事件驱动的系统是相似的。

2.2.7 Spark

Spark 是一个通用的并行计算框架，由美国加利福尼亚州伯克利大学（UC Berkeley）的 AMP 实验室开发于 2009 年，并于 2010 年开源，2013 年成长为 Apache 旗下大数据领域中最活跃的开源项目之一。Spark 也是基于 MapReduce 算法模式实现的分布式计算框架，拥有 Hadoop MapReduce 所具有的优点，并且解决了 Hadoop MapReduce 中的诸多缺陷[13]。Spark 采用 Scala 语言实现，提供了 Java、Scala、Python、R 等语言的调用接口。Spark 的核心 RDD（Reslient Distributed Dataset，弹性分布式数据集）是 Spark 底层的分布式存储的数据结构。Spark 将数据保存在分布式内存中，为分布式内存的抽象理解提供了一个高度受限的内存模型。Spark 逻辑上集中、物理上存储在集群的多台机器上。Spark 是一种面向对象的函数式编程语言，能够像操作本地集合对象一样轻松地操作分布式数据集，具有运行速度快、易用性好、通用性强及随处运行等特点，适合大多数批处理工作，并已成为大数据时代企业大数据处理的优选技术，其中代表性企业有腾讯、Yahoo、淘宝及优酷土豆等。

Spark 的四大特性如下。

1. 快速性

如果在内存中运行 MapReduce，则比 Hadoop 快 100 倍；如果在磁盘中运行，则比 Hadoop 快 10 倍。Spark 使用先进的有向无环图执行引擎来支持非循环的数据流在内存中计算。

2. 易用性

Spark 提供超过 80 个高阶算子，这些算子使其很容易构建并行应用。这些算子支持多种语言（按照切合度排序为 Scala、Python、R 语言）。

3. 通用型

Spark 有一个强大的堆库，包括 SQL and DataFrames、MLlib for Machine Learning、GraphX 和 Spark Streaming，可在同一个应用中无缝地组合使用这些库。

4. 跨平台型

Spark 可以运行在 Hadoop、Mesos、Standalone 和 Cloud 上，可以访问不同的数据源，包括 HDFS、Cassandra、HBase 和 S3。

2.2.8 Storm

Storm 是一个分布式计算框架，主要使用 Clojure 与 Java 语言编写，最初由 Nathan Marz 带领 Backtype 团队创建，在 Backtype 被 Twitter 收购后进行开源。最初的版本在 2011 年 9 月 17 日发行，版本号为 0.5.0。2013 年 9 月，Apache 软件基金会开始接管并孵化 Storm 项目。Apache Storm 是在 Eclipse Public License 下进行开发的，它提供给大多数企业使用。2014 年 9 月，Storm 项目成为 Apache 的顶级项目。目前，Storm 的最新版本为 2.2.0。Storm 是一个免费开源的分布式实时计算系统[14]。Storm 可以简单、高效、可靠地处理流数据，并支持多种编程语言。Storm 框架可以方便地与数据库系统进行整合，从而开发出强大的实时计算系统。Twitter 是全球访问量最大的社交网站之一，Twitter 开发 Storm 流处理框架也是为了应对其不断增长的流数据实时处理需求[15]。

Storm 的特点如下。

1. API 简单

Storm 的 API 简单且容易使用。当编写 Storm 程序时，处理的是由元组组成的流数据，一个元组是一组值的集合。元组包含任何对象类型，当使用自定义数据类型时，只需要简单地使用 Storm 的序列化器注册即可。

2. 可扩展性

Storm 采用拓扑并行计算并运行在集群中。不同的拓扑部分能调整它们的并行度。

3. 容错性

Storm 有容错机制，当工作节点死机时，Storm 会尝试重启。如果节点死机，则重启另一个节点。Storm 的守护进程 Nimbus 和 Supervisors 都是无状态的，如果它们崩溃，那么它们将会重启，就像什么也没发生一样。

4. 无数据丢失

Storm 确保每个元组被处理。Storm 的机制之一是，能有效地记录元组的 lineage。

Storm 的抽象组件确保数据至少处理一次，即使使用消息队列系统失败，也能确保消息被处理。通过 Storm 的抽象组件 Trident 能确保消息只被处理一次。

5. 支持多种编程语言

Storm 从一开始就设计为能被各种编程语言使用。Storm 用 Thrift 定义和提交拓扑。由于 Thrift 能被任何一种编程语言使用，因此拓扑也能被任何一种编程语言定义和使用。

6. 容易部署和操作

Storm 集群易部署，要求配置最少就可以启动并运行。

2.2.9 Flink

Apache Flink 是由 Apache 软件基金会开发的开源流处理框架，其核心是用 Java 和 Scala 编写的分布式流数据流引擎，用于对有界和无界的数据流进行有状态计算。Flink 可在常见的集群环境中运行，以内存速度和任意规模执行计算。Flink 以数据并行和流水线方式执行任意流数据程序，Flink 的流水线运行时，系统可以执行批处理和流处理程序，具备高吞吐、低延迟、高性能的计算能力。

Flink 具备以下优秀特性[16]。

（1）支持高吞吐、低延迟、高性能的流式数据处理，而不是用批处理模拟流式处理。

（2）支持多种时间窗口，如事件时间窗口、处理时间窗口。

（3）支持 exactly-once 语义。

（4）具有轻量级容错机制。

（5）同时支持批处理和流处理。

（6）在 JVM 层实现内存优化与管理。

（7）支持迭代计算。

（8）支持程序自动优化。

（9）不仅提供流式处理 API、批处理 API，还提供基于这两层 API 的高层的数据处理库。

Flink 主要应用场景如下[17]。

（1）实时推荐。

（2）复杂事件处理。

（3）实时欺诈检测。

（4）实时数据仓库与 ETL。

（5）流数据分析。

（6）实时报表分析。

2.2.10 YARN

Apache Hadoop YARN（Yet Another Resource Negotiator，另一种资源协调者）是一种新的 Hadoop 资源管理器，它是一个通用资源管理系统和调度平台，可为上层应用提供统一的资源管理和调度，它的引入为集群在利用率、资源统一管理和数据共享等方面带来了巨大好处[18]。YARN 作为分布式集群的资源调度框架，它的出现伴随着 Hadoop 的发展，使 Hadoop 从一个单一的大数据计算引擎，成为一个集存储、计算、资源管理为一体的完整大数据平台，进而发展出自己的生态体系，成为大数据的代名词[19]。

YARN 是 Hadoop 2.0 中的资源管理系统，它的基本思想是将资源管理和作业调度/监控的功能分解为单独的守护进程。YARN 包括两个部分：一个全局的资源调度管理器（RM）和针对每个应用程序的应用程序管理器（AM）。应用程序既可以只是一个工作，也可以是一个 DAG（有向无环图）工作。它使得 Hadoop 不再局限于仅支持 MapReduce 一种计算模型，而是可无限融入多种计算框架，并且对这些框架进行统一管理和调度。

YARN 提供了多种其他的优秀特性。

1．更快的 MapReduce 计算

MapReduce 仍是当前使用最广泛的计算框架。YARN 利用异步模型对 MapReduce 框架的一些关键逻辑结构（如工作进程、任务进程等）进行了重写。相对 MRv1，YARN 具有更快的计算速度。当然，YARN 具有向后兼容性，用户在 MRv1 上运行的作业不需要任何修改即可运行在 YARN 之上。

2．对多框架支持

YARN 不再是一个单纯的计算框架，而是一个框架管理器，用户可以将各种各样的计算框架移植到 YARN 之上，由 YARN 进行统一管理和资源分配。由于将现有框架移植到 YARN 之上需要一定的工作量，所以当前 YARN 仅可运行 MapReduce 这种离线计算框架。

3．框架升级更容易

在 YARN 中，各种计算框架不再作为一个服务部署到集群的各个节点上（例如，MapReduce 框架，不再需要部署 JobTracker、TaskTracker 等服务），而是被封装成一个用户程序库（lib）存放在客户端，当需要对计算框架进行升级时，只需要升级用户程序库即可。

2.3　Hadoop 的安装与使用

Hadoop 可运行在 Linux、Windows、UNIX 等操作系统上，但 Hadoop 官方真正支持的平台是 Linux，其他平台则需要依赖其他工具包提供类似 Linux 操作系统功能。例如，Windows 需要安装 Cygwin 软件，才能运行 Hadoop。为了避免因操作系统差异而增加使用 Hadoop 难度的问题，本章主要采用 Linux 作为系统平台，演示 Hadoop 几种模式的安装及运行。

Hadoop 模式的安装包括以下四个要点。

（1）环境准备。

（2）单机模式安装。

（3）伪分布式模式安装。

（4）完全分布式模式安装。

下面将分别介绍每个要点的注意事项，操作系统选用 CentOS 7，选用 Hadoop 版本 3.2.2。

2.3.1 环境准备

1. 网络配置

学习 Hadoop 一般是在伪分布式模式下进行的。这种模式是在一台机器的各进程上运行 Hadoop 的各个模块。伪分布式的意思是，虽然各个模块是在各进程上分开运行的，但只是运行在一个操作系统上，并不是真正的分布式，这里演示完全分布需要准备三台服务器，其中网络配置环境大致过程如下[20]。

1）永久修改 hostname

（1）修改配置文件 /etc/sysconfig/network。

命令：[root@bigdata-senior01 ~] vim /etc/sysconfig/network

打开文件后，NETWORKING=yes　#使用网络 HOSTNAME=bigdata-senior01

（2）配置 Host 命令：[root@bigdata-senior01 ~] vim /etc/hosts。

添加 hosts: 192.168.58.124 bigdata-senior01

2）关闭防火墙

学习环境可以直接把防火墙关闭。

（1）用 root 用户登录后，执行查看防火墙状态。

[root@bigdata-senior01 Hadoop]# systemctl status firewalld.service

（2）永久关闭防火墙。

[root@bigdata-senior01 Hadoop]# systemctl disable firewalld.service

（3）关闭 SELinux。

SELinux 是 Linux 一个子安全机制，学习环境可以将它禁用。图 2-3 给出禁用 SELinux 安全机制的代码。

```
[root@bigdata-senior01 ~]# vi /etc/sysconfig/selinux

# This file controls the state of SELinux on the system.
# SELINUX= can take one of these three values:
#     enforcing - SELinux security policy is enforced.
#     permissive - SELinux prints warnings instead of enforcing.
#     disabled - No SELinux policy is loaded.
SELINUX=disable
# SELINUXTYPE= can take one of three two values:
#     targeted - Targeted processes are protected,
#     minimum - Modification of targeted policy. Only selected processes are protected.
#     mls - Multi Level Security protection.
SELINUXTYPE=targeted
```

图 2-3　禁用 SELinux 安全机制的代码

2．用户创建

（1）创建一个名字为 Hadoop 的普通用户，代码如图 2-4 所示。

```
[root@bigdata-senior01 ~]# useradd hadoop
[root@bigdata-senior01 ~]# passwd hadoop
```

图 2-4　创建一个名字为 Hadoop 的普通用户

（2）给 Hadoop 用户设置 sudo 权限，代码如图 2-5、图 2-6、图 2-7 所示。

```
[root@bigdata-senior01 ~]# vim /etc/sudoers
```

图 2-5　编辑 sudoers 文件

设置权限，学习环境可以将 Hadoop 用户的权限设置得大一些，但生产环境一定要注意普通用户的权限限制。

```
root    ALL=(ALL)        ALL
hadoop ALL=(root) NOPASSWD:ALL
```

图 2-6　修改权限设置

注意：如果 root 用户无权修改 sudoers 文件，则手动为 root 用户添加写权限。

```
[root@bigdata-senior01 ~]# chmod u+w /etc/sudoers
```

图 2-7　手动为 root 用户添加写权限

（4）切换到 Hadoop 用户。

[root@bigdata-senior01 ~]# su-hadoop

[hadoop@bigdata-senior01 ~]$

（5）创建存放 Hadoop 文件的目录，代码如图 2-8 所示。

```
[hadoop@bigdata-senior01 ~]$ sudo mkdir /opt/modules
```

图 2-8　创建存放 Hadoop 文件的目录

（6）将 Hadoop 文件夹的所有者指定为 Hadoop 用户，代码如图 2-9 所示。

如果存放 Hadoop 目录的所有者不是 Hadoop，之后 Hadoop 运行中可能会有权限问题，那么就将所有者改为 Hadoop。

```
[hadoop@bigdata-senior01 ~]# sudo chown -R hadoop:hadoop
/opt/modules
```

图 2-9　指定 Hadoop 目录的所有者

3. JDK安装

在安装和使用 Hadoop 前，需要做一些准备工作，其中搭建 Java 环境是必不可少的。Hadoop 3.2.x 及更高版本需要 Java 8。它是在 OpenJDK 和 Oracle（HotSpot）的 JDK/JRE 上构建和测试的。Hadoop 的早期版本（2.6 及更早版本）支持 Java 6。

1）查看是否已经安装了 Java JDK

[root@bigdata-senior01 Desktop]# java-version

注意：Hadoop 机器上的 JDK 最好是 Oracle 的 Java JDK，不然会有一些问题，如可能没有 JPS 命令。

如果安装了其他版本的 JDK，则卸载。

2）安装 Java JDK

（1）下载 Oracle 版本 Java JDK：jdk-8u72-linux-x64.tar.gz。

（2）将 jdk-8u72-linux-x64.tar.gz 解压到 /opt/modules 目录下。

[root@bigdata-senior01 /]# tar -zxvf jdk-8u72-linux-x64.tar.gz -C /opt/modules

3）添加环境变量

设置 JDK 的环境变量 JAVA_HOME。需要修改配置文件/etc/profile，追加

export JAVA_HOME="/opt/modules/jdk1.8.0_72"

export PATH=$JAVA_HOME/bin:$PATH

4）修改完毕后执行 source /etc/profile

5）安装后再次执行 java-version，代码及结果如图 2-10 所示

```
[root@bigdata-senior01 modules]# java -version
java version "1.8.0_72"
Java(TM) SE Runtime Environment (build 1.8.0_72-b15)
Java HotSpot(TM) 64-Bit Server VM (build 25.72-b15, mixed mode)
[root@bigdata-senior01 modules]#
```

图 2-10 查看 JDK 版本

从图 2-10 可以看见已经完成安装。

2.3.2 单机模式

Hadoop 默认模式为非分布式模式（本地模式），不需要进行其他配置即可运行。非分布式即单 Java 进程，方便进行调试，解压 Hadoop 后就可以直接使用。

（1）创建一个存放本地模式 Hadoop 的目录。

[Hadoop@bigdata-senior01 modules]$ mkdir /opt/modules/standalone

（2）解压 Hadoop 文件，代码如图 2-11 所示。

```
[root@bigdata-senior01 modules]# tar ~/hadoop-3.2.2.tar.gz -C standalone/
```

图 2-11 解压 Hadoop 文件

（3）确保 JAVA_HOME 环境变量已经配置好。

[Hadoop@bigdata-senior01 modules]$ echo ${JAVA_HOME}/opt/modules/jdk1.8.0_72

（4）运行 MapReduce 程序，验证。

这里运行 Hadoop 自带的 MapReduce 测试工程，在本地模式下测试 wordcount 案例。

（5）准备 MapReduce 输入文件 wc.input。

[Hadoop@bigdata-senior01 modules]$ cat /opt/data/wc.inputHadoop mapreduce hivehbase spark stormsqoop Hadoop hivespark Hadoop

（6）运行 Hadoop 自带的 mapreduce Demo 工程，对应 jar 包：hadoop-mapreduce-examples-3.2.2.jar，输入测试案例名称：wordcount，代码如图 2-12 所示，结果如图 2-13 所示。

```
[hadoop@bigdata-senior01 hadoop-3.2.2]$ bin/hadoop jar
share/hadoop/mapreduce/hadoop-mapreduce-examples-3.2.2.jar
wordcount /opt/data/wc.input output
```

图 2-12　运行 wordcount 案例命令

```
2021-01-22 20:18:57,653 INFO impl.MetricsConfig: Loaded properties from hadoop-metrics2.properties
2021-01-22 20:18:57,727 INFO impl.MetricsSystemImpl: Scheduled Metric snapshot period at 10 second(s).
2021-01-22 20:18:57,727 INFO impl.MetricsSystemImpl: JobTracker metrics system started
2021-01-22 20:18:57,968 INFO input.FileInputFormat: Total input files to process : 1
2021-01-22 20:18:57,995 INFO mapreduce.JobSubmitter: number of splits:1
2021-01-22 20:18:58,121 INFO mapreduce.JobSubmitter: Submitting tokens for job: job_local1306921986_0001
2021-01-22 20:18:58,121 INFO mapreduce.JobSubmitter: Executing with tokens: []
2021-01-22 20:18:58,246 INFO mapreduce.Job: The url to track the job: http://localhost:8080/
2021-01-22 20:18:58,247 INFO mapreduce.Job: Running job: job_local1306921986_0001
2021-01-22 20:18:58,247 INFO mapred.LocalJobRunner: OutputCommitter set in config null
2021-01-22 20:18:58,254 INFO output.FileOutputCommitter: File Output Committer Algorithm version is 2
2021-01-22 20:18:58,254 INFO output.FileOutputCommitter: FileOutputCommitter skip cleanup _temporary fold
2021-01-22 20:18:58,255 INFO mapred.LocalJobRunner: OutputCommitter is org.apache.hadoop.mapreduce.lib.ou
2021-01-22 20:18:58,284 INFO mapred.LocalJobRunner: Waiting for map tasks
2021-01-22 20:18:58,284 INFO mapred.LocalJobRunner: Starting task: attempt_local1306921986_0001_m_000000_
2021-01-22 20:18:58,307 INFO output.FileOutputCommitter: File Output Committer Algorithm version is 2
2021-01-22 20:18:58,307 INFO output.FileOutputCommitter: FileOutputCommitter skip cleanup _temporary fold
2021-01-22 20:18:58,320 INFO mapred.Task:  Using ResourceCalculatorProcessTree : [ ]
2021-01-22 20:18:58,324 INFO mapred.MapTask: Processing split: file:/opt/data/wc.input:0+68
2021-01-22 20:18:58,372 INFO mapred.MapTask: (EQUATOR) 0 kvi 26214396(104857584)
2021-01-22 20:18:58,372 INFO mapred.MapTask: mapreduce.task.io.sort.mb: 100
2021-01-22 20:18:58,372 INFO mapred.MapTask: soft limit at 83886080
2021-01-22 20:18:58,372 INFO mapred.MapTask: bufstart = 0; bufvoid = 104857600
2021-01-22 20:18:58,372 INFO mapred.MapTask: kvstart = 26214396; length = 6553600
2021-01-22 20:18:58,377 INFO mapred.MapTask: Map output collector class = org.apache.hadoop.mapred.MapTas
```

图 2-13　运行 wordcount 案例结果

从图 2-13 可以看到 Job ID 中有 local 字样，说明是运行在本地模式下的。

（7）查看输出文件，代码及结果如图 2-14 所示。

```
[hadoop@bigdata-senior01 hadoop-3.2.2]$ ll output/
总用量 4
-rw-r--r--. 1 hadoop hadoop 66 1月  22 20:18 part-r-00000
-rw-r--r--. 1 hadoop hadoop  0 1月  22 20:18 _SUCCESS
```

图 2-14　查看输出文件

在本地模式下，MapReduce 的输出是输出到本地。输出目录中有 _SUCCESS 文件说明 Job 运行成功，part-r-00000 是输出结果文件。

2.3.3　伪分布式

Hadoop 可以在单节点上以伪分布式的方式运行，Hadoop 进程以分离的 Java 进程来运行，节点既作为 NameNode 也作为 DataNode；同时，读取的是 HDFS 中的文件。

1. 解压 Hadoop 目录文件

复制 Hadoop-3.2.2.tar.gz 到/opt/modules/pseudo 目录下。
解压 Hadoop-3.2.2.tar.gz，代码如图 2-15 所示。

```
[hadoop@bigdata-senior01 modules]$ tar -xvf ~/hadoop-3.2.2.tar.gz
-C pseudo/
```

图 2-15 解压 Hadoop 目录文件

2. 配置 Hadoop 环境变量

配置 Hadoop 环境变量，代码如图 2-16 所示。

```
[hadoop@bigdata-senior01 hadoop]# vim /etc/profile
```

图 2-16 配置 Hadoop 环境变量

1）追加配置
追加配置代码如图 2-17 所示。

```
export HADOOP_HOME=/opt/modules/pseudo/hadoop-3.2.2
export PATH=$HADOOP_HOME/bin:$HADOOP_HOME/sbin:$PATH
```

图 2-17 追加配置代码

2）执行：source /etc/profile 使配置生效，验证 HADOOP_HOME 参数
验证配置代码如图 2-18 所示。

```
[hadoop@bigdata-senior01 modules]$ echo $HADOOP_HOME
/opt/modules/pseudo/hadoop-3.2.2
```

图 2-18 验证配置代码

3）配置 Hadoop-env.sh、mapred-env.sh、yarn-env.sh 文件的 JAVA_HOME 参数
配置 JAVA_HOME 参数的代码如图 2-19 所示。

```
[hadoop@bigdata-senior01 hadoop-3.2.2]$ vi
etc/hadoop/hadoop-env.sh

export JAVA_HOME="/opt/modules/jdk1.8.0_72"
```

图 2-19 配置 JAVA_HOME 参数的代码

4）配置 core-site.xml 文件
配置 core-site.xml 文件的代码如图 2-20 所示。

```
<configuration>
  <property>
    <name>fs.defaultFS</name>
    <value>hdfs://bigdata-senior01:8020</value>
  </property>
  <property>
    <name>hadoop.tmp.dir</name>
    <value>/opt/modules/pseudo/hadoop-
3.2.2/data/tmp</value>
  </property>
</configuration>
```

图 2-20　配置 core-site.xml 文件的代码

[Hadoop@bigdata-senior01 ~]$ sudo vim ${HADOOP_HOME}/etc/Hadoop/core-site.xml

说明：

（1）fs.defaultFS 参数配置的是 HDFS 的地址。

配置 HDFS 地址的代码如图 2-21 所示。

```
<property>
    <name>fs.defaultFS</name>
    <value>hdfs://bigdata-senior01:8020</value>
  </property>
```

图 2-21　配置 HDFS 地址的代码

（2）Hadoop.tmp.dir 配置的是 Hadoop 临时目录，比如 HDFS 的 NameNode 数据默认都存放这个目录下，查看*-default.xml 等默认配置文件，就可以看到很多依赖${Hadoop.tmp.dir}的配置。

默认的 Hadoop.tmp.dir 是/tmp/Hadoop-${user.name}。此时有个问题：NameNode 会将 HDFS 的元数据存储在这个/tmp 目录下，如果操作系统重启了，则系统会清空/tmp 目录下的内容，导致 NameNode 元数据丢失。因为这是一个非常严重的问题，所以我们应该修改这个路径。

① 创建临时目录，代码如图 2-22 所示。

```
[hadoop@bigdata-senior01 hadoop-3.2.2]$ mkdir -p
/opt/modules/pseudo/hadoop-3.2.2/data/tmp/
```

图 2-22　创建临时目录

② 将临时目录的所有者修改为 Hadoop，代码如图 2-23 所示。

```
[hadoop@bigdata-senior01 hadoop-3.2.2]$ sudo chown
-R hadoop:hadoop /opt/modules/pseudo/hadoop-
3.2.2/data/tmp
```

图 2-23　修改临时目录的所有者

③ 修改 Hadoop.tmp.dir，代码如图 2-24 所示。

```
<property>
    <name>hadoop.tmp.dir</name>
    <value>/opt/modules/pseudo/hadoop-
3.2.2/data/tmp</value>
  </property>
```

图 2-24 修改 Hadoop.tmp.dir

3. 配置、格式化、启动 HDFS

1）配置 hdfs-site.xml

配置 hdfs-site.xml 文件，代码如图 2-25 所示。

```
[hadoop@bigdata-senior01 hadoop-3.2.2]$ vi
etc/hadoop/hdfs-site.xml
```

```
<configuration>
        <property>
                <name>dfs.permissions</name>
                <value>false</value>
        </property>
        <property>
                <name>dfs.replication</name>
                <value>1</value>
        </property>
</configuration>
```

图 2-25 配置 hdfs-site.xml 文件

dfs.replication 配置的是 HDFS 存储时的备份数量，因为这里的伪分布式环境只有一个节点，所以这里设置为 1。

2）格式化 HDFS

格式化 HDFS 的结果如图 2-26 所示。

```
[hadoop@bigdata-senior01 hadoop-3.2.2]$ bin/hdfs namenode -format
2021-01-22 20:52:45,571 INFO namenode.NameNode: STARTUP_MSG:
/************************************************************
STARTUP_MSG: Starting NameNode
STARTUP_MSG:   host = bigdata-senior01/192.168.58.124
STARTUP_MSG:   args = [-format]
STARTUP_MSG:   version = 3.2.2
STARTUP_MSG:   classpath = /opt/modules/pseudo/hadoop-3.2.2/etc/hadoop:/opt/module
adoop/common/lib/jetty-security-9.4.20.v20190813.jar:/opt/modules/pseudo/hadoop-3.
sm-5.0.4.jar:/opt/modules/pseudo/hadoop-3.2.2/share/hadoop/common/lib/kerb-crypto-
/hadoop-3.2.2/share/hadoop/common/lib/accessors-smart-1.2.jar:/opt/modules/pseudo/
mon/lib/commons-configuration2-2.1.1.jar:/opt/modules/pseudo/hadoop-3.2.2/share/ha
.1.jar:/opt/modules/pseudo/hadoop-3.2.2/share/hadoop/common/lib/commons-collection
do/hadoop-3.2.2/share/hadoop/common/lib/jetty-server-9.4.20.v20190813.jar:/opt/mod
e/hadoop/common/lib/nimbus-jose-jwt-7.9.jar:/opt/modules/pseudo/hadoop-3.2.2/share
1.7.jar:/opt/modules/pseudo/hadoop-3.2.2/share/hadoop/common/lib/commons-cli-1.2.j
-3.2.2/share/hadoop/common/lib/jsr311-api-1.1.1.jar:/opt/modules/pseudo/hadoop-3.2
f4j-log4j12-1.7.25.jar:/opt/modules/pseudo/hadoop-3.2.2/share/hadoop/common/lib/au
/opt/modules/pseudo/hadoop-3.2.2/share/hadoop/common/lib/j2objc-annotations-1.1.ja
3.2.2/share/hadoop/common/lib/stax2-api-3.1.4.jar:/opt/modules/pseudo/hadoop-3.2.2
y-asn1-1.0.1.jar:/opt/modules/pseudo/hadoop-3.2.2/share/hadoop/common/lib/httpcore
do/hadoop-3.2.2/share/hadoop/common/lib/jsch-0.1.55.jar:/opt/modules/pseudo/hadoop
b/commons-beanutils-1.9.4.jar:/opt/modules/pseudo/hadoop-3.2.2/share/hadoop/common
t/modules/pseudo/hadoop-3.2.2/share/hadoop/common/lib/curator-framework-2.13.0.jar
.2.2/share/hadoop/common/lib/token-provider-1.0.1.jar:/opt/modules/pseudo/hadoop-3
```

图 2-26 格式化 HDFS 的结果

格式化是对 HDFS （分布式文件系统）中的 DataNode 进行分块，统计所有分块后的初始元数据存储在 NameNode 中。

格式化后，查看 core-site.xml 里 Hadoop.tmp.dir（本例是 /opt/modules/pseudo/hadoop-3.2.2/data/tmp/ 目录）指定的目录下是否有了 dfs 目录，如果有，则说明格式化成功。

注意：

（1）格式化时，注意 Hadoop.tmp.dir 目录的权限问题，Hadoop 普通用户应该有读/写权限，可以将 /opt/modules/pseudo/hadoop-3.2.2/data/tmp/ 的所有者改为 Hadoop。

[Hadoop@bigdata-senior01 Hadoop-3.2.2]$ sudo chown -R Hadoop:Hadoop /opt/data

（2）查看 NameNode 格式化后的目录（如图 2-27 所示），格式化 HDFS。

```
[hadoop@bigdata-senior01 hadoop-3.2.2]$ ll
/opt/modules/pseudo/hadoop-3.2.2/data/tmp/
总用量 0
drwxrwxr-x. 5 hadoop hadoop 51 1月  20 15:49 dfs
drwxr-xr-x. 5 hadoop hadoop 57 1月  20 16:03 nm-local-dir
```

图 2-27　查看 NameNode 格式化后的目录

说明：在真实大数据环境中，如果 NameNode 元数据占用的内存量达到了持久化条件，还会生成以下 3 个文件。

fsimage：NameNode 元数据在内存满了后，存储元数据的文件。

fsimage*.md5：校验文件，用于校验 fsimage 的完整性。

seen_txid：Hadoop 的版本。

VERSION 文件里保存以下两个文件。

namespaceID：NameNode 的唯一 ID。

clusterID：集群 ID，NameNode 和 DataNode 的集群 ID 应该一致，表明是一个集群。

查看 VERSION 文件的代码及结果如图 2-28 所示。

```
#Wed Jan 20 15:48:39 CST 2021
namespaceID=1373658021
clusterID=CID-0c067c69-5fd3-41f0-b569-d3c2daf6b3ac
cTime=0
storageType=NAME_NODE
blockpoolID=BP-1052073686-192.168.58.124-1611128919005
layoutVersion=-57
```

图 2-28　查看 VERSION 文件的代码及结果

（3）启动 NameNode，代码及结果如图 2-29 所示。

```
[hadoop@bigdata-senior01 hadoop-3.2.2]$ hdfs --daemon
start namenode
```

图 2-29　启动 NameNode

（4）启动 DataNode，代码及结果如图 2-30 所示。

```
[hadoop@bigdata-senior01 hadoop-3.2.2]$ hdfs --daemon
start datanode
```

图 2-30　启动 DataNode

（5）启动 SecondaryNameNode，代码及结果如图 2-31 所示。

```
[hadoop@bigdata-senior01 hadoop-3.2.2]$ hdfs --daemon
start secondarynamenode
```

图 2-31　启动 SecondaryNameNode

（6）JPS 命令查看是否成功启动，有结果则表明启动成功了。查看启动状态的代码及结果如图 2-32 所示。

```
[hadoop@bigdata-senior01 hadoop-3.2.2]$ jps
2672 SecondaryNameNode
2530 DataNode
2706 Jps
2457 NameNode
```

图 2-32　查看启动状态的代码及结果

（7）在 HDFS 上创建目录、上传、下载文件。

在 HDFS 上创建目录，代码如图 2-33 所示。

```
[hadoop@bigdata-senior01 hadoop-3.2.2]$ bin/hdfs dfs -
mkdir /demo1
```

图 2-33　在 HDFS 上创建目录

上传本地文件到 HDFS 上，代码如图 2-34 所示。

```
[hadoop@bigdata-senior01 hadoop-3.2.2]$ bin/hdfs dfs -put
/opt/data/wc.input /demo1
```

图 2-34　上传本地文件到 HDFS 上

读取 HDFS 上的文件内容，代码及结果如图 2-35 所示。

```
[hadoop@bigdata-senior01 hadoop-3.2.2]$ bin/hdfs dfs -cat
/demo1/wc.input
Hadoop mapreduce hivehbase spark stormsqoop Hadoop
hivespark Hadoop
```

图 2-35　读取 HDFS 上的文件内容

从 HDFS 下载文件到本地，代码及结果如图 2-36 所示。

```
[hadoop@bigdata-senior01 hadoop-3.2.2]$ bin/hdfs dfs -get
/demo1/wc.input
```

```
[hadoop@bigdata-senior01 hadoop-3.2.2]$ cat wc.input
Hadoop mapreduce hivehbase spark stormsqoop Hadoop
hivespark Hadoop
```

图 2-36　从 HDFS 下载文件到本地

4．配置和启动 YARN

1）配置 mapred-site.xml

编辑 mapred-site.xml 文件，代码如图 2-37 所示。

```
[hadoop@bigdata-senior01 hadoop-3.2.2]$ vi
etc/hadoop/mapred-site.xml
```

图 2-37　编辑 mapred-site.xml 文件

添加配置参数如图 2-38 所示。

```
<configuration>
    <property>
        <name>mapreduce.framework.name</name>
        <value>yarn</value>
    </property>
</configuration>
```

图 2-38　添加配置参数

指定 MapReduce 运行在 YARN 框架上，代码如图 2-39 所示。

```
<configuration>
        <property>
                <name>mapreduce.framework.name</name>
                <value>yarn</value>
        </property>
</configuration>
```

图 2-39　指定 MapRedure 运行在 YARN 框架上

2）配置 yarn-site.xml 文件

配置 yarn-site.xml 文件如图 2-40 所示。

```
[hadoop@bigdata-senior01 hadoop-3.2.2]$ vi
etc/hadoop/yarn-site.xml
```

```
<property>
    <name>yarn.nodemanager.aux-services</name>
    <value>mapreduce_shuffle</value>
</property>
<property>
    <name>yarn.resourcemanager.hostname</name>
    <value>bigdata-senior01</value>
</property>
```

图 2-40　配置 yarn-site.xml 文件

（1）yarn.nodemanager.aux-services 配置了 YARN 的默认混洗方式，选择为 MapReduce 的默认混洗算法。

（2）yarn.resourcemanager.hostname 指定了 ResourceManager 运行在哪个节点上，配置 ResourceManager 运行参数的代码如图 2-41 所示。

```
<property>
        <name>yarn.nodemanager.aux-services</name>
        <value>mapreduce_shuffle</value>
</property>
<property>
        <name>yarn.resourcemanager.hostname</name>
        <value>bigdata-senior01</value>
</property>
```

图 2-41　配置 ResourceManager 运行参数的代码

3）启动 Resourcemanager，代码如图 2-42 所示

```
[hadoop@bigdata-senior01 hadoop-3.2.2]$ yarn --daemon
start resourcemanager
```

图 2-42　启动 ResourceManager

4）启动 NodeManager，代码如图 2-43 所示

```
[hadoop@bigdata-senior01 hadoop-3.2.2]$ yarn --daemon
start nodemanager
```

图 2-43　启动 NodeManager

5）查看是否成功启动，代码及结果如图 2-44 所示

```
[hadoop@bigdata-senior01 hadoop-3.2.2]$ jps
2672 SecondaryNameNode
2530 DataNode
2457 NameNode
3497 NodeManager
3626 Jps
3230 ResourceManager
```

图 2-44　查看是否成功启动

从图 2-44 可以看到 ResourceManager、NodeManager 已经成功启动了。

6）YARN 的 Web 页面

YARN 的 Web 客户端端口号是 8088，通过 http://bigdata-senior01:8088 可以查看。YARN 的 Web 页面效果如图 2-45 所示。

5．运行 MapReduce Job

在 Hadoop 的 share 目录中自带了一些 jar 包，里面有一些 MapReduce 例子，位置在 share/Hadoop/mapreduce/Hadoop-mapreduce-examples-3.2.2.jar 中。可以运行这些例子体验刚

搭建好的 Hadoop 平台。我们在这里运行最经典的 WordCount 例子。

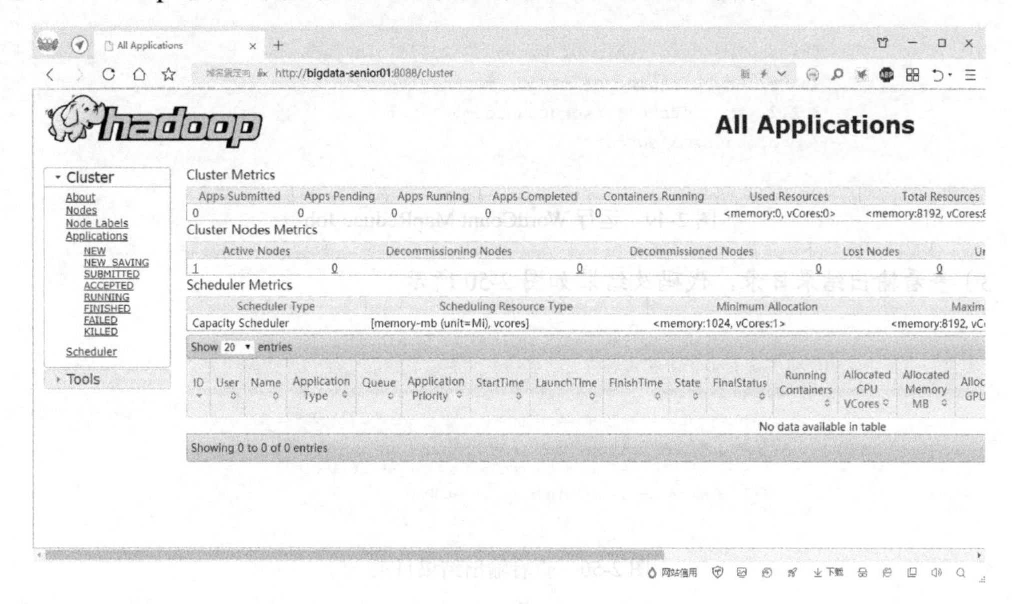

图 2-45　YARN 的 Web 页面效果

1）创建测试用的 Input 文件

（1）创建输入目录，代码如图 2-46 所示。

```
[hadoop@bigdata-senior01 hadoop-3.2.2]$ bin/hdfs dfs -
mkdir -p /wordcountdemo/input
```

图 2-46　创建输入目录

（2）创建原始文件：在本地 /opt/data 目录中创建一个文件 wc.input，内容如图 2-47 所示。

```
[hadoop@bigdata-senior01 hadoop-3.2.2]$ cat wc.input
Hadoop mapreduce hivehbase spark stormsqoop Hadoop
hivespark Hadoop
```

图 2-47　创建原始文件

（3）将 wc.input 文件上传到 HDFS 的/wordcountdemo/input 目录中，代码及结果如图 2-48 所示。

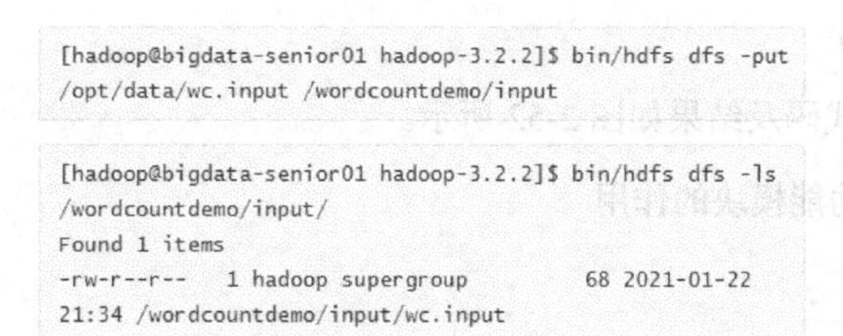

```
[hadoop@bigdata-senior01 hadoop-3.2.2]$ bin/hdfs dfs -put
/opt/data/wc.input /wordcountdemo/input
```

```
[hadoop@bigdata-senior01 hadoop-3.2.2]$ bin/hdfs dfs -ls
/wordcountdemo/input/
Found 1 items
-rw-r--r--   1 hadoop supergroup        68 2021-01-22
21:34 /wordcountdemo/input/wc.input
```

图 2-48　上传文件

2）运行 WordCount MapReduce Job，代码及结果如图 2-49 所示

```
[hadoop@bigdata-senior01 hadoop-3.2.2]$ bin/yarn jar
share/hadoop/mapreduce/hadoop-mapreduce-examples-
3.2.2.jar wordcount /wordcountdemo/input
/wordcountdemo/output
```

图 2-49　运行 WordCount MapReduce Job

3）查看输出结果目录，代码及结果如图 2-50 所示

```
[hadoop@bigdata-senior01 hadoop-3.2.2]$ bin/hdfs dfs -ls
/wordcountdemo/output
Found 2 items
-rw-r--r--   1 hadoop supergroup          0 2021-01-22
21:37 /wordcountdemo/output/_SUCCESS
-rw-r--r--   1 hadoop supergroup         66 2021-01-22
21:37 /wordcountdemo/output/part-r-00000
```

图 2-50　查看输出结果目录

（1）output 目录中有两个文件。_SUCCESS 文件是空文件，有这个文件说明 Job 执行成功。

（2）part-r-00000 文件是结果文件，其中-r-说明这个文件是 Reduce 阶段产生的结果，MapReduce 程序执行时，可以没有 Reduce 阶段，但肯定会有 Map 阶段，如果没有，则 Reduce 阶段的“-r-”应是“-m-”。

（3）一个 Reduce 会产生一个 以 part-r- 开头的文件。

（4）查看输出文件内容，代码及结果如图 2-51 所示。

```
[hadoop@bigdata-senior01 hadoop-3.2.2]$ bin/hdfs dfs -cat
/wordcountdemo/output/part-r-00000
Hadoop  3
hivehbase   1
hivespark   1
mapreduce   1
spark   1
stormsqoop  1
```

图 2-51　查看输出文件内容

从图 2-51 可以看出结果是按照键值排好序的。

6. 停止 Hadoop

停止 Hadoop 的代码及结果如图 2-52 所示。

7. Hadoop 各功能模块的作用

1）HDFS 模块

HDFS 模块负责大数据的存储，通过将大文件分块后进行分布式存储，突破了服务器硬盘大小的限制，解决了单台机器无法存储大文件的问题。HDFS 模块是一个相对独立的

模块，既可以为 YARN 提供服务，也可以为 HBase 等其他模块提供服务。

```
[hadoop@bigdata-senior01 hadoop-3.2.2]$ hdfs --daemon
stop namenode
[hadoop@bigdata-senior01 hadoop-3.2.2]$ hdfs --daemon
stop datanode
[hadoop@bigdata-senior01 hadoop-3.2.2]$ hdfs --daemon
stop secondarynamenode
[hadoop@bigdata-senior01 hadoop-3.2.2]$ mapred --daemon
stop historyserver
[hadoop@bigdata-senior01 hadoop-3.2.2]$ yarn --daemon
stop nodemanager
[hadoop@bigdata-senior01 hadoop-3.2.2]$ yarn --daemon
stop resourcemanager
[hadoop@bigdata-senior01 hadoop-3.2.2]$ jps
6035 Jps
```

图 2-52　停止 Hadoop 的代码及结果

2）YARN 模块

YARN 模块是一个通用的资源协同和任务调度框架，是为了解决 Hadoop1.x 中 MapReduce 里 NameNode 负载太大和其他问题而创建的一个框架。

YARN 模块是一个通用框架，不仅可以运行 MapReduce，还可以运行 Spark、Storm 等其他计算框架。

3）MapReduce 模块

MapReduce 是一个计算框架，它给出了一种数据处理的方式，即通过 Map 阶段、Reduce 阶段来分布式、流式地处理数据。它只适用于大数据的离线处理，对实时性要求很高的应用不适用。

8. 开启历史服务

1）历史服务介绍

Hadoop 开启历史服务，可以在 Web 页面上查看 YARN 上执行 Job 情况的详细信息，可以通过历史服务器查看已经运行完的 MapReduce 作业记录，比如用了多少个 Map、用了多少个 Reduce、作业提交时间、作业启动时间、作业完成时间等信息。

2）开启历史服务

开启历史服务的代码如图 2-53 所示，开启后，可以通过 Web 页面查看历史服务器。

```
[hadoop@bigdata-senior01 hadoop-3.2.2]$ mapred --daemon
start historyserver
```

图 2-53　开启历史服务的代码

3）通过 Web 页面查看 Job 执行历史

（1）运行 MapReduce 任务，代码如图 2-54 所示。

```
[hadoop@bigdata-senior01 hadoop-3.2.2]$ bin/yarn jar
share/hadoop/mapreduce/hadoop-mapreduce-examples-
3.2.2.jar wordcount /wordcountdemo/input
/wordcountdemo/output1
```

图 2-54　运行 MapReduce 任务

（2）Job 执行中的状态如图 2-55 所示。

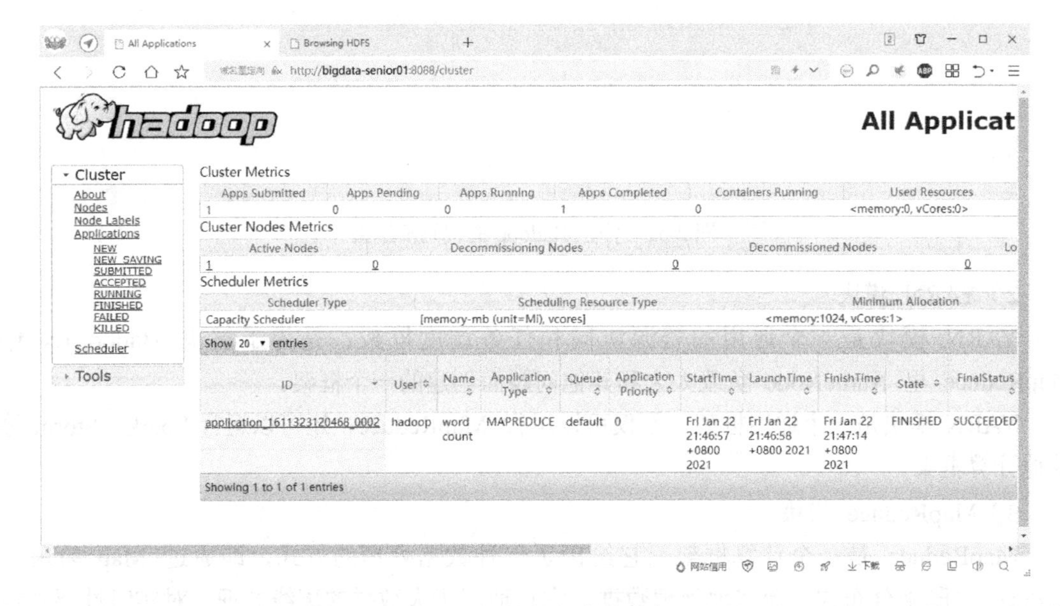

图 2-55　Job 执行中的状态

（3）查看 Job 历史，代码及结果如图 2-56 所示。

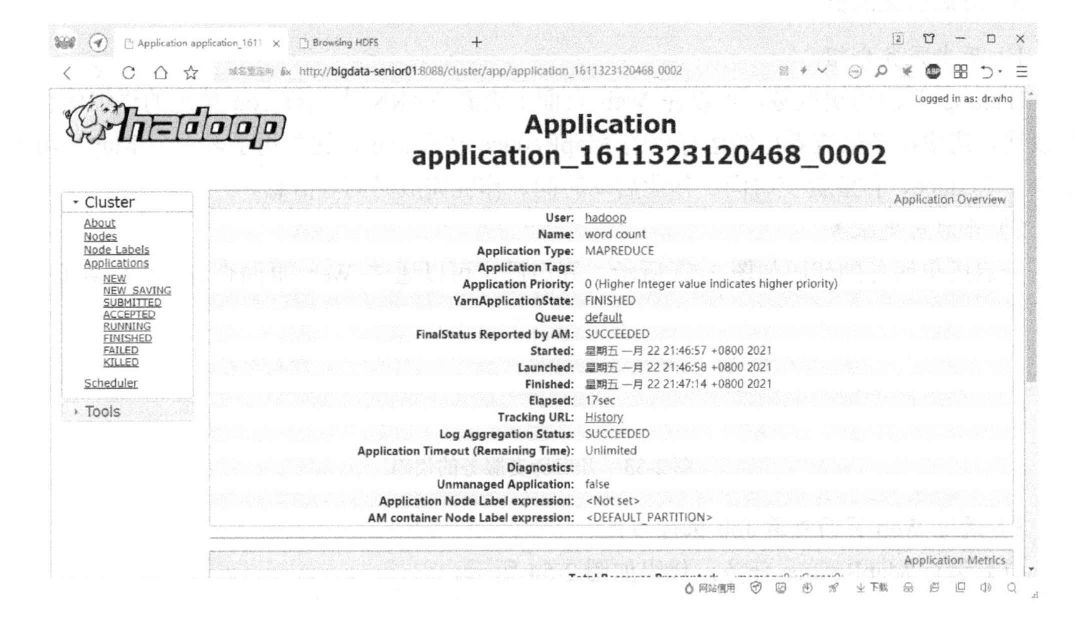

图 2-56　查看 Job 历史

历史服务器的 Web 页面端口默认为 19888，可以查看 Web 页面。

在 Job 任务页面最下面，单击 Map 或 Reduce 链接，访问其页面的详细内容。这时，我们无法查看 Map 或 Reducede 的详细日志，这是因为没有开启日志聚集服务。

9．开启日志聚集

1）日志聚集介绍

MapReduce 是在各个机器上运行的，在运行过程中产生的日志存放在各个机器上。为了能够统一查看各个机器的运行日志，将日志集中存放在 HDFS 上，这个过程就是日志聚集。

2）开启日志聚集功能

（1）配置启用日志聚集功能。

Hadoop 默认不启用日志聚集功能。在 yarn-site.xml 文件里配置启用日志聚集功能，代码如图 2-57 所示。

```
<property>
    <name>yarn.log-aggregation-enable</name>
    <value>true</value>
</property>
<property>
    <name>yarn.log-aggregation.retain-seconds</name>
    <value>106800</value>
</property>
```

图 2-57 启用日志聚集功能

yarn.log-aggregation-enable：是否启用日志聚集功能。

yarn.log-aggregation.retain-seconds：设置日志保留时间，单位是秒。

（2）修改配置文件参数如图 2-58 所示。

```
<property>
        <name>yarn.log-aggregation-enable</name>
        <value>true</value>
</property>
<property>
        <name>yarn.log-aggregation.retain-seconds</name>
        <value>106800</value>
</property>
```

图 2-58 修改配置文件参数

（3）重启 YARN 进程，代码如图 2-59 所示。

```
[hadoop@bigdata-senior01 hadoop-3.2.2]$ yarn --daemon
stop nodemanager
[hadoop@bigdata-senior01 hadoop-3.2.2]$ yarn --daemon
stop resourcemanager
[hadoop@bigdata-senior01 hadoop-3.2.2]$ yarn --daemon
start nodemanager
[hadoop@bigdata-senior01 hadoop-3.2.2]$ yarn --daemon
start resourcemanager
```

图 2-59 重启 YARN 进程

（4）重启 HistoryServer 进程，代码如图 2-60 所示。

```
[hadoop@bigdata-senior01 hadoop-3.2.2]$ mapred --daemon
stop historyserver
[hadoop@bigdata-senior01 hadoop-3.2.2]$ mapred --daemon
start historyserver
```

图 2-60 重启 HistoryServer 进程

3）测试日志聚集

运行一个 demo MapReduce，使之产生日志，代码如图 2-61 所示。

```
[hadoop@bigdata-senior01 hadoop-3.2.2]$ bin/yarn jar
share/hadoop/mapreduce/hadoop-mapreduce-examples-
3.2.2.jar wordcount /wordcountdemo/input
/wordcountdemo/output1
```

图 2-61 测试日志聚集

查看日志：运行 Job 后，就可以在历史服务器 Web 页面查看各个 Map 和 Reduce 的日志了。

2.3.4 完全分布式安装

完全分布式用多个节点构成集群环境来运行 Hadoop，对 Linux 机器集群进行规划，使 Hadoop 各模块分别部署在不同的多台机器上，环境配置信息如表 2-1 所示。

表 2-1 环境配置信息

bigdata-senior01	bigdata-senior02	bigdata-senior03
NameNode	ResourceManager	
DataNode	DataNode	DataNode
NodeManager	NodeManager	NodeManager
HistoryServer		SecondaryNameNode

1. 环境准备

这里采用先在第一台机器上解压、配置 Hadoop，然后再分发到其他两台机器上的方式来安装集群。

（1）解压 Hadoop 目录，代码如图 2-62 所示。

```
[hadoop@bigdata-senior01 modules]$ tar -xvf ~/hadoop-
3.2.2.tar.gz /opt/modules/cluster/
```

图 2-62 解压 Hadoop 目录

（2）配置 Hadoop JDK 路径，修改 Hadoop-env.sh、mapred-env.sh、yarn-env.sh 文件中的 JDK 路径，代码如图 2-63 所示。

```
export JAVA_HOME="/opt/modules/jdk1.8.0_72"
```

图 2-63 配置 Hadoop JDK 路径

（3）配置 core-site.xml，代码如图 2-64 所示。

```
[hadoop@bigdata-senior01 hadoop-3.2.2]$ vi
etc/hadoop/core-site.xml
```

```
<configuration>
    <property>
        <name>fs.defaultFS</name>
        <value>hdfs://bigdata-senior01:8020</value>
    </property>
    <property>
        <name>hadoop.tmp.dir</name>
        <value>/opt/modules/cluster/hadoop-
3.2.2/data/tmp</value>
    </property>
</configuration>
```

图 2-64 配置 core-site.xml

（4）设置 fs.defaultFS 的参数值为 NameNode 的地址。

Hadoop.tmp.dir 为 Hadoop 临时目录的地址，默认情况下，NameNode 和 DataNode 的数据文件都会存在这个目录的对应子目录下。应该保证此目录是存在的，如果不存在，则先创建。

（5）配置 hdfs-site.xml，代码如图 2-65 所示。

```
[hadoop@bigdata-senior01 hadoop-3.2.2]$ vi
etc/hadoop/hdfs-site.xml
```

```
<configuration>
    <property>
        <name>dfs.namenode.secondary.http-address</name>
        <value>bigdata-senior03:50090</value>
    </property>
</configuration>
```

图 2-65 配置 hdfs-site.xml

dfs.namenode.secondary.http-address 指定 secondaryNameNode 的 http 访问地址和端口号。因为在规划中，我们将 BigData03 规划为 secondaryNameNode 服务器，所以这里设置为 bigdata-senior03:50090。

（6）配置 slaves，代码如图 2-66 所示。

```
[hadoop@bigdata-senior01 hadoop-3.2.2]$ vi
etc/hadoop/slaves
bigdata-senior01
bigdata-senior02
bigdata-senior03
```

图 2-66 配置 slaves

slaves 文件指定 HDFS 上有哪些 DataNode。

（7）配置 yarn-site.xml，代码如图 2-67 所示。

```
[hadoop@bigdata-senior01 hadoop-3.2.2]$ vi
etc/hadoop/yarn-site.xml
```

```
    <property>
        <name>yarn.nodemanager.aux-services</name>
        <value>mapreduce_shuffle</value>
    </property>
    <property>
        <name>yarn.resourcemanager.hostname</name>
        <value>bigdata-senior02</value>
    </property>
    <property>
        <name>yarn.log-aggregation-enable</name>
        <value>true</value>
    </property>
    <property>
        <name>yarn.log-aggregation.retain-seconds</name>
        <value>106800</value>
    </property>
```

图 2-67 配置 yarn-site.xml

根据规划，yarn.resourcemanager.hostname 指定 ResourceManager 服务器指向 BigData-senior02。

yarn.log-aggregation-enable 设置是否启用日志聚集功能。

yarn.log-aggregation.retain-seconds 设置聚集的日志在 HDFS 上最多保存多长时间。

（8）配置 mapred-site.xml，代码如图 2-68 所示。

```
[hadoop@bigdata-senior01 hadoop-3.2.2]$ vi
etc/hadoop/mapred-site.xml
```

```
<property>
    <name>mapreduce.framework.name</name>
    <value>yarn</value>
</property>
<property>
    <name>mapreduce.jobhistory.address</name>
    <value>bigdata-senior01:10020</value>
</property>
<property>
    <name>mapreduce.jobhistory.webapp.address</name>
    <value>bigdata-senior01:19888</value>
</property>
```

图 2-68 配置 mapred-site.xml

mapreduce.framework.name 设置 MapReduce 任务运行在 YARN 上。

mapreduce.jobhistory.address 设置 MapReduce 的历史服务器安装在 BigData01 机器上。

mapreduce.jobhistory.webapp.address 设置历史服务器的 Web 页面地址和端口号。

2. 设置 SSH 无密码登录

Hadoop 集群中各机器之间会相互通过 SSH 访问，因为每次访问都输入密码是不现实的，所以要设置各个机器间的 SSH 是无密码登录的。

（1）在 BigData01 上生成公钥，代码如图 2-69 所示。

```
[hadoop@bigdata-senior01 hadoop-3.2.2]$ ssh-keygen -t rsa
```

图 2-69 生成公钥

一路回车，都设置为默认值，然后在当前用户的 Home 目录下的.ssh 目录中会生成公钥文件（id_rsa.pub）和私钥文件（id_rsa）。

（2）分发公钥，代码如图 2-70 所示。

```
[hadoop@bigdata-senior01 hadoop-3.2.2]$ ssh-copy-id
bigdata-senior01
[hadoop@bigdata-senior01 hadoop-3.2.2]$ ssh-copy-id
bigdata-senior02
[hadoop@bigdata-senior01 hadoop-3.2.2]$ ssh-copy-id
bigdata-senior03
```

图 2-70 分发公钥

（3）设置 BigData02、BigData03 到其他机器的无密钥登录。

同样，在 BigData02、BigData03 上生成公钥和私钥后，将公钥分发到三台机器上。

3. 分发 Hadoop 文件

（1）在其他两台机器上创建存放 Hadoop 的目录，代码如图 2-71 所示。

```
[hadoop@bigdata-senior02 hadoop-3.2.2]$ mkdir -p
/opt/modules/cluster/
[hadoop@bigdata-senior03 hadoop-3.2.2]$ mkdir -p
/opt/modules/cluster/
```

图 2-71 创建存放 Hadoop 的目录

（2）通过 SCP 分发。

SCP 分发代码及结果如图 2-72 所示。Hadoop 根目录下的 share/doc 目录下存储的是 Hadoop 相关文件，这个 doc 目录占用的硬盘空间相当大，一般在 1.5GB 以上，建议在分发之前将这个目录删除，以节省硬盘空间并提高分发的速度。

```
[hadoop@bigdata-senior01 hadoop-3.2.2]$ scp -r
/opt/modules/cluster bigdata-senior02:/opt/modules
[hadoop@bigdata-senior01 hadoop-3.2.2]$ scp -r
/opt/modules/cluster bigdata-senior03:/opt/modules
```

图 2-72　SCP 分发代码及结果

4. 格式化 NameNode

在 NameNode 机器上执行格式化，代码如图 2-73 所示。

```
[hadoop@bigdata-senior01 hadoop-3.2.2]$ bin/hdfs namenode
-format
```

图 2-73　格式化 NameNode

注意：

如果需要重新格式化 NameNode，则先将原有 NameNode 和 DataNode 下的文件全部删除，不然会报错。在 core-site.xml 文件中，**dfs.namenode.name.dir**、**dfs.datanode.data.dir** 属性字段可分别设置为 NameNode 和 DataNode 的目录路径值。

core-site.xml 配置信息如图 2-74 所示。

```
<property>
    <name>fs.defaultFS</name>
    <value>hdfs://bigdata-senior01:8020</value>
</property>
<property>
    <name>hadoop.tmp.dir</name>
    <value>/opt/modules/cluster/hadoop-
3.2.2/data/tmp</value>
</property>
```

图 2-74　core-site.xml 配置信息

每次格式化都默认创建一个集群 ID，并写入 NameNode 和 DataNode 的 VERSION 文件（VERSION 文件所在目录为 dfs/name/current 和 dfs/data/current）中，重新格式化时，会默认生成一个新的集群 ID，如果不删除原有目录，则会导致 NameNode 中的 VERSION 文件中是新的集群 ID，而 DataNode 中是旧的集群 ID，不一致时会报错。

另一种方法是格式化时指定集群 ID 参数，指定为旧的集群 ID。

5. 启动集群

（1）启动 HDFS，代码及结果如图 2-75 所示。

```
[hadoop@bigdata-senior01 hadoop-3.2.2]$
/opt/modules/cluster/hadoop-3.2.2/sbin/start-dfs.sh
Starting namenodes on [bigdata-senior01]
Starting datanodes
Starting secondary namenodes [bigdata-senior03]
```

图 2-75　启动 HDFS

（2）启动 YARN，代码如图 2-76 所示。

```
[hadoop@bigdata-senior01 hadoop-3.2.2]$
/opt/modules/cluster/hadoop-3.2.2/sbin/start-yarn.sh
Starting resourcemanager
Starting nodemanagers
```

图 2-76　启动 YARN

（3）在 BigData02 上启动 ResourceManager，代码及结果如图 2-77 所示。

```
[hadoop@bigdata-senior02 hadoop-3.2.2]$
/opt/modules/cluster/hadoop-3.2.2/bin/yarn --daemon start
resourcemanager
```

图 2-77　启动 ResourceManager

（4）启动日志服务器。

因为我们规划的是在 BigData01 服务器上运行 MapReduce 日志服务，所以要在 BigData01 上启动，代码及结果如图 2-78 所示。

```
[hadoop@bigdata-senior01 hadoop-3.2.2]$
/opt/modules/cluster/hadoop-3.2.2/bin/mapred --daemon
start historyserver
```

图 2-78　启动日志服务器

（5）查看 HDFS Web 页面。

http://bigdata-senior01:50070/

（6）查看 YARN Web 页面。

http://bigdata-senior02:8088/cluster

6. 测试 Job

我们在这里采用 Hadoop 自带的 WordCount 例子，在集群模式下测试运行 MapReduce 程序。

（1）准备 MapReduce 输入文件 wc.input，代码如图 2-79 所示。

```
[hadoop@bigdata-senior01 hadoop-3.2.2]$ cat
/opt/data/wc.input
Hadoop mapreduce hivehbase spark stormsqoop Hadoop
hivespark Hadoop
```

图 2-79　准备 MapReduce 输入文件 wc.input

（2）在 HDFS 中创建输入目录 input，代码如图 2-80 所示。

```
[hadoop@bigdata-senior01 hadoop-3.2.2]$ bin/hdfs dfs -
mkdir /input
```

图 2-80　创建输入目录 input

（3）将 wc.input 上传到 HDFS，代码如图 2-81 所示。

```
[hadoop@bigdata-senior01 hadoop-3.2.2]$ bin/hdfs dfs -put
/opt/data/wc.input /input/wc.input
```

图 2-81　将 wc.input 上传到 HDFS

（4）运行 Hadoop 自带的 MapReduce Demo 程序，代码及结果如图 2-82 所示。

```
[hadoop@bigdata-senior01 hadoop-3.2.2]$ bin/yarn jar share/hadoop/mapreduce/hadoop-mapreduce-ex
 wordcount /input/wc.input /output2
2021-01-22 22:27:40,636 INFO client.RMProxy: Connecting to ResourceManager at bigdata-senior02/
032
2021-01-22 22:27:41,192 INFO mapreduce.JobResourceUploader: Disabling Erasure Coding for path:
/staging/hadoop/.staging/job_1611325103623_0001
2021-01-22 22:27:41,975 INFO input.FileInputFormat: Total input files to process : 1
2021-01-22 22:27:42,468 INFO mapreduce.JobSubmitter: number of splits:1
2021-01-22 22:27:43,022 INFO mapreduce.JobSubmitter: Submitting tokens for job: job_16113251036
2021-01-22 22:27:43,024 INFO mapreduce.JobSubmitter: Executing with tokens: []
2021-01-22 22:27:43,236 INFO conf.Configuration: resource-types.xml not found
2021-01-22 22:27:43,236 INFO resource.ResourceUtils: Unable to find 'resource-types.xml'.
2021-01-22 22:27:43,508 INFO impl.YarnClientImpl: Submitted application application_16113251036
2021-01-22 22:27:43,579 INFO mapreduce.Job: The url to track the job: http://bigdata-senior02:8
ation_1611325103623_0001/
2021-01-22 22:27:43,580 INFO mapreduce.Job: Running job: job_1611325103623_0001
2021-01-22 22:27:51,701 INFO mapreduce.Job: Job job_1611325103623_0001 running in uber mode : f
2021-01-22 22:27:51,702 INFO mapreduce.Job:  map 0% reduce 0%
2021-01-22 22:27:56,762 INFO mapreduce.Job:  map 100% reduce 0%
2021-01-22 22:28:00,802 INFO mapreduce.Job:  map 100% reduce 100%
2021-01-22 22:28:01,813 INFO mapreduce.Job: Job job_1611325103623_0001 completed successfully
2021-01-22 22:28:01,918 INFO mapreduce.Job: Counters: 54
```

图 2-82　运行 Hadoop 自带的 MapReduce Demo 程序

（5）查看输出文件，代码及结果如图 2-83 所示。

```
[hadoop@bigdata-senior01 hadoop-3.2.2]$ bin/hdfs dfs -ls
/output2
Found 2 items
-rw-r--r--   3 hadoop supergroup          0 2021-01-22
22:27 /output2/_SUCCESS
-rw-r--r--   3 hadoop supergroup         66 2021-01-22
22:27 /output2/part-r-00000
```

图 2-83　查看输出文件

习　　题

1．试述 Hadoop 核心组件及各组件的特点。

2．试述 Hadoop 安装的几种模式，并介绍各种模式的特点。

3．试述 Hadoop 生态系统及其组件的具体功能。

4．完成虚拟机环境的设置，如网络设置、JDK 安装、SSH 权限设置等。

5．熟悉 Hadoop 几种模式的安装步骤并做相关实验。

参 考 文 献

[1] BORTHAKUR D. File System/Storage Management[EB/OL]. [2019-10-19]. http://hadoop.apache.org/common/docs/r0.20.1/hdfs_design.pdf.

[2] 尧炜，马又良. 浅析 Hadoop 1.0 与 2.0 设计原理[J]. 邮电设计技术，2014（7）：37-42.

[3] 李港，刘玉程. Hadoop 的两大核心技术 HDFS 和 MapReduce[J]. 电子技术与软件工程，2018（7）：180.

[4] JEFFREY D, SANJAY G, USENIX Association. MapReduce: Simplified Data Processing on Large Clusters[C]. //Proceedings of the Sixth Symposium on Operating Systems Design and Implementation (OSDI’04). 2004：137-149.

[5] 刘刚. Hadoop 应用开发技术详解（大数据技术丛书）[M]. 北京：机械工业出版社，2014.

[6] 范东来. Hadoop 海量数据处理[M]. 北京：人民邮电出版社，2015.

[7] 王鹏，李俊杰，谢志明，等. 云计算和大数据技术：概念、应用与实战[M]. 北京：人民邮电出版社，2016.

[8] JUNQUEIRA F, REED B. ZooKeeper[M]. 北京：机械工业出版社，2016.

[9] 蒲志明. 云平台中日志管理模块的研究与实现[D]. 电子科技大学，2017.

[10] 哈里. Flume：构建高可用、可扩展的海量日志采集系统[M]. 马延辉，等译. 北京：电子工业出版社，2015.

[11] The Apache Software Foundation. Welcome to Apache Flume[EB/OL]. [2020-12-1]. http://flume.apache.org/.

[12] 王成光. 分布式实时计算框架原理及实践案例[M]. 北京：电子工业出版社，2016.

[13] 耿嘉安. 深入理解 Spark：核心思想与源码分析[EB/OL]. [2020-11-20]. https://yq.aliyun.com/articles/107748.

[14] 丁维龙，赵卓峰，韩燕波. Storm：大数据流式计算及应用实践[M]. 北京：电子工业出版社，2015.

[15] 曹世宏. Storm 技术原理[EB/OL]. [2020-12-1]. https://blog.csdn.net/qq_38265137/article/details/80547695.

[16] 快速入门 Apache Flink[EB/OL]. [2019-06-26]. https://zhuanlan.zhihu.com/p/70866059.

[17] 大数据技术之路. Flink 基本介绍及框架原理[EB/OL]. [2019-08-05]. https://zhuanlan.zhihu.com/p/76761474.

[18] 周维. Hadoop 2.0-YARN 核心技术实践[M]. 北京：清华大学出版社，2015.

[19] 冈纳拉森. Hadoop MapReduce v2 参考手册[M]. 南京：东南大学出版社，2016.

[20] 加里. Hadoop 基础教程[M]. 张治起，译. 北京：人民邮电出版社，2014.

第 3 章　大数据采集

大数据的来源多种多样，在大数据时代背景下，如何从大数据中采集出有用的信息是大数据发展的最关键因素。大数据采集是大数据产业的基石，大数据采集阶段的工作是大数据的核心技术之一。为了高效采集大数据，依据采集环境及数据类型选择适当的大数据采集方法及平台至关重要。

本章首先介绍数据采集与大数据采集的区别、大数据的来源、大数据采集的概念和分类等；然后重点介绍大数据采集的方法，Flume、Fluentd、Logstash、Chukwa、Scribe、Splunk、Scrapy 等常用的大数据采集工具及平台，以及网络爬虫技术；最后通过实战说明如何利用这些技术、方法、工具及平台采集大数据。

大数据采集导览如图 3-1 所示。

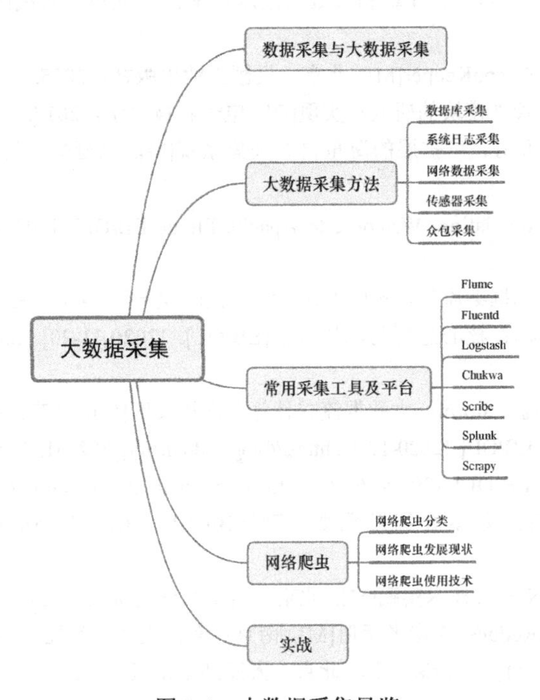

图 3-1　大数据采集导览

3.1　数据采集与大数据采集

数据包括 RFID（Radio Frequency Identification，射频识别）数据、传感器数据、用户行

为数据、社交网络交互数据、移动互联网数据等各种类型的结构化、半结构化、非结构化的海量数据。数据获取主要有三种来源：对现实世界的测量、人类的记录、计算机生成[1]。数据源的种类多，数据的类型繁杂，数据量大，并且产生的速度快，传统的数据采集方法完全无法胜任目前的数据采集工作。据调查显示，未被使用的数据信息比例高达 99.4%，主要是因为无法获取、采集高价值的数据信息[2]。

3.1.1 数据采集

数据采集又称数据获取，是指从传感器、其他待测设备等模拟和数字被测单元中自动采集非电量或者电量信号，送到上位机中进行分析、处理。被采集数据是已被转换为电信号的各种物理量，如温度、水位、风速、压力等，可以是模拟量，也可以是数字量。

采集指隔一定时间（称为采样周期）对同一点数据重复采集。采集的数据大多是瞬时值，也可是某段时间内的一个特征值。准确的数据测量是数据采集的基础。数据测量方法有接触式和非接触式。检测元件多种多样。无论哪种方法和元件，均以不影响被测对象状态和测量环境为前提，以保证数据的正确性。

数据采集系统是结合基于计算机或者其他专用测试平台的测量软硬件产品来实现灵活、用户自定义测量的系统。尽管数据采集系统根据不同的应用需求有不同的定义，但各个系统采集、分析和显示信息的目的都相同。数据采集系统整合了信号、传感器、激励器、信号调理、数据采集设备和应用软件等。数据采集技术广泛应用在各个领域中。

目前，在工业领域中主要使用传统的 SCADA（Supervisory Control And Data Acquisition，监控与数据采集）系统来进行数据采集[3]。SCADA 系统是基于现代信息技术发展起来的生产过程监控与调度自动化系统。例如，实时采集来自生产线的产量数据或不良品的数量，或生产线的故障类型（如停线、缺料、品质差），并传输到数据库系统中。

生产现场数据采集是保障品质过程中非常重要的一个环节，好的数据采集方案可把品质管理人员从处理数据的繁重工作中解放出来，有更多的时间去解决实际的品质问题，同时即时的数据采集也使系统真正地实现实时监控，尽早发现问题，避免更大的损失。

传统的数据采集来源单一，且存储、管理和分析数据量也相对较小，大多采用关系型数据库和并行数据仓库即可处理。在依靠并行计算提升数据处理速度方面，传统的并行数据库技术追求的是高度一致性和容错性，因而难以保证其可用性和扩展性。

3.1.2 大数据采集及数据来源

大数据采集是指从传感器和智能设备、企业在线系统、企业离线系统、社交网络和互联网平台等获取数据的过程。

大数据采集主要指基于互联网上的大数据采集。互联网上的数据类型不仅呈现多样性，而且设计领域广泛、内容繁杂，其中包括教育、政治、医学、传媒、商业、工业、农业等，因此不同的个人和企业基于不同的背景有着不同的数据需求。大数据不仅包含结构化数据，还包含非结构化数据，即地理位置信息、视频、网络日志、文本、图片、音频等。

在大数据体系中，传统数据分为业务数据和行业数据。在传统数据体系中没有考虑过的新数据源包括内容数据、线上行为数据和线下行为数据三大类。在传统数据体系和新数据体系中，数据共分为以下 5 种。

（1）业务数据：消费者数据、客户关系数据、库存数据、账目数据等。

（2）行业数据：车流量数据、能耗数据、PM2.5 数据等。

（3）内容数据：应用日志、电子文档、机器数据、语音数据、社交媒体数据等。

（4）线上行为数据：页面数据、交互数据、表单数据、会话数据、反馈数据等。

（5）线下行为数据：车辆位置和轨迹、用户位置和轨迹、动物位置和轨迹等。

大数据的主要来源如下。

（1）企业系统：客户关系管理系统、企业资源计划系统、库存系统、销售系统等。

（2）机器系统：智能仪表、工业设备传感器、智能设备、视频监控系统等。

（3）互联网系统：电商系统、服务行业业务系统、政府监管系统等。

（4）社交系统：微信、QQ、微博、博客、新闻网站、朋友圈等。

机器系统产生的数据主要通过智能仪表和传感器获取行业数据，通过各类监控设备获取人、动物和物体的位置和轨迹信息。

互联网系统产生的相关业务数据和线上行为数据有用户的反馈和评价信息、用户购买的产品和品牌信息等。社交系统产生大量的内容数据，如博客与照片等，以及线上行为数据。因此，大数据采集与传统数据采集有很大的区别。

3.1.3 传统数据采集与大数据采集的区别

从数据源方面来看，传统数据采集的数据源单一，就是从传统企业的客户关系管理系统、企业资源计划系统及相关业务系统中获取数据，而大数据采集系统还需要从社交系统、互联网系统及各种类型的机器设备上获取数据。

从数据量方面来看，互联网系统和机器系统产生的数据量要远远大于企业系统的数据量。

从数据结构方面来看，传统数据采集系统采集的数据都是结构化数据，而大数据采集系统需要采集大量的视频、音频、照片等非结构化数据，以及网页、博客、日志等半结构化数据。

从数据产生速度来看，传统数据采集的数据几乎都是由人操作生成的，远远低于机器生成数据的效率。因此，传统数据采集的方法和大数据采集的方法也有本质区别。

因此，大数据采集与传统数据采集既有其相关性，也有显著的区别。为提高采集数据的可靠性和有效性，在采集大数据时需要考虑具体采集环境及数据类型等因素，选择适当的方式、方法及工具。

3.1.4 大数据采集分类

大数据采集按照采集方式的不同主要分为四类，分别是离线采集、实时采集、互联网采集、其他采集方法[4]。

1．离线采集

在数据仓库的语境下，ETL 基本上就是大数据采集的代表，包括数据的抽取（Extract）、转换（Transform）和加载（Load）。在转换的过程中，需要针对具体的业务场景对数据进行治理，例如进行非法数据监测与过滤、格式转换与数据规范化、数据替换、保证数据完整性等。工具：ETL。

2．实时采集

实时采集主要用在考虑流处理的业务场景，例如用于记录数据源的执行的各种操作活动（如 Web 服务器记录的用户访问行为）。这个过程类似传统的 ETL，但它是流式处理方式，而非定时地批处理 Job，这些工具均采用分布式架构，能满足数百 MB 每秒的日志数据采集和传输需求。工具：Flume/Kafka。

3．互联网采集

代表工具有 Scribe、Crawler、DPI 等。Scribe[5]是由 Facebook 开发的数据（日志）收集系统，又称为网页蜘蛛、网络机器人，是一种按照一定的规则，自动地抓取万维网信息的程序或者脚本，它支持图片、音频、视频等文件或附件的采集。除网络中包含的内容外，对于网络流量的采集可以使用 DPI 或 DFI 等带宽管理技术进行处理。

4．其他采集方法

对于企业生产经营数据中的客户数据、财务数据等保密性要求较高的数据，可以通过与数据技术服务商合作，使用特定系统接口等相关方式采集数据，如八度云计算信息技术有限公司的 BDSaaS。

3.2　大数据采集方法

数据采集是指从真实世界对象中获得原始数据的过程。不准确的数据采集将影响后续的数据处理并最终得到无效的结果。数据采集方法的选择不但要依赖数据源的物理性质，还要考虑数据分析的目标。

大数据采集过程的主要特点和挑战是并发数高，因为同时可能会有成千上万个用户在进行访问和操作，例如火车票售票网站和淘宝的并发访问量在峰值时可达到上百万条，所以在采集端需要部署大量数据库才能对其提供支撑，并且在这些数据库之间进行负载均衡与分片需要深入的思考和设计。

根据数据采集模式的不同，数据采集方法又可以大致分为以下两大类。

（1）基于拉（Pull-based）的方法，数据由集中式或分布式代理主动收集。

（2）基于推（Push-based）的方法，数据由源或第三方推向数据汇聚点。

表 3-1 对传感器、日志文件、网络爬虫三种数据采集方法进行了比较。日志文件是最

简单的数据采集方法，但是只能收集相对一小部分结构化数据。网页爬虫是最灵活的数据采集方法，可以获得巨量的结构复杂的数据。

表 3-1 三种数据采集方法的比较

方法	模式	数据结构	数据规模	复杂度	应用
传感器	Pull	结构化或非机构化	中等	复杂	视频监督，盘点管理
日志文件	Push	结构化或半结构化	小	容易	网页日志，点击流
网络爬虫	Pull	混合	大	中等	搜索，社会网络分析

根据数据源的不同，大数据采集方法也不相同。但是，为了能够满足大数据采集的需要，大数据在采集时都使用了大数据的处理模式，即 MapReduce 分布式并行处理模式或基于内存的流式处理模式。针对四种不同的数据源，下面介绍四种常用的大数据采集[6]。

3.2.1 数据库采集

实现数据的采集汇聚，开放数据库是最直接的一种方式。两个系统分别有各自的数据库，同类型的数据库之间是比较方便的。

（1）如果两个系统的数据库在同一个服务器上，只要用户名设置没有问题，就可以直接相互访问，在表单后将其数据库名称及表的架构所有者加上即可。

（2）如果两个系统的数据库不在一个服务器上，建议采用链接服务器的形式处理，或者使用开放集和开放数据源的方式，这需要对数据库的访问进行外围服务器的配置。

传统企业会使用传统的关系型数据库 MySQL 和 Oracle 等来存储每笔事务数据。在大数据时代，Redis、MongoDB 和 HBase 等 NoSQL 数据库也常用于大数据采集。企业通过在采集端部署大量数据库，并在这些数据库之间进行负载均衡和分片，来完成大数据采集工作。

3.2.2 系统日志采集

日志是广泛使用的数据采集方法之一，由数据源系统产生，以特殊的文件格式记录系统的活动。几乎所有在数字设备上运行的应用使用日志文件都是非常有用的。例如，Web 服务器通常要在访问日志文件中记录网站用户的点击、键盘输入、访问行为及其他属性。有三种类型的 Web 服务器日志文件格式用于捕获用户在网站上的活动：通用日志文件格式（NCSA）、扩展日志文件格式（W3C）和 IIS 日志文件格式（Microsoft）。所有日志文件格式都是 ASCII 文本格式。数据库也可以用来替代文本文件存储日志信息，以提高海量日志仓库的查询效率。其他基于日志文件的数据采集还包括金融应用的股票记账和网络监控的性能测量及流量管理等。

和物理传感器相比，日志文件可以看成“软件传感器”，许多用户实现的数据采集软件属于这一类。系统日志采集主要收集公司业务平台日常产生的大量日志数据，供离线和在线的大数据分析系统使用。

高可用性、高可靠性、可扩展性是日志采集系统所具有的基本特征。系统日志采集工具均采用分布式架构，能够满足数百 MB 每秒的日志数据采集和传输需求。

3.2.3 网络数据采集

网络数据采集是指通过网络爬虫或网站公开 API 等方式从网站上获取数据信息的过程。互联网的网页大数据采集和处理的整体过程包含四个主要模块：Web 爬虫（Spider）、数据处理（Data Process）、爬取 URL 队列（URL Queue）和数据。

网络爬虫会从一个或若干个初始网页的 URL 开始，获得各个网页上的内容，并且在抓取网页的过程中，不断从当前页面上抽取新的 URL 放入队列，直到满足设置的停止条件为止。这样可将非结构化数据、半结构化数据从网页中提取出来，存储在本地的存储系统中。

爬虫是指为搜索引擎下载并存储网页的程序。爬虫顺序地访问初始队列中的一组 URL，并为所有 URL 分配一个优先级。爬虫从队列中获得具有一定优先级的 URL，下载该网页，随后解析网页中包含的所有 URL 并添加这些新的 URL 到队列中。这个过程一直重复，直到爬虫程序停止为止。Web 爬虫是网站应用如搜索引擎和 Web 缓存的主要数据采集方式。数据采集过程由选择策略、重访策略、礼貌策略及并行策略决定。选择策略决定哪个网页将被访问，重访策略决定何时检查网页是否更新，礼貌策略防止过度访问网站，并行策略用于协调分布的爬虫程序。传统的 Web 爬虫应用已较为成熟，已有不少有效的方案。随着更丰富、更先进的 Web 应用的出现，一些新的爬虫机制已被用于爬取富互联网应用的数据。除了上述方法，还有许多和领域相关的数据采集方法和系统。

3.2.4 传感器采集

传感器常用于测量物理环境变量并将其转化为可读的数字信号以待处理。传感器包括声音、振动、化学、电流、天气、压力、温度和距离等类型的传感器。通过有线或无线网络，信息被传送到数据采集点。

有线传感器网络通过网线收集传感器的信息，这种方式适用于传感器易于部署和管理的场景。无线传感器网络利用无线网络作为信息传输的载体，适用于没有能量或通信的基础设施的场合。无线传感器网络通常由大量微小传感器节点构成，微小传感器由电池供电，被部署在应用指定的地点收集感知数据。当节点部署完成后，基站将发布网络配置/管理或收集命令，来自不同节点的感知数据将被汇集并转发到基站以待处理。

基于传感器的数据采集系统被认为是一个信息物理系统。实际上，在科学实验中许多用于收集实验数据的专用仪器（如磁分光计、射电望远镜等），可以看成特殊的传感器。从这个角度看，实验数据采集系统同样是一个信息物理系统。

3.2.5 众包采集

“众包”[2]出现在 2006 年，即任务外包给“分布式”的一群人“围观”，这些人被普遍认为是非专家，通过网络登录，这些众包平台可接受和完成任务。

将收集数据的任务外包给其他用户来完成，通过大量参与的用户来获取恰当数据。如果以普通用户的移动设备作为基本感知单元，通过网络通信形成感知网络，从而实现感知任务分发与感知数据收集，完成大规模、负责的社会感知任务，则称为群智感知。例如，要发现某地所有的理发店，可以通过众包平台，让大量的用户使用手机拍摄理发店并发送定位。

3.3 常用采集工具及平台

本节介绍目前常用的大数据采集工具及平台，如 Flume、Fluentd、Logstash、Chukwa、Scribe、Splunk、Scrapy 等。

3.3.1 Flume

Flume[7]作为 Hadoop 的组件，是由 Cloudera 专门研发的分布式日志收集系统。尤其近几年随着 Flume 的不断完善，用户在开发过程中使用的便利性得到很大的改善，Flume 现已成为 Apache Top 项目之一。

Flume 提供了从 Console（控制台）、RPC（Thrift-RPC）、Text（文件）、Tail（UNIX Tail）、Syslog、Exec（命令执行）等数据源上收集数据的能力。

Flume 采用了多 Master 的方式。为了保证配置数据的一致性，Flume 引入了 ZooKeeper，用于保存配置数据。ZooKeeper 本身可保证配置数据的一致性和高可用性。另外，在配置数据发生变化时，ZooKeeper 可以通知 Flume Master 节点。Flume Master 节点之间使用 Gossip 协议同步数据。

Flume 针对特殊场景也具备良好的自定义扩展能力，因此 Flume 适用于大部分的日常数据采集场景。因为 Flume 使用 JRuby 来构建，所以依赖 Java 运行环境。Flume 设计成一个分布式的管道架构，可以看成在数据源和目的地之间有一个 Agent 的网络，支持数据路由。

每个 Agent 都由 Source、Channel 和 Sink 组成，如图 3-2 所示。

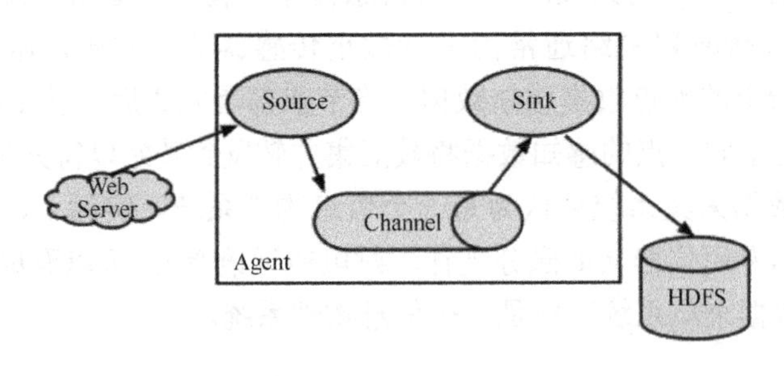

图 3-2 单个 Agent 工作原理

Source 负责接收输入数据，并将数据写入管道。Flume 的 Source 支持 HTTP、JMS、RPC、NetCat、Exec、Spooling Directory。其中，Spooling 支持监视一个目录或者文件，解析其中新生成的事件。Flume 的 Source 既可以通过操作系统命令直接读取数据，也可通过监听的方式定期采集目录下的新增日志文件。

Channel 存储、缓存从 Source 到 Sink 的中间数据。可使用不同的配置来做 Channel，例如内存、文件、JDBC 等。使用内存性能高但不持久，有可能丢数据。使用文件更可靠，但性能不如内存。

Sink 负责从管道中读出数据并发给下一个 Agent 或者最终的目的地。Sink 支持的不同目的地种类包括 HDFS、HBase、Solr、ElasticSearch、File、Logger 或者其他 Flume Agent。

Flume 在 Source 和 Sink 端都使用了 Transaction 机制以保证在数据传输中没有数据丢失。Source 上的数据可以复制到不同的通道上。复杂 Flume 工作架构如图 3-3 所示。每个 Channel 也可以连接不同数量的 Sink。这样连接不同配置的 Agent 就可以组成一个复杂的数据收集网络。通过对 Agent 的配置，可以组成一个路由复杂的数据传输网络。

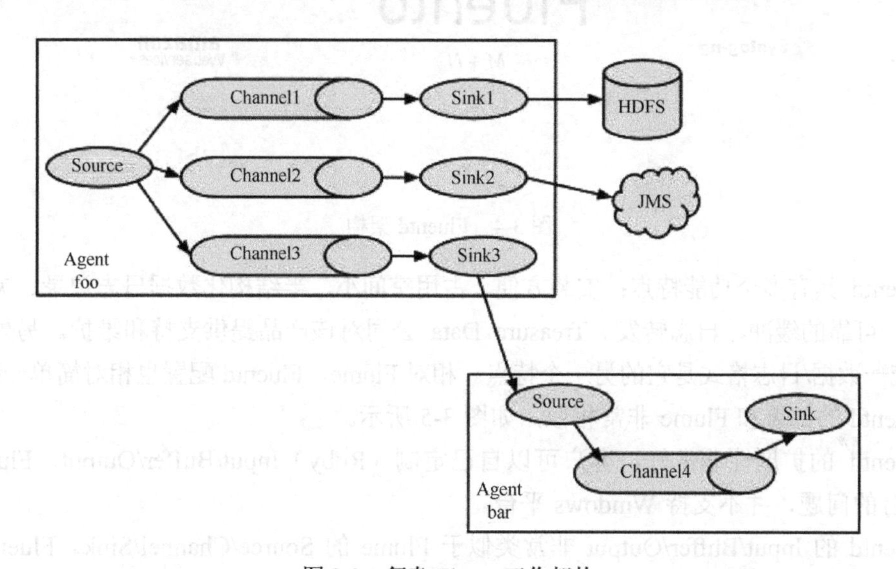

图 3-3　复杂 Flume 工作架构

Flume 支持设置 Sink 的 Failover 和加载平衡，这样就可以保证在有一个 Agent 失效的情况下，整个系统仍能正常收集数据。Flume 中传输的内容定义为事件（Event），事件由 Headers（包含元数据，即 Meta Data）和 Payload 组成。

Flume 提供 SDK，可以支持用户定制开发。Flume 客户端负责在事件产生的源头把事件发送给 Flume 的 Agent。客户端通常和产生数据源的应用在同一个进程空间。常见的 Flume 客户端有 Avro、Log4J、Syslog 和 HTTP Post。另外，ExecSource 支持指定一个本地进程的输出作为 Flume 的输入。当然，很有可能以上的这些客户端都不能满足需求，用户可以定制客户端，和已有的 Flume 的 Source 进行通信，或者定制实现一种新的 Source 类型。同时，用户可以使用 Flume 的 SDK 定制 Source 和 Sink，但似乎不支持定制的 Channel。

3.3.2 Fluentd

Fluentd 是另一个开源的数据收集架构，如图 3-4 所示。Fluentd 使用 C/Ruby 开发，使用 JSON 文件来统一日志数据。通过丰富的插件，可以收集来自各种系统或应用的日志，然后根据用户定义将日志做分类处理。通过 Fluentd，可以非常轻易地实现像追踪日志文件并将其过滤后转存到 MongoDB 这样的操作。Fluentd 可以彻底地把人从烦琐的日志处理中解放出来。

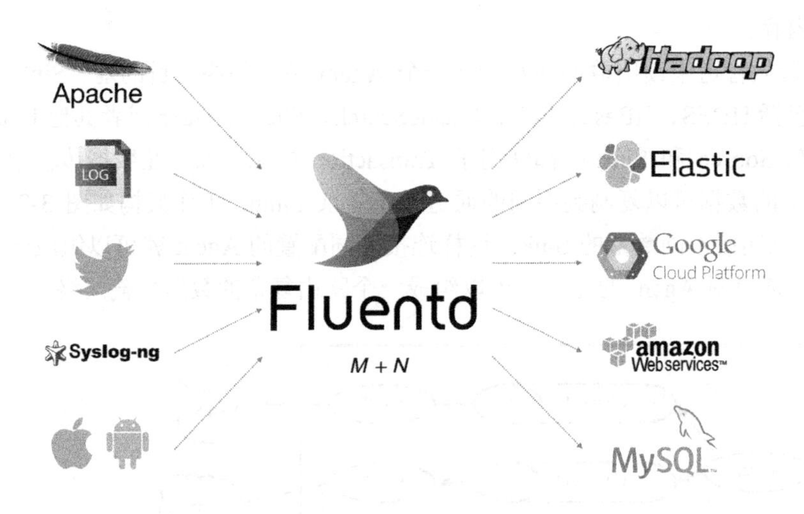

图 3-4　Fluentd 架构

Fluentd 具有多个功能特点：安装方便、占用空间小、半结构化数据日志记录、灵活的插件机制、可靠的缓冲、日志转发。Treasure Data 公司对该产品提供支持和维护。另外，采用 JSON 统一数据/日志格式是它的另一个特点。相对 Flume，Fluentd 配置也相对简单一些。

Fluentd 的部署和 Flume 非常相似，如图 3-5 所示。

Fluentd 的扩展性非常好，客户可以自己定制（Ruby）Input/Buffer/Output。Fluentd 具有跨平台的问题，并不支持 Windows 平台。

Fluentd 的 Input/Buffer/Output 非常类似于 Flume 的 Source/Channel/Sink。Fluentd 架构如图 3-6 所示。

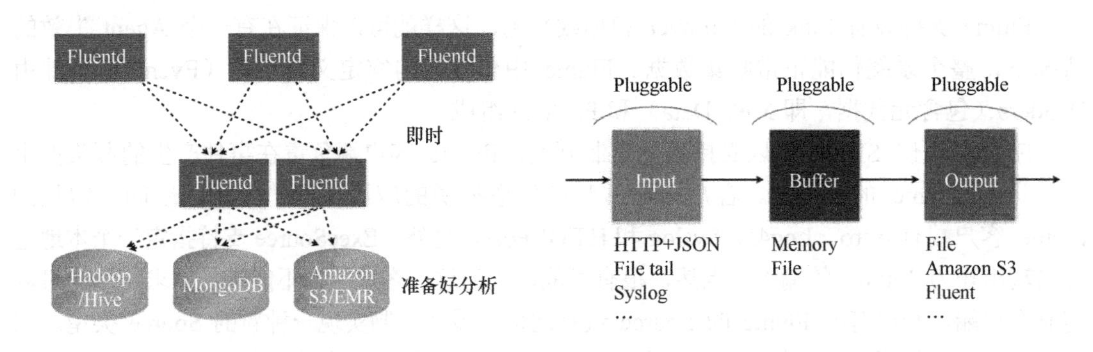

图 3-5　Fluentd 的部署　　　　图 3-6　Fluentd 架构

Input 负责接收数据或者主动抓取数据，支持 Syslog、HTTP、File tail 等。

Buffer 负责数据获取的性能和可靠性，也可以配置文件或内存等不同类型的 Buffer。

Output 负责输出数据到目的地，如文件、AWS S3 或者其他 Fluentd。

Fluentd 的配置非常方便，其界面如图 3-7 所示。

Fluentd 技术栈如图 3-8 所示。MessagePack 提供 JSON 的序列化和异步的并行通信 RPC 机制。Cool.io 是基于 Libev 的事件驱动架构。

```
# read logs from a file                 # forward other logs to servers
<source>                                # (load-balancing + fail-over)
  type tail                             <match **>
  path /var/log/httpd.log                 type forward
  format apache                           <server>
  tag apache.access                         host 192.168.0.11
</source>                                   weight 20
                                          </server>
# save access logs to MongoDB             <server>
<match apache.access>                       host 192.168.0.12
  type mongo                                weight 60
  host 127.0.0.1                          </server>
</match>                                </match>
```

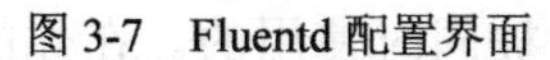

图 3-7　Fluentd 配置界面

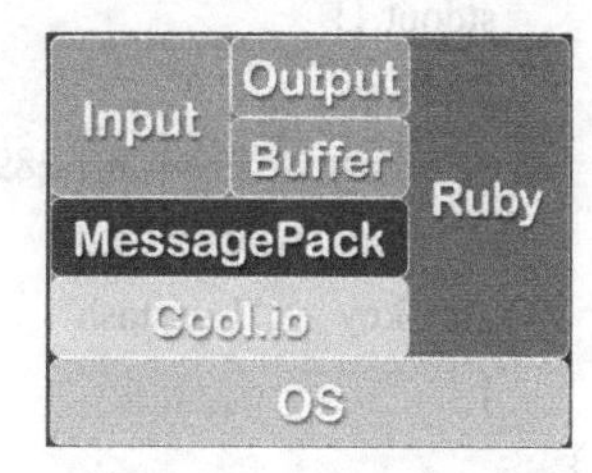

图 3-8　Fluentd 技术栈

3.3.3　Logstash

Logstash[8]是著名的开源数据栈 ELK（ElasticSearch，Logstash，Kibana）中的那个 L。因为 Logstash 用 JRuby 开发，所以运行时依赖 JVM。Logstash 的部署架构如图 3-9 所示，当然这只是一种部署的选项。

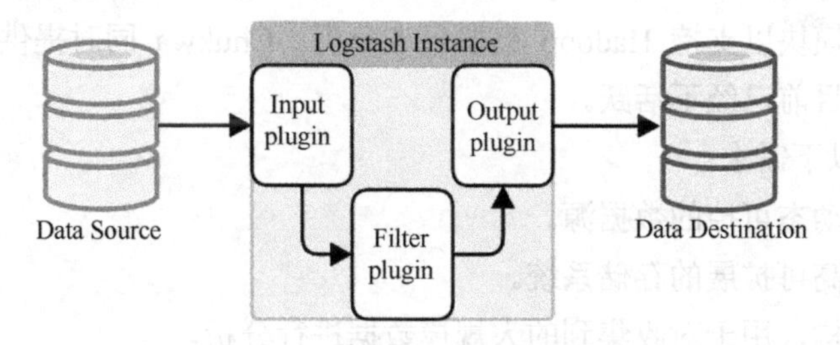

图 3-9　Logstash 的部署架构

一个典型的 Logstash 的配置如下，包括 Input、Filter 的 Output 的设置。

```
input {
    file {
        type =>"Apache-access"
        path =>"/var/log/Apache2/other_vhosts_access.log"
    }
    file {
        type =>"pache-error"
        path =>"/var/log/Apache2/error.log"
    }
}
filter {
    grok {
        match => {"message"=>"%(COMBINEDApacheLOG)"}
    }
    date {
```

```
            match => {"timestamp"=>"dd/MMM/yyyy:HH:mm:ss Z"}
        }
    }
    output  {
        stdout {}
        Redis {
            host=>"192.168.1.289"
            data_type => "list"
            key => "Logstash"
        }
    }
```

几乎在大部分的情况下，ELK 作为一个栈是被同时使用的。在你的数据系统使用 ElasticSearch 的情况下，Logstash 是首选。

3.3.4 Chukwa

Chukwa[9]是 Apache 旗下另一个开源的数据收集平台，它远没有其他几个有名。Chukwa 基于 Hadoop 的 HDFS 和 MapReduce 来构建（用 Java 来实现），提供扩展性和可靠性。它提供了很多模块以支持 Hadoop 集群日志分析。Chukwa 同时提供对数据的展示、分析和监视。该项目目前已经不活跃。

Chukwa 适应以下需求：

（1）灵活的、动态可控的数据源。

（2）高性能、高可扩展的存储系统。

（3）合适的架构，用于对收集到的大规模数据进行分析。

Chukwa 架构如图 3-10 所示。

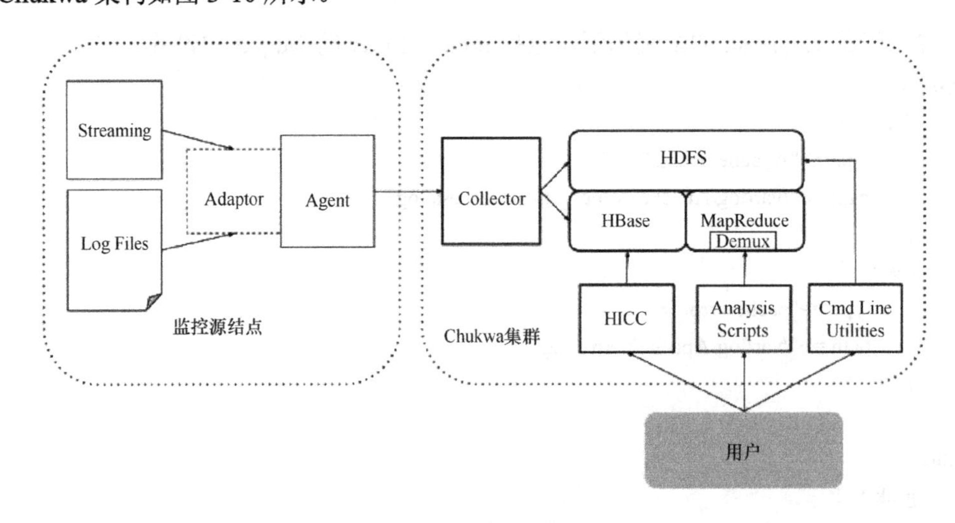

图 3-10　Chukwa 架构

Chukwa 中主要有 3 种角色：Adaptor、Agent、Collector。

Adaptor 数据源可封装其他数据源，如 File、UNIX 命令行工具等。目前可用的数据源有 Hadoop log。

Chukwa 采用 HDFS 作为存储系统。HDFS 的设计初衷是支持大文件存储和低并发高速率的应用场景，而日志系统的特点恰好相反，它需支持高并发低速率的写和大量小文件的存储。需要注意的是，直接写到 HDFS 上的小文件是不可见的，直到关闭文件。另外，HDFS 不支持文件重新打开。

为了克服上述问题，增加了 Agent 和 Collector 阶段。

Agent 的作用：给 Adaptor 提供各种服务，包括启动和关闭 Adaptor，将数据通过 HTTP 传递给 Collector；定期记录 Adaptor 状态，以便崩溃（crash）后恢复。

Collector 的作用：先将多个数据源发过来的数据进行合并，然后加载到 HDFS 中；隐藏 HDFS 实现的细节，如 HDFS 版本更换后，只需要修改 Collector 即可。

直接支持利用 MapReduce 处理数据。Chukwa 内置了两个 MapReduce 作业，分别用于获取数据和将数据转化为结构化日志。日志可以存储到数据库或者 HDFS 等。

3.3.5　Scribe

Scribe[10]是 Facebook 开发的数据（日志）收集系统。其官网已经多年不维护。Scribe 为日志的“分布式收集，统一处理”提供了一个可扩展的，高容错的方案。当中央存储系统的网络或者机器出现故障时，Scribe 会将日志转存到本地或者另一个位置；当中央存储系统恢复后，Scribe 会将转存的日志重新传输给中央存储系统。Scribe 通常与 Hadoop 结合使用，用于向 HDFS 中 push（推）日志，而 Hadoop 通过 MapReduce 作业进行定期处理。

Scribe 架构如图 3-11 所示。

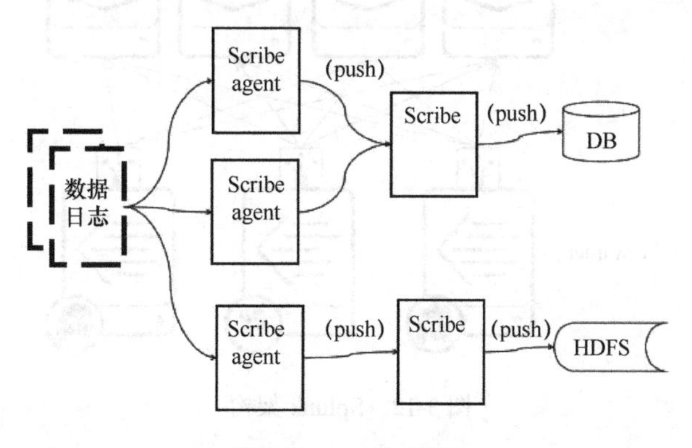

图 3-11　Scribe 架构

Scribe 架构比较简单，主要包括三部分，分别为 Scribe agent、Scribe 和存储系统。

1. Scribe agent

Scribe agent 实际上是一个 Thrift Client。向 Scribe 发送数据的唯一方法是使用 Thrift Client，Scribe 内部定义了一个 Thrift 接口，用户使用该接口将数据发送给服务器。

2．Scribe

Scribe 接收到 Thrift Client 发送过来的数据，根据配置文件，将不同主题的数据发送给不同的对象。Scribe 提供了各种各样的存储，如 File、HDFS 等，Scribe 可将数据加载到这些存储中。

3．存储系统

存储系统实际上就是 Scribe 中的存储。目前，Scribe 支持非常多的存储，包括 File（文件）、Buffer（双层存储，一个是主储存，另一个是副存储）、Network（另一个 Scribe 服务器）、Bucket（包含多个存储，通过 Hash 将数据存到不同存储中）、Null（忽略数据），Thrift File 和 Multi（把数据同时存放到不同存储中）。

3.3.6 Splunk

在商业化的大数据平台产品中，Splunk[11]提供完整的数据采集、数据存储、数据分析和处理，以及数据展现的能力。Splunk 是一个分布式机器数据平台，主要有三个角色。Splunk 架构如图 3-12 所示。

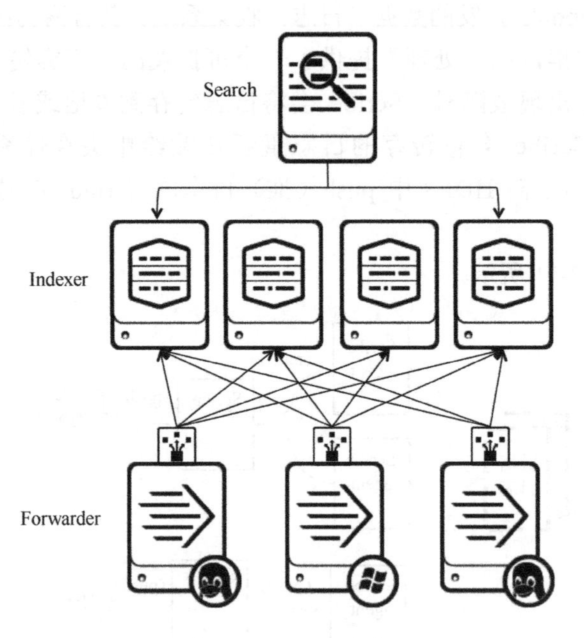

图 3-12　Splunk 架构

Search：负责数据的搜索和处理，提供搜索时的信息抽取功能。

Indexer：负责数据的存储和索引。

Forwarder：负责数据的收集、清洗、变形，并发送给 Indexer。

Splunk 内置了对 Syslog、TCP/UDP、Spooling 的支持，同时，用户可以通过开发 Input 和 Modular Input 的方式来获取特定的数据。在 Splunk 提供的软件仓库里有很多成熟的数据采集应用，如 AWS、数据库（DBConnect）等，可以方便地从云或数据库中获取数据进入

Splunk 的数据平台做分析。

Search Head 和 Indexer 都支持 Cluster 的配置，即高可用、高扩展的、但 Splunk 现在还没有针对 Forwarder 的 Cluster 的功能。也就是说，如果有一台 Forwarder 的机器出了故障，则数据收集也会随之中断，并不能把正在运行的数据收集任务因故障切换（Failover）到其他的 Forwarder 上。

3.3.7　Scrapy

Python 的爬虫架构叫 Scrapy。Scrapy 是由 Python 语言开发的一个快速、高层次的屏幕抓取和 Web 抓取架构，用于抓取 Web 站点并从页面中提取结构化数据。Scrapy 的用途广泛，可以用于数据挖掘、监测和自动化测试。

Scrapy 吸引人的地方在于它是一个架构，任何人都可以根据需求方便地进行修改。它还提供多种类型爬虫的基类，如 BaseSpider、Sitemap 爬虫等，最新版本提供对 Web 2.0 爬虫的支持。

1. Scrapy 运行机制

Scrapy 运行原理如图 3-13 所示。

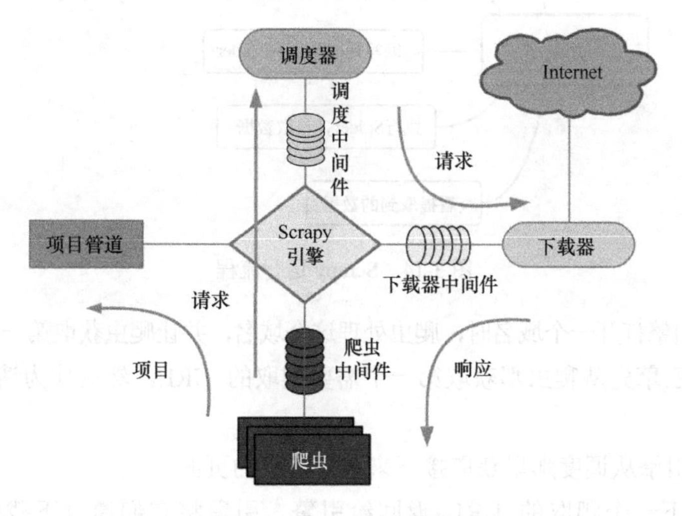

图 3-13　Scrapy 运行原理

Scrapy 主要包括以下组件。

（1）Scrapy 引擎（Scrapy Engine），用来处理整个系统的数据流，触发事务（架构核心）。

（2）项目（Item），定义了爬取结果的数据结构，爬取的数据会赋值成该项目对象。

（3）调度器（Scheduler），用来接收 Scrapy 引擎发过来的请求，压入队列中，并在 Scrapy 引擎再次请求的时候返回。可以想象成一个 URL（抓取网页的网址或者链接）的优先队列，由它来决定下一个要抓取的网址是什么，同时去除重复的网址。

（4）下载器（Downloader），用于下载网页内容，并将网页内容返回给爬虫。

（5）爬虫（Spiders），用于从特定的网页中提取自己需要的信息，即所谓的实体（Item）。

用户也可以从中提取出链接，让 Scrapy 继续抓取下一个页面。

（6）项目管道（Item Pipeline），负责处理爬虫从网页中抽取的实体，主要的功能是持久化实体、验证实体的有效性、清除不需要的信息。当页面被爬虫解析后，将被发送到项目管道，并经过几个特定的次序处理数据。

（7）下载器中间件（Downloader Middlewares），介于 Scrapy 引擎和下载器之间的架构，主要任务是处理 Scrapy 引擎与下载器之间的请求及响应。

（8）爬虫中间件（Spider Middlewares），介于 Scrapy 引擎和爬虫之间的架构，主要任务是处理爬虫的响应输入和请求输出。

（9）调度中间件（Scheduler Middewares），介于 Scrapy 引擎和调度器之间的中间件，主要任务是处理从 Scrapy 引擎发送到调度器的请求和响应。

2. Scrapy 运行流程

Scrapy 的整个数据处理流程由 Scrapy 引擎进行控制。Scrapy 运行流程如图 3-14 所示。

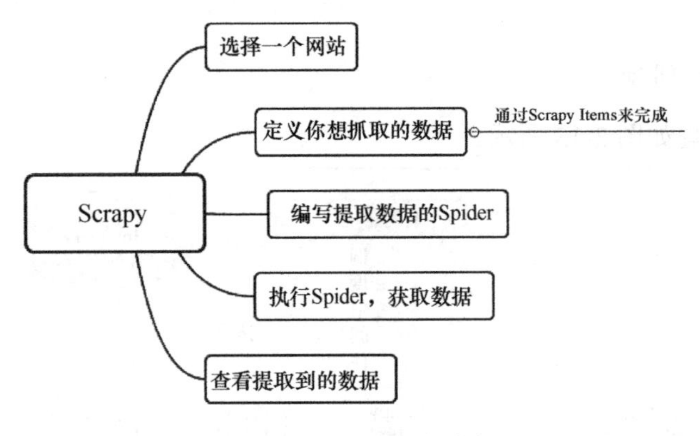

图 3-14 Scrapy 运行流程

（1）Scrapy 引擎打开一个域名时，爬虫处理这个域名，并让爬虫获取第一个爬取的 URL。

（2）Scrapy 引擎先从爬虫那获取第一个需要爬取的 URL，然后作为请求在调度中进行调度。

（3）Scrapy 引擎从调度那里获取接下来进行爬取的页面。

（4）调度将下一个爬取的 URL 返回给引擎，引擎将它们通过下载中间件发送到下载器。

（5）当网页被下载器下载完成以后，响应内容通过下载器中间件被发送到 Scrapy 引擎。

（6）Scrapy 引擎收到下载器的响应并将它通过爬虫中间件发送到爬虫进行处理。

（7）爬虫处理响应并返回爬取到的项目，然后给 Scrapy 引擎发送新的请求。

（8）Scrapy 引擎将抓取到的放入项目管道，并向调度器发送请求。

（9）系统重复第（2）步后面的操作，直到调度器中没有请求，然后断开 Scrapy 引擎与域之间的联系。

3.4　网络爬虫

近年来，伴随着互联网技术的不断发展，互联网数据信息的爆炸将人类带入了大数据时代。社会的各行各业都深受大数据时代的影响，大数据不断渗透到日常的工作、生活和学习中，影响着社会的不断前进和发展。

在大数据时代不断蓬勃发展的今天，人们通过搜索引擎获取数据是具有很大难度的，不但效率低下，而且准确率不高。网络数据爬虫技术是用来高效地获取整合散落在互联网各个角落的数据的有效手段，能够为用户高效、准确地提供需要的数据信息。

首先通过访问网页，然后定位数据元素，经过数据抓取、数据去重等操作，最后将需要的数据保存下来使用。社会中各行各业都可以通过网络爬虫技术来抓取行业需要的数据，经过一系列的数据挖掘和分析，来为自己的行业提供数据信息支持，以便于商业的决策和企业单位的管理。

网络爬虫技术在科学研究、Web 安全、产品研发、舆情监控等领域可以做很多事情。在数据挖掘、机器学习、图像处理等科学研究领域，如果没有数据，则可以通过爬虫从网上抓取；在 Web 安全方面，使用爬虫可以对网站是否存在某一漏洞进行批量验证、利用；在产品研发方面，可以采集各个商城物品价格，为用户提供市场最低价；在舆情监控方面，可以抓取、分析各种微博的数据，从而识别出某用户是否为水军。

3.4.1　网络爬虫分类

网络爬虫按照系统结构和实现技术，大致可以分为以下几种类型[12]：通用网络爬虫（General Purpose Web Crawler）、聚焦网络爬虫（Focused Web Crawler）、增量式网络爬虫（Incremental Web Crawler）、深层网络爬虫（Deep Web Crawler）。实际的网络爬虫系统通常是几种爬虫技术相结合实现的。

（1）通用网络爬虫又称全网爬虫（Scalable Web Crawler），爬行对象从一些种子链接扩充到整个 Web，主要为门户站点搜索引擎和大型 Web 服务提供商采集数据。这类网络爬虫的爬行范围和数量巨大，对于爬行速度和存储空间的要求较高，对于爬行页面顺序的要求相对较低，同时由于待刷新的页面太多，通常采用并行工作方式，但需要较长时间才能刷新一次页面。虽然存在一定缺陷，但通用网络爬虫适用于为搜索引擎搜索广泛的主题，有较强的应用价值。通用网络爬虫的结构大致可以分为页面爬行模块、页面分析模块、链接过滤模块、页面数据库、URL 队列、初始 URL 集合几个部分。为提高工作效率，通用网络爬虫会采取一定的爬行策略。常用的爬行策略有深度优先策略、广度优先策略。

（2）聚焦网络爬虫又称主题网络爬虫（Topical Web Crawler），是指选择性地爬行那些与预先定义好的主题相关页面的网络爬虫。和通用网络爬虫相比，聚焦爬虫只需要爬行与主题相关的页面，极大地节省了硬件和网络资源，保存的页面也由于数量少而更新快，还可以很好地满足一些特定人群对特定领域信息的需求。

聚焦网络爬虫和通用网络爬虫相比，增加了链接评价模块及内容评价模块。聚焦爬虫爬行策略实现的关键是评价页面内容和链接的重要性，不同的方法计算出的重要性不同，由此导致链接的访问顺序也不同。目前主要有基于内容评价的爬行策略、基于链接结构评价的爬行策略、基于增强学习的爬行策略、基于语境图的爬行策略。

（3）增量式网络爬虫是指对已下载网页采取增量式更新和只爬行新产生的或者已经发生变化网页的爬虫，它能够在一定程度上保证所爬行的页面是尽可能新的页面。和周期性爬行和刷新页面的网络爬虫相比，增量式网络爬虫只会在需要的时候爬行新产生或发生更新的页面，并不重新下载没有发生变化的页面，可有效减少数据下载量，及时更新已爬行的网页，减小时间和空间上的耗费，但增加了爬行算法的复杂度和实现难度。增量式网络爬虫的体系结构包含爬行模块、排序模块、更新模块、本地页面集、待爬行 URL 集及本地页面 URL 集。

（4）深层网络爬虫。Web 页面按存在方式可以分为表层网页（Surface Web）和深层网页（Deep Web，也称 Invisible Web Pages 或 Hidden Web）。表层网页是传统搜索引擎可以索引的页面、以链接可以到达的静态网页为主构成的 Web 页面。深层网页是大部分内容不能通过静态链接获取、隐藏在搜索表单之后、只有用户提交一些关键词才能获得的 Web 页面。例如，在用户注册后内容才可见的网页就属于深层网页。深层网络爬虫在爬行过程中最重要的任务就是表单填写。表单填写包含两种类型：基于领域知识的表单填写和基于网页结构分析的表单填写。

3.4.2 网络爬虫发展现状

互联网上蕴含着巨大的数据量。但是，很多互联网网站存在数据重复的现象，导致网络爬虫在抓取需要的数据时浪费大量的时间，效率低下。基于此，如何使网络爬虫可以高效、准确地抓取需要的互联网数据成为一个热门的研究领域，并且产生了很多优秀的网络爬虫系统。

目前，国外设计了很多的网络爬虫系统[13]，Google Crawler、Mercator、Nutch 和 Ubi Crawler 等这些网络爬虫系统都具有自己独特的一面，在数据采集方面都具有很高的效率和准确率。下面简单介绍几种网络爬虫系统。

Google Crawler（谷歌的搜索引擎网络爬虫）是分布式网络爬虫系统，采用多台服务器并行访问网页，抓取数据，该系统由多台并行的爬虫主机和一台中央主机组成[14]。中央主机首先访问请求的 URL，然后将请求得到的网页分发给下面并行的主机。各个爬虫主机在完成网页数据的抓取之后，将抓取到的数据做成定义的规格，发送给索引进程使用。索引进程负责管理存储在数据库的网页 URL 和已经抓取到的网页数据，URL 解释器进程负责解析网页 URL。解释器进程是将刚刚抓取到的网页 URL 保存到本地，并且发送给中央主机，由中央主机读取。Google 搜索引擎中的网络爬虫系统采用这种循环的方式，将中央主机和多台爬虫主机配合使用，不断地从互联网抓取需求的数据。

Mercator 是一款设计极其优良的网络爬虫系统，开发语言采用 Java 语言。该系统在可扩展性方面做得非常出色，具有非常良好的数据结构设计，因此无论爬虫任务具有怎样的规模，Mercator 只占用非常小的内存空间。Mercator 爬虫同样是采用分模块方法来设计实现的，通过修改模块可以非常便捷地得到多种用户的应用需求[15]。

Nutch 是一个用 Java 语言开发的具有高度可扩展性的开源爬虫项目，其中囊括了搜索引擎需要的所有组件，由爬虫 Crawler 和检索 Searcher 组成。Hadoop 提供分布式计算框架 MapReduce，Nutch 使用这个分布式计算框架来实现爬虫的分布式计算，并且利用分布式计算框架 MapReduce 提供的分布式任务调度算法使每个爬行节点达到负载均衡[16]。

Ubi Crawler 采用的开发语言也是 Java 语言，Ubi Crawler 是一款高性能的分布式网络爬虫系统。Ubi Crawler 分布式网络爬虫系统采用哈希算法来对爬虫任务进行部署和管理，此外，采用 URL 去重的方法提高爬虫任务执行的效率，降低服务器资源的浪费。

国内很多研究单位和高校学者对分布式网络爬虫系统进行了大量研究，很多优良的网络爬虫系统也随之产生，如天罗、天网。

天网是由北京大学开发的网络爬虫系统，天网在网络爬虫领域中对国内外的影响都十分巨大。天网将.frp 文件分成动画片、电影、文档资源、音乐、程序下载等几大类，用户可以根据目录层层导航、搜索、查找想要的数据。天网除能够搜索互联网主页外，还可以搜索 FTP（File Transfer Protocol，文件传输协议）站点的数据，为高级用户寻找特定的文件提供了便利。

和研究机构的做法不同，国内开发者在网络爬虫研究上的贡献主要是开源自己的项目。Webmagic[17]是一个垂直爬虫框架，采用 Java 语言编写，已经在 GitHub 上开源。它采用模块化的设计思想，具有较高的扩展性，提供多个抽取页面信息的 API，支持多线程操作，可以分布式部署，不依赖于框架，在项目中应用十分灵活。Spiderman 也是一个开源项目，它实际上是一种网页数据抽取工具，主要使用了 XML 路径语言[18]、正则表达式等技术提取信息，采用微内核和插件式架构，具有灵活度高、可扩展性强等特点，无须进行额外编码就能实现信息的抽取。

3.4.3 网络爬虫使用技术

网络爬虫工具虽多，但实现原理相通[19]。

1. 数据抓取

在爬虫实现上，除 Scrapy 框架外，Python 还有许多与此相关的库可供使用。在数据抓取方面包括 URLlib2（URLlib3）、requests、mechanize、selenium、splinter 库，其中，URLlib2（URLlib3）、requests、mechanize 库用来获取 URL 对应的原始响应内容；而 selenium、splinter 库通过加载浏览器驱动获取浏览器渲染之后的响应内容，模拟程度更高。考虑效率，能使用 URLlib2（URLlib3）、requests、mechanize 等库解决的尽量不使用 selenium、splinter 库，因为后者因需要加载浏览器而导致效率较低。

对于数据抓取，涉及的过程主要是模拟浏览器向服务器发送构造好的 http 请求，常见的类型有 get/post。

2. 数据解析

在数据解析方面，相应的库包括 lxml、beautifulsoup4、re、pyquery 库。

对于数据解析，主要是从响应页面里提取所需的数据，常用方法有 xpath 路径表达式、CSS 选择器、正则表达式等。其中，xpath 路径表达式、CSS 选择器主要用于提取结构化数据；而正则表达式主要用于提取非结构化数据。

3.5 实战

3.5.1 项目准备

项目目标：使用 Python 编程语言编写一个网络爬虫项目，将豆瓣读书网站上的所有图书信息爬取下来，并存储到 MySQL 数据库中。

爬取信息字段设计：[ID 号、书名、作者、出版社、原作名、译者、出版年、页数、定价、装帧、丛书、ISBN、评分、评论人数]。

1. 爬取网站过程分析

（1）打开豆瓣读书的首页：https://book.douban.com/。

（2）在豆瓣读书首页的右侧点击所有热门标签，打开豆瓣图书标签页面，网址：https://book.douban.com/tag/?view=type&icn=index-sorttags-all。

（3）点击豆瓣图书标签页面中所有的标签，进行对应标签下图书信息的列表页展示。

（4）在豆瓣图书列表页中可以获取每本图书的详情信息。

2. 运行环境要求

- 操作系统：Windows/Linux/Mac。
- Python 语言：3.5 以上版本。
- MySQL 数据库。
- Redis 数据库。
- Scrapy 框架。
- Scrapy-Redis。
- 其他各种驱动组件，使用 pip 命令安装。

3. 项目中的问题

本项目的信息爬取量大，建议使用分布式信息爬取。

访问时的错误，如“检测到有异常请求从你的 IP 发出，请‘登录’使用豆瓣”，请参照 https://blog.csdn.net/eye_water/article/details/78585394。

3.5.2 架构设计

1．数据库设计

为了方便后续的数据处理，将所有图书信息都汇总到一张数据表中。

创建数据库：doubandb。

创建数据表：books。

数据表中字段：[ID 号、书名、作者、出版社、原作名、译者、出版年、页数、定价、装帧、丛书、ISBN、评分、评论人数]

数据表结构如下。

```
CREATE TABLE `books` (
  `id` bigint(20) unsigned NOT NULL COMMENT 'ID 号',
  `title` varchar(255) DEFAULT NULL COMMENT '书名',
  `author` varchar(64) DEFAULT NULL COMMENT '作者',
  `press` varchar(255) DEFAULT NULL COMMENT '出版社',
  `original` varchar(255) DEFAULT NULL COMMENT '原作名',
  `translator` varchar(128) DEFAULT NULL COMMENT '译者',
  `imprint` varchar(128) DEFAULT NULL COMMENT '出版年',
  `pages` int(10) unsigned DEFAULT NULL COMMENT '页数',
  `price` double(6,2) unsigned DEFAULT NULL COMMENT '定价',
  `binding` varchar(32) DEFAULT NULL COMMENT '装帧',
  `series` varchar(128) DEFAULT NULL COMMENT '丛书',
  `isbn` varchar(128) DEFAULT NULL COMMENT 'ISBN',
  `score` varchar(128) DEFAULT NULL COMMENT '评分',
  `number` int(10) unsigned DEFAULT NULL COMMENT '评论人数',
  PRIMARY KEY (`id`)
) ENGINE=InnoDB DEFAULT CHARSET=utf8
```

2．项目结构

本项目设计分为以下四个模块。

模块一：实现豆瓣图书信息所有标签信息的爬取，并将图书标签信息写入 Redis 数据库中，此模块可使用 requests 库简单实现。

模块二：负责从 Redis 数据库中获取每个图书标签，分页式地爬取每本图书的 URL 信息，并将信息写入 Redis 数据库中。

模块三：负责从 Redis 数据库中获取每个图书的 URL 地址，并爬取对应的图书详情，将每本图书的详情信息写回到 Redis 数据库中。

模块四：负责从 Redis 数据库中获取每本图书的详情信息，并将该信息依次写入 MySQL 数据库中，作为最终的爬取信息。

本项目结构采用 Scrapy-Redis 主从分布式架构：

主 master 负责爬取每本图书的 URL 地址（要去重），并将信息添加到 Redis 数据库的

URL 队列中（模块二）。

从 slave 负责从 Redis 数据库的 URL 队列中获取每本书的 URL，并爬取对应的图书信息（过滤掉无用数据）（模块三）。

3.5.3 代码实现

1. 数据库的准备

启动 MySQL 和 Redis 数据库。

在 MySQL 数据库中创建数据库 doubandb，并进入数据库中创建 books 数据表。

```
CREATE TABLE `books` (
  `id` bigint(20) unsigned NOT NULL COMMENT 'ID 号',
  `title` varchar(255) DEFAULT NULL COMMENT '书名',
  `author` varchar(64) DEFAULT NULL COMMENT '作者',
  `press` varchar(255) DEFAULT NULL COMMENT '出版社',
  `original` varchar(255) DEFAULT NULL COMMENT '原作名',
  `translator` varchar(128) DEFAULT NULL COMMENT '译者',
  `imprint` varchar(128) DEFAULT NULL COMMENT '出版年',
  `pages` int(10) unsigned DEFAULT NULL COMMENT '页数',
  `price` double(6,2) unsigned DEFAULT NULL COMMENT '定价',
  `binding` varchar(32) DEFAULT NULL COMMENT '装帧',
  `series` varchar(128) DEFAULT NULL COMMENT '丛书',
  `isbn` varchar(128) DEFAULT NULL COMMENT 'ISBN',
  `score` varchar(128) DEFAULT NULL COMMENT '评分',
  `number` int(10) unsigned DEFAULT NULL COMMENT '评论人数',
  PRIMARY KEY (`id`)
) ENGINE=InnoDB DEFAULT CHARSET=utf8
```

2. 模块一的实现

实现豆瓣图书信息所有标签信息的爬取，并将图书标签信息写入 Redis 数据库中，此模块可使用 requests 库简单实现。

创建一个独立的 Python 文件：load_tag_URL.py 代码如下。

```
#使用 requests 加 pyquery 爬取所有豆瓣图书标签信息，并将信息写入 Redis 数据库中
import requests from pyquery
import PyQuery as pq
import Redis
def main():
    #使用 requests 库爬取所有豆瓣图书标签信息
    URL = "https://book.douban.com/tag/?view=type&icn=index-sorttags-all"
    res = requests.get(URL)
    print("status:%d" % res.status_code)
    html = res.content.decode('utf-8')
    #使用 Pyquery 解析 HTML 文档
    #print(html)
    doc = pq(html)
```

```
        #获取网页中所有豆瓣图书标签链接信息
        items = doc("table.tagCol tr td a")
        #指定 Redis 数据库信息
        link = Redis.StrictRedis(host='127.0.0.1', port=6379, db=0)
        #遍历封装数据并返回
        for a in items.items():
            #拼装 tag 的 URL 地址信息
            tag = a.attr.href
            #将信息以 tag:start_URLs 写入 Redis 数据库中
            link.lpush("book:tag_URLs",tag)

        print("共计写入 tag：%d 个"%(len(items)))
    #主程序入口 if _name_ == '_main_':
        main()
```

运行：Python load_tag_URL.py。

3．模块二的实现

此模块负责从 Redis 数据库中获取每个图书标签，分页式地爬取每本图书的 URL 信息，并将信息写入 Redis 数据库中。

（1）首先在命令行编写下面命令，创建项目 master（主）和爬虫文件。

```
Scrapy startproject    master
cd master
Scrapy genspider book book.douban.com
```

（2）编辑 master/item.py 文件。

```
import Scrapy
class MasterItem(Scrapy.Item):
    #define the fields for your item here like:
    URL = Scrapy.Field()
    #pass
```

（3）编辑 master/settings.py 文件。

```
ROBOTSTXT_OBEY = False
...
#下载器在下载同一个网站下一个页面前需要等待的时间。该选项可以用来限制爬取速度，减轻服务
器压力。同时也支持小数:
DOWNLOAD_DELAY = 2
...
#Override the default request headers:
DEFAULT_REQUEST_HEADERS = {#     'Accept': 'text/html,application/xhtml+xml,application/xml;
q=0.9, */*;q=0.8',#     'Accept-Language': 'en',
    'User-Agent': 'Mozilla/5.0 (Windows NT 6.1; WOW64; rv:43.0) Gecko/20100101 Firefox/43.0',
}
...
ITEM_PIPELINES = {
    'master.pipelines.MasterPipeline': 300,
}
...
```

```
    #指定使用 Scrapy-Redis 的去重方式
    DUPEFILTER_CLASS = 'Scrapy_Redis.dupefilter.RFPDupeFilter'
    #指定使用 Scrapy-Redis 的调度器
    SCHEDULER = "Scrapy_Redis.scheduler.Scheduler"
    #在 Redis 数据库中保持 Scrapy-Redis 用到的各个队列，从而允许暂停和暂停后恢复，也就是不清理
Redis queues
    SCHEDULER_PERSIST = True
    #指定排序爬取地址时使用的队列，默认的按优先级排序(Scrapy 默认)，由 sorted set 实现的一种非
FIFO、LIFO 方式。
    SCHEDULER_QUEUE_CLASS = 'Scrapy_Redis.queue.SpiderPriorityQueue'
    #Redis_URL = 'Redis://localhost:6379'
    #一般情况可以省去
    Redis_HOST = 'localhost' #也可以根据情况改成 localhost
    Redis_PORT = 6379
```

（4）编辑 master/spiders/book.py 文件。

```
    #-*- coding: utf-8 -*-import Scrapyfrom master.items import MasterItem from Scrapy import Requestfrom
URLlib.parse import quoteimport Redis,re,time,random
    class BookSpider(Scrapy.Spider):
        name = 'master_book'
        allowed_domains = ['book.douban.com']
        base_URL = 'https://book.douban.com'

        def start_requests(self):
            ''' 从 Redis 中获取，并爬取标签对应的网页信息 '''
            r   =   Redis.Redis(host=self.settings.get("Redis_HOST"),   port=self.settings.get("Redis_PORT"),
decode_responses=True)
            while r.llen('book:tag_URLs'):
                tag = r.lpop('book:tag_URLs')
                URL = self.base_URL + quote(tag)
                yield Request(URL=URL, callback=self.parse,dont_filter=True)

        def parse(self, response):
            ''' 解析每页的图书详情的 URL 地址信息 '''
            print(response.URL)
            lists = response.css('#subject_list ul li.subject-item a.nbg::attr(href)').extract()
            if lists:
                for i in lists:
                    item = MasterItem()
                    item['URL'] = i
                    yield item

            #获取下一页的 URL 地址
            next_URL = response.css("span.next a::attr(href)").extract_first()
            #判断若不是最后一页
            if next_URL:
                URL = response.URLjoin(next_URL)
                #构造下一页招聘列表信息的爬取
```

```
                yield Scrapy.Request(URL=URL,callback=self.parse)
```

（5）编辑 master/pipelines.py 文件。

```
import Redis,re
class MasterPipeline(object):
    def _init_(self,host,port):
        #连接 Redis 数据库
        self.r = Redis.Redis(host=host, port=port, decode_responses=True)
    @classmethod
    def from_crawler(cls,crawler):
        '''注入实例化对象(传入参数)'''
        return cls(
            host = crawler.settings.get("Redis_HOST"),
            port = crawler.settings.get("Redis_PORT"),
        )

    def process_item(self, item, spider):
        #使用正则判断 URL 地址是否有效，并写入 Redis
        bookid = re.findall("book.douban.com/subject/([0-9]+)/",item['URL'])
        if bookid:
            if self.r.sadd('books:id',bookid[0]):
                self.r.lpush('bookspider:start_URLs', item['URL'])
        else:
            self.r.lpush('bookspider:no_URLs', item['URL'])
```

（6）测试运行。

```
scarpy crawl master_book
```

4．模块三的实现

负责从 Redis 数据库中获取每个图书的 URL 地址，并爬取对应的图书详情，将每本图书详情信息写回到 Redis 数据库中。

（1）首先在命令行编写下面命令，创建项目 salve（从）和爬虫文件。

```
Scrapy startproject   salve
cd salve
Scrapy genspider book book.douban.com
```

（2）编辑 salve/item.py 文件。

```
import Scrapy
class BookItem(Scrapy.Item):
    #define the fields for your item here like:
    id = Scrapy.Field() #ID 号
    title = Scrapy.Field() #书名
    author = Scrapy.Field() #作者
    press = Scrapy.Field() #出版社
    original = Scrapy.Field() #原作名
    translator = Scrapy.Field() #译者
    imprint = Scrapy.Field() #出版年
    pages = Scrapy.Field() #页数
    price = Scrapy.Field() #定价
```

```
        binding = Scrapy.Field() #装帧
        series = Scrapy.Field() #丛书
        isbn = Scrapy.Field() #ISBN
        score = Scrapy.Field() #评分
        number = Scrapy.Field() #评论人数
        #pass
```

（3）编辑 salve/settings.py 文件。

```
    BOT_NAME = 'slave'

    SPIDER_MODULES = ['slave.spiders']
    NEWSPIDER_MODULE = 'slave.spiders'

    # Obey robots.txt rules
    ROBOTSTXT_OBEY = False

    ...
    #Override the default request headers:
    DEFAULT_REQUEST_HEADERS = {#    'Accept': 'text/html,application/xhtml+xml,application/xml;
q=0.9, */*;q=0.8',#    'Accept-Language': 'en',
        'User-Agent': 'Mozilla/5.0 (Windows NT 6.1; WOW64; rv:43.0) Gecko/20100101 Firefox/43.0',
    }
    ...
    ITEM_PIPELINES = {
        #'slave.pipelines.SlavePipeline': 300,
        'Scrapy_Redis.pipelines.RedisPipeline': 400,
    }
    ...
    #指定使用 Scrapy-Redis 的去重方式
    DUPEFILTER_CLASS = 'Scrapy_Redis.dupefilter.RFPDupeFilter'
    #指定使用 Scrapy-Redis 的调度器
    SCHEDULER = "Scrapy_Redis.scheduler.Scheduler"
    #在 Redis 数据库中保持 Scrapy-Redis 用到的各个队列，从而允许暂停和暂停后恢复，也就是不清理
Redis queues
    SCHEDULER_PERSIST = True
    #指定排序爬取地址时使用的队列，默认的按优先级排序(Scrapy 默认)，由 sorted set 实现的一种非
FIFO、LIFO 方式
    SCHEDULER_QUEUE_CLASS = 'Scrapy_Redis.queue.SpiderPriorityQueue'
    #Redis_URL = 'Redis://localhost:6379' #一般情况可以省去
    Redis_HOST = 'localhost' #也可以根据情况改成 localhost
    Redis_PORT = 6379
```

（4）编辑 salve/spiders/book.py 文件。

```
    #-*- coding: utf-8 -*-import Scrapy,refrom slave.items import BookItemfrom Scrapy_Redis.spiders import
RedisSpider
    class BookSpider(RedisSpider):
        name = 'slave_book'
        #allowed_domains = ['book.douban.com']
```

```
    #start_URLs = ['http://book.douban.com/']
    Redis_key = "bookspider:start_URLs"

    def _init_(self, *args, **kwargs):
        #Dynamically define the allowed domains list.
        domain = kwargs.pop('domain', '')
        self.allowed_domains = filter(None, domain.split(','))
        super(BookSpider, self)._init_(*args, **kwargs)

    def parse(self, response):
        print("========================",response.status)
        item = BookItem()
        vo = response.css("#wrapper")
        item['id'] = vo.re_first('id="collect_form_([0-9]+)"') #ID 号
        item['title'] = vo.css("h1 span::text").extract_first() #书名

        #使用正则获取 info 里的图书信息
        info = vo.css("#info").extract_first()
        #print(info)
        authors = re.search('<span.*?作者.*?</span>(.*?)<br>',info,re.S).group(1)
        item['author'] = "、".join(re.findall('<a.*?>(.*?)</a>',authors,re.S)) #作者
        item['press'] = " ".join(re.findall('<span.*?出版社:</span>\s*(.*?)<br>',info)) #出版社
        item['original'] = " ".join(re.findall('<span.*?原作名:</span>\s*(.*?)<br>',info)) #原作名
        yz = re.search('<span.*?译者.*?</span>(.*?)<br>',info,re.S)
        if yz:
            item['translator'] = "、".join(re.findall('<a.*?>(.*?)</a>',yz.group(1),re.S)) #译者
        else:
            item['translator'] = ""
        item['imprint'] = re.search('<span.*?出版年:</span>\s*([0-9\-]+)<br>',info).group(1) #出版年
        item['pages'] = re.search('<span.*?页数:</span>\s*([0-9]+)<br>',info).group(1) #页数
        item['price'] = re.search('<span.*?定价:</span>.*?([0-9\.]+)元?<br>',info).group(1) #定价
        item['binding'] = " ".join(re.findall('<span.*?装帧:</span>\s*(.*?)<br>',info,re.S)) #装帧
        item['series'] = " ".join(re.findall('<span.*?丛书:</span>.*?<a .*?>(.*?)</a><br>',info,re.S)) #丛书
        item['isbn'] = re.search('<span.*?ISBN:</span>\s*([0-9]+)<br>',info).group(1) #ISBN

        item['score'] = vo.css("strong.rating_num::text").extract_first().strip() #评分
        item['number'] = vo.css("a.rating_people span::text").extract_first() #评论人数
        #print(item)
        yield item
```

（5）编辑 salve/pipelines.py 文件。

```
class SlavePipeline(object):
    def process_item(self, item, spider):
        return item
```

（6）测试运行。

```
#在 spider 目录下和 book.py 在一起
Scrapy runspider book.py
```

5．模块四的实现

负责从 Redis 数据库中获取每本图书的详情信息，并将信息依次写入 MySQL 数据库中，作为最终的爬取信息。

在当前目录下创建一个 item_save.py 的独立爬虫文件。

```
#将 Redis 数据库中的 Item 信息遍历写入数据库中
import json
import Redis
import pymysql
def main():

    #指定 Redis 数据库信息
    Rediscli = Redis.StrictRedis(host='127.0.0.1', port=6379, db=0)

    #指定 MySQL 数据库信息
    db = pymysql.connect(host="localhost",user="root",password="",db="doubandb",charset="utf8")
    #使用 cursor()方法创建一个游标对象 cursor
    cursor = db.cursor()

    while True:
        #FIFO 模式为 blpop，LIFO 模式为 brpop，获取键值
        source, data = Rediscli.blpop(["book:items"])
        print(source)
        try:
            item = json.loads(data)
            #组装 sql 语句
            dd = dict(item)
            keys = ','.join(dd.keys())
            values=','.join(['%s']*len(dd))
            sql = "insert into books(%s) values(%s)"%(keys,values)
            #指定参数，并执行 sql 添加
            cursor.execute(sql,tuple(dd.values()))
            #事务提交
            db.commit()
            print("写入信息成功：",dd['id'])
        except Exception as err:
            #事务回滚
            db.rollback()
            print("SQL 执行错误，原因：",err)
#主程序入口 if _name_ == '_main_':
    main()
```

使用 Python 命令测试即可。

6．反爬处理

建议方法为降低爬取频率、浏览器伪装、IP 代理服务的使用。

3.5.4　结果展示

本项目使用 web 展示爬取信息。

1．创建项目 myweb 和应用 web

```
#创建项目框架 myweb
$ django-admin startproject myweb
$ cd myweb
#在项目中创建一个 web 应用
$ Python3 manage.py startapp web
#创建模板目录
$ mkdir templates
$ mkdir templates/web
$ cd ..
$ tree myweb
myweb
├── myweb
│   ├── _init_.py
│   ├── settings.py
│   ├── URLs.py
│   └── wsgi.py
├── manage.py
├── web
│   ├── admin.py
│   ├── apps.py
│   ├── _init_.py
│   ├── models.py
│   ├── tests.py
│   └── views.py
└── templates
    └── web
```

2．执行数据库连接配置，网站配置

（1）编辑 myweb/web/init.py 文件，添加 pymysql 的数据库操作支持。

```
import pymysql
pymysql.install_as_MySQLdb()
```

（2）编辑 myweb/web/settings.py 文件，配置数据库连接。

```
...#配置自己的服务器 IP 地址
ALLOWED_HOSTS = ['*']

...#添加自己的应用
INSTALLED_APPS = [
    'django.contrib.admin',
    'django.contrib.auth',
    'django.contrib.contenttypes',
    'django.contrib.sessions',
```

```
        'django.contrib.messages',
        'django.contrib.staticfiles',
        'web',
]
...
#配置模板路径信息
TEMPLATES = [
        {
                'BACKEND': 'django.template.backends.django.DjangoTemplates',
                'DIRS': [os.path.join(BASE_DIR,'templates')],
                'APP_DIRS': True,
                'OPTIONS': {
                        'context_processors': [
                                'django.template.context_processors.debug',
                                'django.template.context_processors.request',
                                'django.contrib.auth.context_processors.auth',
                                'django.contrib.messages.context_processors.messages',
                        ],
                },
        },
]
...#数据库连接配置
DATABASES = {'default': {
        'ENGINE': 'django.db.backends.mysql',
        'NAME': 'doubandb',
        'USER': 'root',
        'PASSWORD': '',
        'HOST': 'localhost',
        'PORT': '3306',
}
...
```

3. 定义 Model 类

编辑 myweb/web/models.py。

```
from django.db import models
#图书信息模型 class Books(models.Model):
        title = models.CharField(max_length=255) #书名
        author = models.CharField(max_length=64) #作者
        press = models.CharField(max_length=255) #出版社
        original = models.CharField(max_length=255) #原作名
        translator = models.CharField(max_length=128) #译者
        imprint = models.CharField(max_length=128) #出版年
        pages = models.IntegerField(default=0) #页数
        price = models.FloatField() #定价
        binding = models.CharField(max_length=32) #装帧
        series = models.CharField(max_length=128) #丛书
```

```
    isbn = models.CharField(max_length=128) #ISBN
    score = models.CharField(max_length=128) #评分
    number = models.IntegerField(default=0) #评论人数

    class Meta:
        db_table = "books"#更改表名
```

4．URL 路由配置

编辑 myweb/myweb/URLs.py 根路由配置文件。

```
from django.conf.URLs import URL,include
URLpatterns = [
    URL(r'^',include('web.URLs')),
]
```

创建 web 子路由文件 myweb/web/URLs.py 并编写如下代码。

```
from django.conf.URLs import URL
from . import views

URLpatterns = [
    URL(r'^$', views.index, name="index"),
    URL(r'^/$', views.index, name="index"),
]
```

5．编写视图处理文件

编辑视图文件 myweb/web/views.py。

```
from django.shortcuts import renderfrom django.core.paginator import Paginatorfrom web.models import Books# Create your views here.def index(request):
    #获取商品信息查询对象
    mod = Books.objects
    list = mod.filter()

    #执行分页处理
    pIndex = int(request.GET.get("p",1))
    page = Paginator(list,50) #以 50 条每页创建分页对象
    maxpages = page.num_pages #最大页数
    #判断页数是否越界
    if pIndex > maxpages:
        pIndex = maxpages
    if pIndex < 1:
        pIndex = 1
    list2 = page.page(pIndex) #当前页数据
    plist = page.page_range #页码数列表

    #封装信息加载模板输出
    context = {"booklist":list2,'plist':plist,'pIndex':pIndex,'maxpages':maxpages}
    return render(request,"web/index.html",context)
```

6. 编写模板输出文件

模板输出文件内容如下。

```
<!DOCTYPE html><html><head>
    <meta charset="utf-8">
    <title>浏览图书信息</title>
    <style type="text/css">
        table{font-size:13px;line-height:25px;border-collapse: collapse;}
        table,table tr th, table tr td { border:1px solid #dddddd; }
    </style></head><body>
    <center>
        <h2>浏览图书信息</h2>
        <table width="95%">
            <tr style="background-color:#ddeedd;">
                <th>ID 号</th>
                <th>标题</th>
                <th>作者</th>
                <th>出版社</th>
                <th>出版年</th>
                <th>单价</th>
                <th>评分</th>
            </tr>
            {% for book in booklist %}
                <tr>
                    <td>{{ book.id }}</td>
                    <td>{{ book.title }}</td>
                    <td>{{ book.author }}</td>
                    <td>{{ book.press }}</td>
                    <td>{{ book.imprint }}</td>
                    <td>{{ book.price }}</td>
                    <td>{{ book.score }}</td>
                </tr>
            {% endfor %}
        </table>

        <p>
        {% for pindex in plist %}
            {% if pIndex == pindex %}
                {{pindex}}  
            {% else %}
                <a href="{% URL 'index'%}?p={{ pindex }}">{{ pindex }}</a>  
            {% endif %}
        {% endfor %}
```

```
</center></body></html>
```

7. 启动服务测试

启动服务测试代码如下。

```
$ Python manage.py runserver
```

使用浏览器访问测试的效果如图 3-15 所示。

浏览图书信息

ID号	标题	作者	出版社	出版年	单价	评分
1052241	设计模式	[美] Erich Gamma、Richard Helm、Ralph Johnson、John Vlissides	机械工业出版社	2000-9	35.0	9.1
1090640	微机原理与接口技术	李文英、李勤、刘星、宋蕴新	清华大学出版社	2001-9	26.0	
1102165	从规范出发的程序设计	[美] Carroll Morgan	机械工业出版社	2002-8	45.0	
1105202	Visual C++网络通信协议分析与应用实现	汪晓平、钟军	人民邮电出版社	2003-2-1	60.0	
1119894	ASP.NET网页制作教程	王国荣	华中科技	2002-1	78.0	
1126084	软件测试	乔根森	机械工业出版社	2003-12-1	35.0	6.9
1130500	计算机程序设计艺术（第1卷）	[美] Donald E·Knuth	清华大学出版社	2002-9	80.0	9.4
1139336	C程序设计语言	（美）Brian W. Kernighan、（美）Dennis M. Ritchie	机械工业出版社	2004-1	30.0	9.4
1139426	数据结构与算法分析	[美] Mark Allen Weiss	机械工业出版社	2004-1-1	35.0	8.9
1140457	敏捷软件开发	[美] Robert C·Martin	清华大学出版社	2003-09-01	59.0	9.1
1141154	程序开发心理学	[美] 杰拉尔德·温伯格	清华大学出版社	2004-1-1	39.0	8.3
1148282	计算机程序的构造和解释	Harold Abelson、Gerald Jay Sussman、Julie Sussman	机械工业出版社	2004-2	45.0	9.5
1149168	程序正义论	徐亚文	山东人民出版社	2004-3-1	22.0	
1152111	程序员修炼之道	Andrew Hunt、David Thomas	电子工业出版社	2005-1	48.0	8.6
1159177	高效程序的奥秘	沃瑞恩	机械工业出版社	2004-5	28.0	8.6
1173548	程序设计实践	[美] Brian W. Kernighan、Rob Pike	机械工业出版社	2000-8	20.0	9.1
1175322	.NET框架程序设计	（美）Jeffrey Richter、（美）Francesco Balena	华中科技大学出版社	2004-1	54.0	
1195791	法学名篇小文丛	[美] 格兰特·吉尔莫	中国法制出版社	2005-1	10.0	8.9
1216929	黑客入门全程图解<披露黑客练功全过程>(附光盘)	武新华、吴自容、孙献璞	山东电子音像出版社	2004-3-1	28.0	7.1
1223239	JSP 2.0技术手册	杜远君、林康司、林上杰	湖北教育出版社,电子工业出版社	2004-5-1	59.0	7.3
1229923	重构	Martin Fowler	中国电力出版社	2003-8-1	68.0	9.0
1230413	深入理解计算机系统	Randal E.Bryant、David O'Hallaron	中国电力出版社	2004-5-1	85.0	9.5
1231910	具体数学（英文版第2版）	[美] Ronald L. Graham、Donald E. Knuth、Oren Patashnik	机械工业出版社	2002-8	49.0	9.5
1232061	JAVASCRIPT权威指南(第四版)	[美] David Flanagan	机械工业出版社	2003-1-1	99.0	8.6
1239651	单元测试之道Java版	David Thomas、Andrew Hunt	电子工业	2005-1	25.0	7.4
1240002	C Primer Plus	Stephen Prata、云颠工作室	人民邮电出版社	2005-2-1	60.0	9.1
1312929	精通Spring	罗时飞	第1版 (2005年4月1日)	2005-4	39.0	6.4
1363643	PERL學習手札.	簡信昌	上奇科技	20040816	390.0	7.9
1420424	Series 60 应用程序开发	巴克	人民邮电出版社	2005-7	75.0	7.1
1431996	从问题到程序	裘宗燕	机械工业出版社	2005-9-1	36.0	8.4
1438677	Algorithms + Data Structures = Programs	Niklaus Wirth	Prentice Hall	1975-11-11	84.95	
1440658	Dive Into Python	Mark Pilgrim	Apress	2004-11-5	31.49	8.2
1472607	Ajax基础教程	（美）阿斯利森、（美）舒塔、金灵	人民邮电出版社	2006-02-01	35.0	7.1
1477390	代码大全（第2版）	[美] 史蒂夫·迈克康奈尔	电子工业出版社	2006-3	128.0	9.3
1488693	程序的法理	孙笑侠	商务印书馆	2005-11	21.0	7.7
1767741	C++ Primer 中文版（第 4 版）	Stanley B.Lippman、Josée LaJoie、Barbara E.Moo	人民邮电出版社	2006	99.0	9.2
1787855	Programming From The Ground Up	Jonathan Bartlett	Bartlett Publishing	2004-07-31	34.95	9.3
1792177	Visual LISP程序设计	李学志	清华大学	2006-5	29.0	
1792276	JAVA语言规范(英文版,第3版)	戈斯林	机械工业	2006-4	79.0	7.8
1797513	Programming Python	[美] Mark Lutz	O'Reilly Media	2006-8-30	59.99	8.0
1835397	征服Ajax Web 2.0快速入门与项目实践	张桂元	人民邮电	2006-6	36.0	6.4
1866824	理解专业程序员	[美] 杰拉尔德·温伯格	清华大学出版社	2006-7	25.0	8.1
1879443	ASP.NET 2.0入门经典	[美] 哈特	清华大学出版社	2006-8	78.0	7.2
1885170	算法导论（原书第2版）	[美] Thomas H.Cormen、Charles E.Leiserson、Ronald L.Rivest、Clifford	机械工业出版社	2006-9	85.0	9.3
1897846	正当法律程序简史	(美)约翰·V.奥尔特	商务印书馆	2006-8	14.0	7.3
1911557	Head First EJB（中文版）	KathySierra，Ber	中国电力出版社	2006-9	79.0	7.8
1911882	轻快的Java	(美)塔特、杰兰德/国别：中国大陆	中国电力出版社	2006-7	29.0	7.4
1922986	JUnit Recipes中文版	陈浩等译	电子工业	2006-9	69.0	7.2
1950173	电脑报（上下册）	电脑报社	西南师范大学出版社	2006-12-01	45.0	7.7
1967180	C++编程风格	卡吉尔	机械工业出版社发行室	2007-1	25.0	7.8

1 2 3

图 3-15　使用浏览器访问测试的效果

习　题

1．传统数据采集与大数据采集的内容及特点有哪些区别？
2．大数据采集有哪些分类？
3．大数据采集有哪些方法？
4．系统日志采集的方法是什么？
5．常用大数据采集工具及平台有哪些？
6．描述 Flume 的框架结构。
7．网络爬虫有哪些分类？
8．描述目前市场中最流行的网络爬虫工具的框架结构。

参考文献

[1] 张尧学，胡春明. 大数据导论[M]. 北京：机械工业出版社，2018.
[2] 智海观向. 大数据关键技术——数据采集[EB/OL]. [2018-9-7]. https://www.jianshu.com/p/e997d4e7668c.
[3] 谢青松. 面向工业大数据的数据采集系统[D]. 华中科技大学, 2016.
[4] 最全的大数据采集方法分类[EB/OL]. [2019-1-21]. https://baijiahao.baidu.com/s?id=1623253293616954278&wfr=spider&for=pc.
[5] Scribe[EB/OL]. [2020-11-1]. https://github.com/facebook/scribe.
[6] 李学龙，龚海刚. 大数据系统综述[J]. 中国科学：信息科学，2015，45（1）：1-44.
[7] Welcome to Apache Flume[EB/OL]. [2020-11-1]. http://flume.apache.org/index.html.
[8] Logstash[EB/OL]. [2020-11-1]. https://github.com/elastic/Logstash.
[9] Chukwa[EB/OL]. [2020-11-1]. https://Chukwa.Apache.org/.
[10] Scribe[EB/OL]. [2020-11-1]. https://github.com/facebookarchive/Scribe.
[11] Splunk[EB/OL]. [2020-11-1]. http://www.Splunk.com/.
[12] 孙立伟，何国辉，吴礼发. 网络爬虫技术的研究[J]. 电脑知识与技术，2010, 6（15）：4112-4115.
[13] 杨君. 基于 Scrapy 技术的数据采集系统的设计与实现[D]. 南京邮电大学，2018.
[14] 若佳. 基于互联网搜索数据的流感预警模型比较与优化[D]. 南开大学，2016.
[15] MITTAL P, DIXIT A, SHARMA A K: A scalable, extensible Web crawler based on P2P overlay networks[C]. //Proceedings of the International Conference and Workshop on Emerging Trends in Technology. ACWETT, 2010：159-162.
[16] 詹恒飞，杨岳湘，方宏. Nutch 分布式网络爬虫研究与优化[J]. 计算机科学与探索，2011，5（1）：68-74.
[17] 李文皓，李斌勇. 基于 HTTP 协议 Host 头二义性问题带来的一种漏洞挖掘新思路[J]. 网络空间安全，2017，8（1）：50-52+56.
[18] CHENG Weiqing,Hu Yangyang,Yin QIaofeng,Chen Jiajia.Measuring web page complexity by analyzing TCP flows and HTTP headers[J]. The Journal of China Universities of Posts and Telecommunications, 2017, 24（6）：1-13.
[19] 网络爬虫工作原理[EB/OL]. [2020-11-1]. https://edu.csdn.net/notebook/Python/week07/6.html.

4 第4章 日志采集

大数据采集方法有多种，其中，日志采集是使用最广泛的数据采集方法。日志从最初面向人类演变到现在的面向机器发生了巨大变化。最初的日志的主要消费者是软件工程师，他们通过读取日志来排查问题。如今，大量机器日夜处理日志数据以生成可读性报告来帮助人类做出决策。在这个转变的过程中，日志采集系统在其中扮演着重要的角色。

本章重点介绍日志采集，在概述日志采集的基础上，主要从设计架构、负载均衡、可扩展性和容错性等方面对比分析常用的开源日志采集系统。

日志采集导览如图 4-1 所示。

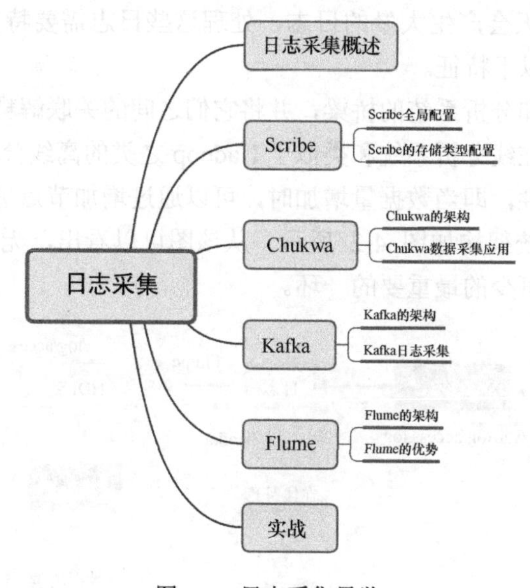

图 4-1 日志采集导览

4.1 日志采集概述

4.1.1 系统日志分类

日志对大型应用系统或者平台尤其重要，系统日志采集、分析是系统运维与维护及用户分析的基础。

一般系统日志可分为以下三大类。

（1）用户行为日志：采集系统用户在使用系统过程中的一系列操作日志，包括以下内容[1]。

① 用户每次访问网站时所有的行为数据（访问、浏览、搜索、点击……）。

② 用户行为轨迹、流量日志。

（2）业务变更日志：在特定业务场景中需要该日志，如采集某用户在某时使用某功能，对某业务（对象、数据）进行某操作等。

（3）系统运行日志：对系统运行服务器资源、网络及基础中间件的情况进行定时采集日志分析。

日志数据包括以下主要内容。

（1）访问的系统属性：操作系统、浏览器等。

（2）访问特征：点击的URL、从哪个URL跳转过来的（Referer）、页面上的停留时间等。

（3）访问信息：session_id、访问IP（访问城市）等。

4.1.2 日志分析系统架构及日志采集方式

许多公司的平台每天会产生大量的日志，处理这些日志需要特定的日志系统。一般而言，这些系统需要具有以下特征。

（1）构建应用系统和分析系统的桥梁，并将它们之间的关联解耦。

（2）支持近实时的在线分析系统和类似于Hadoop之类的离线分析系统。

（3）具有高可扩展性，即当数据量增加时，可以通过增加节点进行水平扩展。

大数据日志分析系统架构如图 4-2 所示。从该图可以看出，无论是在线系统还是离线系统，日志采集是必不可少的最重要的一环。

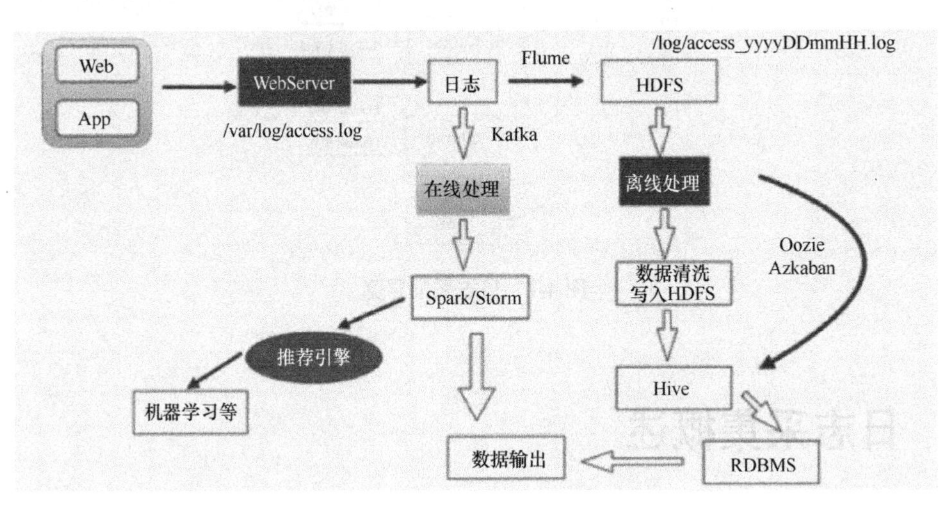

图 4-2 大数据日志分析系统架构

日志采集以三种方式进行采集日志[1]。

1. WebAPI 方式

WebAPI 方式实现基于协议 HTTP 的 Restful 方式采集日志数据，并将数据发送至消息队列；主要供移动端、微信公众号及小量日志采集使用，在 NET 分布式系统上可结合

“API网关”使用。

2．Service Proxy方式

Service Proxy方式基于log4.net优秀的日志组件和消息队列客户端驱动，进行封装为日志记录服务代理，提供便捷、统一的接口供应用使用；支持将日志记录到应用本地和在线实时发送至消息队列，其中记录到应用本地，可结合第三种方式实现应用功能日志采集的功能。

3．LCClient方式

LCClient方式可实现在LCClient客户端批量抓取日志数据，发送至LCServer。LCClient客户端基于协议TCP与LCServer服务端进行通信，基于NIO框架构建，可支持高并发处理能力。LCServer将日志数据写入消息队列。

日志采集通过提供三种方式，满足不同业务应用场景使用采集日志的需求。

4.1.3 日志采集应用场景与日志分析应用场景

1．日志采集应用场景

日志采集应用场景很多，归纳起来主要有以下三种。

1）日志分流

当代互联网经常出现短时间内的流量热点爆发，集中统一的采集方案已不能满足需求。在日志解析和处理的过程中必须考虑以下几点。

（1）业务分流：要求分离的业务之间没有明显影响，爆发热点不影响日常业务处理。

（2）日志优先级控制。

（3）根据业务特点的定制处理。

分治策略是核心。日志请求URL根据业务的变化而不同尽早地进行分流，降低日志处理过程中的分支消耗。

2）采集计算一体化

随着数据量的增大，采集—分类—处理的流程使系统维护成本猛增，同时传统的分类是通过URL路径正则匹配的方式，大量的匹配会消耗巨大的服务器硬件资源，因此必须将采集—计算作为一个整体来设计系统。阿里制定了两套日志规范和与之对应的元数据中心。

（1）对于PV（Page View）日志：通过简单的配置部署，用户可将任意页面的流量进行聚类分析并查询聚合分析的结果。

（2）对于交互日志：通过注册与所在页面独立的控件，用户可以获取对应的埋点代码，自动获取实时统计数据和可视化试图。

3）大促保障

（1）服务器推送配置到客户端。

（2）日志分流，结合日志优先级和日志大小拆分日志服务器。

（3）实时处理的优化。

基于以上三点，在流量爆发时评估峰值数据量，通过服务端推送配置客户端，对非重要日志进行限流，错峰后恢复。

2. 日志分析应用场景

日志采集分析是由需求驱动、根据某种场景的需要、对采集的日志进行针对性的分析。常见的日志分析应用场景[1]如下。

（1）分析系统或者平台的哪些功能最受欢迎：例如，分析什么时候用户使用最多，哪个区域、哪类用户使用最多。该场景有利于功能推广；有利于提升服务器资源从而提高用户体验。

（2）内容推荐：根据用户平常阅读内容，采集相关日志，并在分析后将用户感兴趣的内容自动推荐给用户，从而提升用户黏性。

（3）系统审计：对于应用系统，采集操作日志、业务变更日志，有利于备查及提供相关安全审计功能。

（4）自动化运维：场景微服务架构的系统或者平台，对运维投入的要求高，自动化部署和运维可以减少运维的工作量和压力。系统运行环境日志采集、分析，可实现预警、服务器资源动态调配，有利于快速定位排查故障。

不同系统的运行环境、功能应用场景及采集分析日志的需求各不相同。日志内容、采集方式存在多样性，日志数据量大，因此需要设计一套日志采集系统，满足日志采集需求，支持便捷操作，将分析结果反哺于应用功能。

4.1.4 日志采集系统关键技术

日志采集系统中的关键技术是日志采集 Agent[2]。日志采集 Agent 其实就是一个将数据从源端投递到目的端的程序。通常，目的端是一个具备数据订阅功能的集中存储端，目的是将日志分析和日志存储解耦。对同一份日志，可能会有不同的消费者感兴趣，获取到日志后所处理的方式也会有所不同，通过将数据存储和数据分析进行解耦后，不同的消费者可以订阅自己感兴趣的日志，选择对应的分析工具进行分析。这种具备数据订阅功能的集中存储端在业界比较流行的是 Kafka，阿里巴巴内部采用 DataHub，阿里云采用 LogHub。数据源端大致可以分为三类：一是普通的文本文件，二是通过网络接收到的日志数据，三是通过共享内存的方式。一个日志采集 Agent 除具有上述核心功能外，还可以引入日志过滤、日志格式化、路由等功能。从日志投递的方式来看，日志采集可以分为推模式和拉模式。

目前比较流行的日志采集系统主要有 Fluentd、Logstash、Flume、Scribe、Chukwa、Kafka 等。阿里巴巴内部采用 LogAgent、阿里云采用 LogTail。在这些产品中，Fluentd 占据绝对优势并成功入驻 CNCF（Cloud Native Computing Foundation，云原生计算基金会）阵营，它提出的统一日志层（Unified Logging Layer）大大减少了整个日志采集和分析的复杂度。Fluentd 认为大多数现存的日志格式的结构化都很弱，这得益于人类出色的解析日志数据的能力，因为日志数据最初是面向人类的，人类是其主要的日志数据消费者。

下面从设计架构、负载均衡、可扩展性、容错性等方面对比常用的开源日志采集系统（Scribe、Chukwa、Kafka 和 Flume）。

4.2 Scribe

4.2.1 Scribe 概述

Scribe 是 Facebook 开源的日志收集系统[4,5,6]，在 Facebook 内部已经得到应用。它能够从各种日志源上收集日志，存储到一个中央存储系统［可以是 NFS（Network File System，网络文件系统）、分布式文件系统等］中，以便于进行集中统计分析处理。它为日志的“分布式收集、统一处理”提供了一个可扩展、高容错的方案。当中央存储系统的网络或者机器出现故障时，Scribe 会将日志转存到本地或者另一个位置；当中央存储系统恢复后，Scribe 会将转存的日志重新传输给中央存储系统。

4.2.2 Scribe 全局配置

Scribe 先从各种数据源上收集数据，放到一个共享队列上，然后 push（推）到后端的中央存储系统上。当中央存储系统出现故障时，Scribe 可以暂时把日志写到本地文件中，待中央存储系统恢复性能后，Scribe 把本地日志续传到中央存储系统上。Scribe 的全局配置如表 4-1 所示。

表 4-1 Scribe 的全局配置

global 配置	默认值	说明
port	0	监听端口
max_msg_per_second	10000	每秒处理的最大消息数
max_queue_size	5000000	消息队列的大小
check_interval	5s	store 的检查频率
new_thread_per_category	yes	若为 yes，则为每个 category 建立一个线程来处理
num_thrift_server_threads	3	线程数

例如：

```
port=1463
max_msg_per_second=2000000
max_queue_size=10000000
check_interval=3
```

Scribe 支持以下三种存储类型。

（1）默认的 store：处理没有匹配到任何 store 的 category；配置项为 category=default。

（2）带前缀的 store：处理所有以指定前缀开头的 category；配置项为 category=web*。

（3）复合的 categories：在一个 store 里包含多个 category；配置项为 categories=rock paper* scissors。

store 的配置如表 4-2 所示。

表 4-2 store 的配置

store 的配置	默认值	说明
category	default	哪些消息被这个 store 处理，取值范围为 default
type		存储类型，取值范围为 file、buffer、network、bucket、thriftfile、null、multi
max_write_interval	1s	处理消息队列的最小时间间隔
target_write_size	16KB	当消息队列超过该值时，才进行处理
max_batch_size	1MB	一次处理的数据量
must_succeed	yes	为 yes 时重新进入消息队列排队，为 no 时丢弃该消息

例如：

```
<store>
category=statisticstype=file
target_write_size=20480
max_write_interval=2
</store>
```

4.2.3 Scribe 的存储类型配置

不同的 store 类型有 file、network、buffer、null、bucket、multi、thriftfile。

1. file

将日志写到文件或者 NFS 中。文件目前支持两种文件格式，即 std 和 hdfs，分别表示普通文本文件和 HDFS。file store 配置解释如表 4-3 所示。

表 4-3 file store 配置解释

file store 配置	默认值	说明
file_path	/tmp	文件保存路径
base_filename	category name	
use_hostname_sub_directory	no	为 yes 时，使用 hostname 来创建子目录
sub_directory		使用指定的名字来创建子目录
rotate_period	创建新文件的频率	可以使用 s、m、h、d、w 后缀（秒、分、时、天、周）
rotate_hour	1	如果 rotate_period 为 d，则取值范围为 0～23
rotate_minute	15	如果 rotate_period 为 m，则取值范围为 0～59
max_size	1GB	当文件超过指定大小时进行回滚
write_meta	FALSE	文件回滚时，最后一行包含下一个文件的名字
fs_type	std	取值范围为 std 和 hdfs
chunk_size	0	数据块大小，如果消息不超过数据块容量，则不应该跨 chunk 存储
add_newlines	0	为 1 时，为每个消息增加一个换行
create_symlink	yes	创建一个链接，指向最新的一个写入文件
write_stats	yes	创建一个状态文件，记录每个 store 的写入情况
max_write_size	1MB	缓冲区大小，若超过这个值则清空（flush）。该值不能超过 max_size 配置项的值

例如：

```
<store>
category=sprocketstype=file
file_path=/tmp/sprockets
base_filename=sprockets_log
max_size=1000000
add_newlines=1
rotate_period=daily
rotate_hour=0
rotate_minute=10
max_write_size=4096
</store>
```

2. network

network store 转发消息到其他 Scribe 服务器上，Scribe 以长连接的方式批量转发消息。network store 配置解释如表 4-4 所示。

例如：

```
<store>
category=defaulttype=network
remote_host=hal
remote_port=1465
</store>
```

表 4-4 network store 配置解释

network store 配置	默认值	说明	network store 配置	默认值	说明
remote_host		远程主机地址	timeout	5000ms	Socket 超时时间
remote_port		远程主机端口	use_conn_pool	FALSE	是否使用连接池

3. buffer

buffer store 有两个子 store，分别为 primary store 和 secondary store，当 primary store 不可用时，才将日志写入 secondary store（只能是 file store 或 null store）。当 primary store 恢复工作时，会从 secondary store 恢复数据（除非 replay_buffer=no）。buffer store 配置解释如表 4-5 所示。

表 4-5 buffer store 配置解释

buffer store 配置	默认值	说明
buffer_send_rate	1	在一次 check_interval 中，从 secondary 读取多少次消息并发到 primary
retry_interval	300s	在写 primary 失败后，指定重试的时间间隔
retry_interval_range	60s	在写 primary 失败后，重试的时间间隔在一个时间范围内随机选择一个
replay_buffer	yes	是否将 secondary 的消息恢复到 primary

例如：

```
<store>
category=defaulttype=buffer
buffer_send_rate=1
```

```
retry_interval=30
retry_interval_range=10
<primary>
type=network
    remote_host=wopr
    remote_port=1456
</primary>
<secondary>
type=file
    file_path=/tmp
    base_filename=thisisoverwritten
    max_size=10000000
</secondary>
</store>
```

4. null

丢弃指定 category 的消息。例如：

```
<store>
category=tps_report*type=null
</store>
```

5. bucket

bucket store 将每个消息的前缀作为 key，并哈希（hash）到多个文件中。bucket store 配置解释如表 4-6 所示。

表 4-6 bucket store 配置解释

bucket store 配置	默认值	说明
num_buckets	1	hash 表的 bucket 个数
bucket_type		取值范围：key_hash、key_modulo、random
Delimiter	:	识别 key 的前缀分隔符
remove_key	no	是否删除每个消息的前缀
bucket_subdir		每个子目录的名字

例如：

```
<store>
category=bucket_me
type=bucket
num_buckets=2
bucket_type=key_hash
<bucket0>
type=file
    fs_type=std
    file_path=/tmp/Scribetest/bucket0
    base_filename=bucket0
</bucket0>
<bucket1>
    ...
```

```
</bucket1>
<bucket2>
    ...
</bucket2></store>
```

6．multi

multi store 将消息同时转发给多个子 stores（如 store0，store1，store2，...）。例如：

```
<store>
category=defaulttype=multi
target_write_size=20480
max_write_interval=1
<store0>
type=file
    file_path=/tmp/store0
</store0>
<store1>
type=file
    file_path=/tmp/store1
</store1>
</store>
```

7．thriftfile

thriftfile store 与 file store 类似，只是前者将消息发送给 Thrift TFileTransport 文件。thriftfile store 配置解释如表 4-7 所示。

表 4-7　thriftfile store 配置解释

thriftfile store 配置	默认值	说明
file_path	/tmp	文件保存路径
Base_filename	category name	
rotate_period	创建新文件的频率	可以使用 s、m、h、d、w 后缀（秒、分、时、天、周）
rotate_hour	1	如果 rotate_period 为 d，则取值范围为 0～23
rotate_minute	15	如果 rotate_period 为 m，则取值范围为 0～59
max_size	1GB	当文件超过指定大小时进行回滚
fs_type	std	取值范围为 std 和 hdfs
chunk_size	0	数据块大小，如果消息不超过数据块容量，则不应跨 chunk 存储
create_symlink	yes	创建一个链接，指向最新的一个写入文件
flush_frequency_ms	3000ms	同步 Thrift file 到磁盘的频率
msg_buffer_size	0	非 0 时，拒绝所有大于该值的写入

例如：

```
<store>
category=sprocketstype=thriftfile
file_path=/tmp/sprockets
base_filename=sprockets_log
max_size=1000000
flush_frequency_ms=2000
</store>
```

4.3 Chukwa

4.3.1 Chukwa概述

Hadoop 的 MapReduce 最初用于日志处理，随着集群日志的不断增加，生成大量的小文件，而 MapReduce 具有处理少量大文件的优势。Chukwa 弥补了这一缺陷，同时具有高可靠性。Chukwa 由 Yahoo 开发，是基于 Hadoop 的大集群分布式监控系统，是 Hadoop 软件家族成员之一，依赖于 Hadoop 的其他子项目，以 HDFS 为存储层、MapReduce 为计算模型，Pig 作为其高层处理语言，是采用流水式处理方式和模块化结构的收集系统。Chukwa 的系统开销非常小，不到整个集群资源的 5%。具体而言，Chukwa 致力于以下几个方面。

（1）总体而言，Chukwa 可以用于监控大规模（2000 个以上的节点，每天产生数据量为 T 级别）Hadoop 集群的整体运行情况并对它们的日志进行分析。

（2）对于集群的用户而言，Chukwa 展示他们的作业已经运行了多久、占用了多少资源、还有多少资源可用、一个作业为什么失败了、一个读/写操作在哪个节点出了问题。

（3）对于集群的运维工程师而言，Chukwa 展示了集群中的硬件错误、集群的性能变化、集群的资源瓶颈在哪里。

（4）对于集群的管理者而言，Chukwa 展示了集群的资源消耗情况、集群的整体作业执行情况，可以用于辅助预算和集群资源协调。

（5）对于集群的开发者而言，Chukwa 展示了集群中主要的性能瓶颈、经常出现的错误，从而可以着力重点解决重要问题。

4.3.2 Chukwa架构

Chukwa 架构可查看 3.3.4 节的图 3-10。从实际应用角度分析，有三个主要组成部分[3]：①客户端（Agent），运行在每个监控机上，传送源数据到收集器；②收集器（Collector）和分离解析器（Demux），收集器接收客户端数据，将其写到 HDFS 中，分离解析器进行数据分析，转换成有用记录；③HICC（Hadoop Infrastructure Care Center，Hadoop 基础护理中心）是一个 Web 页面，用于 Chukwa 内容的展示。

Chukwa 使用一个 Agent 节点来采集它感兴趣的数据，每类数据通过一个 Adaptor（适配器）来实现，数据类型在相应配置中指定。启动 Adaptor 可以通过 UNIX 命令完成，Adaptor 能够扫描目录，追踪创建文件，接收 UDP 消息，不断追踪日志，将日志更新到文件中。Agent 的主要工作是负责 Adaptor 的开始和停止，并通过网络传输数据。为了防止数据采集端 Agent 出现故障，Chukwa 的 Agent 采用了 Watchdog（看门狗）机制，会自动重启和终止数据采集进程，防止原始数据的丢失。

Agent 收集到的数据是存储到 Hadoop 集群的 HDFS 上，Hadoop 集群处理小量大文件具有明显优势，而对大量小文件是其弱点。针对这一点，Chukwa 设计了收集器这个角色，用于先把数据合并成大文件，再写入集群。分离解析器负责抽取数据记录并解析，使之成为可以利用的记录，以减少文件数目和降低分析难度。一般采用对非结构化数据进行结构化处理，抽取其中的数据属性。分离解析器是 MapReduce 的一个作业，可以根据需求定制分离解析器作业，进行各种复杂的逻辑分析。

HICC 是分离解析器数据展示端的名字，其功能是可视化系统性能指标。HICC 能够显示传统的度量数据及应用层的统计数据，利用其可视化功能可以清楚地看到集群中的作业是否被均匀地传播，同时支持集群性能的调试和 Hadoop 作业执行的可视化。

4.3.3 Chukwa 数据收集应用

1. 数据生成

Chukwa 提供了日志文件、Socket、命令行等数据生成接口，方便脚本的执行。直接读取脚本执行结果的操作如下：Chukwa 首先加载 Initial_Adaptors 的配置文件，它指定了不同适配器对应的收集日志的内容。以 execAdaptor 脚本为例，配置文件内容如下。

```
'addorg.Apache.hadoop.Chukwa.datacollection.adaptor.ExecAdaptorDT3600
$CHUUKWA_HOME/bin/hdfs_new.sh0'
```

其中，3600 为脚本执行间隔，单位为 s（秒）。

2. 数据收集

部署收集器时，将所有适配器端口存放在代理的 conf/collectors 中，配置收集器的 Chukwa-collector-conf.xml 文件内容如下。

```
<property>
<name>writer.hdfs.filessystem</name>
<value>hdfs://192.168.1.100:9000/</value>
<name>ChukwaCollector.http.port</name>
<value>8080</value>
</property>
```

3. 数据生成

收集器将收集到的数据传送到 HFDS，定期通过 MapReduce 进行数据处理。MapReduce 作业为 Demux 和 Archive 两种类型。配置 Chukwa_demux-conf.xml 文件内容如下。

```
<property>
<name>DT</name>
<value>org.Apache.hadoop.Chukwa.extraction.demux.processor.mapper.Chukwapro</value>
</property>
```

4. 数据析取

Chukwa 通过 MDL 语言实现从 MySQL 数据库析取数据，以便于 HICC 的查询和显示。在启动的 dbAdmin.sh 服务器上修改 conf/mdl.xml 文件的配置内容。

数据库：

```
<name>log.db.name.Chukwapro</name>
<value>Chukwapro</value>
```

主键：

```
<name>log.db.name.primary.key.Chukwapro</name>
<value>timestamp, item_key</value>
```

数据析取周期，单位为 min（分）：

```
<name>consolidator.table.Chukwapro</name>
<value>6, 36, 216, 1296</value>
```

5．数据稀释

在数据库中，数据是按时间稀释的，时间越久，数据的精度就越低，可通过启动 dbAdmin.sh 服务器上修改 conf/aggregator.sql 配置实现，修改内容如下：

```
replaceinto[Chukwapro_month]
(select from_Unixtime(floor(avg(UNIX_TIMESTAMP(timestamp))/900*900),item_key,avg(item_value)from [Chukwapro_week] where timestamp between'[past_15_minute]'and ' [now]'group by item_ key, floor(UNIX_TIMESTAMP(timestamp))/900)
```

4.4 Kafka

4.4.1 Kafka 概述

Kafka 是由 Apache 软件基金会开发的一个开源流处理平台，用 Scala 和 Java 语言编写。Kafka 的目的是通过 Hadoop 的并行加载机制来统一线上和离线的消息处理，也是为了通过集群来提供实时消息。

Kafka 的主要设计目标如下。

（1）以时间复杂度为 O(1)的方式提供消息持久化能力。对 TB 级以上的数据也能保证常数时间的访问性能。

（2）高吞吐率。在非常廉价的商用机器上也能实现单机支持 10 万条消息每秒的传输。

（3）支持 Kafka Server 间的消息分区及分布式消费，同时保证每个 Partition 内的消息顺序传输。

（4）同时支持离线数据处理和实时数据处理。

（5）Scale out：支持在线水平扩展。

（6）高性能。每秒可处理由数以千计生产者（Producer）生成的消息。

（7）高扩展性。可以通过简单地增加服务器横向扩展 Kafka 集群的容量。

（8）分布式。消息来自数以千计的服务，使用分布式来解决单机处理海量数据的瓶颈。

（9）持久性。Kafka 中的消息可持久化到硬盘上，以防止数据的丢失。

因为用户的行为数据最终是以日志的形式持久化的，因此使用 logback 将日志持久化到日志服务器中。

一个消息系统负责将数据从一个应用传递到另一个应用，应用只需关注数据，不需要关注数据在两个或多个应用间是如何传递的。分布式消息传递基于可靠的消息队列，在客户端应用和消息系统之间异步传递消息。有两种主要的消息传递模式：点对点传递模式、发布/订阅模式。大部分消息系统选用发布/订阅模式。Kafka 选用一种发布/订阅模式。

在点对点消息系统中，消息持久化到一个队列（Queue）中。此时，将有一个或多个消费者（Consumer）消费队列中的数据。但是，一条消息只能被消费一次。当一个消费者消费了队列中的某条数据之后，该条数据则从消息队列中删除。选用该模式，即使有多个消费者同时消费数据，也能保证数据处理的顺序。Kafka 点对点架构描述示意图如图 4-3 所示。

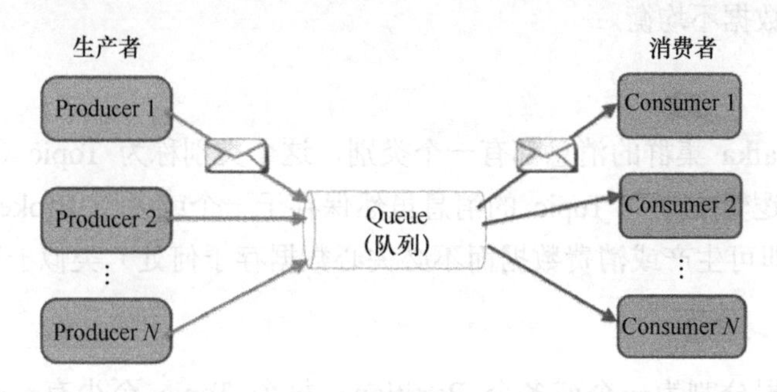

图 4-3　Kafka 点对点架构描述示意图

4.4.2　Kafka 架构

Kafka[4]实际上是一个消息发布/订阅系统，其架构如图 4-4 所示。

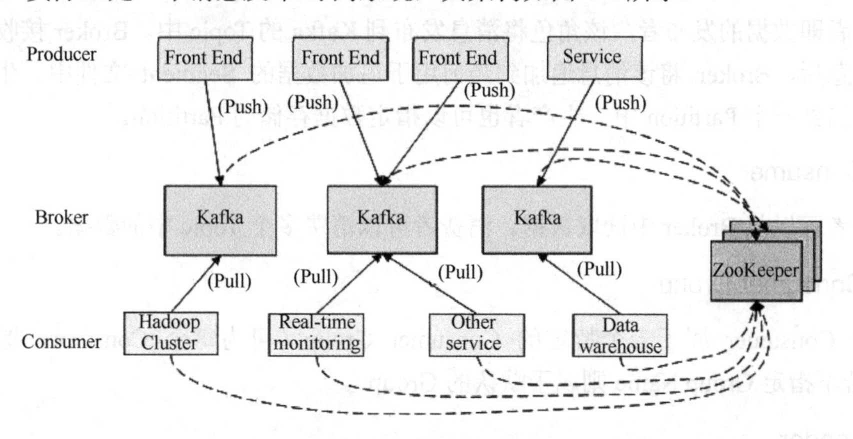

图 4-4　Kafka 架构

Kafka 中主要有三种角色，分别为 Producer、Broker 和 Consumer。Producer 向某个 Topic 发布消息，而 Consumer 订阅某个 Topic 的消息，进而一旦有新的关于某个 Topic 的消息，Broker 会传递给订阅它的所有 Consumer。在 Kafka 中，消息是按 Topic 组织的，而每个 Topic 又会分为多个 Partition，这样便于管理数据和进行负载均衡。同时，它也使用了

ZooKeeper 进行负载均衡。

1．Broker

Kafka 集群包含一个或多个服务器，服务器节点称为 Broker。

Broker 存储 Topic 的数据。如果某 Topic 有 *N* 个 Partition，集群有 *N* 个 Broker，那么每个 Broker 存储该 Topic 的一个 Partition。

如果某 Topic 有 *N* 个 Partition，集群有（*N*+*M*）个 Broker，那么其中有 *N* 个 Broker 存储该 Topic 的一个 Partition，剩下的 *M* 个 Broker 不存储该 Topic 的 Partition 数据。

如果某 Topic 有 *N* 个 Partition，集群中 Broker 数目少于 *N* 个，那么一个 Broker 存储该 Topic 的一个或多个 Partition。在实际生产环境中，尽量避免这种情况的发生，这种情况容易导致 Kafka 集群数据不均衡。

2．Topic

每条发布到 Kafka 集群的消息都有一个类别，这个类别称为 Topic（物理上不同 Topic 的消息分开存储，逻辑上一个 Topic 的消息虽然保存于一个或多个 Broker 上，但用户只需指定消息的 Topic 即可生产或消费数据而不必关心数据存于何处）类似于数据库的表名。

3．Partition

Topic 中的数据分割为一个或多个 Partition。每个 Topic 至少有一个 Partition。每个 Partition 中的数据使用多个 Segment 文件存储。Partition 中的数据是有序的，不同 Partition 间的数据丢失了数据的顺序。如果 Topic 有多个 Partition，消费数据时就不能保证数据的顺序。在需要严格保证消息的消费顺序的场景下，需要将 Partition 数目设为 1。

4．Producer

生产者即数据的发布者，该角色将消息发布到 Kafka 的 Topic 中。Broker 接收到生产者发送的消息后，Broker 将该消息追加到当前用于追加数据的 Segment 文件中。生产者发送的消息存储到一个 Partition 中，生产者也可以指定数据存储的 Partition。

5．Consumer

消费者可以从 Broker 中读取数据。消费者可以消费多个 Topic 中的数据。

6．Consumer Group

每个 Consumer 属于一个特定的 Consumer Group（可为每个 Consumer 指定 Group Name，若不指定 Group Name 则属于默认的 Group）。

7．Leader

每个 Partition 有多个副本，其中有且仅有一个作为 Leader，Leader 是当前负责数据的读/写的 Partition。

8．Follower

Follower 跟随 Leader，所有写请求都通过 Leader 路由，数据变更会广播给所有

Follower，Follower 与 Leader 保持数据同步。如果 Leader 失效，则从 Follower 中选举出一个新的 Leader。当 Follower 与 Leader 崩溃、卡住或者同步太慢时，Leader 会把这个 Follower 从“In Sync Replicas”（ISR）列表中删除，重新创建一个 Follower。

4.4.3 Kafka 日志采集

服务端日志采集系统[5]主要由两个工程组成：beauty-bi-core 工程和 beauty-bi-service 工程，如图 4-5 所示。由于使用 dubbo 框架，因此有服务提供方和服务消费方。beauty-bi-core 工程被 Web、Wap 和 Mainsite 服务消费方依赖。此外，beauty-bi-service 工程也依赖于 beauty-bi-core 工程，主要是依赖于其中的一些实体类及工具类。

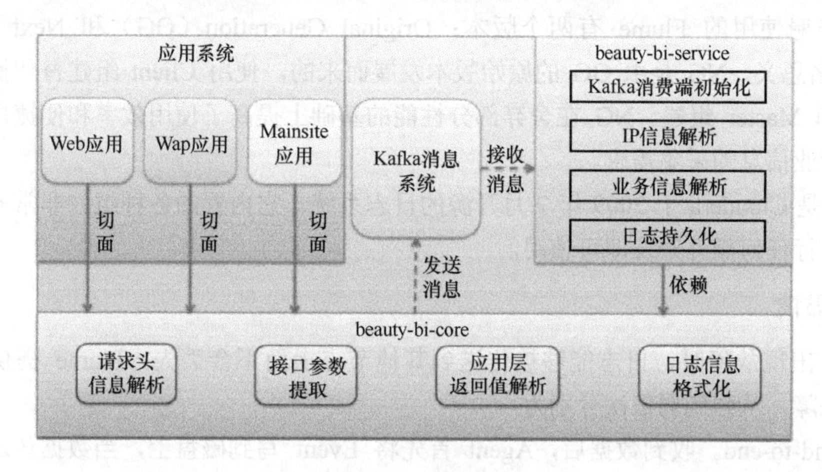

图 4-5 总体架构图

beauty-bi-core 工程为 Kafka 消息的生产者，主要封装实现切面的具体逻辑，其主要职责如下。

（1）请求头信息解析：从 Request 中提取用户的基本信息，如设备型号、用户的供应商、IP、设备的分辨率、设备平台、设备的操作系统、设备 ID、APP 渠道等。

（2）接口参数提取：通过切面可以提取接口的参数值，从而知道用户的业务信息。

（3）应用层返回值解析：因为切面使用 AfterReturning 方式，因此可以获取应用层的返回结果，从返回结果中可以提取有用的信息。

（4）用户的基本信息：用户的 ID 信息。

（5）日志信息格式化：将信息转化成 JSON 字符串。

（6）发送消息：将最终需要发送的消息放入本地阻塞队列中，通过另一个线程异步从阻塞队列中获取消息并发送到 Kafka Broker 中。

beauty-bi-service 工程为 Kafka 消息的消费者，其主要职责为实时从 Kafka 中拉取最新的数据。将 JSON 字符串转化成 JSON 对象，方便进一步对使用信息进行加工。对用户的 IP 进行解析，获取 IP 对应的地区以及经纬度信息。将加工好的最终信息持久化到 Log 文件中。

4.5 Flume

Flume 是近年来各行业信息领域使用较为频繁的数据采集系统，是一种分布式日志采集、处理、集合、传输系统，具有可靠性高、采集效率高、扩展性强、管理方便的特点。

4.5.1 Flume 概述

目前普遍使用的 Flume 有两个版本：Original Generation（OG）和 Next Generation（NG）。顾名思义，NG 是由 OG 的原始版本发展而来的，使用 Client 组建替代操作烦琐的 Collector 和 Master 组建。NG 在舍弃部分性能的基础上提高了使用效率和便捷性，能够满足大部分行业信息的采集需求。

Flume 是 Cloudera 于 2009 年 7 月开源的日志系统。它内置的各种组件非常齐全，用户几乎不必进行任何额外开发即可使用。

1. 可靠性

当节点出现故障时，日志能够被传送到其他节点上而不会丢失。Flume 提供三种级别的可靠性保障，从强到弱依次分别为：

（1）End-to-end。收到数据后，Agent 首先将 Event 写到磁盘上，当数据传送成功后，再删除；如果数据发送失败，可以重新发送。

（2）Store on failure。这也是 Scribe 采用的策略，当数据接收方 crash 时，将数据写到本地，待恢复后，继续发送。

（3）Best effort。数据发送到接收方后，不会进行确认。

2. 可扩展性

Flume 采用三层架构，分别为 Agent、Collector 和 Storage。每层均可以水平扩展。其中，所有 Agent 和 Collector 由 Master 统一管理，这使系统易于监控和维护，且 Master 允许有多个（使用 ZooKeeper 进行管理和负载均衡），这就避免了单点故障问题。

3. 可管理性

因为 Agent 和 Collector 由 Master 统一管理，所以系统便于维护。用户可以在 Master 上查看各个数据源或者数据流执行情况，且可以对各个数据源配置和动态加载。Flume 提供 Web 和 Shell Script Command 两种形式对数据流进行管理。

4. 功能可扩展性

用户可以根据需要添加自己的 Agent、Collector 或 Storage。此外，Flume 自带了很多组件，包括各种 Agent（File、Syslog 等）、Collector 和 Storage（File、HDFS 等）。

4.5.2 Flume 架构

如前所述，Flume 采用了分层架构（如图 4-6 所示），由 Agent、Collector 和 Storage 三层组成。其中，Agent 和 Collector 均由两部分组成：Source 和 Sink。Source 是数据来源，Sink 是数据去向。

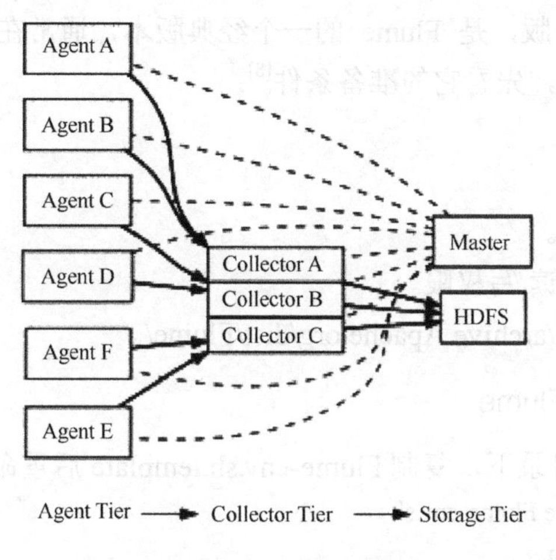

图 4-6 Flume 分层架构

4.5.3 Flume 的优势

Flume 可以高效地将多个网站服务器中收集的日志信息存入 HDFS、HBase 中[6]。除了日志信息，Flume 同时也可以用来接入收集规模宏大的社交网络节点事件数据（如 Facebook、Twitter）、电商网站（Amazon、Flipkart）等。支持各种接入资源数据的类型以及接出数据类型；支持多路径流量、多管道接入流量、多管道接出流量，上下文路由等；可以被水平扩展。Flume 的优势很多[6,7]，具体如下。

（1）Flume 可以将应用产生的数据存储到任何集中存储器（如 Hadoop、HBase）中。

（2）当收集信息遇到峰值时，收集的信息非常大，甚至超过了系统的写入数据能力。这时，Flume 会在数据生产者和数据收集容器间做出调整，保证其能够在两者之间提供一种平稳的数据。

（3）提供上下文路由特征。

（4）Flume 的管道基于事务，保证了数据在传送和接收时的一致性。

（5）Flume 是可靠、容错性高、可升级、易管理、可定制的。

4.6 实战

本节介绍基于 Flume 的日志采集案例。

4.6.1 Flume 安装部署

Flume 的安装非常简单，只需要解压即可，前提是已有 Hadoop 环境。上传安装包到数据源所在节点上，然后解压 tar-zxvf Apache-Flume-1.6.0-bin.tar.gz。

本案例安装的是 1.6 版，是 Flume 的一个经典版本，通常在生产环境中使用的就是这个版本。在安装 Flume 前，先看它的准备条件[8]：

（1）JDK1.7。

（2）足够的内存。

（3）足够的磁盘空间。

（4）目录及文件要有读/写权限。

官网下载地址：http://archive.Apache.org/dist/Flume/。

1．下载解压后配置 Flume

进入 Flume 的 conf 目录下，复制 Flume-env.sh.template 后重命名为 Flume-env.sh。

```
$ cp Flume-env.sh.template Flume-env.sh
$ chmod 777 Flume-env.sh
$ vi Flume-env.sh
```

进入 Flume-env.sh 中配置 Java jdk 路径。

```
export JAVA_HOME=/home/hadoop/app/jdk
```

配置环境变量。

```
# Flumeexport FLUME_HOME=/home/hadoop/app/Flumeexport PATH=$PATH:$FLUME_HOME/bin
```

查看 Flume 的命令帮助。

```
[hadoop@master27 app]$ Flume-ng help
```

查看 Flume 版本信息。

```
[hadoop@master27 app]$ Flume-ng version
```

2．Flume 基本使用示例

目的：从网络端口接收数据，输出到控制台。

Agent 选型：netcat+source+memory channel+logger sink。

Flume 中最重要的就是 Agent 配置文件的编写，官网上有编写方法说明。下面是官网提供的一个 Agent 配置文件模板。

```
# example.conf: A single-node Flume configuration

# Name the components on this agent
a1.sources = r1
a1.sinks = k1
a1.channels = c1

# DeScribe/configure the source
a1.sources.r1.type = netcat
a1.sources.r1.bind = localhost
```

```
a1.sources.r1.port = 44444

# DeScribe the sink
a1.sinks.k1.type = logger

# Use a channel which buffers events in memory
a1.channels.c1.type = memory
a1.channels.c1.capacity = 1000
a1.channels.c1.transactionCapacity = 100

# Bind the source and sink to the channel
a1.sources.r1.channels = c1
a1.sinks.k1.channel = c1
```

参照上述官网的配置，新建 simple-example.conf 文件，配置如下。

```
# Name the components on this agent
simple-agent.sources = netcat-source
simple-agent.sinks = logger-sink
simple-agent.channels = memory-channel

# DeScribe/configure the source
simple-agent.sources.netcat-source.type = netcat
simple-agent.sources.netcat-source.bind = Master
simple-agent.sources.netcat-source.port = 44444

# DeScribe the sink
simple-agent.sinks.logger-sink.type = logger

# Use a channel which buffers events in memory
simple-agent.channels.memory-channel.type = memory
# Bind the source and sink to the channel
simple-agent.sources.netcat-source.channels = memory-channel
simple-agent.sinks.logger-sink.channel = memory-channel
```

配置完成后，输入如下命令来启动 Flume。

```
Flume-ng agent \
--conf $FLUME_HOME/conf \
--name simple-agent \
--conf-file $FLUME_HOME/config/simple-example.conf \
-DFlume.root.logger=INFO，console
```

参数说明：

--conf：指定 Flume 的配置文件所在目录。

--name：指定 Agent 的名称。

--conf-file：指定编写的 Flume 配置文件。

-DFlume.root.logger：指定日志级别。

3. Flume 启动后，在打印的日志中可以看到如下信息（部分日志）

```
Creating instance of source netcat-source, type netcat
```

```
Creating instance of sink: logger-sink, type: logger
Creating instance of channel memory-channel type memory
Created serverSocket:sun.nio.ch.ServerSocketChannelImpl[/192.168.242.150:44444]
```

输入 jps 命令可以查看到一个 Application 的进程。如果有这个进程，则说明 Flume 启动成功了。

```
[hadoop@Master ~]$ jps3091 Jps2806 Application
```

4．测试

启动一个 telnet 进程，telnet 数据输入如下。

```
$ telnet Master 44444
```

查看 Flume 控制台的输出（Event 是 Flume 数据传输的基本单元，由可选的 header 和一个 byte array 的数据构成）。

```
Event: { headers:{} body: 68 65 6C 6C 6F 0D          hello. }
Event: { headers:{} body: 66 6C 75 6D 65 0D          Flume. }
```

4.6.2 环境测试

先用一个最简单的例子测试程序环境是否正常。

1．在 Flume 的 conf 目录下新建一个文件

```
vi netcat-logger.conf
#定义这个 agent 中各组件的名字
a1.sources = r1
a1.sinks = k1
a1.channels = c1
#描述和配置 source 组件：r1
a1.sources.r1.type = netcat
a1.sources.r1.bind = localhost
a1.sources.r1.port = 44444
#描述和配置 sink 组件：k1
a1.sinks.k1.type = logger
#描述和配置 channel 组件，此处使用内存缓存的方式
a1.channels.c1.type = memory
a1.channels.c1.capacity = 1000
a1.channels.c1.transactionCapacity = 100
#描述和配置 source 与 channel 和 sink 之间的连接关系
a1.sources.r1.channels = c1
a1.sinks.k1.channel = c1
```

2．启动 agent 去采集数据

```
bin/Flume-ng agent -c conf -f conf/netcat-logger.conf -n a1 -DFlume.root.logger=INFO, console
```

-c conf：指定 Flume 自身的配置文件所在目录。

-fconf/netcat-logger.conf：指定所描述的采集方案。

-n a1：指定这个 agent 的名字。

3. 测试

首先往 agent 的 source 所监听的端口上发送数据，让 agent 有数据可采，然后随便在一个能与 agent 节点联网的机器上测试，其结果如图 4-7 所示，从中可以看出环境测试结果正确。

```
telnet agent-hostname port (telnet localhost 44444)
```

```
[hadoop@hadoop01 ~]$ telnet 127.0.0.1 44444
Trying 127.0.0.1...
Connected to 127.0.0.1.
Escape character is '^]'.

OK
hello
```

图 4-7 环境测试结果

4.6.3 采集目录到 HDFS

采集需求：在某服务器的某特定目录下，会不断产生新文件。每当新文件出现时，就需要把文件采集到 HDFS 中去。根据需求，定义以下三大要素。

（1）数据源组件，即 source——监控文件目录：spooldir。

spooldir 特性：监视一个目录，只要目录中出现新文件，就会采集文件中的内容。

采集完成的文件会被 agent 自动添加一个后缀：COMPLETED。

所监视的目录中不允许重复出现相同文件名的文件。

（2）下沉组件，即 sink——HDFS 文件系统：hdfs sink。

（3）通道组件，即 channel——可用 file channel，也可以用内存 channel。

配置文件编写如下。

```
#定义三大组件的名称
agent1.sources = source1
agent1.sinks = sink1
agent1.channels = channel1
#配置 source 组件
agent1.sources.source1.type = spooldir
agent1.sources.source1.spoolDir = /home/hadoop/logs/
agent1.sources.source1.fileHeader = false
#配置拦截器
agent1.sources.source1.interceptors = i1
agent1.sources.source1.interceptors.i1.type = host
agent1.sources.source1.interceptors.i1.hostHeader = hostname
#配置 sink 组件
agent1.sinks.sink1.type = hdfs
agent1.sinks.sink1.hdfs.path =hdfs://hdp-node-01:9000/weblog/Flume-collection/%y-%m-%d/%H-%M
agent1.sinks.sink1.hdfs.filePrefix = access_log
agent1.sinks.sink1.hdfs.maxOpenFiles = 5000
agent1.sinks.sink1.hdfs.batchSize= 100
agent1.sinks.sink1.hdfs.fileType = DataStream
```

```
agent1.sinks.sink1.hdfs.writeFormat =Text
agent1.sinks.sink1.hdfs.rollSize = 102400
agent1.sinks.sink1.hdfs.rollCount = 1000000
agent1.sinks.sink1.hdfs.rollInterval = 60
#agent1.sinks.sink1.hdfs.round = true
#agent1.sinks.sink1.hdfs.roundValue = 10
#agent1.sinks.sink1.hdfs.roundUnit = minute
agent1.sinks.sink1.hdfs.useLocalTimeStamp = true
#Use a channel which buffers events in memory
agent1.channels.channel1.type = memory
agent1.channels.channel1.keep-alive = 120
agent1.channels.channel1.capacity = 500000
agent1.channels.channel1.transactionCapacity = 600
#Bind the source and sink to the channel
agent1.sources.source1.channels = channel1
agent1.sinks.sink1.channel = channel1
```

Channel 参数解释如下。

capacity：默认该通道中最大的可以存储的 event 数量。

transactionCapacity：每次最大可以从 source 中取到或者送到 sink 中的 event 数量。

keep-alive：event 添加到通道中或者移出的允许时间。

4.6.4 采集文件到 HDFS

采集需求：比如业务系统使用 Log4j 生成的日志，日志内容不断增加，需要把追加到日志文件中的数据实时采集到 HDFS。

根据需求，定义以下三大要素。

（1）采集源，即 source——监控文件内容更新：exec ‘tail -F file’。

（2）下沉目标，即 sink——HDFS 文件系统：hdfs sink。

（3）source 和 sink 之间的传递通道——channel，可用 file channel，也可以用内存 channel。

配置文件编写如下。

```
agent1.sources = source1
agent1.sinks = sink1
agent1.channels = channel1
#DeScribe/configure tail -F source1
agent1.sources.source1.type = exec
agent1.sources.source1.command = tail -F /home/hadoop/logs/access_log
agent1.sources.source1.channels = channel1
#configure host for source
agent1.sources.source1.interceptors = i1
agent1.sources.source1.interceptors.i1.type = host
agent1.sources.source1.interceptors.i1.hostHeader = hostname
#DeScribe sink1
agent1.sinks.sink1.type = hdfs
```

```
#a1.sinks.k1.channel = c1
agent1.sinks.sink1.hdfs.path =hdfs://hdp-node-01:9000/weblog/Flume-collection/%y-%m-%d/%H-%M
agent1.sinks.sink1.hdfs.filePrefix = access_log
agent1.sinks.sink1.hdfs.maxOpenFiles = 5000
agent1.sinks.sink1.hdfs.batchSize= 100
agent1.sinks.sink1.hdfs.fileType = DataStream
agent1.sinks.sink1.hdfs.writeFormat =Text
agent1.sinks.sink1.hdfs.rollSize = 102400
agent1.sinks.sink1.hdfs.rollCount = 1000000
agent1.sinks.sink1.hdfs.rollInterval = 60
agent1.sinks.sink1.hdfs.round = true
agent1.sinks.sink1.hdfs.roundValue = 10
agent1.sinks.sink1.hdfs.roundUnit = minute
agent1.sinks.sink1.hdfs.useLocalTimeStamp = true
#Use a channel which buffers events in memory
agent1.channels.channel1.type = memory
agent1.channels.channel1.keep-alive = 120
agent1.channels.channel1.capacity = 500000
agent1.channels.channel1.transactionCapacity = 600
#Bind the source and sink to the channel
agent1.sources.source1.channels = channel1
agent1.sinks.sink1.channel = channel1
```

习　　题

1．目前流行的日志采集系统有哪些？
2．Scribe 的存储类型哪些？
3．Chukwa 的架构特点是什么？
4．Kafka 的日志采集流程是什么？
5．Flume 的架构特点是什么？
6．选择一种平台工具，搭建一个日志采集系统环境。

参 考 文 献

[1] 邵奈一. 大数据日志分析系统背景及架构[EB/OL]. [2019-3-27]. https://blog.csdn.net/shaock2018/article/details/88816230.
[2] Scribe[EB/OL]. [2020-11-20]. https://github.com/Facebook/Scribe.
[3] 常广炎. Chukwa 在日志数据监控方面的应用[J]. 无线互联科技，2017（5）：21-30.
[4] 马振刚. 基于 Kafka 和 Hadoop 架构的工程研发数据挖掘[J]. 上海汽车，2020（6）：12-16.
[5] 网易云社区博客. 基于 Kafka 的服务端用户行为日志采集[EB/OL]. [2018-9-3].https://blog.csdn.net/wangyiyungw/article/details/82348114?utm_source=blogxgwz8.
[6] 龚细军. flume 介绍与原理(一)[EB/OL]. [2016-7-10].https://www.cnblogs.com/gongxijun/p/5656778.html.
[7] 赵创业. 基于 Ansible 和 Flume 的海量数据自动化采集系统[J]. 电子设计工程，2020（28）：47-51.
[8] 俊杰梓. Flume 的简介、原理与安装[EB/OL]. [2018-10-13].https://blog.csdn.net/weixin_35353187/article/details/83038297.

5 第5章　大数据预处理

在第 3、4 章介绍了大数据采集技术。在采集到这些数据后应该怎么进行下一步的工作呢？其实，现实世界中数据大体上都是不完整、不一致的脏数据，无法直接进行数据分析挖掘，或分析挖掘结果差强人意。为了提高数据分析挖掘的质量，产生了数据预处理（Data Preprocessing）技术。统计发现，在数据分析挖掘的过程中，数据预处理工作量占整个过程的 60%[1]。数据预处理有多种方法，主要包括数据清洗（Data Cleaning）、数据集成（Data Integration）、数据转换（Data Transformation）和数据消减（Data Reduction）。这些数据预处理技术在数据分析挖掘之前使用，大大提高了数据分析挖掘模式的质量，降低了实际分析挖掘所需要的时间。

本章重点介绍大数据预处理技术，在探讨大数据预处理总体架构的基础上先介绍四种数据预处理方法，然后重点介绍如何使用目前流行的 ETL 工具 Kettle 基于 Hadoop 生态圈进行大数据预处理。

大数据预处理导览如图 5-1 所示。

5.1　为什么要进行数据预处理

1．现实世界中的数据大体上都是不完整、含噪声、不一致的脏数据

噪声数据指数据中存在错误或异常（偏离期望值）的数据；不完整数据指没有感兴趣的属性值的数据；不一致数据指数据内涵出现不一致情况的数据（例如，作为关键字的同一部门编码出现不同值）。

2．没有高质量的数据，就没有高质量的挖掘结果

高质量的决策必须依赖于高质量的数据；数据仓库需要对高质量的数据进行一致的集成。

3．原始数据中常见的问题：不一致、重复、不完整、含噪声、高维度

不完整、含噪声和不一致问题对大数据来讲是非常普遍的情况。

不完整数据产生的主要原因如下。

（1）有些属性的内容有时没有，例如，参与销售事务数据中的顾客信息不完整。

（2）有些数据产生交易时被认为是不必要的而没有被记录下来。

（3）由于误解或检测设备失灵，相关数据没有被记录下来。

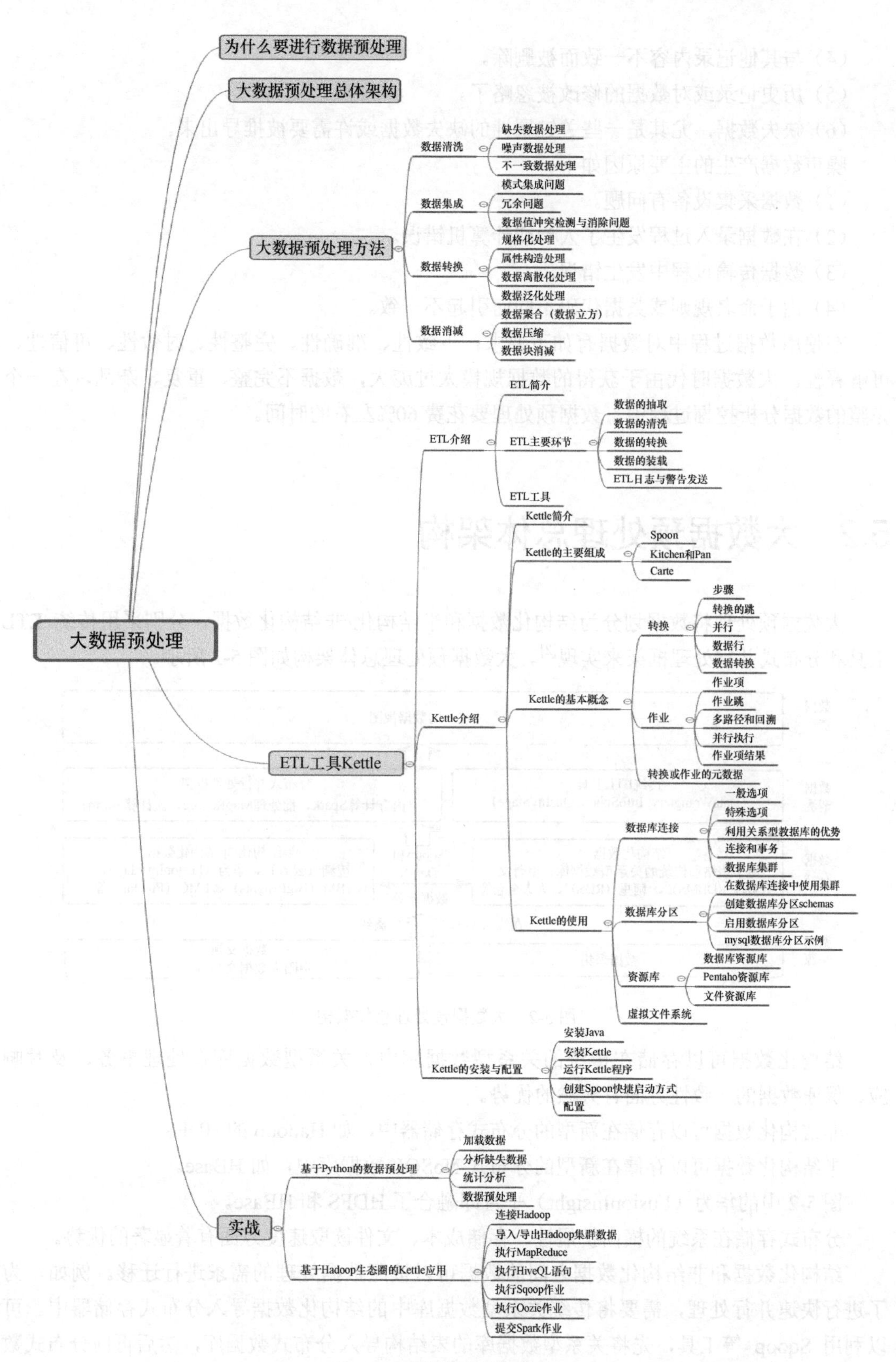

图 5-1　大数据预处理导览

（4）与其他记录内容不一致而被删除。

（5）历史记录或对数据的修改被忽略了。

（6）缺失数据，尤其是一些关键属性的缺失数据或许需要被推导出来。

噪声数据产生的主要原因如下。

（1）数据采集设备有问题。

（2）在数据录入过程发生了人为或计算机错误。

（3）数据传输过程中发生错误。

（4）由于命名规则或数据代码不同而引起不一致。

在使用数据过程中对数据有如下要求：一致性、准确性、完整性、时效性、可信性、可解释性。大数据时代由于获得的数据规模太过庞大，数据不完整、重复、杂乱，在一个完整的数据分析挖掘过程中，数据预处理要花费 60%左右的时间。

5.2 大数据预处理总体架构

大数据预处理将数据划分为结构化数据和半结构化/非结构化数据，分别采用传统 ETL 工具和分布式并行处理框架来实现[2]。大数据预处理总体架构如图 5-2 所示。

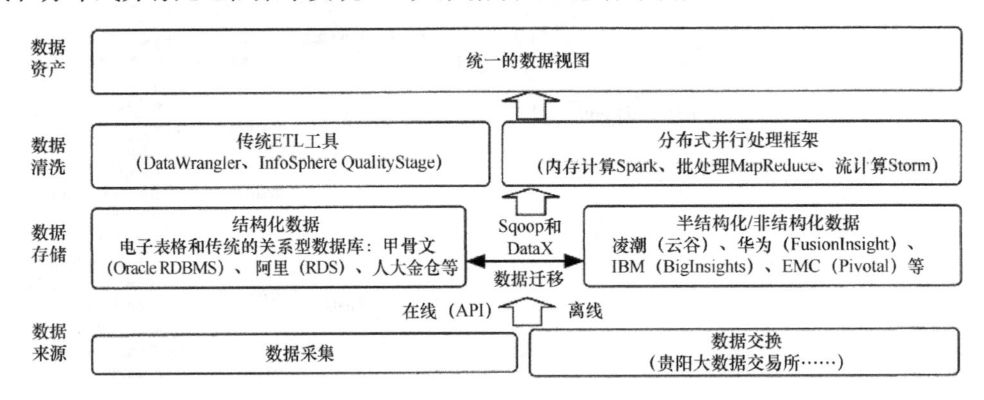

图 5-2 大数据预处理总体架构

结构化数据可以存储在传统的关系型数据库中，关系型数据库在处理事务、及时响应、保证数据的一致性方面有天然的优势。

非结构化数据可以存储在新型的分布式存储器中，如 Hadoop 的 HDFS。

半结构化数据可以存储在新型的分布式 NoSQL 数据库中，如 HBase。

图 5-2 中的华为（FusionInsight）平台即融合了 HDFS 和 HBase。

分布式存储在系统的横向扩展性、存储成本、文件读取速度方面有着显著的优势。

结构化数据和非结构化数据之间的数据可以按照数据处理的需求进行迁移。例如，为了进行快速并行处理，需要将传统关系型数据库中的结构化数据导入分布式存储器中。可以利用 Sqoop 等工具，先将关系型数据库的表结构导入分布式数据库，然后再向分布式数据库的表中导入结构化数据。

5.3 大数据预处理方法

通过数据预处理工作，可以使缺失的数据完整，将错误的数据纠正、多余的数据去除，进而将所需的数据挑选出来，并进行数据集成。数据预处理方法主要包括数据清洗、数据集成、数据转换和数据消减。数据清洗是指消除数据中存在的噪声及纠正其不一致的错误。数据集成是指将来自多个数据源的数据合并到一起构成一个完整的数据集。数据转换是指将一种格式的数据转换为另一种格式的数据。数据消减是指通过删除冗余特征或聚类消除多余数据。这些数据预处理方法并不是相互独立的，而是相互关联的。例如，消除数据冗余既可以看成一种形式的数据清洗，也可以认为是一种数据消减。

5.3.1 数据清洗

现实世界的数据常常是不完全的、含噪声的、不一致的。数据清洗过程包括缺失数据处理、噪声数据处理，以及不一致数据处理。本节介绍数据清洗的主要处理方法[3]。

5.3.1.1 缺失数据处理

假设在分析一个商场销售数据时，发现有多个记录中的属性（如顾客的收入属性值为空），则对于为空的属性值，可以采用以下方法进行缺失数据处理。

1．忽略该条记录

若一条记录中有属性值被缺失了，则将此条记录排除，尤其是在没有类别属性值而又要进行分类数据挖掘时。

当然，这种方法并不很有效，尤其是在每个属性的遗漏值的记录比例相差较大时。

2．手工填补缺失值

一般这种方法比较耗时，而且对于存在许多缺失情况的大规模数据集而言，可行性较差。

3．利用默认值填补缺失值

对一个属性的所有缺失的值均利用一个事先确定好的值来填补，如都用“OK”来填补。但当一个属性的缺失值较多时，若采用这种方法，则可能误导挖掘进程。

因此，这种方法虽然简单，但并不推荐使用，或在使用时需要仔细分析填补后的情况，以尽量避免对最终挖掘结果产生较大误差。

4．利用均值填补缺失值

计算一个属性值的平均值，并用此值填补该属性的所有缺失的值。例如，若顾客的平均收入为 10000 元，则用此值填补“顾客收入”属性的所有缺失的值。

5．利用同类别均值填补缺失值

这种方法尤其适合在进行分类挖掘时使用。

例如，若要对商场顾客按信用风险进行分类挖掘，则可以用在同一信用风险类别（如良好）下的“顾客收入”属性的平均值，来填补所有在同一信用风险类别下“顾客收入”属性的缺失值。

6．利用最可能的值填补缺失值

可以利用回归分析、贝叶斯计算公式或决策树推断出该条记录特定属性的最大可能的取值。

例如，利用数据集中其他顾客的属性值，可以构造一个决策树来预测“顾客收入”属性的缺失值。

最后一种方法是一种较常用的方法，与其他方法相比，它最大限度地利用了当前数据所包含的信息来帮助预测所缺失的数据。

5.3.1.2 噪声数据处理

噪声是指被测变量的一个随机错误和变化。下面通过给定一个数值型属性（如价格）来说明平滑去噪的具体方法。

1．Bin 方法

Bin 方法利用应被平滑数据点的周围点（近邻）对一组排序数据进行平滑，排序后的数据被分配到若干桶（称为 Bins）中。其主要思想为每个数据与它的“近邻”数据应该是相似的，因此将数据用其“近邻”数据替代，这样既可以平滑有序数据值，还能在一定程度上保持数据的独有特点。

如图 5-3 所示，有两种典型的 Bin 划分方法：一是等高方法，即每个 Bin 中的元素的个数相等；二是等宽方法，即每个 Bin 的取值间距（左右边界之差）相同。

利用 Bin 分箱法平滑去噪如图 5-4 所示。首先，对价格数据进行排序；然后，将其划分为若干等高度的 Bin，即每个 Bin 包含 3 个数值；最后，既可以利用每个 Bin 的均值进行平滑，也可以利用每个 Bin 的边界进行平滑。

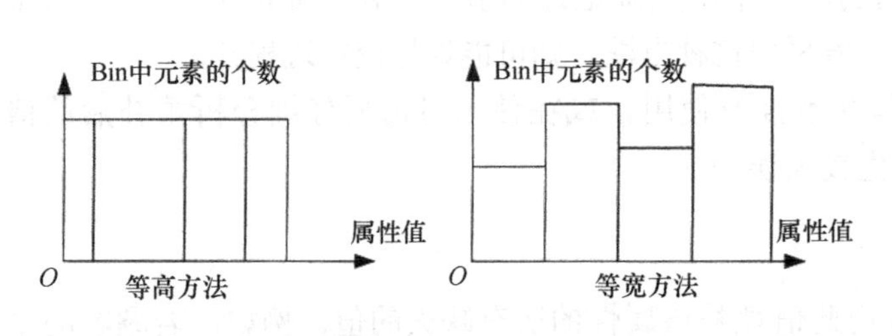

图 5-3 两种典型的 Bin 划分方法

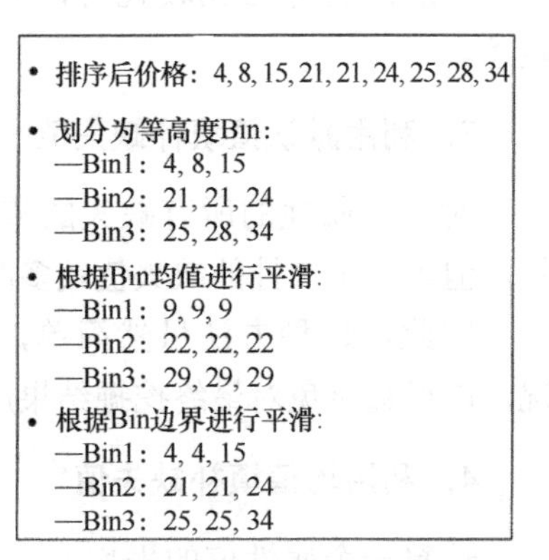

• 排序后价格：4, 8, 15, 21, 21, 24, 25, 28, 34
• 划分为等高度Bin：
—Bin1：4, 8, 15
—Bin2：21, 21, 24
—Bin3：25, 28, 34
• 根据Bin均值进行平滑：
—Bin1：9, 9, 9
—Bin2：22, 22, 22
—Bin3：29, 29, 29
• 根据Bin边界进行平滑：
—Bin1：4, 4, 15
—Bin2：21, 21, 24
—Bin3：25, 25, 34

图 5-4 利用 Bin 分箱法平滑去噪

利用均值进行平滑时，第一个 Bin 中的 4、8、15 均用该 Bin 的均值替换；利用边界进行平滑时，对于给定的 Bin，其最大值与最小值就构成了该 Bin 的边界；利用每个 Bin 的边界值（最大值或最小值）可替换该 Bin 中的所有值。

一般来说，每个 Bin 的宽度越宽，其平滑效果越明显。

2. 聚类分析方法

通过聚类分析方法可帮助发现异常数据（离群点）。相似或相邻近的数据聚合在一起形成了各个聚类集合，而那些位于这些聚类集合之外的数据对象，自然而然地被认为是异常数据，如图 5-5 所示。聚类分析方法的具体内容可参见大数据挖掘相关教程。

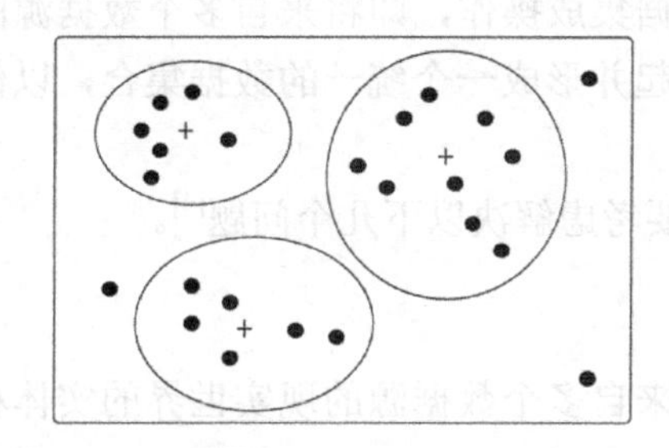

图 5-5 基于聚类分析方法的异常数据监测

3. 人机结合检查方法

通过人机结合检查方法，可以帮助发现异常数据。

例如，利用基于信息论的方法可帮助识别手写符号库中的异常模式，所识别出的异常模式可先输出到一个列表中，然后由人对这一列表中的各异常模式进行检查，并最终确认无用的模式（真正异常的模式）。

这种人机结合检查方法比手工方法的手写符号库检查效率要高许多。

4. 回归方法

回归技术是通过一个映像或函数拟合多个属性数据，从而达到平滑数据的效果，也就是利用拟合函数对数据进行平滑。

例如，借助线性回归方法，包括多变量回归方法，就可以获得多个变量之间的拟合关系，从而达到利用一个（或一组）变量值来预测另一个变量取值的目的。

利用回归分析方法所获得的拟合函数，能够帮助平滑数据以除去其中的噪声。

许多数据平滑方法，同时也是数据消减方法。例如，以上描述的 Bin 方法可以帮助消减一个属性中的不同取值，这也就意味着 Bin 方法可以作为基于逻辑挖掘方法的数据消减处理方法。

5.3.1.3 不一致数据处理

现实世界的数据库常出现数据记录内容不一致的问题，其中的一些数据可以利用它们与外部的关联，手工解决这种问题。

例如，数据录入错误一般可以通过与原稿进行对比来加以纠正。此外，还有一些方法可以帮助纠正使用编码时所发生的不一致问题。知识工程工具也可以帮助发现违反数据约束条件的情况。

由于同一属性在不同数据库中的取名不规范，常常在进行数据集成时导致不一致情况的发生。

5.3.2 数据集成

大数据处理常常涉及数据集成操作，即将来自多个数据源的数据，如数据库、数据立方、普通文件等，结合在一起并形成一个统一的数据集合，以便为数据处理工作的顺利完成提供完整的数据基础。

在数据集成过程中，需要考虑解决以下几个问题[4]。

1. 模式集成问题

模式集成问题指如何使来自多个数据源的现实世界的实体相互匹配，这其中涉及实体识别问题。

例如，如何确定一个数据库中的“custom_id”与另一个数据库中的“custome_number”是否表示同一实体。

数据库与数据仓库通常包含元数据，这些元数据可以帮助避免在模式集成时发生错误。

2. 冗余问题

冗余问题是数据集成中经常发生的另一个问题。若一个属性可以从其他属性中推演出来，则这个属性就是冗余属性。

例如，一个顾客数据表中的平均月收入属性就是冗余属性，显然它可以根据月收入属性计算出来。此外，属性命名的不一致也会导致集成后的数据集出现数据冗余问题。

利用相关分析可以帮助发现一些数据冗余情况。

例如，给定两个属性 A 和 B，则根据这两个属性的数值可分析出这两个属性间的相互关系。

如果两个属性之间的关联值 $r>0$，则说明两个属性之间是正关联，也就是说，若 A 增加，B 也增加。r 值越大，说明属性 A、B 的正关联关系越紧密。

如果关联值 $r=0$，则说明属性 A、B 相互独立，两者之间没有关系。如果 $r<0$，则说明属性 A、B 之间是负关联，也就是说，若 A 增加，B 则减少。r 的绝对值越大，说明属性 A、B 的负关联关系越紧密。

3. 数据值冲突检测与消除问题

数据值冲突检测与消除是数据集成中的另一个问题。在现实世界实体中，来自不同数据源的属性值或许不同。产生这种问题的原因可能是表示、比例尺度，或编码的差异等。

例如，重量属性在一个系统中采用公制，而在另一个系统中却采用英制；价格属性在不同地点采用不同的货币单位。这些语义的差异为数据集成带来许多问题。

5.3.3 数据转换

数据转换就是将数据进行转换或归并，从而构成一个适合数据处理的描述形式。常用的转换策略如下[5]。

1. 规格化处理

规格化处理就是将一个属性取值范围投射到一个特定范围之内，以消除数值型属性因大小不一而造成挖掘结果的偏差，常常用于神经网络、基于距离计算的最近邻分类和聚类挖掘的数据预处理。对于神经网络，采用规格化后的数据不仅有助于确保学习结果的正确性，而且也会帮助提高学习的效率。对于基于距离计算的挖掘，规格化方法可以帮助消除因属性取值范围不同而影响挖掘结果的公正性。

常用的 3 种规格化方法如下。

1）最大/最小规格化方法

该方法对初始数据进行一种线性转换。例如，假设“顾客收入”属性的最大值和最小值分别是 98 000 元和 12 000 元，利用最大/最小规格化方法将属性的值映射到 0~1 的范围内，则“顾客收入”属性的值为 73 600 元时，对应的转换结果为：

$$(73\,600-12\,000)\div(98\,000-12\,000)\times(1.0-0.0)+0\approx 0.716$$

其计算公式的含义为“(待转换属性值-属性最小值)÷(属性最大值-属性最小值)×(映射区间最大值-映射区间最小值)+映射区间最小值”。

2）均值规格化方法

该方法是指根据一个属性的均值和方差来对该属性的值进行规格化。假定“顾客收入”属性的均值和方差分别为 54 000 元和 16 000 元，则“顾客收入”属性的值为 73 600 元时，对应的转换结果为：

$$(73\,600-54\,000)\div 16\,000=1.225$$

其计算公式的含义为“(待转换属性值-属性均值)÷属性方差”。

3）十基数变换规格化方法

该方法通过移动属性值的小数位置来达到规格化的目的。所移动的小数位数取决于属性绝对值的最大值。假设属性的取值范围是-986~917，则该属性绝对值的最大值为 986。当属性的值为 435 时，对应的转换结果为：

$$435/10^3=0.435$$

其计算公式的含义为“待转换属性值/10^j”，其中，j 为能够使该属性绝对值的最大值（例如，本例中为 986）转换为小于 1 的最小整数。

2. 属性构造处理

属性构造处理就是根据已有属性集构造新的属性，以帮助数据处理过程。属性构造方法可以利用已有属性集构造出新的属性，并将其加入现有属性集合中以挖掘更深层次的模式知识，提高挖掘结果准确性。

例如，根据宽、高属性，可以构造一个新属性（面积）。构造合适的属性能够减少学习构造决策树时出现的碎块情况。此外，属性结合可以帮助发现所缺失的属性间的相互联系，而这在数据挖掘过程中是十分重要的。

3．数据离散化处理

数据离散化处理是将数值属性的原始值用区间标签或概念标签替换的过程，它可以将连续属性值离散化。连续属性离散化的实质是将连续属性值转换成少数有限的区间，从而有效地提高数据挖掘工作的计算效率。

4．数据泛化处理

数据泛化处理就是用更抽象（更高层次）的概念来取代低层次或数据层的数据对象，它广泛应用于标称数据的转换。例如，街道属性可以泛化到更高层次的概念，如城市、国家；数值型属性（如年龄属性），可以映射到更高层次的概念，如青年、中年和老年。年龄属性的概念层次树如图 5-6 所示。

假设用户针对商场地点属性选择了一组属性，即街道、城市、省和国家，其形成的地点属性概念层次树如图 5-7 所示（注：图中国家、省等个数不是指现有国家、省等数量）。关于离散化和数值概念层次树详细技术请参考 http://www.ryxxff.com/9291.html 上的文献。

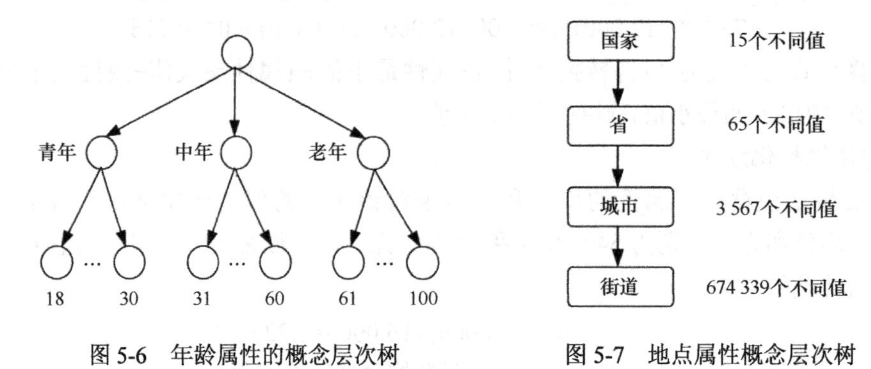

图 5-6　年龄属性的概念层次树　　图 5-7　地点属性概念层次树

5.3.4　数据消减

对大规模数据进行复杂的数据分析通常需要耗费大量的时间，这时就需要使用数据消减技术了。数据消减技术的主要目的是从原有巨大数据集中获得一个精简的数据集，并使这一精简数据集保持原有数据集的完整性。这样在精简数据集上进行数据挖掘就会提高效率，并且能够保证挖掘出来的结果与使用原有数据集所获得的结果基本相同。

数据消减的主要策略有以下几种[6]。

（1）数据聚合（Data Aggregation），如构造数据立方（数据仓库操作）。

（2）维数消减（Dimension Reduction），主要用于检测和消除无关、弱相关或冗余的属性或维（数据仓库中属性），如通过相关分析消除多余属性。

（3）数据压缩（Data Compression），利用编码技术压缩数据集的大小。

（4）数据块消减（Numerosity Reduction），利用更简单的数据表达形式，如参数模型、非参数模型（聚类、采样、直方图等），来取代原有的数据。此外，利用基于概念树的泛化（Generalization）也可以实现对数据规模的消减。

5.3.4.1　数据聚合（数据立方）

图 5-8 展示了在 3 个维度上对某公司原始销售数据进行聚合所获得的数据立方。它从时间（年代）、公司分支，以及商品类型 3 个维度描述了相应（时空）的销售额（对应一个小立方块）。

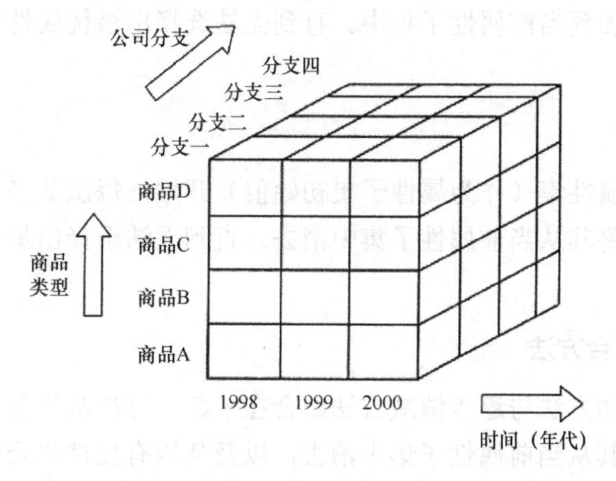

图 5-8　数据立方描述

每个属性都可对应一个概念层次树，以帮助进行多抽象层次的数据分析。例如，一个分支属性的概念层次树可以提升到更高一层的区域概念，这样就可以将多个同一区域的分支合并到一起。在最低层次所建立的数据立方称为基立方，而最高抽象层次对应的数据立方称为顶立方。顶立方代表整个公司三年中所有分支、所有类型商品的销售总额。显然，每层次的数据立方都是对低一层数据的进一步抽象，因此它也是一种有效的数据消减。

5.3.4.2　维数消减

数据集可能包含成百上千的属性，而这些属性中的许多属性是与挖掘任务无关的或冗余的。例如，挖掘顾客是否会在商场购买电视机的分类规则时，顾客的电话号码很可能与挖掘任务无关。但如果利用人类专家来帮助挑选有用的属性，则既困难又费时费力，特别是当数据内涵并不十分清楚的时候。无论是漏掉相关属性，还是选择了无关属性参加数据挖掘工作，都将严重影响数据挖掘最终结果的正确性和有效性。此外，多余或无关的属性也将影响数据挖掘的挖掘效率。维数消减就是通过消除多余和无关的属性而有效消减数据集的规模的。

这里通常采用属性子集选择方法。属性子集选择方法的目标是寻找出最小的属性子集，并确保新数据子集的概率分布尽可能接近原来数据集的概率分布。利用筛选后的属性集进行数据挖掘，由于采用了较少的属性，使用户更加容易理解挖掘结果。

如果数据有 d 个属性，那么就会有 2^d 个不同子集。从初始属性集中发现较好的属性子集的过程就是一个最优穷尽搜索的过程。显然，随着属性个数的不断增加，搜索的难度也会大大增加。因此，一般需要利用启发知识来帮助有效缩小搜索空间。这类启发式搜索方法通常都基于可能获得全局最优的局部最优来指导并帮助获得相应的属性子集。

一般利用统计重要性的测试来帮助选择“最优”或“最差”属性。这里假设各属性之间都是相互独立的。构造属性子集的基本启发式搜索方法有以下几种。

1．逐步添加方法

该方法从一个空属性集（作为属性子集初始值）开始，每次从原有属性集合中选择一个当前最优的属性添加到当前属性子集中。直到无法选择出最优属性或满足一定阈值约束为止。

2．逐步消减方法

该方法从一个全属性集（作为属性子集初始值）开始，每次从当前属性子集中选择一个当前最差的属性并将其从当前属性子集中消去。直到无法选择出最差属性或满足一定阈值约束为止。

3．消减与添加结合方法

该方法将逐步添加方法与逐步消减方法结合在一起，每次从当前属性子集中选择一个当前最差的属性并将其从当前属性子集中消去，以及从原有属性集合中选择一个当前最优的属性添加到当前属性子集中。直到无法选择出最优属性且无法选择出最差属性，或满足一定阈值约束为止。

4．决策树归纳方法

通常用于分类的决策树算法也可以用于构造属性子集。具体方法就是，利用决策树的归纳方法对初始数据进行分类归纳学习，获得一个初始决策树，没有出现在这个决策树上的属性均被认为是无关属性，将这些属性从初始属性集合中删除掉，就可以获得一个较优的属性子集。

5.3.4.3 数据压缩

数据压缩就是利用数据编码或数据转换将原来的数据集合压缩为一个较小规模的数据集合。若仅根据压缩后的数据集就可以恢复原来的数据集，那么就认为这一压缩是无损的，否则就称为有损的。在数据挖掘领域通常使用两种数据压缩方法，即离散小波变换（Discrete Wavelet Transforms）方法和主成分分析（Principal Components Analysis）方法，这两种方法均是有损的。

1．离散小波变换方法

离散小波变换是一种线性信号处理技术。该方法可以将一个数据向量转换为另一个数据向量（为小波相关系数），且两个向量具有相同长度。可以舍弃后者中的一些小波相关系数。

例如，保留所有大于用户指定阈值的小波系数，而将其他小波系数置为 0，以帮助提高数据处理的运算效率。

这一方法可以在保留数据主要特征的情况下除去数据中的噪声，因此该方法可以有效地进行数据清洗。此外，在给定一组小波相关系数的情况下，利用离散小波变换的逆运算还可以近似恢复原来的数据。

2. 主成分分析方法

主成分分析是一种进行数据压缩常用的方法。

假设需要压缩的数据由 N 个数据行（向量）组成，共有 k 个维度（属性或特征）。该方法从 k 个维度中寻找出 c 个共轭向量（$c \ll N$），从而实现对初始数据的有效数据压缩。

主成分分析方法的主要处理步骤如下。

（1）对输入数据进行规格化，以确保各属性的数据取值均落入相同的数值范围。

（2）根据已规格化的数据计算 c 个共轭向量，这 c 个共轭向量就是主要素，而所输入的数据均可以表示为这 c 个共轭向量的线性组合。

（3）对 c 个共轭向量按其重要性（计算所得变化量）进行递减排序。

（4）根据所给定的用户阈值，消去重要性较低的共轭向量，以便最终获得消减后的数据集合。此外，利用最重要的主成分也可以更好地近似恢复原来的数据。

主成分分析方法的计算量不大且可以用于取值有序或无序的属性，同时也能处理稀疏或异常数据。该方法还可以将多于两维的数据通过处理降为两维数据。与离散小波变换方法相比，主成分分析方法能较好地处理稀疏数据，而离散小波变换方法则更适合对高维数据进行处理转换。

5.3.4.4 数据块消减

数据块消减方法主要包括参数方法与非参数方法这两种基本方法。

参数方法是利用一个模型来帮助获得原来的数据，因此只需要存储模型的参数即可（当然异常数据也需要存储）。例如，线性回归模型就可以根据一组变量预测计算另一个变量。

非参数方法则是存储利用直方图、聚类或取样而获得的消减后数据集。

下面介绍几种主要的数据块消减方法。

1. 回归与线性对数模型

回归与线性对数模型可用于拟合所给定的数据集。线性回归方法是利用一条直线模型对数据进行拟合的，可以是基于一个自变量的，也可以是基于多个自变量的。

线性对数模型则是拟合多维离散概率分布的。如果给定 n 维（例如，用 n 个属性描述）元组的集合，则可以把每个元组看作 n 维空间的点。

对于离散属性集，可以使用线性对数模型，基于维组合的一个较小子集来估计多维空间中每个点的概率。这使得高维数据空间可以由较低维空间构造。因此，线性对数模型也可以用于维归约和数据光滑。

回归与线性对数模型均可用于稀疏数据及异常数据的处理。但是，回归模型对异常数据的处理结果要好许多。应用回归方法处理高维数据时，计算复杂度较大；而线性对数模型则具有较好的可扩展性。

2. 直方图方法

直方图是利用 Bin 方法对数据分布情况进行近似的，它是一种常用的数据消减方法。属性 A 的直方图就是根据属性 A 的数据分布将其划分为若干不相交的子集（桶）的。这些子集沿水平轴显示，其高度（或面积）与该桶所代表的数值平均（出现）频率成正比。若每个桶仅代表一对属性值/频率，则这个桶就称为单桶。通常一个桶代表某个属性的一段连续值。

以下是一个商场所销售商品的价格清单（按递增顺序排列，括号中的数表示前面数字出现的次数）。

1（2）、5（5）、8（2）、10（4）、12、14（3）、15（5）、18（8）、20（7）、22（4）、24（2）、26（3）。

上述数据所形成的属性值/频率对的直方图如图 5-9 所示。

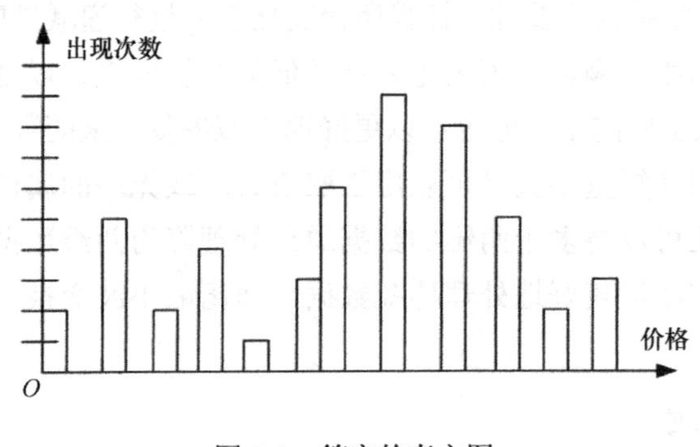

图 5-9　等宽的直方图

构造直方图所涉及的数据集划分方法有以下几种。

1）等宽方法

在一个等宽的直方图中，每个桶的宽度（范围）是相同的（如图 5-9 所示）。

2）等高方法

在一个等高的直方图中，每个桶中的数据个数是相同的。

3）V-Optimal 方法

若对指定桶个数的所有可能直方图进行考虑，该方法所获得的直方图是这些直方图中变化最小的，即具有最小方差的直方图。直方图的方差是指每个桶所代表数值的加权之和，其权值为相应桶中数值的个数。

4）MaxDiff 方法

该方法以相邻数值（对）之差为基础，一个桶的边界则是由包含 $\beta-1$ 个最大差距的数值对确定的，其中，β 为用户指定的阈值。

V-Optimal 方法和 MaxDiff 方法比其他方法更加准确、实用。直方图在拟合稀疏和异常数据时具有较高的效能。此外，直方图方法也可以用于处理多维（属性）数据，多维直方图能够描述出属性间的相互关系。

3. 聚类方法

聚类技术将数据行视为对象。聚类分析所获得的组或类具有以下性质：同一组或类中的对象彼此相似，而不同组或类中的对象彼此不相似。

相似性通常利用多维空间中的距离来表示。一个组或类的“质量”可以用其所含对象间的最大距离（称为半径）来衡量，也可以用中心距离，即组或类中各对象与中心点距离的平均值，来作为组或类的“质量”。

在数据消减中，数据的聚类表示可用于替换原来的数据。当然，这一技术的有效性依赖于实际数据的内在规律。在处理带有较强噪声数据时采用数据聚类方法常常是非常有效的。

4. 采样方法

采样方法由于可以利用一小部分数据（子集）来代表一个大数据集，因此可以作为数据消减方法之一。

假设一个大数据集为 D，其中包括 N 个数据行。几种主要的采样方法如下。

1）无替换简单随机采样方法（简称 SRSWOR 方法）

该方法从 N 个数据行中随机（每个数据行被选中的概率为 $1/N$）抽取出 n 个数据行，以构成由 n 个数据行组成的采样数据子集，如图 5-10 所示。

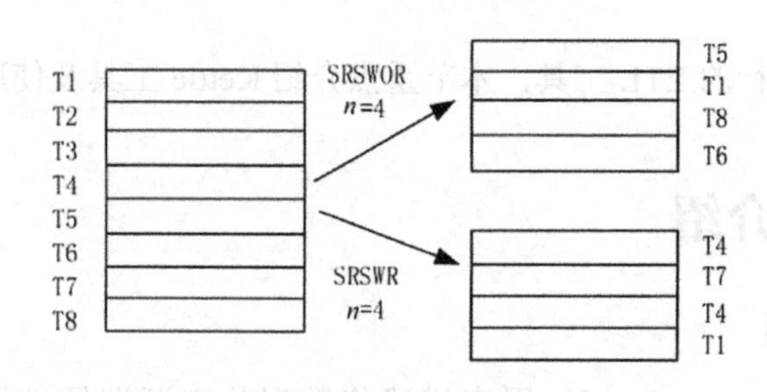

图 5-10　两种随机采样方法示意

2）有替换简单随机采样方法（简称 SRSWR 方法）

该方法也是从 N 个数据行中每次随机抽取一个数据行，但该数据行被选中后仍将留在大数据集 D 中，最后获得的由 n 个数据行组成的采样数据子集中可能会出现相同的数据行，如图 5-10 所示。

3）聚类采样方法

该方法首先将大数据集 D 划分为 M 个不相交的类，然后再分别从这 M 个类的数据对象中进行随机抽取，这样就可以最终获得聚类采样数据子集。

4）分层采样方法

该方法首先将大数据集划分为若干不相交的层，然后再分别从这些层中随机抽取数据对象，从而获得具有代表性的采样数据子集。

例如，可先对一个顾客数据集按照年龄进行分层，然后再在每个年龄组中进行随机选择，从而确保最终获得的分层采样数据子集中的年龄分布具有代表性，如图 5-11 所示。

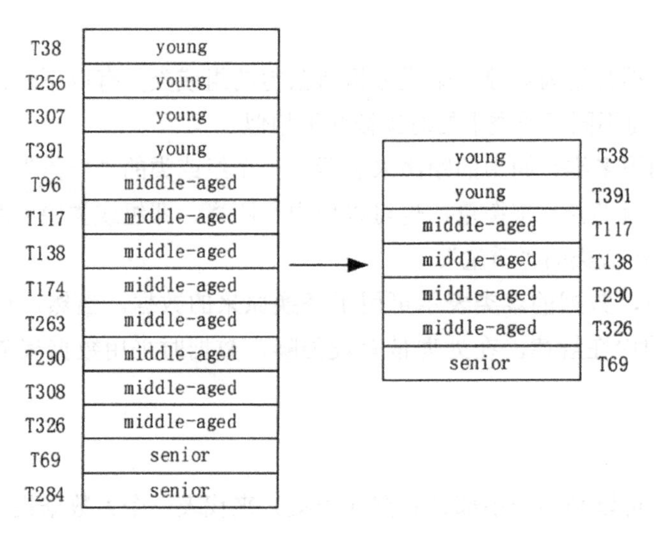

图 5-11 分层采样方法示意

5.4 ETL 工具 Kettle

Kettle 是目前最流行的 ETL 工具，本节重点介绍 Kettle 工具及使用。

5.4.1 ETL 介绍

5.4.1.1 ETL 简介

ETL（Extract-Transform-Load）用来描述将数据从来源端经过抽取（Extract）、转换（Transform）、加载（Load）至目的端的过程[7]。ETL 一词较常用于数据仓库，但其对象并不限于数据仓库。ETL 负责将分布的、异构数据源中的数据（如关系数据、平面数据文件等）抽取到临时中间层后进行清洗、转换、集成，最后加载到数据仓库或数据集市（Data Market）中，成为联机分析处理、数据挖掘的基础。ETL 也是 BI（Business Intelligent，商务智能）项目的一个重要环节。通常情况下，ETL 会花掉整个 BI 项目的 1/3 的时间，ETL 设计的好坏直接关接到 BI 项目的成败。ETL 也是一个长期的过程，只有不断地发现问题并解决问题，才能使 ETL 运行效率更高，为项目后期开发提供准确的数据。

ETL 的实现有多种方法[8]，常用的有三种：一是借助 ETL 工具，如 Oracle 的 OWB、SQL Server 2000 的 DTS、SQL Server 2005 的 SSIS 服务、Informatic 等实现；二是 SQL 方式实现；三是 ETL 工具和 SQL 相结合。前两种方法各有优缺点，借助 ETL 工具可以快速地建立起 ETL 工程，屏蔽复杂的编码任务，提高速度，降低难度，但是灵活性不高。SQL 的方法优点是灵活，提高 ETL 运行效率，但是编码复杂，对技术要求比较高。第三种方法综合了前两种方法的优点，极大地提高了 ETL 的开发速度和效率。

5.4.1.2 ETL 主要环节

ETL 过程中的主要环节就是数据抽取、数据清洗、数据转换、数据装载，同时要注意做好 ETL 日志与警告发送[8]。

1．数据的抽取

数据的抽取需要在调研阶段做大量工作，首先要搞清楚以下几个问题：数据来自几个业务系统？各个业务系统的数据库服务器运行什么 DBMS？是否存在手工数据？手工数据量有多大？是否存在非结构化的数据？等等。当收集完这些信息之后才可以进行数据抽取的设计。

1）与存放 DW（Data Warehouse，数据仓库）的数据库系统相同的数据源处理方法

这类数据源在设计数据抽取时比较容易。一般情况下，DBMS（包括 SQLServer、Oracle）都会提供数据库链接功能，在 DW 数据库服务器和原业务系统之间建立直接的链接关系就可以写 Select 语句直接访问。

2）与存放 DW 的数据库系统不同的数据源处理方法

这类数据源一般也可以通过 ODBC 的方式建立数据库链接，如先将 SQL Server 数据导出成.txt 或者.xls 文件，然后再将这些源系统文件导入 ODS（Operational Data Store，操作型数据存储）中。另外一种方法是通过程序接口来完成的。

3）对于文件类型

对于数据源（.txt、.xls），可以培训业务人员先利用数据库工具将这些数据导入指定的数据库，然后从指定的数据库抽取。也可以借助工具实现，如利用 SQL Server 2005 的 SSIS 服务的平面数据源和平面目标等组件导入 ODS 中。

4）增量更新问题

对于数据量大的系统，必须考虑增量抽取。一般情况下，业务系统会记录业务发生的时间，可以用作增量的标志，每次抽取之前首先判断 ODS 中记录最大的时间，然后根据这个时间从业务系统中取大于这个时间的所有记录。利用业务系统的时间戳，一般情况下，业务系统没有或者部分有时间戳。

2．数据的清洗

一般情况下，数据仓库分为 ODS、DW 两部分。通常的做法是先从业务系统到 ODS 做清洗，将脏数据和不完整数据过滤掉，然后进行一些业务规则的计算和聚合，从 ODS 转换到 DW。

数据清洗的任务是过滤那些不符合要求的数据，将过滤的结果交给业务主管部门，确认是过滤掉还是由业务单位修正之后再进行抽取。不符合要求的数据主要有三大类：不完整的数据、错误的数据和重复的数据。

1）不完整的数据

不完整的数据的特征是一些应该有的信息缺失，如供应商的名称、分公司的名称、客户的区域信息缺失、业务系统中主表与明细表不能匹配等。需要将这类数据过滤出来，按缺失

的内容分别写入不同 Excel 文件向客户提交，要求在规定的时间内补全，补全后才写入数据仓库。

2）错误的数据

错误的数据产生的原因是业务系统不够健全，在接收输入后没有进行判断就直接写入后台数据库，如数值数据输入成全角数字字符、字符串数据后面有一个回车符、日期格式不正确、日期越界等。对这类数据也要分类，对于类似于全角字符、数据前后有不可见字符的问题只能先通过写 SQL 的方式找出来，然后要求客户在业务系统中修正后抽取；日期格式不正确或者日期越界这类错误会导致 ETL 运行失败，对这类错误需要去业务系统数据库用 SQL 的方式挑出来，交给业务主管部门要求限期修正，修正之后再抽取。

3）重复的数据

重复的数据在二维表中比较常见，应将重复的数据的记录的所有字段导出来，让客户确认并整理。

数据清洗是一个反复的过程，不可能在几天内完成，只能不断地发现问题，解决问题。对于是否过滤、是否修正，一般要求客户确认；对于过滤掉的数据，写入 Excel 文件或者将过滤数据写入数据表，在 ETL 开发初期可以每天向业务单位发送过滤数据的邮件，促使他们尽快地修正错误，同时也可以作为将来验证数据的依据。数据清洗需要注意的是，不要过滤掉有用的数据，对每个过滤规则应认真进行验证，并必须由用户确认。

3. 数据的转换

数据的转换的主要任务是，进行不一致数据的转换、数据粒度的转换和业务规则的计算。

1）不一致数据的转换

这个过程是一个整合的过程，将不同业务系统的相同类型的数据统一，比如同一个供应商在结算系统的编码是 XX0001，而在 CRM 中编码是 YY0001，应在抽取过来之后统一转换成一个编码。

2）数据粒度的转换

业务系统一般存储非常明细的数据，而数据仓库中的数据是用来分析的，不需要非常明细的数据，一般情况下，会将业务系统数据按照数据仓库粒度进行聚合。

3）业务规则的计算

不同的企业有不同的业务规则、不同的数据指标，这些指标有时不能靠简单的加加减减完成，这时需要在 ETL 中将这些数据指标计算好后存储在数据仓库中，供分析使用。

4. 数据的装载

将清洗转换后的数据装载到目的库中通常是 ETL 过程的最后步骤。装载数据的最佳方法取决于所执行操作的类型，以及需要装入多少数据。当目的库是关系型数据库时，一般有以下两种装载方式。

（1）直接用 SQL 语句进行 insert、update、delete 操作。

（2）采用批量装载方法，如 bcp、bulk、关系型数据库特有的批量装载工具或 API。

在大多数情况下会使用第一种方法，因为对它们进行了日志记录且是可恢复的。但是，批量装载操作易于使用，并且在装入大量数据时效率较高。使用哪种数据装载方法取决于业务系统的需要。

5. ETL 日志与警告发送

1）ETL 日志

记录日志的目的是随时可以知道 ETL 运行情况，如果出错了，则会知道在哪里出错。ETL 日志分为三类。

（1）执行过程日志。是在 ETL 执行过程中每执行一步的记录，记录每次运行每个步骤的起始时间、影响了多少行数据等，即流水账形式。

（2）错误日志。当某个模块出错的时候需要写错误日志，记录每次出错的时间、出错的模块及出错的信息等。

（3）总体日志。只记录 ETL 开始时间、结束时间、是否成功信息。

使用 ETL 工具会自动产生一些日志，这类日志也可以作为 ETL 日志的一部分。

2）警告发送

如果 ETL 出错了，则不仅要写 ETL 出错日志，而且还要向系统管理员发送警告。发送警告的方式有多种，常用的是给系统管理员发送邮件并附上出错的信息，方便管理员排查错误。

5.4.1.3　ETL 工具

ETL 工具的功能：必须能对抽取到的数据进行灵活计算、合并、拆分等转换操作。

目前，ETL 工具的典型代表如下。

（1）商业软件：Informatica、IBM DataStage、Oracle ODI、Microsoft SSI……

（2）开源软件：Kettle、Apache Camel、Apache Kafka、Apatar、Heka、Logstash、Scriptella、Talend、CloverETL、Ketl、Octopus……

其中，Kettle 是目前最流行的一款 ETL 工具，并可用来操作 Hadoop 上的数据[9]。下面重点介绍 Kettle。

5.4.2　Kettle 介绍

5.4.2.1　Kettle 简介

Kettle 是一款开源的 ETL 工具，用纯 Java 编写，可以在 Windows、Linux、UNIX 上运行，其数据抽取高效、稳定。Kettle 是只取“Kettle E.T.T.L. Environment”首字母的缩写，这意味着它被设计用来帮助实现 ETL 需要：抽取、转换、装入和加载数据。Kettle 的中文名字叫水壶。该名字的起源正如该项目的主程序员 Matt 在一个论坛里所说：希望先把各种数据放到一个壶里，然后以一种指定的格式流出。Matt 原是一名 C 语言程序员，在着手开发 Kettle 时还是一名 Java 新手，但他仅用一年时间就开发出了 Kettle 的第一个版本。后来，Pentaho 公司获得了 Kettle 源代码的版权，Kettle 也随之更名为 Pentaho Data Integration，简称为 PDI。

Kettle 这个 ETL 工具集，可以管理来自不同数据库的数据。它通过提供一个图形化的用户环境来描述用户想做什么，而不是想怎么做。Kettle 中有两种脚本文件：转换（Transformation）和作业（Job）。转换完成针对数据的基础转换，作业则完成整个工作流的控制。

Kettle 工具设计原则及优势如下[9]。

1．易于开发

Matt 认为，作为 ETL 的开发者，Kettle 应该把时间用在创建应用解决方案上。任何用于软件安装、配置的时间都是一种浪费。

2．避免自定义开发

ETL 工具提供标准化构建组件来实现 ETL 开发人员不断重复的需求。Kettle 尽量避免手工开发，尽量提供组件及其各种组合来完成任务。

3．所有功能都通过用户界面完成

Kettle 直接把所有功能以用户界面的方式提供给用户，节约开发人员或用户的时间。无论 ETL 元数据以哪种方式提供，都可以百分之百地通过用户界面来编辑。

4．没有命名限制

Kettle 具备足够的智能化来处理 ETL 开发人员设置的各种名称。ETL 最终解决方案应能自描述，这样可以部分减少文档的需求、减少项目维护成本。

5．透明

Kettle 不需要用户了解转换中某个部分工作是如何完成的，但允许用户看到 ETL 过程中各部分的运行状态，这样可以加快开发速度、降低维护成本。

6．灵活的数据通道

Kettle 可以在文本文件、关系型数据库等不同目标之间复制和分发数据，从不同数据源合并数据也很简单，具有数据发送、接收方式灵活的特点。

7．只映射需要映射的字段

Kettle 的一个重要核心原则就是，在 ETL 流程中所有未指定的字段都被自动传递到下一个组件。也就是说，输入中的字段会自动出现在输出中，除非中间过程特别设置了终止某个字段的传递。

8．可视化编程

Kettle 使用图形化的方式定义复杂的 ETL 程序和工作流，可以被归类为可视化编程语言（Visual Programming Languages，VPL）。Kettle 里的图就是转换和作业。可视化编程一直是 Kettle 里的核心概念，它可以让用户快速构建复杂的 ETL 作业和降低维护工作量。Kettle 中的设计开发工作几乎都可以通过简单的拖曳来完成。它通过隐藏很多技术细节，使 IT 领域更接近商务领域。

5.4.2.2 Kettle 的主要组成

Kettle 里有不同的工具，用于 ETL 的不同阶段。Kettle 的主要工具[10]如下。

（1）Spoon：图形化工具，用于快速设计和维护复杂的 ETL 工作流。

（2）Kitchen：运行作业的命令行工具。

（3）Pan：运行转换的命令行工具。

（4）Carte：轻量级 Web 服务器，用来远程执行转换或作业。一个运行 Carte 进程的机器可以作为从服务器，从服务器是 Kettle 集群的一部分。

1. Spoon

Spoon 是 Kettle 的集成开发环境（Integrated Development Environment，IDE）。它基于 SWT 提供了图形化的用户接口，主要用于 ETL 的设计。

在 Kettle 安装目录下，有启动 Spoon 的脚本。例如，Windows 下的 Spoon.bat，类 UNIX 系统下的 spoon.sh。Windows 用户还可以通过执行 Kettle.exe 启动 Spoon。Spoon 主界面如图 5-12 所示。

从图 5-12 可以看到 Spoon 的主窗口：主窗口上方有一个菜单栏，下方是一个左右分隔的应用窗口。右方面板里有多个标签面板，每个标签面板都是一个当前打开的转换或作业。左方面板是一个树状结构步骤或作业项视图。右方工作区又分为上、下两个部分：上部分是画布，可以通过拖曳图标在这里设计作业或转换。图 5-12 中当前选中的画布标签里显示了一个设计好的转换。

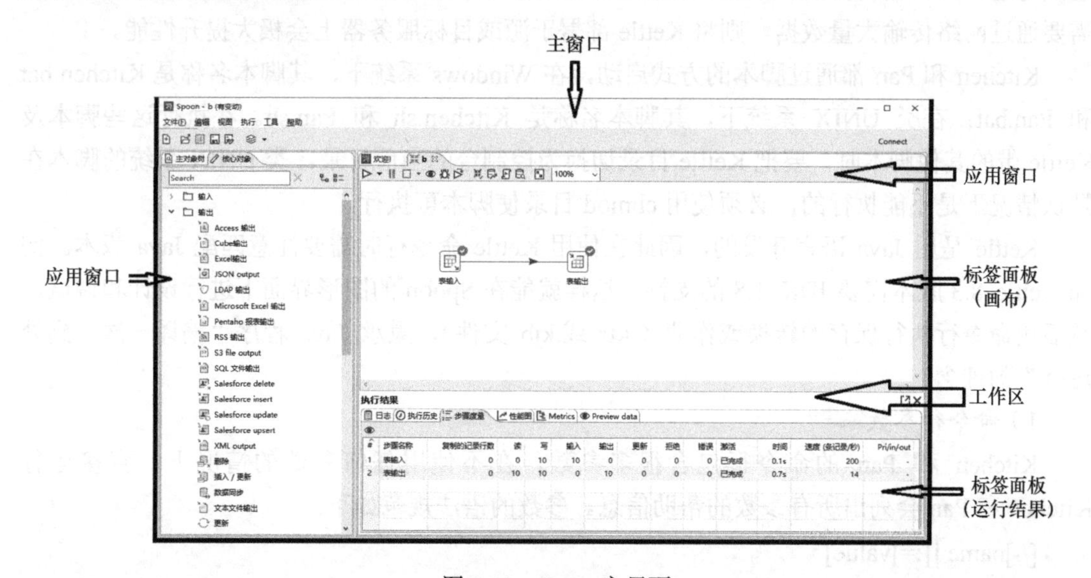

图 5-12 Spoon 主界面

设计作业或转换的过程就是往画布里添加作业项或转换步骤的图标。向画布添加图标的方式是从左侧的树中拖曳。这些作业项和转换步骤通过跳来连接。跳就是从一个作业项/步骤的中心连接到另一个作业项/步骤的一条线。在作业里，跳定义的是控制流；在转换里，跳定义的是数据流。

左侧的树有“主对象树”和“核心对象”两个标签。主对象树将当前打开的作业或转换里的所有作业项或步骤以树状结构展现。设计者可以在这里快速地找到某个画布上的步骤、跳或数据库连接等资源。核心对象包含 Kettle 中所有可用的作业项或步骤，可以在搜索框中输入文本查找名称匹配的作业项或步骤。

为方便设计，一些调试作业/转换的工具也集成到 Spoon 的图形界面里，设计者可以在 IDE 里直接调试作业/转换。这些调试功能按钮在画布上方的工具栏里。

工作区下方的面板是“运行结果”面板，“运行结果”面板里除显示运行结果外，还显示运行时的日志和运行监控。

2. Kitchen 和 Pan

作业和转换可以在图形界面里执行，但只是在开发、测试和调试阶段。在开发完成后，需要部署到实际运行环境中，在部署阶段，Spoon 就很少用到了。

部署阶段一般需要通过命令行执行，要把命令行放到 Shell 脚本中，并定时调度这个脚本。Kitchen 和 Pan 命令行工具用于部署阶段，即用于实际的生产环境。

Kettle 的 Kitchen 和 Pan 工具是 Kettle 的命令行执行程序。实际上，Pan 和 Kitchen 只是在 Kettle 执行引擎上的封装。它们只是解释命令行参数，调用并把这些参数传递给 Kettle 引擎。

Kitchen 和 Pan 在概念和用法上都非常相近，这两个命令的参数也基本一样。唯一不同的是，Kitchen 用于执行作业，Pan 用于执行转换。在使用命令行执行作业或转换时，需要重点考虑网络传输的性能。Kettle 数据流将数据作为本地行集缓存。如果数据源和目标之间需要通过网络传输大量数据，则将 Kettle 部署于源或目标服务器上会极大提升性能。

Kitchen 和 Pan 都通过脚本的方式启动，在 Windows 系统下，其脚本名称是 Kitchen.bat 和 Pan.bat；在类 UNIX 系统下，其脚本名称是 Kitchen.sh 和 Pan.sh。在执行这些脚本及 Kettle 带的其他脚本时，要把 Kettle 目录切换为控制台的当前目录。类 UNIX 系统的脚本在默认情况下是不能执行的，必须使用 chmod 目录使脚本可执行。

Kettle 是用 Java 语言开发的，因此在使用 Kettle 命令行时需要注意匹配 Java 版本。例如 Kettle 8.3 版本需要 JDK 1.8 的支持。这样就能在 Spoon 的图形界面下进行设计和调试，然后用命令行执行保存的转换或作业（.ktr 或.kjb 文件），秉承 Java 程序“编译一次，到处运行”的理念。

1）命令行参数

Kitchen 和 Pan 的命令行包含很多参数，在不使用任何参数的情况下，直接运行 Kitchen 和 Pan 会列出所有参数的帮助信息。参数的语法规范如下：

[/-]name [[:=]value]

参数以斜线（/）或横线（-）开头，后面跟参数名。大部分参数名后面都要有参数值。参数名和参数值之间可以是冒号（:）或等号（=），参数值里如果包含空格，则参数值必须用单引号（'）或双引号（"）引起来。

作业和转换的命令行参数非常相似，这两个命令的参数可以分为以下几类。

（1）指定作业或转换。

（2）控制日志。

（3）指定资源库。

（4）列出可用资源库和资源库内容。

表 5-1 列出了 Pan 和 Kitchen 共有的命令行参数。

尽管 Kitchen 和 Pan 命令的参数名基本相同，但这两个命令里的 dir 参数和 listdir 参数的含义有一些区别。Kitchen 命令里的 dir 和 listdir 参数列出的是作业路径，Pan 命令里的这两个参数列出的是转换路径。

表 5-1　Pan 和 Kitchen 共有的命令行参数

参数名	参数值	作用
norep		
rep	资源库名称	要连接的资源库的名称
user	资源库用户名	要连接的资源库的用户名
pass	资源库用户密码	要连接的资源库的用户密码
listrep		显示所有的可用资源库
dir	资源库里的路径	指定资源库路径
listdir		列出资源库的所有路径
file	文件名	指定作业或转换所在的文件名
level	Error|Nothing|Basic|Detailed|Debug|Rowlevel	指定日志级别
logfile	日志文件名	指定要写入的日志文件名
version		显示 Kettle 的版本号、build 日期

除共有的命令行参数外，Kitchen 和 Pan 特定的命令行参数分别如表 5-2、表 5-3 所示。

表 5-2　Kitchen 命令行参数

参数名	参数值	作用
jobs	作业名	指定资源库里的一个作业名
listdir		列出资源库里的所有作业

表 5-3　Pan 命令行参数

参数名	参数值	作用
trans	转换名	指定资源库里的一个转换名
listtrans		列出资源库里的所有转换

2）例子

```
#列出所有有效参数
Kettle-home> ./kitchen.sh
#运行一个存储在文件中的作业
Kettle-home> ./kitchen.sh /file:/home/foo/daily_load.kjb
#运行一个资源库里的作业
Kettle-home> ./kitchen.sh /rep:pdirepo /user:admin /pass:admin /dir:/ /job:daily_load.kjb
#运行一个存储在文件中的转换
./pan.sh -file:/home/mysql/MongoDB_to_MySQL.ktr
```

3. Carte

像 Kitchen 一样，Carte 服务用于运行一个作业。但和 Kitchen 不同的是，Carte 是一个服务，一直在后台运行，而 Kitchen 是在运行完一个作业后就退出。

当 Carte 在运行时，一直在某个端口监听 HTTP 请求。远程客户端给 Carte 发出一个请求，在请求里包含了作业的定义。当 Carte 接到了这样的请求后，它验证请求并执行请求里的作业。Carte 也支持其他几种类型的请求。这些请求用于获取 Carte 的执行进度、监控信息等。

Carte 是 Kettle 集群中一个重要的构建块。集群可将单个工作或转换分成几部分，在多台计算机上并行执行，因此可以分散工作负载。

关于 Carte 的配置和使用，请参考相关资料，因篇幅所限这里不再展开论述。

5.4.2.3 Kettle 的基本概念

1. 转换

转换（Transformation）是 Kettle ETL 解决方案中最主要的部分，它处理抽取、转换、装载各阶段中各种对数据行的操作。转换包括一个或多个步骤（Step），如读取文件、过滤输出行、数据清洗或将数据装载到数据库等[9]。

转换里的步骤通过跳（Hop）来连接，跳定义了一个单向通道，允许数据从一个步骤向另一个步骤流动。在 Kettle 里，数据的单位是行，数据流就是数据行从一个步骤到另一个步骤的移动。

图 5-13 显示了一个转换例子，该转换从数据库中读取数据，并把数据写到文本文件中。除了步骤和跳，转换还包括注释（Note）。注释是一个文本框，可以放在转换流程图的任何位置。注释的主要目的是使转换文档化。

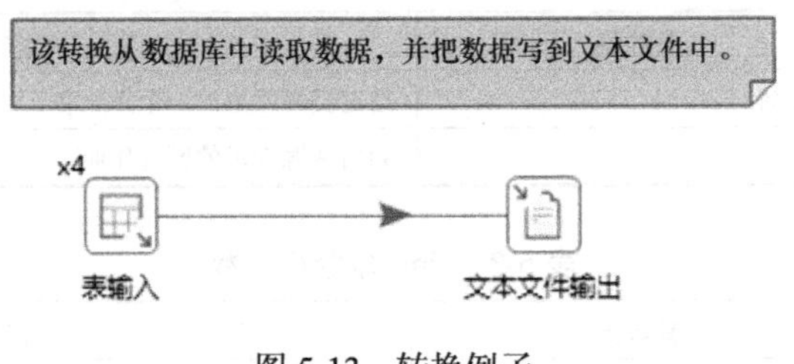
该转换从数据库中读取数据，并把数据写到文本文件中。
×4
表输入
文本文件输出

图 5-13 转换例子

1）步骤

步骤是转换的基本组成部分，它以图标的方式图形化地展现。图 5-13 中显示了两个步骤，即“表输入”和“文本文件输出”。一个步骤有以下几个关键特性。

（1）步骤需要有一个名字，这个名字在转换范围内唯一。

（2）每个步骤都会读/写数据行。

（3）步骤将数据写到与之相连的一个或多个输出跳，再传送到跳的另一端的步骤。对另一端的步骤来说，这个跳就是一个输入跳，步骤通过输入跳接收数据。

（4）步骤可以有多个输出跳。一个步骤的数据发送可以被设置为轮流发送或复制发送。轮流发送是将数据行依次发给每个输出跳，复制发送是将全部数据行发送给所有输出跳。详细技术参见文献[11]：“彻底搞清 Kettle 数据分发方式与多线程”。

（5）在执行时，一个线程执行一个步骤或步骤的一份副本，如图 5-13 中“表输入”步骤左上角的 x4，表示 4 个线程执行该步骤，数据行将复制 4 次。所有步骤的线程几乎同时执行，数据行连续地流过步骤之前的跳。

2）转换的跳

跳（Hop）就是步骤间带箭头的连线，跳定义了步骤之间的数据通路。跳实际上是两个步骤之间的被称为行集（Row Set）的数据行缓存。行集的大小可以在转换的设置里定义，默认为 10 000 行。当行集满了时，向行集写数据的步骤将停止写入，直到行集里又有了空间。当行集空了时，从行集读取数据的步骤停止读取，直到行集里又有可读的数据行。注意，跳在转换里不能循环，因为在转换里的每个步骤都依赖于前一个步骤获取字段。

3）并行

跳的这种基于行集缓存的规则允许每个步骤都由一个独立的线程执行，这样并发程度最高。这一规则也允许以最小消耗内存的数据流的方式来处理。在数据分析中，因为经常要处理大量数据，所以这种并发低耗内存的方式也是 ETL 工具的核心需求。

对于 Kettle 转换，不可能定义一个步骤在另一个步骤之后执行，因为所有步骤都以并发方式执行：当转换启动后，所有步骤都同时启动，从它们的输入跳中读取数据，并把处理过的数据写到输出跳，直到输入跳不再有数据，就中止步骤的运行。当所有的步骤都中止了，整个转换就中止了。从功能的角度看，转换具有明确的起点和终点。这里显示的转换起点是“表输入”步骤，因为这个步骤生成数据行。终点是“文本文件输出”步骤，因为这个步骤将数据写到文件，而且后面不再有其他节点。

一方面，可以想象数据沿着转换里的步骤移动，形成一条从头到尾的数据通路；另一方面，因为转换里的步骤几乎是同时启动的，所以不可能判断出哪个步骤是第一个启动的步骤。如果想要一个任务沿着指定的顺序执行，那么就要使用后面介绍的“作业”了。

4）数据行

数据以数据行的形式沿着步骤移动。一个数据行是从 0 到多个字段的集合，字段包括下列几种数据类型。

（1）String：字符类型数据。

（2）Number：双精度浮点数。

（3）Integer：带符号的 64 位长整型。

（4）BigNumber：任意精度数值。

（5）Date：带毫秒精度的日期时间值。

（6）Boolean：取值为 true 或 false 的布尔值。

（7）Binary：二进制类型，可以包括图形、音视频或其他类型的二进制数据。

每个步骤在输出数据行时都有对字段的描述，这种描述就是数据行的元数据，通常包括以下一些信息。

（1）名称：行里的字段名应该是唯一的。

（2）数据类型：字段的数据类型。

（3）长度：字符串的长度或 BigNumber 类型的长度。

（4）精度：BigNumber 数据类型的十进制精度。

（5）掩码：数据显示的格式（转换掩码）。

（6）小数点：十进制数据的小数点格式。

（7）分组符号（数字里的分隔符号）：数值类型数据的分组符号。

（8）初始步骤：Kettle 在元数据里还记录了字段是由哪个步骤创建的，这样可以让用户快速定位字段是由转换里的哪个步骤最后一次修改或创建的。

设计转换时需要注意以下数据类型规则。

（1）行集里的所有行都应该有同样的数据结构，即当从多个步骤向一个步骤里写数据时，多个步骤输出的数据行应该有相同的结构，也就是字段相同、字段数据类型相同、字段顺序相同。

（2）字段元数据不会在转换中发生变化，即字符串不会自动截去长度以适应指定的长度，浮点数也不会自动取整以适应指定的精度。这些功能必须通过一些指定的步骤来完成。

（3）默认情况下，空字符串被认为与 NULL 相等，但可以通过一个参数 kettle_empty_string_differs_from_null 来设置。

5）数据转换

既可以显式地转换数据类型，如在“字段选择”步骤中直接选择要转换的数据类型，也可以隐式地转换数据类型，如将数值数据写入数据库的 varchar 类型字段。这两种形式的数据转换实际上是完全一样的，都使用了数据和对数据的描述。

（1）Date 和 String 的转换。

Kettle 内部的 Date 类型里包含了足够的信息，可以用这些信息来表现任何毫秒精度的日期、时间值。如果要在 String 和 Date 类型之间转换，则唯一要指定的就是日期格式掩码。下面是几个日期转换例子：

转换掩码（格式）	结果
yyyy/MM/dd'T'HH:mm:ss.SSS	2020/07/09T21:06:54.321
h:mm a	9:06 PM
HH:mm:ss	21:06:54
M-d-yy	7-9-20

（2）Numeric 和 String 的转换。

Numeric 数据（包括 Number、Integer、BigNumber）和 String 类型之间的转换用到的几个字段元数据是：转换掩码、小数点符号、分组符号和货币符号。这些转换掩码只是决定了一个文本格式的字符串如何转换为一个数值，而与数值本身的实际精度和舍入无关。下面是几个常用的例子：

值	转换掩码	小数点符号	分组符号	结果
1234.5678	#,###.###	.	,	1,234.57
1234.5678	000,000.00000	,	.	001.234,56780
-1.9	#.00;-#.00	.	,	-1.9
1.9	#.00;-#.00	.	,	1.9
12	00000;-00000			00012

（3）其他转换。

Boolean 与 String 之间、整型与日期类型之间数据类型转换列表如表 5-4 所示。

表 5-4　Boolean 与 String 之间、整型与日期类型之间数据类型转换列表

原类型	转换类型	描述
Boolean	String	转换为 Y 或 N，如果设置长度大于等于 3，则转换为 true 或 false
String	Boolean	字符串 Y、True、Yes、1 都转换为 true，其他字符串转换为 false（不区分大小写）
Integer	Date	整型与日期类型之间转换时，整型就是从 1970-01-01 00:00:00 GMT 开始计算的毫秒值
Date	Integer	

2．作业

大多数 ETL 项目都需要完成各种各样的维护任务。例如，当运行中发生错误时，要做哪些操作、如何传送文件、验证数据库表是否存在，等等。而这些操作要按照一定顺序完成。因为转换以并行方式执行，所以需要一个可以串行执行的作业（Job）来处理这些操作。

一个作业包括一个或多个作业项，这些作业项以某种顺序来执行。作业执行顺序由作业项之间的跳（Job Hop）和每个作业项的执行结果来决定[9]。图 5-14 显示了一个典型的装载数据仓库的作业。

1）作业项

作业项是作业的基本构成部分。如同转换的步骤，作业项也可以使用图标的方式图形化地展示。作业与步骤的不同之处如下。

（1）新步骤的名字应该是唯一的，但作业项可以有影子副本，如图中的“错误邮件”。这样可以把一个作业项放在多个不同的位置。这些影子副本里的信息都是相同的，编辑了一份副本，其他副本也会随之修改。

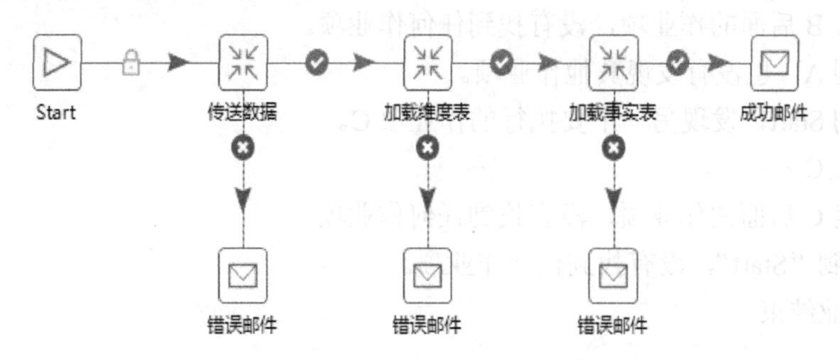

图 5-14　作业 1

（2）在作业项之间可以传递一个结果对象（Result Object）。这个结果对象里包含数据行，它们不是以流的方式来传递的，而是等一个作业项执行完了，再传递给下一个作业项。

（3）默认情况下，所有的作业项都是以串行方式执行的，只是在特殊的情况下以并行方式执行。

因为作业顺序执行作业项，所以必须定义一个起点，如图中的“Start”（开始）作业项，就定义了一个起点。一个作业只能定义一个“Start”作业项。

2）作业跳

作业的跳是作业项之间的连接线，它定义了作业的执行路径。作业中每个作业项的不同运行结果决定了作业的不同执行路径。对作业项的运行结果的判断如下。

（1）无条件执行：不论上一个作业项执行是成功还是失败，下一个作业项都会执行。这是一种黑色的连接线，上面有一个锁的图标，如图 5-14 中“Start”作业项到“传送数据”作业项之间的连线。

（2）当运行结果为真时执行：当上一个作业项的执行结果为真时，执行下一个作业项。通常在需要无错误执行的情况下使用。这是一种绿色连接线，上面有一个对号的图标，如图 5-14 中的横向的三个连线。

（3）当运行结果为假时执行：当上一个作业项的执行结果为假或没有成功时，执行下一个作业项。这是一种红色的连接线，上面有一个红色的叉号图标。

在作业项连接（跳）的右键菜单上，或跳的小图标里都可以设置以上这三种判断方式。

3）多路径和回溯

Kettle 使用一种回溯算法来执行作业里的所有作业项，而且作业项的运行结果（真或假）也决定执行路径。回溯算法是：假设执行到了图里的一条路径的某个节点时，要依次执行这个节点的所有子路径，直到没有再可以执行的子路径，就返回该节点的上一节点，再反复这个过程。

例如，图 5-15 里的 A、B、C 三个作业项的执行顺序为：

（1）首先“Start”作业项搜索所有下一个节点作业项，找到了 A 和 C。

（2）执行 A。

（3）搜索 A 后面的作业项，发现了 B。

（4）执行 B。

（5）搜索 B 后面的作业项，没有找到任何作业项。

（6）回到 A，也没有发现其他作业项。

（7）回到 Start，发现另一个要执行的作业项 C。

（8）执行 C。

（9）搜索 C 后面的作业项，没有找到任何作业项。

（10）回到“Start”，没有找到任何作业项。

（11）作业结束。

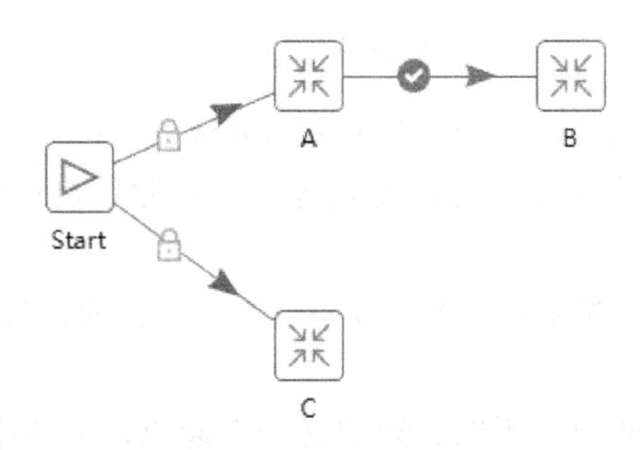

图 5-15　作业 2

因为没有定义执行顺序，所以这个例子的执行顺序除了 ABC，还可以有 CAB。这种回溯算法有以下两个重要特征。

（1）作业可以是嵌套的，除了作业项有运行结果，作业也需要一个运行结果，因为一个作业可以是另一个作业的作业项。一个作业的运行结果来自其最后一个执行的作业项。在这个例子里，因为作业的执行顺序既可以是 ABC，也可以是 CAB，所以不能保证作业项 C 的结果就是作业的结果。

（2）作业里允许循环。当在作业里创建了一个循环时，一个作业项就会被执行多次，作业项的多次运行结果会保存在内存里，便于以后使用。

4）并行执行

有时需要将作业项并行执行。这种并行执行也是可以的。一个作业项能以并发的方式执行它后面的作业项，如图 5-16 所示。在这个例子中，作业项 A 和 C 几乎同时启动。

需要注意的是，如果 A 和 C 是顺序的多个作业项，那么这两组作业项也是并行执行的，如图 5-17 所示。

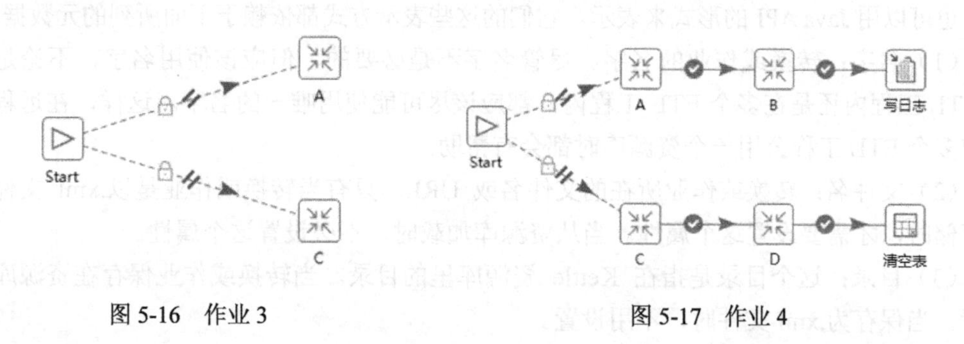

图 5-16　作业 3　　　　图 5-17　作业 4

在这个例子中，作业项[A、B、写日志]和[C、D、清空表]是在两个线程里并行执行的。通常，设计者也希望以这样的方式执行。但有时候，设计者希望一部分作业项先并行执行，然后再串行执行其他作业项。这就需要先把并行的作业项放到一个新作业里，然后作为另一个作业的作业项，如图 5-18 所示。

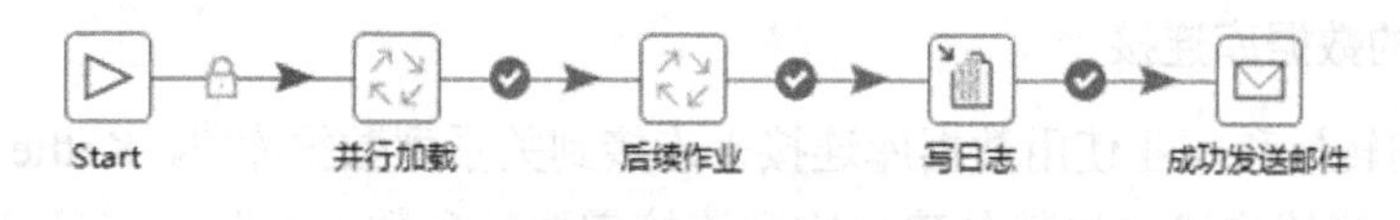

图 5-18　作业 5

5）作业项结果

作业执行结果不仅决定了作业的执行路径，而且还向下一个作业项传递了一个结果对象。结果对象包括以下信息。

（1）一组数据行：在转换里使用“复制行到结果”步骤可以设置这组数据行。与之对应，使用“从结果获取行”步骤可以获取这组数据行。在一些作业项里，如“Shell 脚本”“转换”“作业”的设置里有一个选项可以循环执行这组数据行，这样可以通过参数化来控制转换和作业。

（2）一组文件名：在作业项的执行过程中可以获得一些文件名。这组文件名是所有与作业项发生过交互的文件的名称。例如，一个转换读取和处理了 10 个.xml 文件，这些文件名就会保留在结果对象里。使用转换里的“从结果获取文件”步骤可以获取到这些文件名，除了文件名还能获取到文件类型。“一般”类型是指所有的输入/输出文件，“日志”类型是指 Kettle 日志文件。

（3）读、写、输入、输出、更新、删除、拒绝的行数和转换里的错误数。

（4）脚本作业项的退出状态：根据脚本执行后的状态码，判断脚本的执行状态，再执行不同的作业流程。

JavaScript 作业项是一个功能强大的作业项，可以实现更高级的流程处理功能。在 JavaScript 作业项里，可以设置一些条件、这些条件的结果，可以决定最终执行哪条作业路径。

3. 转换或作业的元数据

转换和作业是 Kettle 的核心组成部分。它们可以用.xml 格式来表示，可以保存在资料库里，也可以用 Java API 的形式来表示。它们的这些表示方式都依赖于下面所列的元数据。

（1）名字：转换或作业的名字。尽管名字不是必要的，但应该使用名字，不论是在一个 ETL 工程内还是在多个 ETL 工程内，都应该尽可能使用唯一的名字。这样，在远程执行时或多个 ETL 工程公用一个资源库时都会有帮助。

（2）文件名：转换或作业所在的文件名或 URL。只有当转换或作业是以.xml 文件的形式存储时，才需要设置这个属性。当从资源库加载时，不必设置这个属性。

（3）目录：这个目录是指在 Kettle 资源库里的目录。当转换或作业保存在资源库里时设置。当保存为.xml 文件时，不用设置。

（4）描述：这是一个可选属性，用来设置作业或转换的简短的描述信息。如果使用了资源库，则这个描述属性也会出现在资源库浏览窗口的文件列表中。

（5）扩展描述：也是一个可选属性，用来设置作业或转换的详细的描述信息。

5.4.2.4 Kettle 的使用

1. Kettle 的数据库连接

Kettle 里的转换和作业使用数据库连接来连接到关系型数据库[9]。Kettle 的数据库连接实际是数据库连接的描述：也就是建立实际连接需要的参数。实际连接只是在运行时才建立，定义一个 Kettle 的数据库连接并不真正打开一个数据库连接。

1）一般选项

各个数据库的行为都不是完全相同的，如图 5-19 所示的“数据库连接”窗口里有很多种数据库，而且数据库的种类还在不断地增加。

在“数据库连接”窗口中主要设置三个选项。

（1）连接名称：设定一个在作业或转换范围内唯一的名称。

（2）连接类型：从数据库列表中选择要连接的数据库类型。根据选中数据库的连接类型不同，要设置的连接方式和连接参数设置也不同。某些 Kettle 步骤或作业项生成 SQL 语句时使用的语言也不同。

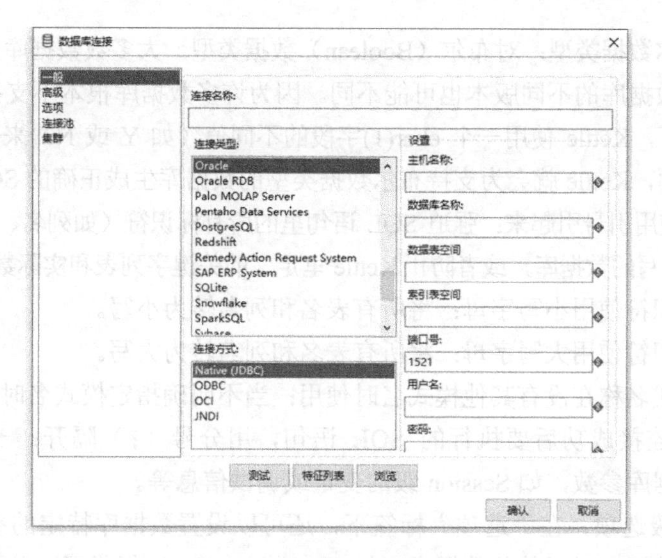

图 5-19 “数据库连接”窗口

（3）连接方式：在列表里可以选择可用的连接方式，一般都使用 Native（JDBC）连接。不过也可以使用 ODBC、JNDI、OCI 连接（使用 Oracle 命名服务）。

根据选择的数据库不同，右侧面板的连接参数设置也不同。例如，在图 5-19 中只有 Oracle 数据库可以设置表空间选项。一般常用的连接参数如下。

（1）主机名称：数据库服务器的主机名称或 IP 地址。

（2）数据库名称：要访问的数据库名称。

（3）端口号：默认为选中的数据库服务器的端口号。

（4）用户名和密码：连接数据库服务器的用户名和密码。

2）特殊选项

对于大多数用户来说，使用“数据库连接”窗口的“一般”标签就足够了。但偶尔也可能需要设置该窗口中“高级”标签的内容，如图 5-20 所示。

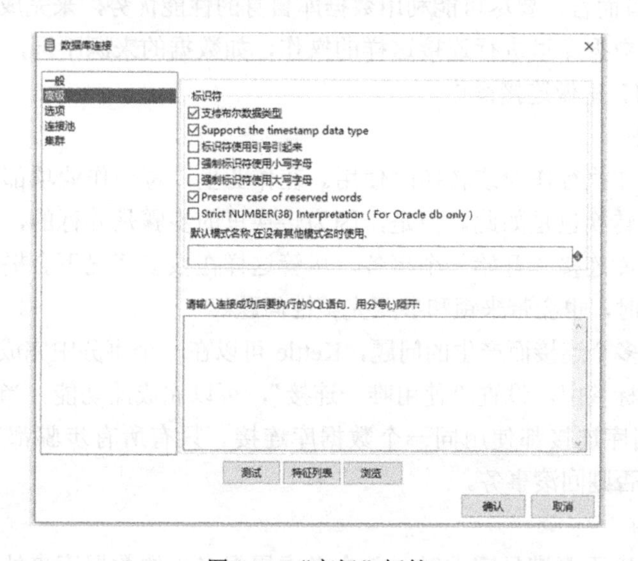

图 5-20 “高级”标签

（1）支持布尔数据类型：对布尔（Boolean）数据类型，大多数数据库的处理方式都不相同，即使同一个数据库的不同版本也可能不同。因为许多数据库根本不支持布尔数据类型。所以在默认情况下，Kettle 使用一个 char(1)字段的不同值（如 Y 或 N）来代替布尔字段。如果选中了这个选项，Kettle 就会为支持布尔数据类型的数据库生成正确的 SQL 语句。

（2）标识符使用引号引起来：强迫 SQL 语句里的所有标识符（如列名、表名）加双引号，一般用于区分大小写的数据库，或者防止 Kettle 里定义的关键字列表和实际数据库不一致。

（3）强制标识符使用小写字母：将所有表名和列名转为小写。

（4）强制标识符使用大写字母：将所有表名和列名转为大写。

（5）默认模式名称在没有其他模式名时使用：当不明确指定模式名时默认的模式名。

（6）请输入连接成功后要执行的 SQL 语句，用分号（;）隔开：一般用于建立连接后，修改某些数据库参数，如 Session 级的变量或调试信息等。

除了这些高级选项，在“选项”标签下，还可以设置数据库特定的参数，如一些连接参数。为了便于使用，对于某些数据库（如 MySQL），Kettle 提供了一些默认的连接参数和值。有几种数据库类型，Kettle 还提供了连接参数的帮助文档，通过单击“选项”标签中的“帮助”按钮可以打开对应数据库的“帮助”页面。

最后，还可以选择 Apache 的通用数据库连接池的选项。如果运行了很多小的转换或作业，这些转换或作业里又定义了生命期短的数据库连接，连接池选项就显得有意义了。连接池选项不会限制并发数据库连接的数量。

3）利用关系型数据库的优势

关系型数据库是一种高级的软件，它在数据的连接、合并、排序等方面有着突出的优势。与基于流的数据处理引擎（如 Kettle）相比，它有一大优点：数据库使用的数据都存储在磁盘中。当关系型数据库进行连接或排序操作时，只要使用这些数据的引用即可，而不用把这些数据装载到内存里，这就体现出明显的性能方面的优势。但其缺点也是很明显的，把数据装载到关系型数据库里也会产生性能的瓶颈。

对 ETL 开发者而言，要尽可能利用数据库自身的性能优势，来完成连接或排序这样的操作。如果不能在数据库里进行连接这样的操作，如数据的来源不同，也应该先在数据库里排序，以便在 ETL 里做连接操作。

4）连接和事务

数据库连接只在执行作业或转换时使用。在作业里，每个作业项都打开和关闭一个独立的数据库连接。转换也是如此。但是，因为转换里的步骤是并行的，所以每个步骤都打开一个独立的数据库连接并开始一个事务。尽管这样在很多情况下会提高性能，但当不同步骤更新同一个表时，也会带来锁和参照完整性问题。

为了解决打开多个连接而产生的问题，Kettle 可以在一个事务中完成转换。在转换设置对话框的“选项”标签中，设置“使用唯一连接”，可以完成此功能。当选中这个选项时，所有步骤里的数据库连接都使用同一个数据库连接。只有所有步骤都正确，转换正确执行，才提交事务，否则回滚事务。

5）数据库集群

当一个大数据库不再满足需求时，就会考虑用很多小的数据库来处理数据。通常，可以使用数据库分片技术来分散数据装载。这种方法可以将一个大数据集分为几个数据分区（或分片），每个分区都保存在独立的数据库实例里。这种方法的优点是，可以大幅减少每个表或每个数据库实例的行数。所有分片的组合就是数据库集群。

一般采用标识符计算余数的方法来决定分片的数据保存到哪个数据库实例里。这种分片计算方法得到的分片标识是一组 0 到“分片数-1”之间的数字，可以在“数据库连接”窗口的“集群”标签下设置分区数。例如，定义了 5 个数据库连接作为集群里的 5 个数据分片。可以在“表输入”步骤里执行一个查询，这个查询就以分区的方式执行：同样的一个查询会被执行 5 遍，每个数据分区执行一遍。在 Kettle 里，所有使用数据库连接的步骤都可以使用分片的特性。例如，表输出步骤在分片模式下会把不同的数据行输出到不同的数据分区（片）中。

2．数据库分区

本节介绍 Kettle 8.3 中的数据库分区[12]。

1）在数据库连接中使用集群

在 Kettle 的“数据库连接”窗口中可定义数据库分区，如图 5-21 所示。先在“集群”标签中勾选“使用集群”复选框，然后定义三个分区。在“一般”标签中，只要指定连接名称、连接类型和连接方式，在“设置”下的各选项都可以为空，如图 5-22 所示。

Kettle 假定所有的分区都是同一数据库类型和连接类型。定义好分区后单击“测试”按钮，测试结果如图 5-23 所示。

2）创建数据库分区 schemas

在“主对象树”的“数据库分区 schemas”上右击“新建”按钮，在弹出的对话框中输入“分区 schema 名称”，然后单击“导入分区”按钮，如图 5-24 所示。

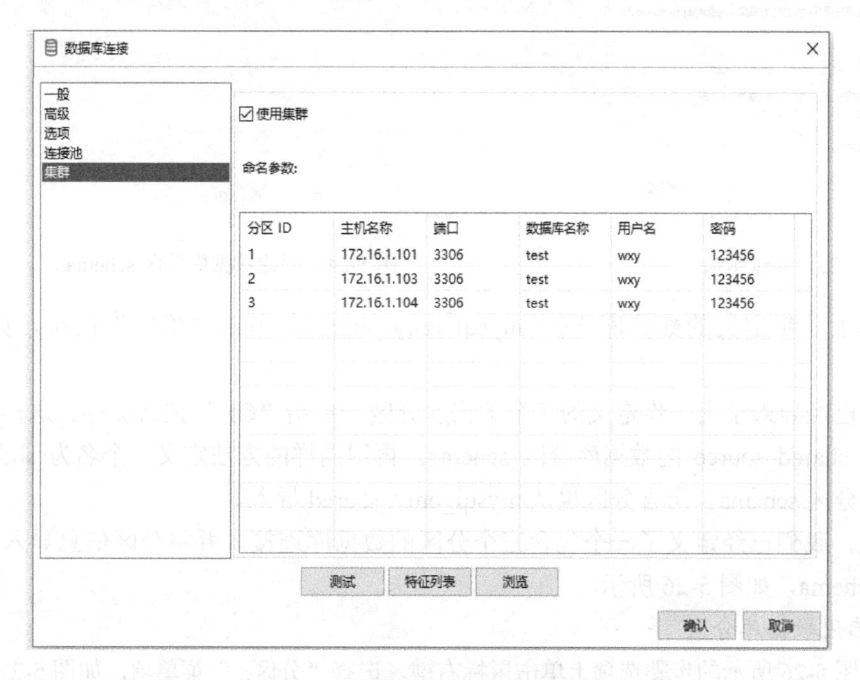

图 5-21　在数据库连接中使用集群

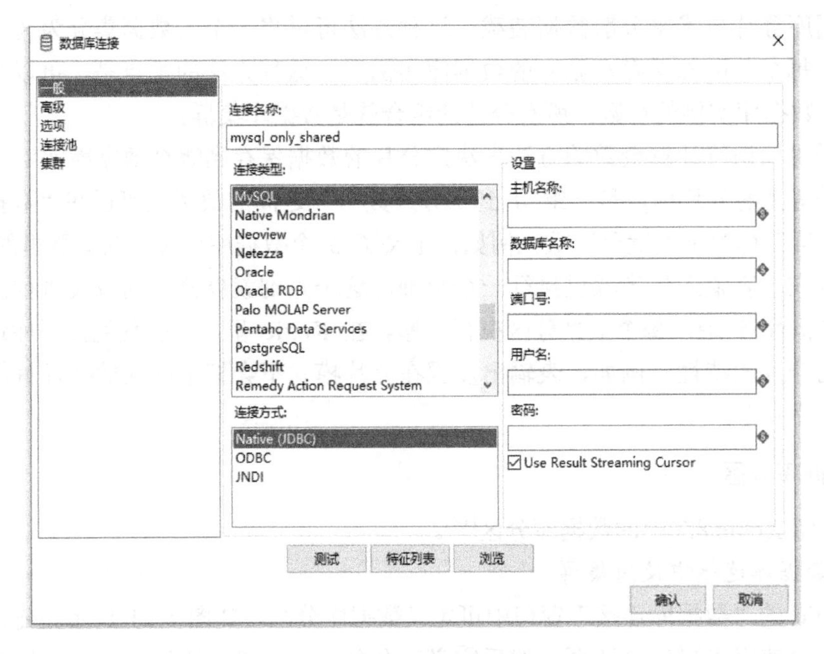

图 5-22 “一般”标签

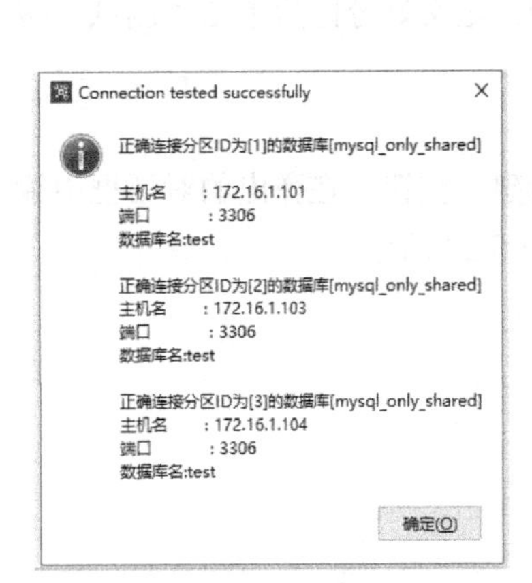

图 5-23 测试结果

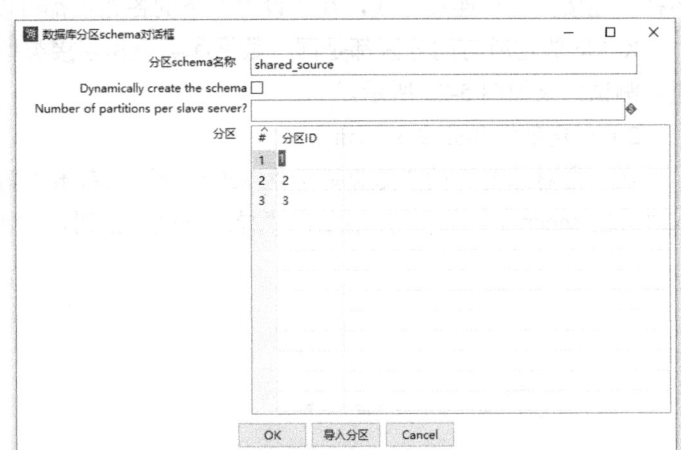

图 5-24 创建数据库分区 schemas

选择上一步定义的数据库连接 mysql_only_shared，单击“确定”按钮，如图 5-25 所示。

此时已经导入了上一步定义的三个数据库分区。单击“OK”按钮保存。这样就定义了一个名为 shared_source 的数据库分区 schema。再用同样的方法定义一个名为 shared_target 的数据库分区 schema，所含分区也从 mysql_only_shared 导入。

至此，我们已经定义了一个包含三个分区的数据库连接，并将分区信息导入两个数据库分区 schema，如图 5-26 所示。

3）启用数据库分区

在如图 5-26 所示的步骤选项上单击鼠标右键，选择“分区...”菜单项，如图 5-27 所示。

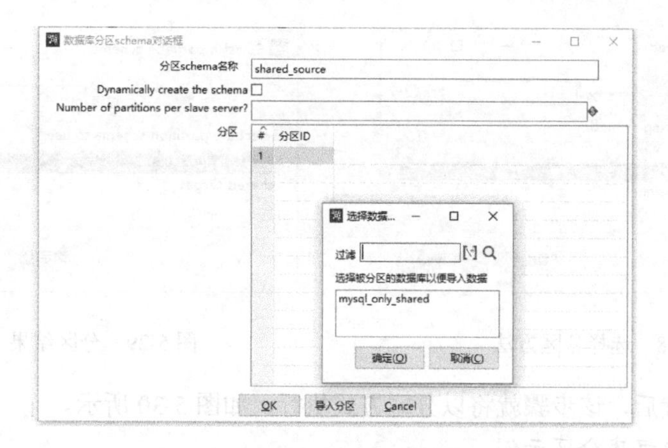

图 5-25　shared_source 数据库分区 schemas

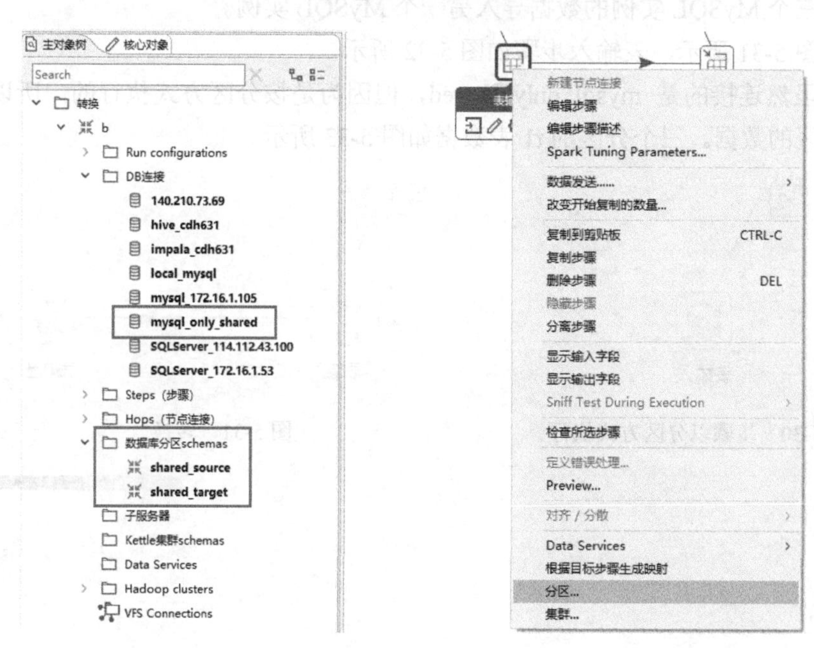

图 5-26　包含分区的数据库连接　　　　　　图 5-27　启用数据库分区

此时会弹出一个对话框，供选择使用哪个分区方法，如图 5-28 所示。

分区方法可以是以下方法之一。

（1）None：不使用分区，标准的“Distribute rows”（轮询）或“Copy rows”（复制）规则被应用。

（2）Mirror to all partitions：使用已定义的数据库分区 schema 中的所有分区。

（3）Remainder of division：Kettle 标准的分区方法。通过分区编号除以分区数目，产生的余数被用来决定记录行将发往哪个分区。例如在一个记录行里，如果有“73”标识的用户身份，而且有 3 个分区定义，则这个记录行属于分区 1，编号 27 属于分区 0，编号 11 属于分区 2。

注意：需要指定基于分区的字段。

选择“Mirror to all partitions”，在弹出的对话框中选择已定义的分区 schema，分区结果如图 5-29 所示。

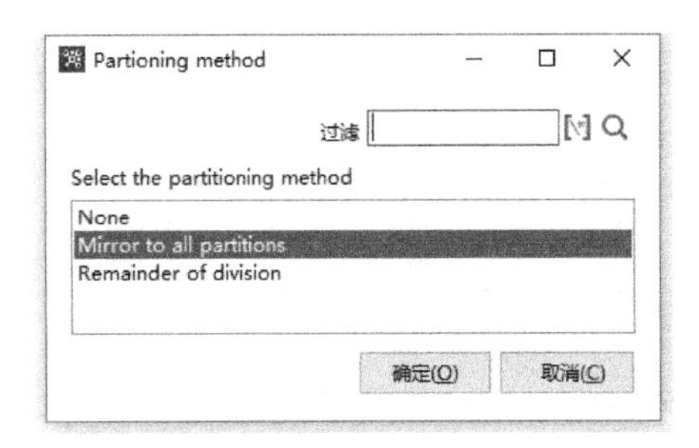

图 5-28　选择分区方法

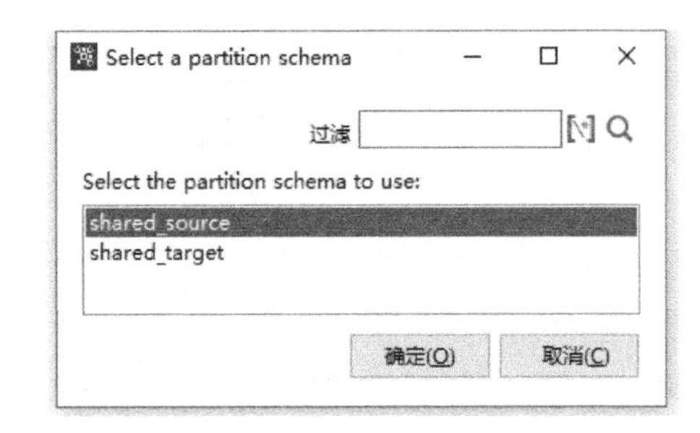

图 5-29　分区结果

经此一番设置后，该步骤就将以分区方式执行，如图 5-30 所示。

4）MySQL 数据库分区示例

（1）将三个 MySQL 实例的数据导入另一个 MySQL 实例。

转换如图 5-31 所示，表输入步骤如图 5-32 所示。

该步骤虽然连接的是 mysql_only_shared，但因为是按分区方式执行的，所以实际读取的是三个分区的数据。三个分区的 t1 表数据如图 5-33 所示。

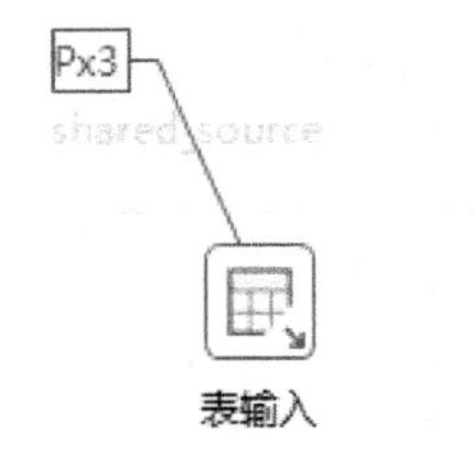

图 5-30　步骤以分区方式执行

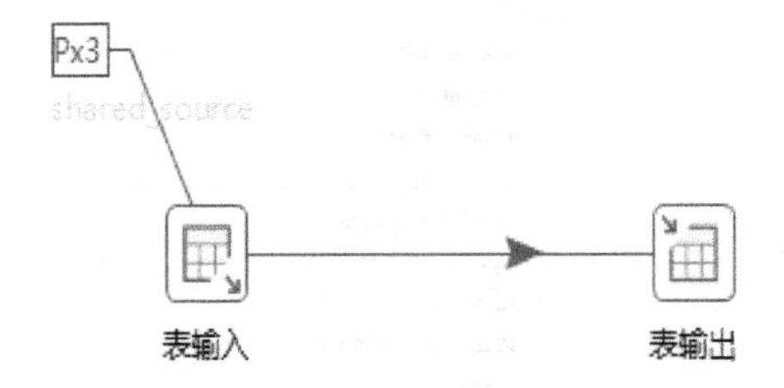

图 5-31　转换

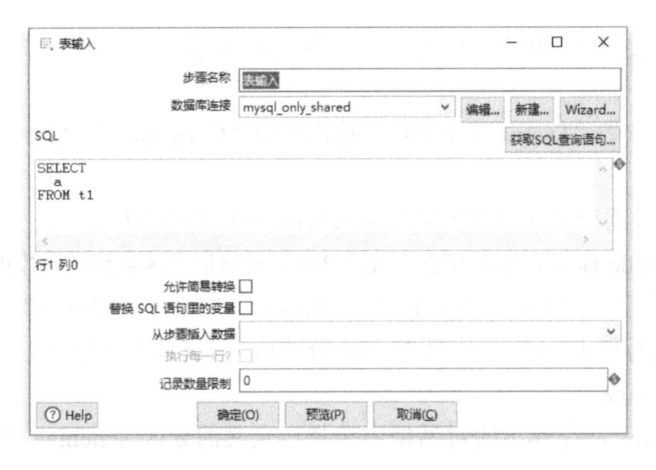

图 5-32　表输入步骤

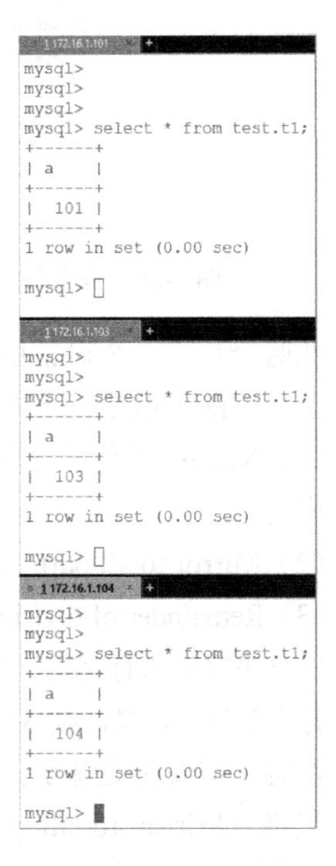

图 5-33　表数据

表输出步骤连接的是 172.16.1.105 的 test.t4 表，如图 5-34 所示。

该转换执行的逻辑为：db1.t1 + db2.t1 + db3.t1 -> db4.t4。转换执行后，172.16.1.105 的 test.t4 表数据如图 5-35 所示。

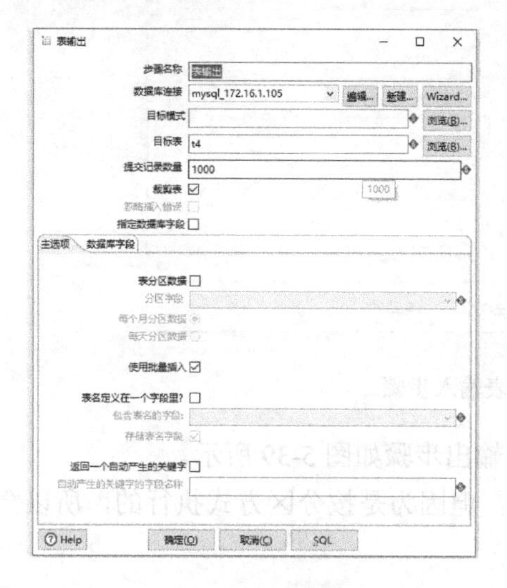

图 5-34　表输出步骤

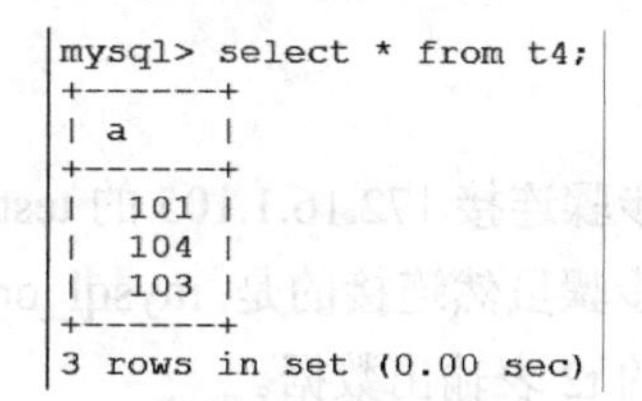

```
mysql> select * from t4;
+------+
| a    |
+------+
|  101 |
|  104 |
|  103 |
+------+
3 rows in set (0.00 sec)
```

图 5-35　表数据

如果将图 5-32 中的数据库连接改为 mysql_172.16.1.105，则连接 172.16.1.105 的 test.t1 表。mysql_172.16.1.105 本身没有设置“使用集群”，则转换将从 172.16.1.105 取数据，但依然为每个分区复制一份步骤，其结果等同于 3 线程的复制分发。转换执行后，172.16.1.105 的 test.t4 表数据如图 5-36 所示。

（2）将一个 MySQL 实例的数据分发到三个 MySQL 实例。

转换如图 5-37 所示，表输入步骤如图 5-38 所示。

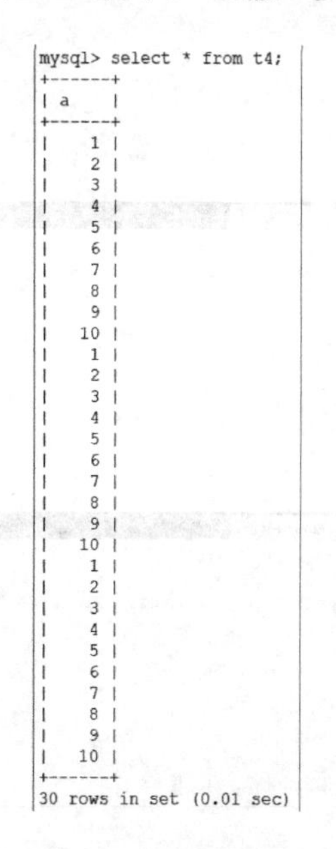

```
mysql> select * from t4;
+------+
| a    |
+------+
|    1 |
|    2 |
|    3 |
|    4 |
|    5 |
|    6 |
|    7 |
|    8 |
|    9 |
|   10 |
|    1 |
|    2 |
|    3 |
|    4 |
|    5 |
|    6 |
|    7 |
|    8 |
|    9 |
|   10 |
|    1 |
|    2 |
|    3 |
|    4 |
|    5 |
|    6 |
|    7 |
|    8 |
|    9 |
|   10 |
+------+
30 rows in set (0.01 sec)
```

图 5-36　表数据

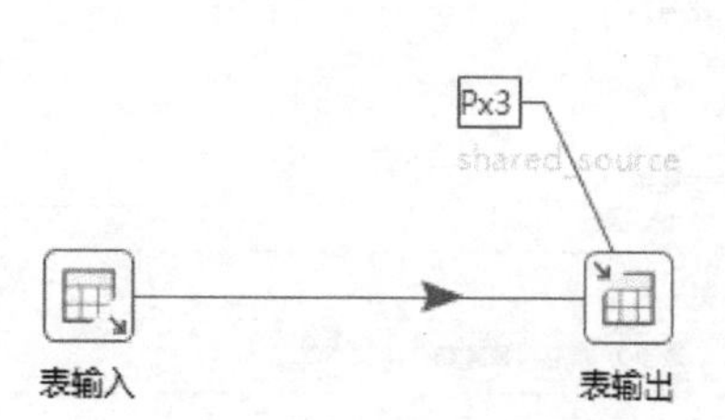

图 5-37　转换

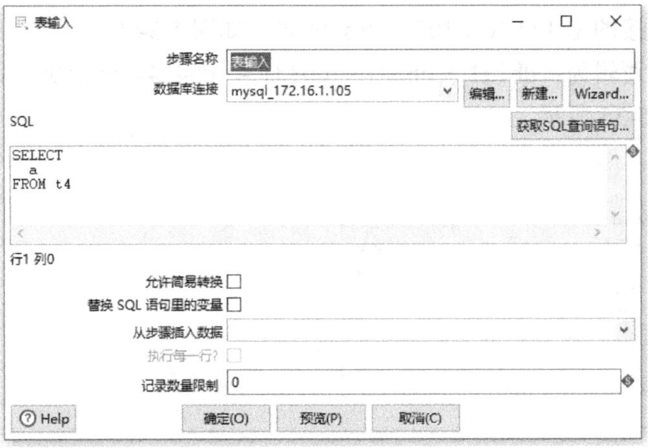

图 5-38　表输入步骤

该步骤连接 172.16.1.105 的 test.t4 表，表输出步骤如图 5-39 所示。

该步骤虽然连接的是 mysql_only_shared，但因为是按分区方式执行的，所以会向三个分区中的 t2 表输出数据。

该转换执行的逻辑为：

db4.t4 -> db1.t2

db4.t4 -> db2.t2

db4.t4 -> db3.t2

转换执行后，三个分区的 test.t2 表数据如图 5-40 所示。

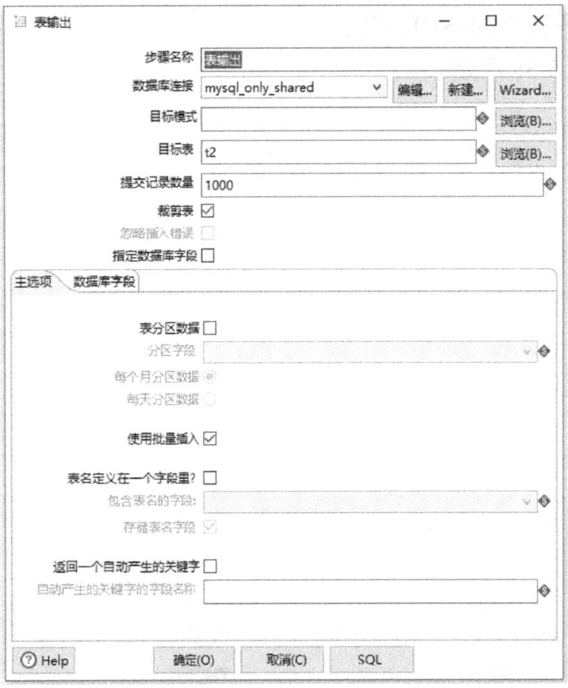

图 5-39　表输出步骤

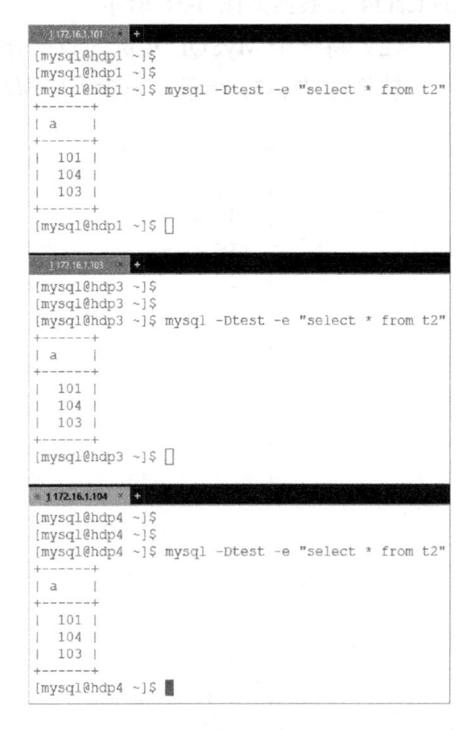

图 5-40　表数据

（3）将三个 MySQL 实例的数据导入另三个 MySQL 实例。

转换如图 5-41 所示。输入步骤使用的是 shared_source 分区 schema，而输出步骤使用的是 shared_target 分区 schema。

表输入步骤如图 5-42 所示，该步骤连接三个分区的 test.t1 表。

表输出步骤如图 5-43 所示，向三个分区的 test.t2 表输出数据。

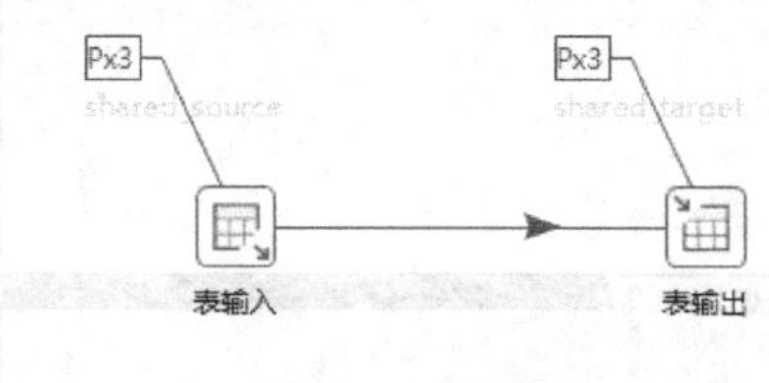

图 5-41　转换

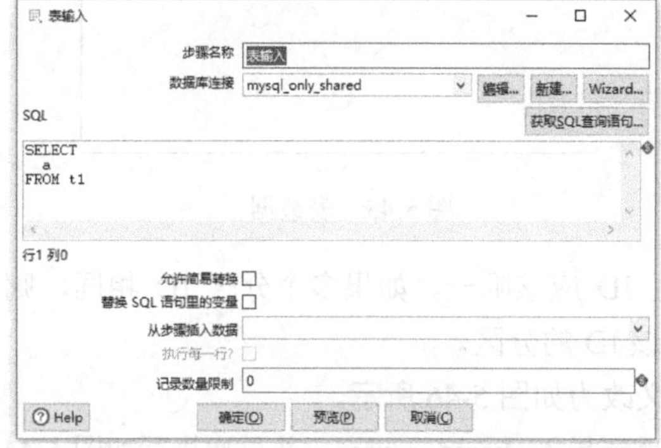

图 5-42　表输入步骤

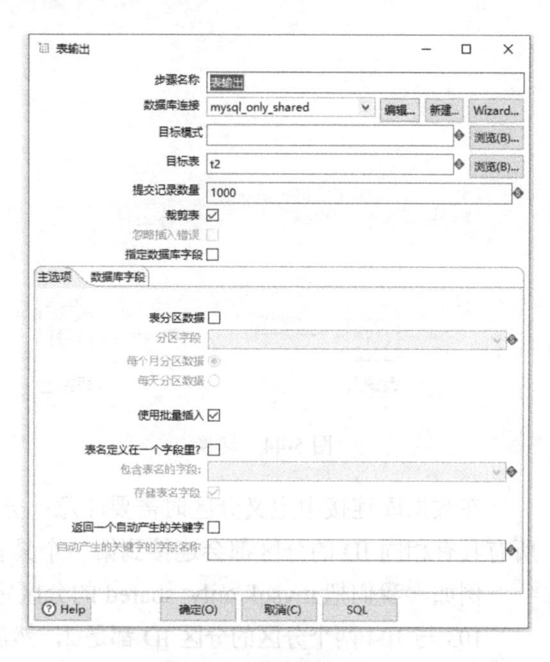

图 5-43　表输出步骤

该转换执行的逻辑为：

db1.t1 + db2.t1 + db3.t1 -> db4.t2

db1.t1 + db2.t1 + db3.t1 -> db5.t2

db1.t1 + db2.t1 + db3.t1 -> db6.t2

转换执行后，三个分区的 test.t2 表数据如图 5-40 所示。虽然最终结果与上一个例子相同，但执行逻辑是不同的。

（4）将三个 MySQL 实例的数据导入相同实例的不同表中。

转换如图 5-44 所示。与前一个例子只有一点区别：输入步骤与输出步骤使用的是同一个分区 schema（shared_source）。

该转换执行的逻辑为：

db1.t1 -> db1.t2

db2.t1 -> db2.t2

db3.t1 -> db3.t2

转换执行后，三个分区的 test.t2 表数据如图 5-45 所示。

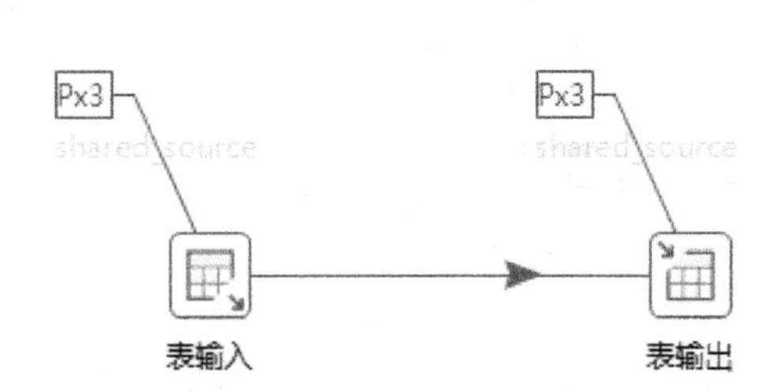

图 5-44 转换

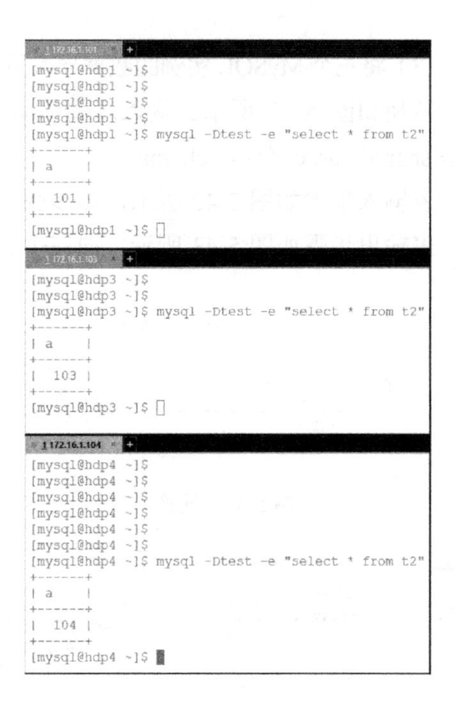

图 5-45 表数据

在数据库连接中定义分区时需要注意：分区 ID 应该唯一。如果多个分区 ID 相同，则所有具有相同 ID 的分区都会连接到第一个具有该 ID 的分区。

例如，我们把 mysql_only_shared 的分区定义改为如图 5-46 所示。

103 与 104 两个分区的分区 ID 都是 2，然后重新导入 shared_source，并再次执行如图 5-44 所示的转换。三个分区的 test.t2 表数据如图 5-47 所示。

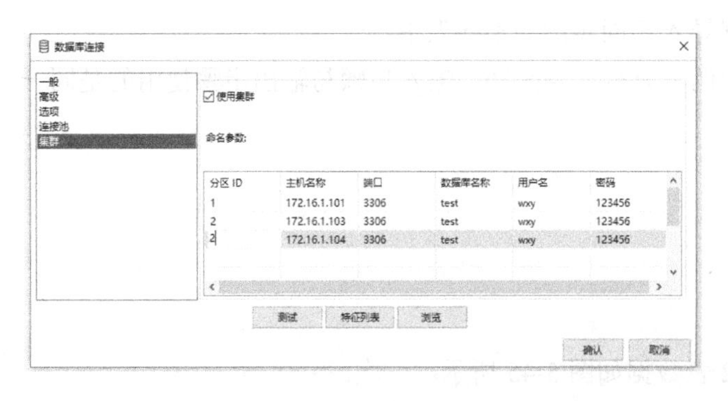

图 5-46 分区

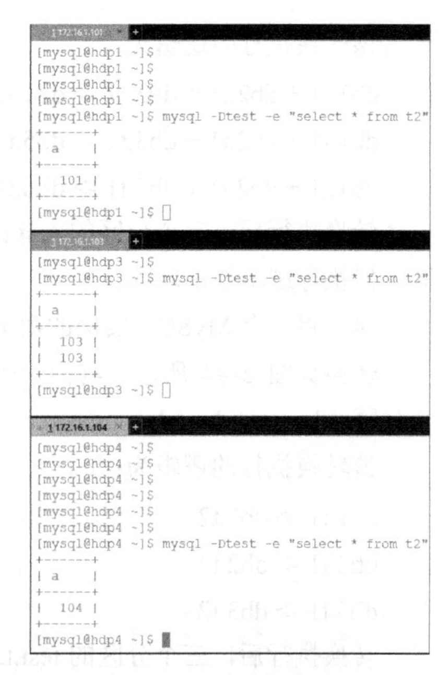

图 5-47 表数据

可以看到，103 的 t2 表中插入了两条数据，而 104 没有执行任何操作（并没有 truncate 表）。

3. 资源库

当 ETL 项目规模比较大时，有很多 ETL 开发人员在一起工作，开发人员之间的合作就显得很重要。Kettle 以插件的方式灵活定义不同种类的资源库，但不论是哪种资源库，它们的基本要素是相同的：这些资源库都使用相同的用户界面、存储相同的元数据。目前有三种常见资源库[9]：数据库资源库、Pentaho 资源库和文件资源库。

1）数据库资源库

数据库资源库是把所有的 ETL 信息保存在关系型数据库中，这种资源库比较容易创建，只要新建一个数据库连接即可。可以使用“数据库资源库”对话框来创建资源库里的表和索引。

2）Pentaho 资源库

Pentaho 资源库是一个插件，在 Kettle 的企业版中有这个插件。这种资源库实际是一个内容管理系统（Content Management System，CMS），它具备一个理想的资源库的所有特性，包括版本控制和依赖完整性检查。

3）文件资源库

文件资源库是在一个文件目录下定义一个资源库。因为 Kettle 使用的是 Apache VFS（Virtual File System，虚拟文件系统），所以这里的文件目录是一个广泛的概念，包括.zip 文件、Web 服务、FTP 服务等。

无论哪种资源库都应该具有以下特性。

（1）中央存储：在一个中心位置存储所有的转换和作业。ETL 用户可以访问到工程的最新视图。

（2）文件加锁：防止多个用户同时修改。

（3）修订管理：一个理想的资源库可以存储一个转换或作业的所有历史版本，以便将来参考。可以打开历史版本，并查看变更日志。

（4）依赖完整性检查：检查资源库转换或作业之间的相互依赖关系，可以确保资源库里没有丢失任何链接，没有丢失任何转换、作业或数据库连接。

（5）安全性：可以防止未授权的用户修改或执行 ETL 作业。

（6）引用：重新组织转换、作业，或简单重新命名，这都是 ETL 开发人员的常见工作。要做好这些工作，需要完整的转换或作业的引用。

4. 虚拟文件系统

灵活而统一的文件处理方式对 ETL 工具来说非常重要。因此，Kettle 支持 URL 形式的文件名，Kettle 使用 Apache 的通用 VFS 作为文件处理接口，替用户解决各种文件处理方面的复杂情况[9]。例如，使用 Apache VFS 可以选中.zip 压缩包内的多个文件，和在一个本地目录下选择多个文件一样方便。表 5-5 显示的是 VFS 的一些典型例子。

表 5-5 VFS 的一些典型例子

文件名例子	描述
文件名：/data/input/customets.dat	最典型的定义文件的方式
文件名：file:///data/input/customers.dat	Apache VFS 可以从本地文件系统中找到文件
作业：http://www.kettle.be/GenerateRows.kjb	这个文件可以加载到 Spoon 里，可以使用 Kitchen 执行，可以在作业项里引用。这个文件通过 Web 服务器加载
目录：zip:file:///C:/input/salesdata.zip 通配符：.*\.txt$	在“文本文件输入”这样的步骤里可以输入目录和文件通配符。例子里的文件名和通配符的组合将查找.zip 文件里的所有以.txt 结尾的文件

5.4.3 Kettle 安装与配置

本节介绍 Kettle 8.3 在 CentOS 7.2 上的安装和配置[13]。

5.4.3.1 安装 Java

1．查找 yum 资源库中的 java 包

```
yum search java | grep -i --color JDK
```

2．安装 Java 1.8

```
yum install -y java-1.8.0-openjdk.x86_64 java-1.8.0-openjdk-devel.x86_64
```

3．验证安装

```
java -version
```

5.4.3.2 安装 Kettle

1．下载安装包

地址：https://sourceforge.net/projects/pentaho/files/Pentaho%208.3/client-tools/pdi-ce-8.3.0.0-371.zip/download。

2．解压缩，会产生一个 data-integration 目录

```
unzip pdi-ce-8.3.0.0-371.zip
```

5.4.3.3 运行 Kettle 程序

1．安装 Linux 图形环境

```
yum groupinstall "X Window System"
yum groupinstall GNOME Desktop
```

2．安装配置 VNC Server

（1）yum install -y tigervnc-server。

（2）关闭 seLinux。

查看状态：sestatus。

临时关闭：setenforce 0。

永久关闭：vi /etc/sysconfig/selinux，修改为 SELINUX=disabled，修改后 reboot（重启）。

（3）在防火墙中打开 VNC Server。

Kettle 配置如图 5-48 所示。

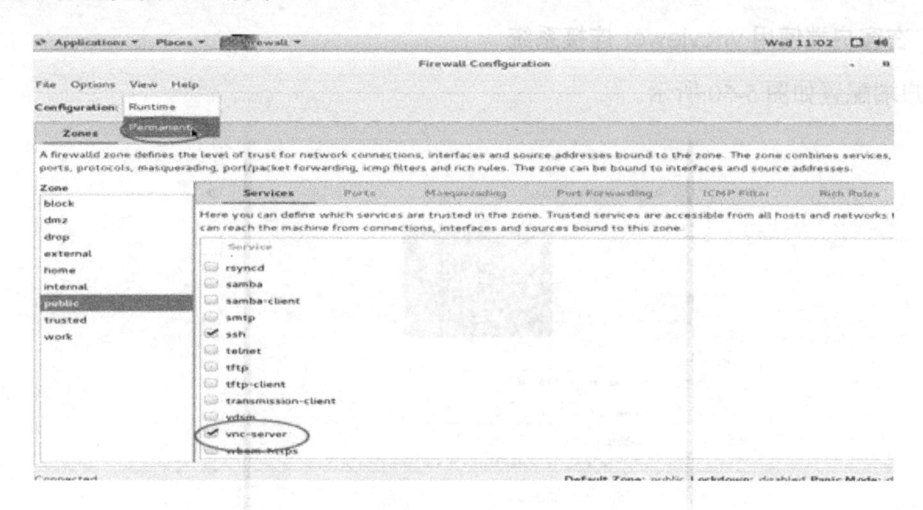

图 5-48 Kettle 配置

（4）切换需要远程登录的用户，设置 vncpasswd，此密码为远程登录时密码，可以与本地密码不一致。

```
su nctest
vncpasswd
```

（5）启动 vncserver。

```
cd /usr/bin          //目录
vncserver            //启动
```

（6）su root。（说明：以下为在 CentOS 7 中设置 vnc 自动启动的步骤。）

```
cp/lib/systemd/system/vncserver@.service/etc/system/system/vncserver@1.service
```

（7）chmod +x vncserver@1.service。

（8）vi /etc/system/system/vncserver@1.service。

（9）修改用户名和窗口号，如图 5-49 所示，圈中的内容为最终修改结果。

如果是 root，则修改为 PIDFILE=/root/.vnc/%H:1.pid。

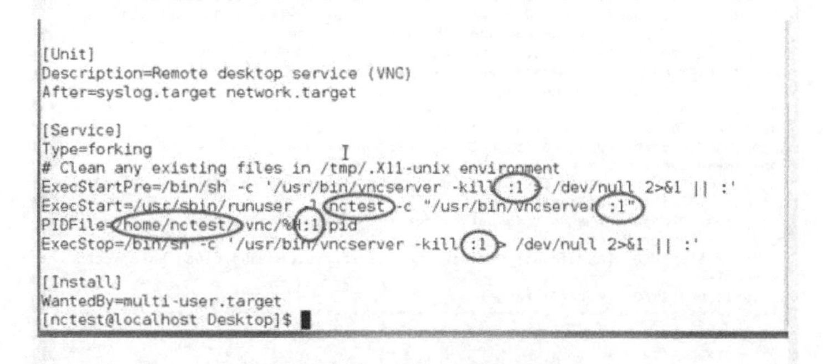

图 5-49 修改用户名和窗口号

（10）设置开机启动。

```
systemctl enable vncserver@1.service
```

（11）reboot。

3. 在客户端使用 vncviewer 连接系统

客户端配置如图 5-50 所示。

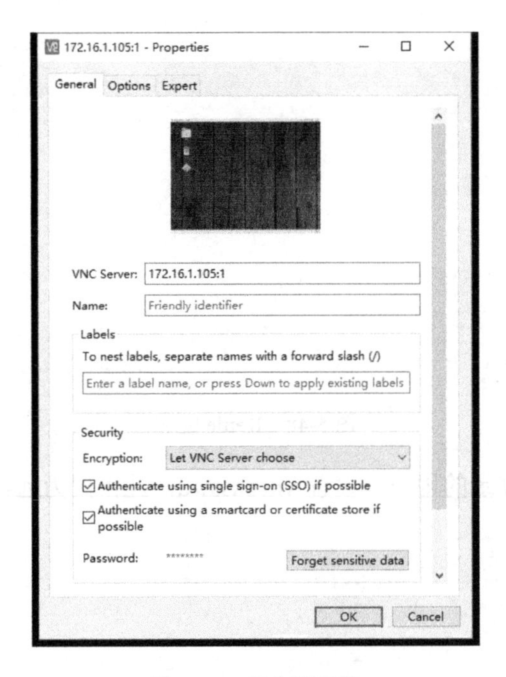

图 5-50　客户端配置

4. 执行 spoon.sh

在桌面中打开一个终端执行 spoon.sh，如图 5-51 所示。

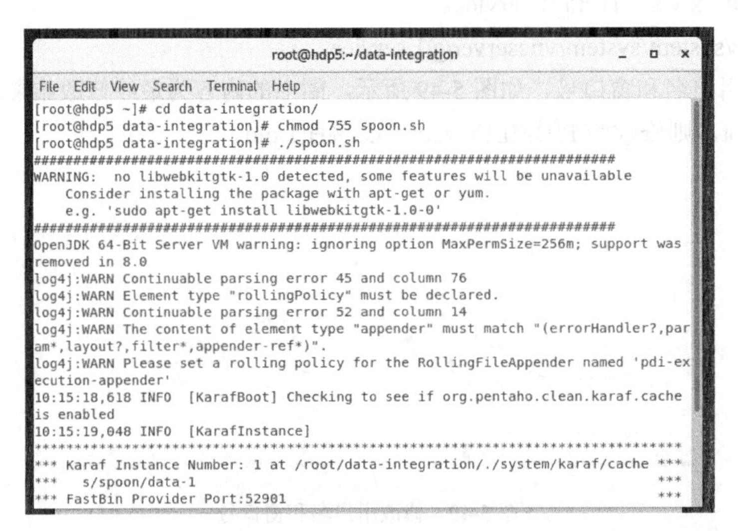

图 5-51　终端执行 spoon.sh

打开的 spoon 界面如图 5-52 所示。

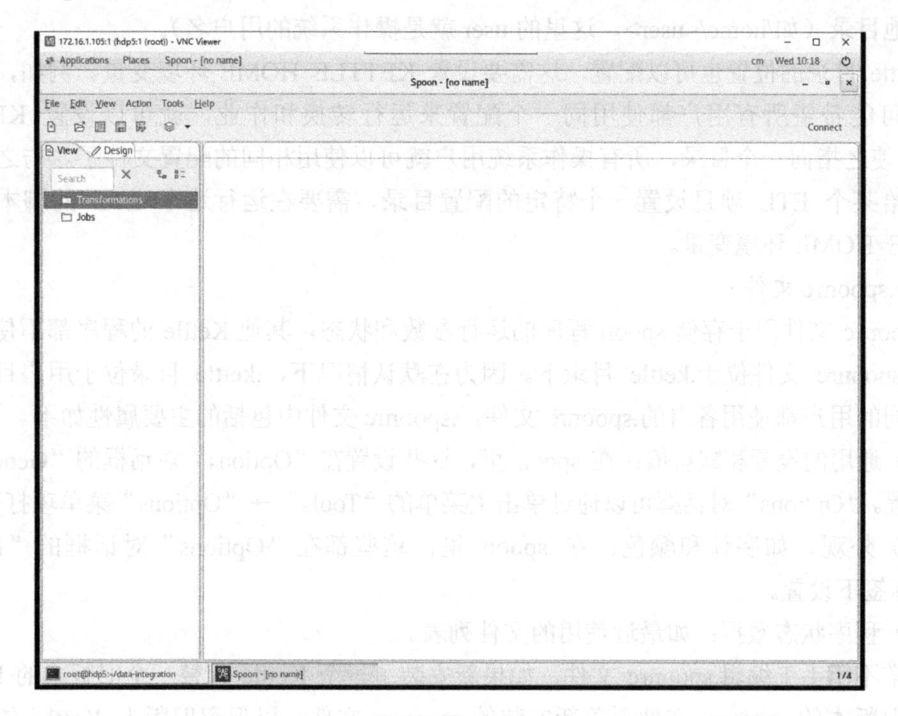

图 5-52　spoon 界面

5.4.3.4　创建 Spoon 快捷启动方式

```
#编辑属性文件
vim /root/Desktop/a.desktop
#内容如下
[Desktop Entry]
Encoding=UTF-8
Name=spoon
Exec=sh /root/data-integration/spoon.sh
Info="Kettle"
Terminal=false
Type=Application
StartupNotify=true
```

保存文件后，Linux 桌面出现 spoon 图标。双击 spoon 图标或者单击图标右键菜单的“Open”，启动 spoon.sh 程序，打开 Kettle 设计界面。

5.4.3.5　配置

1．配置文件和.kettle 目录

Kettle 运行环境中有几个文件影响了 Kettle 的运行情况。这些文件可看成 Kettle 配置文件，当 Kettle 做了环境移植或升级时，这些文件也要随之改变，包括.spoonrcjdbc.propertieskettle.propertieskettle.pwdrepositories.xmlshared.xml。

spoonrc 文件只用于 spoon 程序，其余的则用于 Kettle 里的多个程序。这些文件大部分都存放在.kettle 目录下。.kettle 目录默认位于操作系统用户的本地目录下，每个用户都有自己的本地目录（如/home/<user>，这里的 user 就是操作系统的用户名）。

Kettle 目录的位置也可以配置，这需要设置 KETTLE_HOME 环境变量。例如，在有些机器上可能希望所有用户都使用同一个配置来运行转换和作业，就可以设置 KETTLE_HOME 使之指向一个目录，所有操作系统用户就可以使用相同的配置文件了。与之相反，也可以给某个 ETL 项目设置一个特定的配置目录，需要在运行这个 ETL 的脚本里设置 KETTLE_HOME 环境变量。

1）.spoonrc 文件

.spoonrc 文件用于存储 spoon 程序的运行参数和状态。其他 Kettle 的程序都不使用这个文件。.spoonrc 文件位于.kettle 目录下。因为在默认情况下，.kettle 目录位于用户目录下，所以不同的用户都使用各自的.spoonrc 文件。.spoonrc 文件中包括的主要属性如下。

（1）通用的设置和默认值：在 spoon 里，这些设置在“Options”对话框的“General”标签下设置。“Options”对话框可以通过单击主菜单的“Tools”→“Options”菜单项打开。

（2）外观，如字体和颜色：在 spoon 里，这些都在“Options”对话框的“Look & Feel”标签下设置。

（3）程序状态数据：如最近使用的文件列表。

通常不用手工编辑.spoonrc 文件。如果新安装了一个 Kettle 代替一个旧版本的 Kettle，则可用旧版本的.spoonrc 文件覆盖新安装的.spoonrc 文件，以保留旧版本 Kettle 的运行状态。因此，定时备份.spoonrc 文件也是必要的。

2）jdbc.properties 文件

Kettle 安装目录下还有一个 jdbc.properties 文件，保存在 simple-jndi 目录下。这个文件用来存储 JNDI 连接对象的连接参数。Kettle 可以用 JNDI 的方式来引用 JDBC 连接参数，如 IP 地址、用户认证，这些连接参数最终用来在转换和作业中构造数据库连接对象。

JNDI 是 Java Naming and Directory Interface 的缩写，这是一个 Java 标准接口，可以通过一个名字访问数据库服务。注意：JNDI 只是 Kettle 指定数据库连接参数的一种方式，数据库连接参数也可以保持在转换或作业的数据库连接对象里或资源库里。JNDI 数据库连接配置是整个 Kettle 配置的一部分。

在 jdbc.properties 文件里，JNDI 连接参数以多行文本形式保存，每行就是一个键值对，等号左右分别是键和值。键包括 JNDI 名和一个属性名，中间用反斜线分隔。属性名前的 JNDI 名决定了 JNDI 连接包括几行参数。以 JNDI 名开头的几行就构成了建立连接需要的所有参数。以下是一些属性名称。

type：这个属性的值永远是 javax.sql.DataSource。

driver：实现了 JDBC 里 Driver 类的、JDBC 驱动类的全名。

url：用于连接数据库的 JDBC URL 连接串。

user：数据库用户名。

password：数据库密码。

下面是一个 jdbc.properties 里保存 JNDI 连接参数的例子。

```
SampleData/type=javax.sql.DataSource
```

```
SampleData/driver=org.h2.Driver
SampleData/url=jdbc:h2:file:samples/db/sampledb;IFEXISTS=TRUE
SampleData/user=PENTAHO_USER
SampleData/password=PASSWORD
```

在这个例子里，JNDI 名是 SampleData，可用于建立 h2 数据库的连接，数据库用户名是 PENTAHO_USER，密码是 PASSWORD。

可以按照 SampleData 的格式，把自己的 JNDI 名和连接参数写到 jdbc.properties 文件里。因为在 jdbc.properties 里定义的连接可以在转换和作业里使用，所以用户需要保存好这个文件，至少需要做定时备份。

另外还需要注意部署问题，在部署使用 JNDI 方式的转换和作业时，记住需要更改部署环境里的 jdbc.properties 文件。如果开发环境和实际部署环境相同，就可以直接使用开发环境里的 jdbc.properties 文件。但在大多数情况下，开发环境使用的是测试数据库，在把开发好的转换和作业部署到实际生产环境中后，需要更改 jdbc.properties 的内容，使之指向实际生产数据库。使用 JNDI 的好处是，部署时不用再更改转换和作业，只需要更改 jdbc.properties 里的连接参数。

3）kettle.properties 文件

kettle.properties 文件是一个通用的保存在 Kettle 属性的文件。属性对 Kettle 而言就如同环境变量对操作系统的 shell 命令。它们都是全局的字符串变量，用于把作业和转换参数化。例如，可以使用一个属性来保存数据库连接参数，保存文件路径，或保存一个用在某个转换里的常量。

kettle.properties 文件使用文本编辑器来编辑。一个属性是用一个等号分隔的键值对，占据一行。键在等号前面，作为以后使用的属性名，等号后面就是这个属性的值。下面是一个 kettle.properties 文件的例子。

```
# connection parameters for the job server
DB_HOST=dbhost.domain.org
DB_NAME=sakila
DB_USER=sakila_user
DB_PASSWORD=sakila_password

# path from where to read input files
INPUT_PATH=/home/sakila/import

# path to store the error reports
ERROR_PATH=/home/sakila/import_errors
```

转换和作业可以通过${属性名}或%%属性名%%的方式来引用 kettle.properties 里定义的这些属性值，用于对话框里输入项的变量。CSV 输入步骤对话框如图 5-53 所示。

在图 5-53 的文件名字段里不再使用硬编码路径，而使用了变量的方式${INPUT_PATH}。对任何带有“$”符号的输入框都可以使用这种变量的输入方式。在运行阶段，这个变量的值就是/home/sakila/import，即在 kettle.properties 文件里设置的值。

这里属性的使用方式和前面介绍的在 jdbc.properties 里定义的 JNDI 连接参数的使用方式类似。例如，可以在开发和生产环境中使用不同的 kettle.properties 文件，以便快速切换。

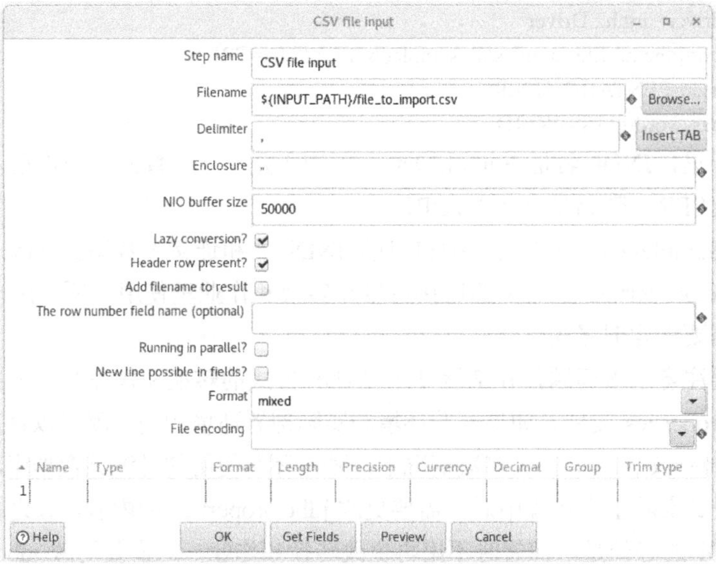

图 5-53　CSV 输入步骤对话框

尽管使用 kettle.properties 文件和 jdbc.properties 文件相似，但也有区别。首先，JNDI 只用于数据库连接，而属性可用于任何情况。其次，kettle.properties 文件里的属性名可以是任意名，而 JNDI 里的属性名是预先定义好的，只用于 JDBC 数据库连接。

关于 kettle.properties 文件还有一点要说明：kettle.properties 文件里可以定义用于资源库的一些预定义变量。如果使用资源库保存转换或作业，则以下这些预定义变量定义一个默认资源库。

KETTLE_REPOSITORY：默认的资源库名称。

KETTLE_USER：资源库用户名。

KETTLE_PASSWORD：用户名对应的密码。

使用上面这些变量，Kettle 会自动使用 KETTLE_REPOSITORY 定义的资源库。

4）kettle.pwd 文件

使用 Carte 服务执行作业需要授权。默认情况下，Carte 只支持最基本的授权方式，就是将密码保存在 kettle.pwd 文件中。kettle.pwd 文件位于 Kettle 根目录的 pwd 目录下。默认情况下，kettle.pwd 文件的内容如下：

```
# Please note that the default password (cluster) is obfuscated using the Encr script provided in this release
# Passwords can also be entered in plain text as before
#
cluster: OBF:1v8w1uh21z7k1ym71z7i1ugo1v9q
```

最后一行是唯一有用的一行，定义了一个用户 cluster，以及加密的密码（这个密码也是 cluster）。文件的注释说明了这个加密的密码是由 Encr.bat 或 encr.sh 脚本生成的。

如果使用 Carte 服务，尤其当 Carte 服务不在局域网范围内时，则要编辑 kettle.pwd 文件，至少要更改默认的密码。直接使用文本编辑器就可以编辑。

5）repositories.xml 文件

Kettle 可以通过资源库管理转换、作业和数据库连接这样的资源。如果不使用资源库，转换、作业也可以保存在文件里，每个转换和作业都保存各自的数据库连接。

Kettle 资源库存储在关系型数据库里，也可以使用插件存储到其他存储系统，例如存储到一个像 SVN 这样的版本控制系统。为了使操作资源库更容易，Kettle 在 repositories.xml 文件中保存了所有资源库。repositories.xml 文件可以位于两个目录下。

（1）位于用户本地（由 Java 环境变量中的 user.home 变量指定）的.kettle 目录下。Spoon、Kitchen、Pan 会读取这个文件。

（2）Carte 服务会读取当前启动路径下的 repositories.xml 文件。如果当前路径下没有，会使用上面的用户本地目录的.kettle 目录下的 repositories.xml 文件。

对开发而言，不用手工编辑这个文件。无论什么时候连接到了资源库，这个文件都由 Spoon 自动维护。但对部署而言，情况就不同了，因为在部署的转换或作业里会使用资源库的名字，所以在 repositories.xml 文件里必须有一个对应的资源库的名字。和上面介绍的 jdbc.properties 和 kettle.properties 文件类似，实际运行环境的资源库和开发时使用的资源库往往是不同的。

在实践中，一般直接将 repositories.xml 文件从开发环境复制到运行环境，并手工编辑这个文件使之匹配运行环境。

6）shared.xml 文件

Kettle 里有一个概念叫共享对象，共享对象就类似于转换的步骤、数据库连接定义、集群服务器定义等这些可以先一次定义，然后在转换和作业里多次引用的对象。共享对象在概念上和资源库有一些重叠，资源库也可以被用来共享数据库连接和集群服务器的定义。但还是有一些区别：资源库往往是一个中央存储，多个开发人员都访问同一个资源库，用来维护整个项目范围内所有可共享的对象。

在 Spoon 里单击左侧树状列表的“View”标签，找到想共享的对象。右键单击后，在右键菜单中选择“Share”项。保存文件，否则该共享不会被保存。以这种方式创建的共享可以在其他转换或作业里使用（可以通过左侧树状列表的“View”标签找到）。但是，共享的步骤或作业项不会被自动放在画布里，需要把它们从树状列表中拖到画布里，以便在转换或作业里使用。

共享对象存储在 shared.xml 文件中。默认情况下，shared.xml 文件保存在.kettle 目录下，.kettle 目录位于当前系统用户的本地目录下。也可以给 shared.xml 文件自定义一个存储位置。这样，用户就可以在转换或作业里多次使用这些预定义好的共享对象。

在转换或作业的“Properties”对话框里可以设置 shared.xml 文件的位置。对作业来说，在“Properties”对话框的“Settings”标签下设置。对转换来说，在“Properties”对话框的“Miscellaneous”标签下设置。

可以使用变量指定共享文件的位置。例如，在转换里可以使用类似下面的路径：

${Internal.Transformation.Filename.Directory}/shared.xml

这样不论目录在哪里，所有一个目录下的转换都可以使用同一个共享文件。对部署而言，需要确保任何在开发环境中直接或间接使用的共享文件也能在部署环境中找到。一般情况下，在两种环境中，共享文件应该是一样的。所有环境差异的配置应该在 kettle.properties 文件中设置。

2. 调整启动 Kettle 程序的 shell 脚本

在下面情况下，可能需要调整启动 Kettle 程序的 shell 脚本：

给 Java classpath 增加新的 jar 包。通常是因为在转换和作业里直接或间接引用了非默认的 Java Class 文件。

改变 Java 虚拟机的参数，如可用内存大小。

1）shell 脚本的结构

所有 Kettle 程序用的 shell 脚本都类似：

初始化一个 classpath 的字符串，字符串里包括几个 Kettle 最核心的 jar 文件。

将 libext 目录下的 jar 包都包含在 classpath 字符串中。

将和程序相关的其他 jar 包都包含在 classpath 字符串中。例如 Spoon 启动时，要包含 swt.jar 文件，用于生成 Spoon 图形界面。

构造 Java 虚拟机选项字符串，前面构造的 classpath 字符串也包含在这个字符串里。虚拟机选项设置了最大内存大小。

利用上面构造好的虚拟机选项字符串，构造最终可以运行的 Java 可执行程序的字符串，包括 Java 可执行程序、虚拟机选项、要启动的 Java 类名。

上面描述的脚本结构是 Kettle 3.2 和以前版本的脚本文件结构，Kettle 4.0 和以后版本都统一使用 Pentaho 的 Launcher 作为启动程序。

2）在 classpath 里增加一个 jar 包

在 Kettle 的转换里可以写 Java 脚本，Java 脚本会引用第三方的 jar 包。例如可以在“Java Script”步骤里实例化一个对象，并调用对象的方法，或者在“User defined Java expression”步骤里直接写 Java 表达式。

当编写 Java 脚本或表达式时，需要注意 classpath 中有 Java 脚本里使用的各种 Java 类。最简单的方法是先在 libext 目录下新建一个目录，然后把需要的 jar 包都放入该目录下。因为在.sh 脚本里可以加载 libext 目录下的所有 jar 文件（包括子目录），见下面.sh 文件里的代码：

```
# *****************************************************
# ** JDBC & other libraries used by Kettle:          **
# *****************************************************
for f in `find $BASEDIR/libext -type f -name "*.jar"` \
         `find $BASEDIR/libext -type f -name "*.zip"`
do
  CLASSPATH=$CLASSPATH:$f
done
```

上面的 sh 脚本循环 libext 目录下（包括各级子目录）的所有.jar 和.zip 文件，并添加到 classpath 中。

在 Kettle 4.2 及以后的版本中，使用 Launcher 作为启动类，使用 launcher.properties 文件配置需要加载的类。用户增加了新的 jar 包，需要修改 launcher.properties 文件，不用再修改.sh 脚本文件。

3）改变虚拟机堆大小

所有 Kettle 启动脚本都指定了最大堆大小。例如在 spoon.sh 中，有类似下面的语句：

```
# ***********************************************************************
# ** Set java runtime options                                          **
# ** Change 2048m to higher values in case you run out of memory      **
# ** or set the PENTAHO_DI_JAVA_OPTIONS environment variable          **
# ***********************************************************************
if [ -z "$PENTAHO_DI_JAVA_OPTIONS" ]; then
    PENTAHO_DI_JAVA_OPTIONS="-Xms1024m -Xmx2048m -XX:MaxPermSize=256m"
fi
```

当运行转换或作业时，如果遇到 Out of Memory 的错误，或者运行 Java 的机器有更多的物理内存可用，则可以在这里增加堆的大小。

3．管理 JDBC 驱动

Kettle 随带了很多种数据库的 JDBC 驱动。一般一个驱动就是一个.jar 文件。Kettle 把所有 JDBC 驱动都保存在 lib 目录下。

若增加新的 JDBC 驱动，则把相应的.jar 文件放到 lib 目录下即可。Kettle 的各种启动脚本会自动加载 lib 下的所有.jar 文件到 classpath。添加新数据库的 JDBC 驱动 jar 包，不会对正在运行的 Kettle 程序起作用。需要将 Kettle 程序停止，添加 JDBC jar 包后再启动才生效。

当升级或替换驱动时，要确保删除了旧的 jar 文件。如果想暂时保留旧的 jar 文件，则把 jar 文件放在 Kettle 之外的目录中，以避免旧的 jar 包也被意外加载。

5.5 实战

5.5.1 基于 Python 的数据预处理

下面结合 kaggle 比赛 HousePrices 介绍基于 Python 的数据预处理实战[1]，具体原始数据可登录 kaggle 网站下载。

1．加载数据

```
houseprice=pd.read_csv('../input/train.csv')  #加载后放入 DataFrame 里
all_data=pd.read_csv('train.csv',header=0,parse_dates=['time'],usecols=['time','LotArea','price'])  #可选择加载哪几列
houseprice.head()  #显示前 5 行数据
```

图 5-54 所示是 HousePrices 的前 5 行数据。

	Id	MSSubClass	MSZoning	LotFrontage	LotArea	Street	Alley	LotShape	LandContour
0	1	60	RL	65.0	8450	Pave	NaN	Reg	Lvl
1	2	20	RL	80.0	9600	Pave	NaN	Reg	Lvl
2	3	60	RL	68.0	11250	Pave	NaN	IR1	Lvl
3	4	70	RL	60.0	9550	Pave	NaN	IR1	Lvl
4	5	60	RL	84.0	14260	Pave	NaN	IR1	Lvl

5 rows × 81 columns

图 5-54　HousePrices 的前 5 行数据

```
houseprice.info()       #查看各字段信息
houseprice.shape        #查看数据集行列分布
houseprice.describe()   #查看数据大体情况，可获得某列的基本统计特征
```

查看 HousePrices 数据大体情况，如图 5-55 所示。

	Id	MSSubClass	LotFrontage	LotArea	OverallQual	OverallCond	YearBuilt
count	1460.000000	1460.000000	1201.000000	1460.000000	1460.000000	1460.000000	1460.000000
mean	730.500000	56.897260	70.049958	10516.828082	6.099315	5.575342	1971.267808
std	421.610009	42.300571	24.284752	9981.264932	1.382997	1.112799	30.202904
min	1.000000	20.000000	21.000000	1300.000000	1.000000	1.000000	1872.000000
25%	365.750000	20.000000	59.000000	7553.500000	5.000000	5.000000	1954.000000
50%	730.500000	50.000000	69.000000	9478.500000	6.000000	5.000000	1973.000000
75%	1095.250000	70.000000	80.000000	11601.500000	7.000000	6.000000	2000.000000
max	1460.000000	190.000000	313.000000	215245.000000	10.000000	9.000000	2010.000000

8 rows × 38 columns

图 5-55　查看 HousePrices 数据大体情况

2．分析缺失数据

```
houseprice.isnull()  #元素级别的判断，把对应的所有元素的位置都列出来，元素为空值或 NA 就显示
True；否则，显示 False
```

分析元素级别空值情况，如图 5-56 所示。

	Id	MSSubClass	MSZoning	LotFrontage	LotArea	Street	Alley
0	False	False	False	False	False	False	True
1	False	False	False	False	False	False	True
2	False	False	False	False	False	False	True
3	False	False	False	False	False	False	True
4	False	False	False	False	False	False	True
5	False	False	False	False	False	False	True
6	False	False	False	True	False	False	True
7	False	False	False	False	False	False	True
8	False	False	False	False	False	False	True
9	False	False	False	False	False	False	True

图 5-56　分析元素级别空值情况

```
houseprice.isnull().any()  #列级别的判断，只要该列有为空值或 NA 的元素，就为 True；否则，为
False
```

分析列级别空值情况，如图 5-57 所示。

```
Id              False
MSSubClass      False
MSZoning         True
LotFrontage      True
LotArea         False
Street          False
Alley            True
LotShape        False
LandContour     False
```

图 5-57　分析列级别空值情况

```
missing=houseprice.columns[houseprice.isnull().any()].tolist()  #将为空值或 NA 的列找出来
```

找出所有空值或 NA 的列，如图 5-58 所示。

```
['MSZoning', 'LotFrontage', 'Alley', 'Utilities', 'Exterior1st', 'Exterior2nd', 'MasVnrType', 'MasVnrArea', 'BsmtQual', 'BsmtCond', 'BsmtExposure', 'BsmtFinType1', 'BsmtFinSF1', 'BsmtFinType2', 'BsmtFinSF2', 'BsmtUnfSF', 'TotalBsmtSF', 'BsmtFullBath', 'BsmtHalfBath', 'KitchenQual', 'Functional', 'FireplaceQu', 'GarageType', 'GarageYrBlt', 'GarageFinish', 'GarageCars', 'GarageArea', 'GarageQual', 'GarageCond', 'PoolQC', 'Fence', 'MiscFeature', 'SaleType']
```

图 5-58　找出所有空值或 NA 的列

```
houseprice[missing].isnull().sum()  #将列中为空值或 NA 的元素个数统计出来
```

统计列中为空值或 NA 的元素个数，如图 5-59 所示。

```
MSZoning          4
LotFrontage     227
Alley          1352
Utilities         2
Exterior1st       1
Exterior2nd       1
MasVnrType       16
MasVnrArea       15
```

图 5-59　统计列中为空值或 NA 的元素个数

```
#将某一列中缺失元素的值，用 value 值进行填补。处理缺失数据时，如该列都是字符串，不是数值，则可以用出现次数最多的字符串来填补缺失值
def cat_imputation(column, value):
    houseprice.loc[houseprice[column].isnull(),column] = value
houseprice[['LotFrontage','Alley']][houseprice['Alley'].isnull()==True] #从 LotFrontage 和 Alley 列中选择行，选择 Alley 中数据为空值的行。主要用来看两个列的关联程度，看它们是否大多同时为空值
houseprice['Fireplaces'][houseprice['FireplaceQu'].isnull()==True].describe() #对筛选出来的数据进行描述，如一共有多少行、均值、方差、最小值、最大值，等等
```

3．统计分析

```
houseprice['MSSubClass'].value_counts()                    #统计某列中各元素值出现的次数
print("Skewness: %f" % houseprice['MSSubClass'].skew())    #列出数据的偏斜度
print("Kurtosis: %f" % houseprice['MSSubClass'].kurt())    #列出数据的峰度
houseprice['LotFrontage'].corr(houseprice['LotArea'])      #计算两个列的相关度
houseprice['SqrtLotArea']=np.sqrt(houseprice['LotArea'])   #将列的数值求根，并赋予一个新列
houseprice[['MSSubClass','LotFrontage']].groupby(['MSSubClass'], as_index=False).mean()#对 MSSubClass 进行分组，并求分组后的平均值
```

对 MSSubClass 进行分组并求分组后的均值情况，如图 5-60 所示。

	MSSubClass	LotFrontage
0	20	77.862144
1	30	61.555556
2	40	58.500000
3	45	56.666667
4	50	62.350746

图 5-60　对 MSSubClass 进行分组并求分组后的均值情况

4. 数据预处理

1）删除无关数据

```
del houseprice['SqrtLotArea']                   #删除列
houseprice['LotFrontage'].dropna()              #删除为空值或 NA 的元素
houseprice.drop(['Alley'],axis=1)               #删除 Alley 列，不管是否有空值
df.drop(df.columns[[0,1]],axis=1,inplace=True)  #删除第 1、2 列，inplace=True 表示直接在内存中替换，不用二次赋值生效
houseprice.dropna(axis=0)                       #删除有空值的行
houseprice.dropna(axis=1)                       #删除有空值的列
```

2）缺失数据处理

```
houseprice['LotFrontage']=houseprice['LotFrontage'].fillna(0)  #将该列中的空值或 NA 填补为 0
all_data.product_type[all_data.product_type.isnull()]=all_data.product_type.dropna().mode().values  #如果该列是字符串，就将该列中出现次数最多的字符串赋予空值，mode()函数是取出现次数最多的元素
houseprice['LotFrontage'].fillna(method='pad')  #使用前一个数值替代空值或 NA，就是用 NA 前面最近的非空数值替换
houseprice['LotFrontage'].fillna(method='bfill',limit=1)  #使用后一个数值替代空值或 NA，limit=1 指限制，如果有几个连续的空值，则只有最近的一个空值可以被填补
houseprice['LotFrontage'].fillna(houseprice['LotFrontage'].mean())  #使用平均值进行填补
houseprice['LotFrontage'].interpolate()  #使用插值来估计 NaN。如果 index 是数字，则可设置参数method='value' ；如果是时间，则可设置 method='time'
houseprice= houseprice.fillna(houseprice.mean())  #将缺失值全部用该列的平均值代替，此时一般已经提前将字符串特征转换成数值
```

注意：如果在处理缺失数据时，数据缺失比例达到 15%，并且该变量作用不大，那么就删除该变量！

3）字符串替换

```
houseprice['MSZoning']=houseprice['MSZoning'].map({'RL':1,'RM':2,'RR':3,}).astype(int)  #将 MSZoning中的字符串变成对应的数字
```

4）数据连接

```
merge_data=pd.concat([new_train,df_test])  #将训练数据与测试数据连接起来，以便一起进行数据清洗
all_data=pd.concat((train.loc[:,'MSSubClass':'SaleCondition'], test.loc[:,'MSSubClass':'SaleCondition']))
#另一种合并方式，按列名字进行合并
res = pd.merge(df1, df2,on=['time'])  #将 df1、df2 按照 time 字段进行合并
```

5）数据保存

```
merge_data.to_csv('merge_data.csv'，index=False)       #index=False，写入时不写入列的索引序号
```

6）数据转换

```
houseprice["Alley"] = np.log1p(houseprice["Alley"])  #采用 log(1+x)方式对原数据进行处理，改变原数据的偏斜度，使数据更加符合正态分布曲线
numeric_feats =houseprice.dtypes[houseprice.dtypes != "object"].index  #把内容为数值的特征列找出来
```

7）数据规格化

Scikit-Learn 库为其提供了相应的函数：

```
from sklearn import preprocessing
# normalize the data attributes
normalized_X = preprocessing.normalize(X)
# standardize the data attributes
```

```
standardized_X = preprocessing.scale(X)
```

5.5.2 基于 Hadoop 生态圈的 Kettle 应用

下面介绍基于 Hadoop 生态圈进行 Kettle 的应用实验[14]。

5.5.2.1 连接 Hadoop

Kettle 可以与 Hadoop 协同工作。本节介绍如何配置 Kettle 访问 Hadoop 集群（HDFS、MapReduce、ZooKeeper、Oozie 等），以及 Hive、Impala 等数据库组件。所有操作都以操作系统的 root 用户执行。

1. 环境说明

1）Hadoop

已经安装好 4 个节点的 CDH 6.3.1，IP 地址及主机名如下：

172.16.1.124 manager

172.16.1.125 node1

172.16.1.126 node2

172.16.1.127 node3

启动的 Hadoop 服务如图 5-61 所示，所有服务都使用默认端口。

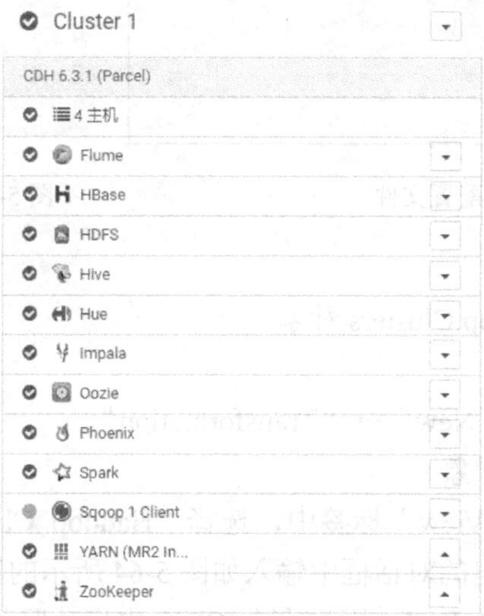

图 5-61 启动的 Hadoop 服务

2）Kettle

已经在 172.16.1.105 安装好 PDI 8.3，安装目录为/root/data-integration。为了用主机名访问 Hadoop 相关服务，在 Kettle 主机的/etc/hosts 文件中添加了如下内容：

172.16.1.124 manager

172.16.1.125 node1

172.16.1.126 node2

172.16.1.127 node3

2. 连接 Hadoop 集群

1）在 Kettle 中配置 Hadoop 客户端文件

（1）在浏览器中登录 Cloudera Manager，选择 Hive 服务，单击“操作”→“下载客户端配置”，得到如图 5-62 所示的文件。

（2）将上一步得到的 Hadoop 客户端配置文件复制到 Kettle 的~/data-integration/plugins/pentaho-big-data-plugin/hadoop-configurations/cdh61/目录下，覆盖原来自带的 core-site.xml、hdfs-site.xml、hive-site.xml、yarn-site.xml、mapred-site.xml 5 个文件。

2）启动 Spoon

/root/data-integration/spoon.sh

3）在 Spoon 中选择 Hadoop 种类

选择主菜单“Tools”→“Hadoop Distribution...”，在弹出的对话框中选择“Cloudera CDH 6.1.0”，如图 5-63 所示。

名称	修改日期	类型	大小
core-site.xml	2020/5/28 11:13	XML 文档	4 KB
hadoop-env.sh	2020/5/28 11:13	SH 文件	1 KB
hdfs-site.xml	2020/5/28 11:13	XML 文档	2 KB
hive-env.sh	2020/5/28 11:13	SH 文件	2 KB
hive-site.xml	2020/5/28 11:13	XML 文档	7 KB
log4j.properties	2020/5/28 11:13	PROPERTIES 文件	1 KB
mapred-site.xml	2020/5/28 11:13	XML 文档	6 KB
redaction-rules.json	2020/5/28 11:13	JSON 文件	2 KB
ssl-client.xml	2020/5/28 11:13	XML 文档	1 KB
topology.map	2020/5/28 11:13	MAP 文件	1 KB
topology.py	2020/5/28 11:13	PY 文件	2 KB
yarn-site.xml	2020/5/28 11:13	XML 文档	4 KB

图 5-62　客户端配置文件

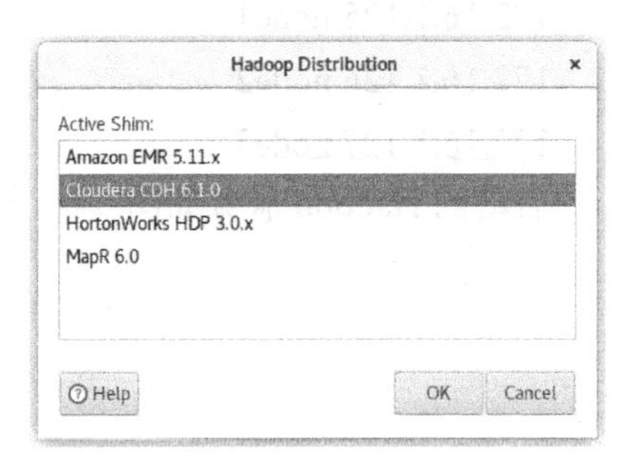

图 5-63　选择“Cloudera CDH 6.1.0”

4）重启 Spoon

5）在 Spoon 创建 Hadoop Clusters 对象。

（1）新建转换。

选择主菜单“File”→“New”→“Transformation”。

（2）新建 Hadoop 集群对象

在工作区左侧的树的“View”标签中，选择“Hadoop Clusters”→在右键快捷菜单中选择“New Cluster”，在弹出的对话框中输入如图 5-64 所示的属性值。单击“Test”按钮，测试结果如图 5-65 所示。除 Kafka 因没有在 CDH 中启动服务导致连接失败外，其他均通过测试。最后单击“OK”按钮保存 Hadoop 集群对象。

3. 连接 Hive

1）新建数据库连接对象

在“View”标签中选择“Database Connections”→在右键快捷菜单中选择“New”，在弹出的对话框中输入如图 5-66 所示的属性值。单击“Test”按钮，连接 Hive 测试结果如图 5-67 所示。单击“OK”按钮保存数据库连接对象。

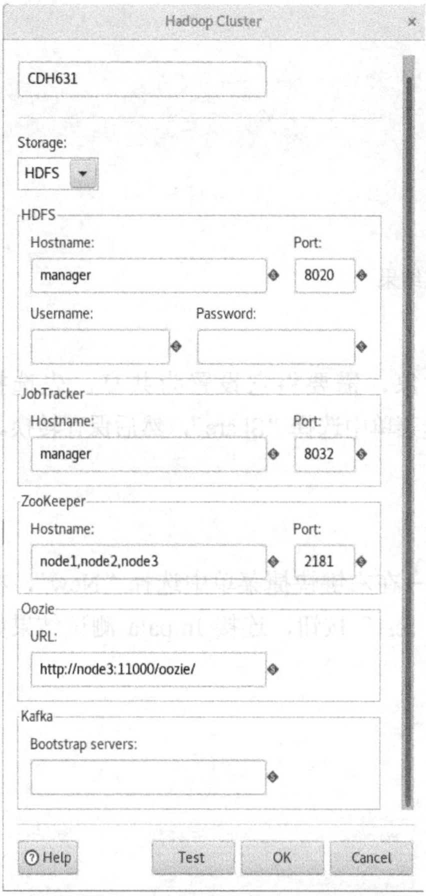

Hadoop Cluster
CDH631
Storage:
HDFS
HDFS
Hostname:
manager
Port:
8020
Username:
Password:
JobTracker
Hostname:
manager
Port:
8032
ZooKeeper
Hostname:
node1,node2,node3
Port:
2181
Oozie
URL:
http://node3:11000/oozie/
Kafka
Bootstrap servers:
Help
Test
OK
Cancel

图 5-64　新建 Hadoop Clusters 对象

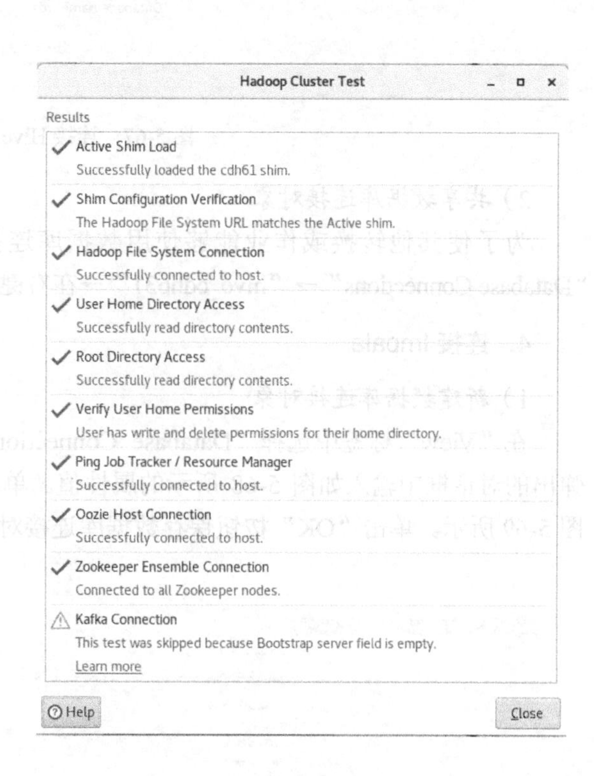

图 5-65　测试结果

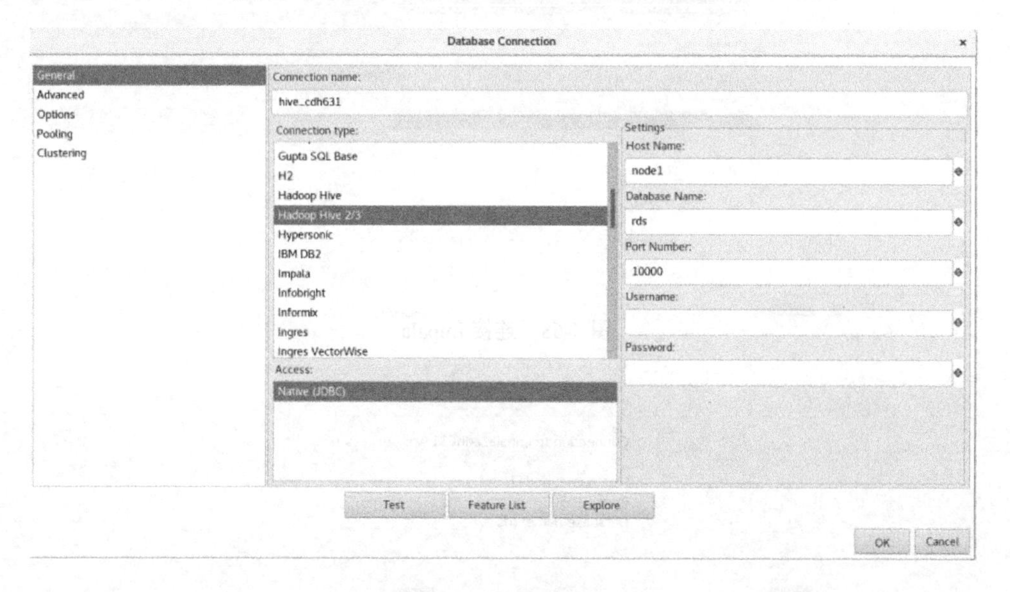

图 5-66　连接 Hive

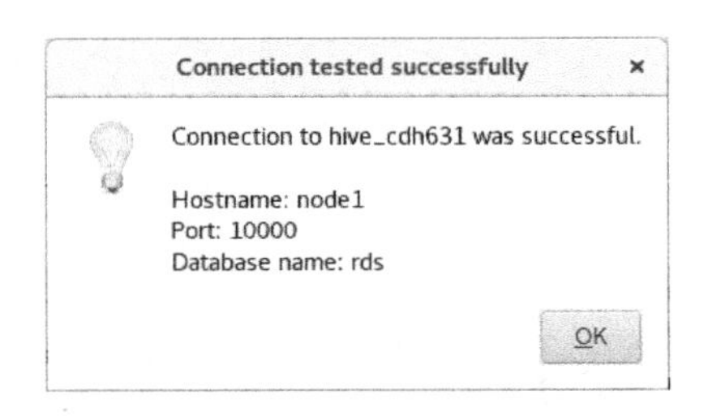

图 5-67　连接 Hive 测试结果

2）共享数据库连接对象

为了使其他转换或作业能够使用数据库连接对象，需要将它设置为共享。先选择“Database Connections”→“hive_cdh631”→在右键快捷菜单中选择“Share”，然后保存转换。

4．连接 Impala

1）新建数据库连接对象

在“View”标签中选择“Database Connections”→在右键快捷菜单中选择“New”，在弹出的对话框中输入如图 5-68 所示的属性值。单击“Test”按钮，连接 Impala 测试结果如图 5-69 所示。单击“OK”按钮保存数据库连接对象。

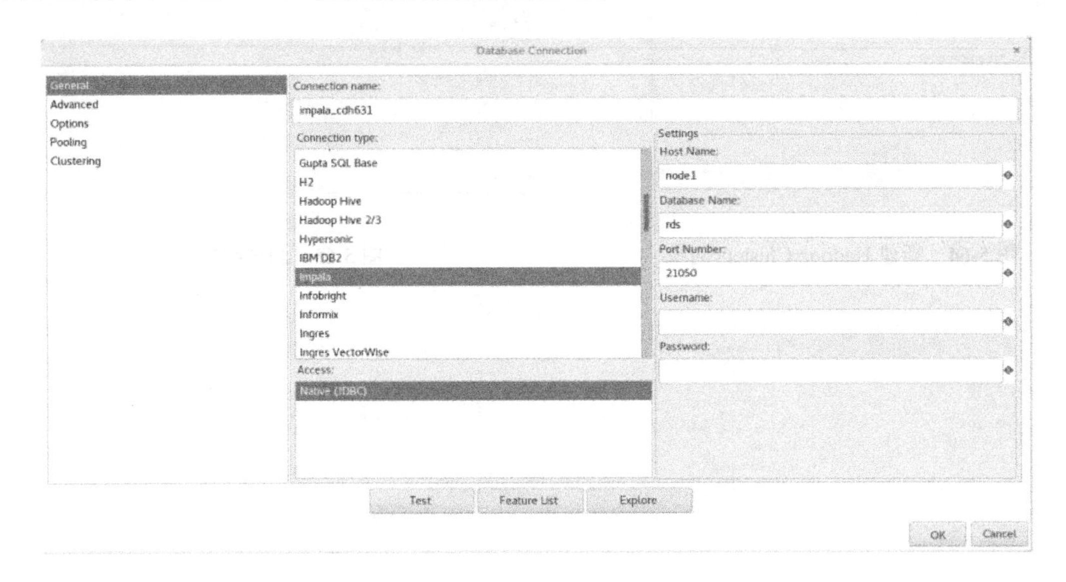

图 5-68　连接 Impala

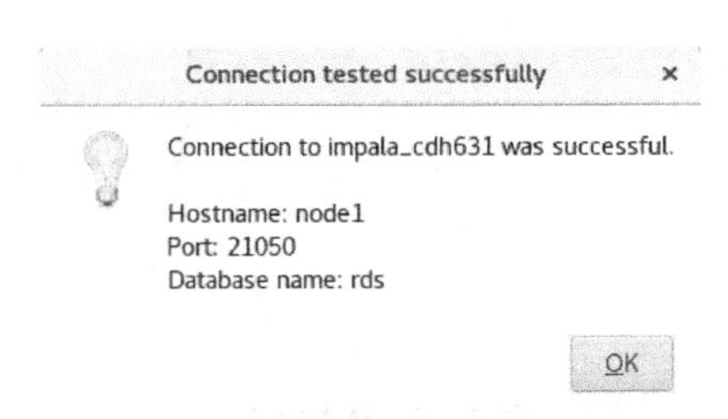

图 5-69　连接 Impala 测试结果

2）共享数据库连接对象

先选择“Database Connections”→“impala_cdh631”→在右键快捷菜单中选择“Share”，然后保存转换。

5. 建立 MySQL 数据库连接

1）复制 MySQL 驱动 jar 文件

```
cp mysql-connector-java-5.1.38-bin.jar /root/data-integration/lib
```

2）新建数据库连接对象

在“View”标签中，选择“Database Connections”→在右键快捷菜单中选择“New”，在弹出的对话框中输入如图 5-70 所示的属性值。

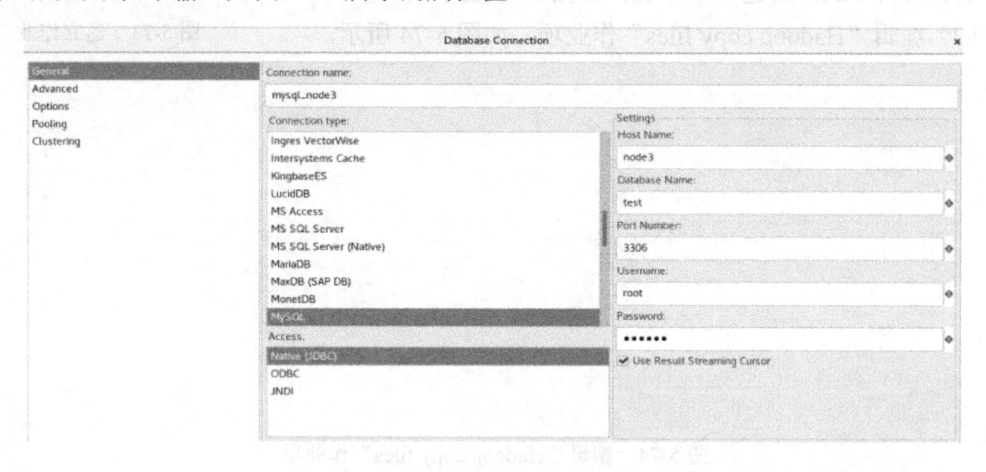

图 5-70　连接 MySQL

单击“Test”按钮，连接 MySQL 测试结果如图 5-71 所示。单击“OK”按钮，保存数据库连接对象。

3）共享数据库连接对象

先选择“Database Connections”→“mysql_node3”→在右键快捷菜单中选择“Share”，然后保存转换。

至此，已经创建了一个 Hadoop 集群对象和三个数据库连接对象，如图 5-72 所示。

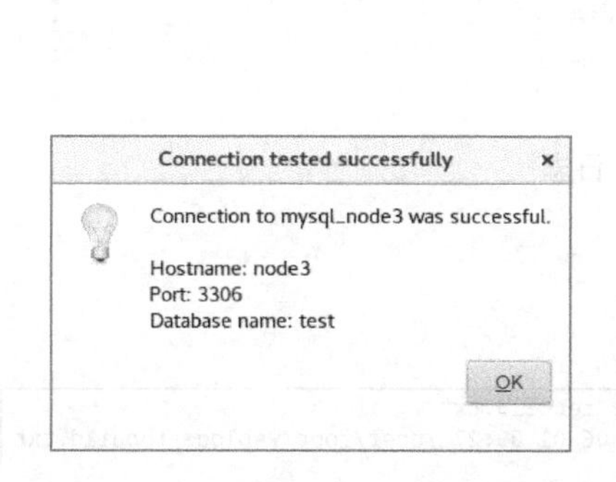

图 5-71　连接 MySQL 测试结果

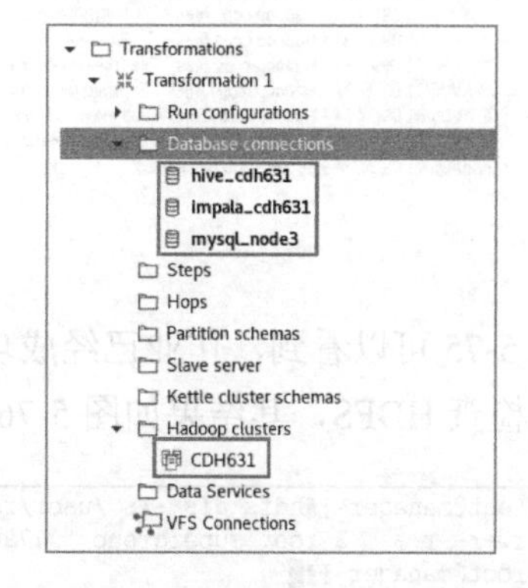

图 5-72　一个 Hadoop 集群对象和三个数据库连接对象

5.5.2.2 导入/导出 Hadoop 集群数据

1. 向 Hadoop 集群导入数据（Hadoop copy files）[15，16，17]

1）向 HDFS 导入数据

从下面的地址下载 Web 日志示例文件，解压缩后的 weblogs_rebuild.txt 文件放到 /root/big_data 目录下。

http://wiki.pentaho.com/download/attachments/23530622/weblogs_rebuild.txt.zip?version=1&modificationDate=1327069200000

建立一个作业，把文件导入 HDFS 中。

（1）打开 PDI，新建一个作业，如图 5-73 所示。

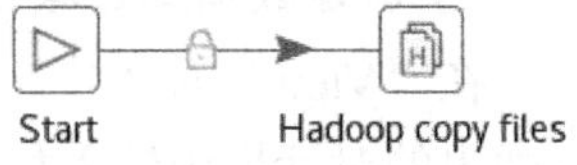

图 5-73 建立作业

（2）编辑“Hadoop copy files”作业项，如图 5-74 所示。

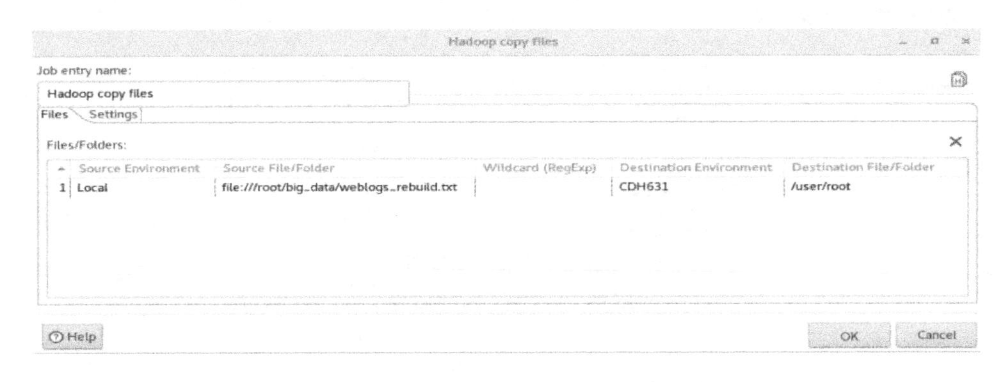

图 5-74 编辑“Hadoop copy files”作业项

（3）保存并执行作业，日志如图 5-75 所示。

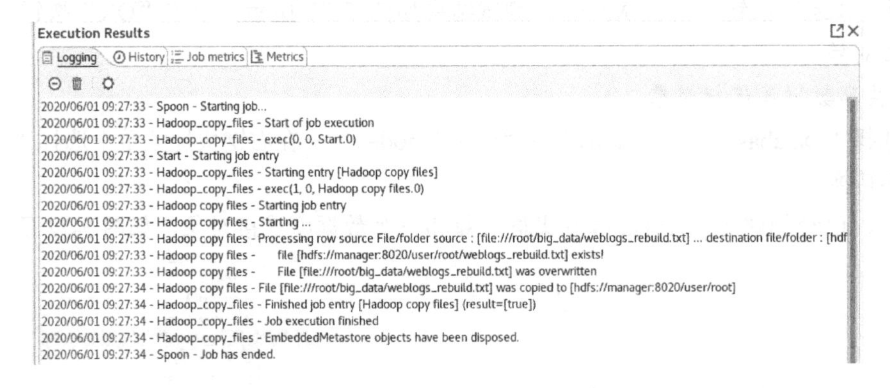

图 5-75 日志

从图 5-75 可以看到，作业已经成功执行。

（4）检查 HDFS，其结果如图 5-76 所示。

```
[root@manager~]#hdfs dfs -ls /user/root/weblogs_rebuild.txt
-rw-r--r--   3 root supergroup   77908174 2020-06-01 09:27 /user/root/weblogs_rebuild.txt
[root@manager~]#
```

图 5-76 检查 HDFS 的结果

从图 5-76 中可以看到，weblogs_rebuild.txt 已经传到 HDFS 的/root/big_data 目录下。

2）向 Hive 导入数据

从下面的地址下载 Web 日志示例文件，解压缩后的 weblogs_parse.txt 文件放到 Hadoop 的/user/grid/目录下。

http://wiki.pentaho.com/download/attachments/23530622/weblogs_parse.txt.zip?version=1&modificationDate=1327068013000

建立一个作业，将文件导入 hive 表中。

（1）执行下面的 HSQL 建立一个 hive 表，其表结构与 weblogs_parse.txt 文件的结构相同。

```
create table test.weblogs (client_ip string,full_request_date string,
day string,month string,month_num int,
year string,hour string,minute string,
second string,timezone string,http_verb string,
uri string,http_status_code string,bytes_returned string,
referrer string,user_agent string)
row format delimited fields terminated by '\t';
```

（2）打开 PDI，新建一个作业，如图 5-73 所示。

（3）编辑“Hadoop ccopy files”作业项，如图 5-77 所示。

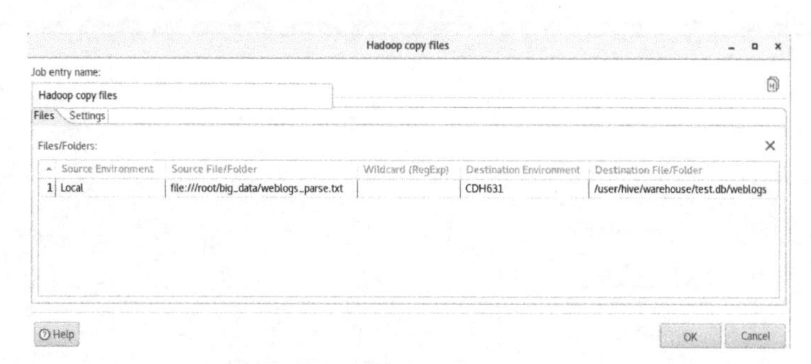

图 5-77　编辑“Hadoop copy files”作业项

（4）保存并执行作业。

（5）查询 test.weblogs 表，其结果如图 5-78 所示。

从图 5-78 中可以看到，向 test.weblogs 表中导入了 445454 条数据。

```
hive> select count(*) from test.weblogs;
Query ID = root_20200601095650_9e674be4-a573-4942-a27c-b4e539177e0b
Total jobs = 1
Launching Job 1 out of 1
Number of reduce tasks determined at compile time: 1
In order to change the average load for a reducer (in bytes):
  set hive.exec.reducers.bytes.per.reducer=<number>
In order to limit the maximum number of reducers:
  set hive.exec.reducers.max=<number>
In order to set a constant number of reducers:
  set mapreduce.job.reduces=<number>
20/06/01 09:56:50 INFO client.RMProxy: Connecting to ResourceManager at manager/172.16.1.124:8032
20/06/01 09:56:50 INFO client.RMProxy: Connecting to ResourceManager at manager/172.16.1.124:8032
Starting Job = job_1584086698665_0003, Tracking URL = http://manager:8088/proxy/application_1584086698665_0003/
Kill Command = /opt/cloudera/parcels/CDH-6.3.1-1.cdh6.3.1.p0.1470567/lib/hadoop/bin/hadoop job  -kill job_1584086698665_0003
Hadoop job information for Stage-1: number of mappers: 1; number of reducers: 1
2020-06-01 09:57:03,188 Stage-1 map = 0%,  reduce = 0%
2020-06-01 09:57:13,646 Stage-1 map = 100%,  reduce = 0%, Cumulative CPU 5.71 sec
2020-06-01 09:57:23,168 Stage-1 map = 100%,  reduce = 100%, Cumulative CPU 10.73 sec
MapReduce Total cumulative CPU time: 10 seconds 730 msec
Ended Job = job_1584086698665_0003
MapReduce Jobs Launched:
Stage-Stage-1: Map: 1  Reduce: 1   Cumulative CPU: 10.73 sec   HDFS Read: 81478179 HDFS Write: 106 HDFS EC Read: 0 SUCCESS
Total MapReduce CPU Time Spent: 10 seconds 730 msec
OK
445454
Time taken: 33.905 seconds, Fetched: 1 row(s)
hive> select * from test.weblogs limit 2;
OK
612.57.72.653   03/Jun/2012:09:12:23 -0500      03      Jun     6       2012    09      12      23      -0500   GET     /product/product22
00      0       /product/product2       Mozilla/4.0 (compatible; MSIE 7.0; Windows NT 5.1; .NET CLR 1.1.4322; .NET CLR 2.0.50727; .NET CLR
 3.0.04506.30)
612.57.72.653   03/Jun/2012:09:14:50 -0500      03      Jun     6       2012    09      14      50      -0500   GET     /product/product32
00      0       /product/product2       Mozilla/4.0 (compatible; MSIE 7.0; Windows NT 5.1; .NET CLR 1.1.4322; .NET CLR 2.0.50727; .NET CLR
 3.0.04506.30)
Time taken: 0.156 seconds, Fetched: 2 row(s)
hive>
```

图 5-78　查询 test.weblogs 表结果

2. 从 Hadoop 集群抽取数据[15, 16, 17]

1）把数据从 HDFS 抽取到 RDBMS（Relational Database Management System，关系型数据库管理系统）

（1）从下面地址下载示例文件。

http://wiki.pentaho.com/download/attachments/23530622/weblogs_aggregate.txt.zip?version=1&modificationDate=1327067858000

（2）hdfs 用户执行下面的命令，把解压缩后的 weblogs_aggregate.txt 文件放到 HDFS 的 /user/root/目录下，并修改读/写权限。

```
hdfs dfs -put -f /root/weblogs_aggregate.txt /user/root/
hdfs dfs -chmod -R 777 /
```

（3）打开 PDI，新建一个转换，如图 5-79 所示。

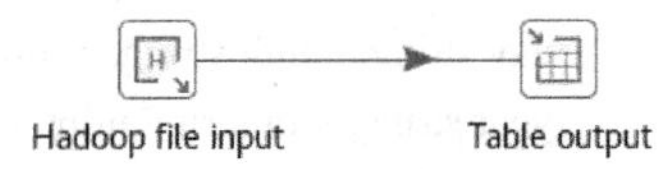

图 5-79 新建转换

（4）编辑“Hadoop file input”步骤 1～3，如图 5-80、图 5-81、图 5-82 所示。

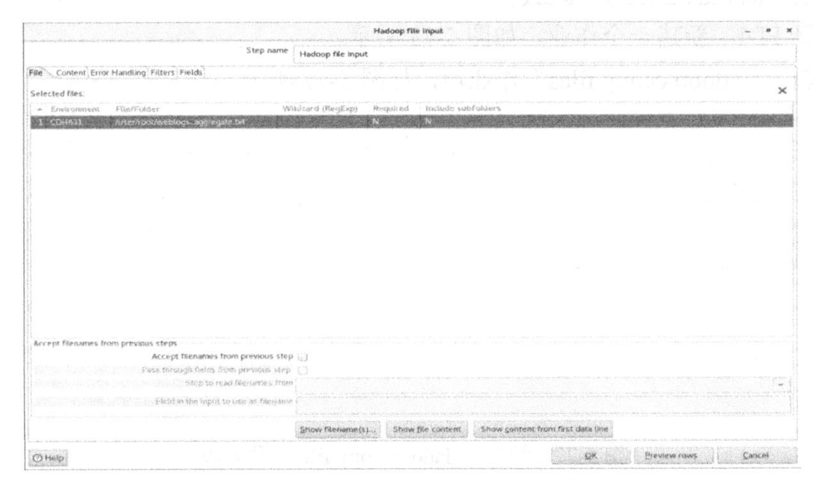

图 5-80 编辑“Hadoop file input”步骤 1

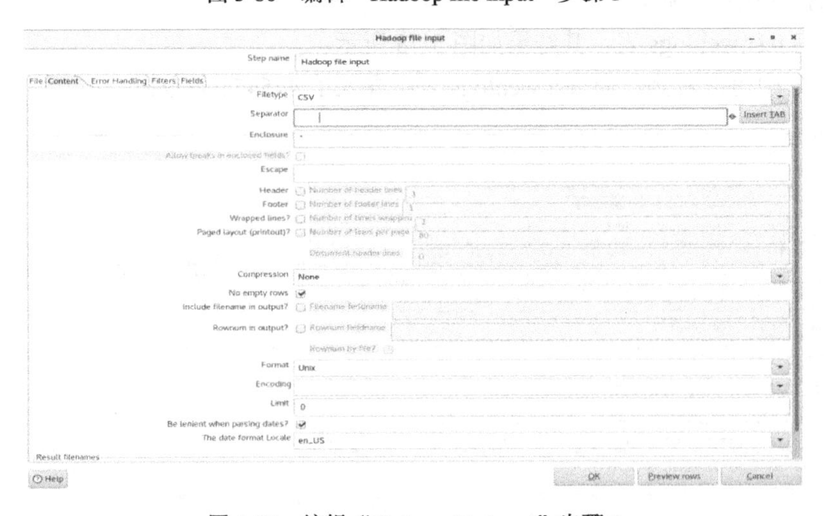

图 5-81 编辑“Hadoop file input”步骤 2

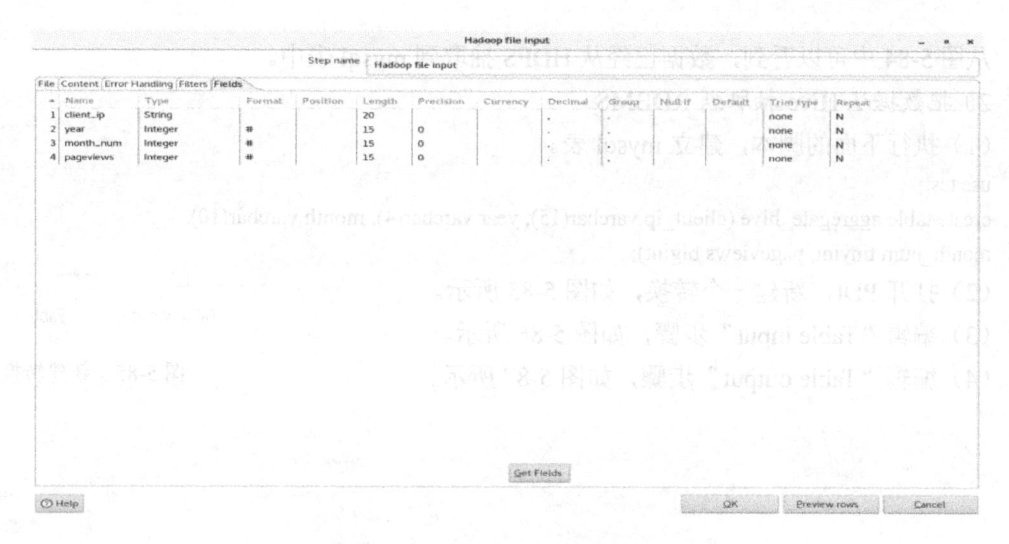

图 5-82　编辑“Hadoop file input”步骤 3

如图 5-80 所示，在“File”标签中指定 Hadoop 集群和要抽取的 HDFS 文件；如图 5-81 所示，在“Content”标签中指定文件的属性，以 TAB 作为字段分隔符；如图 5-82 所示，在“Fields”标签中指定字段属性。

（5）编辑“Table output”步骤，如图 5-83 所示。

说明：“Database fields”标签不需要设置。

（6）执行下面的脚本，建立 mysql 表。

```
use test;
create table aggregate_hdfs (client_ip varchar(15), year smallint,
month_num tinyint,   pageviews bigint);
```

（7）保存并执行转换。

（8）查询 mysql 表，其结果如图 5-84 所示。

图 5-83　编辑“Table output”步骤

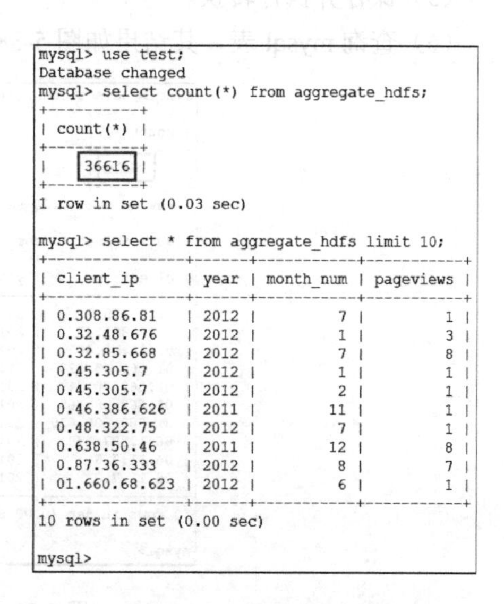

```
mysql> use test;
Database changed
mysql> select count(*) from aggregate_hdfs;
+----------+
| count(*) |
+----------+
|    36616 |
+----------+
1 row in set (0.03 sec)

mysql> select * from aggregate_hdfs limit 10;
+----------------+------+-----------+-----------+
| client_ip      | year | month_num | pageviews |
+----------------+------+-----------+-----------+
| 0.308.86.81    | 2012 |         7 |         1 |
| 0.32.48.676    | 2012 |         1 |         3 |
| 0.32.85.668    | 2012 |         7 |         8 |
| 0.45.305.7     | 2012 |         1 |         1 |
| 0.45.305.7     | 2012 |         2 |         1 |
| 0.46.386.626   | 2011 |        11 |         1 |
| 0.48.322.75    | 2012 |         7 |         1 |
| 0.638.50.46    | 2011 |        12 |         8 |
| 0.87.36.333    | 2012 |         8 |         7 |
| 01.660.68.623  | 2012 |         6 |         1 |
+----------------+------+-----------+-----------+
10 rows in set (0.00 sec)

mysql>
```

图 5-84　查询 mysql 表结果

从图 5-84 中可以看到，数据已经从 HDFS 抽取到 mysql 表中。

2）把数据从 Hive 抽取到 RDBMS

（1）执行下面的脚本，建立 mysql 表。

```
use test;
create table aggregate_hive (client_ip varchar(15), year varchar(4), month varchar(10),
month_num tinyint, pageviews bigint);
```

（2）打开 PDI，新建一个转换，如图 5-85 所示。

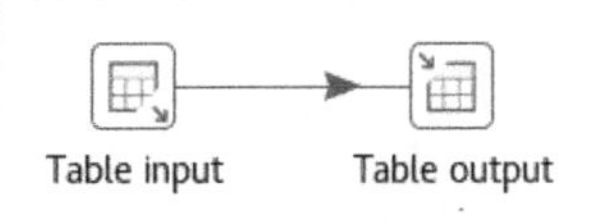

图 5-85　新建转换

（3）编辑“Table input”步骤，如图 5-86 所示。

（4）编辑“Table output”步骤，如图 5-87 所示。

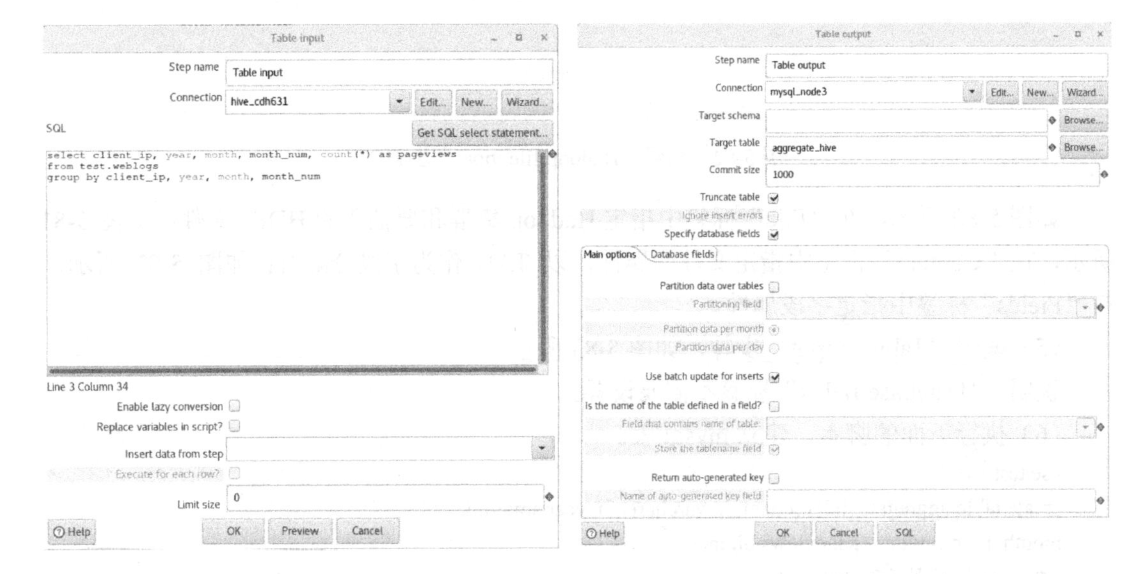

图 5-86　编辑“Table input”步骤　　　　图 5-87　编辑“Table output”步骤

（5）保存并执行转换。

（6）查询 mysql 表，其结果如图 5-88 所示。

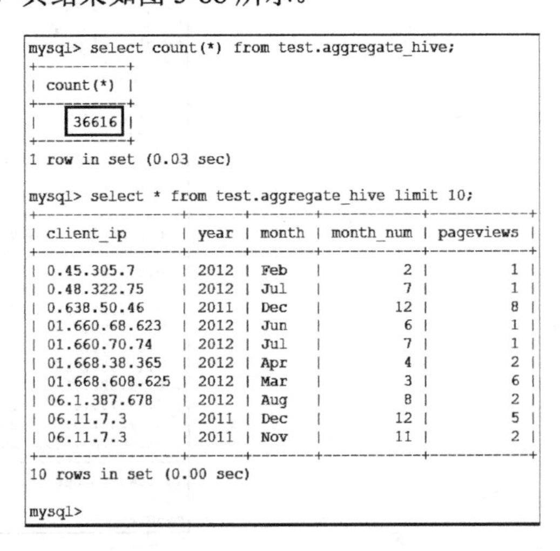

```
mysql> select count(*) from test.aggregate_hive;
+----------+
| count(*) |
+----------+
|    36616 |
+----------+
1 row in set (0.03 sec)

mysql> select * from test.aggregate_hive limit 10;
+----------------+------+-------+-----------+-----------+
| client_ip      | year | month | month_num | pageviews |
+----------------+------+-------+-----------+-----------+
| 0.45.305.7     | 2012 | Feb   |         2 |         1 |
| 0.48.322.75    | 2012 | Jul   |         7 |         1 |
| 0.638.50.46    | 2011 | Dec   |        12 |         8 |
| 01.660.68.623  | 2012 | Jun   |         6 |         1 |
| 01.660.70.74   | 2012 | Jul   |         7 |         1 |
| 01.668.38.365  | 2012 | Apr   |         4 |         2 |
| 01.668.608.625 | 2012 | Mar   |         3 |         6 |
| 06.1.387.678   | 2012 | Aug   |         8 |         2 |
| 06.11.7.3      | 2011 | Dec   |        12 |         5 |
| 06.11.7.3      | 2011 | Nov   |        11 |         2 |
+----------------+------+-------+-----------+-----------+
10 rows in set (0.00 sec)

mysql>
```

图 5-88　查询 mysql 表结果

5.5.2.3　执行 MapReduce

1. 格式化原始 Web 日志[18, 19, 20]

本节介绍如何使用 Pentaho MapReduce 把原始 Web 日志解析成格式化的记录。

1）准备文件与目录

```
#创建原始文件所在目录
hdfs dfs -mkdir /user/root/raw
#修改读/写权限
hdfs dfs -chmod -R 777 /
```

用 Hadoop copy files 作业项将 weblogs_rebuild.txt 文件放到 HDFS 的/user/root/raw 目录下。

2）建立一个用于 Mapper 的转换

（1）新建一个转换，如图 5-89 所示。

（2）编辑“MapReduce input”步骤，如图 5-90 所示。

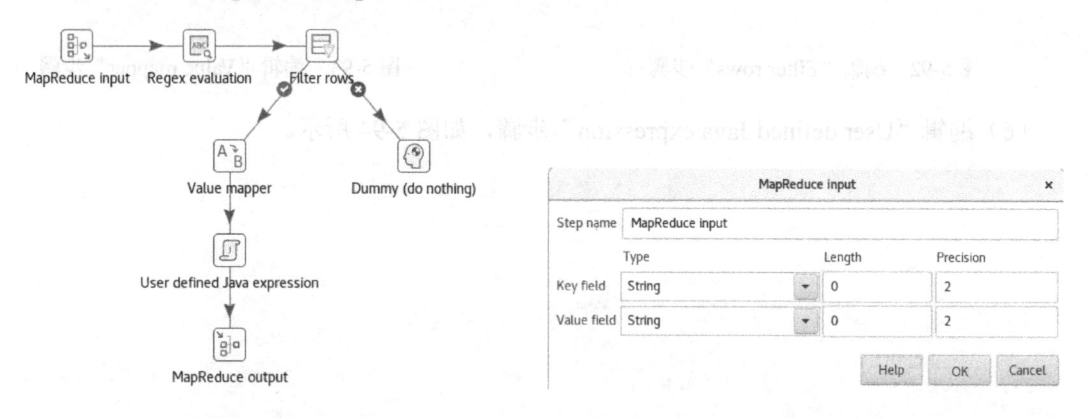

图 5-89　新建转换　　　　图 5-90　编辑“MapReduce input”步骤

（3）编辑“Regex Evaluation”步骤，如图 5-91 所示。

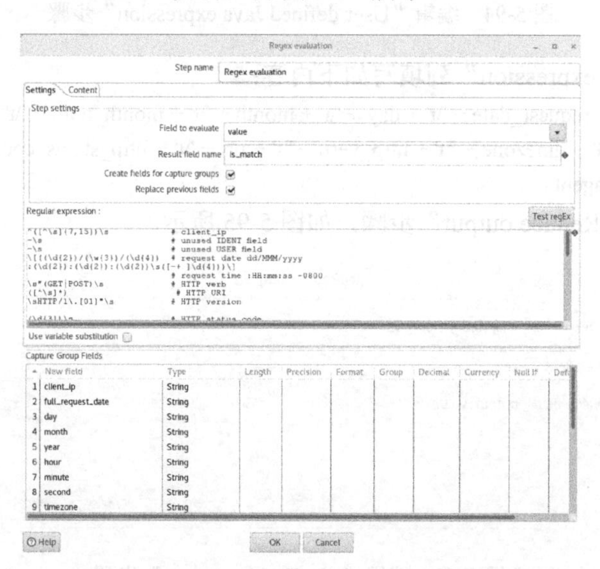

图 5-91　编辑“Regex Evaluation”步骤

（4）编辑“Filter rows”步骤，如图 5-92 所示。

（5）编辑“Value mapper”步骤，如图 5-93 所示。

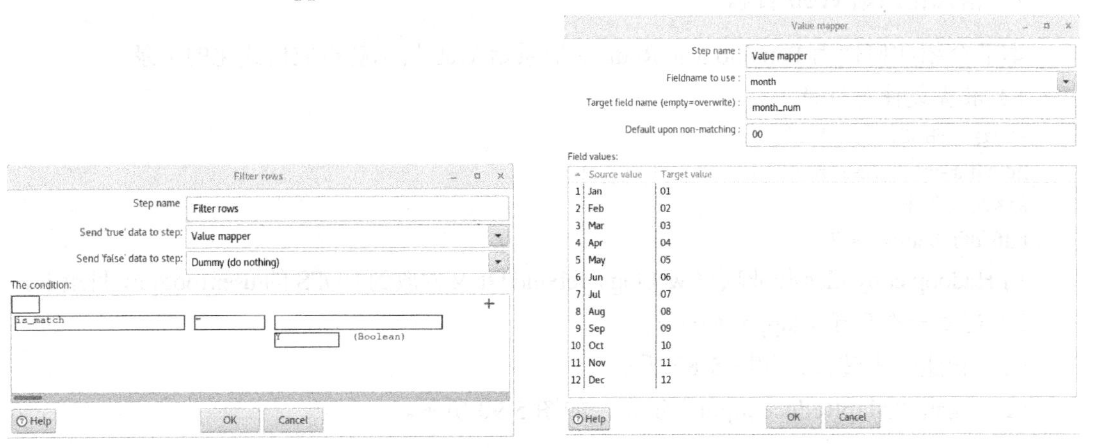

图 5-92　编辑“Filter rows”步骤

图 5-93　编辑“Value mapper”步骤

（6）编辑“User defined Java expression”步骤，如图 5-94 所示。

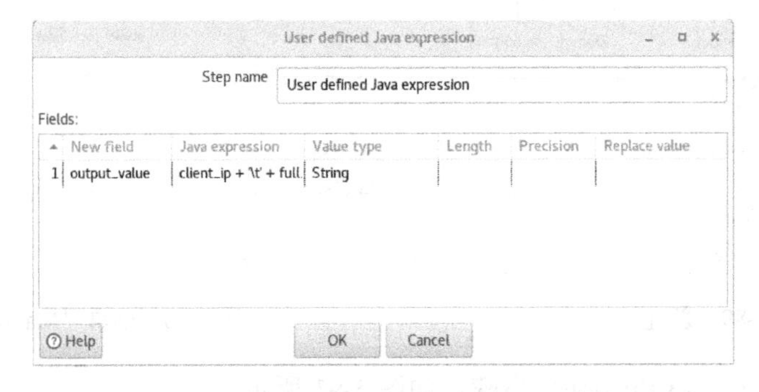

图 5-94　编辑“User defined Java expression”步骤

说明：在“Java expression”列填写如下内容：

client_ip + '\t' + full_request_date + '\t' + day + '\t' + month + '\t' + month_num + '\t' + year + '\t' + hour + '\t' + minute + '\t' + second + '\t' + timezone + '\t' + http_verb + '\t' + uri + '\t' + http_status_code + '\t' + bytes_returned + '\t' + referrer + '\t' + user_agent

（7）编辑“MapReduce output”步骤，如图 5-95 所示。

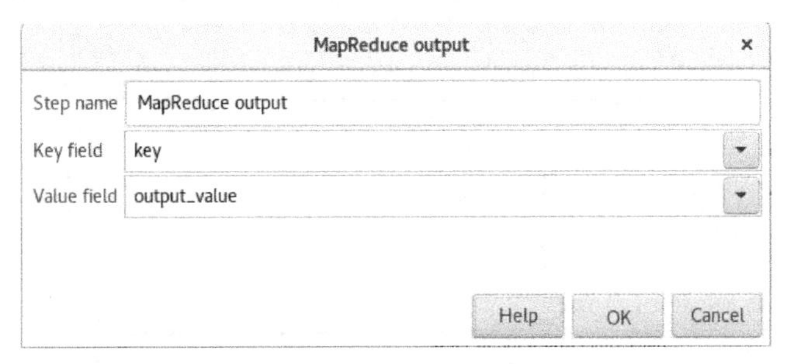

图 5-95　编辑“MapReduce output”步骤

将转换保存为 weblog_parse_mapper.ktr。

3）建立一个调用 MapReduce 步骤的作业，使用 Mapper 转换，仅运行 map 作业

（1）新建一个作业，如图 5-96 所示。

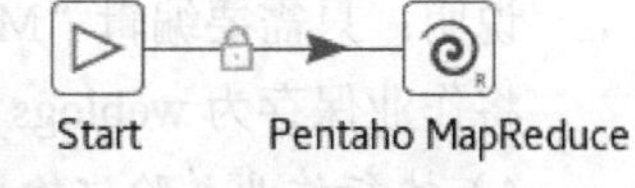

图 5-96 作业

（2）编辑“Pentaho MapReduce”作业项 1～3，如图 5-97、图 5-98、图 5-99 所示。

图 5-97 编辑“Pentaho MapReduce”作业项 1

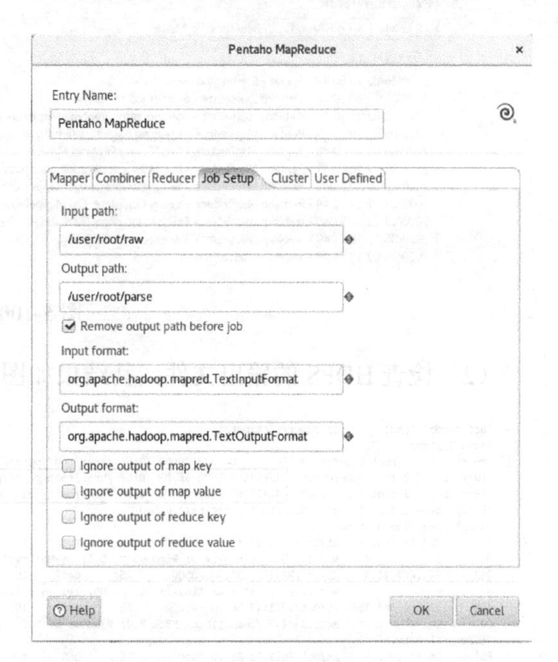

图 5-98 编辑“Pentaho MapReduce”作业项 2

图 5-99 编辑“Pentaho MapReduce”作业项 3

说明：只需要编辑“Mapper”、“Job Setup”和“Cluster”三个标签。

将作业保存为 weblogs_parse_mr.kjb。

4）执行作业并验证输出

（1）执行作业，日志如图 5-100 所示。

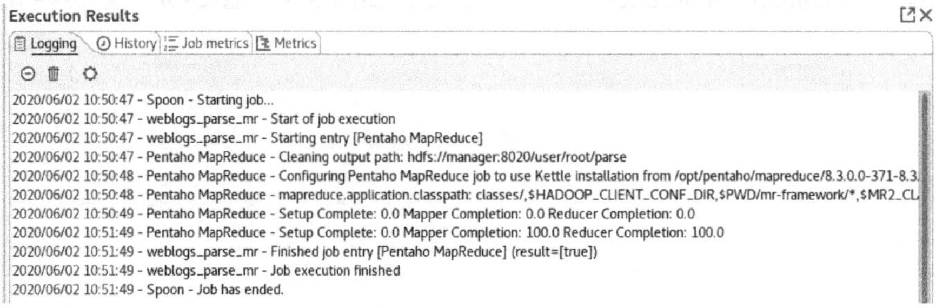

```
Execution Results
Logging | History | Job metrics | Metrics
2020/06/02 10:50:47 - Spoon - Starting job...
2020/06/02 10:50:47 - weblogs_parse_mr - Start of job execution
2020/06/02 10:50:47 - weblogs_parse_mr - Starting entry [Pentaho MapReduce]
2020/06/02 10:50:47 - Pentaho MapReduce - Cleaning output path: hdfs://manager:8020/user/root/parse
2020/06/02 10:50:48 - Pentaho MapReduce - Configuring Pentaho MapReduce job to use Kettle installation from /opt/pentaho/mapreduce/8.3.0.0-371-8.3.
2020/06/02 10:50:48 - Pentaho MapReduce - mapreduce.application.classpath: classes/,$HADOOP_CLIENT_CONF_DIR,$PWD/mr-framework/*,$MR2_CL
2020/06/02 10:50:49 - Pentaho MapReduce - Setup Complete: 0.0 Mapper Completion: 0.0 Reducer Completion: 0.0
2020/06/02 10:51:49 - Pentaho MapReduce - Setup Complete: 0.0 Mapper Completion: 100.0 Reducer Completion: 100.0
2020/06/02 10:51:49 - weblogs_parse_mr - Finished job entry [Pentaho MapReduce] (result=[true])
2020/06/02 10:51:49 - weblogs_parse_mr - Job execution finished
2020/06/02 10:51:49 - Spoon - Job has ended.
```

图 5-100　日志

（2）检查 HDFS 的输出文件，其结果如图 5-101 所示。

```
[hdfs@node3~]$hdfs dfs -ls /user/root/parse
Found 3 items
-rw-r--r--   3 root supergroup          0 2020-06-02 10:51 /user/root/parse/ SUCCESS
-rw-r--r--   3 root supergroup   42601640 2020-06-02 10:51 /user/root/parse/part-00000
-rw-r--r--   3 root supergroup   42810160 2020-06-02 10:51 /user/root/parse/part-00001
[hdfs@node3~]$hdfs dfs -get /user/root/parse/part-00000
[hdfs@node3~]$head -5 part-00000
0       323.81.303.680  25/Oct/2011:01:41:00 -0500      25      Oct     10      2011    01      41      00      -0500   GET     /download/download6.zi2
00      0       -       Mozilla/5.0 (Windows; U; Windows NT 5.1; en-US; rv:1.9.0.19) Gecko/2010031422 Firefox/3.0.19
193     668.667.44.3    25/Oct/2011:07:38:30 -0500      25      Oct     10      2011    07      38      30      -0500   GET     /download/download3.zi2
00      0       -       Mozilla/5.0 (X11; U; Linux i686; en-US; rv:1.8.0.12) Gecko/20070719 CentOS/1.5.0.12-3.el5.centos Firefox/1.5.0.12
405     13.386.648.380  25/Oct/2011:17:06:00 -0500      25      Oct     10      2011    17      06      00      -0500   GET     /download/download6.zi2
00      0       -       Mozilla/4.0 (compatible; MSIE 8.0; Windows NT 5.1; Trident/4.0; GTB6.3; .NET CLR 1.1.4322; .NET CLR 2.0.50727; .NET CLR 3.0.045
06.30; InfoPath.2)
651     06.670.03.40    26/Oct/2011:13:24:00 -0500      26      Oct     10      2011    13      24      00      -0500   GET     /product/demos/product2
00      0       -       Mozilla/5.0 (Windows; U; Windows NT 6.1; en-US; rv:1.9.2.3) Gecko/20100401 Firefox/3.6.3
838     18.656.618.46   26/Oct/2011:17:15:30 -0500      26      Oct     10      2011    17      15      30      -0500   GET     /download/download4.zi2
00      0       -       Mozilla/5.0 (Macintosh; U; Intel Mac OS X 10_6_3; en-us) AppleWebKit/531.22.7 (KHTML, like Gecko) Version/4.0.5 Safari/531.22.7
[hdfs@node3~]$
```

图 5-101　检查 HDFS 的输出文件结果

从图 5-101 中可以看到，/user/root/parse 目录下生成了名为 part-00000 和 part-00001 的两个输出文件，内容已经被格式化。

2. 生成聚合数据集[18, 19, 20]

本节介绍如何使用 Pentaho MapReduce 把细节数据转换和汇总成一个聚合数据集。

当给一个关系型数据仓库或数据集市准备待抽取的数据时，我们使用格式化的 Web 日志数据作为细节数据，并且建立一个聚合文件，包含按 IP 和年月分组的 PV 数。

1）准备文件与目录

```
#创建格式化文件所在目录
hdfs dfs -mkdir /user/root/parse1/
#上传格式化文件
hdfs dfs -put -f weblogs_parse.txt /user/root/parse1/
#修改读/写权限
hdfs dfs -chmod -R 777 /
```

2）建立一个用于 Mapper 的转换

（1）新建一个转换，如图 5-102 所示。

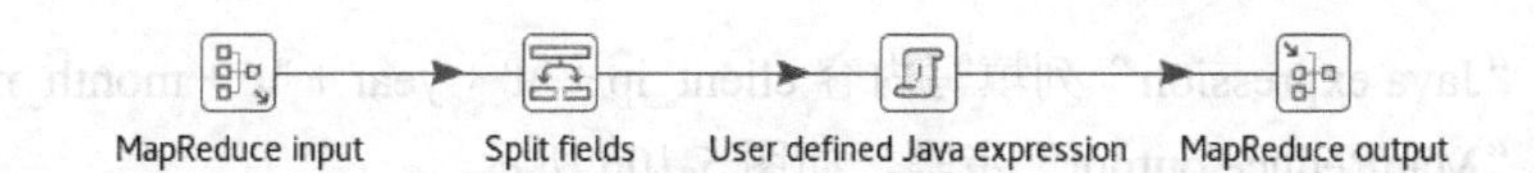

图 5-102　新建转换

（2）编辑“MapReduce input”步骤，如图 5-103 所示。

MapReduce input

Step name: MapReduce input

	Type	Length	Precision
Key field	String	0	2
Value field	String	0	2

Help　OK　Cancel

图 5-103　编辑“MapReduce input”步骤

（3）编辑“Split fields”步骤，如图 5-104 所示。

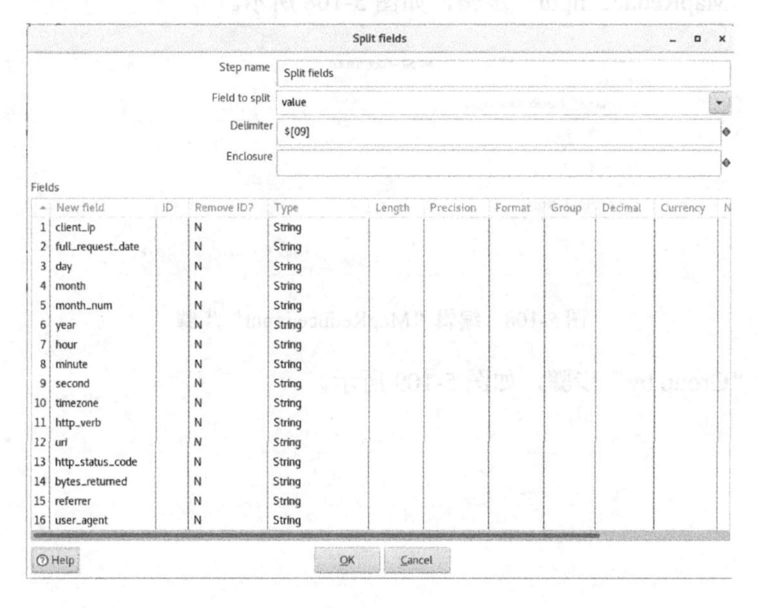

Split fields

Step name: Split fields

Field to split: value

Delimiter: $[09]

Enclosure:

Fields

	New field	ID	Remove ID?	Type	Length	Precision	Format	Group	Decimal	Currency	N
1	client_ip		N	String							
2	full_request_date		N	String							
3	day		N	String							
4	month		N	String							
5	month_num		N	String							
6	year		N	String							
7	hour		N	String							
8	minute		N	String							
9	second		N	String							
10	timezone		N	String							
11	http_verb		N	String							
12	uri		N	String							
13	http_status_code		N	String							
14	bytes_returned		N	String							
15	referrer		N	String							
16	user_agent		N	String							

Help　OK　Cancel

图 5-104　编辑“Split fields”步骤

（4）编辑“User defined Java expression”步骤，如图 5-105 所示。

User defined Java expression

Step name: User defined Java expression

Fields:

	New field	Java expression	Value type	Length	Precision
1	new_key	client_ip + '\t' + year + '\t' + month_num	String		
2	new_value	1	Integer		

Help　OK　Cancel

图 5-105　编辑“User defined Java expression”步骤

说明：在“Java expression”列填写内容 client_ip + '\t' + year + '\t' + month_num。

（5）编辑“MapReduce output”步骤，如图 5-106 所示。

将转换保存为 aggregate_mapper.ktr。

3）建立一个用于 Reducer 的转换

（1）新建一个转换，如图 5-107 所示。

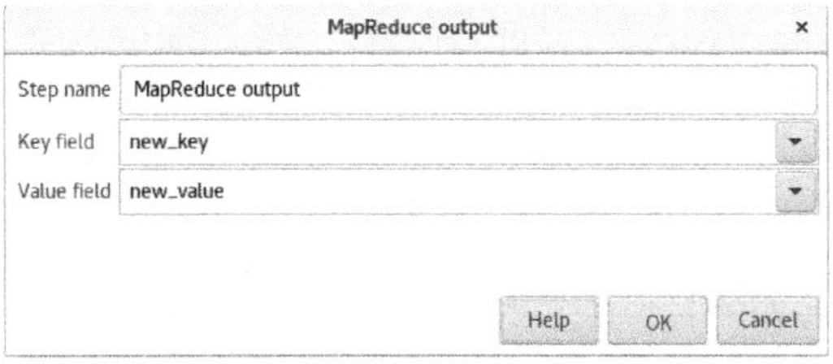

MapReduce output
Step name MapReduce output
Key field new_key
Value field new_value
Help OK Cancel

图 5-106　编辑“MapReduce output”步骤

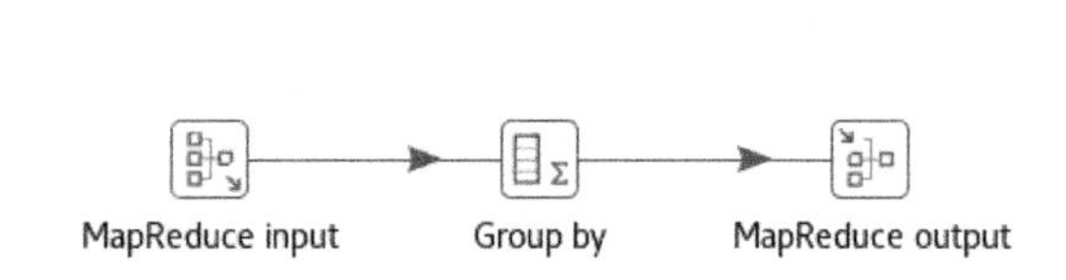

图 5-107　新建转换

（2）编辑“MapReduce input”步骤，如图 5-108 所示。

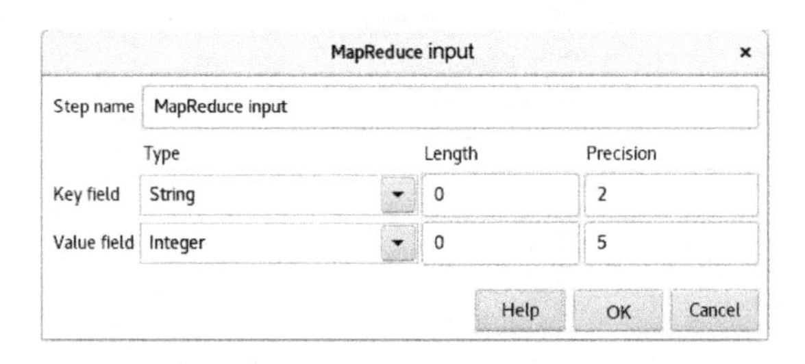

图 5-108　编辑“MapReduce input”步骤

（3）编辑“Group by”步骤，如图 5-109 所示。

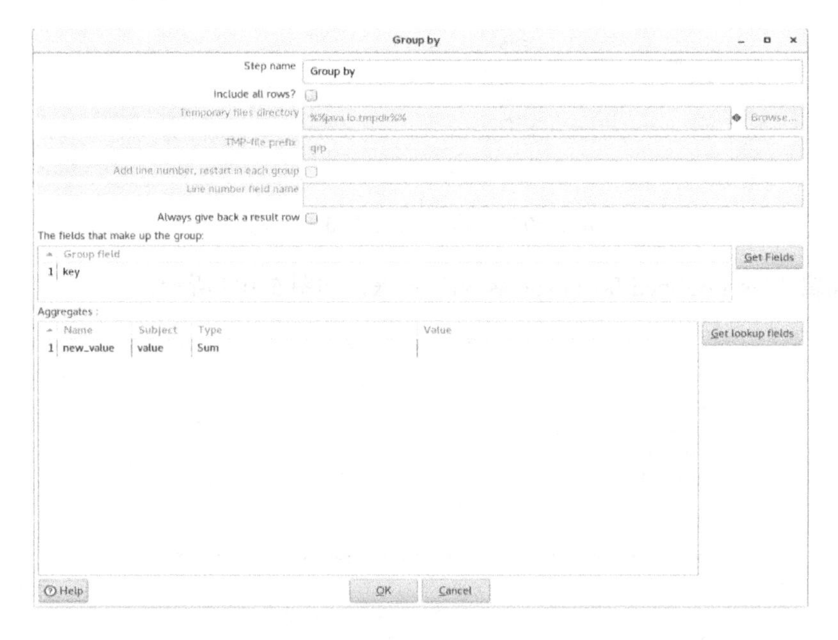

图 5-109　编辑“Group by”步骤

（4）编辑“MapReduce output”步骤，如图 5-110 所示。

将转换保存为 aggregate_reducer.ktr。

4）建立一个调用 MapReduce 步骤的作业，调用 Mapper 和 Reducer 转换

（1）新建一个作业，如图 5-111 所示。

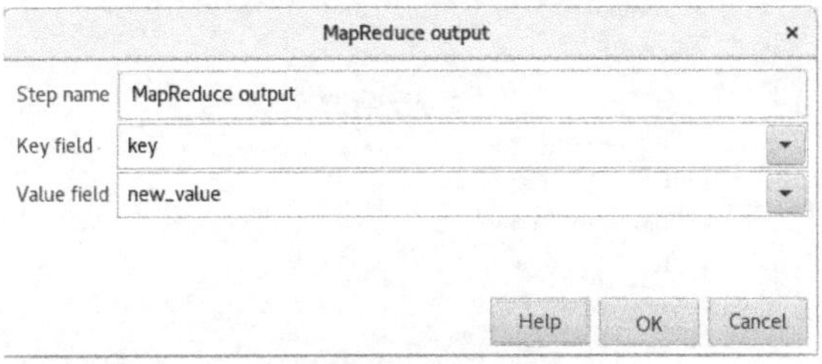

图 5-110　编辑“MapReduce output”步骤

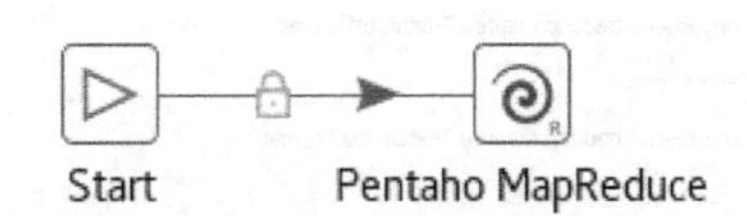

图 5-111　新建作业

（2）编辑“Pentaho MapReduce”作业项 1～4，如图 5-112、图 5-113、图 5-114、图 5-115 所示。

说明：需要编辑“Mapper”、“Reducer”、“Job Setup”和“Cluster”4 个标签。

将作业保存为 aggregate_mr.kjb。

5）执行作业并验证输出

（1）执行作业，日志如图 5-116 所示。

（2）检查 HDFS 的输出文件，其结果如图 5-117 所示。

从图 5-117 中可以看到，/user/root/aggregate_mr 目录下生成了名为 part-00000 输出文件，文件中包含按 IP 和年月分组的 PV 数。

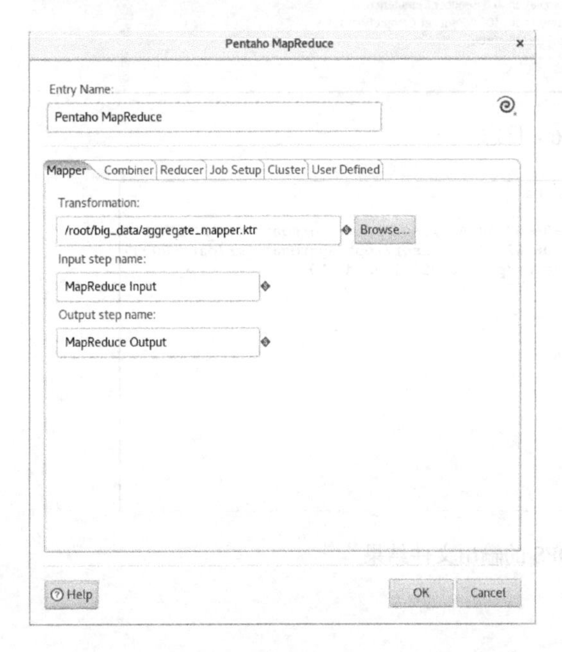

图 5-112　编辑“Pentaho MapReduce”作业项 1

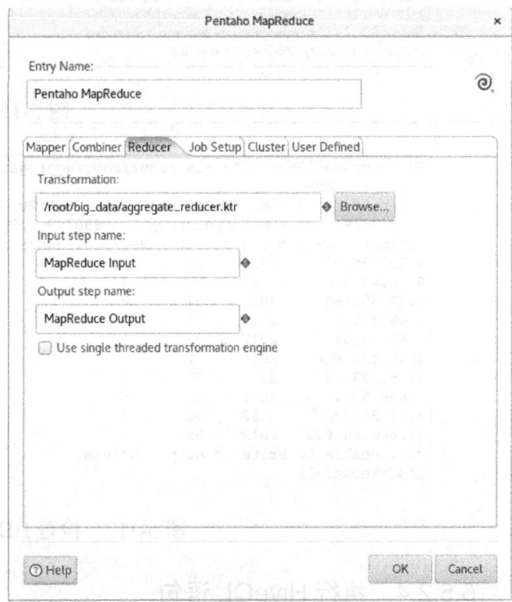

图 5-113　编辑“Pentaho MapReduce”作业项 2

Pentaho MapReduce

Entry Name:

Pentaho MapReduce

Mapper | Combiner | Reducer | Job Setup | Cluster | User Defined

Input path:

/user/root/parse1/

Output path:

/user/root/aggregate_mr

☑ Remove output path before job

Input format:

org.apache.hadoop.mapred.TextInputFormat

Output format:

org.apache.hadoop.mapred.TextOutputFormat

☐ Ignore output of map key

☐ Ignore output of map value

☐ Ignore output of reduce key

☐ Ignore output of reduce value

Help | OK | Cancel

图 5-114 编辑“Pentaho MapReduce”作业项 3

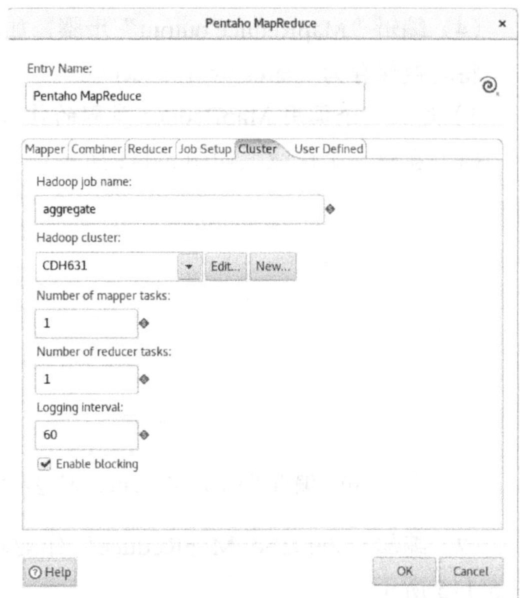

图 5-115 编辑“Pentaho MapReduce”作业项 4

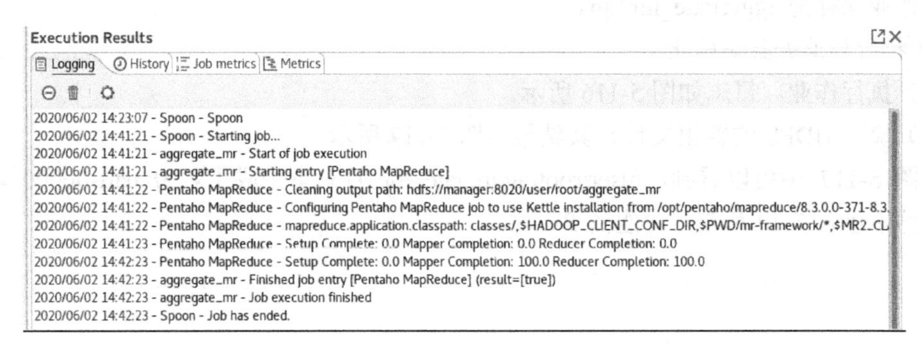

图 5-116 日志

```
[hdfs@node3~]$hdfs dfs -ls /user/root/aggregate_mr
Found 2 items
-rw-r--r--   3 root supergroup          0 2020-06-02 14:42 /user/root/aggregate_mr/_SUCCESS
-rw-r--r--   3 root supergroup     890709 2020-06-02 14:42 /user/root/aggregate_mr/part-00000
[hdfs@node3~]$hdfs dfs -cat /user/root/aggregate_mr/part-00000 | head -10
0.308.86.81      2012    07      1
0.32.48.676      2012    01      3
0.32.85.668      2012    07      8
0.45.305.7       2012    01      1
0.45.305.7       2012    02      1
0.46.386.626     2011    11      1
0.48.322.75      2012    07      1
0.638.50.46      2011    12      8
0.87.36.333      2012    08      7
01.660.68.623    2012    06      1
cat: Unable to write to output stream.
[hdfs@node3~]$
```

图 5-117 检查 HDFS 的输出文件结果

5.5.2.4 执行 HiveQL 语句

关于 Hive 数据仓库技术，详见第 8 章，这里只简单介绍数据装载。

（1）建立 hive 表，导入原始数据[21]。

（2）建立一个作业，查询 hive 表，并将聚合数据写入一个 hive 表。

① 打开 PDI，新建一个作业，如图 5-118 所示。

图 5-118 新建作业

② 编辑“SQL”作业项，如图 5-119 所示。

（3）保存并执行作业，日志如图 5-120 所示。

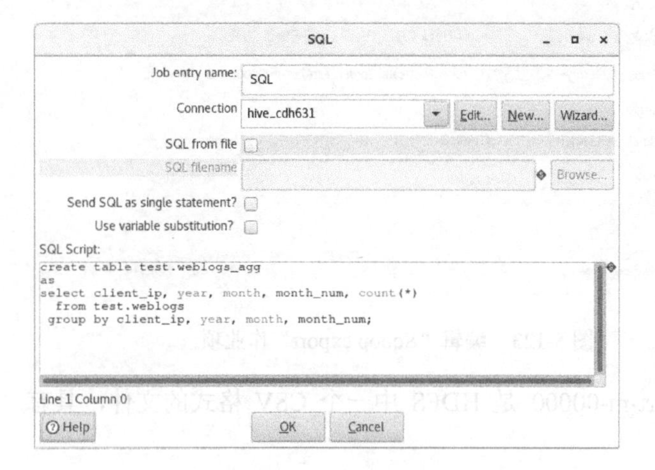

图 5-119 编辑“SQL”作业项

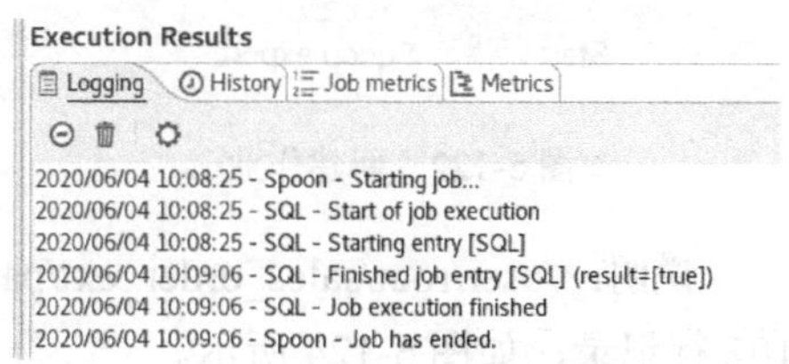

图 5-120 日志

（4）检查 hive 表，其结果如图 5-121 所示。

```
hive> select count(*) from weblogs_agg;
Query ID = root_20200604101434_f725d2af-18e6-4272-9fc6-c195c43ae4a1
Total jobs = 1
Launching Job 1 out of 1
Number of reduce tasks determined at compile time: 1
In order to change the average load for a reducer (in bytes):
  set hive.exec.reducers.bytes.per.reducer=<number>
In order to limit the maximum number of reducers:
  set hive.exec.reducers.max=<number>
In order to set a constant number of reducers:
  set mapreduce.job.reduces=<number>
20/06/04 10:14:34 INFO client.RMProxy: Connecting to ResourceManager at manager/172.16.1.124:8032
20/06/04 10:14:34 INFO client.RMProxy: Connecting to ResourceManager at manager/172.16.1.124:8032
Starting Job = job_1591236108910_0004, Tracking URL = http://manager:8088/proxy/application_1591236108910_0004/
Kill Command = /opt/cloudera/parcels/CDH-6.3.1-1.cdh6.3.1.p0.1470567/lib/hadoop/bin/hadoop job  -kill job_1591236108910_0004
Hadoop job information for Stage-1: number of mappers: 1; number of reducers: 1
2020-06-04 10:14:49,978 Stage-1 map = 0%,  reduce = 0%
2020-06-04 10:14:58,298 Stage-1 map = 100%,  reduce = 0%, Cumulative CPU 3.26 sec
2020-06-04 10:15:09,674 Stage-1 map = 100%,  reduce = 100%, Cumulative CPU 6.94 sec
MapReduce Total cumulative CPU time: 6 seconds 940 msec
Ended Job = job_1591236108910_0004
MapReduce Jobs Launched:
Stage-Stage-1: Map: 1  Reduce: 1   Cumulative CPU: 6.94 sec   HDFS Read: 1017957 HDFS Write: 105 HDFS EC Read: 0 SUCCESS
Total MapReduce CPU Time Spent: 6 seconds 940 msec
OK
36616
Time taken: 36.222 seconds, Fetched: 1 row(s)
hive> select * from weblogs_agg limit 5;
OK
0.45.305.7      2012    Feb     2       1
0.48.322.75     2012    Jul     7       1
0.638.50.46     2011    Dec     12      8
01.660.68.623   2012    Jun     6       1
01.660.70.74    2012    Jul     7       1
Time taken: 0.159 seconds, Fetched: 5 row(s)
hive>
```

图 5-121 检查 hive 表结果

从图 5-121 中可以看到，新建了 weblogs_agg 表，并装载了聚合数据。

5.5.2.5 执行 Sqoop 作业

1. Sqoop export[22]

1）建立一个作业，将 HDFS 文件导出到 MySQL 数据库

（1）打开 PDI，新建一个作业，如图 5-122 所示。

（2）编辑“Sqoop export”作业项，如图 5-123 所示。

图 5-122　新建作业

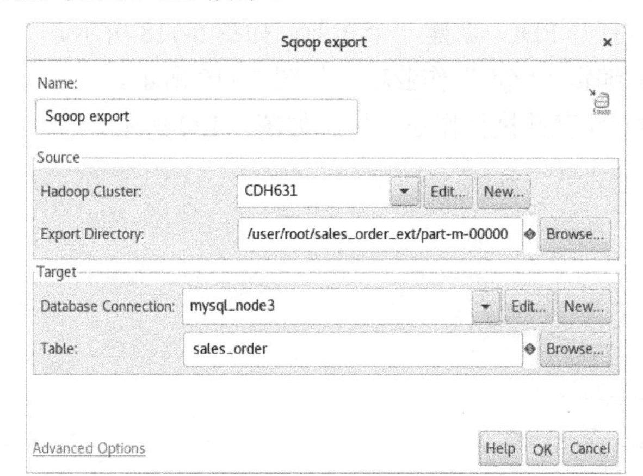

图 5-123　编辑“Sqoop export”作业项

说明：/user/root/sales_order_ext/part-m-00000 是 HDFS 中一个 CSV 格式的文件，具有 102 行记录，如图 5-124 所示。

```
[hdfs@node3~]$hdfs dfs -cat /user/root/sales_order_ext/part-m-00000 | head -10
101,7,3,2018-10-20 20:20:36.0,2018-10-20 20:20:36.0,5593.00
102,7,1,2018-09-15 00:23:01.0,2018-09-15 00:23:01.0,3742.00
103,1,2,2018-09-29 19:45:09.0,2018-09-29 19:45:09.0,2451.00
104,6,3,2018-09-07 00:01:00.0,2018-09-07 00:01:00.0,6667.00
105,7,3,2018-08-26 13:46:10.0,2018-08-26 13:46:10.0,9347.00
106,6,1,2018-10-10 17:37:41.0,2018-10-10 17:37:41.0,2226.00
107,3,2,2018-08-19 11:07:07.0,2018-08-19 11:07:07.0,6476.00
108,4,2,2018-09-21 09:51:12.0,2018-09-21 09:51:12.0,6996.00
109,5,1,2018-09-08 07:08:24.0,2018-09-08 07:08:24.0,3273.00
110,1,1,2018-09-17 18:55:44.0,2018-09-17 18:55:44.0,6943.00
[hdfs@node3~]$hdfs dfs -cat /user/root/sales_order_ext/part-m-00000 | wc -l
102
[hdfs@node3~]$
```

图 5-124　part-m-00000 CSV 格式文件

sales_order 表是 MySQL 中的目标表，其结构与 part-m-00000 文件匹配，如图 5-125 所示。

```
mysql> select * from sales_order;
Empty set (0.00 sec)

mysql> desc sales_order;
+-----------------+---------------+------+-----+---------+-------+
| Field           | Type          | Null | Key | Default | Extra |
+-----------------+---------------+------+-----+---------+-------+
| order_number    | int(11)       | NO   | PRI | 0       |       |
| customer_number | int(11)       | YES  |     | NULL    |       |
| product_code    | int(11)       | YES  |     | NULL    |       |
| order_date      | datetime      | YES  |     | NULL    |       |
| entry_date      | datetime      | YES  |     | NULL    |       |
| order_amount    | decimal(10,2) | YES  |     | NULL    |       |
+-----------------+---------------+------+-----+---------+-------+
6 rows in set (0.00 sec)
```

图 5-125　sales_order 表

2）保存并执行作业

在作业所在目录中，会生成一个名为 sales_order.java 的文件。

3）检查 MySQL 表，其结果如图 5-126 所示

```
mysql> select * from sales_order limit 10;
+--------------+-----------------+--------------+---------------------+---------------------+--------------+
| order_number | customer_number | product_code | order_date          | entry_date          | order_amount |
+--------------+-----------------+--------------+---------------------+---------------------+--------------+
|          101 |               7 |            3 | 2018-10-20 20:20:36 | 2018-10-20 20:20:36 |      5593.00 |
|          102 |               7 |            1 | 2018-09-15 00:23:01 | 2018-09-15 00:23:01 |      3742.00 |
|          103 |               1 |            2 | 2018-09-29 19:45:09 | 2018-09-29 19:45:09 |      2451.00 |
|          104 |               6 |            3 | 2018-09-07 00:01:00 | 2018-09-07 00:01:00 |      6667.00 |
|          105 |               7 |            3 | 2018-08-26 13:46:10 | 2018-08-26 13:46:10 |      9347.00 |
|          106 |               6 |            1 | 2018-10-10 17:37:41 | 2018-10-10 17:37:41 |      2226.00 |
|          107 |               3 |            2 | 2018-08-19 11:07:07 | 2018-08-19 11:07:07 |      6476.00 |
|          108 |               4 |            2 | 2018-09-21 09:51:12 | 2018-09-21 09:51:12 |      6996.00 |
|          109 |               5 |            1 | 2018-09-08 07:08:24 | 2018-09-08 07:08:24 |      3273.00 |
|          110 |               1 |            1 | 2018-09-17 18:55:44 | 2018-09-17 18:55:44 |      6943.00 |
+--------------+-----------------+--------------+---------------------+---------------------+--------------+
10 rows in set (0.00 sec)

mysql> select count(*) from sales_order;
+----------+
| count(*) |
+----------+
|      102 |
+----------+
1 row in set (0.00 sec)
```

图 5-126 检查 MySQL 表结果

从图 5-126 中可以看到，通过 Sqoop export 作业项将 HDFS 文件内容导出到 MySQL 表中。

2. Sqoop import[22]

1）建立一个作业，将 MySQL 表数据导入到 HDFS

（1）打开 PDI，新建一个作业，如图 5-127 所示。

（2）编辑“Sqoop import”作业项，如图 5-128 所示。

Start Sqoop import

图 5-127 新建作业

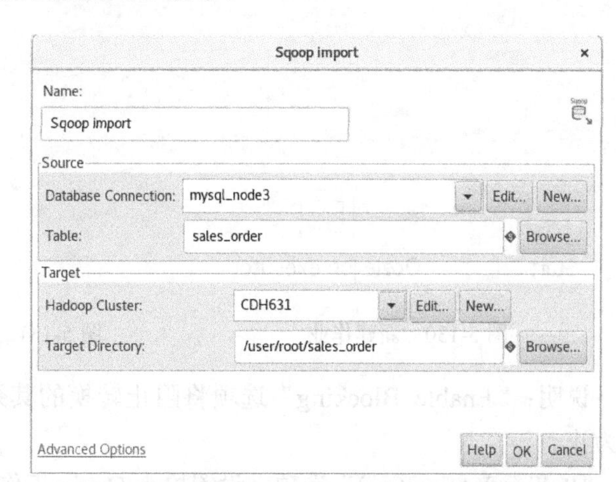

图 5-128 编辑“Sqoop import”作业项

说明：/user/root/sales_order 是 HDFS 的目标目录，该目录应该不存在。

2）保存并执行作业

在作业所在目录中，会生成一个名为 sales_order.java 的文件。

3）检查 HDFS 目标目录

检查 HDFS 目标目录，其结果如图 5-129 所示。

```
[hdfs@node3~]$hdfs dfs -ls /user/root/sales_order
Found 5 items
-rw-r--r--   3 root supergroup          0 2020-06-08 10:01 /user/root/sales_order/_SUCCESS
-rw-r--r--   3 root supergroup       1560 2020-06-08 10:01 /user/root/sales_order/part-m-00000
-rw-r--r--   3 root supergroup       1500 2020-06-08 10:01 /user/root/sales_order/part-m-00001
-rw-r--r--   3 root supergroup       1500 2020-06-08 10:01 /user/root/sales_order/part-m-00002
-rw-r--r--   3 root supergroup       1560 2020-06-08 10:01 /user/root/sales_order/part-m-00003
[hdfs@node3~]$hdfs dfs -cat /user/root/sales_order/* | wc -l
102
[hdfs@node3~]$hdfs dfs -cat /user/root/sales_order/part-m-00000 | head -10
101,7,3,2018-10-20 20:20:36.0,2018-10-20 20:20:36.0,5593.00
102,7,1,2018-09-15 00:23:01.0,2018-09-15 00:23:01.0,3742.00
103,1,2,2018-09-29 19:45:09.0,2018-09-29 19:45:09.0,2451.00
104,6,3,2018-09-07 00:01:00.0,2018-09-07 00:01:00.0,6667.00
105,7,3,2018-08-26 13:46:10.0,2018-08-26 13:46:10.0,9347.00
106,6,1,2018-10-10 17:37:41.0,2018-10-10 17:37:41.0,2226.00
107,3,2,2018-08-19 11:07:07.0,2018-08-19 11:07:07.0,6476.00
108,4,2,2018-09-21 09:51:12.0,2018-09-21 09:51:12.0,6996.00
109,5,1,2018-09-08 07:08:24.0,2018-09-08 07:08:24.0,3273.00
110,1,1,2018-09-17 18:55:44.0,2018-09-17 18:55:44.0,6943.00
[hdfs@node3~]$
```

图 5-129　检查 HDFS 目标目录结果

从图 5-129 中可以看到，通过 Sqoop import 作业项将 MySQL 表中数据导入 HDFS 中。

5.5.2.6　执行 Oozie 作业[23]

（1）打开 PDI，新建一个作业，如图 5-130 所示。

（2）编辑“Oozie job executor”作业项，如图 5-131 所示。

Start　　Oozie job executor

图 5-130　新建作业

图 5-131　编辑“Oozie job executor”作业项

说明：“Enable Blocking”选项将阻止转换的其余部分执行，直到选中 Oozie 作业完成为止。

“Polling Interval(ms)”选项：设置检查 Oozie 工作流的时间间隔。

“Workflow Properties”选项：设置工作流属性文件。此路径是必需的，并且必须是有效的作业属性文件。

/root/big_data/job.properties 文件的内容如下。

```
nameNode=hdfs://manager:8020
jobTracker=manager:8032
queueName=default
oozie.use.system.libpath=true
```

```
oozie.wf.application.path=${nameNode}/user/${user.name}
```

DAG（Database Availability Group，数据库可用性组）如图 5-132 所示。

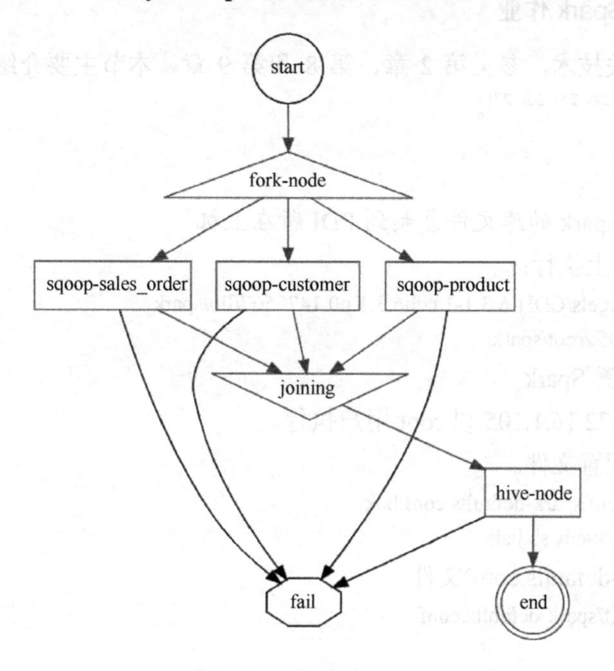

图 5-132　DAG

（3）保存并执行作业，在 Oozie Web Console（Oozie 网络控制台）可以查看工作流执行进度和结果，如图 5-133 所示。

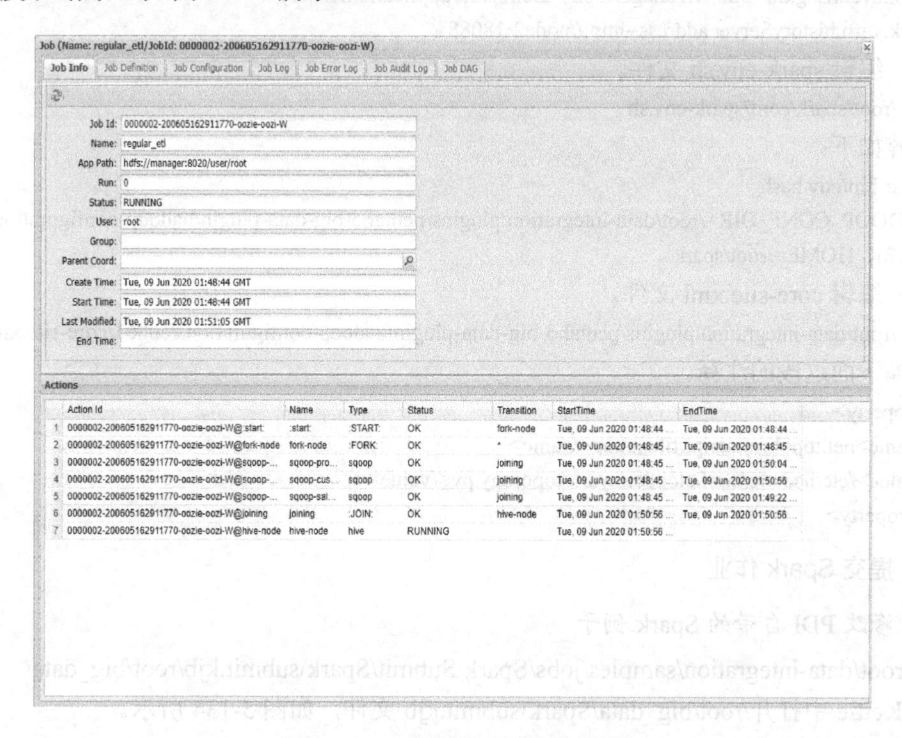

图 5-133　工作流执行进度和结果

详细资料请参考 Oozie Job Executor。

5.5.2.7 提交 Spark 作业

关于 Spark 相关技术，参见第 2 章、第 8 和第 9 章，本节主要介绍如何配置 Kettle 向 Spark 集群提交作业[24、25、26、27]。

1. 配置 Spark

1）将 CDH 中 Spark 的库文件复制到 PDI 所在主机

在 172.16.1.126 上执行：

```
cd /opt/cloudera/parcels/CDH-6.3.1-1.cdh6.3.1.p0.1470567/lib/spark
scp -r * 172.16.1.105:/root/spark/
```

2）为 Kettle 配置 Spark

以下操作均在 172.16.1.105 以 root 用户执行。

（1）备份原始配置文件。

```
cp spark-defaults.conf spark-defaults.conf.bak
cp spark-env.sh spark-env.sh.bak
```

（2）编辑 spark-defaults.conf 文件。

```
vim /root/spark/conf/spark-defaults.conf
```

内容如下：

```
spark.yarn.archive=hdfs://manager:8020/user/spark/lib/spark_jars.zip
spark.hadoop.yarn.timeline-service.enabled=false
spark.eventLog.enabled=true
spark.eventLog.dir=hdfs://manager:8020/user/spark/applicationHistory
spark.yarn.historyServer.address=http://node2:18088
```

（3）编辑 spark-env.sh 文件。

```
vim /root/spark/conf/spark-env.sh
```

内容如下：

```
#!/usr/bin/env bash
HADOOP_CONF_DIR=/root/data-integration/plugins/pentaho-big-data-plugin/hadoop-configurations/cdh61
SPARK_HOME=/root/spark
```

（4）编辑 core-site.xml 文件。

```
vim /root/data-integration/plugins/pentaho-big-data-plugin/hadoop-configurations/cdh61/core-site.xml
```

去掉下面这段的注释。

```
<property>
 <name>net.topology.script.file.name</name>
 <value>/etc/hadoop/conf.cloudera.yarn/topology.py</value>
</property>
```

2. 提交 Spark 作业

1）修改 PDI 自带的 Spark 例子

cp/root/data-integration/samples/jobs/Spark\Submit/Spark\submit.kjb/root/big_data/

在 Kettle 中打开/root/big_data/Spark\submit.kjb 文件，如图 5-134 所示。

编辑“Spark Submit”作业项，如图 5-135 所示。

SETUP INSTRUCTIONS:
1. Download and unpack spark binary distribution
2. Copy your CDH cluster configuration files (core-site.xml, hdfs-site.xml and yarn-site.xml) to the host job wil
3. Make sure HADOOP_CONF_DIR/YARN_CONF_DIR environment variable is available to spark (set in spark conf
4. Make sure spark's spark.yarn.jar configuration parameter is pointing to cloudera's spark-assembly.jar locatir
5. Edit Spark PI job entry's paths to spark-submit utility and application jar to match your environment

* NOTE: By default cloudera manager puts spark-assembly.jar to hdfs://<hdfs file system name>/user/spark/sh

START　Spark PI　Success

图 5-134　submit.kjb 文件

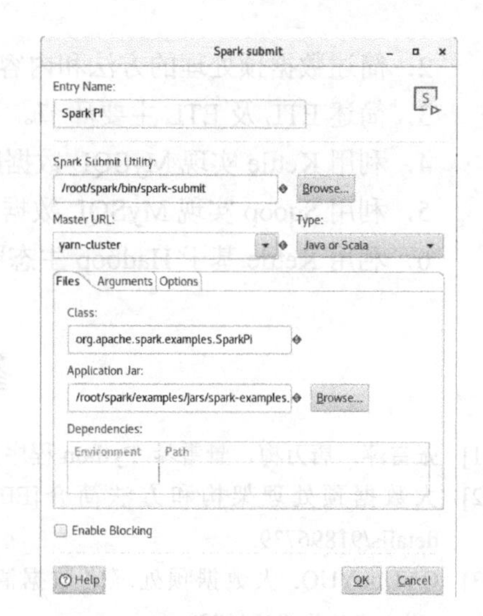

图 5-135　编辑“Spark Submit”作业项

2）保存并执行作业

Spark History Server Web UI 如图 5-136 所示：

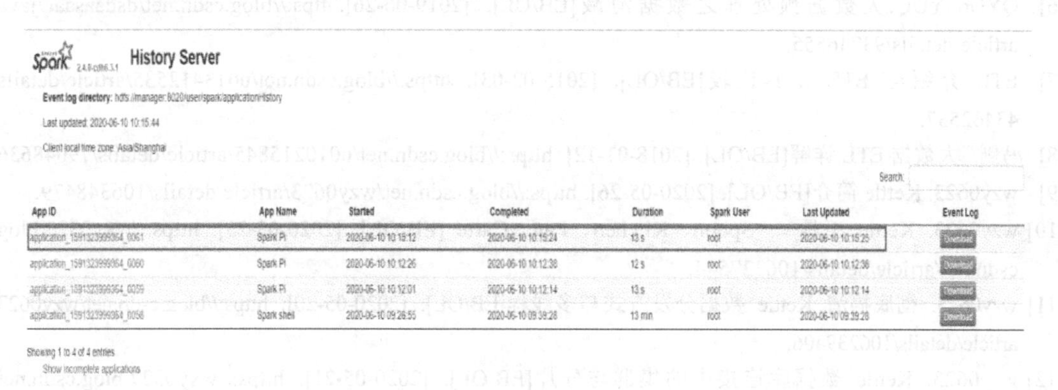

App ID	App Name	Started	Completed	Duration	Spark User	Last Updated	Event Log
application_1591323999364_0061	Spark Pi	2020-06-10 10:15:12	2020-06-10 10:15:24	13 s	root	2020-06-10 10:15:25	Download
application_1591323999364_0060	Spark Pi	2020-06-10 10:12:26	2020-06-10 10:12:38	12 s	root	2020-06-10 10:12:38	Download
application_1591323999364_0059	Spark Pi	2020-06-10 10:12:01	2020-06-10 10:12:14	13 s	root	2020-06-10 10:12:14	Download
application_1591323999364_0058	Spark shell	2020-06-10 09:26:55	2020-06-10 09:39:28	13 min	root	2020-06-10 09:39:28	Download

图 5-136　Spark History Server Web UI

单击“application_1591323999364_0061”，结果如图 5-137 所示。

Jobs　Stages　Storage　Environment　Executors　　Spark Pi application UI

Spark Jobs (?)

User: root
Total Uptime: 13 s
Scheduling Mode: FIFO
Completed Jobs: 1

▸ Event Timeline
▾ Completed Jobs (1)

Job Id	Description	Submitted	Duration	Stages: Succeeded/Total	Tasks (for all stages): Succeeded/Total
0	reduce at SparkPi.scala:38 reduce at SparkPi.scala:38	2020/06/10 10:15:24	1.0 s	1/1	2/2

图 5-137　单击“application_1591323999364_0061”的结果

习　题

1．在数据分析挖掘之前为什么要对原始数据进行预处理?

2．简述数据预处理的方法和内容。

3．简述 ETL 及 ETL 主要环节。

4．利用 Kettle 实现 MySQL 数据库分区。

5．利用 Sqoop 实现 MySQL 数据导入和数据导出。

6．利用 Kettle 基于 Hadoop 生态圈进行大数据预处理实战。

参考文献

[1] 张雪萍，唐万梅，景雪琴. Python 程序设计[M]. 北京：电子工业出版社，2019.

[2] 大数据预处理架构和方法简介[EB/OL].[2019-06-13]. https://blog.csdn.net/chengxvsyu/java/article/details/91896739.

[3] QYUooYUQ. 大数据预处理之数据清洗[EB/OL]. [2019-06-26]. https://blog.csdn.net/dsdaasaaa/java/article/details/93746830.

[4] QYUooYUQ. 大数据预处理之数据集成[EB/OL]. [2019-06-26]. https://blog.csdn.net/dsdaasaaa/java/article/details/93746506.

[5] QYUooYUQ.大数据预处理之数据转换[EB/OL]. [2019-06-13]. http://www.ryxxff.com/9287.html.

[6] QYUooYUQ. 大数据预处理之数据消减[EB/OL]. [2019-06-26].https://blog.csdn.net/dsdaasaaa/java/article/details/93746555.

[7] ETL 介绍与 ETL 工具比较[EB/OL]. [2015-02-03]. https://blog.csdn.net/u013412535/article/details/43462537.

[8] 冯剑. 大数据 ETL 详解[EB/OL]. [2018-01-12]. https://blog.csdn.net/u010215845/article/details/79048636.

[9] wzy0623. Kettle 简介[EB/OL]. [2020-05-26]. https://blog.csdn.net/wzy0623/article/details/106348479.

[10] wzy0623. Kettle 工具——Spoon、Kitchen、Pan、Carte [EB/OL]. [2020-05-25]. https://wxy0327.blog.csdn.net/article/details/106327544.

[11] wzy0623. 彻底搞清 Kettle 数据分发方式与多线程[EB/OL]. [2020-05-20]. https://blog.csdn.net/wzy0623/article/details/106239406.

[12] wzy0623. Kettle 数据库连接中的集群与分片[EB/OL]. [2020-05-21]. https://wxy0327.blog.csdn.net/article/details/106262114.

[13] wzy0623. Kettle 安装配置[EB/OL]. [2020-05-28]. https://blog.csdn.net/wzy0623/article/details/106396319.

[14] wzy0623.连接 Hadoop [EB/OL]. [2020-05-28]. https://blog.csdn.net/wzy0623/article/details/106406702.

[15] wzy0623.导入导出 Hadoop 集群数据[EB/OL]. [2020-06-01]. https://blog.csdn.net/wzy0623/article/details/106471124.

[16] Extracting Data from HDFS to Load an RDBMS [EB/OL]. [2013-03-08]. http://wiki.pentaho.com/display/BAD/Extracting+Data+from+HDFS+to+Load+an+RDBMS.

[17] Extracting Data from Hive to Load an RDBMS [EB/OL]. [2012-06-27]. http://wiki.pentaho.com/display/BAD/Extracting+Data+from+Hive+to+Load+an+RDBMS.

[18] wzy0623. 执行 MapReduce [EB/OL]. [2020-06-02]. https://blog.csdn.net/wzy0623/article/details/106496229.

[19] Using Pentaho MapReduce to Parse Weblog Data [EB/OL]. [2012-06-27]. http://wiki.pentaho.com/display/BAD/Using+Pentaho+MapReduce+to+Parse+Weblog+Data.

[20] Using Pentaho MapReduce to Generate an Aggregate Dataset [EB/OL]. [2012-06-27]. http://wiki.pentaho.com/display/BAD/Using+Pentaho+MapReduce+to+Generate+an+Aggregate+Dataset.

[21] wzy0623.执行 HiveQL 语句[EB/OL]. [2020-06-04]. https://blog.csdn.net/wzy0623/article/details/106540137.

[22] wzy0623.执行 Sqoop 作业[EB/OL]. [2020-06-08]. https://blog.csdn.net/wzy0623/article/details/106613213.

[23] wzy0623.执行 Oozie 作业[EB/OL]. [2020-06-09]. https://blog.csdn.net/wzy0623/article/details/106635180.

[24] wzy0623.提交 Spark 作业[EB/OL]. [2020-06-10]. https://blog.csdn.net/wzy0623/article/details/106660089.

[25] Spark Submit [EB/OL]. [2019-10-10]. https://help.pentaho.com/Documentation/8.3/Products/Spark_Submit.

[26] Using Spark with PDILast updated[EB/OL].[2016-02-03]. http://help.pentaho.com/Documentation/6.0/0L0/040/029.

[27] Phillip Wilkerson. Spark Submit [EB/OL].[2020-10-05]. http://wiki.pentaho.com/display/EAI/Spark+Submit.

6 第6章　大数据存储

随着云计算、物联网及各种新型社交信息网络的高速发展，大数据时代席卷而来，非结构化数据存储量呈现指数级增加，数据的形式高度复杂。数据存储及数据分析需求的不断增长，关系型数据库各种限制凸现，如可伸缩性和存储能力的限制，数据量大导致查询效率下降，大型数据库的存储和管理变得更具挑战性，大数据存储技术在此环境下应运而生，也成为大数据领域关键技术之一。人们利用分布式存储代替集中式存储，用更廉价的机器代替之前昂贵的机器，让海量存储的成本大大降低。

本章首先对大数据存储进行概述；然后介绍 HDFS 数据库和 HBase、MongoDB、Redis 等 NoSQL 数据库，从实际应用角度描述 ElasticSearch；最后采用 Redis 进行数据存储实战，以说明如何使用大数据存储技术。

大数据存储导览如图 6-1 所示。

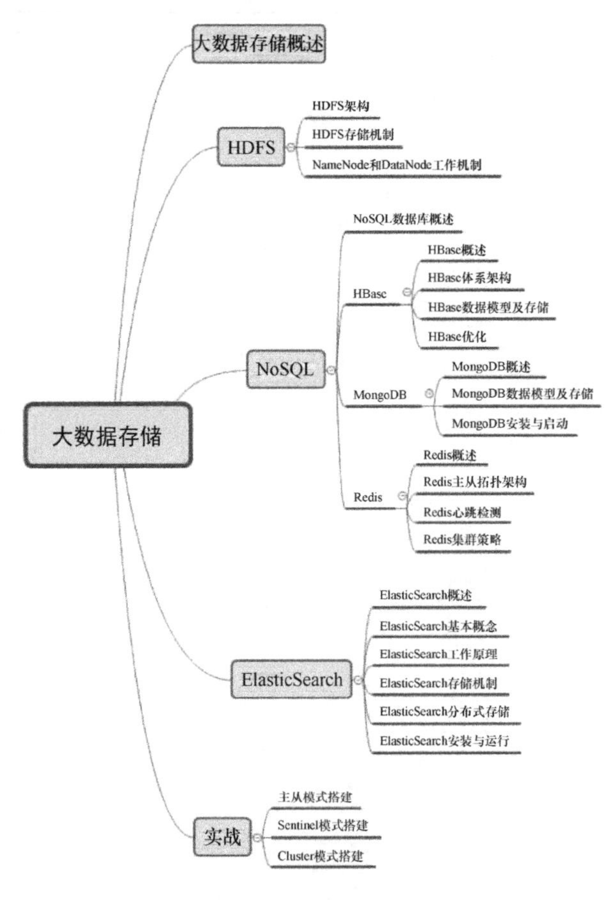

图 6-1　大数据存储导览

6.1 大数据存储概述

6.1.1 大数据存储面临的问题

大数据通常具备 5V 特征（Volume、Velocity、Variety、Value、Veracity，规模性、高速性、多样性、价值性、真实性）[1]。其中，第一个特征——规模性即海量存储，海量存储指其在数据存储中的容量增长是没有止境的。因此，用户需要不断地扩张存储空间。但是，存储容量的增长与存储性能的增长并不成正比，这就造成了数据存储上的误区和障碍。大数据存储技术的概念已经不仅是单个存储设备，而多个存储设备的连接使数据管理成为一大难题。因此，统一平台的数据管理产品在近年受到了广大用户的欢迎。这类产品能将不同平台的存储设备整合在一个单一的控制界面上，结合虚拟化软件对存储资源进行管理。这样的产品无疑简化了用户的管理。

目前，企业存储面临几个问题：一是存储数据的成本在不断地增加，如何削减开支节约成本以保证高可用性；二是数据存储容量爆炸性增长且难以预估；三是越来越复杂的环境使得存储的数据无法管理。因此，业界目前有两个发展方向[2]：存储虚拟化和容量扩展。

1. 存储虚拟化

对于存储面临的难题，业界采用的解决手段之一就是存储虚拟化。虚拟存储的概念实际上在早期的计算机虚拟存储器中就已经很好地得以体现，常说的网络存储虚拟化只不过是在更大规模范围内体现存储虚拟化的思想。该技术通过聚合多个存储设备的空间，灵活部署存储空间的分配，从而实现了现有存储空间的高利用率，避免了不必要的设备开支。

存储虚拟化的好处显而易见：可实现存储系统的整合，提高存储空间的利用率，简化系统的管理，保护原有投资等。越来越多的厂商正积极投身于存储虚拟化领域，比如数据复制、自动精简配置等技术也用到了虚拟化技术。虚拟化并不是一个单独的产品，而是存储系统的一项基本功能。它对于整合异构存储环境、降低系统整体拥有成本是十分有效的。在存储系统的各个层面和不同应用领域都广泛使用虚拟化这个概念。考虑到整个存储层次大体分为应用、文件和块设备三个层次，相应的虚拟化技术也大致可以按这三个层次分类。

目前，大部分设备提供商和服务提供商都在自己的产品中包含存储虚拟化技术，使用户能够方便地使用。

2. 容量扩展

目前，在发展趋势上，存储管理的重点已经从对存储资源的管理转变到对数据资源的管理。随着存储系统规模的不断扩大，对数据如何在存储系统中进行时空分布成为保证数据的存取性能、安全性和经济性的重要问题。面对信息海量增长对存储扩容的需求，目前主流厂商均提出了各自的解决方案。由于存储现状比较复杂，存储技术的发展业界还没有形成统一的认识，因此在应对存储容量增长的问题上，尚存在很大的提升空间。技术是发展的，数据的世界也是在不断变化的过程中走向完美。企业信息架构的“分”与“合”的情况并不绝对。目前，出现了许多的融合技术，如 NAS 与 SAN 的融合，统一存储网等。这些都将对企业信息架构产生不同的影响。采用哪种技术更合适取决于企业自身对数据的需求。

6.1.2 大数据存储方式

大数据存储方式有多种，一般可分为以下三大类。

1. 分布式系统

分布式系统包含多个自主的处理单元，通过计算机网络互联来协作完成分配的任务，其分而治之的策略能够更好地解决大规模数据分析问题。分布式系统主要包含以下两类[3]。

（1）分布式文件系统：存储管理需要多种技术的协同工作，其中文件系统为其提供底层存储能力的支持。分布式文件系统 HDFS 是一个高度容错性系统，被设计成适用于批量处理，能够提供高吞吐量的数据访问。

（2）分布式键值系统：分布式键值系统用于存储关系简单的半结构化数据。典型的分布式键值系统有 Amazon Dynamo，获得广泛应用和关注的对象存储技术（Object Storage）也可以视为键值系统，其存储和管理的是对象而不是数据块。

2. NoSQL 数据库

关系型数据库已经无法满足 Web 2.0 的需求，主要表现为无法满足海量数据的管理需求、无法满足数据高并发的需求、高可扩展性和高可用性的功能太低。

NoSQL 数据库的优势：可以支持超大规模数据存储，灵活的数据模型可以很好地支持 Web 2.0 应用，具有强大的横向扩展能力等。典型的 NoSQL 数据库包含以下几种：键值数据库、列族数据库、文档数据库和图形数据库。

3. 云数据库

云数据库是基于云计算技术发展的一种共享基础架构的方法，是部署和虚拟化在云计算环境中的数据库。云数据库并非一种全新的数据库技术，而只是以服务的方式提供数据库功能。云数据库所采用的数据模型可以是关系型数据库所使用的关系模型，如微软的 SQL Azure 云数据库。同一个公司也可能提供采用不同数据模型的多种云数据库服务。

6.1.3 大数据存储技术路线

目前，大数据存储技术路线主要有三种：MPP（Massively Parallel Processing，大规模并行处理）架构的新型数据库集群、基于 Hadoop 的技术扩展、大数据一体机。

1. MPP 架构的新型数据库集群

采用 MPP 架构的新型数据库集群，重点面向行业大数据，采用 Shared Nothing 架构。

MPP 架构如图 6-2 所示，通过列存储、粗粒度索引等多项大数据处理技术，再结合 MPP 架构高效的分布式计算模式，完成对分析类应用的支撑，运行环境多为低成本台式机服务器，具有高性能和高扩展性的特点，在企业分析类应用领域获得极其广泛的应用。

这类 MPP 产品可以有效支撑 PB 级别的结构化数据分析，这是传统数据库技术无法胜任的。对于企业新一代数据仓库和结构化数据分析，目前最佳选择是 MPP 数据库。

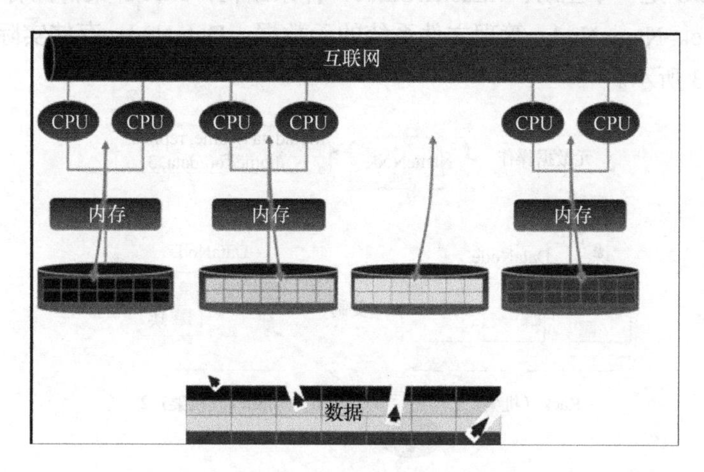

图 6-2 MPP 架构

2. 基于 Hadoop 的技术扩展

基于 Hadoop 的技术扩展和封装，围绕 Hadoop 衍生出相关的大数据技术，应对传统关系型数据库较难处理的数据和场景，例如针对非结构化数据的存储和计算等，充分利用 Hadoop 开源的优势，伴随相关技术的不断进步，其应用场景也将逐步扩大。目前最为典型的应用场景就是通过扩展和封装 Hadoop 来实现对互联网大数据存储、分析的支撑。其中有几十种 NoSQL 技术，也在进一步细分。对于非结构、半结构化数据处理，复杂的 ETL 流程，复杂的数据挖掘和计算模型，Hadoop 平台更擅长。

3. 大数据一体机

大数据一体机是一种专为大数据的分析处理而设计的软、硬件结合的产品，由一组集成的服务器、存储设备、操作系统、数据库管理系统，以及为数据查询、处理、分析用途而特别预先安装及优化的软件组成。高性能大数据一体机具有良好的稳定性和纵向扩展性。

6.2 HDFS

HDFS（Hadoop Distributed File System，Hadoop 分布式文件系统）是分布式计算中数据存储管理的基础，是基于流数据模式访问和处理超大文件的需求而开发的，可以运行于廉价的商用服务器上。它具有的高容错、高可靠性、高可扩展性、高获得性、高吞吐率等特征为海量数据存储奠定了坚实基础，为超大数据集（Large Data Set）的应用处理带来了很多便利。

6.2.1 HDFS 架构

HDFS 主要由四部分组成：HDFS Client、NameNode、DataNode 和 Secondary NameNode。HDFS 是一个主/从（Master/Slave）体系结构，HDFS 集群拥有一个 NameNode 和一些 DataNode。NameNode 管理文件系统的元数据，DataNode 存储实际的数据。HDFS 存储架构如图 6-3 所示。

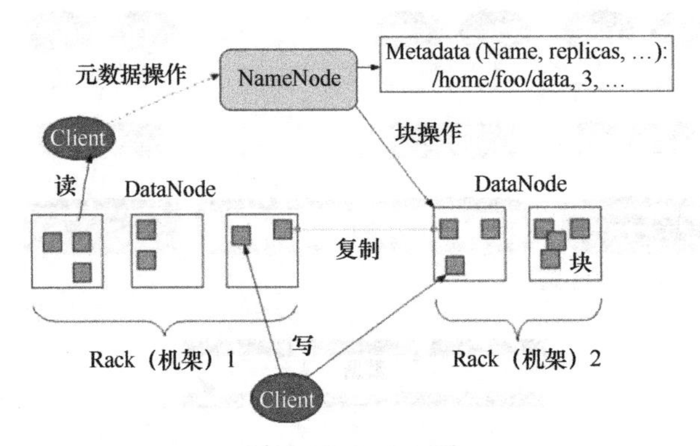

图 6-3　HDFS 存储架构

HDFS 公开文件系统命名空间，并允许用户数据存储在文件中。在内部，文件被分成一个或多个块（Block），这些块存储在一组 DataNode 中。NameNode 执行文件系统命名空间操作，如打开，关闭和重命名文件和目录。NameNode 还确定了块到 DataNode 的映射。DataNode 负责提供来自文件系统客户端的读写请求。各个组件功能如下。

1. Client

（1）文件切分。文件上传 HDFS 的时候，Client（客户端）先将文件切分成一个一个的数据块，然后进行存储。

（2）与 NameNode 交互，获取文件的位置信息。

（3）与 DataNode 交互，读取或者写入数据。

（4）Client 提供一些命令来管理 HDFS，比如启动或者关闭 HDFS。

（5）Client 可以通过一些命令来访问 HDFS。

2. NameNode

NameNode 也叫 Master（主），主要起主管、管理者的作用。

（1）管理 HDFS 的名称空间。

（2）管理数据块映射信息。

（3）配置副本策略。

（4）处理 Client 读/写请求。

3. DataNode

DataNode 也叫 Slave（从）。DataNode 接收 NameNode 下达的命令，执行实际的操作，

包括存储实际的数据块，执行数据块的读/写操作。

4．Secondary NameNode

Secondary NameNode 并不是 NameNode 的热备。当 NameNode 崩溃时，它并不能马上替换 NameNode 并提供服务。其主要任务如下。

（1）辅助 NameNode，分担其工作量。

（2）定期合并 FSImage 和 Edits，并推送给 NameNode。

（3）在紧急情况下，可辅助恢复 NameNode。

6.2.2 HDFS 存储机制

HDFS 是用来为大数据提供可靠存储的，它通过数据冗余存储、副本存放策略、数据容错与恢复机制来提供高可靠性和可用性。因此，HDFS 是一个高度容错系统，能够提供高吞吐量的数据访问，适用于大规模数据集。HDFS 存储机制从数据冗余存储、数据存放策略、数据容错与恢复等方面考虑。

1．数据冗余存储

为了保证系统的容错性和可用性，HDFS 采用多副本（默认为 3 个）方式对数据进行冗余存储。通常，一个数据块（Block）的多个副本会被分布到不同的 DataNode 上，如图 6-4 所示。其中，Block1 被分别存放到数据节点 A 和 C 上，Block2 被存放在数据节点 A 和 B 上。

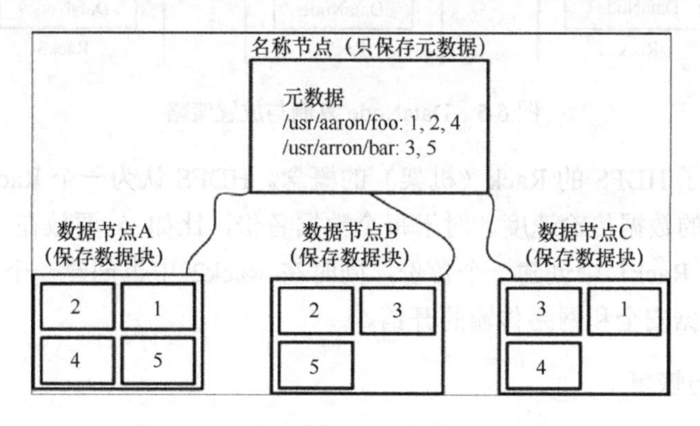

图 6-4 HDFS 数据块多副本冗余存储

这种多副本方式具有以下优点。

（1）提高数据传输速度：当多个客户端需要同时访问同一个文件时，可以让各客户端分别从不同的数据块副本中读取数据，以加快数据传输速度。

（2）易于检查数据错误：HDFS 的数据节点之间通过网络传输数据，采用多个副本易于判断数据传输是否出错。

（3）保证数据可用性：即使某个数据节点出现故障，也不会造成数据丢失。

2．数据存放策略

在 HDFS 系统，NameNode 负责整个集群的数据备份和分配[4]，在分配过程中主要考虑两个因素：一是数据安全，即在某个节点发生故障时不会丢失数据备份；二是网络传输开销，在备份数据同步过程中尽量减少网络传输中的带宽开销。这两个因素看起来是有些相互矛盾的。因为想要保证数据安全，就应尽量把数据备份到多个节点上，但这需要向多个节点传输数据；想要减少网络传输开销，就要尽可能把数据备份到一个节点内部或者一台机架内部，因为系统内部的数据传输速度会远高于网络传输速度。

为了提高数据的可靠性与系统的可用性，以及充分利用网络带宽，HDFS 在网络安全和减少网络传输之间做了一种平衡：采用以机架感知（Rack-aware）为基础的数据存放策略，即 DataNode 复制与放置策略，如图 6-5 所示。

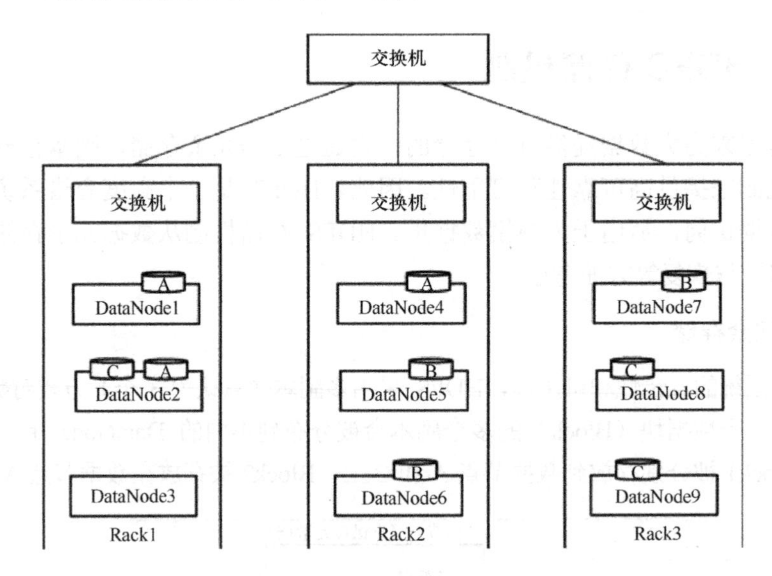

图 6-5　DataNode 复制与放置策略

图 6-5 中描述了 HDFS 的 Rack（机架）的概念。HDFS 认为一个 Rack 的数据传输速度远高于 Rack 之间的数据传输速度。对于每个数据备份，比如 A 要放在 Rack1 中，在写入 HDFS 时首先会在 Rack1 中创建一个备份，同时在 Rack2 中也创建一个备份。这样做在一定程度上兼顾了数据安全和网络传输的开销。

3．数据容错与恢复

HDFS 具有较高的容错性，可以兼容廉价的硬件。它把硬件出错看成一种常态，而不是异常，其中设计了相应的机制检测数据错误，并进行自动恢复。HDFS 的容错与恢复机制主要包括 NameNode 出错检测、DataNode 出错和数据错误检测。

（1）NameNode 出错检测。NameNode 保存了所有的元数据信息，其中两大核心数据结构是 FSImage 和 EditLog 文件。如果这两个文件发生损坏，那么整个 HDFS 实例将失效。因此，HDFS 设置了备份机制，把这些核心文件同步复制到备份服务器 Secondary NameNode 上。当 NameNode 出错时，就可以根据备份服务器 Secondary NameNode 中的 FSImage 和 EditLog 数据进行恢复。

（2）DataNode 出错检测。每个 DataNode 会定期向 NameNode 发送“心跳”信息，向 NameNode 报告自己的状态。当 DataNode 发生故障或者网络发生断网时，NameNode 就无法收到一些 DataNode 的心跳信息；这些 DataNode 就会被标记为“死机”，这些 DataNode 上的所有数据都会被标记为不可读，NameNode 也不会再给它们发送任何 I/O 请求。这时，有可能出现一种情形，即一些 DataNode 的不可用会导致一些数据块的副本数量小于冗余因子。NameNode 会定期检查这种情况，一旦发现某个数据块的副本数量小于冗余因子，就会启动数据冗余复制，为它生成新的副本。HDFS 与其他分布式文件系统的最大区别是，可以调整冗余数据的位置。

（3）数据错误检测。网络传输和磁盘错误等都会造成数据错误。客户端在读取到数据后，会采用 MDA5（Message Digest Algorithm 5，消息摘要算法第 5 版）和 SHA1（Secure Hash Algorithm 1，安全哈希算法 1）对数据块进行校验，以确定读取到正确的数据。在文件被创建时，客户端就会对每个数据块进行信息摘录，并把这些信息写入同一个路径的隐藏文件中。当客户端读取文件时，会先读取该信息文件，然后利用该信息文件对每个读取的数据块进行校验；如果校验出错，客户端就会请求到另外一个 DataNode 读取该数据块，并且向 NameNode 报告这个数据块有错误。NameNode 会定期检查并且重新复制这个数据块。

4．HDFS 存储过程

HDFS 存储过程包括 HDFS 的读数据过程和写数据过程两部分。

1）HDFS 读数据过程

HDFS 读数据过程如图 6-6 所示，主要包括以下步骤。

（1）客户端通过分布式文件搜索系统向 NameNode 请求下载文件，NameNode 通过查询元数据，找到文件块所在的 DataNode 地址。

（2）挑选一台 DataNode（先就近原则，然后随机）服务器，请求读取数据。

（3）DataNode 开始传输数据给客户端（从磁盘里面读取数据输入流，以包为单位来做校验）。

（4）客户端以包为单位接收，先在本地缓存，然后写入目标文件。

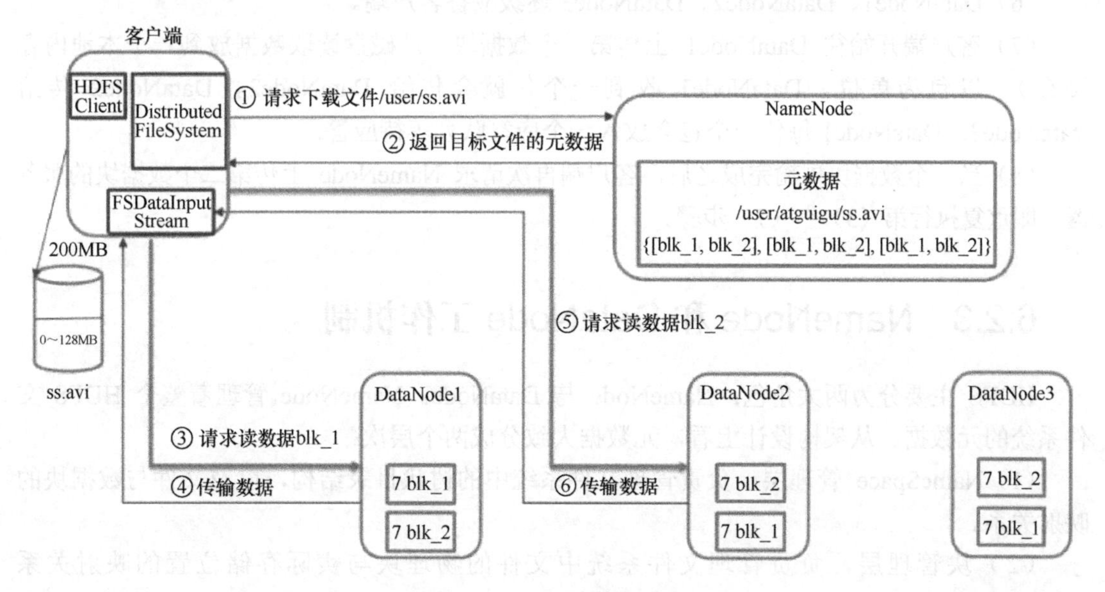

图 6-6　HDFS 读数据过程

2）HDFS 写数据过程

HDFS 写数据过程如图 6-7 所示，主要包括以下步骤。

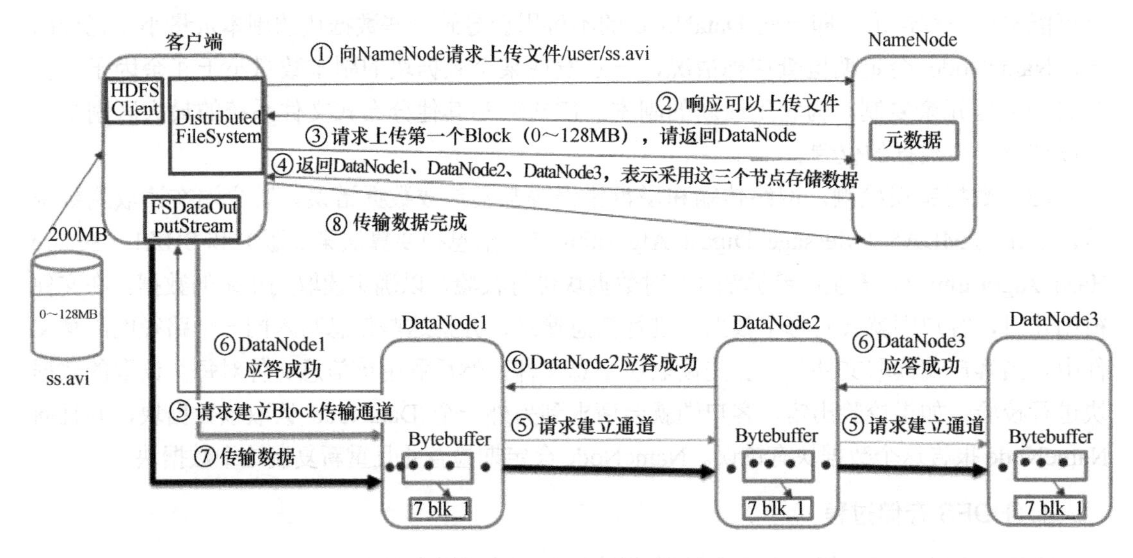

图 6-7　HDFS 写数据过程

（1）客户端通过分布式文件搜索系统向 NameNode 请求上传文件，NameNode 检查目标文件是否已存在，父目录是否存在。

（2）NameNode 返回是否可以上传。

（3）客户端请求第一个数据块上传到哪几个 DataNode 服务器上。

（4）NameNode 返回三个 DataNode，分别为 DataNode1、DataNode2、DataNode3。

（5）客户端通过 FSDataOutputStream 模块请求 DataNode1 上传数据，DataNode1 收到请求会继续调用 DataNode2，然后 DataNode2 调用 DataNode3，将这个通信管道建立完成。

（6）DataNode1、DataNode2、DataNode3 逐级应答客户端。

（7）客户端开始往 DataNode1 上传第一个数据块（从磁盘读取数据放到一个本地内存缓存），以包为单位，DataNode1 收到一个包就会传给 DataNode2，DataNode2 传给 DataNode3；DataNode1 每传一个包会放入一个应答队列等待应答。

（8）当一个数据块传输完成之后，客户端再次请求 NameNode 上传第二个数据块的服务器，即重复执行第（3）～（7）步骤。

6.2.3　NameNode 和 DataNode 工作机制

HDFS 主要分为两大角色：NameNode 与 DataNode。NameNode 管理着整个 HDFS 文件系统的元数据。从架构设计上看，元数据大致分成两个层次：

（1）NameSpace 管理层，负责管理文件系统中的树状目录结构，以及文件与数据块的映射关系。

（2）块管理层，负责管理文件系统中文件的物理块与实际存储位置的映射关系 BlocksMap。

HDFS 结构如图 6-8 所示。

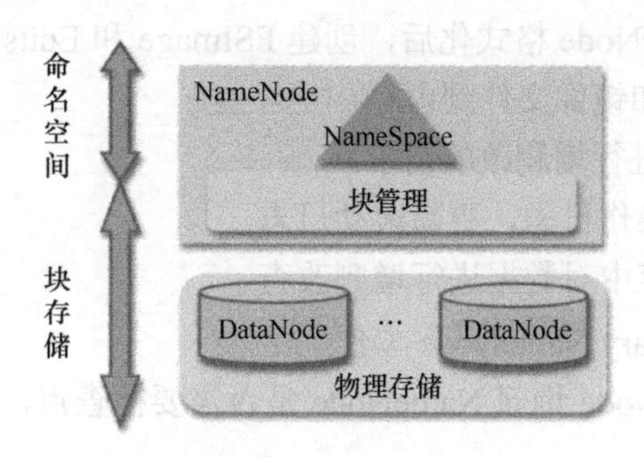

图 6-8　HDFS 结构

1. NameNode

NameSpace 管理的元数据除内存常驻外，也会周期更新到持久化设备的 FSImage 文件中；BlockSMap 元数据只在内存中存在；当 NameNode 重启时，首先从持久化设备中读取 FSImage 构建 NameSpace，然后根据 DataNode 的汇报信息重新构造 BlocksMap。这两部分数据结构是占据了 NameNode 大部分的 JVM（Java Virtual Machine，Java 虚拟机）堆空间。除对文件系统本身元数据的管理外，NameNode 还需要维护整个集群的机架及管理 DataNode 与文件块的映射关系。

NameNode 的工作机制如图 6-9 所示。

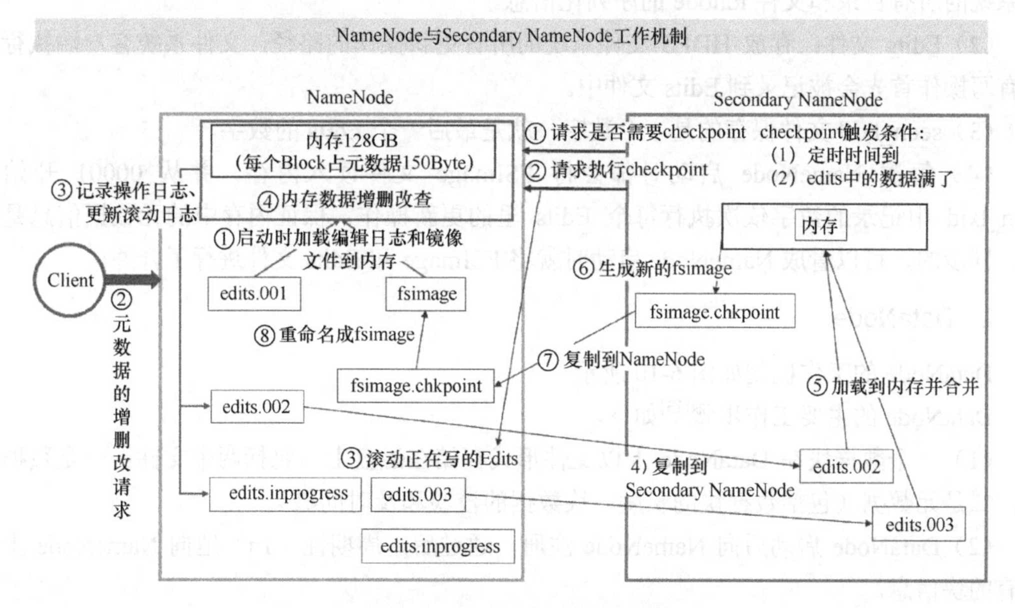

图 6-9　NameNode 的工作机制

NameNode 负责管理整个文件系统的元数据，以及每个路径（文件）所对应的数据块信息。Secondary NameNode 主要用于定期合并命名空间镜像和命名空间镜像的编辑日志。NameNode 的工作流程主要分为两个阶段，分别是 NameNode 启动和 Secondary NameNode 工作。

1）第一阶段：NameNode 启动

（1）第一次启动 NameNode 格式化后，创建 FSImage 和 Edits 文件；如果不是第一次启动，则直接加载编辑日志和镜像文件到内存。

（2）客户端对元数据进行增删改的请求。

（3）NameNode 记录操作日志，更新滚动日志。

（4）NameNode 在内存中对数据进行增删改查。

2）第二阶段：Secondary NameNode 工作

（1）Secondary NameNode 询问 NameNode 是否需要检查点，直接带回 NameNode 是否检查结果。

（2）Secondary NameNode 请求执行检查点。

（3）NameNode 滚动正在写的 Edits 日志。

（4）将滚动前的编辑日志和镜像文件复制到 Secondary NameNode。

（5）Secondary NameNode 加载编辑日志和镜像文件到内存，并合并。

（6）生成新的镜像文件 fsimage.chkpoint。

（7）复制 fsimage.chkpoint 到 NameNode。

（8）NameNode 将 fsimage.chkpoint 重命名成 fsimage。

在 NameNode 工作过程中，会产生一些镜像文件和编辑日志文件。

（1）FSImage 文件：HDFS 文件系统元数据的一个永久性的检查点，其中包含 HDFS 文件系统的所有目录和文件 idnode 的序列化信息。

（2）Edits 文件：存放 HDFS 文件系统的所有更新操作的路径，文件系统客户端执行的所有写操作首先会被记录到 Edits 文件中。

（3）seen_txid 文件保存的是一个数字，就是最后一个 Edits 的数字。

（4）每次 NameNode 启动时都会将 FSImage 文件读入内存，并从 00001 开始到 seen_txid 中记录的数字依次执行每个 Edits 里的更新操作，保证内存中的元数据信息是最新、同步的，可以看成 NameNode 启动时就将 FSImage 和 Edits 文件进行了合并。

2. DataNode

DataNode 的工作机制如图 6-10 所示。

DataNode 的主要工作步骤[13]如下。

（1）一个数据块在 DataNode 上以文件形式存储在磁盘上，包括两个文件：一是数据本身，二是元数据（包括数据块的长度、块数据的校验和及时间戳）。

（2）DataNode 启动后向 NameNode 注册，通过后，周期性（1h）地向 NameNode 上报所有的块信息。

（3）心跳是每 3s 跳一次，心跳返回结果带有 NameNode 给该 DataNode 的命令，如复制块数据到另一台机器，或删除某个数据块。如果超过 10min 没有收到某个 DataNode 的心跳，则认为该节点不可用。

（4）集群运行中可以安全加入和退出一些机器。

在 DataNode 工作期间，会检查数据的完整性，其步骤如下。

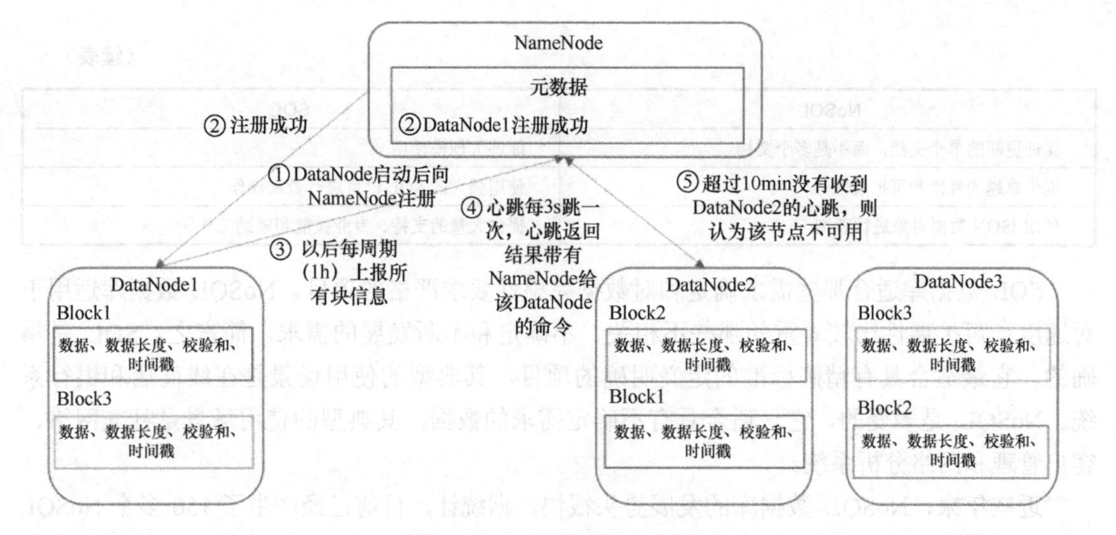

图 6-10 DataNode 的工作机制

（1）当 DataNode 读取数据块的时候，它会计算检查量。

（2）如果计算后的检查量与数据块创建时的值不一样，则说明数据块已经损坏。

（3）客户端读取其他 DataNode 上的数据块。

（4）DataNode 在其文件创建后周期性地验证检查量。

6.3 NoSQL

6.3.1 NoSQL 数据库概述

NoSQL 泛指非关系型数据库。传统的关系型数据库在处理超大规模和高并发的 SNS 类型的纯动态网站上已经显得力不从心，出现了很多难以克服的问题，而非关系型数据库则由于其本身的特点得到了非常迅速的发展。NoSQL 数据库的产生就是为了解决大规模数据集合多重数据种类带来的挑战，尤其是大数据应用难题。NoSQL 与 SQL 的区别如表 6-1 所示。

表 6-1 NoSQL 与 SQL 的区别

NoSQL	SQL
使用类 JSON 格式的文档来存储键值对	使用表存储相关的数据
存储数据不需要特定的模式	在使用表之前需要先定义表的模式
使用非规范化的标准存储信息，以保证一个文档中包含一个条目的所有信息	鼓励使用规范来减少数据冗余
不需要使用 JOIN 操作	支持使用 JOIN 操作，使用一条 SQL 语句从多张表中取出相关的数据
允许数据不用通过验证就可以存储到任意位置	需要满足数据完整性约束规则

（续表）

NoSQL	SQL
保证更新的单个文档，而不是多个文档	能够大规模使用
提供卓越的性能和可扩展性	使用强大的 SQL 语言进行查询操作
使用 JSON 数据对象进行查询	提供大量的支持、专业技能和辅助工作

SQL 数据库适合那些需求确定和对数据完整性要求严格的项目。NoSQL 数据库适用于对速度、可扩展性比较看重的那些不相关、不确定和不断发展的需求。简言之，SQL 是精确的，它最适合具有精确标准的定义明确的项目，其典型的使用场景是在线商店和银行系统。NoSQL 是多变的，它最适合具有不确定需求的数据，其典型的使用场景是社交网络、客户管理和网络分析系统。

近些年来，NoSQL 数据库的发展势头很快。据统计，目前已经产生了 150 多个 NoSQL 数据库系统。但是，归结起来可以将典型的 NoSQL 划分为 4 种类型，分别是键值数据库、列式数据库、文档数据库和图形数据库，如图 6-11 所示。

1．键值数据库

键值数据库起源于 Amazon 开发的 Dynamo 系统，可以把它理解为一个分布式的 Hashmap，支持 SET/GET 元操作。

它使用一个哈希表，表中的 Key（键）用来定位 Value（值），即存储和检索具体的值。数据库不能对值进行索引和查询，只能通过键进行查询。值可以用来存储任意类型的数据，包括整型、字符型、数组、对象等。

如图 6-12 所示，键值存储的值也可以是比较复杂的结构，如一个新的键值对封装成的一个对象。一个完整的分布式键值数据库会将键值按策略尽量均匀地散列在不同的节点上，其中，一致性哈希函数是比较优雅的散列策略，它可以保证当某个节点崩溃时，只有该节点的数据需要重新散列。

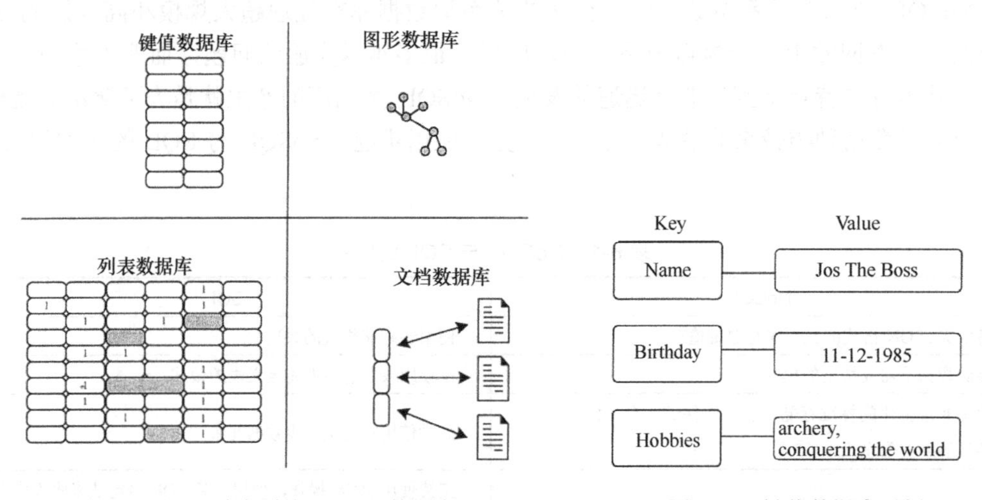

图 6-11　4 种类型的 NoSQL 数据库

图 6-12　键值数据库示例

在存在大量写操作的情况下，键值数据库可以比关系型数据库有明显的性能优势，这是因为关系型数据库需要建立索引来加速查询，当存在大量写操作时，索引会发生频繁更新，从而会产生高昂的索引维护代价。键值数据库具有良好的伸缩性，理论上讲可以实现数据量的无限扩容。

键值数据库可以进一步划分为内存键值数据库和持久化键值数据库。

（1）内存键值数据库把数据保存在内存中，如 Memcached 和 Redis。

（2）持久化键值数据库把数据保存在磁盘中，如 BerkeleyDB、Voldmort 和 Riak。

键值数据库也有自身的局限性，主要是条件查询。如果只对部分值进行查询或更新，效率会比较低下。在使用键值数据库时，应该尽量避免多表关联查询。此外，因为键值数据库在发生故障时不支持回滚操作，所以无法支持事务。

大多数键值数据库通常不会关心存入的值到底是什么，在它看来，那只是一堆字节而已，因此开发者也无法通过值的某些属性来获取整个值。

2. 列式数据库

列式数据库起源于 Google 的 BigTable，其数据模型可以看成一个每行列数可变的数据表。它可以细分为 4 种实现模式，如图 6-13 所示。

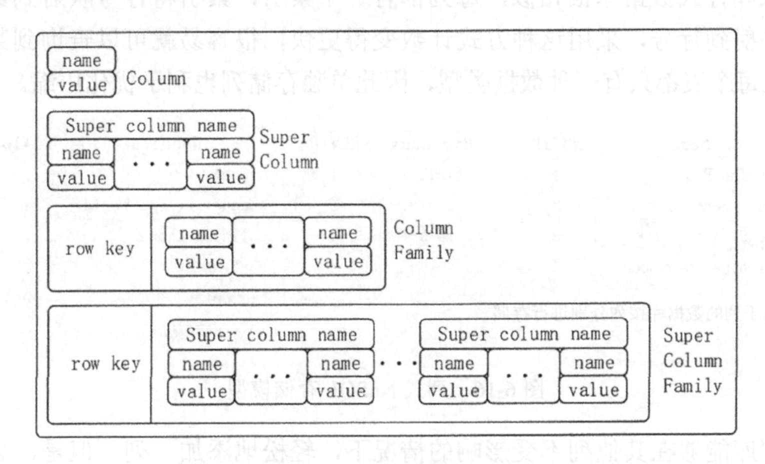

图 6-13　列式数据库模型

Super Column Family 模式可以理解为映射的映射，例如，可以把一个作者和他的专辑结构化地存成 Super Column Family 模式，如图 6-14 所示。

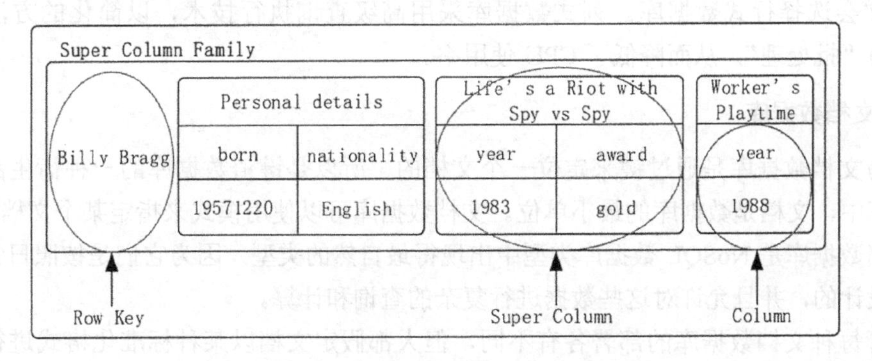

图 6-14　Super Column Family 模式

在行式数据库中查询时，无论需要哪一列都要将每行扫描完。假设想要在图 6-15 中的“生日”（Birthday）列表中查询 9 月的生日，数据库将会从上到下、从左到右地扫描列表，最终返回生日为 9 月的列表。

Name	ROWID
Jos The Boss	1
Fritz Schneider	2
Freddy Stark	3
Delphine Thewiseone	4

Birthday	ROWID
11-12-1985	1
27-1-1978	2
16-9-1986	4

Hobbies	ROWID
archery	1, 3
conquering, the world	1
buliding things	2
surfing	2
swordplay	3
lollygagging	3

基于列的数据库按列分别进行存储

图 6-15　关系型数据库数据模型

如果给某些特定列建索引，则可以显著提高查找速度，但是索引会带来额外的开销，而且数据库仍在扫描所有列。

列式数据库可以分别存储每个列，从而在列数较少的情况下更快速地进行扫描。图 6-16 的布局看起来和行式数据库很相似，每列都有一个索引，索引将行号映射到数据，列式数据库将数据映射到行号，采用这种方式计数变得更快，很容易就可以查询到某个项目的爱好人数，并且每个表都只有一种数据类型，因此单独存储列也利于优化压缩。

Name	ROWID
Jos The Boss	1
Fritz Schneider	2
Freddy Stark	3
Delphine Thewiseone	4

Birthday	ROWID
11-12-1985	1
27-1-1978	2
16-9-1986	4

Hobbies	ROWID
archery	1, 3
conquering, the world	1
buliding things	2
surfing	2
swordplay	3
lollygagging	3

基于列的数据库按列分别进行存储

图 6-16　列式 NoSQL 存储模型

列式数据库能够在其他列不受影响的情况下，轻松地添加一列。但是，如果要添加一条记录，则需要访问所有表。因此，行式数据库要比列式数据库更适合联机事务处理过程（OLTP），因为 OLTP 要频繁地进行记录的添加或修改。

列式数据库更适合执行分析操作，如进行汇总或计数。实际交易的事务，如销售类事务，通常会选择行式数据库。列式数据库采用高级查询执行技术，以简化的方法处理列块，称为“批处理”，从而降低了 CPU 使用率。

3．文档数据库

因为文档数据库是通过键来定位一个文档的，所以是键值数据库的一种衍生品。在文档数据库中，文档是数据库的最小单位。文档数据库可以使用模式来指定某个文档结构。

文档数据库是 NoSQL 数据库类型中出现得最自然的类型，因为它们是按照日常文档的存储来设计的，并且允许对这些数据进行复杂的查询和计算。

尽管每种文档数据库的部署各有不同，但大都假定文档以某种标准化格式进行封装，并对数据进行加密。

文档格式包括 XML、YAML、JSON 和 BSON 等，也可以使用二进制格式，如 PDF、Microsoft Office 文档等。一个文档可以包含复杂的数据结构，并且不需要采用特定的数据模式，每个文档可以具有完全不同的结构。

文档数据库既可以根据键值来构建索引，也可以基于文档内容来构建索引。基于文档内容的索引和查询能力是文档数据库不同于键值数据库的主要方面，因为在键值数据库中，值对数据库是透明不可见的，不能基于值构建索引。

文档数据库主要用于存储和检索文档数据，非常适合那些把输入数据表示成文档的应用。从关系型数据库存储方式的角度来看，每个事务都应该存储一次，并且通过外键进行连接，而文件存储不关心规范化，只要数据存储在一个有意义的结构中即可。

如图 6-17 所示，如果要将报纸或杂志中的文章存储到关系型数据库中，首先要对存储的信息进行分类，即将文章放在一个表中，将作者和相关信息放在一个表中，将文章评论放在一个表中，将读者信息放在一个表中，然后将这四个表连接起来进行查询。但是，文档存储可以将文章存储为单个实体，这样就降低了用户对文章数据的认知负担。

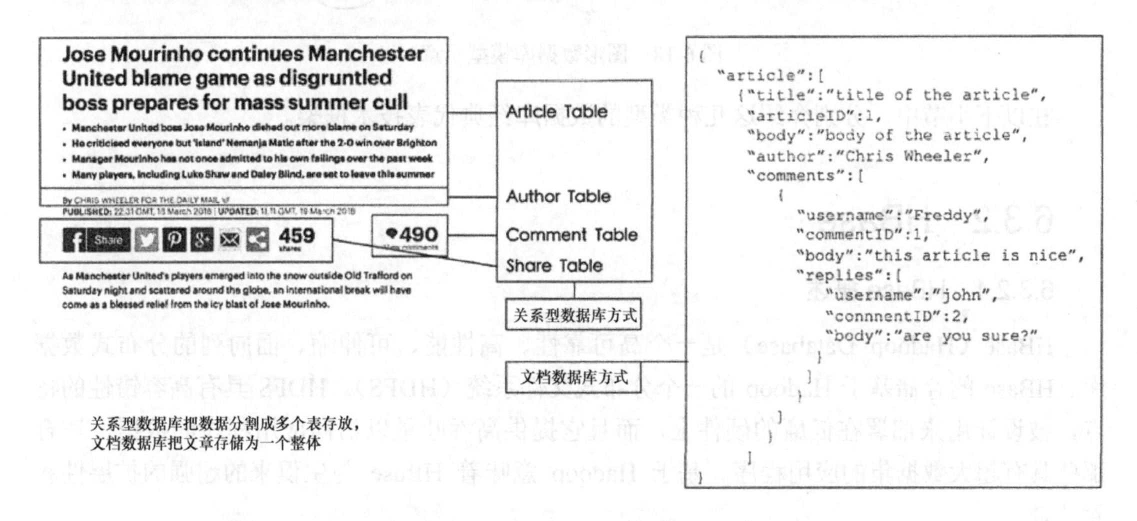

图 6-17 关系型数据库和文档数据库存储报纸或杂志中的文章的比较

4. 图形数据库

图形数据库以图论为基础，用图来表示一个对象集合，包括顶点及连接顶点的边。图形数据库使用图作为数据模型来存储数据，可以高效地存储不同顶点之间的关系。

图形数据库是 NoSQL 数据库类型中最复杂的一个，旨在以高效的方式存储实体之间的关系。图形数据库适用于高度相互关联的数据，可以高效地处理实体间的关系，尤其适合于社交网络、依赖分析、模式识别、推荐系统、路径寻找、科学论文引用，以及资本资产集群等场景。

图形或网络数据主要由节点和边两部分组成。节点是实体本身，如果是在社交网络中，那么代表的就是人。边代表两个实体之间的关系，用线来表示，并具有自己的属性。另外，边还可以有方向，箭头指向谁，谁就是该关系的主导方，如图 6-18 所示。

图形数据库在处理实体间的关系时具有很好的性能，但在其他应用领域中的性能不如其他 NoSQL 数据库。典型的图形数据库有 Neo4J、OrientDB、InfoGrid、Infinite Graph 和 GraphDB 等。有些图形数据库（如 Neo4J），完全兼容 ACID 特性。ACID 指数据库事务正确执行的四个基本要素，即原子性（Atomicity）、一致性（Consistency）、隔离性（Isolation）、持久性（Durability）的缩写。

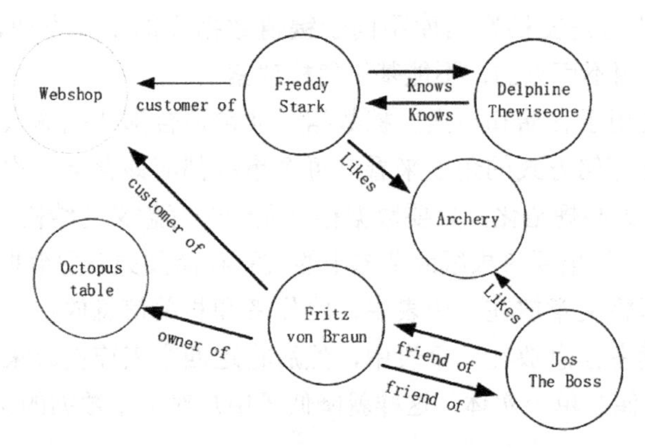

图 6-18　图形数据库模型示意

在以下小节中，分别介绍这几种类型的数据库经典代表技术框架。

6.3.2 HBase

6.3.2.1 HBase 概述

HBase（Hadoop Database）是一个高可靠性、高性能、可伸缩、面向列的分布式数据库。HBase 的存储基于 Hadoop 的一个分布式文件系统（HDFS）。HDFS 具有高容错性的特点，被设计用来部署在低廉的硬件上，而且它提供高吞吐量以访问应用程序的数据，适合那些具有超大数据集的应用程序。基于 Hadoop 意味着 HBase 与生俱来的超强的扩展性和吞吐量。

因为 HBase 是一个列式数据库，所以当表字段很多时，可以把其中几个字段放在集群的一部分机器上，而把另几个字段放到另外一部分机器上，充分分散了负载压力。HBase 具有以下特性。

（1）强一致性读写：HBase 不是“最终一致性（Eventually Consistent）”数据库，这让它很适合完成高速计数聚合类任务。

（2）自动分片（Automatic sharding）：HBase 表通过区分布在集群中。数据增长时，区会自动分割并重新分布。

（3）RegionServer：自动故障转移。

（4）Hadoop/HDFS 集成：HBase 支持本机外 HDFS 作为它的分布式文件系统。

（5）MapReduce：HBase 通过 MapReduce 支持大并发处理，HBase 可以同时作为源和目标。

（6）Java 客户端 API：HBase 支持易于使用的 Java API 进行编程访问。

（7）Thrift/REST API：HBase 也支持 Thrift 和 REST 作为非 Java 前端。

（8）Block Cache 和 Bloom Filters：对于大容量查询优化，HBase 支持 Block Cache 和 Bloom Filters。

（9）运维管理：HBase 提供内置网页用于运维视角和 JMX 度量。

6.3.2.2　HBase 体系架构

HBase 有两种服务器：Master 服务器和 RegionServer 服务器。一般一个 HBase 集群有一个 Master 服务器和多个 RegionServer 服务器。

Master 服务器负责维护表结构信息，实际的数据都存储在 RegionServer 服务器上。RegionServer 是直接负责存储数据的服务器，RegionServer 服务器保存的表数据直接存储在 Hadoop 的 HDFS 上。

HBase 的特殊之处：因为客户端获取数据由客户端直连 RegionServer，所以当 Master 崩溃后依然可以查询数据，只是丧失了表管理相关的能力。

RegionServer 非常依赖 ZooKeeper 服务，可以说没有 ZooKeeper 就没有 HBase。ZooKeeper 管理了 HBase 所有 RegionServer 的信息，包括具体的数据段存放在哪个 RegionServer 上。客户端每次与 HBase 连接，其实都是先与 ZooKeeper 通信，查询出哪个 RegionServer 需要连接，然后再连接 RegionServer。HBase 体系架构如图 6-19 所示。

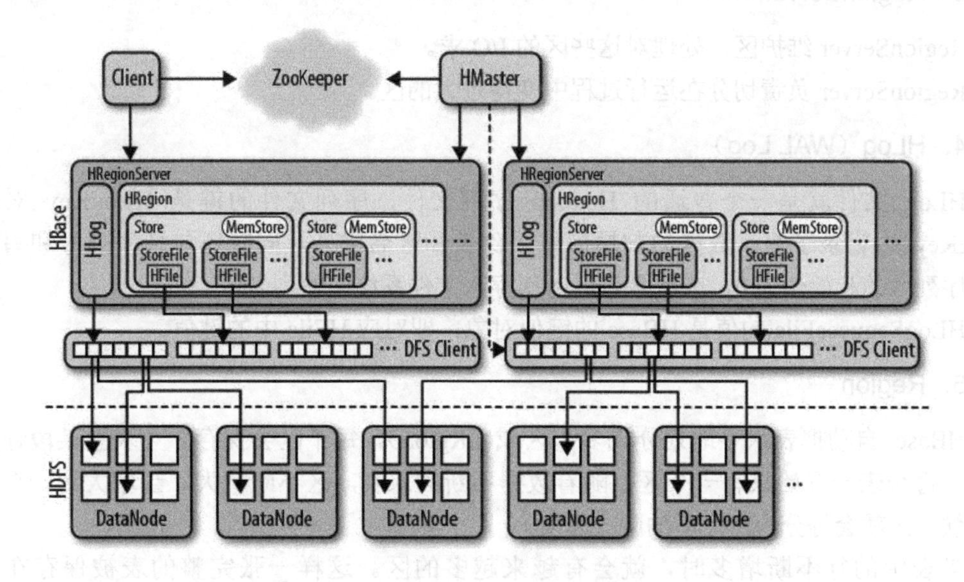

图 6-19　HBase 体系架构

1．Client

（1）包含访问 HBase 的接口并维护内存来加快对 HBase 的访问。

（2）ZooKeeper 保证在任何时候，集群中只有一个 Master。

（3）存储所有区的寻址入口。

（4）实时监控 RegionServer 的上线和下线信息，并实时通知 Master。

（5）存储 HBase 的 Schema 和 Table 元数据。

2. Master

客户端从 ZooKeeper 获取了 RegionServer 的地址后，会直接从 RegionServer 获取数据。其实不仅是获取数据，还包括插入、删除等所有的数据操作都是直接操作 RegionServer，而不需要经过 Master。

Master 只负责各种协调工作，如建表、删表、移动 Region、合并等操作。它们的共性就是需要跨 RegionServer，因为这些操作由哪个 RegionServer 来执行都不合适，所以 HBase 就将这些操作放到 Master 上了。

这种结构的好处是大大降低了集群对 Master 的依赖性，而 Master 节点一般只有一个到两个，一旦死机，如果集群对 Master 的依赖度很大，那么就会产生单点故障问题。在 HBase 中，即使 Master 死机了，集群依然可以正常地运行，依然可以存储和删除数据。Master 的功能概括如下。

（1）为 RegionServer 分配区。

（2）负责 RegionServer 的负载均衡。

（3）发现失效的 RegionServer 并重新分配其上的区。

（4）管理用户对表的增删改操作。

3. RegionServer

RegionServer 维护区，处理对这些区的 I/O 求。

RegionServer 负责切分在运行过程中变得过大的区。

4. HLog（WAL Log）

HLog 文件就是一个普通的 Hadoop 序列文件，序列文件的键是 HLogKey 对象，HLogKey 中记录了写入数据的归属信息，除表和区名字外，同时还包括序列号和写入时间，序列号的起始值为 0，或者是最近一次存入文件系统中的列号。

HLogSequeceFile 的值是 HBase 的键值对象，即对应 HFile 中的键值。

5. Region

HBase 自动把表水平地划分成多个区域（Rgion），每个区会保存一个表里某段连续的数据；每个表一开始只有一个区，随着数据不断插入表，区不断增大，当增大到一个阈值的时候，区就会等分为两个新的区（裂变）。

当表中的行不断增多时，就会有越来越多的区。这样一张完整的表被保存在多个 Regionserver 上。

Region 一般具有以下特性。

（1）Region 不能跨服务器，一个 RegionServer 上有一个或者多个 Region。

（2）数据量小的时候，一个 Region 足以存储所有数据；当数据量大的时候，HBase 会拆分 Region。

（3）当 HBase 进行负载均衡的时候，也有可能从一台 RegionServer 上把 Region 移动到另一台 RegionServer 上。

（4）Region 是基于 HDFS 的，它的所有数据存取操作都是调用了 HDFS 的客户端接口来实现的。

6. MemStore 与 StoreFile

MemStore 与 StoreFile 的关系如图 6-20 所示。

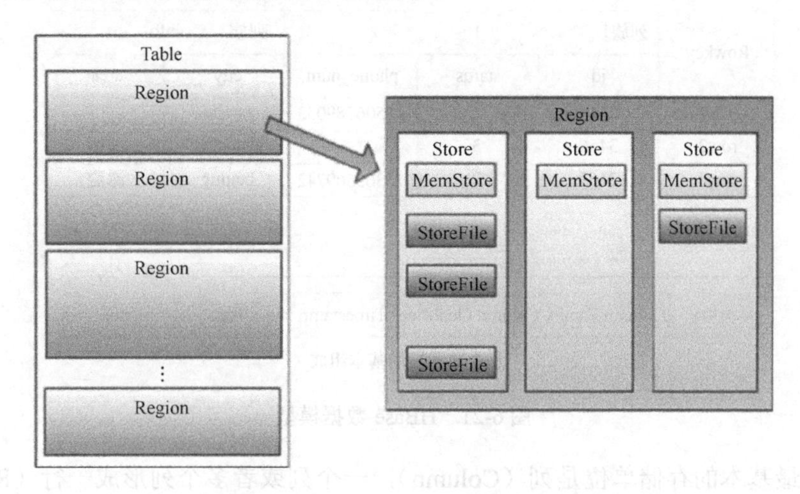

图 6-20　MemStore 与 StoreFile 的关系

（1）一个 Region（区）由多个 Store（存储）组成，一个 Store 对应一个 CF（列族）。

（2）Store 包括位于内存中的 MemStore 和位于磁盘中的 StoreFile；写操作先写入 MemStore，当 MemStore 中的数据达到某个阈值时，区域服务器会启动闪存进程写入 StoreFile，每次写入形成单独的一个 StoreFile。

（3）当 StoreFile 文件的数量增长到一定阈值后，系统会进行合并，在合并过程中会进行版本合并和删除工作，形成更大的 StoreFile。

（4）当一个区的所有 StoreFile 的大小和超过一定阈值后，会把当前的区分割为两个，并由 Master 分配到相应的 RegionServer 服务器，实现负载均衡。

（5）客户端检索数据，先在 MemStore 找，找不到再找 StoreFile。

（6）HRegion 是 HBase 中分布式存储和负载均衡的最小单元。最小单元表示不同的 HRegion 可以分布在不同的 HRegion Server 上。

（7）HRegion 由一个或者多个 Store 组成，每个 Store 保存一个列族。

（8）每个 Store 由一个 MemStore 和 0 至多个 StoreFile 组成。

6.3.2.3　HBase 数据模型及存储

HBase 数据模型与关系型数据类似，包括命名空间（NameSpace）、表、行、列、列族、列限定符、单元格（Cell）、时间戳等。HBase 在实际存储数据时是以有序键值对的形式组织的。

图 6-21 重点从键值对这个角度切入，值是实际写入的数据，比较好理解。键由 Rowkey、Column Family:Column Qualifier、Timestamp、Type 等几个维度组成，其中 Rowkey 是 HBase 的行键；Column Family（列族）与 Qualifier（列限定符即列名）共同组成 HBase 的列；Timestamp 表示数据写入时的时间戳，主要用于标识 HBase 数据的版本号；

Type 代表 Put/Delete 的操作类型。说明：HBase 删除是给数据打上删除标记，在数据合并时才会进行真正物理删除。此外，HBase 的表具有稀疏特性，一行中空值的列并不占用任何存储空间。

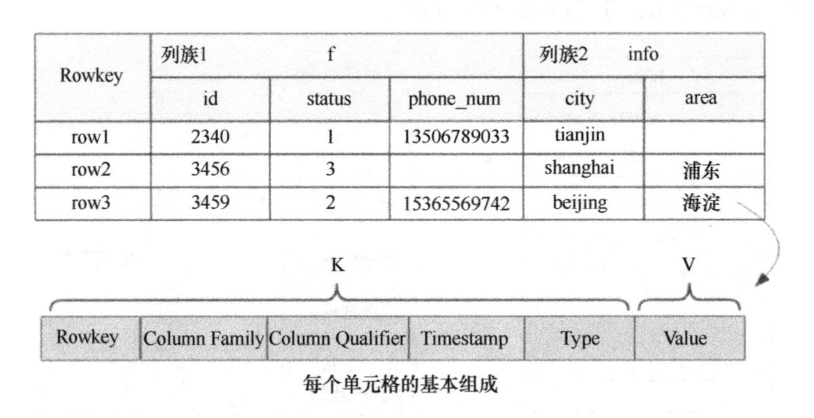

Rowkey	列族1 f			列族2 info	
	id	status	phone_num	city	area
row1	2340	1	13506789033	tianjin	
row2	3456	3		shanghai	浦东
row3	3459	2	15365569742	beijing	海淀

图 6-21 HBase 数据模型

HBase 最基本的存储单位是列（Column），一个列或者多个列形成一行（Row）。传统数据库采用严格的行列对齐，如这行有三个列（a、b、c），下一行肯定也有三个列（a、b、c）。而在 HBase 中，这行有三个列（a、b、c），下一行也许有 4 个列（a、e、f、g）。

在 HBase 中，行与行的列可以完全不一样，如图 6-22 所示，这个行的数据与另一个行的数据可以存储在不同的机器上，甚至同一行内的列也可以存储在完全不同的机器上！每个行都拥有唯一的行键来标定这个行的唯一性。每个列都有多个版本，多个版本的值存储在单元格中，若干个列又可以被归类为一个列族。

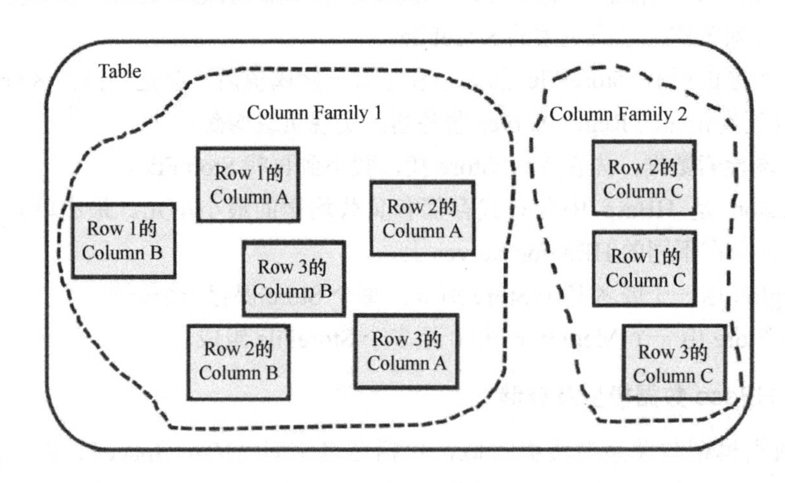

图 6-22 HBase 存储架构

1. 行键（Rowkey）

行键是由用户指定的一串不重复的字符串，行键直接决定这个行的存储位置。在 HBase 中，系统无法根据某个列来排序，永远是根据行键来排序的（根据字典排序），行键是决定行存储顺序的唯一凭证。

在插入 HBase 的时候，若不小心用了之前已经存在的行键，则会把之前存在的那个行更新掉。之前已经存在的值会被放到这个单元格的历史记录里，但不会丢掉，只是需要带上版本参数才可以找到这个值。一个列中可以存储多个版本的单元格，单元格就是数据存储的最小单元。

2．列族（Column Family）

若干列可以组成列族，建表时有几个列族是一开始就定好的。表的很多属性，如过期时间、数据块缓存及是否压缩等都定义在列族上，而不是定义在表上或者列上。

同一个表里的不同列族可以有完全不同的属性配置，但同一个列族内的所有列都会有相同的属性，因为它们都在一个列族里面，而属性都是定义在列族上的。一个没有列族的表是没有意义的，因为列必须依赖列族而存在。

列名称的规范是列族:列名，如 brother:age、brother:name。列族存在的意义是：HBase 会把相同列族的列尽量放在同一台机器上，如果想让某几个列被放到一起，则给它们定义相同的列族。

3．单元格（Cell）

如图 6-23 所示，一个列中可以存储多个版本的值，多个版本的值被存储在多个单元格里，多个版本之间用版本号来区分，唯一确定一条结果的表达式应该是行键:列族:列:版本号（rowkey:columnfamily:column:version）。不过，版本号是可以省略的，如果不写版本号，则 HBase 默认返回最后一个版本的数据。为了避免数据存在过多版本造成管理（包括存储和索引）负担，HBase 提供了两种数据版本回收方式：一是保存数据的最后 n 个版本，二是保存最近一段时间内的版本（比如最近 7 天）。用户可以针对每个列族进行设置。

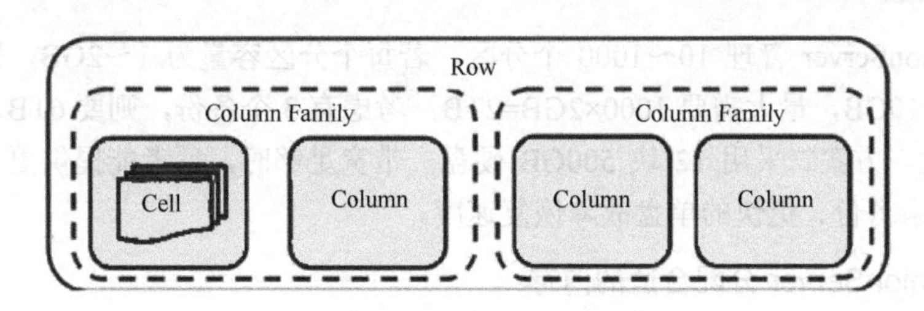

图 6-23　单元格示意图

一个区就是多个行的集合，在区中，行按照行键字典排序。

6.3.2.2　HBase 优化

HBase 优化可以从预先分区、行键优化、减少列族数量、缓存策略、设置存储生命期、硬盘配置等方面入手。下面简单介绍优化各个方面的方法。

1．预先分区

默认情况下，在创建 HBase 表的时候会自动创建一个分区，当导入数据的时候，所有的 HBase 客户端都向这个区写数据，直到这个区足够大了才进行切分。一种可以加快批量写入速度的方法是，预先创建一些空的区，当数据写入 HBase 时，会按照分区情况在集群内做数据的负载均衡。

2．行键优化

在 HBase 中，行键按照字典排序存储，因此，在设计行键时，要充分利用排序特点，将经常一起读取的数据存储到一起，将最近可能会被访问的数据放在一起。

此外，若行键递增地生成，建议不要使用正序直接写入行键，而是采用 Reverse 的方式反转行键，使得行键大致均衡分布，这样的设计能将 RegionServer 负载均衡，否则容易产生所有新数据都在一个 RegionServer 上堆积的现象，这一点还可以结合表的预切分一起设计。

3．减少列族数量

不要在一个表里定义太多的列族。目前，HBase 不能很好地处理超过 2～3 个列族的表。因为某个列族在刷新的时候，它邻近的列族也会因关联效应被触发刷新，最终导致系统产生更多的输入/输出操作。

4．缓存策略

创建表的时候，可以通过 HColumnDescriptor.setInMemory(true) 将表放到 RegionServer 的缓存中，保证在读取的时候被缓存命中。

5．设置存储生命期

创建表的时候，可以通过 HColumnDescriptor.setTimeToLive(int timeToLive) 设置表中数据的存储生命期，过期数据将自动被删除。

6．硬盘配置

每个 RegionServer 管理 10～1000 个分区，若每个分区容量为 1～2GB，则每个服务器容量最小需要 10GB，最大需要 1000×2GB=2TB，考虑有 3 个备份，则要 6TB。方案一采用 3 块 2TB 硬盘，方案二采用 12 块 500GB 硬盘，带宽足够时，后者能提供更大的吞吐率、更细粒度的冗余备份、更快的单盘故障恢复速度。

7．给 RegionServer 分配合适的内存

在不影响其他服务的情况下，分配给 RegionServer 的内存越大越好。例如，在 HBase 的 conf 目录下的 hbase-env.sh 的最后添加：

```
export HBASE_REGIONSERVER_OPTS="-Xmx16000m$HBASE_REGIONSERVER_OPTS"
```

其中，16000m 为分配给 RegionServer 的内存大小。

8．数据的备份数

备份数与读性能成正比，与写性能成反比，并且备份数影响高可用性。有两种配置方式：一是先将 hdfs-site.xml 复制到 HBase 的 conf 目录下，然后在其中添加或修改配置项 dfs.replication 的值为要设置的备份数，这种修改对所有的 HBase 用户表都生效；二是改写 HBase 代码，让 HBase 支持针对列族设置备份数，在创建表时，设置列族备份数，默认为 3，此种备份数只对设置的列族生效。

9. WAL（Write Ahead Log，预写日志）

可设置开/关，指设置 HBase 在写数据前是否先写日志，默认为打开。关闭会提高性能，但如果系统出现故障（负责插入的 RegionServer 崩溃），则数据可能会丢失。配置 WAL 可在调用 JavaAPI 写入时，调用 Put.setWriteToWAL（Boolean）。

10. 批量写

HBase 的 Put 既支持单条插入，也支持批量插入，一般来说，批量写的速度更快，节省来回的网络开销。在客户端调用 JavaAPI 时，先将批量的 Put 放入一个 Put 列表，然后调用 HTable 的 Put（Put 列表）函数来批量写。

11. 客户端一次从服务器拉取的数量

通过配置一次拉取的较大数据量可以减少客户端获取数据的时间，但它会占用客户端内存。在以下三个地方可进行配置。

（1）在 HBase 的 conf 配置文件中进行配置 hbase.client.scanner.caching。

（2）通过调用 HTable.setScannerCaching(intscannerCaching)进行配置。

（3）通过调用 Scan.setCaching(intcaching)进行配置。

三者的优先级越来越高。

12. RegionServer 的请求处理 I/O 线程数

较少的 I/O 线程适用于处理单次请求内存消耗较高的大 Put 场景（大容量单次 Put 或设置了较大缓存的浏览，均属于大 Put）或 ReigonServer 的内存比较紧张的场景。

较多的 I/O 线程适用于单次请求内存消耗低、每秒事务处理量（TPS，TransactionPerSecond）非常高的场景。设置该值的时候，以监控内存为主要参考。

在 hbase-site.xml 配置文件中，配置项为 hbase.regionserver.handler.count。

13. 分区的大小设置

因为配置项为 hbase.hregion.max.filesize，所属配置文件为 hbase-site.xml.，默认大小为 256MB，这在当前 ReigonServer 上单个分区的最大存储空间。当单个分区超过该值时，这个分区会被自动分割成更小的分区。小分区对分割和压缩友好，因为拆分分区或压缩小分区里的存储文件的速度很快，内存占用少。缺点是分割和压缩会很频繁，特别是数量较多的小分区不停地分割、压缩，会导致集群响应时间波动很大，分区数量太多不仅给管理上带来麻烦，甚至会引发一些 HBase 的异常。一般 512MB 以下的都算小分区。大分区不太适合经常分割和压缩，因为做一次压缩和分割会产生较长时间的停顿，对应用的读/写性能的冲击非常大。

14. 缓冲区大小

配置项为 hbase.client.write.buffer。

这个参数可以设置写入数据缓冲区的大小。当客户端和服务器端传输数据时，服务器为了提高系统运行性能开辟一个写的缓冲区来处理它。这个参数设置如果设置大了，则会对系统的内存有一定的要求，直接影响系统的性能。

15. 内存搜索占用堆的大小参数配置

配置项为 hbase.regionserver.global.memstore.upperLimit。

在 RegionServer 中，所有 memstore 占用堆的大小参数配置的默认值是 0.4，表示 40%。如果设置为 0，则对选项进行屏蔽。

16. 内存中缓存写入大小

配置项为 hbase.hregion.memstore.flush.size。

内存中缓存的内容超过配置的范围后将会写到磁盘上。例如，删除操作是先写入内存里做个标记，指示哪个值、列或族等下是要删除的，HBase 会定期对存储文件做一个主压缩，那时 HBase 会把内存刷入一个新的 HFile 存储文件中。如果在一定时间范围内没有做主压缩，则内存中超出的范围就写入磁盘了。

6.3.3 MongoDB

6.3.3.1 MongoDB 概述

MongoDB 是面向文档的 NoSQL 数据库，使用 BSON（一种和 JSON 类似的）数据格式进行大量数据存储。MongoDB 是一个介于关系型数据库和非关系型数据库之间的开源产品，是最接近于关系型数据库的 NoSQL 数据库。它在轻量级 JSON 交换基础之上进行了扩展，即称为 BSON 的方式来描述其无结构化的数据类型。先针对 MongoDB 的一些概念进行介绍。

1. 文档

文档是一个键/值（Key-value）对，即 BSON。对 MongoDB 的文档不需要设置相同的字段，并且相同的字段不需要相同的数据类型，这与关系型数据库有很大的区别，也是 MongoDB 非常突出的特点。简单例子如下。

{"site":"www.mongodb.com","name":"MongoDB"}

需要注意的是：

- 文档中的键/值对是有序的。
- 文档中的值不仅可以是在双引号里的字符串，还可以是其他几种数据类型（甚至可以是整个嵌入的文档）。
- MongoDB 区分类型和大小写。
- MongoDB 的文档不能有重复的键。
- 文档的键是字符串。除了少数例外情况，键可以使用任意 UTF-8 字符。

2. 集合

集合就是 MongoDB 文档组，类似于关系型数据库管理系统（RDBMS）中的表格。

集合存在数据库中，没有固定的结构，这就是说对集合可以插入不同格式和类型的数据，但通常情况下插入集合的数据都会有一定的关联性。

比如，可以将以下不同数据结构的文档插入集合中。

{"site":"www.baidu.com"}

{"site":"www.google.com","name":"Google"}

{"site":"www.mongodb.com","name":"MongoDB","num":5}

3．元数据

数据库的信息存储在集合中。它们使用了系统的命名空间：dbname.system.*。

MongoDB 中的名字空间<dbname>.system.*是包含多种系统信息的特殊集合（Collection）。MongoDB 名字空间如表 6-2 所示。

表 6-2　MongoDB 名字空间

集合命名空间	描述
dbname.system.namespaces	列出所有名字空间
dbname.system.indexes	列出所有索引
dbname.system.profile	包含数据库概要（Profile）信息
dbname.system.users	列出所有可访问数据库的用户
dbname.local.sources	包含复制对端（Salve）的服务器信息和状态

4．MongoDB 数据类型

常用的 MongoDB 数据类型如表 6-3 所示。

表 6-3　MongoDB 数据类型

数据类型	描述
String	字符串。存储数据常用的数据类型。在 MongoDB 中，UTF-8 编码的字符串才是合法的
Integer	整型数值。用于存储数值。根据所采用的服务器，可分为 32 位或 64 位
Boolean	布尔值。用于存储布尔值（真/假）
Double	双精度浮点值。用于存储浮点值
Min/Max keys	将一个值与 BSON（二进制的 JSON）元素的最低值和最高值对比
Arrays	用于将数据或列表或多个值存储为一个键
Timestamp	时间戳。记录文档修改或者添加的具体时间
Object	用于内嵌文档
Null	用户创建空值
Symbol	符号。该数据类型基本上等同于字符串类型，但不同的是，一般用户采用特殊符号类型的语言
Date	日期时间。用于 UNIX 时间格式来存储当前日期或时间。用户可以指定自己的日期时间：创建 Date 对象，传入年月日信息
Object ID	对象 ID。用于创建文档的 ID
Binary Data	二进制数据。用于存储二进制数据
Code	代码类型。用于在文档中存储 JavaScript 代码
Regular Expression	正则表达式类型。用于存储正则表达式

MongoDB 的主要特点如下。

（1）MongoDB 提供一种面向文档的存储方式，操作起来比较简单和容易。

（2）MongoDB 支持丰富的查询表达式。查询指令使用 JSON 形式的标记，可轻易查询文档中内嵌的对象及数组。

（3）MongoDB 使用 update()命令可以实现替换完成的文档（数据）或者一些指定的数据字段。

（4）MongoDB 中的 Map/Reduce 函数主要用来对数据进行批量处理和聚合操作。

（5）Map 函数和 Reduce 函数。Map 函数调用 emit(key,value)遍历集合中所有的记录，将 key 与 value 传给 Reduce 函数进行处理。

（6）Map 函数和 Reduce 函数是使用 JavaScript 语言编写的，并可以通过 db.runCommand 或 mapreduce 命令来执行 MapReduce 操作。

（7）GridFS 是 MongoDB 中的一个内置功能，可以用于存放大量小文件。

（8）MongoDB 允许在服务端执行脚本，既可以用 JavaScript 语言编写某个函数，直接在服务端执行，也可以把函数的定义存储在服务端，下次直接调用。

（9）MongoDB 支持各种编程语言，如 Ruby、Python、Java、C++、PHP、C#等语言。

（10）MongoDB 安装简单。

6.3.3.2 MongoDB 数据模型及存储

1. MongoDB 数据模型

MongoDB 是一个模式自由的 NoSQL，不像其他 RDBMS 一样需要预先定义 Schema 且所有的数据都“整齐划一”。MongoDB 的文档是 BSON 格式、松散的。原则上，任何一个集合都可以保存任意结构的文档，甚至它们的格式千差万别，不过从应用角度考虑，包括业务数据分类和查询优化机制等，我们仍然建议每个集合中的文档数据结构应该比较接近。

对于有些更新，比如对数组新增元素等，会导致文档大小的增加，无论任何存储系统（包括 MySQL、HBase 等），对于这种情况都需要另外考虑，因为磁盘空间的分配是连续的。MongoDB 也会重新分配新的空间来保存整个文档。

文档模型的设计与存储需要兼顾应用的实际需要，否则可能会影响性能。MongoDB 支持内嵌文档，即文档中一个字段的值也是一个文档，可以形成类似于 RDBMS 中的“1 对 1”“1 对多”，只需要将引用作为一个内嵌文档保存即可。

1）索引

MongDB 索引示意图如图 6-24 所示。索引可提高查询性能，默认情况下，_id 字段会被创建唯一索引；因为索引不仅需要占用大量内存而且也会占用磁盘，所以需要建立有限个索引，而且最好不建立重复索引；每个索引需要 8KB 的空间，同时更新、插入操作会导致索引的调整，会稍微影响写的性能，索引只能使读操作受益，因此读/写比例高的应用可以考虑建立索引。

2）大集合拆分

比如一个用于存储日志的集合，日志分为两种，即“dev”与“debug”，结果大致为{"log":"dev","content":"..."},{"log":"debug","content":"..."}。这两种日志的文档个数比较接近，在查询时，即使给日志字段建立索引，这个索引也不是高效的，因此可以考虑将它们分别放在 2 个集合中，如 log_dev 和 log_debug。

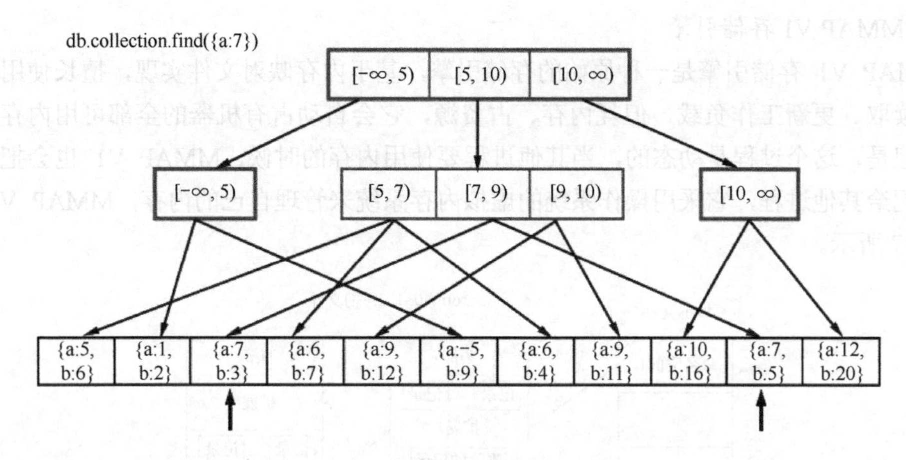

图 6-24　MongDB 索引示意图

3）数据生命周期管理

MongoDB 数据生命周期管理如图 6-25 所示。MongoDB 提供到期机制，可以指定文档保存的时长，过期后自动删除，即 TTL 特性。这个特性在很多场合是非常有用的，如“验证码保留 15min 有效期”“消息保存 7 天”等。MongoDB 会启动一个后台线程来删除那些过期的文档。需要对一个日期字段创建“TTL 索引”，如先插入一个文档：{"check_code": "101010",$currentDate:{"created":true}}}，其中 created 字段默认值为系统时间 Date；然后对 created 字段建立 TTL 索引。

向集合中插入文档时，created 的时间为系统当前时间，其中在 creatd 字段上建立了“TTL”索引，索引 TTL 为 15min，MongoDB 后台线程将会扫描并检测每个文档的 created 时间（+15min）与当前时间比较，如果发现过期，则删除索引条目，连带删除文档。

2. MongoDB 存储

MongoDB 在早期采用 MMAP 存储引擎机制来实现数据的存储，直到 MongoDB 3.0 之后才引入了插件式存储机制来支持更多的存储引擎，同时也升级 MMAP 到 MMAP V1 ，并且将 MMAP V1 作为默认的存储引擎。但用户可以选择其他的存储引擎，如 WiredTiger、InMemory 这些知名的插件存储引擎。到 MongoDB 3.0 时，默认的存储引擎已经变更为 WiredTiger。MongoDB 存储引擎架构如图 6-26 所示。

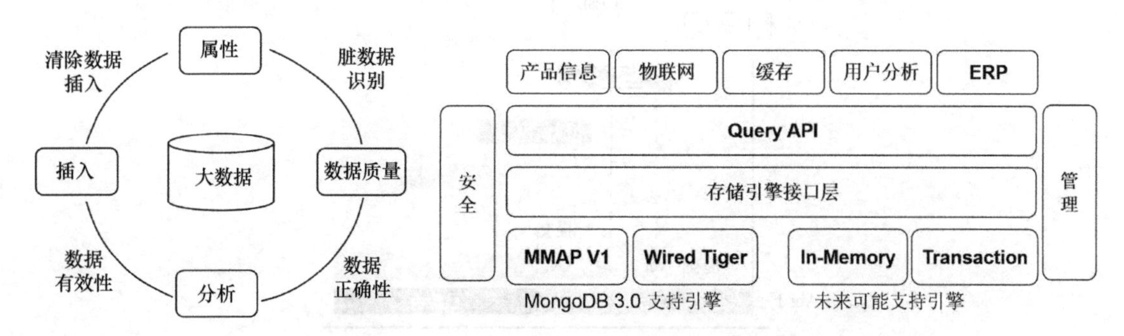

图 6-25　MongDB 数据生命周期管理

图 6-26　MongoDB 存储引擎架构

1）MMAP V1 存储引擎

MMAP V1 存储引擎是一种原始的存储引擎，基于内存映射文件实现，擅长使用大容量插入、读取、更新工作负载，但耗内存、占资源，它会自动占有机器的全部可用内存来缓存数据。但是，这个过程是动态的，当其他进程要使用内存的时候，MMAP V1 也会把缓存的内存分配给其他进程，它采用操作系统的虚拟内存系统来管理自己的内存，MMAP V1 原理如图 6-27 所示。

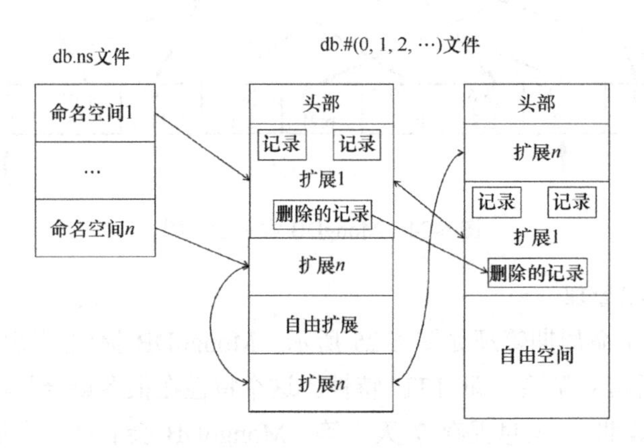

图 6-27 MMAP V1 存储原理

2）WiredTiger 存储引擎

下面介绍七个方面：文档级别的并发控制—乐观锁机制、检查点（Checkpoint）、预先记录日志、WiredTiger 利用系统内存资源缓存两部分数据、调整 WiredTiger 内部缓存的大小、数据压缩、磁盘空间回收。

（1）文档级别的并发控制—乐观锁机制。

上面介绍的 MMAP 存储引擎中的所有操作都基于集合级以上的互斥锁机制，这样的机制会使整个数据库的并发的性能下降。然而，WiredTiger 存储引擎截然不同，在日常的使用中，大多数对数据库的更新操作都只会对集合中少量的文档进行更新，同时对多个文档进行更新情况的特别少，对多个数据库的更新更为罕见，由此可见仅支持集合级别是远远不够的。相对于 MMAP V1，WiredTiger 采用了文档乐观锁机制，如图 6-28 所示。

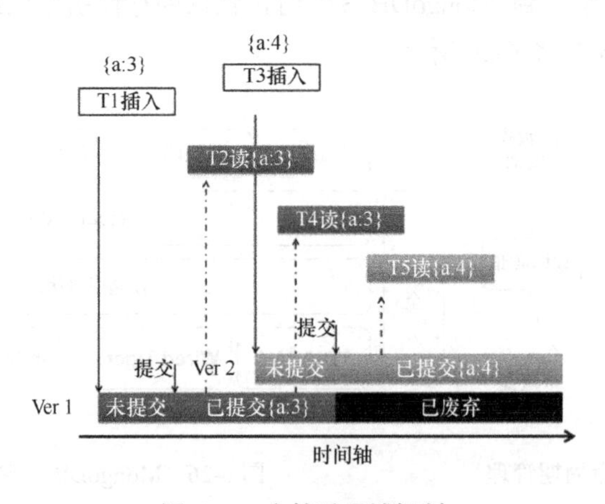

图 6-28 文档乐观锁机制

WiredTiger 文档乐观锁机制与其他文档乐观锁机制大同小异，WiredTiger 会在更新文档前记住即将被更新的所有文档的当前版本号，并在更新前再次验证当前版本号。若当前版本号没有发生改变，则说明该文档在该原子事件中没有被其他请求更新，可以顺利写入，并且修改版本号；如果当前版本号发生改变，则说明该文档在更新发生之前已经被其他请求更新，由此触发一次写冲突，不过在遇到写冲突之后，WiredTiger 会重试自动更新，但这不代表 WT 对所有操作都采用如此宽松的文档乐观锁机制。对于某些全局的操作，WiredTiger 依然会在集合级、数据库级、实例级采用互斥锁机制，但这样的全局操作实际上很少发生，通常只在 DBA 维护的时候才触发。

（2）检查点（Checkpoint）。

在检查点操作开始时，WiredTiger 提供指定时间点的数据库快照（Snapshot），该数据库快照呈现的是内存中数据的一致性视图。当向磁盘写入数据时，WiredTiger 将数据库快照中所有的数据以一致性的方式写入数据文件中。一旦检查点创建成功，WiredTiger 使内存中的数据和磁盘中的数据保持一致，因此检查点充当的是还原点。当 WiredTiger 创建检查点时，MongoDB 将数据刷新到数据文件中。默认情况下，WiredTiger 创建还原点的时间是 60s，或者是产生 2GB 的日记文件。在 WiredTiger 创建检查点期间，上一个检查点还依然有效，这意味着如果 MongoDB 在创建新的检查点期间遇到错误而终止，只要重启 MongoDB 就能从上一个检查点中恢复过来。

（3）预先记录日志。

WiredTiger 采用预写日志的机制，在数据更新的时候，先将数据写入日志文件，然后在创建检查点开始时，将日志文件中的记录操作刷新到数据文件。也就是说，通过预写日志和检查点将数据更新持久化到数据文件中，实现数据的一致性。

WiredTiger 日志文件会记录从上一次检查点操作之后发生的所有数据更新，在 MongoDB 系统崩溃时通过日志文件能够还原到上一次检查点操作之后发生的数据更新。

（4）WiredTiger 利用系统内存资源缓存两部分数据。

WiredTiger 利用系统内存资源缓存两部分数据：内部缓存、文件系统缓存。内部缓存默认的使用量为 1GB 或 60%的随机存储，而文件系统缓存的使用量不确定，MongoDB 自动使用系统空闲内存，并且数据是在文件系统缓存中压缩存储的。

（5）调整 WiredTiger 内部缓存的大小。

WiredTiger 内部缓存的大小可以通过命令 -wiredTigerCachesizeDB 来修改，并且根据系统的 RAM 内存大小来计算合适的内存使用量。

（6）数据压缩。

相比 MMAP V1 只是单纯地将 BSON 数据直接存储在磁盘上，WiredTiger 则会在将内存中的数据存储到磁盘前做一次压缩，这样的处理大大地节省了磁盘的空间，但也增加了 CPU 的负担。目前，WiredTiger 采用 Snappy 和 Zlib（前缀压缩）两种算法，如图 6-29 所示，Snappy 是默认用于所有集合的压缩算法，而 Zlib 则用于对索引的压缩。

（7）磁盘空间回收。

当从 MongoDB 中删除文档和或者集合的时候，MongoDB 不会自动释放磁盘的空间给操作系统，而是在数据文件中维护一个空记录列表，当数据重现插入时，MongoDB 从空记录列表中分配给新文档新存储空间，不需要开辟新存储空间。因此，为了更有效地重用磁盘的空间，必须进行磁盘的碎片整理。WiredTiger 中采用压缩命令来移除集合和索引的碎片，并将不实用的空间释放。

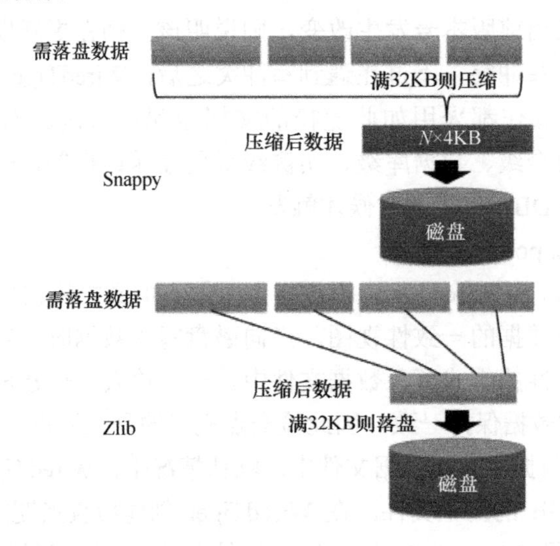

图 6-29　数据压缩

3）InMemory 存储引擎

InMemory 存储引擎在执行写操作的时候，使用的是文件级别的并发控制，也就是说在同一时间多个写操作能够同时操作一个集合中的不同文档；当多个写操作修改同一个文件的时候，必须以序列化的方式进行，也就是说文档在被修改的时候，其他操作只能等待。

InMemory 存储引擎将 Data、Index、Oplog 等存储到内存中，通过参数--InMemorySizeDB 设置占用的内存量，默认为 50%，单位是 GB。

InMemory 不会持久化数据的存储，数据只保存在内存中，读/写操作都在内存中完成，不会把数据写到数据文件。如果 MongoDB 停止或者关机，内存中的数据全部丢失。

InMemory 虽然不做持久化的操作，但它会记录操作日志。该操作日志是存储在内存中的集合，MongoDB 通过复制将主成员中的操作日志推送到其他副本集中，这样在其他副本中就可以重做操作日志中记录的操作，从而将主成员中的数据持久化存储。

6.3.3.3　MongoDB 安装与启动

MongoDB 可在 Linux 和 Windows 10 下安装。在 Windows 10 下安装 MongoDB，可直接从其官网(https://www.mongodb.com/try/download/community)下载，这里不再赘述。下面详细介绍在 Linux 系统下安装 MongoDB。

1. 安装包

这里以手动下载安装包的方式进行安装，也可使用 yum 源进行安装。直接从 MongoDB 官网下载对应系统的安装包，演示安装系统使用的是 Linux CentOS7 x64。

使用命令下载：

```
wget https://fastdl.mongodb.org/linux/mongodb-linux-x86_64-rhel70-4.2.3.tgz
```

2. 解压安装

tar 解压：tar -zxvf mongodb-linux-x86_64-rhel70-4.2.3.tgz。

将解压后的文件夹移动到/usr/local/的 mongodb 目录下：

```
#在/usr/Local 下创建目录
mkdir mongodb
#移动到/usr/Local/mongodb
mv mongodb-linux-x86_64-rhel70-4.2.3 /usr/local/mongodb
```

3. 环境变量

修改配置系统文件 profile：

```
sudo vim /etc/profile
```

插入以下内容：

```
#mongodb
MONGODB_HOME=/usr/local/mongodb/mongodb-linux-x86_64-rhel70-4.2.3
```

保存后要重启系统配置：

```
source /etc/profile
```

4. 数据日志

创建用于存放数据和日志文件的文件夹，并修改其权限增加读/写权限：

```
cd /usr/local/mongodb
mkdir data
mkdir logs
cd logs
touch mongo.log
```

5. 启动配置

增加一个配置文件：

```
cd /usr/local/mongodb
vim mongo.conf
```

插入下列内容：

```
#数据文件存放目录
dbpath=/usr/local/mongodb/data
#事先创建该文件
logpath=/usr/local/mongodb/logs/mongo.log
logappend=true
journal=true
quiet=true
port=27017
#后台作为守护进程运行
fork=true
#允许在任何 IP 进行连接
bind_ip=0.0.0.0
#权限认证
# auth=true
```

6. 启动命令

启动 MongoDB 数据库服务，以配置文件的方式启动。

```
cd /usr/local/mongodb/mongodb-linux-x86_64-rhel70-4.2.3
#指定配置文件启动
./bin/mongod -f /usr/local/mongodb/mongo.conf
#查看 mongodb 进程
netstat -lanp |grep 27017
```

连接到 mongodb 数据库：

```
#命令行输入命令直接连接
mongo
```

7. 关闭命令

```
#方法 1
pkill mongod
#方法 2 进入 mongo shell
db.shuidownServer()
```

6.3.4 Redis

6.3.4.1 Redis 概述

Redis 是完全开源免费的，它遵守 BSD（Berkeley Software Distribution，伯克利软件发行版）协议，是一个高性能的键值对数据库。Redis 的出现在很大程度上补偿了缓存这类键值对存储的不足，在部分场合可以对关系型数据库起到很好的补充作用。Redis 提供了 Python、Ruby、Erlang、PHP 客户端，使用很方便。

1. Redis 特点及优势

Redis 与其他键值对缓存产品相比，具有以下三个特点。

（1）Redis 支持数据持久化，可以将内存中的数据保存在磁盘中，重启的时候可以再次加载进行使用。

（2）Redis 不仅支持简单的键值对类型的数据，同时还提供 string、hash、list、set、zset 等数据结构的存储。

（3）Redis 支持数据备份，即主—从模式的数据备份。

Redis 具有以下优势。

（1）性能极高：Redis 读的速度是 110 000 次/s，写的速度是 81 000 次/s。

（2）丰富的数据类型：Redis 支持二进制，如字符串、列表、哈希搜索、集、命令集数据类型操作。

（3）原子性：Redis 的所有操作都是原子性的，意思是要么成功执行，要么失败完全不执行。单个操作是原子性的，多个操作也支持事务，即原子性通过 MULTI 和 EXEC 指令包起来。

（4）其他特性：Redis 还支持发布/订阅通知、键过期等特性。

2．Redis 数据类型

Redis 支持五种数据类型，分别是 string、hash、list、set、zset 类型。

1）string 类型

string 类型是 Redis 最基本的数据类型。一个键对应一个值，如图 6-30 所示。string 类型的值最大能存储 512MB，且 string 是二进制安全的。也就是说，Redis 的 string 可以包含任何数据，如 JPG 图片或者序列化对象。

2）hash 类型

hash 类型是一个键值对（key-value）集合，如图 6-31 所示。Redis 的 hash 是一个 string 类型的键和值的映射表，hash 特别适合用于存储对象。

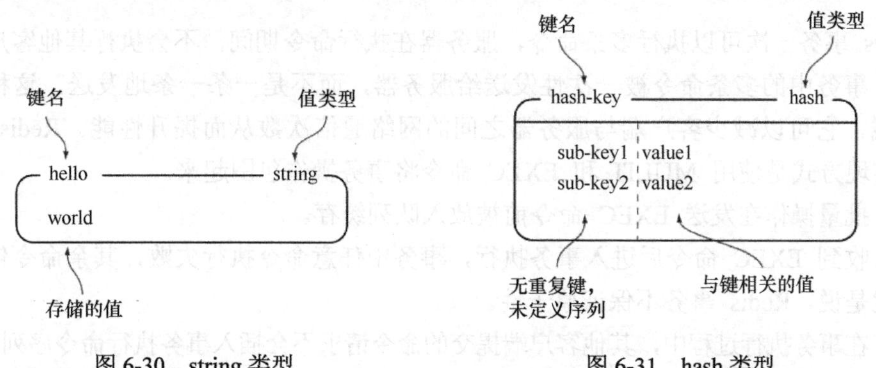

图 6-30 string 类型　　图 6-31 hash 类型

为便于理解，既可以将 hash 看成一个键值对的集合，也可以将它想成一个 hash 对应着多个 string。

hash 与 string 的区别：string 是一个键值对，而 hash 是多个键值对。

3）list 类型

Redis 的 list（列表）是简单的字符串列表，按照插入顺序排序，如图 6-32 所示。可以往列表的左边或者右边添加元素。list 实质上就是一个简单的字符串集合，和 Java 的 list 相差不大，区别在于 list 存放的是字符串。list 内的元素是可重复的。

4）set 类型

Redis 的 set 是字符串类型的无序集合。集合是通过哈希表实现的，因此添加、删除、查找的复杂度都是 O(1)。

Redis 的 set 与 Java 的 set 是有区别的。Redis 的 set 是一个键对应着多个字符串类型的值，也是一个字符串类型的集合；与 Redis 的 list 不同的是，set 中的字符串集合元素不能重复，但 list 能重复。

5）zset 类型

Redis 的 zset 和 set 一样都是字符串类型元素的集合，并且集合内的元素不能重复。

不同的是，zset 的每个元素都会关联一个 double 类型的分数，如图 6-33 所示，Redis 通过分数为集合中的成员进行从小到大的排序。

zset 的元素是唯一的，但分数（score）却可以重复。

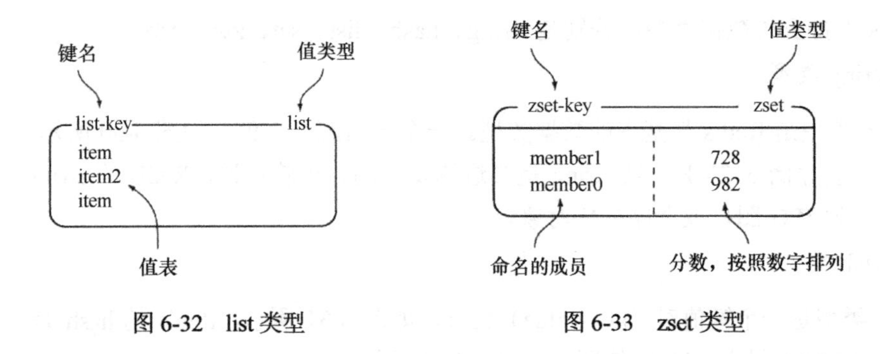

图 6-32　list 类型　　图 6-33　zset 类型

3. Redis 事务

Redis 事务一次可以执行多条命令，服务器在执行命令期间，不会执行其他客户端的命令请求。事务中的多条命令被一次性发送给服务器，而不是一条一条地发送，这种方式称为流水线，它可以减少客户端与服务器之间的网络通信次数从而提升性能。Redis 最简单的事务实现方式是使用 MULTI 和 EXEC 命令将事务操作包围起来。

（1）批量操作在发送 EXEC 命令前被放入队列缓存。

（2）收到 EXEC 命令后进入事务执行，事务中任意命令执行失败，其余命令依然被执行。也就是说，Redis 事务不保证原子性。

（3）在事务执行过程中，其他客户端提交的命令请求不会插入事务执行命令序列中。

一个事务从开始到执行会经历以下三个阶段。

（1）开始事务。

（2）命令入队。

（3）执行事务。

单个 Redis 命令的执行是原子性的，但因为 Redis 没有在事务上增加任何维持原子性的机制，所以 Redis 事务的执行并不是原子性的。事务可以理解为一个打包的批量执行脚本，但批量指令并非原子化的操作，中间某条指令的失败不会导致前面已执行指令的回滚，也不会造成后续的指令不执行。

6.3.4.2 Redis 主从拓扑架构

主从架构是互联网必备的架构：一是为了保证服务的高可用性，二是为了实现读/写分离。读者可能熟悉常用的 MySQL 数据库的主从架构。对于 Redis 来说也不例外，Redis 数据库也有各种各样的主从架构方式，在主从架构中会涉及主节点与从节点之间的数据同步，这个数据同步的过程在 Redis 中称为复制。本节主要介绍 Redis 主从拓扑架构。

Redis 主从拓扑结构可以支持单层或多层复制关系，根据拓扑复杂性可以分为三种：一主一从架构、一主多从架构、树状主从架构。

1. 一主一从架构

一主一从架构是最简单的复制拓扑架构。一主一从架构如图 6-34 所示。一主一从架构用于在主节点出现死机时由从节点提供故障转移支持；当应用写命令并发量较高且需要持久化时，可以只在从节点上开启 AOF，这样既保证了数据安全性，同时也避免了持久化对主节点的性能干扰。但需要注意的是，当主节点关闭持久化功能时，如果主节点脱机，则要避免自动重启操作。因为主节点之前没有开启持久化功能，所以自动重启后，数据集为空，这时从节点如果继续复制主节点则会导致从节点数据也被清空，丧失了持久化的意义。安全的做法是，在从节点上执行命令（slaveof no one）断开与主节点的复制关系，再重启主节点从而避免出现这一问题。

2. 一主多从架构

一主多从架构又称为星形状拓扑架构，一主多从架构如图 6-35 所示。

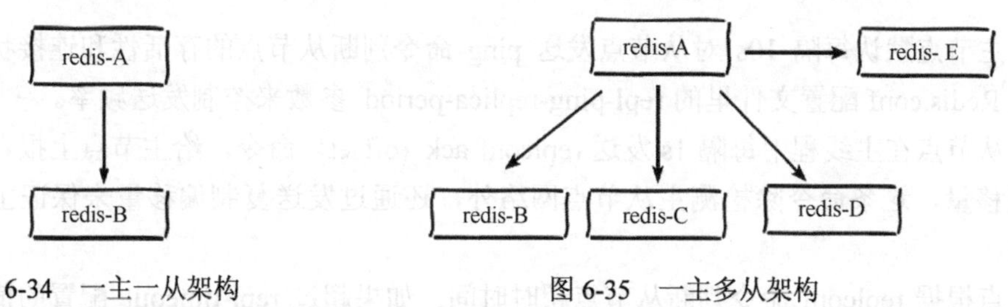

图 6-34 一主一从架构　　图 6-35 一主多从架构

一主多从架构可以实现读/写分离来减轻主服务器的压力，对于读占较大比重的场景，可以把读命令发送到从节点来分担主节点压力。同时在日常开发中，如果需要执行一些比较耗时的读命令，如 keys、sort 等，可以在其中一个从节点上执行，以防止慢查询对主节点造成阻塞而影响线上服务的稳定性。对于写并发量较高的场景，多个从节点会导致主节点写命令的多次发送从而过度消耗网络带宽，同时也加重了主节点的负载而影响服务稳定性。

3. 树状主从架构

树状主从架构又称为树状拓扑架构。树状主从架构如图 6-36 所示。

树状主从架构使从节点不但可以复制主节点数据，而且也可以作为其他从节点的主节点继续向下层复制。解决了一主多从架构中的不足，通过引入复制中间层，可以有效降低主节点负载和需要传送给从节点的数据量。在图 6-35 中，数据写入 A 节点后会同步到 B 和 C 节点，B 节点再把数据同步到 D 和 E 节点，数据实现了一层一层地向下复制。当主节点需要挂载多个从节点时，为了避免对主节点的性能干扰，可以采用树状主从结构减轻主节点压力。

树状主从架构的搭建很简单，只需执行一条命令（slaveof {masterHost} {masterPort}）就可以成功搭建树状主从架构，并且数据复制也没有问题，但在这背后，Redis 还是做了很多的事情，比如主从服务器之间的数据同步、主从服务器的状态检测等。在 slaveof 命令背后，主从服务器大致经历了 7 步：保存主节点信息→建立 socket 连接→发送 ping 命令→身份验证→发送端口信息→数据复制→命令持续复制。

6.3.4.3 Redis 心跳检测

心跳检测发生在主从节点建立复制后，它们之间维护着长连接并彼此发送心跳命令，以便于以后持续发送写命令。主从心跳检测如图 6-37 所示。

主从节点彼此都有心跳检测机制，各自模拟成对方的客户端进行通信。主从心跳检测的规则如下。

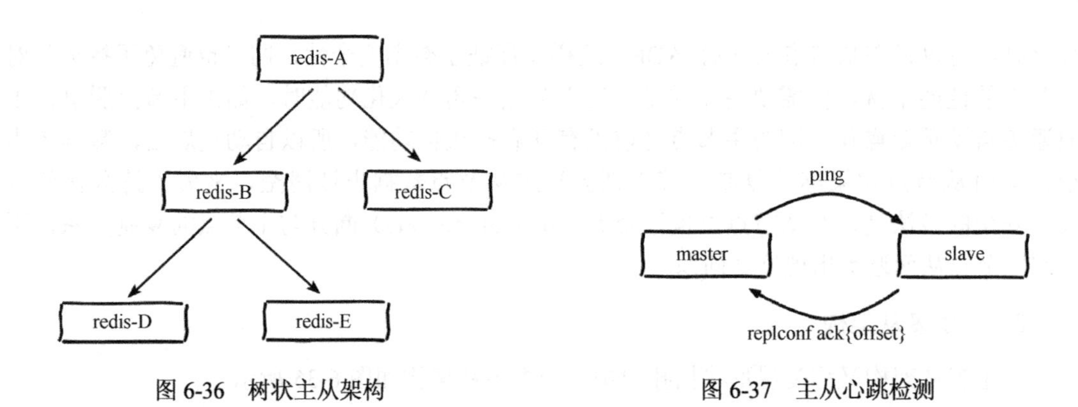

图 6-36　树状主从架构　　　　图 6-37　主从心跳检测

（1）主节点默认每隔 10s 对从节点发送 ping 命令判断从节点的存活性和连接状态，可通过修改 Redis.conf 配置文件里的 repl-ping-replica-period 参数来控制发送频率。

（2）从节点在主线程中每隔 1s 发送 replconf ack {offset} 命令，给主节点上报自身当前的复制偏移量，这条命令除检测主从节点网络外，还通过发送复制偏移量来保证主从数据的一致性。

主节点根据 replconf 命令判断从节点超时时间。如果超过 repl-timeout 配置的值（默认为 60s），则判定从节点下线并断开复制客户端连接。如果从节点重新恢复，心跳检测会继续进行。

6.3.4.4　Redis 集群策略

Redis 集群策略主要有三种模式，分别是主从模式、Sentinel 模式、Cluster 模式。

1．主从模式

主从模式是三种模式中最简单的。在主从模式中，数据库分为两类：主数据库（master）和从数据库（slave）。主从模式具有如下特点。

（1）主数据库可以进行读/写操作，当读/写操作导致数据变化时会自动将数据同步给从数据库。

（2）从数据库一般都是只读的，并且接收由主数据库同步过来的数据。

（3）一个主数据库可以拥有多个从数据库，但一个从数据库只能对应一个主数据库。

（4）从数据库崩溃后不影响其他从数据库的读及主数据库的读和写，重新启动后会将数据从主数据库同步过来。

（5）主数据库崩溃后不影响从数据库的读，但 Redis 不再提供写服务，主数据库重启后，Redis 将重新对外提供写服务。

（6）主数据库崩溃后，不会在从数据库节点中重新选一个主数据库。

主从模式工作机制：当从数据库启动后，主动向主数据库发送 SYNC 命令。主数据库接收到 SYNC 命令后，先在后台保存快照（RDB 持久化）和缓存保存快照这段时间的命令，然后将保存的快照文件和缓存的命令发送给从数据库。从数据库接收到快照文件和缓存的命令后，加载快照文件和缓存的命令。

复制初始化后，主数据库每次接收到的写命令都会同步发送给从数据库，以保证主从数据的一致性。

2. Sentinel模式

主从模式的弊端是不具备高可用性。当主数据库崩溃后，Redis不能再对外提供写入操作，因此Sentinel模式应运而生。

Sentinel译为哨兵，顾名思义，它的作用就是监控Redis集群的运行状况。Sentinel的特点如下。

（1）Sentinel模式建立在主从模式的基础上。如果只有一个Redis节点，则Sentinel无任何意义。

（2）当主数据库崩溃后，Sentinel会在从数据库中选择一个作为主数据库，并修改其配置文件，其他从数据库的配置文件也会被修改，比如slaveof属性会指向新的主数据库。

（3）当主数据库重新启动后，它不再是主数据库而是作为从数据库接收新的主数据库的同步数据。

（4）因为Sentinel是一个单进程，有崩溃的可能，所以我们可以启动多个Sentinel进程形成集群，解决单进程易崩溃的问题。

（5）配置多个Sentinel的时候，各Sentinel之间也会被自动监控。

（6）当主从模式配置密码时，Sentinel也会同步将配置信息修改到配置文件中。

（7）一个Sentinel或Sentinel集群可以管理多个主从Redis，多个Sentinel也可以监控同一个Redis。

（8）Sentinel最好不要和Redis部署在同一台机器，否则在Redis服务器崩溃后，Sentinel也崩溃了。

Sentinel模式工作机制如下。

（1）每个Sentinel以1次/s的频率向它所知的主数据库、从数据库，以及其他Sentinel实例发送一个ping命令。

（2）如果一个实例距离最后一次有效回复ping命令的时间超过down-after-milliseconds选项所指定的值，则这个实例会被Sentinel标记为主观下线。

（3）如果一个主数据库被标记为主观下线，则正在监视这个主数据库的所有Sentinel要以1次/s的频率确认主数据库的确进入了主观下线状态。

（4）当有足够数量的Sentinel（大于等于配置文件指定的值）在指定的时间范围内确认主数据库的确进入了主观下线状态，则主数据库会被标记为客观下线。

（5）在一般情况下，每个Sentinel会以1次/10s的频率向它已知的所有主数据库、从数据库发送INFO命令。

（6）当主数据库被Sentinel标记为客观下线时，Sentinel向下线的主数据库的所有从数据库发送INFO命令的频率会从1次/10s改为1次/s。

（7）若没有足够数量的Sentinel同意主数据库已经下线，则主数据库的客观下线状态就会被移除；若主数据库重新向Sentinel的ping命令返回有效回复，则主数据库的主观下线状态就会被移除。

（8）当使用Sentinel模式的时候，客户端就不要直接连接Redis，而是连接Sentinel的ip和port，由Sentinel来提供具体的可提供服务的Redis实现，这样当主数据库节点崩溃后，Sentinel就会感知并将新的主数据库节点提供给使用者。

3. Cluster 模式

Sentinel 模式基本可以满足一般生产的需求，具备高可用性。但是，当数据量过大到一台服务器存放不下时，主从模式或 Sentinel 模式就不能满足需求了。这个时候需要对存储的数据进行分片，将数据存储到多个 Redis 实例中。Cluster 模式的出现就是为了解决单机 Redis 容量有限的问题，将 Redis 的数据根据一定的规则分配到多台机器。

Cluster 模式是 Sentinel 模式和主从模式的结合体，通过 Cluster 模式可以实现主从和主数据库重选功能，如果配置 2 个副本、3 个分片，就需要 6 个 Redis 实例。因为 Redis 的数据根据一定规则分配到 Cluster 的不同机器，当数据量过大时，可以新增机器进行扩容。

使用集群，只需要将 Redis 配置文件中的 cluster-enable 配置打开即可。每个集群中至少需要 3 个主数据库才能正常运行，新增节点非常方便。

Cluster 集群特点如下。

（1）多个 Redis 节点网络互联，数据共享。

（2）所有的节点都是一主一从（也可以是一主多从），其中从节点不提供服务，仅作为备用节点。

（3）不支持同时处理多个键（如 MSET/MGET），因为 Redis 需要把键均匀分布在各个节点上。

（4）并发量很高的情况下，同时创建键值对会降低性能并导致不可预测的行为。

（5）支持在线增加、删除节点。

（6）客户端可以连接任何一个主节点进行读/写。

6.4 ElasticSearch

6.4.1 ElasticSearch 概述

ElasticSearch 是一个开源的搜索引擎[5]，建立在全文搜索引擎库 Apache Lucene 的基础之上。Lucene 是当下最先进、高性能、全功能的搜索引擎库——无论是开源还是私有。

ElasticSearch 使用 Java 语言编写，内部使用 Lucene 做索引与搜索。它的目的是使全文检索变得简单，通过隐藏 Lucene 的复杂性，取而代之的是提供一套简单一致的 RElasticSearchTful API。然而，ElasticSearch 不仅仅是 Lucene，并且也不仅仅只是一个全文搜索引擎。它可以被这样准确地形容：

- 一个分布式实时文档存储，每个字段可以被索引与搜索。
- 一个分布式实时分析搜索引擎。
- 能胜任上百个服务节点的扩展，并支持 PB 级别的结构化或者非结构化数据。

ElasticSearch 将所有的功能打包成一个单独的服务，使用户可以通过程序与它提供的简单的 RElasticSearchTful API 进行通信，可以使用自己喜欢的编程语言充当 Web 客户端，甚至可以使用命令行充当这个客户端。

ElasticSearch 开箱即用，只需最少的理解就可操作。也可利用 ElasticSearch 更多的高级特性，它的整个引擎是可配置且灵活的。目前，ElasticSearch 放在 GitHub 上：github.com/elastic/ ElasticSearch。

在实际项目开发实战中，几乎每个系统都会有一个搜索的功能。当搜索做到一定程度时，维护和扩展的难度就会慢慢变大，因此很多公司会把搜索独立成一个模块，用 ElasticSearch 等来实现。

现在，ElasticSearch 已成为全文搜索领域的主流软件之一。维基百科、卫报、Stack Overflow、GitHub 等都纷纷采用它来做搜索[6]。国内的主流公司也都使用 ElasticSearch。

- 新浪 ElasticSearch：http://dockone.io/article/505.
- 阿里 ElasticSearch：http://afoo.me/columns/tec/logging-platform-spec.html.
- 有赞 ElasticSearch：http://tech.youzan.com/you-zan-tong-ri-zhi-ping-tai-chu-tan/.
- 头条 ElasticSearch：http://www.wtoutiao.com/p/13bkqiZ.html.

6.4.2　ElasticSearch 基本概念

1．全文搜索（Full-text Search）

全文检索指计算机索引程序通过扫描文章中的每个词，对每个词建立一个索引，指明该词在文章中出现的次数和位置，当用户查询时，检索程序就根据事先建立的索引进行查找，并将查找的结果反馈给用户的检索方式。在全文搜索的世界中主要有以下几个主流工具。

- Apache Lucene。
- ElasticSearch。
- Solr。
- Ferret。

2．倒排索引（Inverted Index）

该索引表中的每项都包括一个属性值和具有该属性值的各记录的地址。由于不是由记录来确定属性值，而是由属性值来确定记录的位置，所以称为倒排索引。ElasticSearch 之所以能够实现快速、高效的搜索功能，正是因为基于倒排索引原理。

3．节点&集群（Node & Cluster）

ElasticSearch 本质上是一个分布式数据库，允许多台服务器协同工作，每台服务器可以运行多个 ElasticSearch 实例。单个 ElasticSearch 实例称为一个节点（Node），一组节点构成一个集群（Cluster）。

4．索引（Index）

ElasticSearch 数据管理的顶层单位称为 Index（索引），相当于关系型数据库里的数据库的概念。另外，每个 Index 的名字必须是小写。

5．文档（Document）

Index 中单条的记录称为文档。许多条文档构成一个索引。文档使用 JSON 格式表示。同一个索引里的文档不要求有相同的结构（Scheme），但最好保持相同，以有利于提高搜索效率。

6．类型（Type）

文档可以分组，比如在 employee 这个索引里既可以按部门分组，也可以按职级分组。这种分组就称为类型，它是虚拟的逻辑分组，用于过滤文档，类似关系型数据库中的数据表。

不同的类型应该有相似的结构，性质完全不同的数据（如 products 和 logs）应该存成两个索引，而不是一个索引里的两个类型（虽然可以做到）。

7．文档元数据（Document Metadata）

文档元数据为_index、_type、_id，这三者可以唯一表示一个文档。_index 表示文档在哪里存放，_type 表示文档的对象类别，_id 为文档的唯一标识。

8．字段（Fields）

每个文档都类似一个 JSON 结构，它包含许多字段，每个字段都有其对应的值，多个字段组成一个文档，可以类比关系型数据库数据表中的字段。

在 ElasticSearch 中，文档归属于一种类型，而这些类型存在于索引中。

9．数据请求

一个 ElasticSearch 请求和任何 HTTP 请求一样，都由若干相同的部件组成：

```
curl -X<VERB> '<PROTOCOL>://<HOST>:<PORT>/<PATH>?<QUERY_STRING>' -d '<BODY>'
```

返回的数据格式为 JSON，因为 ElasticSearch 中的文档以 JSON 格式存储。JSON 格式说明如表 6-4 所示。

表 6-4 JSON 格式说明

部件	说明
VERB	适当的 HTTP 方法或谓词：GET、POST、PUT、HEAD 或者 DELETE
PROTOCOL	http 或者 https（如果在 ElasticSearch 前面有一个 https 代理）
HOST	ElasticSearch 集群中任意节点的主机名，或者用 localhost 代表本地机器上的节点
PORT	运行 ElasticSearch HTTP 服务的端口号，默认为 9200
PATH	API 的终端路径（例如 _count 返回集群中文档数量）。Path 可能包含多个组件，例如_cluster/stats 和_nodes/stats/jvm
QUERY_STRING	任意可选的查询字符串参数（例如 ?pretty 将格式化地输出 JSON 返回值，使其更容易阅读）
BODY	一个 JSON 格式的请求体（如果需要请求）

HTTP 方法说明如表 6-5 所示。

表 6-5　HTTP 方法说明

HTTP 方法	说明
GET	获取请求对象的当前状态
POST	改变对象的当前状态
PUT	创建一个对象
DELETE	销毁对象
HEAD	请求获取对象的基础信息

6.4.3　ElasticSearch 工作原理

当 ElasticSearch 的节点启动后，它会利用多播（Multicast）（或者单播，如果用户更改了配置）寻找集群中的其他节点，并与之建立连接。ElasticSearch 多播过程示意图如图 6-38 所示。

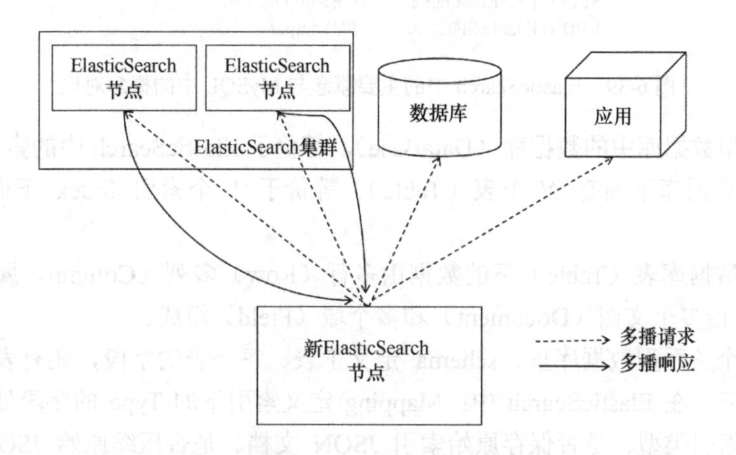

图 6-38　ElasticSearch 多播过程示意图

1. ElasticSearch 核心概念

（1）Cluster 集群。ElasticSearch 可以作为一个独立的单个搜索服务器。不过，为了处理大型数据集，实现容错和高可用性，ElasticSearch 可以运行在许多互相合作的服务器上。这些服务器的集合称为集群。

（2）Node 节点。形成集群的每个服务器称为节点。

（3）Shard 分片。当有大量的文档时，由于内存限制、磁盘处理能力不足、无法足够快地响应客户端的请求等，所以一个节点可能不够用。这种情况下，数据可以分为较小的分片。每个分片放到不同的服务器上。当查询的索引分布在多个分片上时，ElasticSearch 会把查询发送给每个相关的分片，并将结果组合在一起，而应用程序并不知道分片的存在，即这个过程对用户来说是透明的。

（4）Replia 副本。为提高查询吞吐量或实现高可用性，可以使用分片副本。副本是一个分片的精确复制，每个分片可以有零个或多个副本。ElasticSearch 中可以有许多相同的分片，其中之一被选择更改索引操作，这种特殊的分片称为主分片。当主分片丢失时，如该分片所在的数据不可用时，集群将副本提升为新的主分片。

（5）全文检索。全文检索就是对一篇文章进行索引，可以根据关键字搜索，类似于 MySQL 里的 like 语句。全文索引就是先把内容根据词的意义进行分词，然后分别创建索引。

2. ElasticSearch 数据架构的主要概念

ElasticSearch 中的主要概念与 MySQL 中的概念对比如图 6-39 所示。

MySQL	Elastic Search
Database	Index
Table	Type
Row	Document
Column	Field
Schema	Mapping
Index	Everything is indexed
SQL	Query DSL
SELECT * FROM table...	GET http://..
UPDATE table SET...	PUT http://...

图 6-39　ElasticSearch 中的主要概念与 MySQL 中的概念对比

（1）关系型数据库中的数据库（DataBase），等价于 ElasticSearch 中的索引（Index）。

（2）一个数据库下面有 N 个表（Table），等价于 1 个索引 Index 下面有 N 多类型（Type）。

（3）一个数据库表（Table）下的数据由多行（Row）多列（Column，属性）组成，等价于 1 个 Type 由多个文档（Document）和多个域（Field）组成。

（4）在一个关系型数据库里，schema 定义了表、每个表的字段，还有表和字段之间的关系；与之对应，在 ElasticSearch 中：Mapping 定义索引下的 Type 的字段处理规则，即索引如何建立、索引类型、是否保存原始索引 JSON 文档、是否压缩原始 JSON 文档、是否需要分词处理、如何进行分词处理等。

（5）在数据库中的增（insert）、删（delete）、改（update）、查（search）操作等价于 ElasticSearch 中的增（PUT/POST）、删（Delete）、改（Update）、查（GET）。

3. ELK

ELK=ElasticSearch+Logstash+Kibana。

ElasticSearch：后台分布式存储及全文检索。

Logstash：日志加工、“搬运工”。

Kibana：数据可视化展示。

ELK 架构为数据分布式存储、可视化查询和日志解析创建了一个功能强大的管理链。三者相互配合，取长补短，共同完成分布式大数据处理工作。

6.4.4 ElasticSearch 存储机制

很多人会好奇数据存储在 ElasticSearch 中的存储容量，会有这样的疑问：xxTB 的数据入 ElasticSearch 会使用多少存储空间。对这个问题具有不同答案。只有在数据写入 ElasticSearch 后，才能观察到实际的存储空间。

ElasticSearch 中的数据是如何存储的呢？

1. ElasticSearch 索引结构

ElasticSearch 对外提供的是 index 的概念，可以类比为 DB，用户查询是在 index 上完成的，每个 index 由若干个 shard 组成，以此来达到分布式可扩展的能力。例如，图 6-40 是一个由 10 个 shard 组成的 index。

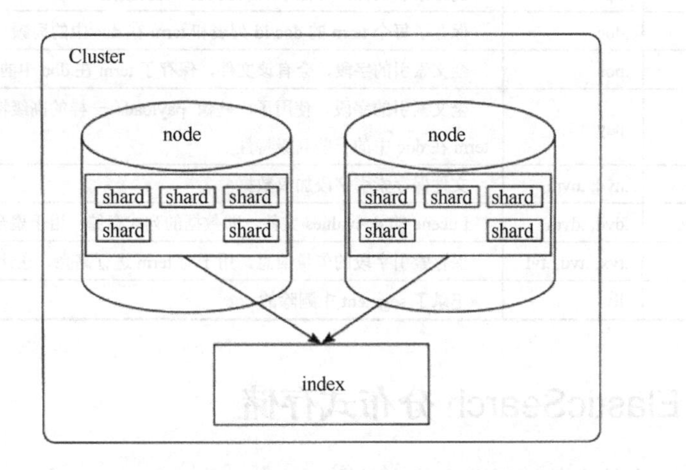

图 6-40　ElasticSearch 中的 index 示意图

shard 是 ElasticSearch 数据存储的最小单位，index 的存储容量为所有 shard 的存储容量之和。ElasticSearch 集群的存储容量则为所有 index 存储容量之和。一个 shard 对应一个 Lucene 的 library。对于一个 shard，ElasticSearch 增加了 translog 的功能，类似于 HBase WAL，是数据写入过程中的中间数据，其余的数据都是在 Lucene 库中管理的。

因此，ElasticSearch 索引使用的存储内容主要取决于 Lucene 中的数据存储。

2. Lucene 数据存储中的文件内容

segment：Lucene 内部的数据由一个个的 segment 组成，写入 Lucene 的数据并不直接落盘，而是先写在内存中，经过 refresh 间隔后，Lucene 才将该时间段写入的全部数据 refresh 成一个 segment，segment 多了后会合成到更大的 segment。Lucene 查询时会遍历每个 segment 完成。由于 Lucene 写入的数据是在内存中完成，所以写入效率非常高。但是，因为也存在丢失数据的风险，所以 ElasticSearch 基于此现象实现了 translog，只有在 segment 数据落盘后，ElasticSearch 才会删除对应的 translog。

Lucene 包的文件是由很多 segment 文件组成的，segments_xxx 文件记录了 Lucene 包下的 segment 文件数量。一个 segment 包含如表 6-6 所示的多个文件，为减少打开文件的数量，在 segment 小的时候，segment 的所有文件内容都保存在 cfs 文件中。

表 6-6　segment 包含的文件

名称	扩展名	简单说明
Segment Info	.si	segment 的元数据文件
Compound File	.cfs, .cfe	cfe 文件保存了 Lucene 各文件在 cfs 文件中的位置信息
Fields	.fnm	保存了 Fields 的相关信息
Field Index	.fdx	正排存储文件的元数据信息
Field Data	.fdt	存储了正排存储数据，写入的原文存储在这里
Term Dictionary	.tim	倒排索引的元数据信息
Term Index	.tip	倒排索引文件，存储了所有的倒排索引数据
Frequencies	.doc	保存了每个 term 的 doc id 列表和 term 在 doc 中的词频
Positions	.pos	全文索引的字段，会有该文件，保存了 term 在 doc 中的位置
Payloads	.pay	全文索引的字段，使用了一些像 payloads 一样的高级特性会有该文件，保存了 term 在 doc 中的一些高级特性
Norms	.nvd, .nvm	文件保存索引字段加权数据
Per-Document Values	.dvd, .dvm	Lucene 的 docvalues 文件，即数据的列式存储，用于聚合和排序
Term Vector Data	.tvx, .tvd, .tvf	保存索引字段的矢量信息，用于对 term 进行高亮，在计算文本相关性时使用
Live Documents	.liv	记录了 segment 中删除的 doc

6.4.5　ElasticSearch 分布式存储

ElasticSearch 中的文件属于分布式存储[5]。

1．分配存储文档到一个分片中

当索引一个文档的时候，文档会被存储到一个主分片中。ElasticSearch 如何知道一个文档应该存放到哪个分片中呢？当创建文档时，它如何决定这个文档应当被存储在分片 1 中还是分片 2 中呢？

这肯定不会是随机的，否则在将来要获取文档时，我们就不知道从何处寻找了。实际上，这个过程是根据下面这个公式决定的：

$$shard = hash(routing)\ \%\ number\_of\_primary\_shards$$

routing 是一个可变值，默认是文档的_id，也可以设置成一个自定义的值。routing 通过 hash（哈希）函数生成一个数字，这个数字再除以 number_of_primary_shards（主分片的数量）后得到余数。这个分布在从 0 到 number_of_primary_shards−1 之间的余数，就是所寻求的文档所在分片的位置。

这就解释了为什么我们要在创建索引的时候就确定好主分片的数量，并且永远不会改变这个数量：因为如果数量变化了，那么所有之前路由的值都会无效，文档也就再也找不到了。

所有的文档 API（get、index、delete、bulk、update、mget）都接收一个称为 routing 的路由参数，通过这个参数可以自定义文档到分片的映射。一个自定义的路由参数可以用来确保所有相关的文档（例如所有属于同一个用户的文档）都被存储到同一个分片中。

2．主分片和副本分片如何交互

假设有一个集群由三个节点组成。它包含一个叫 blogs 的索引，有两个主分片，每个主分片有两个副本分片。因为相同分片的副本不会放在同一节点，所以集群看起来如图 6-41 所示，有三个节点和一个索引的集群。

可以发送请求到集群中的任一节点。每个节点都有能力处理任意请求。因为每个节点都知道集群中任一文档位置，所以可以直接将请求转发到需要的节点。在下面的例子中，将所有的请求发送到 Node 1，Node 1 称为协调节点（Coordinating Node）。

3．新建、索引和删除文档

新建、索引和删除请求都是写操作，必须在主分片中完成之后才能被复制到相关的副本分片，如图 6-42 所示。

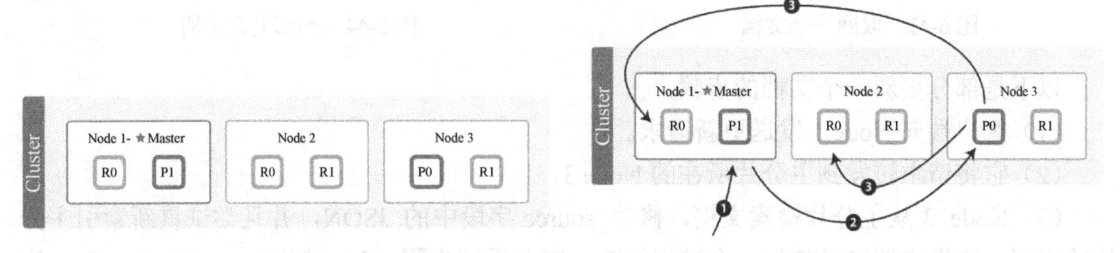

图 6-41　有三个节点和一个索引的集群　　　　图 6-42　新建、索引和删除单个文档

以下是成功新建、索引和删除文档所需要的步骤顺序。

（1）客户端向 Node 1 发送新建、索引或者删除请求。

（2）节点使用文档的_id 确定文档属于分片 0；请求会被转发到 Node 3，因为分片 0 的主分片目前被分配在 Node 3 上。

（3）Node 3 在主分片上执行请求；如果成功了，则它将请求并行转发到 Node 1 和 Node 2 的副本分片上；一旦所有的副本分片都报告成功，Node 3 将向协调节点报告成功，协调节点向客户端报告成功。

（4）在客户端收到成功响应时，文档变更已经在主分片和所有副本分片执行完成，变更是安全的。

4．取回一个文档

可以从主分片或者从其他任意副本分片检索文档，如图 6-43 所示。

以下是从主分片或者副本分片检索文档的步骤顺序。

（1）客户端向 Node 1 发送获取请求。

（2）节点使用文档的_id 来确定文档属于分片 0；分片 0 的副本分片存在于所有的三个节点上；在这种情况下，它将请求转发到 Node 2。

（3）Node 2 先将文档返给 Node 1，然后将文档返给客户端。

在处理读取请求时，协调节点在每次请求的时候都会通过轮询所有的副本分片来达到负载均衡。

在文档被检索时，已被索引的文档可能已经存在于主分片上但还没有复制到副本分片。在这种情况下，副本分片可能会报告文档不存在，但主分片可能成功返回文档。一旦索引请求成功返给用户，文档在主分片和副本分片上都是可用的。

5．局部更新文档

如图 6-44 所示，updateAPI 结合了先前说明的读取和写入模式。

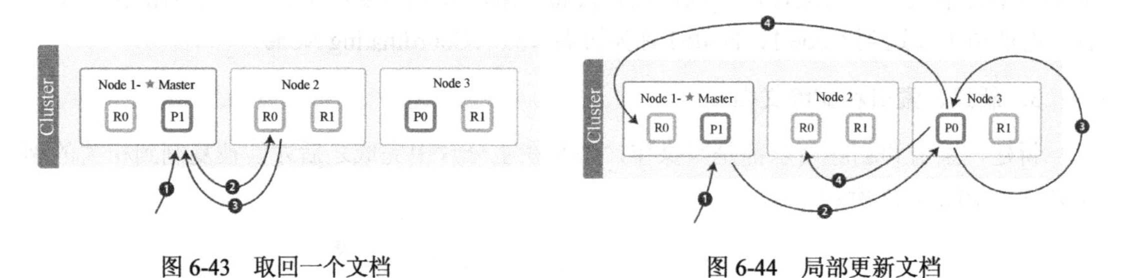

图 6-43　取回一个文档　　　　图 6-44　局部更新文档

以下是部分更新一个文档的步骤。

（1）客户端向 Node 1 发送更新请求。

（2）它将请求转发到主分片所在的 Node 3。

（3）Node 3 从主分片检索文档，修改_source 字段中的 JSON，并且尝试重新索引主分片的文档；如果文档已经被另一个进程修改，它会重试步骤（3），超过 retry_on_conflict 次后放弃。

（4）如果 Node 3 成功地更新文档，它将新版本的文档并行转发到 Node 1 和 Node 2 的副本分片上，重新建立索引；一旦所有副本分片都返回成功，Node 3 向协调节点也返回成功，协调节点向客户端返回成功。

当主分片把更改转发到副本分片时，它不会转发更新请求。相反，它转发完整文档的新版本。请记住，这些更改将会异步转发到副本分片，并且不能保证它们以发送它们相同的顺序到达。如果 ElasticSearch 仅转发更改请求，则可能以错误的顺序应用更改，导致得到损坏的文档。

6．多文档模式

mget 和 bulk API 的模式类似于单文档模式。区别在于协调节点知道每个文档存在于哪个分片中。它将整个多文档请求分解成每个分片的多文档请求，并且将这些请求并行转发到每个参与节点。

协调节点一旦收到来自每个节点的应答，就将每个节点的响应收集整理成单个响应，返回给客户端，如图 6-45 所示。

以下是使用单个 mget 请求取回多个文档所需的步骤顺序。

（1）客户端向 Node 1 发送 mget 请求。

（2）Node 1 先为每个分片构建多文档获取请求，然后并行转发这些请求到托管在每个所需的主分片或者副本分片的节点上；一旦收到所有答复，Node 1 构建响应并将其返给客户端。

可以对 docs 数组中每个文档设置 routing 参数。对于 bulk API，使用 bulk 修改多个文档如图 6-46 所示，允许在单个批量请求中执行多个创建、索引、删除和更新请求。

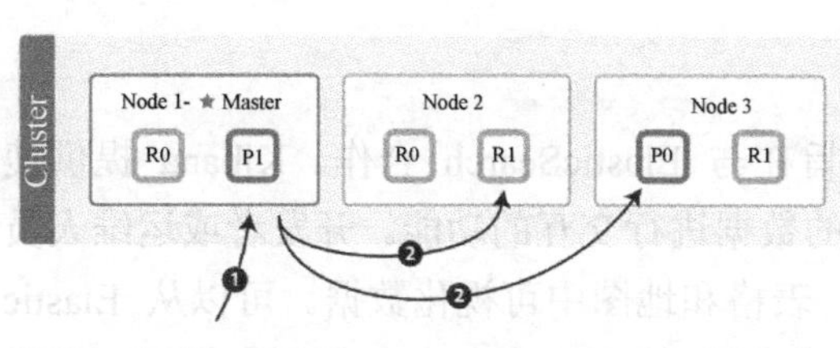

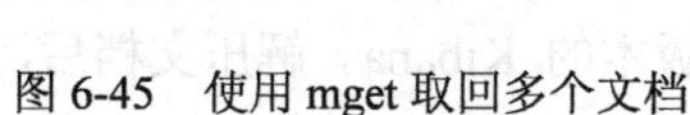

图 6-45　使用 mget 取回多个文档

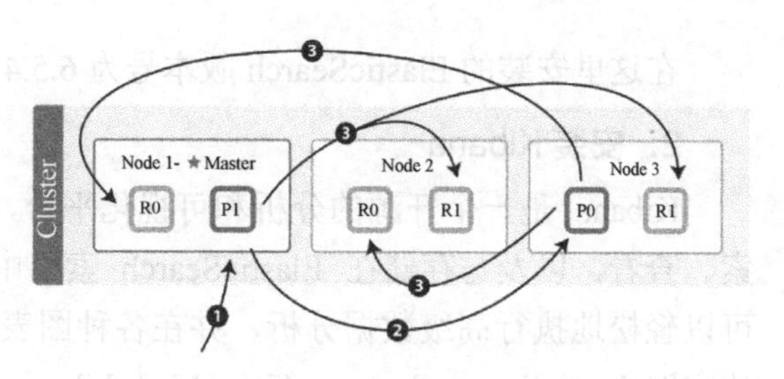

图 6-46　使用 bulk 修改多个文档

6.4.6　ElasticSearch 安装与运行

安装 ElasticSearch 之前[28]，需要先安装一个较新版本的 Java，可以从 www.java.com 获得官方提供的最新版本的 Java。

1．安装 ElasticSearch

从 Elastic 的官网 https://www.elastic.co/downloads/ElasticSearch 获取最新版本的 ElasticSearch。解压文档后，按照下面的操作，即可在前台启动 ElasticSearch：

```
cd ElasticSearch-<version>./bin/ElasticSearch
```

- 如果想让 ElasticSearch 在后台运行，那么可以在后面添加参数-d。
- 如果是在 Windows 上面运行 ElasticSearch，应该运行 bin\ElasticSearch.bat 而不是 bin\ElasticSearch。

测试 ElasticSearch 是否启动成功，可以打开另一个终端，执行以下操作：

```
curl 'http://localhost:9200/?pretty'
```

如果在 Windows 上面运行 ElasticSearch，则可通过 http://curl.haxx.se/download.html 下载 cURL。cURL 提供一种将请求提交到 ElasticSearch 的便捷方式，并且安装 cURL 之后，可以通过复制与粘贴去写代码。

此时，ElasticSearch 运行在本地的 9200 端口，在浏览器中输入网址“http://localhost:9200/”，如果看到以下信息，则说明你的计算机已成功安装 ElasticSearch。

```
{
  "name" : "YTK8L4q",
  "cluster_name" : "ElasticSearch",
  "cluster_uuid" : "hB2CZPlvSJavhJxx85fUqQ",
  "version" : {
    "number" : "6.5.4",
    "build_flavor" : "default",
    "build_type" : "tar",
    "build_hash" : "d2ef93d",
    "build_date" : "2019-12-17T21:17:40.758843Z",
    "build_snapshot" : false,
    "Lucene_version" : "7.5.0",
    "minimum_wire_compatibility_version" : "5.6.0",
    "minimum_index_compatibility_version" : "5.0.0"
  },
  "tagline" : "You Know, for Search"}
```

在这里安装的 ElasticSearch 版本号为 6.5.4。

2．安装 Kibana

Kibana 是一个开源的分析和可视化平台，旨在与 ElasticSearch 合作。Kibana 提供搜索、查看，以及与存储在 ElasticSearch 索引中的数据进行交互的功能。开发者或运维人员可以轻松地执行高级数据分析，并在各种图表、表格和地图中可视化数据。可以从 Elastic 的官网 https://www.elastic.co/downloads/kibana 获取最新版本的 Kibana。解压文档后，按照下面的操作，即可在前台（Foreground）启动 Kibana：

```
cd kibana-<version>./bin/kibana
```

此时，Kibana 运行在本地的 5601 端口，在浏览器中输入网址“http://localhost:5601”，即可启动。

3．简单操作

下面举例说明具体操作，以插入数据为例，在 Kibana 中完成操作，创建的 index 为 conference，type 为 event。

创建 index 为 conference，创建 type 为 event，插入 id 为 1 的第一条数据，只需要运行下面命令：

```
PUT /conference/event/1
{
 "host": "Dave",
 "title": "Elasticsearch at Rangespan and Exonar",
 "description": "Representatives from Rangespan and Exonar will come and discuss how they use Elasticsearch",
 "attendees": ["Dave", "Andrew", "David", "Clint"],
 "date": "2020-06-24T18:30",
 "reviews": 3
}
```

在上面的命令中，路径/conference/event/1 表示文档的 index 为 conference、type 为 event、id 为 1。类似于上面的操作，依次插入剩余的 4 条数据，插入数据完成后，其结果如图 6-47 所示。

```
_source
▸ host: Andy title: Big Data and the cloud at Microsoft description: Discussion about the Microsoft Azure cloud and HDInsight.
  attendees: Andy, Michael, Ben, David date: August 1st 2013, 02:00:00.000 reviews: 1 _id: 4 _type: event _index: conference
  _score: -
▸ host: Andy title: Moving Hadoop to the mainstream description: Come hear about how Hadoop is moving to the main stream
  attendees: Andy, Matt, Bill date: July 22nd 2020, 02:00:00.000 reviews: 4 _id: 3 _type: event _index: conference _score: -
▸ host: Dave title: Elasticsearch at Rangespan and Exonar description: Representatives from Rangespan and Exonar will come and discu
  ss how they use Elasticsearch attendees: Dave, Andrew, David, Clint date: June 25th 2020, 02:30:00.000 reviews: 3 _id: 1 _type:
  event _index: conference _score: -
▸ host: Mik title: Logging and Elasticsearch description: Get a deep dive for what Elasticsearch is and how it can be used for loggi
  ng with Logstash as well as Kibana! attendees: Shay, Rashid, Erik, Grant, Mik date: April 9th 2020, 02:00:00.000 reviews: 3 _id:
  5 _type: event _index: conference _score: -
▸ host: Dave Nolan title: real-time Elasticsearch description: We will discuss using Elasticsearch to index data in real time
  attendees: Dave, Shay, John, Harry date: February 19th 2020, 02:30:00.000 reviews: 3 _id: 2 _type: event _index: conference
  _score: -
```

图 6-47　插入数据结果

ElasticSearch 还支持更多的搜索功能，如过滤器、高亮搜索、结构化搜索等，读者可自行学习。

6.5　实战

Redis 集群在公司内部生产环境中大都是使用 Linux 操作系统搭建的。Redis 有三种集群模式，分别是主从模式、Sentinel 模式、Cluster 模式。下面介绍这三种模式的搭建并进行实战演示[7]。

6.5.1　主从模式搭建

环境准备：创建一个主节点（master 节点）、两个从节点（slave 节点），具体步骤不再详述，可参看前面章节。主从模式集群搭建代码如图 6-48 所示。

```
1  master节点                192.168.30.128
2
3  slave节点                 192.168.30.129
4
5  slave节点                 192.168.30.130
```

图 6-48　主从模式集群搭建代码

下载安装 Redis 代码如图 6-49 所示。

```
1  # cd /software
2
3  # wget http://download.redis.io/releases/redis-5.0.4.tar.gz
4
5  # tar zxf redis-5.0.4.tar.gz && mv redis-5.0.4/ /usr/local/redis
6
7  # cd /usr/local/redis && make && make install
8
9  # echo $?
10 0
```

图 6-49　下载安装 Redis 代码

全部配置成服务：

（1）查找服务代码，如图 6-50 所示。

```
1  # vim /usr/lib/systemd/system/redis.service
2
3  [Unit]
4  Description=Redis persistent key-value database
5  After=network.target
6  After=network-online.target
7  Wants=network-online.target
8
9  [Service]
10 ExecStart=/usr/local/bin/redis-server /usr/local/redis/redis.conf --supervised systemd
11 ExecStop=/usr/libexec/redis-shutdown
12 Type=notify
13 User=redis
14 Group=redis
15 RuntimeDirectory=redis
16 RuntimeDirectoryMode=0755
17
18 [Install]
19 WantedBy=multi-user.target
```

图 6-50　查找服务代码

（2）Shutdown 代码 1 如图 6-51 所示。Shutdown 代码 2 如图 6-52 所示。

```
1  # vim /usr/libexec/redis-shutdown
2
3  #!/bin/bash
4  #
5  # Wrapper to close properly redis and sentinel
6  test x"$REDIS_DEBUG" != x && set -x
7
8  REDIS_CLI=/usr/local/bin/redis-cli
9
10 # Retrieve service name
11 SERVICE_NAME="$1"
12 if [ -z "$SERVICE_NAME" ]; then
13    SERVICE_NAME=redis
14 fi
15
16 # Get the proper config file based on service name
17 CONFIG_FILE="/usr/local/redis/$SERVICE_NAME.conf"
18
19 # Use awk to retrieve host, port from config file
20 HOST=`awk '/^[[:blank:]]*bind/ { print $2 }' $CONFIG_FILE | tail -n1`
21 PORT=`awk '/^[[:blank:]]*port/ { print $2 }' $CONFIG_FILE | tail -n1`
22 PASS=`awk '/^[[:blank:]]*requirepass/ { print $2 }' $CONFIG_FILE | tail -n1`
23 SOCK=`awk '/^[[:blank:]]*unixsocket\s/ { print $2 }' $CONFIG_FILE | tail -n1`
24
25 # Just in case, use default host, port
26 HOST=${HOST:-127.0.0.1}
27 if [ "$SERVICE_NAME" = redis ]; then
28     PORT=${PORT:-6379}
29 else
30     PORT=${PORT:-26739}
31 fi
32
33 # Setup additional parameters
34 # e.g password-protected redis instances
35 [ -z "$PASS"  ] || ADDITIONAL_PARAMS="-a $PASS"
36
37 # shutdown the service properly
38 if [ -e "$SOCK" ] ; then
39         $REDIS_CLI -s $SOCK $ADDITIONAL_PARAMS shutdown
40 else
41         $REDIS_CLI -h $HOST -p $PORT $ADDITIONAL_PARAMS shutdown
42 fi
```

图 6-51　Shoutdown 代码 1

```
1  # chmod +x /usr/libexec/redis-shutdown
2
3  # useradd -s /sbin/nologin redis
4
5  # chown -R redis:redis /usr/local/redis
6
7  # chown -R reids:redis /data/redis
8
9  # yum install -y bash-completion && source /etc/profile                #命令补全
10
11 # systemctl daemon-reload
12
13 # systemctl enable redis
```

图 6-52　Shoutdown 代码 2

（3）修改配置。配置 192.168.30.128 代码如图 6-53 所示。配置 192.168.30.129 代码如图 6-54 所示。配置 192.168.30.130 代码如图 6-55 所示。

```
1  # mkdir -p /data/redis
2
3  # vim /usr/local/redis/redis.conf
4
5  bind 192.168.30.128              #监听ip，多个ip用空格分隔
6  daemonize yes              #允许后台启动
7  logfile "/usr/local/redis/redis.log"              #日志路径
8  dir /data/redis              #数据库备份文件存放目录
9  masterauth 123456              #slave连接master密码，master可省略
10 requirepass 123456              #设置master连接密码，slave可省略
11
12 appendonly yes              #在/data/redis/目录生成appendonly.aof文件，将每一次写操作请求都追加到appendonly.a
13
14 # echo 'vm.overcommit_memory=1' >> /etc/sysctl.conf
15
16 # sysctl -p
```

图 6-53　配置 192.168.30.128 代码

```
1  # mkdir -p /data/redis
2
3  # vim /usr/local/redis/redis.conf
4
5  bind 192.168.30.129
6  daemonize yes
7  logfile "/usr/local/redis/redis.log"
8  dir /data/redis
9  replicaof 192.168.30.128 6379
10 masterauth 123456
11 requirepass 123456
12 appendonly yes
13
14 # echo 'vm.overcommit_memory=1' >> /etc/sysctl.conf
15
16 # sysctl -p
```

图 6-54　配置 192.168.30.129 代码

```
1  # mkdir -p /data/redis
2
3  # vim /usr/local/redis/redis.conf
4
5  bind 192.168.30.130
6  daemonize yes
7  logfile "/usr/local/redis/redis.log"
8  dir /data/redis
9  replicaof 192.168.30.128 6379
10 masterauth 123456
11 requirepass 123456
12 appendonly yes
13
14 # echo 'vm.overcommit_memory=1' >> /etc/sysctl.conf
15
16 # sysctl -p
```

图 6-55　配置 192.168.30.130 代码

（4）启动 Redis 代码，如图 6-56 所示。

```
1 # systemctl start redis
```

图 6-56　启动 Redis 代码

（5）查看启动后的集群状态代码 1 如图 6-57 所示。查看启动后的集群状态代码 2 如图 6-58 所示。

```
1  # redis-cli -h 192.168.30.128 -a 123456
2  Warning: Using a password with '-a' or '-u' option on the command line interface may not be safe.
3
4  192.168.30.128:6379> info replication
5  # Replication
6  role:master
7  connected_slaves:2
8  slave0:ip=192.168.30.129,port=6379,state=online,offset=168,lag=1
9  slave1:ip=192.168.30.130,port=6379,state=online,offset=168,lag=1
10 master_replid:fb4941e02d5032ad74c6e2383211fc58963dbe90
11 master_replid2:0000000000000000000000000000000000000000
12 master_repl_offset:168
13 second_repl_offset:-1
14 repl_backlog_active:1
15 repl_backlog_size:1048576
16 repl_backlog_first_byte_offset:1
17 repl_backlog_histlen:168
```

图 6-57　查看启动后的集群状态代码 1

```
# redis-cli -h 192.168.30.129 -a 123456 info replication

Warning: Using a password with '-a' or '-u' option on the command line interface may not be safe.
# Replication
role:slave
master_host:192.168.30.128
master_port:6379
master_link_status:up
master_last_io_seconds_ago:1
master_sync_in_progress:0
slave_repl_offset:196
slave_priority:100
slave_read_only:1
connected_slaves:0
master_replid:fb4941e02d5032ad74c6e2383211fc58963dbe90
master_replid2:0000000000000000000000000000000000000000
master_repl_offset:196
second_repl_offset:-1
repl_backlog_active:1
repl_backlog_size:1048576
repl_backlog_first_byte_offset:1
repl_backlog_histlen:196
```

图 6-58　查看启动后的集群状态代码 2

（6）数据演示代码 1 如图 6-59 所示。数据演示代码 2 如图 6-60 所示。数据演示代码 3 如图 6-61 所示。

```
192.168.30.128:6379> keys *
(empty list or set)

192.168.30.128:6379> set key1 100
OK

192.168.30.128:6379> set key2 lzx
OK

192.168.30.128:6379> keys *
1) "key1"
2) "key2"
```

图 6-59　数据演示代码 1

```
# redis-cli -h 192.168.30.129 -a 123456
Warning: Using a password with '-a' or '-u' option on the command line interface may not be safe.

192.168.30.129:6379> keys *
1) "key2"
2) "key1"

192.168.30.129:6379> CONFIG GET dir
1) "dir"
2) "/data/redis"

192.168.30.129:6379> CONFIG GET dbfilename
1) "dbfilename"
2) "dump.rdb"

192.168.30.129:6379> get key1
"100"

192.168.30.129:6379> get key2
"lzx"

192.168.30.129:6379> set key3 aaa
(error) READONLY You can't write against a read only replica.
```

图 6-60　数据演示代码 2

可以看到，在主节点写入的数据很快就同步到从节点上，而且在从节点上无法写入数据。

```
# redis-cli -h 192.168.30.130 -a 123456
Warning: Using a password with '-a' or '-u' option on the command line interface may not be safe.

192.168.30.130:6379> keys *
1) "key2"
2) "key1"

192.168.30.130:6379> CONFIG GET dir
1) "dir"
2) "/data/redis"

192.168.30.130:6379> CONFIG GET dbfilename
1) "dbfilename"
2) "dump.rdb"

192.168.30.130:6379> get key1
"100"

192.168.30.130:6379> get key2
"lzx"

192.168.30.130:6379> set key3 aaa
(error) READONLY You can't write against a read only replica.
```

图 6-61　数据演示代码 3

6.5.2　Sentinel 模式搭建

环境准备：搭建一个主节点、两个从节点。Sentinel 模式搭建代码如图 6-62 所示。

```
master节点          192.168.30.128          sentinel端口: 26379

slave节点           192.168.30.129          sentinel端口: 26379

slave节点           192.168.30.130          sentinel端口: 26379
```

图 6-62　Sentinel 模式搭建代码

（1）修改配置。前面已经下载安装了 Redis，这里省略，直接修改 Sentinel 配置文件。配置 192.168.30.128 代码如图 6-63 所示。

```
# vim /usr/local/redis/sentinel.conf

daemonize yes
logfile "/usr/local/redis/sentinel.log"
dir "/usr/local/redis/sentinel"                 #sentinel工作目录
sentinel monitor mymaster 192.168.30.128 6379 2                  #判断master失效至少需要2个sentinel同意，建议设
sentinel auth-pass mymaster 123456
sentinel down-after-milliseconds mymaster 30000                  #判断master主观下线时间，默认30s
```

图 6-63　配置 192.168.30.128 代码

这里需要注意的是，Sentinel auth-pass mymaster 123456 需要配置在 Sentinel monitor mymaster 192.168.30.128 6379 2 下面，否则启动报错，如图 6-64 所示。

```
# /usr/local/bin/redis-sentinel /usr/local/redis/sentinel.conf

*** FATAL CONFIG FILE ERROR ***
Reading the configuration file, at line 104
>>> 'sentinel auth-pass mymaster 123456'
No such master with specified name.
```

图 6-64　启动报错

（2）全部启动 Sentinel 代码，如图 6-65 所示。

```
1  # mkdir /usr/local/redis/sentinel && chown -R redis:redis /usr/local/redis
2
3  # /usr/local/bin/redis-sentinel /usr/local/redis/sentinel.conf
```

图 6-65　全部启动 Sentinel 代码

（3）任一主机查看日志代码，如图 6-66 所示。

```
1  # tail -f /usr/local/redis/sentinel.log
2
3  21574:X 09 May 2019 15:32:04.298 # Sentinel ID is 30c417116a8edbab09708037366c4a7471beb770
4  21574:X 09 May 2019 15:32:04.298 # +monitor master mymaster 192.168.30.128 6379 quorum 2
5  21574:X 09 May 2019 15:32:04.299 * +slave slave 192.168.30.129:6379 192.168.30.129 6379 @ mymaster 192.168
6  21574:X 09 May 2019 15:32:04.300 * +slave slave 192.168.30.130:6379 192.168.30.130 6379 @ mymaster 192.168
7  21574:X 09 May 2019 15:32:16.347 * +sentinel sentinel 79b8d61626afd4d059fb5a6a63393e9a1374e78f 192.168.30.
8  21574:X 09 May 2019 15:32:31.584 * +sentinel sentinel d7b429dcba792103ef0d80827dd0910bd9284d21 192.168.30.
```

图 6-66　任一主机查看日志代码

（4）主机死机演示。

对主机 192.168.30.128 执行命令，如图 6-67 所示。

从日志中可以看到，主机已经从 192.168.30.128 转移到 192.168.30.129 上。在 192.168.30.129 上查看集群信息，代码如图 6-68 所示。

```
1  # systemctl stop redis
2
3  # tail -f /usr/local/redis/sentinel.log
4
5  22428:X 09 May 2019 15:51:29.287 # +sdown master mymaster 192.168.30.128 6379
6  22428:X 09 May 2019 15:51:29.371 # +odown master mymaster 192.168.30.128 6379 #quorum 2/2
7  22428:X 09 May 2019 15:51:29.371 # +new-epoch 1
8  22428:X 09 May 2019 15:51:29.371 # +try-failover master mymaster 192.168.30.128 6379
9  22428:X 09 May 2019 15:51:29.385 # +vote-for-leader 30c417116a8edbab09708037366c4a7471beb770 1
10 22428:X 09 May 2019 15:51:29.403 # d7b429dcba792103ef0d80827dd0910bd9284d21 voted for 30c417116a8edbab097
11 22428:X 09 May 2019 15:51:29.408 # 79b8d61626afd4d059fb5a6a63393e9a1374e78f voted for 30c417116a8edbab097
12 22428:X 09 May 2019 15:51:29.451 # +elected-leader master mymaster 192.168.30.128 6379
13 22428:X 09 May 2019 15:51:29.451 # +failover-state-select-slave master mymaster 192.168.30.128 6379
14 22428:X 09 May 2019 15:51:29.528 # +selected-slave slave 192.168.30.129:6379 192.168.30.129 6379 @ mymaste
15 22428:X 09 May 2019 15:51:29.528 * +failover-state-send-slaveof-noone slave 192.168.30.129:6379 192.168.30
16 22428:X 09 May 2019 15:51:29.594 * +failover-state-wait-promotion slave 192.168.30.129:6379 192.168.30.12
17 22428:X 09 May 2019 15:51:30.190 # +promoted-slave slave 192.168.30.129:6379 192.168.30.129 6379 @ mymaste
18 22428:X 09 May 2019 15:51:30.190 # +failover-state-reconf-slaves master mymaster 192.168.30.128 6379
19 22428:X 09 May 2019 15:51:30.258 * +slave-reconf-sent slave 192.168.30.130:6379 192.168.30.130 6379 @ myma
20 22428:X 09 May 2019 15:51:30.511 # -odown master mymaster 192.168.30.128 6379
21 22428:X 09 May 2019 15:51:31.233 * +slave-reconf-inprog slave 192.168.30.130:6379 192.168.30.130 6379 @ my
22 22428:X 09 May 2019 15:51:31.233 * +slave-reconf-done slave 192.168.30.130:6379 192.168.30.130 6379 @ myma
23 22428:X 09 May 2019 15:51:31.297 # +failover-end master mymaster 192.168.30.128 6379
24 22428:X 09 May 2019 15:51:31.297 # +switch-master mymaster 192.168.30.128 6379 192.168.30.129 6379
25 22428:X 09 May 2019 15:51:31.298 * +slave slave 192.168.30.130:6379 192.168.30.130 6379 @ mymaster 192.168
26 22428:X 09 May 2019 15:51:31.298 * +slave slave 192.168.30.128:6379 192.168.30.128 6379 @ mymaster 192.168
27 22428:X 09 May 2019 15:52:31.307 # +sdown slave 192.168.30.128:6379 192.168.30.128 6379 @ mymaster 192.168
```

图 6-67　死机代码

```
1  # /usr/local/bin/redis-cli -h 192.168.30.129 -p 6379 -a 123456
2  Warning: Using a password with '-a' or '-u' option on the command line interface may not be safe.
3
4  192.168.30.129:6379> info replication
5  # Replication
6  role:master
7  connected_slaves:1
8  slave0:ip=192.168.30.130,port=6379,state=online,offset=291039,lag=1
9  master_replid:757aff269236ed2707ba584a86a40716c1c76d74
10 master_replid2:47a862fc0ff20362be29096ecdcca6d432070ee9
11 master_repl_offset:291182
12 second_repl_offset:248123
13 repl_backlog_active:1
14 repl_backlog_size:1048576
15 repl_backlog_first_byte_offset:1
16 repl_backlog_histlen:291182
17
18 192.168.30.129:6379> set key4 linux
19 OK
```

图 6-68　查看集群信息代码

前集群中只有一个 slave——192.168.30.130，master 是 192.168.30.129，并且 192.168.30.129 具有写权限。在 192.168.30.130 上查看 Redis 的配置文件也可以看到复制 192.168.30.129 6379，这是 Sentinel 在选举 master 时做的修改。

重新在 192.168.30.128 上启动进程，代码如图 6-69 所示。

```
1  # systemctl start redis
2
3  # tail -f /usr/local/redis/sentinel.log
4
5  22428:X 09 May 2019 15:51:31.297 # +switch-master mymaster 192.168.30.128 6379 192.168.30.129 6379
6  22428:X 09 May 2019 15:51:31.298 * +slave slave 192.168.30.130:6379 192.168.30.130 6379 @ mymaster 192.168
7  22428:X 09 May 2019 15:51:31.298 * +slave slave 192.168.30.128:6379 192.168.30.128 6379 @ mymaster 192.168
8  22428:X 09 May 2019 15:52:31.307 # +sdown slave 192.168.30.128:6379 192.168.30.128 6379 @ mymaster 192.168
9  22428:X 09 May 2019 16:01:24.872 # -sdown slave 192.168.30.128:6379 192.168.30.128 6379 @ mymaster 192.168
```

图 6-69　重新启动进程代码

（5）查看集群信息代码，如图 6-70 所示。

```
1  # /usr/local/bin/redis-cli -h 192.168.30.128 -p 6379 -a 123456
2  Warning: Using a password with '-a' or '-u' option on the command line interface may not be safe.
3
4  192.168.30.128:6379> info replication
5  # Replication
6  role:slave
7  master_host:192.168.30.129
8  master_port:6379
9  master_link_status:up
10 master_last_io_seconds_ago:0
11 master_sync_in_progress:0
12 slave_repl_offset:514774
13 slave_priority:100
14 slave_read_only:1
15 connected_slaves:0
16 master_replid:757aff269236ed2707ba584a86a40716c1c76d74
17 master_replid2:0000000000000000000000000000000000000000
18 master_repl_offset:514774
19 second_repl_offset:-1
20 repl_backlog_active:1
21 repl_backlog_size:1048576
22 repl_backlog_first_byte_offset:376528
23 repl_backlog_histlen:138247
24
25 192.168.30.128:6379> get key4
26 "linux"
27
28 192.168.30.128:6379> set key5
29 (error) ERR wrong number of arguments for 'set' command
```

图 6-70　查看集群信息代码

即使 192.168.30.128 重新启动 Redis 服务，也是作为 slave 加入 Redis 集群，192.168.30.129 仍然是 master。

6.5.3 Cluster 模式搭建

环境准备：搭建一个主节点、两个从节点。Cluster 模式搭建代码如图 6-71 所示。

```
1 三台机器，分别开启两个redis服务（端口）
2
3 192.168.30.128          端口：7001,7002
4
5 192.168.30.129          端口：7003,7004
6
7 192.168.30.130          端口：7005,7006
```

图 6-71　Cluster 模式搭建代码

（1）修改配置文件。

配置 192.168.30.128 代码 1 如图 6-72 所示。配置 192.168.30.128 代码 2 如图 6-73 所示。其他两台机器的配置代码与 192.168.30.128 的一致，此处省略。

```
1 # mkdir /usr/local/redis/cluster
2
3 # cp /usr/local/redis/redis.conf /usr/local/redis/cluster/redis_7001.conf
4
5 # cp /usr/local/redis/redis.conf /usr/local/redis/cluster/redis_7002.conf
6
7 # chown -R redis:redis /usr/local/redis
8
9 # mkdir -p /data/redis/cluster/{redis_7001,redis_7002} && chown -R redis:redis /data/redis
```

图 6-72　配置 192.168.30.128 代码 1

```
1  # vim /usr/local/redis/cluster/redis_7002.conf
2
3  bind 192.168.30.128
4  port 7002
5  daemonize yes
6  pidfile "/var/run/redis_7002.pid"
7  logfile "/usr/local/redis/cluster/redis_7002.log"
8  dir "/data/redis/cluster/redis_7002"
9  #replicaof 192.168.30.129 6379
10 masterauth "123456"
11 requirepass "123456"
12 appendonly yes
13 cluster-enabled yes
14 cluster-config-file nodes_7002.conf
15 cluster-node-timeout 15000
```

图 6-73　配置 192.168.30.128 代码 2

（2）启动 Redis 服务，启动机器代码如图 6-74 所示。

其他两台机器的启动代码与 192.168.30.128 的一致，此处省略。

```
1 # redis-server /usr/local/redis/cluster/redis_7001.conf
2
3 # tail -f /usr/local/redis/cluster/redis_7001.log
4
5 # redis-server /usr/local/redis/cluster/redis_7002.conf
6
7 # tail -f /usr/local/redis/cluster/redis_7002.log
```

图 6-74　启动机器代码

（3）安装 Ruby 并创建集群（低版本）。

如果 Redis 版本比较低，则需要安装 Ruby。任选一台机器安装 Ruby 即可，安装 Ruby 代码 1 如图 6-75 所示。安装 Ruby 代码 2 如图 6-76 所示。

```
1  # yum -y groupinstall "Development Tools"
2
3  # yum install -y gdbm-devel libdb4-devel libffi-devel libyaml libyaml-devel ncurses-devel openssl-devel re
4
5  # mkdir -p ~/rpmbuild/{BUILD,BUILDROOT,RPMS,SOURCES,SPECS,SRPMS}
6
7  # wget http://cache.ruby-lang.org/pub/ruby/2.2/ruby-2.2.3.tar.gz -P ~/rpmbuild/SOURCES
8
9  # wget http://raw.githubusercontent.com/tjinjin/automate-ruby-rpm/master/ruby22x.spec -P ~/rpmbuild/SPECS
10
11 # rpmbuild -bb ~/rpmbuild/SPECS/ruby22x.spec
12
13 # rpm -ivh ~/rpmbuild/RPMS/x86_64/ruby-2.2.3-1.el7.x86_64.rpm
14
15 # gem install redis                         #目的是安装这个，用于配置集群
```

图 6-75　安装 Ruby 代码 1

```
1  # cp /usr/local/redis/src/redis-trib.rb /usr/bin/
2
3  # redis-trib.rb create --replicas 1 192.168.30.128:7001 192.168.30.128:7002 192.168.30.129:7003 192.168.3(
```

图 6-76　安装 Ruby 代码 2

（4）创建集群。

因为本版本是 Redis 5.0.4，所以不需要安装 Ruby，直接创建集群即可，其代码如图 6-77 所示。集群架构显示如图 6-78 所示。

```
1  # redis-cli -a 123456 --cluster create 192.168.30.128:7001 192.168.30.128:7002 192.168.30.129:7003 192.16ε
2
3  Warning: Using a password with '-a' or '-u' option on the command line interface may not be safe.
4  >>> Performing hash slots allocation on 6 nodes...
5  Master[0] -> Slots 0 - 5460
6  Master[1] -> Slots 5461 - 10922
7  Master[2] -> Slots 10923 - 16383
8  Adding replica 192.168.30.129:7004 to 192.168.30.128:7001
9  Adding replica 192.168.30.130:7006 to 192.168.30.129:7003
10 Adding replica 192.168.30.128:7002 to 192.168.30.130:7005
11 M: 80c80a3f3e33872c047a8328ad579b9bea001ad8 192.168.30.128:7001
12    slots:[0-5460] (5461 slots) master
13 S: b4d3eb411a7355d4767c6c23b4df69fa183ef8bc 192.168.30.128:7002
14    replicates 6788453ee9a8d7f72b1d45a9093838efd0e501f1
15 M: 4d74ec66e898bf09006dac86d4928f9fad81f373 192.168.30.129:7003
16    slots:[5461-10922] (5462 slots) master
17 S: b6331cbc986794237c83ed2d5c30777c1551546e 192.168.30.129:7004
18    replicates 80c80a3f3e33872c047a8328ad579b9bea001ad8
19 M: 6788453ee9a8d7f72b1d45a9093838efd0e501f1 192.168.30.130:7005
20    slots:[10923-16383] (5461 slots) master
21 S: 277daeb8660d5273b7c3e05c263f861ed5f17b92 192.168.30.130:7006
22    replicates 4d74ec66e898bf09006dac86d4928f9fad81f373
23 Can I set the above configuration? (type 'yes' to accept): yes              #输入yes，接受上面配置
24 >>> Nodes configuration updated
25 >>> Assign a different config epoch to each node
26 >>> Sending CLUSTER MEET messages to join the cluster
```

图 6-77　直接创建集群代码

```
192.168.30.128:7001是master，它的slave是192.168.30.129:7004;

192.168.30.129:7003是master，它的slave是192.168.30.130:7006;

192.168.30.130:7005是master，它的slave是192.168.30.128:7002
```

图 6-78 集群架构显示

自动生成 nodes.conf 文件，代码如图 6-79 所示。

```
# ls /data/redis/cluster/redis_7001/
appendonly.aof  dump.rdb  nodes-7001.conf

# vim /data/redis/cluster/redis_7001/nodes-7001.conf

6788453ee9a8d7f72b1d45a9093838efd0e501f1 192.168.30.130:7005@17005 master - 0 1557454406312 5 connected 1
277daeb8660d5273b7c3e05c263f861ed5f17b92 192.168.30.130:7006@17006 slave 4d74ec66e898bf09006dac86d4928f9f
b4d3eb411a7355d4767c6c23b4df69fa183ef8bc 192.168.30.128:7002@17002 slave 6788453ee9a8d7f72b1d45a9093838ef
80c80a3f3e33872c047a8328ad579b9bea001ad8 192.168.30.128:7001@17001 myself,master - 0 1557454406000 1 conn
b6331cbc986794237c83ed2d5c30777c1551546e 192.168.30.129:7004@17004 slave 80c80a3f3e33872c047a8328ad579b9b
4d74ec66e898bf09006dac86d4928f9fad81f373 192.168.30.129:7003@17003 master - 0 1557454407000 3 connected 5
vars currentEpoch 6 lastVoteEpoch 0
```

图 6-79 自动生成 nodes.conf 文件代码

（5）登录集群，代码如图 6-80 所示。

```
# redis-cli -c -h 192.168.30.128 -p 7001 -a 123456                # -c，使用集群方式登录
```

图 6-80 登录集群代码

（6）查看集群信息，代码如图 6-81 所示。

```
192.168.30.128:7001> CLUSTER INFO                          #集群状态

cluster_state:ok
cluster_slots_assigned:16384
cluster_slots_ok:16384
cluster_slots_pfail:0
cluster_slots_fail:0
cluster_known_nodes:6
cluster_size:3
cluster_current_epoch:6
cluster_my_epoch:1
cluster_stats_messages_ping_sent:580
cluster_stats_messages_pong_sent:551
cluster_stats_messages_sent:1131
cluster_stats_messages_ping_received:546
cluster_stats_messages_pong_received:580
cluster_stats_messages_meet_received:5
cluster_stats_messages_received:1131
```

图 6-81 查看集群代码

（7）列出节点信息，代码如图 6-82 所示。

```
192.168.30.128:7001> CLUSTER NODES                          #列出节点信息

6788453ee9a8d7f72b1d45a9093838efd0e501f1 192.168.30.130:7005@17005 master - 0 1557455176000 5 connected 1
277daeb8660d5273b7c3e05c263f861ed5f17b92 192.168.30.130:7006@17006 slave 4d74ec66e898bf09006dac86d4928f9f
b4d3eb411a7355d4767c6c23b4df69fa183ef8bc 192.168.30.128:7002@17002 slave 6788453ee9a8d7f72b1d45a9093838ef
80c80a3f3e33872c047a8328ad579b9bea001ad8 192.168.30.128:7001@17001 myself,master - 0 1557455175000 1 conn
b6331cbc986794237c83ed2d5c30777c1551546e 192.168.30.129:7004@17004 slave 80c80a3f3e33872c047a8328ad579b9b
4d74ec66e898bf09006dac86d4928f9fad81f373 192.168.30.129:7003@17003 master - 0 1557455175995 3 connected 5
```

图 6-82 列出节点代码

这里与 nodes.conf 文件内容相同。

（8）写入数据代码如图 6-83 所示。可以看出 Redis Cluster 集群是去中心化的，每个节点都是平等的，连接哪个节点都可以获取和设置数据。当然，平等指的是主节点，因为从节点根本不提供服务，只是作为对应主节点的一个备份。

```
1  192.168.30.128:7001> set key111 aaa
2  -> Redirected to slot [13680] located at 192.168.30.130:7005              #说明数据到了192.168.30.130:7005
3  OK
4
5  192.168.30.130:7005> set key222 bbb
6  -> Redirected to slot [2320] located at 192.168.30.128:7001               #说明数据到了192.168.30.128:7001
7  OK
8
9  192.168.30.128:7001> set key333 ccc
10 -> Redirected to slot [7472] located at 192.168.30.129:7003               #说明数据到了192.168.30.129:7003
11 OK
12
13 192.168.30.129:7003> get key111
14 -> Redirected to slot [13680] located at 192.168.30.130:7005
15 "aaa"
16
17 192.168.30.130:7005> get key333
18 -> Redirected to slot [7472] located at 192.168.30.129:7003
19 "ccc"
20
21 192.168.30.129:7003>
```

图 6-83　写入数据代码

（9）增加节点。

在 192.168.30.129 上增加一节点，代码 1 如图 6-84 所示。在 192.168.30.130 上增加一节点，代码 2 如图 6-85 所示。在集群中增加节点，代码 3 如图 6-86 所示。

```
1  # cp /usr/local/redis/cluster/redis_7003.conf /usr/local/redis/cluster/redis_7007.conf
2
3  # vim /usr/local/redis/cluster/redis_7007.conf
4
5  bind 192.168.30.129
6  port 7007
7  daemonize yes
8  pidfile "/var/run/redis_7007.pid"
9  logfile "/usr/local/redis/cluster/redis_7007.log"
10 dir "/data/redis/cluster/redis_7007"
11 #replicaof 192.168.30.129 6379
12 masterauth "123456"
13 requirepass "123456"
14 appendonly yes
15 cluster-enabled yes
16 cluster-config-file nodes_7007.conf
17 cluster-node-timeout 15000
18
19 # mkdir /data/redis/cluster/redis_7007
20
21 # chown -R redis:redis /usr/local/redis && chown -R redis:redis /data/redis
22
23 # redis-server /usr/local/redis/cluster/redis_7007.conf
```

图 6-84　增加节点代码 1

增加节点后的效果代码如图 6-87 所示。

从图 6-87 可以看到，新增的节点都是以 master 身份加入集群的。

```
1  # cp /usr/local/redis/cluster/redis_7005.conf /usr/local/redis/cluster/redis_7008.conf
2
3  # vim /usr/local/redis/cluster/redis_7007.conf
4
5  bind 192.168.30.130
6  port 7008
7  daemonize yes
8  pidfile "/var/run/redis_7008.pid"
9  logfile "/usr/local/redis/cluster/redis_7008.log"
10 dir "/data/redis/cluster/redis_7008"
11 #replicaof 192.168.30.130 6379
12 masterauth "123456"
13 requirepass "123456"
14 appendonly yes
15 cluster-enabled yes
16 cluster-config-file nodes_7008.conf
17 cluster-node-timeout 15000
18
19 # mkdir /data/redis/cluster/redis_7008
20
21 # chown -R redis:redis /usr/local/redis && chown -R redis:redis /data/redis
22
23 # redis-server /usr/local/redis/cluster/redis_7008.conf
```

图 6-85　增加节点代码 2

```
1  192.168.30.129:7003> CLUSTER MEET 192.168.30.129 7007
2  OK
3
4  192.168.30.129:7003> CLUSTER NODES
5
6  4d74ec66e898bf09006dac86d4928f9fad81f373 192.168.30.129:7003@17003 myself,master - 0 1557457361000 3 conne
7  80c80a3f3e33872c047a8328ad579b9bea001ad8 192.168.30.128:7001@17001 master - 0 1557457364746 1 connected 0-
8  277daeb8660d5273b7c3e05c263f861ed5f17b92 192.168.30.130:7006@17006 slave 4d74ec66e898bf09006dac86d4928f9fa
9  b6331cbc986794237c83ed2d5c30777c1551546e 192.168.30.129:7004@17004 slave 80c80a3f3e33872c047a8328ad579b9be
10 b4d3eb411a7355d4767c6c23b4df69fa183ef8bc 192.168.30.128:7002@17002 slave 6788453ee9a8d7f72b1d45a9093838efc
11 e51ab166bc0f33026887bcf8eba0dff3d5b0bf14 192.168.30.129:7007@17007 master - 0 1557457362729 0 connected
12 6788453ee9a8d7f72b1d45a9093838efd0e501f1 192.168.30.130:7005@17005 master - 0 1557457363739 5 connected 16
```

图 6-86　增加节点代码 3

```
1  192.168.30.129:7003> CLUSTER MEET 192.168.30.130 7008
2  OK
3
4  192.168.30.129:7003> CLUSTER NODES
5
6  4d74ec66e898bf09006dac86d4928f9fad81f373 192.168.30.129:7003@17003 myself,master - 0 1557457489000 3 conne
7  80c80a3f3e33872c047a8328ad579b9bea001ad8 192.168.30.128:7001@17001 master - 0 1557457489000 1 connected 0-
8  277daeb8660d5273b7c3e05c263f861ed5f17b92 192.168.30.130:7006@17006 slave 4d74ec66e898bf09006dac86d4928f9fa
9  b6331cbc986794237c83ed2d5c30777c1551546e 192.168.30.129:7004@17004 slave 80c80a3f3e33872c047a8328ad579b9be
10 b4d3eb411a7355d4767c6c23b4df69fa183ef8bc 192.168.30.128:7002@17002 slave 6788453ee9a8d7f72b1d45a9093838efc
11 1a1c7f02fce87530bd5abdfc98df1cffce4f1767 192.168.30.130:7008@17008 master - 0 1557457489259 0 connected
12 e51ab166bc0f33026887bcf8eba0dff3d5b0bf14 192.168.30.129:7007@17007 master - 0 1557457489000 0 connected
13 6788453ee9a8d7f72b1d45a9093838efd0e501f1 192.168.30.130:7005@17005 master - 0 1557457490475 5 connected 16
```

图 6-87　增加节点后的效果代码

（10）更换节点身份。

将新增的 192.168.30.130:7008 节点身份改为 192.168.30.129:7007 的 slave，代码如图 6-88 所示。cluster replicate 后面跟 node_id，更改对应节点身份。

```
1  # redis-cli -c -h 192.168.30.130 -p 7008 -a 123456 cluster replicate e51ab166bc0f33026887bcf8eba0dff3d5b0b
```

图 6-88　更改身份代码

也可以登入集群后更改，代码如图 6-89 所示。

```
# redis-cli -c -h 192.168.30.130 -p 7008 -a 123456

192.168.30.130:7008> CLUSTER REPLICATE e51ab166bc0f33026887bcf8eba0dff3d5b0bf14
OK

192.168.30.130:7008> CLUSTER NODES

277daeb8660d5273b7c3e05c263f861ed5f17b92 192.168.30.130:7006@17006 slave 4d74ec66e898bf09006dac86d4928f9fa
80c80a3f3e33872c047a8328ad579b9bea001ad8 192.168.30.128:7001@17001 master - 0 1557458314864 1 connected 0-
4d74ec66e898bf09006dac86d4928f9fad81f373 192.168.30.129:7003@17003 master - 0 1557458316000 3 connected 54
6788453ee9a8d7f72b1d45a9093838efd0e501f1 192.168.30.130:7005@17005 master - 0 1557458315872 5 connected 16
b4d3eb411a7355d4767c6c23b4df69fa183ef8bc 192.168.30.128:7002@17002 slave 6788453ee9a8d7f72b1d45a9093838efc
1a1c7f02fce87530bd5abdfc98df1cffce4f1767 192.168.30.130:7008@17008 myself,slave e51ab166bc0f33026887bcf8eb
b6331cbc986794237c83ed2d5c30777c1551546e 192.168.30.129:7004@17004 slave 80c80a3f3e33872c047a8328ad579b9be
e51ab166bc0f33026887bcf8eba0dff3d5b0bf14 192.168.30.129:7007@17007 master - 0 1557458314000 0 connected
```

图 6-89　登入集群后更改代码

查看相应的 nodes.conf 文件，可以发现有更改，它记录当前集群的节点信息。查看.conf 文件代码如图 6-90 所示。

```
# cat /data/redis/cluster/redis_7001/nodes-7001.conf

1a1c7f02fce87530bd5abdfc98df1cffce4f1767 192.168.30.130:7008@17008 slave e51ab166bc0f33026887bcf8eba0dff3c
6788453ee9a8d7f72b1d45a9093838efd0e501f1 192.168.30.130:7005@17005 master - 0 1557458235000 5 connected 16
277daeb8660d5273b7c3e05c263f861ed5f17b92 192.168.30.130:7006@17006 slave 4d74ec66e898bf09006dac86d4928f9fa
b4d3eb411a7355d4767c6c23b4df69fa183ef8bc 192.168.30.128:7002@17002 slave 6788453ee9a8d7f72b1d45a9093838efc
80c80a3f3e33872c047a8328ad579b9bea001ad8 192.168.30.128:7001@17001 myself,master - 0 1557458234000 1 conne
b6331cbc986794237c83ed2d5c30777c1551546e 192.168.30.129:7004@17004 slave 80c80a3f3e33872c047a8328ad579b9be
e51ab166bc0f33026887bcf8eba0dff3d5b0bf14 192.168.30.129:7007@17007 master - 0 1557458236000 0 connected
4d74ec66e898bf09006dac86d4928f9fad81f373 192.168.30.129:7003@17003 master - 0 1557458233089 3 connected 54
vars currentEpoch 7 lastVoteEpoch 0
```

图 6-90　查看.conf 文件代码

（11）删除节点，代码如图 6-91 所示。

```
192.168.30.130:7008> CLUSTER FORGET 1a1c7f02fce87530bd5abdfc98df1cffce4f1767
(error) ERR I tried hard but I can't forget myself...                    #无法删除登录节点

192.168.30.130:7008> CLUSTER FORGET e51ab166bc0f33026887bcf8eba0dff3d5b0bf14
(error) ERR Can't forget my master!                     #不能删除自己的master节点

192.168.30.130:7008> CLUSTER FORGET 6788453ee9a8d7f72b1d45a9093838efd0e501f1
OK              #可以删除其它的master节点

192.168.30.130:7008> CLUSTER NODES

277daeb8660d5273b7c3e05c263f861ed5f17b92 192.168.30.130:7006@17006 slave 4d74ec66e898bf09006dac86d4928f9fa
80c80a3f3e33872c047a8328ad579b9bea001ad8 192.168.30.128:7001@17001 master - 0 1557458887000 1 connected 0-
4d74ec66e898bf09006dac86d4928f9fad81f373 192.168.30.129:7003@17003 master - 0 1557458886000 3 connected 54
b4d3eb411a7355d4767c6c23b4df69fa183ef8bc 192.168.30.128:7002@17002 slave - 0 1557458888351 5 connected
1a1c7f02fce87530bd5abdfc98df1cffce4f1767 192.168.30.130:7008@17008 myself,slave e51ab166bc0f33026887bcf8eb
b6331cbc986794237c83ed2d5c30777c1551546e 192.168.30.129:7004@17004 slave 80c80a3f3e33872c047a8328ad579b9be
e51ab166bc0f33026887bcf8eba0dff3d5b0bf14 192.168.30.129:7007@17007 master - 0 1557458885310 0 connected

192.168.30.130:7008> CLUSTER FORGET b4d3eb411a7355d4767c6c23b4df69fa183ef8bc
OK              #可以删除其它的slave节点

192.168.30.130:7008> CLUSTER NODES

277daeb8660d5273b7c3e05c263f861ed5f17b92 192.168.30.130:7006@17006 slave 4d74ec66e898bf09006dac86d4928f9fa
80c80a3f3e33872c047a8328ad579b9bea001ad8 192.168.30.128:7001@17001 master - 0 1557459032407 1 connected 0-
4d74ec66e898bf09006dac86d4928f9fad81f373 192.168.30.129:7003@17003 master - 0 1557459035434 3 connected 54
6788453ee9a8d7f72b1d45a9093838efd0e501f1 192.168.30.130:7005@17005 master - 0 1557459034000 5 connected 16
1a1c7f02fce87530bd5abdfc98df1cffce4f1767 192.168.30.130:7008@17008 myself,slave e51ab166bc0f33026887bcf8eb
b6331cbc986794237c83ed2d5c30777c1551546e 192.168.30.129:7004@17004 slave 80c80a3f3e33872c047a8328ad579b9be
e51ab166bc0f33026887bcf8eba0dff3d5b0bf14 192.168.30.129:7007@17007 master - 0 1557459034427 0 connected
```

图 6-91　删除节点代码

（12）保存配置，代码如图 6-92 所示。

```
192.168.30.130:7008> CLUSTER SAVECONFIG                    #将节点配置信息保存到硬盘
OK

# cat /data/redis/cluster/redis_7001/nodes-7001.conf

1a1c7f02fce87530bd5abdfc98df1cffce4f1767 192.168.30.130:7008@17008 slave e51ab166bc0f33026887bcf8eba0dff3c
6788453ee9a8d7f72b1d45a9093838efd0e501f1 192.168.30.130:7005@17005 master - 0 1557458235000 5 connected 16
277daeb8660d5273b7c3e05c263f861ed5f17b92 192.168.30.130:7006@17006 slave 4d74ec66e898bf09006dac86d4928f9fa
b4d3eb411a7355d4767c6c23b4df69fa183ef8bc 192.168.30.128:7002@17002 slave 6788453ee9a8d7f72b1d45a9093838efc
80c80a3f3e33872c047a8328ad579b9bea001ad8 192.168.30.128:7001@17001 myself,master - 0 1557458234000 1 conne
b6331cbc986794237c83ed2d5c30777c1551546e 192.168.30.129:7004@17004 slave 80c80a3f3e33872c047a8328ad579b9be
e51ab166bc0f33026887bcf8eba0dff3d5b0bf14 192.168.30.129:7007@17007 master - 0 1557458236000 0 connected
4d74ec66e898bf09006dac86d4928f9fad81f373 192.168.30.129:7003@17003 master - 0 1557458233089 3 connected 54
vars currentEpoch 7 lastVoteEpoch 0

# redis-cli -c -h 192.168.30.130 -p 7008 -a 123456
Warning: Using a password with '-a' or '-u' option on the command line interface may not be safe.

192.168.30.130:7008> CLUSTER NODES
277daeb8660d5273b7c3e05c263f861ed5f17b92 192.168.30.130:7006@17006 slave 4d74ec66e898bf09006dac86d4928f9fa
80c80a3f3e33872c047a8328ad579b9bea001ad8 192.168.30.128:7001@17001 master - 0 1557459500000 1 connected 0-
4d74ec66e898bf09006dac86d4928f9fad81f373 192.168.30.129:7003@17003 master - 0 1557459501000 3 connected 54
6788453ee9a8d7f72b1d45a9093838efd0e501f1 192.168.30.130:7005@17005 master - 0 1557459500000 5 connected 16
b4d3eb411a7355d4767c6c23b4df69fa183ef8bc 192.168.30.128:7002@17002 slave 6788453ee9a8d7f72b1d45a9093838efc
1a1c7f02fce87530bd5abdfc98df1cffce4f1767 192.168.30.130:7008@17008 myself,slave e51ab166bc0f33026887bcf8eb
b6331cbc986794237c83ed2d5c30777c1551546e 192.168.30.129:7004@17004 slave 80c80a3f3e33872c047a8328ad579b9be
e51ab166bc0f33026887bcf8eba0dff3d5b0bf14 192.168.30.129:7007@17007 master - 0 1557459498000 0 connected
```

图 6-92　保持配置代码

在图 6-92 中可以看到之前删除的节点又恢复了，这是因为对应的配置文件没有删除，执行 CLUSTER SAVECONFIG 恢复。

（13）模拟 master 节点死机。

在 192.168.30.128 上执行如图 6-93 所示的代码。查看 7008 节点代码如图 6-94 所示。

```
# netstat -lntp |grep 7001
tcp        0      0 192.168.30.128:17001    0.0.0.0:*               LISTEN      6701/redis-server 1
tcp        0      0 192.168.30.128:7001     0.0.0.0:*               LISTEN      6701/redis-server 1

# kill 6701
```

图 6-93　模拟死机节点代码

```
192.168.30.130:7008> CLUSTER NODES

277daeb8660d5273b7c3e05c263f861ed5f17b92 192.168.30.130:7006@17006 slave 4d74ec66e898bf09006dac86d4928f9fa
80c80a3f3e33872c047a8328ad579b9bea001ad8 192.168.30.128:7001@17001 master,fail - 1557460950483 1557460947l
4d74ec66e898bf09006dac86d4928f9fad81f373 192.168.30.129:7003@17003 master - 0 1557461174922 3 connected 54
6788453ee9a8d7f72b1d45a9093838efd0e501f1 192.168.30.130:7005@17005 master - 0 1557461181003 5 connected 16
b4d3eb411a7355d4767c6c23b4df69fa183ef8bc 192.168.30.128:7002@17002 slave 6788453ee9a8d7f72b1d45a9093838efc
1a1c7f02fce87530bd5abdfc98df1cffce4f1767 192.168.30.130:7008@17008 myself,slave e51ab166bc0f33026887bcf8eb
b6331cbc986794237c83ed2d5c30777c1551546e 192.168.30.129:7004@17004 master - 0 1557461178981 8 connected 0-
e51ab166bc0f33026887bcf8eba0dff3d5b0bf14 192.168.30.129:7007@17007 master - 0 1557461179000 0 connected
```

图 6-94　查看 7008 节点代码

从对应 7001 的一行可以看到，master 失败，状态为未连接；从对应 7004 的一行可以看到，slave 已经变成 master。

重新启动 7001 节点，代码如图 6-95 所示。

7001 节点启动后变为 slave 节点，并且是 7004 的 slave 节点。master 节点如果崩溃，则它的 slave 节点变为新 master 节点继续对外提供服务，而原来的 master 节点如果重启，则变为新 master 节点的 slave 节点。另外，如果这里拿 7007 节点做测试，则会发现 7008 节点并不会切换，这是因为 7007 节点上根本没数据。集群数据被分为三份，若采用哈希槽（Hash Slot）的方式来分配 16384 个槽，则其三个节点分别承担的槽区间如图 6-96 所示。

```
1  # redis-server /usr/local/redis/cluster/redis_7001.conf
2
3  192.168.30.130:7008> CLUSTER NODES
4
5  277daeb8660d5273b7c3e05c263f861ed5f17b92 192.168.30.130:7006@17006 slave 4d74ec66e898bf09006dac86d4928f9fa
6  80c80a3f3e33872c047a8328ad579b9bea001ad8 192.168.30.128:7001@17001 slave b6331cbc986794237c83ed2d5c30777c1
7  4d74ec66e898bf09006dac86d4928f9fad81f373 192.168.30.129:7003@17003 master - 0 1557461307962 3 connected 54
8  6788453ee9a8d7f72b1d45a9093838efd0e501f1 192.168.30.130:7005@17005 master - 0 1557461304935 5 connected 16
9  b4d3eb411a7355d4767c6c23b4df69fa183ef8bc 192.168.30.128:7002@17002 slave 6788453ee9a8d7f72b1d45a9093838efc
10 1a1c7f02fce87530bd5abdfc98df1cffce4f1767 192.168.30.130:7008@17008 myself,slave e51ab166bc0f33026887bcf8eb
11 b6331cbc986794237c83ed2d5c30777c1551546e 192.168.30.129:7004@17004 master - 0 1557461308972 8 connected 0-
12 e51ab166bc0f33026887bcf8eba0dff3d5b0bf14 192.168.30.129:7007@17007 master - 0 1557461307000 0 connected
```

图 6-95　重新启动 7001 节点代码

```
1 节点7004覆盖0-5460
2 节点7003覆盖5461-10922
3 节点7005覆盖10923-16383
```

图 6-96　三个节点承担的槽区间

习　题

1．简述 HDFS 读/写数据流程。
2．简述 NameNode 和 DataNode 工作机制。
3．简述 NoSQL 的几种数据库类型，并举例说明运用该数据库类型的相关技术。
4．ElasticSearch 的存储机制是什么？
5．在 Linux 操作平台上搭建 Redis 三种模式并试运行文中案例。

参 考 文 献

[1] YURI D, CEES L, PETER M. Defining architecture components of the Big Data Ecosystem[C]//2014 International Conference on Collaboration Technologies and Systems: 2014 International Conference on Collaboration Technologies and Systems (CTS), 19-23 May 2014, Minneapolis, MN, USA.2014:104-112.
[2] 中国存储网. 大数据存储方式概述[EB/OL]. [2015-08-10]. http://www.chinastor.com/jishu/SAN/0Q0164N2015.html.
[3] 默默淡然. 三种最典型的大数据存储技术路线[EB/OL]. [2018-1-28]. https://www.cnblogs.com/liangxiaofeng/p/5166795.html.
[4] 刘化君，吴海涛，毛其林，等. 大数据技术[M]. 北京：电子工业出版社，2019.
[5] SHAY B. ElasticSearch：权威指南[EB/OL]. [2020-10-13]. https://www.elastic.co/guide/cn/elasticsearch/guide/current/preface.html.
[6] 赵岩. ElasticSearch 的实现全文检索[EB/OL]. [2020-11-7]. https://zhaoyanblog.com/archives/495.html.
[7] Redislabs. Redis Sentinel Documentation[EB/OL]. [2020-11-10]. https://Redis.io/topics/Sentinel.

第 7 章　MapReduce

前面介绍了大数据采集、预处理及存储技术。如何高效地处理这些大规模数据呢？通用分布式并行计算模型 MapReduce 为高效地处理大数据提供了技术支撑。

MapReduce 是一个能够快速、并行、分布式处理海量数据的编程框架，该框架能够以一种可靠的、具有容错能力的方式并行地处理 TB 级的海量数据集。由于 MapReduce 自身是一个编程框架，其统一架构隐藏了系统层的细节，编程人员可忽略数据存储、划分、分发、结果收集、错误恢复等诸多细节，能够轻松地编写业务逻辑代码，和自带默认组件整合成一个完整的分布式运算程序，并发运行在 Hadoop 集群上。

本章在概述的基础上主要介绍 MapReduce 计算框架、工作流程及原理、Shuffle 过程等，最后以 WordCount 为例进行实战编程。

MapReduce 导览如图 7-1 所示。

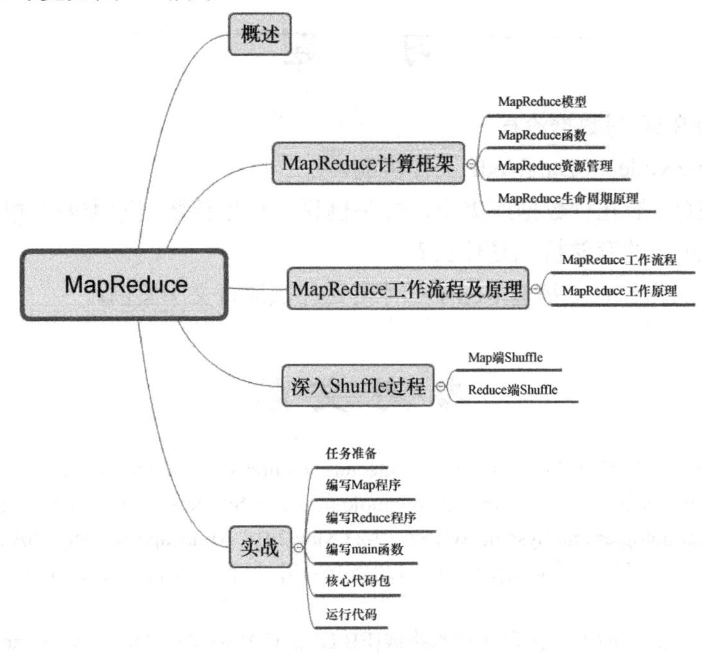

图 7-1　MapReduce 导览

7.1　概述

MapReduce 最早是由 Google 研究提出的一种面向大规模数据处理的并行计算模型和方

法。Google 设计 MapReduce 的初衷主要是为了解决其搜索引擎中大规模网页数据的并行化处理[1]。2004 年，开源项目 Lucene（搜索索引程序库）和 Nutch（搜索引擎）的创始人 Doug Cutting 模仿 Google MapReduce，基于 Java 语言开发出 Hadoop 开源子项目 MapReduce 并行计算框架和系统。MapReduce 计算模型采用分而治之的理念，构建抽象模型 Map 和 Reduce[2]。该模型可以将大型数据处理任务分解成很多单个、在服务器集群中并行执行的任务，而这些任务的计算结果可以合并在一起来计算最终的结果[3]，主要用于搜索领域，解决海量数据的计算问题[2]。随着 Hadoop 项目的推出、发展，MapReduce 很快得到全球学术界和工业界的普遍关注，并得到推广和普及应用。

7.2 MapReduce 计算框架

7.2.1 MapReduce 模型

MapReduce 是使用并行和分布式的算法，在集群上处理和生成大数据集的编程模型。Map 是过滤和聚集数据，表现为数据 1 对 1 的映射，通常完成数据转换的工作。Reduce 是根据 Map 的生成完成归约、分组和总结，表现为多对 1 的映射，通常完成数据的聚合操作。Map 核心概念是先将输入数据集映射到键值对集合，然后对所有包含相同健的键值对完成归约。Map 的设计理念是“计算向数据靠拢”，降低了网络移动数据的传输开销。基于该理念，在大数据集群中，MapReduce 框架将 Map 程序就近在 HDFS 数据所在的节点上运行，将计算节点和存储节点一起运行，从而降低了节点间的数据移动开销。MapReduce 编程模型如图 7-2 所示。

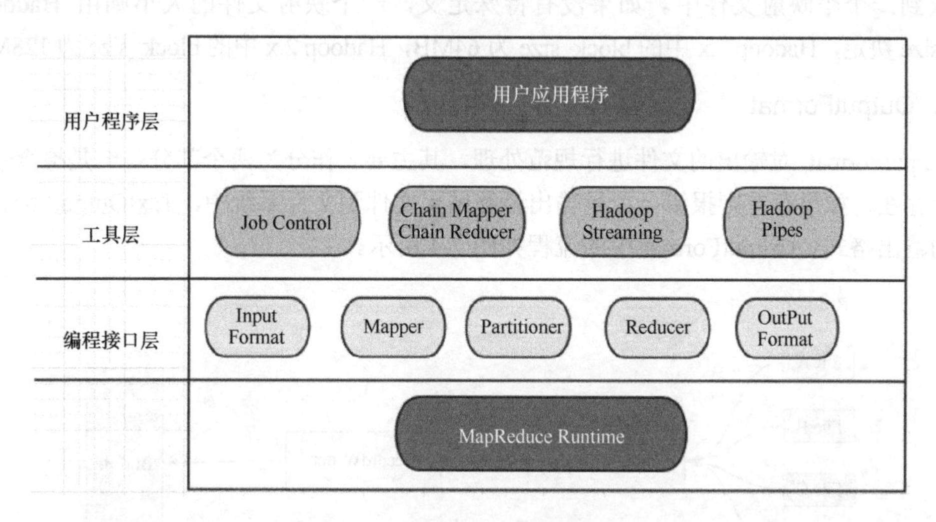

图 7-2 MapReduce 编程模型

（1）用户程序层：指用户用编写好的代码来调用 MapReduce 的接口层。

（2）工具层：Job Control 是为了监控 Hadoop 中的 MapReduce 向集群提交复杂的作业任务，提交任务到集群中后，形成的任务是一个有向图。

（3）编程接口层：该层全部由 Java 语言来实现。如果是 Java 开发，则可以直接使用这一层。

1．InputFormat

InputFormat 是指对输入进入 MapReduce 的文件进行规范处理，主要包括 InputSplit 和 RecordReader 两个部分。TextOutputFormat 是默认的文件输入格式。InputFormat 中的流程如图 7-3 所示。

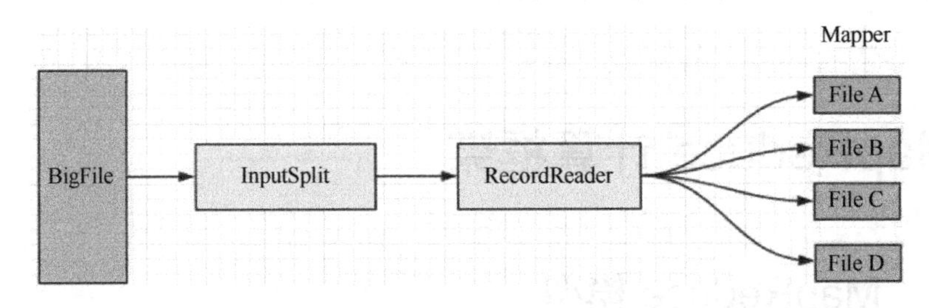

图 7-3　InputFormat 中的流程

2．InputSplit

InputSplit 是指对输入的文件进行逻辑切割，切割成键值对。有两个参数可以定义 InputSplit 的块大小，分别是 mapred.max.split.size（记为 maxSize）和 mapred.min.split.size（记为 minSize）。

3．RecordReader

RecordReader 是指作业在 InputSplit 中切割完成后，输出键值对，再由 RecordReader 进行读取到一个个映射文件中。如果没有特殊定义，一个映射文件的大小则由 Hadoop 的 block_size 决定，Hadoop 1.x 中的 block_size 为 64MB，Hadoop 2.x 中的 block_size 为 128MB。

4．OutputFormat

OutputFormat 对输出的文件进行规范处理，其主要工作分为两个部分：一是检查输出目录是否存在，如果存在则报错；二是输出最终结果文件到文件系统中，TextOutputFormat 是默认的输出格式。OntputFormat 中的流程如图 7-4 所示。

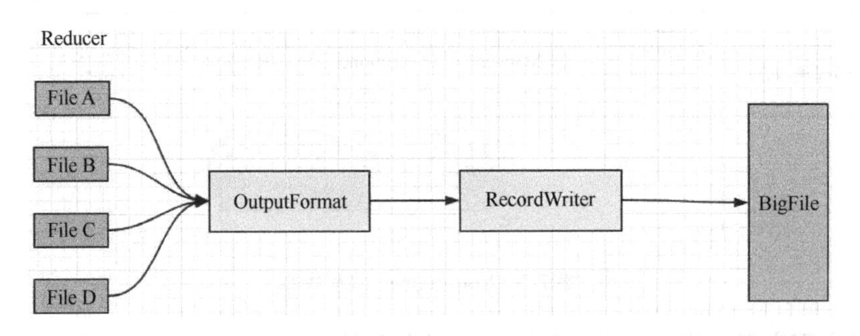

图 7-4　OnputFormat 中的流程

5．OutputCommiter

OutputCommiter 的作用是作业初始化、任务初始化、任务检查、任务提交、任务回退等。

7.2.2 MapReduce 函数

MapReduce 是一种计算架构设计，利用函数式编程思想把一个计算分成 Map 与 Reduce 两个计算过程。MapReduce 先把一个大的计算任务划分为多个小的计算任务；然后把每个小的计算任务分配给集群的每个计算节点，并一直跟踪每个计算节点的进度以决定是否重新执行该任务；最后收集每个节点上的计算结果并输出[6]。任务分为 Map Task 和 Reduce Task 两种，均由 TaskTracker 启动。MapReduce 功能函数如表 7-1 所示。

表 7-1 MapReduce 功能函数

函数	输入	输出	说明
Map	<k1,v1> 如：<行号,"abc">	List(<k2,v2>) 如：<"a",1> <"b",1> <"c",1>	（1）将小数据集进一步解析成<key,value>对，输入 Map 函数中进行处理。 （2）每个输入的<k1,v1>会输出一批<k2,v2>，<k2,v2>是计算的中间结果
Reduce	<k2,list<v2>> 如：<"a",<1,1,1>>	<k3,v3> <"a",3>	输入的中间结果<k2,List(v2)>表示是一批属于同一个 k2 的 value

1．Map 函数

Map 函数会将一个函数映射到序列的每个元素上，生成新序列，包含所有函数返回值。也就是说，序列里每个元素都被当作 x 变量，放到一个函数 $f(x)$ 里，其结果是由 $f(x1)$、$f(x2)$、$f(x3)$等组成的新序列。Map 模型如图 7-5 所示。

2．Reduce 函数

Reduce 的工作过程：在迭代序列的过程中，首先把前两个元素（只能是两个）传给函数，函数加工后；然后把得到的结果和第三个元素作为两个参数传给函数参数，函数加工后把得到的结果又和第四个元素作为两个参数传给函数参数，依次类推。其模型如图 7-6 所示。

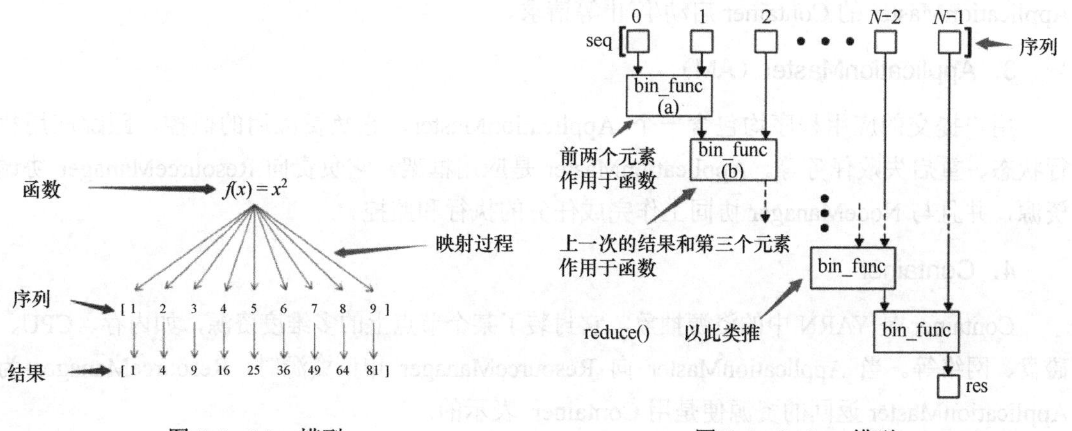

图 7-5 Map 模型

图 7-6 Reduce 模型

7.2.3 MapReduce 资源管理

Hadoop 2 版本的变更主要是，将 MapReduce 里的 JobTracker 中的资源管理及任务生命周期管理（包括定时触发及监控）拆分成两个独立的组件，并更名为 YARN（Yet Another Resource Negotiator）。YARN 作为 Hadoop 集群中的资源管理系统模块，主要用于为各类计算框架提供资源的管理和调度，管理集群中的资源（主要是服务器的各种硬件资源，包括 CPU、内存、磁盘、网络 IO 等）及调度运行在 YARN 上面的各种任务。YARN 总体上是 Master/Slave（主/从）结构，主要由 ResourceManager、NodeManager、ApplicationMaster 和 Container 等几个组件构成。

1．ResourceManager（RM）

ResourceManager 负责处理客户端请求，对各节点管理器上的资源进行统一管理和调度，给 ApplicationMaster 分配空闲的 Container 运行并监控其运行状态。ResourceManager 主要由两个组件构成：调度器和应用程序管理器。

（1）调度器（Scheduler）。

调度器根据容量、队列等限制条件，将系统中的资源分配给各个正在运行的应用程序。调度器仅根据各个应用程序的资源需求进行资源分配，而资源分配单位是 Container。Scheduler 不负责监控或者跟踪应用程序的状态。总之，调度器根据应用程序的资源要求及集群机器的资源情况，为应用程序分配封装在 Container 中的资源。

（2）应用程序管理器（Applications Manager）。

应用程序管理器负责管理整个系统中的所有应用程序，包括应用程序提交、与调度器协商资源以启动 ApplicationMaster、监控 ApplicationMaster 运行状态并在失败时重新启动等，跟踪分给的 Container 的进度、状态也是其职责。

2．NodeManager（NM）

NodeManager 是每个节点上的资源和任务管理器。它会定时地向 ResourceManager 汇报本节点上的资源使用情况和各个 Container 的运行状态；同时会接收并处理来自 ApplicationMaster 的 Container 启动/停止等请求。

3．ApplicationMaster（AM）

用户提交的应用程序均包含一个 ApplicationMaster，它负责应用的监控、跟踪应用执行状态、重启失败任务等。ApplicationMaster 是应用框架，它负责向 ResourceManager 协调资源，并且与 NodeManager 协同工作完成任务的执行和监控。

4．Container

Container 是 YARN 中的资源抽象，它封装了某个节点上的多维度资源，如内存、CPU、磁盘、网络等。当 ApplicationMaster 向 ResourceManager 申请资源时，ResourceManager 为 ApplicationMaster 返回的资源便是用 Container 表示的。

YARN 架构及工作流程如图 7-7 所示。

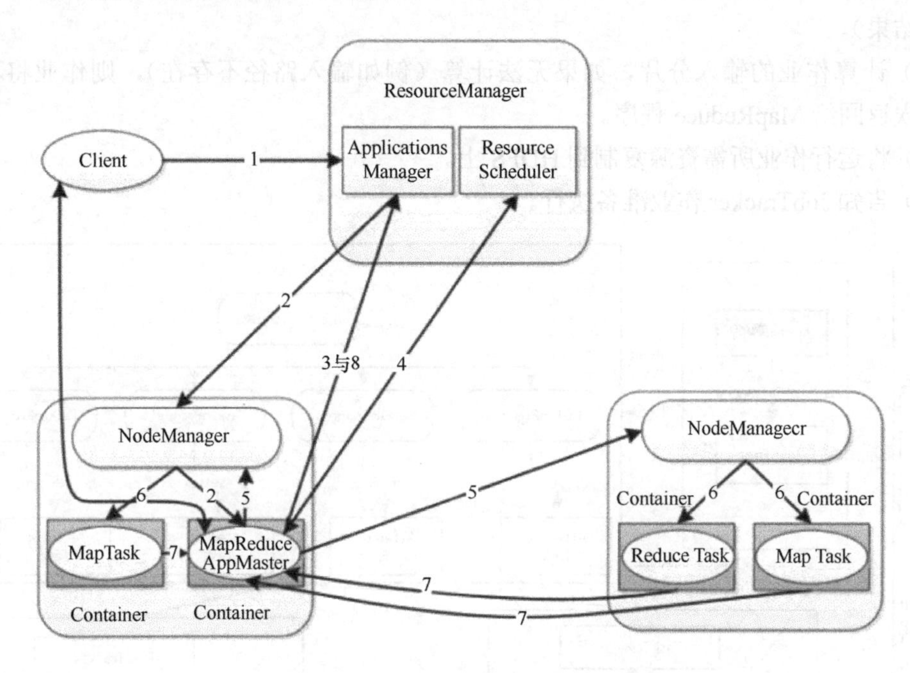

图 7-7 YARN 架构及工作流程

步骤分析如下：

（1）客户端（Client）通过命令（hadoop jar xxx.jar）提交上传任务到主节点 Resource Manager 中的 ApplicationManager 进程。

（2）主节点 ResourceManager 判断集群状态，选择一台 NodeManager，开启一块资源 Container，用来开启 AppMaster 进程。

（3）AppMaster 进程获取 ResourceManager 接收的任务请求，进行任务分配。

（4）AppMaster 根据任务情况向 ResourceManager 中的 ResourceScheduler 索要资源分配方案。

（5）AppMaster 根据资源分配方案找到各个 NodeManager。

（6）在从节点上开启资源 Container，并运行任务。

（7）AppMaster 获取各个上传的任务执行进度和结果。

（8）AppMaster 将任务执行的结果返回给 ApplicationManager。

7.2.4 MapReduce 生命周期管理

MapReduce 生命周期如图 7-8 所示。

MapReduce 作业的处理从提交到完成的过程可分为以下 6 个步骤。

1. 作业的提交和初始化

JobClient 先创建一个实例，然后进行作业的提交。提交作业的具体过程如下[4]。

（1）通过调用 JobTracker 对象的 getNewJobId()方法从 JobTracker 处获得一个作业 ID。

（2）检查作业的相关路径。如果输出路径存在，则作业将不会被提交（保护上一个作业运行结果）。

（3）计算作业的输入分片，如果无法计算（例如输入路径不存在），则作业将不被提交，错误返回给 MapReduce 程序。

（4）将运行作业所需资源复制到 HDFS 上。

（5）告知 JobTracker 作业准备执行。

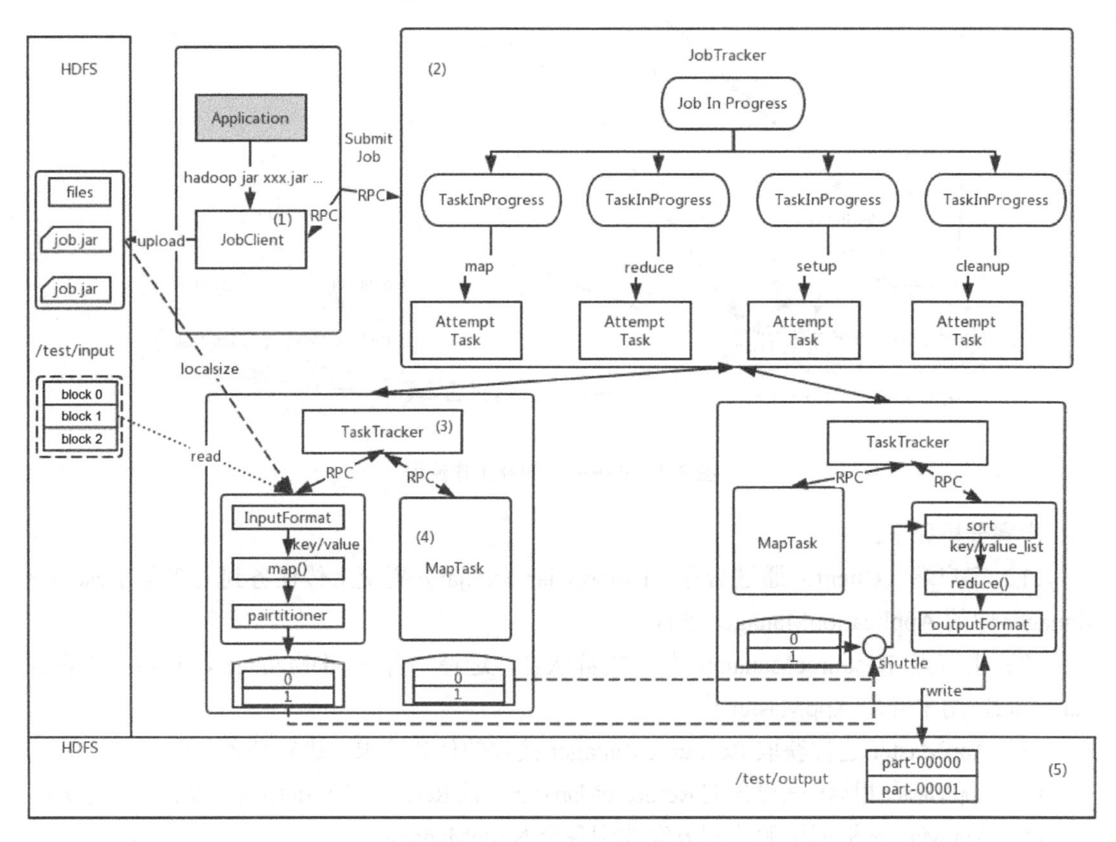

图 7-8　MapReduce 生命周期

当 JobTracker 收到作业提交的请求后，将作业保存在一个内部队列，并让 Job Scheduler（作业调度器）处理并初始化。初始化涉及创建一个封装了其任务的作业对象，并保持对任务的状态和进度的跟踪。当创建要运行的一系列任务对象后，Job Scheduler 首先从文件系统中获取由 JobClient 计算的输入分片，然后再为每个分片创建 Map 任务。

2. JobTracker 任务调度与监控

TaskTracker 周期性地通过心跳向 JobTracker 汇报本节点的资源使用情况，一旦出现空闲资源，JobTracker 会按照一定的策略选择一个合适的任务使用该空闲资源，这由任务调度器完成。任务调度器是一个可插拔的独立模块，且为双层架构，即首先选择作业，然后从该作业中选择任务，在选择任务时需要重点考虑数据本地性。

此外，JobTracker 跟踪作业的整个运行过程，并为作业的成功运行提供全方位的保障。首先，当 TaskTracker 或任务失败时，转移计算任务；其次，当某个任务执行进度远落后于同一作业的其他任务时，为之启动一个相同任务，并选取计算快的任务结果作为最终结果。

3．任务运行环境

运行环境准备包括 JVM 启动和资源隔离，均由 TaskTracker 实现。TaskTracker 为每个任务启动一个独立的 JVM 以避免不同任务在运行过程中相互影响；同时，TaskTracker 使用了操作系统进程实现资源隔离以防止任务滥用资源。

4．执行任务

TaskTracker 申请到新的任务之后，就要在本地运行了。首先，将任务本地化（包括运行任务所需的数据、配置信息、代码等），即从 HDFS 复制到本地。每个任务进度通过 RPC 来汇报给 TaskTracker，再由 TaskTracker 汇报给 JobTracker。

5．执行进度和状态

进度和状态是通过心跳机制来更新和维护的。对于 Map 任务，进度就是已处理数据和所有输入数据的比例。对于 Reduce 任务，情况就较为复杂，包括 3 部分，拷贝中间结果文件、排序、Reduce 调用，每部分占 1/3。

6．任务结束

当作业完成后，JobTracker 会收一个通知，并将当前的作业状态更新为成功，同时 JobClient 也会轮循获知提交的作业已经完成，将信息显示给用户。最后，JobTracker 会清理和回收该作业的相关资源，并通知 TaskTracker 进行相同的操作。

7.3 MapReduce 工作流程及原理

7.3.1 MapReduce 工作流程

MapReduce 是 Hadoop 项目中的分布式运算程序的编程框架[5]，是用户开发“基于 Hadoop 的数据分析应用”的核心框架。MapReduce 程序本质上是并行运行的。分布式程序运行在大规模计算机集群上，可以并行执行大规模数据处理任务，从而获得巨大的计算能力。MapReduce 架构基于 JobTracker 与 TaskTracker 的主从结构设计，JobTracker 负责具体的任务划分和任务监视，并决定某个任务是否需要回滚；TaskTracker 负责具体的任务执行，对每个分配给自己的任务进行数据获取，保持与 JobTracker 通信报告自己状态，输出计算结果等计算过程。MapReduce 工作流程如图 7-9 所示。

（1）用户程序中的 MapReduce 函数库首先把输入文件分成 *M* 块（Hadoop 默认 128MB），然后在集群机器中执行处理程序。

（2）主控程序 JobTracer 分配 Map 任务和 Reduce 任务给工作执行机器 TaskTracer。总计有 M 个 Map 任务和 R 个 Reduce 任务需要分配。JobTracer 会选择空闲的 TaskTracer 且分配这些 Map 任务或者 Reduce 任务给 TaskTracer 节点。

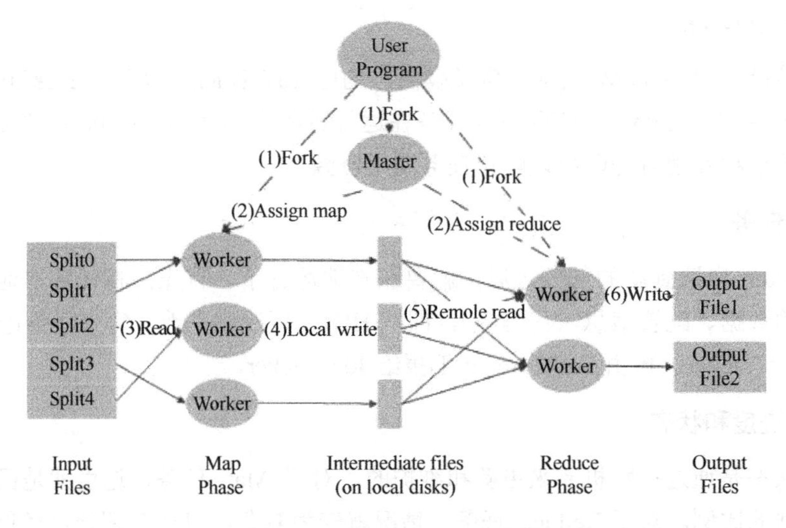

图 7-9 MapReduce 工作流程

（3）一个分配了 Map 任务的 TaskTracer 读取并处理相关输入的数据块。先从输入的数据片段中解析键值对，然后把键值对传递给用户自定义的 Map 函数，Map 函数生成并输出键值对集合，这些集合会暂时缓存在内存中。

（4）缓存中的键值对通过分区函数分成 R 个区域，之后周期性地写入本地磁盘。同时，将缓存键值对集合在本地磁盘上的存储位置发送给 JobTracer 节点，由 JobTracer 节点再把这些记录传送给 Reduce TaskTracer。

（5）当 Reduce TaskTracer 程序接收到 JobTracer 程序发送过来的数据存储位置信息后，使用 RPC 从 Map TaskTracer 所在的主机磁盘上读取这些缓存数据。在 Reduce TaskTracer 读取了所有的中间数据之后，通过键进行排序后使具有相同键值的数据聚合在一起。由于许多不同的键值会映射到相同的 Reduce 任务上，因此必须进行排序。

（6）Reduce TaskTracer 程序遍历排序后的中间数据。对于每个唯一的中间键值，Reduce TaskTracer 程序都会将这个键值和它相关的中间值的集合传递给用户自定义的 Reduce 函数。Reduce 函数的输出被追加到所属分区的输出文件中。

7.3.2 MapReduce 工作原理

MapReduce 的核心思想是分而治之，即采取将大数据块拆分成多个小数据块在多台机器上并行处理的方案。MapReduce 程序首先将一个大的 MapReduce 作业分解若干个通常运行在数据存储节点上的 Map 任务，将计算和数据放在一起运行，降低了额外的运行开销。当 Map 任务结束后，会生成<key,value>形式的中间结果集。中间结果集会被分发给多个

Reduce 任务并行执行，最终将结果集进行汇总，并输出到分布式文件系统中。MapReduce 工作原理如图 7-10、图 7-11 所示。

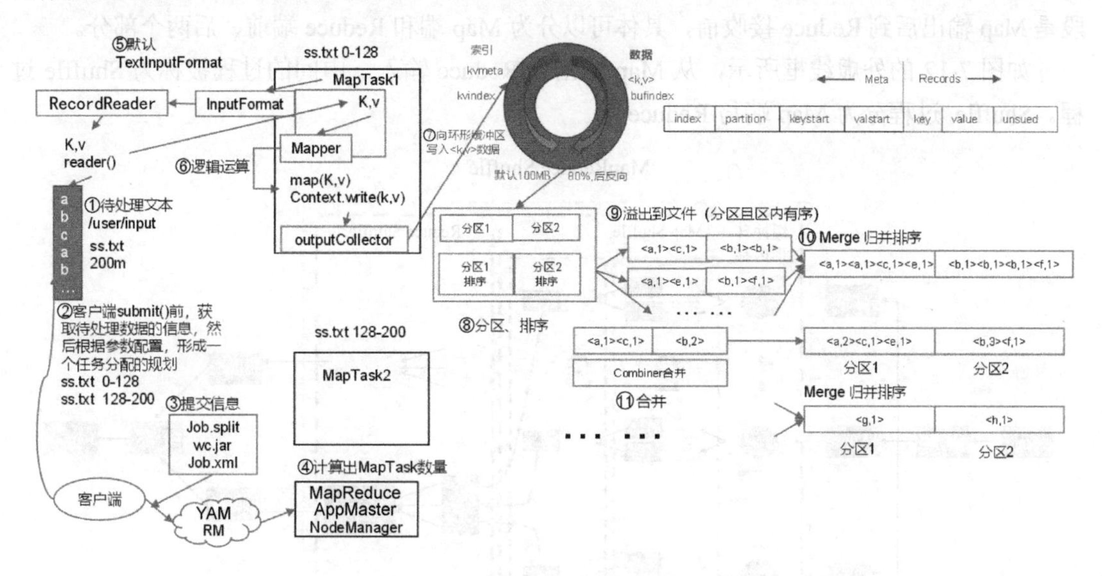

图 7-10　MapReduce 工作原理（一）

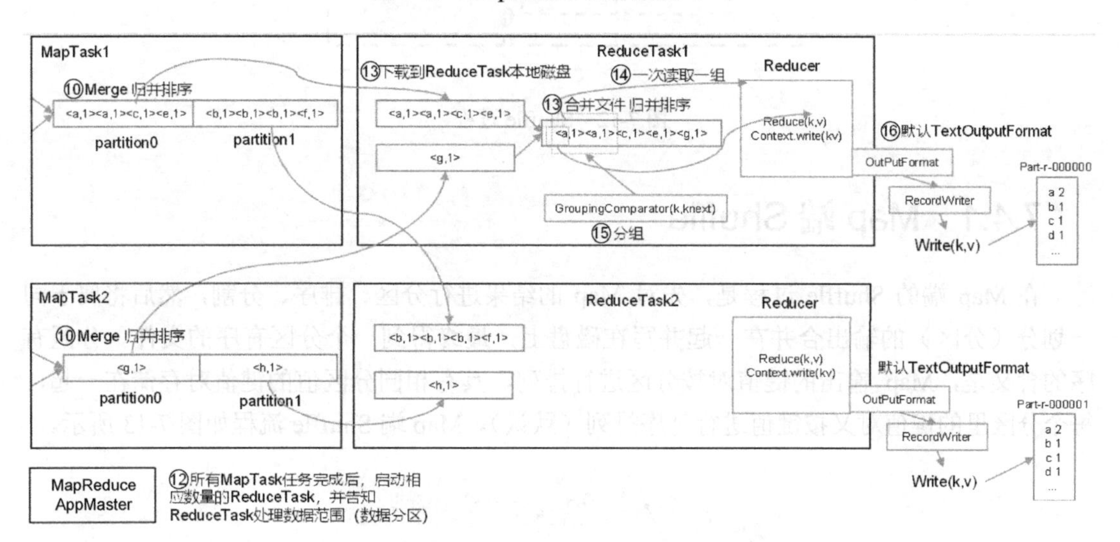

图 7-11　MapReduce 工作原理（二）

7.4　深入 Shuffle 过程

Shuffle 过程是 MapReduce 整个工作流程的核心环节[6]。理解 Shuffle 过程的基本原理，就能够深入地理解 MapReduce 计算本质。

Shuffle 是“洗牌、混洗”的意思，指把一组有规则的数据尽量打乱成无规则的数据。而在 MapReduce 中，Shuffle 更像是洗牌的逆过程，是指将 Map 端的无规则输出按指定规则“打乱”成具有一定规则的数据，以便 Reduce 端接收处理。其在 MapReduce 中所处的工作阶段是 Map 输出后到 Reduce 接收前，具体可以分为 Map 端和 Reduce 端前、后两个部分。

如图 7-12 的外虚线框所示，从 Map 输出到 Reduce 输入，中间的过程被称为 Shuffle 过程。Shuffle 过程分为 Map 端与 Reduce 端。

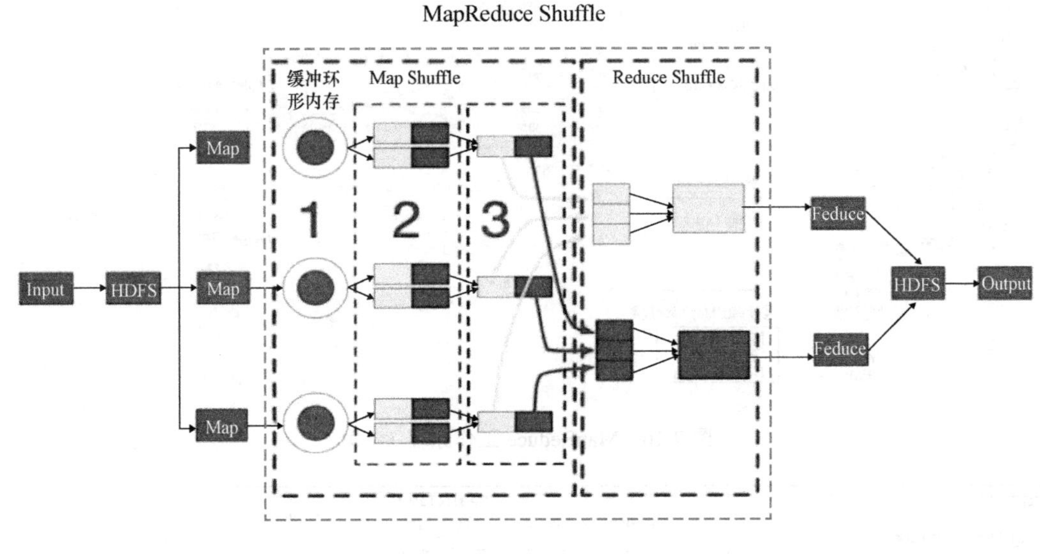

图 7-12 Shuffle 过程

7.4.1 Map 端 Shuffle

在 Map 端的 Shuffle 过程是，先对 Map 的结果进行分区、排序、分割，然后将属于同一划分（分区）的输出合并在一起并写在磁盘上，最终得到一个分区有序的文件。分区有序的含义是，Map 输出的键值对按分区进行排列，具有相同分区值的键值对存储在一起，每个分区里的键值对又按键值进行升序排列（默认）。Map 端 Shuffle 流程如图 7-13 所示。

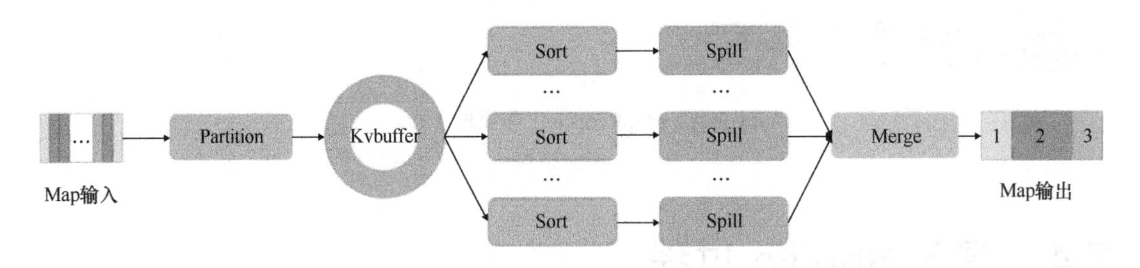

图 7-13 Map 端 Shuffle 流程

1. Partition

对于 Map 输出的每个键值对，系统都会给定一个分区，分区值默认为通过计算键的哈希值后对 Reduce 任务的数量取模获得。如果一个键值对的分区值为 1，则意味着这个键值对会交给第一个 Reducer 处理。

每个 Reduce 的输出都是有序的，但是将所有 Reduce 的输出合并到一起却并非是全局有序的。自己定义一个 Partitioner 是一种较好的解决方式，用输入数据的最大值除以系统 Reduce 任务数量的商作为分割边界，也就是说分割数据的边界为此商的 1 倍、2 倍至分区数−1 倍，这样就能保证执行分区后的数据是整体有序的。

对于某些数据集，由于很多不同的键的哈希值都一样，导致这些键值对都被分给同一个 Reducer 处理，而其他的 Reducer 处理的键值对很少，从而拖延整个任务的进度。为了解决这种 Reduce 任务处理的键值对数量极不平衡问题，可以编写自己的分区功能，必须保证具有相同键值的键值对分发到同一个 Reducer。

2. Collector

Map 的输出结果是由 Collector 处理的，每个 Map 任务不断地将键值对输出到在内存中构造的一个环形数据结构中。使用环形数据结构是为了更有效地使用内存空间，在内存中放置尽可能多的数据。

这个数据结构其实就是一个字节数组，叫 kvbuffer，名如其义，但它不仅放置了数据，还放置了一些索引数据，给放置索引数据的区域起了一个 kvmeta 的别名，在 kvbuffer 的一块区域上穿了一个 IntBuffer（字节序采用的是平台自身的字节序）的马甲。数据区域和索引数据区域在 kvbuffer 中是相邻不重叠的两个区域，用一个分界点来划分两者，分界点不是亘古不变的，而是每次 Spill（溢出）之后都会更新一次。初始的分界点是 0，数据的存储方向是向上增长，索引数据的存储方向是向下增长，如图 7-14 所示。

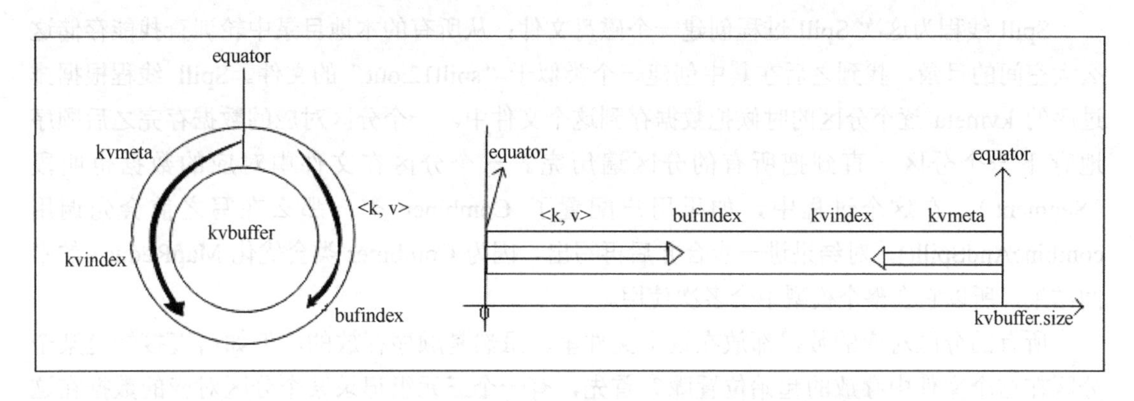

图 7-14 环形数据结构 kvbuffer

kvbuffer 的存放指针 bufindex 一直向上增长，比如 bufindex 初始值为 0，一个 Int 型的键写完之后，bufindex 增长为 4；一个 Int 型的值写完之后，bufindex 增长为 8。

索引是对在 kvbuffer 中的键值对的索引，是一个四元组，包括值的起始位置、键的起始位置、分区值、值的长度，占用 4 个 Int 长度。kvmeta 的存放指针 kvindex 每次都是先向下跳 4 个“格子”，然后再向上一个格子一个格子地填充四元组的数据。比如，kvindex 初始位置是−4，当第一个键值对写完之后，(kvindex+0)的位置存放值的起始位置、(kvindex+1)的位置存放键的起始位置、(kvindex+2)的位置存放分区的值、(kvindex+3)的位置存放值的长度；然后 kvindex 跳到−8 位置，等第二个键值对和索引写完之后，kvindex 跳到−12 位置。

kvbuffer 的容量通过 io.sor t.mb 设置，默认容量为 100MB。但不管怎么设置，kvbuffer 的容量都是有限的，键值对和索引不断地增加，但空间是有限的，到达临界点时怎么办？把数据从内存刷到磁盘上后再接着往内存写数据，把 kvbuffer 中的数据刷到磁盘上的过程就叫 Spill，内存中的数据满了就自动地 Spill 到具有更大空间的磁盘。

kvbuffer 被占用多少容量时触发 Spill 事件？如果 kvbuffer 容量被占满时才触发 Spill 事件，则 Map 任务就需要等 Spill 完全腾出空间之后才能继续写数据；如果 kvbuffer 容易被占满 80%时才触发 Spill 事件，则在 Spill 的同时，Map 任务还能继续写数据。如果 Spill 够快，则 Map 可能都不需要为空闲空间而发愁。两利相衡取其大，一般选择后者。Spill 的限制值可以通过 io.sort.spill.percent 设置，默认为 0.8。

Spill 这个重要的过程是由 Spill 线程承担的，Spill 线程从 Map 任务接到“命令”之后就开始正式工作，叫 SortAndSpill。这里不仅仅是 Spill，在 Spill 之前还有个颇具争议性的 Sort（排序）。

3．Sort

在 Spill 触发后，SortAndSpill 先把 kvbuffer 中的数据按照分区值和键两个关键字升序排列，移动的只是索引数据。排序结果是 kvmeta 中的数据以分区为单位聚集在一起，同一分区内的按照键有序排列。

4．Spill

Spill 线程为这次 Spill 过程创建一个磁盘文件：从所有的本地目录中轮训查找能存储这么大空间的目录，找到之后在其中创建一个类似于“spill12.out”的文件。Spill 线程根据排过序的 kvmeta 逐个分区的时候把数据存到这个文件中，一个分区对应的数据存完之后顺序地存下一个分区，直到把所有的分区遍历完。一个分区在文件中对应的数据也叫段（Segment）。在这个过程中，如果用户配置了 Combiner 类，那么在写之前会先调用 combineAndSpill()，对结果进一步合并后再写出。因为 Combiner 类会优化 MapReduce 的中间结果，所以它在整个模型中会多次使用。

所有的分区对应的数据都放在这个文件里，虽然是顺序存放的，但如何直接知道某个分区在这个文件中存放的起始位置呢？首先，有一个三元组记录某个分区对应的数据在这个文件中的索引：[起始位置、原始数据长度、压缩之后的数据长度]，一个分区对应一个三元组。然后，把这些索引信息存放在内存中，如果内存中放不下了，则后续的索引信息就需要写到磁盘文件中：从所有的本地目录中轮询查找能存储这么大空间的目录，找到之后在其中创建一个类似于“spill12.out.index”的文件，文件中不仅存储了索引数据，还存储了 crc32 的校验数据。spill12.out.index 不一定在磁盘上创建，如果内存（默认为 1MB 空间）中能放得下则放在内存中，即使在磁盘上创建了，和 spill12.out 文件也不一定在同一个目录下。每次 Spill 过程会至少生成一个 out 文件，有时还会生成 index 文件，Spill 的次数也烙印在文件名中。Spill 索引文件和数据文件的对应关系如图 7-15 所示。

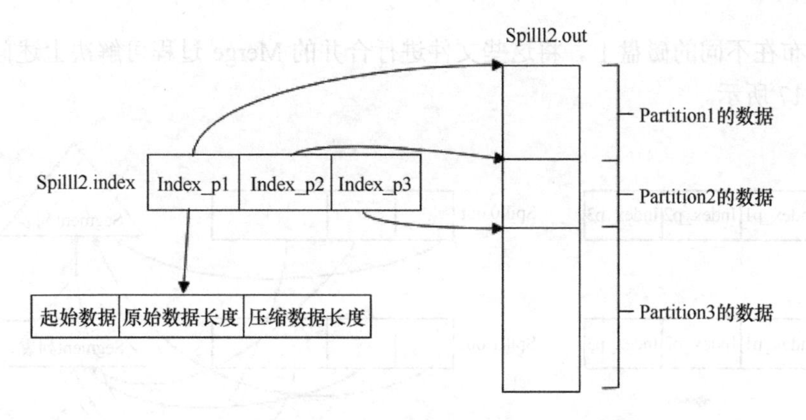

图 7-15 Spill 索引文件和数据文件的对应关系

在 Spill 线程如火如荼地进行 SortAndSpill 工作的同时，Map 任务不会因此而停歇，而是一无既往地输出数据。Map 还是把数据写到 kvbuffer 中，就出现以下问题：只按照 bufindex 指针向上增长，kvmeta 只按照 kvindex 向下增长，是保持指针起始位置不变继续前进，还是另谋它路？如果保持指针起始位置不变，则 bufindex 和 kvindex 很快就碰头了，碰头之后再重新开始或者移动内存都比较麻烦，不可取。Map 取 kvbuffer 中剩余空间的中间位置，用这个位置设置为新的分界点，bufindex 指针移动到这个分界点，kvindex 移动到这个分界点的-16 位置，然后两者就可以和谐地按照自己既定的轨迹放置数据了。当 Spill 完成、空间腾出之后，不需要做任何改动继续前进。分界点的转换如图 7-16 所示。

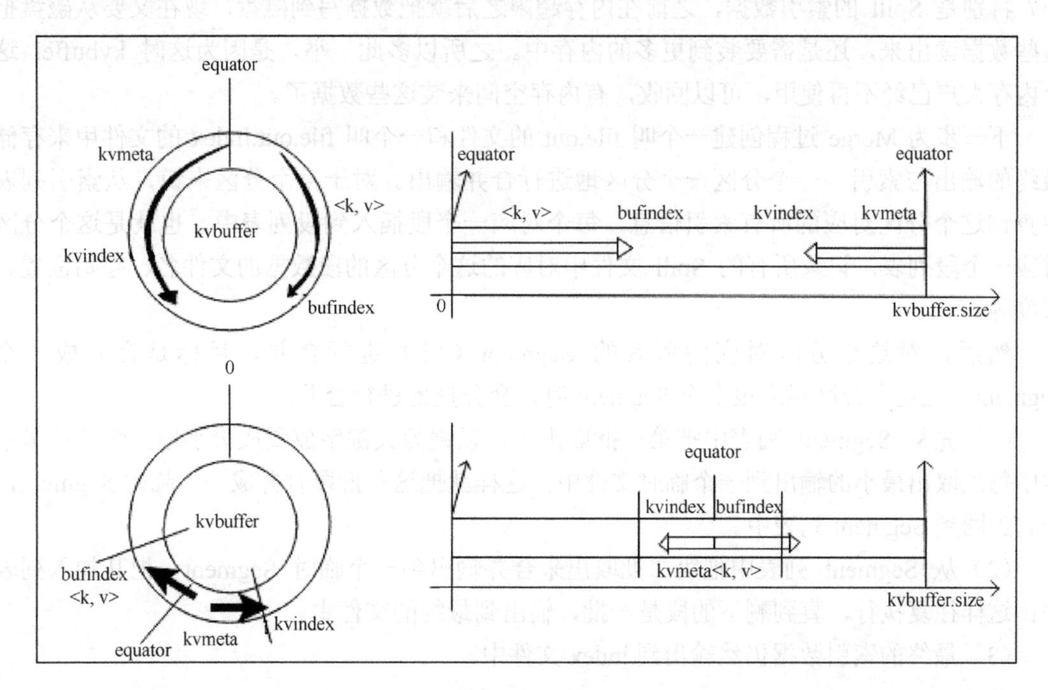

图 7-16 分界点的转换

5. Merge

如果 Map 任务输出的数据量很大，则可能进行几次 Spill，.out 文件和.index 文件会产生很多，分布在不同的磁盘上。将这些文件进行合并的 Merge 过程可解决上述问题。Merge 过程如图 7-17 所示。

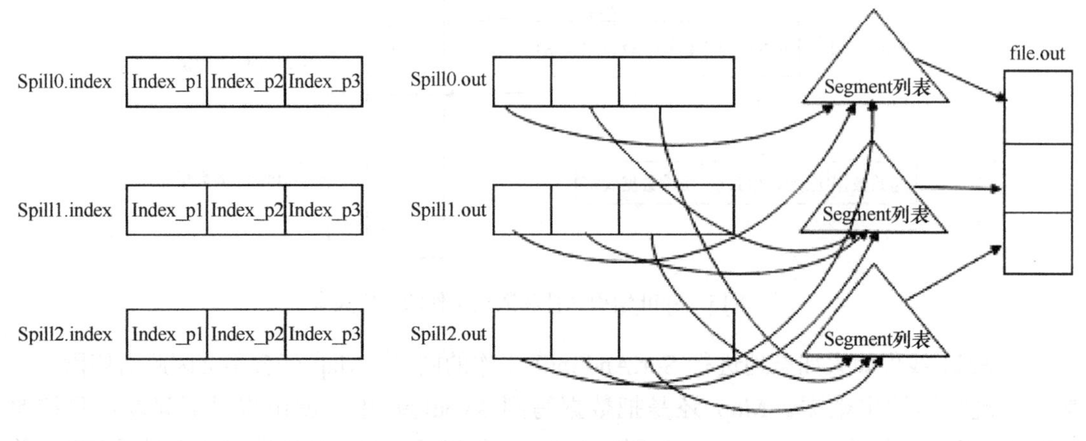

图 7-17 Merge 过程

Merge 过程怎么知道产生的 Spill 文件都在哪里呢？先从所有的本地目录上扫描得到产生的 Spill 文件，然后把路径存储在一个数组里。Merge 过程又怎么知道 Spill 的索引信息呢？也是先从所有的本地目录上扫描得到.index 文件，然后把索引信息存储在一个列表里。在之前的 Spill 过程中为什么不直接把这些信息存储在内存中呢？何必又多了这步扫描的操作？特别是 Spill 的索引数据，之前在内存超限之后就把数据写到磁盘，现在又要从磁盘把这些数据读出来，还是需要装到更多的内存中。之所以多此一举，是因为这时 kvbuffer 这个内存大户已经不再使用，可以回收，有内存空间来装这些数据了。

下一步为 Merge 过程创建一个叫 file.out 的文件和一个叫 file.out.Index 的文件用来存储最终的输出与索引，一个分区一个分区地进行合并输出。对于某个分区来说，从索引列表中查询这个分区对应的所有索引信息，每个对应一个段插入到段列表中。也就是这个分区对应一个段列表，记录所有的 Spill 文件中对应的这个分区的段数据的文件名、起始位置、长度等。

然后，对这个分区对应的所有的 Segment（段）进行合并，目标是合并成一个 Segment。当这个分区对应很多个 Segment 时，会分批地进行合并：

（1）先从 Segment 列表中把第一批取出来，以键为关键字放置成最小堆，然后从最小堆中每次取出最小的输出到一个临时文件中，这样就把这一批段合并成一个临时 Segment，把它加回到 Segment 列表中。

（2）从 Segment 列表中把第二批取出来合并输出到一个临时 Segment，把其加入列表中；这样往复执行，直到剩下的段是一批，输出到最终的文件中。

（3）最终的索引数据仍然输出到.index 文件中。

7.4.2 Reduce 端 Shuffle

在 Reduce 端，Shuffle 主要分为复制 Map 输出、排序合并两个阶段。Reduce 端 Shuffle

流程如图 7-18 所示。

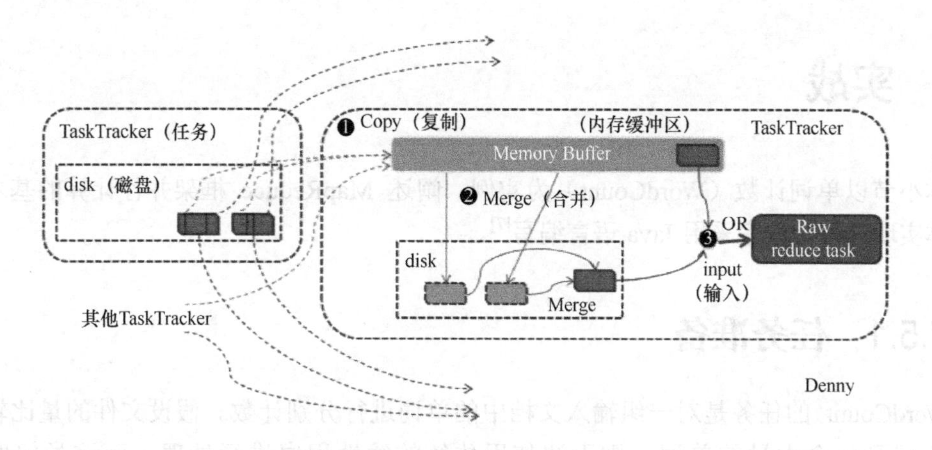

图 7-18 Reduce 端 Shuffle 流程

1. Copy

Copy 过程简单地拉取数据，Reduce 进程启动一些数据 Copy 线程（Fetcher），通过 HTTP 向各个 Map 任务拖取它所需要的数据。Map 任务成功完成后，会先通知父 TaskTracker 状态已经更新，然后 TaskTracker 通知 JobTracker（这些通知在心跳机制中进行）。对于指定作业来说，JobTracker 能记录 Map 输出和 TaskTracker 的映射关系。Reduce 会定期向 JobTracker 获取 Map 的输出位置，一旦得到输出位置，Reduce 任务就会从此输出对应的 TaskTracker 上复制输出到本地，而不会等到所有的 Map 任务结束。

2. Merge Sort

从 Copy 送过来的数据会先放入内存缓冲区中。如果内存缓冲区中能放得下这次数据，则直接把数据写到内存（内存 Merge）中。Reduce 要向每个 Map 拖取数据，在内存中，每个 Map 对应一块数据，当内存缓存区中存储的 Map 数据占用空间达到一定程度的时候，开始启动内存中的 Merge，把内存中的数据合并输出到磁盘上一个文件中，即内存到磁盘合并。在将缓冲区中多个 Map 输出合并写入磁盘之前，如果设置了 Combiner，则会化简压缩合并的 Map 输出。Reduce 的内存缓冲区可通过 mapred.job.shuffle.input.buffer.percent 配置，默认为 JVM 的堆大小的 70%。内存到磁盘合并的启动门限可以通过 mapred.job.shuffle.merge.percent 配置，默认为 66%。

当属于该 Reducer 的 Map 输出全部复制完成后，会在 Reducer 上生成多个文件（如果拖取的所有 Map 数据总量都没有内存缓冲区，则数据就只存在于内存中）。这时，开始执行合并操作，即磁盘到磁盘 Merge，Map 的输出数据已经是有序的，Merge 进行一次合并排序，所谓 Reduce 端的 Sort 过程就是这个合并的过程。通常，Reduce 一边复制一边排序，即复制和排序两个阶段是重叠而不是完全分开的。最终，Reduce Shuffle 过程会输出一个整体有序的数据块。

7.5 实战

本小节以单词计数（WordCount）为实例，阐述 MapReduce 框架并行计算的基本思路及具体实现过程，程序采用 Java 语言编写[7]。

7.5.1 任务准备

WordCount 的任务是对一组输入文档中的单词进行分别计数。假设文件的量比较大，每个文档又包含大量的单词，则无法使用传统的线性程序进行处理，而这类问题正是 MapReduce 可以发挥其优势的地方。首先，在本地创建 3 个文件：file001、file002 和 file003。单词计数输入文件如表 7-2 所示。

表 7-2 单词计数输入文件

文件名	file001	file002	file003
文件内容	Hello world Connected world	One world One dream	Hello Hadoop Hello Map Hello Reduce

再使用 HDFS 命令创建一个 input 文件目录。

```
hadoop fs -mkdir input
```

然后，把 file001、file002 和 file003 上传到 HDFS 中的 input 文件目录下。

```
hadoop fs -put file001 input
hadoop fs -put file002 input
hadoop fs -put file003 input
```

编写 MapReduce 程序的第一个任务是编写 Map 程序。在单词计数任务中，Map 需要完成的任务是先把输入的文本数据按单词进行拆分，然后以特定的键值对的形式进行输出。

7.5.2 编写 Map 程序

Hadoop MapReduce 框架已经在类 Mapper 中实现了 Map 任务的基本功能。为了实现 Map 任务，开发者只需要继承类 Mapper，并实现该类的 Map 函数。

为实现单词计数的 Map 任务，首先为类 Mapper 设定好输入类型和输出类型。Map 函数的输入是<key,value>形式，其中，key 是输入文件中一行的行号，value 是该行号对应的一行内容。

Map 函数的输入类型为<LongWritable,Text>。Map 函数的功能为完成文本分割工作，Map 函数的输出也是<key,value>形式，其中，key 是单词，value 为该单词出现的次数。因此，Map 函数的输出类型为<Text,LongWritable>。

以下是单词计数程序的 Map 任务的实现代码：

```
public static class CoreMapper extends Mapper<Object,Text,Text,IntWritable> {
    private static final IntWritable one = new IntWritable(1);
    private static Text label = new Text();
    public void map(Object key,Textvalue,Mapper<Object,Text,Text,IntWritable> Context context)throws
IOException,InterruptedException {
  StringTokenizer tokenizer = new StringTokenizer(value.toString());
        while(tokenizer.hasMoreTokens()) {
  label.set(tokenizer.nextToken());
  context.write(label,one);
        }
    }
}
```

在上述代码中，实现 Map 任务的类为 CoreMapper。该类首先需要对输出的两个变量 one 和 label 进行初始化。

注意：

（1）变量 one 的初始值直接设置为 1，表示某个单词在文本中出现过。

（2）Map 函数的前两个参数是函数的输入参数，值为 Text 类型，是指每次读入文本的一行；键为 Object 类型，是指输入的行数据在文本中的行号。

StringTokenizer 类机器方法将值变量中文本的一行文字进行拆分，拆分后的单词放在 tokenizer 列表中。然后，程序通过循环对每个单词进行处理，把单词放在 label 中，把 one 作为单词计数。

在函数的整个执行过程中，one 的值一直是 1。在该实例中，键没有被明显地使用到。context 是 Map 函数的一种输出方式，通过使用该变量，可以直接将中间结果存储在其中。

根据上述代码，Map 任务结束后，3 个文件的输出结果如表 7-3 所示。

表 7-3 单词计数 Map 任务的 3 个文件的输出结果

文件名/Map	file001/Map1	file002/Map2	file003/Map3
Map 任务输出结果	<"Hello",1> <"world",1> <"Connected",1> <"world",1>	<"One",1> <"world",1> <"One",1> <"dream",1>	<"Hello",1> <"Hadoop",1> <"Hello",1> <"Map",1> <"Hello",1> <"Reduce",1>

7.5.3 编写 Reduce 程序

编写 MapReduce 程序的第二个任务是编写 Reduce 程序。在单词计数任务中，Reduce 需要完成的任务是对输入结果中的数字序列进行求和，从而得到每个单词的出现次数。在执行完 Map 函数之后，会进入 Shuffle 阶段。在这个阶段中，MapReduce 框架先自动将 Map 阶段的输出结果进行排序和分区，然后再分发给相应的 Reduce 任务去处理。单词计数

Map 端 Shuffle 阶段输出结果如表 7-4 所示。

表 7-4 单词计数 Map 端 Shuffle 阶段输出结果

文件名/Map	File001/Map1	File002/Map2	File003/Map3
Map 端 Shuffle 阶段输出结果	<"Connected",1> <"Hello,1"> <"world",<1,1>>	<"dream",1> <"One",<1,1>> <"world",1>	<"Map",1> <"Hadoop",1> <"Hello",<1,1,1>> <"Reduce",1>

Reduce 端接收到各个 Map 端发来的数据后，会进行合并，即把同一个 key，也就是将同一单词的键值对进行合并，形成<key, <V1, V2, …, Vn>>形式的输出。单词计数 Reduce 端 Shuffle 阶段输出结果如表 7-5 所示。

表 7-5 单词计数 Reduce 端 Shuffle 阶段输出结果

Reduce 端	<"Connected",1>
Shuffle 阶段输出结果	<"dream",1> <"Hadoop",1> <"hello","1,1,1,1" > <"Map",1> <"One",<1,1>> <"World",<1,1,1>> <"Reduce",1>

Reduce 阶段需要对上述数据进行处理，从而得到每个单词的出现次数。从 Reduce 函数的输入已经可以理解 Reduce 函数需要完成的工作，即首先对输入数据值中的数字序列进行求和。以下是单词计数程序的 Reduce 任务的实现代码。

```
public static class CoreReducer extends Reducer<Text,IntWritable,Text,IntWritable> {
    private IntWritable count = new IntWritable ();
    public void reduce(Text key,Iterable<IntWritable>values,Reducer<Text,IntWritable, Text,IntWritable>
Context context)throws IOException, InterruptedException {
        int sum = 0;
        for (IntWritableintWritable : values){
            sum += intWritable.get();
        }
    count.set(sum);
    context.write(key, count);
    }
}
}
```

与 Map 任务实现相似，Reduce 任务也是继承 Hadoop 提供的类 Reducer 并实现其接口。Reduce 函数的输入、输出类型与 Map 函数的输出类型在本质上是相同的。在 Reduce 函数的开始部分，首先设置 sum 参数用来记录每个单词的出现次数，然后遍历值列表，并对其中的数字进行累加，最终就可以得到每个单词的总出现次数。在输出的时候，仍然使用 context 类型的变量存储信息。当 Reduce 阶段结束时，就可以得到最终需要的输出结果，如表 7-6 所示。

表 7-6　单词计数 Reduce 任务输出结果

Reduce 任务输出结果	<"Connected",1>
	<"dream",1>
	<"Hadoop",1>
	<"Hello",4>
	<"Map",1>
	<"One",2>
	<"World",3>
	<"Reduce",1>

7.5.4　编写 main 函数

为了使用 CoreMapper 和 CoreReducer 类进行真正的数据处理，还需要在 main 函数中通过 Job 类设置 Hadoop MapReduce 程序运行时的环境变量，以下是具体代码。

```
public static void main(String[] args) throws Exception {
    Configuration conf = new Configuration();
String[] otherArgs = new GenericOptionsParser(conf,args).getRemainingArgs();
    if (otherArgs.length != 2) {
System.err.println("Usage:wordcount<in><out>");
System.exit(2);
    }
    Job job = new Job (conf, "WordCount");                    //设置环境参数
job.setJarByClass (WordCount.class);                          //设置程序的类名
job.setMapperClass(CoreMapper.class);                         //添加 Mapper 类
job.setReducerClass(CoreReducer.class);                       //添加 Reducer 类
job.setOutputKeyClass (Text.class);                           //设置输出 key 的类型
job.setOutputValueClass (IntWritable.class); //设置输出 value 的类型
FileInputFormat.addInputPath (job, new Path (otherArgs [0])); //设置输入文件路径
FileOutputFormat.setOutputPath (job，new Path (otherArgs [1]));//设置输入文件路径
System.exit(job.waitForCompletion(true) ? 0 : 1);
}
```

7.5.5　核心代码包

编写 MapReduce 程序需要引用 Hadoop 的以下几个核心组件包，它们实现了 Hadoop MapReduce 框架。

```
import java.io.IOException;
import java.util.StringTokenizer;
import org.apache.hadoop.conf.Configuration;
import org.apache.hadoop.fs.Path;
import org.apache.hadoop.io.IntWritable;
```

```
import org.apache.hadoop.io.Text;
import org.apache.hadoop.mapreduce.Job;
import org.apache.hadoop.mapreduce.Mapper;
import org.apache.hadoop.mapreduce.Reducer;
import org.apache.hadoop.mapreduce.lib.input.FileInputFormat;
import org.apache.hadoop.mapreduce.lib.output.FileOutputFormat;
import org.apache.hadoop.util.GenericOptionsParser;
```

这些核心组件包的基本功能描述如表 7-7 所示。

表 7-7 Hadoop MapReduce 核心组件包的基本功能

包	功能
org.apache.hadoop.conf	定义了系统参数的配置文件处理方法
org.apache.hadoop.fs	定义了抽象的文件系统 API
Org.apache.hadoop.mapreduce	Hadoop MapReduce 框架的实现，包括任务的分发调度等
Org.apache.hadoop.io	定义了通用的 I/O API，用于对网络、数据库和文件数据对象进行读/写操作

7.5.6 运行代码

在运行代码前，需要先把当前工作目录设置为/user/local/Hadoop。编译 WordCount 程序需要以下 3 个 jar 包，为了简便起见，把这 3 个 jar 包添加到 CLASSPATH 中。

```
$export
CLASSPATH=/usr/local/hadoop/share/hadoop/common/hadoop-common-2.7.3.jar:$CLASSPATH
$export
CLASSPATH=/usr/local/hadoop/share/hadoop/mapreduce/hadoop-mapreduce-2.7.3.jar:$CLASSPATH
$export
CLASSPATH=/usr/loca1/hadoop/share/hadoop/common/lib/common-cli-1.2.jar:$CLASSPATH
```

使用 JDK 包中的工具对代码进行编译。

```
$ javac WordCount.java
```

编译之后，在文件目录下可以发现有 3 个“.class”文件，将它们打包并命名为 wordcount.jar。

```
$ jar -cvf wordcount.jar *.class
```

这样就得到了单词计数程序的 jar 包。在运行程序之前，需要先启动 Hadoop 系统，包括启动 HDFS 和 MapReduce。然后，就可以运行程序了。

```
$ ./bin/Hadoop jar wordcount.jar WordCount input output
```

最后，可以运行下面的命令查看结果。

```
$ ./bin/Hadoop fs -cat output/*
```

习　题

1．MapReduce 核心思想是什么？主要函数有哪些？
2．YARN 和 MapReduce 有什么关系？
3．简述 MapReduce 的资源管理及生命周期。

4．简述 MapReduce 的工作流程及工作原理。

5．MapReduce 中 Partitioner 的作用是什么？在哪些情况下需要自定义 Partitioner？

6．简述 MapReduce 的 Shuffle 过程。

参 考 文 献

[1] 黄山，王波涛，王国仁，等. MapReduce 优化技术综述[J]. 计算机科学与探索，2013，7（10）：865-885. DOI:10.3778/j.issn.1673-9418.1307035.

[2] JEFFREY D,SANJAY G,USENIX Association. MapReduce: Simplified Data Processing on Large Clusters[C]. //Proceedings of the Sixth Symposium on Operating Systems Design and Implementation(OSDI'04). 2004:137-149.

[3] 洪波. 基于 MapReduce 的并行计算框架研究与优化[D]. 四川：电子科技大学，2017.

[4] 董西成. Hadoop 技术内幕：深入解析 YARN 架构设计与实现原理[J]. 中国科技信息，2014（1）：158-158.

[5] TUTORIAL M. MapReduce Tutorial[J]. capacity scheduler, 2009.

[6] ALEXEY G. Spark Architecture: Shuffle[EB/OL]. [2015-8-24]. https://0x0fff.com/spark-architecture-shuffle/.

[7] 林跃，孙杰青，欧海翔. 浅析 MapReduce 实例之 WordCount[J]. 计算机产品与流通，2020（5）：31-31.

第 8 章　Hive 数据仓库

大数据分析平台离不开大数据仓库的支撑，大数据仓库不仅要处理关系型数据库中的结构化数据，还要处理海量半结构化和非结构化数据。Hive 是基于 Hadoop 的大数据仓库工具[1]，可对存储在 HDFS 文件中的数据集进行数据整理、特殊查询和分析处理，但其实时性不好，查询延迟较高。Impala 作为新一代开源大数据分析引擎，支持实时计算，提供与 Hive 类似的功能，在性能上比 Hive 高出 3~30 倍，但 Impala 不能替换 Hive。Spark SQL 作为分布式 SQL 查询引擎，将 SQL 查询与 Spark 程序无缝混合，不仅支持 HiveSQL 语法及 Hive SerDes 和 UDF，而且执行效率非常高。因此，在实际的大数据分析平台中，常常统一部署 Hive 和 Impala、Spark 等分析工具，以同时支持快速批处理和实时查询。

本章介绍 Hive 数据仓库，首先对数据仓库进行概述，继而详细介绍 Hive 的系统架构、体系结构、工作原理、数据模型及其基本操作；在此基础上，从系统架构、执行过程、基本操作等方面介绍 Impala 和 Spark SQL；最后介绍大数据仓库设计案例，并以 YouTuBe 项目为例进行实战。

Hive 数据仓库导览如图 8-1 所示。

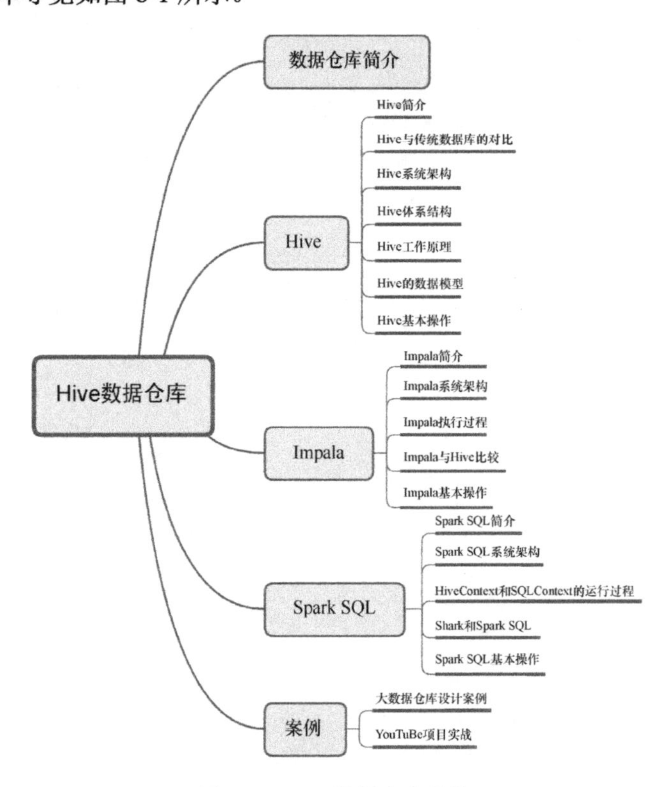

图 8-1　Hive 数据仓库导览

8.1 数据仓库简介

8.1.1 数据仓库概念

数据仓库（Data Warehouse）是一个面向主题的（Subject Oriented）、集成的（Integrated）、相对稳定的（Non-Volatile）、反映历史变化（Time Variant）的数据集合，用于支持管理决策。

数据仓库中的数据是在对原有分散的数据库数据抽取、清理的基础上经过系统加工、汇总和整理得到的，必须消除源数据中的不一致性，以保证数据仓库内的信息是关于整个企业的一致的全局信息。

数据仓库的数据主要供企业决策分析之用，所涉及的数据操作主要是数据查询。某个数据进入数据仓库以后，一般情况下将被长期保留，也就是数据仓库中一般有大量的查询操作，但修改和删除操作很少，通常只需要定期地加载、刷新。

数据仓库中的数据通常包含历史信息，系统记录了企业从过去某一时点（如开始应用数据仓库的时点）到目前各个阶段的信息。数据仓库反映历史变化的属性主要表现在以下方面。

（1）数据仓库中的数据时间期限要远长于传统操作型数据系统中的数据时间期限，数据仓库中的数据时间期限往往为数年甚至几十年。

（2）数据仓库中的数据仅仅是一系列在某一时刻（可能由传统操作型数据系统）生成的复杂的快照。

（3）数据仓库中一定会包含时间元素。

数据库与数据仓库的差异：从数据存储的内容看，数据库只存放当前值，而数据仓库则存放历史值；数据库数据是面向业务操作人员的，为业务处理人员提供数据处理支持，而数据仓库则是面向中高层管理人员的，为其提供决策支持等。

8.1.2 数据仓库的结构

1. 数据仓库概念结构

从数据仓库概念结构看，一般来说，数据仓库系统要包含数据源、数据准备区、数据仓库数据库、数据集市/知识挖掘库及各种管理工具和应用工具，如图 8-2 所示。数据仓库建立之后，首先要从数据源中抽取相关的数据到数据准备区，然后在数据准备区中经过净化处理后再加载到数据仓库数据库，最后根据用户的需求将数据导入数据集市/知识挖掘库中。当用户使用数据仓库时，可以利用包括 OLAP（On-Line Analysis Processing，联机分析处理）在内的多种数据仓库应用工具向数据集市/知识挖掘库或数据仓库进行决策查询分析或知识挖掘。数据仓库的创建、应用可以利用各种数据仓库管理工具辅助完成。

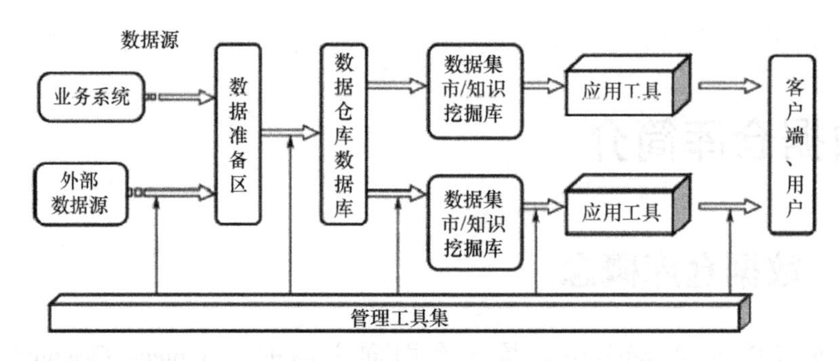

图 8-2　数据仓库概念结构

2. 数据仓库框架结构

数据仓库框架结构由数据仓库基本功能层、数据仓库管理层和数据仓库环境支持层组成，如图 8-3 所示。

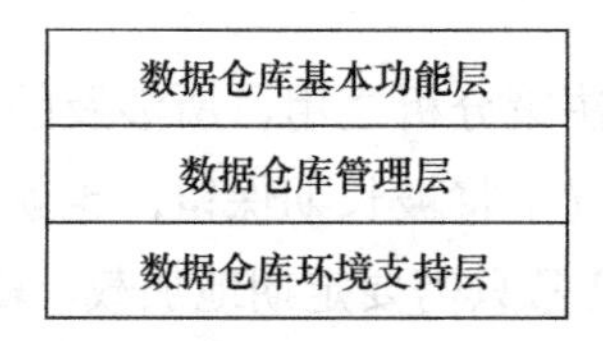

图 8-3　数据仓库框架结构

数据仓库基本功能层包含数据源、数据准备区、数据仓库结构、数据集市/知识挖掘库，以及存取和使用部分。

数据仓库管理层由数据仓库的数据管理和数据仓库的元数据管理组成。数据仓库的数据管理包含数据抽取、新数据需求与查询管理，数据加载、存储、刷新和更新系统，安全性与用户授权管理系统及数据归档、恢复及净化系统这四部分。

数据仓库环境支持层由数据仓库数据传输层和数据仓库基础层组成。

3. 数据仓库体系结构

数据仓库体系结构通常包含四个层次：数据源层、数据存储和管理层、数据服务层、数据应用层。数据仓库体系结构如图 8-4 所示。

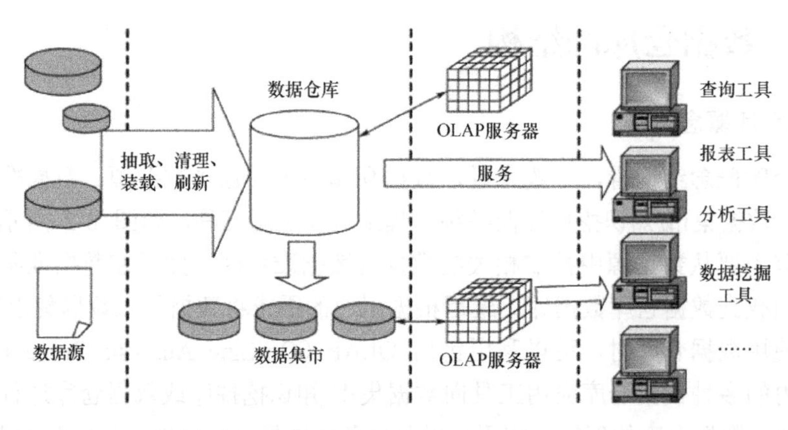

图 8-4　数据仓库体系结构

（1）数据源层。

数据源是数据仓库的数据来源，包含外部数据、现有业务系统和文档资料等。数据集成完成数据的抽取、清洗、转换和加载任务，数据源中的数据采用 ETL（Extract Transform Load）工具以固定的周期加载到数据仓库中。

（2）数据存储和管理层。

数据存储和管理层包含数据仓库、数据集市、数据仓库检测、运行与维护工具和元数据管理等。

（3）数据服务层。

该层为前端和应用提供数据服务，既可直接从数据仓库中获取数据供前端应用使用，也可通过 OLAP 服务器为前端应用提供负责的数据服务。

（4）数据应用层。

该层直接面向用户，包含数据查询工具、自由报表工具、数据分析工具、数据挖掘工具和各类应用系统。

8.1.3 传统数据仓库的问题

数据仓库技术在大数据背景下发生了很多改变。可以粗略地把数据仓库分成传统数据仓库和大数据数据仓库，这两者的主要区别是数据仓库数据存储的地方不同，传统数据仓库数据存储在 MySQL 等关系型数据库中，大数据数据仓库数据存储在 Hadoop 平台的 Hive（实际上是 HDFS 或者 Impala、Greenplum 等）中。

传统数据仓库存在的主要问题如下。

（1）无法满足快速增长的海量数据存储需求，传统数据仓库基于关系型数据库，其横向扩展性较差，纵向扩展有限。

（2）无法处理不同类型的数据，传统数据仓库只能存储结构化数据，但随着企业业务的发展，数据源的格式越来越丰富。

（3）传统数据仓库建立在关系型数据仓库之上，其计算和处理能力不足，当数据量达到 TB 级后基本无法获得好的性能。

8.1.4 数据仓库的发展

在国外知名 Gartner 关于数据集市产品报告中，位于第一象限的敏捷型商业智能产品有 QlikView、Tableau 和 SpotView，它们都是全内存计算的数据集市产品，在大数据方面对传统商业智能产品巨头形成了挑战。

国内 BI 产品起步较晚，知名的敏捷型商业智能产品有永洪科技的 Z-Suite、SmartBI、FineBI 商业智能软件等，其中永洪科技的 Z-Data Mart 是一款热内存计算的数据集市产品。国内的德昂信息也是一家数据集市产品的系统集成商。

广义上，Hadoop 大数据平台也可以看成新一代数据仓库系统，它具有很多现代数据仓库的特征，并且具有低成本、高性能、高容错和可扩展等特性，被企业广泛使用。IBM 的研究人员将基于 Hadoop 平台的 SQL 查询系统分为两大类[2]：Database-Hadoop Hybrids 和 Native Hadoop-based Systems。在第一类中只使用了 Hadoop 的调度和容错机制，使用关系型数据库进行查询。第二类充分利用了 Hadoop 平台的可扩展性，主要分为以下三小类。

（1）基于 MapReduce 的 Hive。

（2）基于内存计算框架 Spark 的 Spark SQL。

（3）基于 Shared-Nothing 架构的大规模并行处理（Massively Parallel Processing，MPP）引擎，如 Impala。

最具代表性的有 Hive、Impala 和 Spark SQL 这三种 SQL-on-Hadoop 查询引擎，实验表明三种查询引擎有各自的优点。综合来看，Hive 的查询结果准确率更高、更稳定，但查询时延较严重，适合批处理；Impala 的查询速度最快，但系统稳定性有待提高；Spark SQL 的处理速度处于以上两者之间，更适合多并发和流处理场景。

基于 Hadoop 的多种 SQL 查询引擎各有优势，但从稳定性、易用性、兼容性和性能多个方面对比分析看，目前并不存在各方面均最优的 SQL 引擎。对于项目离线批处理和在线流处理的需求，目前较少有兼顾这两种需求的数据仓库实施方案。

8.2 Hive

8.2.1 Hive 简介

Hive 是基于 Hadoop 的数据仓库工具，Hive 主要用于离线数据分析，比直接使用 MapReduce 程序开发效率更高。直接使用 MapReduce 程序所面临的问题有：人员学习成本太高、项目周期要求太短、MapReduce 实现复杂查询逻辑开发难度太大等。使用 Hive，操作接口采用类 SQL 语法，提供快速开发的能力，避免了编写 MapReduce 程序，减少了开发人员的学习成本，功能扩展很方便。

Hive 与 Hadoop 的关系如图 8-5 所示[1]。Hive 利用 HDFS 存储数据，利用 MapReduce 查询分析数据。

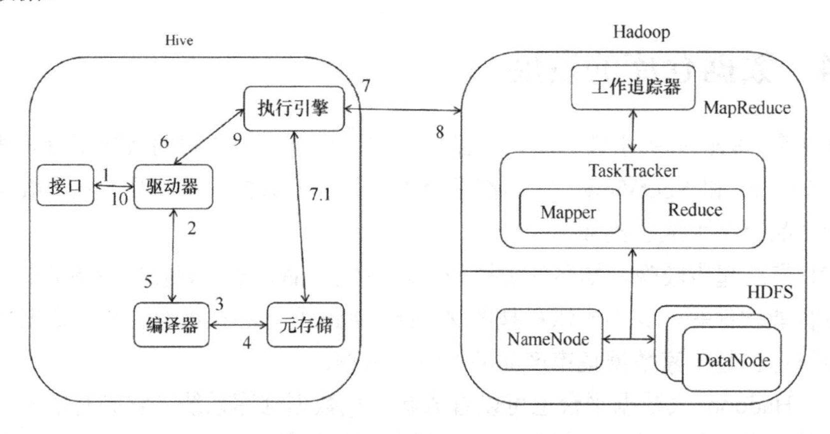

图 8-5　Hive 与 Hadoop 的关系

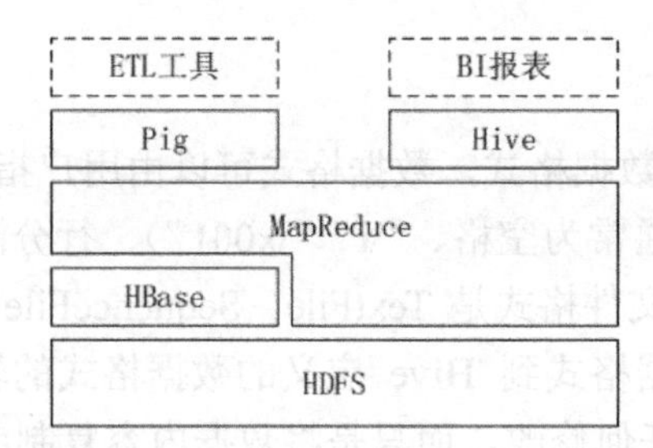

图 8-6 Hive 与 Hadoop 生态系统中其他组件的关系

Hive 与 Hadoop 生态系统中其他组件的关系如图 8-6 所示。Hive 依赖 HDFS 存储数据，依赖 MR 处理数据；Pig 可作为 Hive 的替代工具，是一种数据流语言和运行环境，适合用在 Hadoop 平台上查询半结构化数据集，用于与 ETL 过程的一部分，即将外部数据装载到 Hadoop 集群中，转换为用户需要的数据格式；HBase 是一个面向列、分布式可伸缩的数据库，可提供数据的实时访问功能。Hive 只能处理静态数据。主要是 BI 报表数据。Hive 的初衷是为了减少复杂 MR 应用程序的编写工作，HBase 则是为了实现对数据的实时访问。

8.2.2 Hive 与传统数据库的对比

由于 Hive 采用了 SQL 的查询语言 HQL，因此很容易将 Hive 理解为数据库。其实从结构上来看，Hive 和数据库除了拥有类似的查询语言，再无类似之处。下面从多个方面来阐述 Hive 与传统数据库的差异，详见表 8-1。数据库可以用在 Online 的应用中，但 Hive 是为数据仓库而设计的，清楚这一点，有助于从应用角度理解 Hive 的特性。

表 8-1 Hive 与传统数据库的对比

对比内容	Hive	传统数据库
查询语言	HQL	SQL
数据存储位置	HDFS	Raw Device 或者 Local FS
数据格式	用户定义	系统决定
数据更新	不支持	支持
索引	无	有
执行	MapReduce	Executor
执行延迟	高	低
可扩展性	高	低
数据规模	大	小

1. 查询语言

由于 SQL 被广泛地应用在数据仓库中，因此，专门针对 Hive 的特性设计了类 SQL 的查询语言 HQL。熟悉 SQL 开发的开发者可以很方便地使用 Hive 进行开发。

2. 数据存储位置

Hive 是建立在 Hadoop 之上的，所有 Hive 的数据都是存储在 HDFS 中的。而数据库则可以将数据保存在块设备或者本地文件系统中。

3. 数据格式

Hive 中没有定义专门的数据格式，数据格式可以由用户指定。用户定义数据格式需要指定三个属性：列分隔符（通常为空格、“\t”“\x001”）、行分隔符（“\n”）、读取文件数据的方法（Hive 中默认的三个文件格式是 TextFile、SequenceFile、RCFile）。由于在加载数据的过程中，不需要从用户数据格式到 Hive 定义的数据格式的转换，因此，Hive 在加载的过程中不会对数据本身进行任何修改，而只是将数据内容复制或者移动到相应的 HDFS 目录中。而在数据库中，不同的数据库有不同的存储引擎，定义了自己的数据格式，所有数据都会按照一定的组织存储，因此数据库加载数据的过程会比较耗时。

4. 数据更新

由于 Hive 是针对数据仓库应用设计的，而数据仓库的内容是读多写少的，因此 Hive 中不支持对数据的改写和添加，所有数据都是在加载时确定好的。而数据库中的数据是需要经常进行修改的，因此可以使用 INSERT INTO…VALUES 添加数据，使用 UPDATE…SET 修改数据。

5. 索引

由于 Hive 在加载数据的过程中不会对数据进行任何处理，甚至不会对数据进行扫描，因此也没有对数据中的某些 Key 建立索引。Hive 在访问数据中满足条件的特定值时，需要“暴力”扫描整个数据，因此访问延迟较高。由于 MapReduce 的引入，Hive 可以并行访问数据，因此即使没有索引，对于大数据量的访问，Hive 仍然可以体现出优势。在数据库中，通常会针对一个或者几个列建立索引，因此对于少量的特定条件的数据的访问，数据库可以有很高的效率、较低的延迟。由于数据的访问延迟较高，决定了 Hive 不适合在线数据查询。

6. 执行

Hive 中大多数查询的执行通过 Hadoop 提供的 MapReduce 来实现，而数据库通常有自己的执行引擎。

7. 执行延迟

Hive 在查询数据的时候，由于没有索引，需要扫描整个表，因此延迟较高。另一个导致 Hive 执行延迟高的因素是 MapReduce 框架。由于 MapReduce 本身具有较高的延迟，因此在利用 MapReduce 执行 Hive 查询时，也会有较高的延迟。数据库的执行延迟较低。当然，这个低是有条件的，即数据规模较小，当数据规模大到超过数据库的处理能力的时候，Hive 的并行计算显然能体现出优势。

8. 可扩展性

由于 Hive 是建立在 Hadoop 之上的，因此 Hive 的可扩展性与 Hadoop 的可扩展性是一致的。而数据库由于 ACID 语义的严格限制，扩展性非常有限。目前最先进的并行数据库 Oracle 在理论上的扩展能力也只有 100 台左右。

9. 数据规模

由于 Hive 建立在集群上并可以利用 MapReduce 进行并行计算，因此可以支持很大规模的数据；数据库可以支持的数据规模较小。

8.2.3 Hive 系统架构

Hive 是构建在分布式计算框架之上的 SQL 引擎，它重用了 Hadoop 中的分布式存储系统 HDFS/HBase 和分时计算框架 MapReduce/Tez/Spark 等。Hive 是 Hadoop 生态系统中的重要部分，目前是应用最广泛的 SQL-On-Hadoop 解决方案。

Hive 对外提供三种访问方式，包括 Web GUI、CLI（Command Line Interface，命令行界面）和 Thrift 协议（支持 JDBC/ODBC）；而在 Hive 后端，主要包括三个服务组件，如图 8-7 所示[1]。

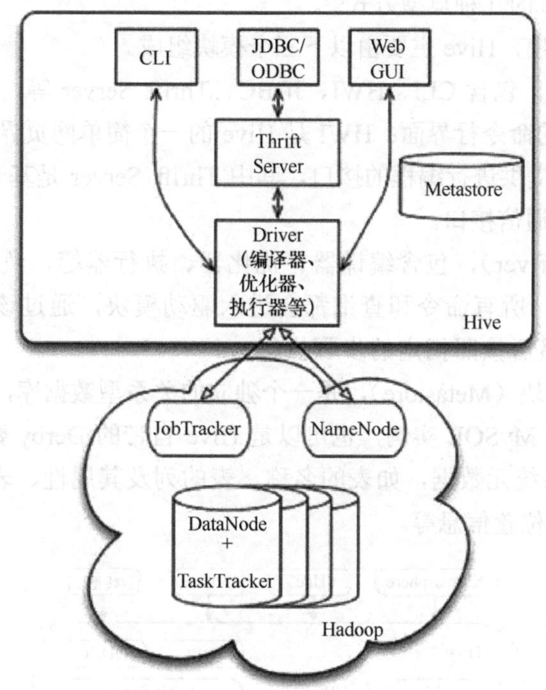

图 8-7 Hive 系统架构图

1. Driver（驱动器）

与关系型数据库的查询引擎类似，Driver 实现 SQL 解析，生成逻辑计划、物理计划，查询优化与执行等。它的输入是 SQL 语句，输出为一系列分布式执行程序（可以为 MapReduce、Tez 或 Spark 等）。

2. Metastore

Metastore 提供管理和存储元信息的服务，它保存了数据库的基本信息及数据表的定义等，为了能够可靠地保存这些元信息，Metastore 一般将它们持久化到关系型数据库中，默认采用了嵌入式数据库 Derby（数据存放在内存中），用户可以根据需要启用其他数据库，如 MySQL。

3. Hadoop

Hive 依赖 Hadoop，包括分布式文件系统 HDFS、分布式资源管理系统 YARN、分布式计算引擎 MapReduce。Hive 中的数据表对应的数据存放在 HDFS 上，计算资源由 YARN 分配，而计算任务则来自 MapReduce 引擎。

8.2.4 Hive 体系结构

Hive 体系结构如图 8-8 所示，显示出 Hive 的主要组成模块、Hive 如何与 Hadoop 交互工作、从外部访问 Hive 的几种典型方式[1]。

从图 8-8 中可以看出，Hive 主要由以下三个模块组成。

（1）用户接口模块，包含 CLI、HWI、JDBC、Thrift Server 等，用来实现对 Hive 的访问。CLI 是 Hive 自带的命令行界面；HWI 是 Hive 的一个简单网页界面；JDBC、ODBC 和 Thrift Server 可向用户提供进行编程的接口，其中 Thrift Server 是基于 Thrift 软件框架开发的，提供 Hive 的 RPC 通信接口。

（2）驱动模块（Driver），包含编译器、优化器、执行器等，负责把 HiveQL 语句转换成一系列 MR 作业，所有命令和查询都会进入驱动模块，通过该模块的解析变异，对计算过程进行优化，然后按照指定的步骤执行。

（3）元数据存储模块（Metastore），是一个独立的关系型数据库，通常是与 MySQL 数据库连接后创建的一个 MySQL 实例，也可以是 Hive 自带的 Derby 数据库实例。该模块主要保存表模式和其他系统元数据，如表的名称、表的列及其属性、表的分区及其属性、表的属性、表中数据所在位置信息等。

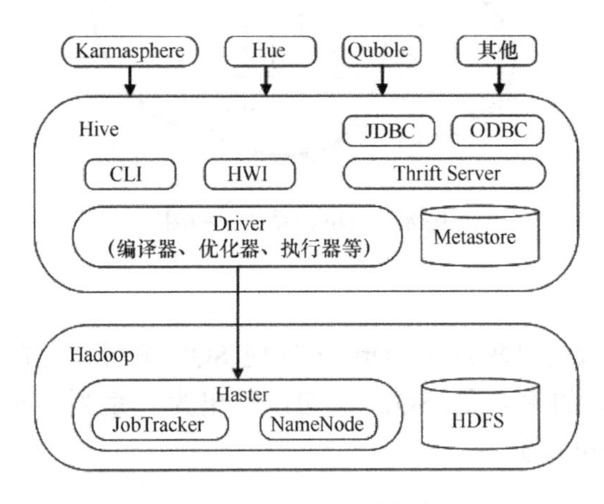

图 8-8 Hive 体系结构

Metastore 是 Hive 必不可少的一个模块，它提供了两个非常重要的功能：数据抽象和数据发现。

数据抽象：在使用 Hive 处理数据之前，要先定义库、表、分区、序列化、反序列化等信息。这些信息都会作为元数据存储在 Metastore 中，后面操作表里的数据时直接在 Metastore 中就可以获取到数据的这些元信息。而不用在每次操作数据时看数据格式、如何读取、如何加载等。

数据发现：一方面，用户可以通过元数据了解数据；另一方面，其他一些系统也可以基于 Hive 的研数据做一些功能。

Metastore 的三种 E/R 如图 8-9 所示。

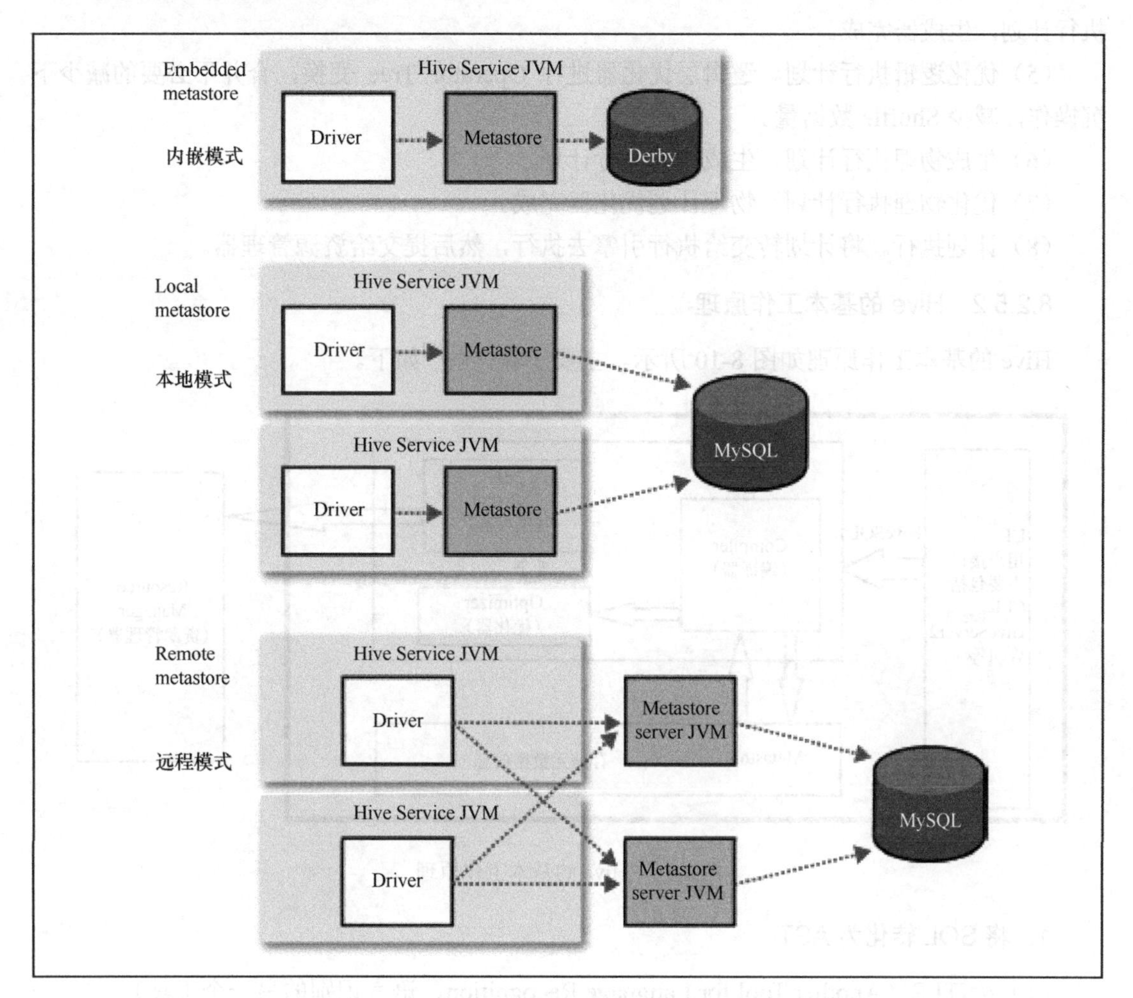

图 8-9 Metastore 的三种 E/R

8.2.5 Hive 工作原理

8.2.5.1 Hive 的执行流程

Hive 的执行流程[9]如图 8-5 所示。

（1）获取 Hive 元数据信息。编译器 Compiler 根据用户任务去 MetaStore 获取需要的 Hive 元数据信息。

（2）生成抽象语法树 AST（Abstract Syntax Tree）。ANTLR（一种可以根据输入自动生成语法树并可视化显示出来的开源语法分析器）定义 SQL 语法规则，完成 SQL 语法、词法解析，将 SQL 转换为抽象语法树 AST。

（3）生成查询块 Query Block。遍历 AST，抽象出查询的基本组成单元查询块 Query Block。

（4）生成操作树（Operator Tree）。遍历查询块，将查询块转化为逻辑查询计划、逻辑执行计划，生成器完成。

（5）优化逻辑执行计划。逻辑层优化器进行 Operator Tree 变换，合并不必要的减少下沉操作，减少 Shuffle 数据量。

（6）生成物理执行计划。生成物理执行计划。

（7）优化物理执行计划。物理计划优化器完成。

（8）计划执行。将计划转交给执行引擎去执行，然后提交给资源管理器。

8.2.5.2 Hive 的基本工作原理

Hive 的基本工作原理如图 8-10 所示。主要步骤详解[9]如下。

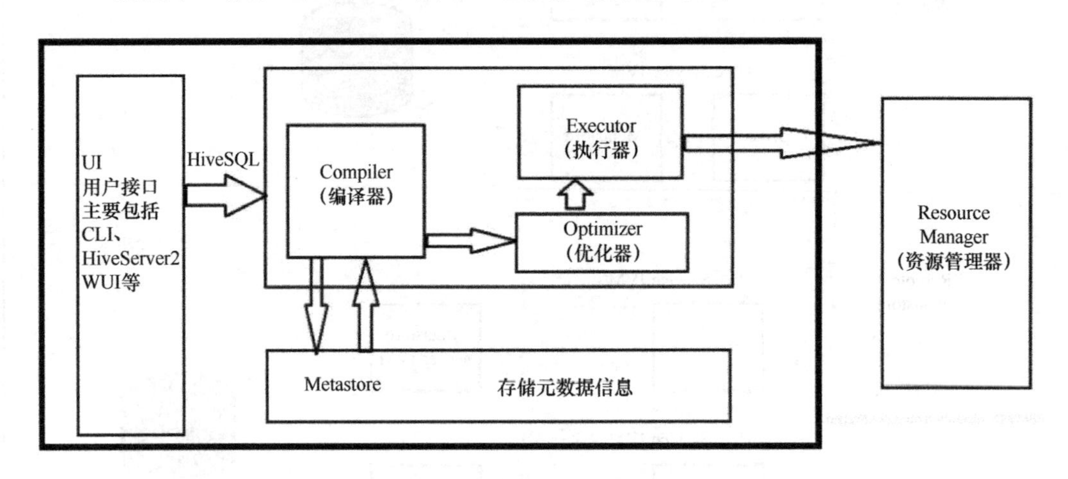

图 8-10 Hive 的基本工作原理

1. 将 SQL 转化为 AST

（1）ANTLR（Another Tool for Language Recognition，语言识别的另一个工具）

ANTLR 是一个语法分析器（Parser），可以用来构造领域语言。它允许定义识别字符流的词法规则和用户解释 Token 流的分析规则，然后，ANTLR 根据用户提供的语法文件自动生成相应的词法/语法分析器。用户可以利用它们将输入的文本进行编译，并转换成其他形式，如 AST。

（2）AST（Abstract Syntax Tree，抽象语法树）

AST 表明 Hive 是如何将查询解析成 Token（符号）和 Literal（字面值）。

2. 语义分析（Semantics Analyze）

这个过程主要是遍历 AST，抽象出查询的基本组成单元查询块 Query Block。

查询块是一个 SQL 最基本的组成单元，包括三个部分：输入源、计算过程、输出。简单来讲，一个查询块就是一个子查询。

8.2.5.3 SQL 语句转换成 MR 作业的基本原理

1．用 MapReduce 实现连接操作

假设连接（Join）的两个表分别是用户表 User（uid,name）和订单表 Order（uid,orderid），具体的 SQL 命令：

```
SELECT name, orderid FROM User u JOIN Order o ON u.uid=o.uid;
```

用 MapReduce 实现连接操作的执行过程如图 8-11 所示。

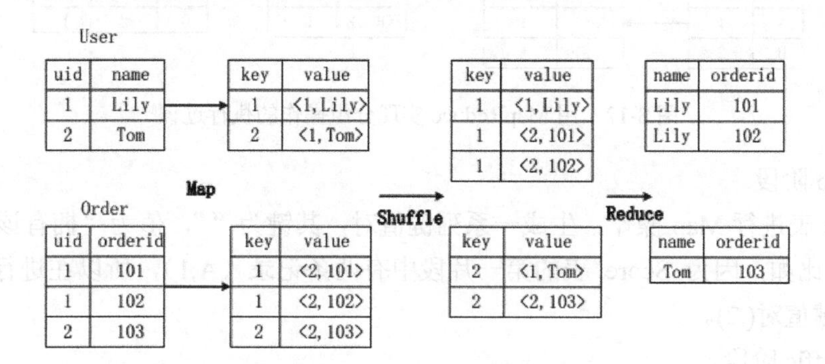

图 8-11 用 MapReduce 实现连接操作的执行过程

（1）Map 阶段。

User 表以 uid 为 key（键），以 name 和表的标记位（这里 User 表的标记位为 1）为 value（值），进行 Map 操作，把表中记录转换生成一系列键值对的形式。比如，User 表中记录（1,Lily）转换为键值对（1,<1,Lily>），其中第一个“1”是 uid 的值，第二个“1”是 User 表的标记位，用来标示这个键值对来自 User 表；同样，Order 表以 uid 为 key，以 orderid 和表的标记位（这里 Order 表的标记位为 2）为值进行 Map 操作，把表中的记录转换生成一系列键值对的形式。

（2）Shuffle 阶段。

先把 User 表和 Order 表生成的键值对按键值进行 Hash，然后传送给对应的 Reduce 机器执行。比如，把键值对（1,<1,Lily>）、（1,<2,101>）、（1,<2,102>）传送到同一台 Reduce 机器上。当 Reduce 机器接收到这些键值对时，还需按表的标记位对这些键值对进行排序，以优化连接操作。

（3）Reduce 阶段。

对同一台 Reduce 机器上的键值对，根据“值”（value）中的表标记位，对来自 User 表和 Order 表的数据进行笛卡儿积连接操作，以生成最终的结果。比如，键值对（1,<1,Lily>）与键值对（1,<2,101>）、（1,<2,102>）的连接结果是（Lily,101）、（Lily,102）。

2．用 MR 实现分组操作

假设分数表 Score（rank,level），具有 rank（排名）和 level（级别）两个属性，需要进行一个分组（Group By）操作，功能是把 Score 表的不同片段按照 rank 和 level 的组合值进行合并，并计算不同的组合值有几条记录。SQL 语句命令如下。

```
SELECT rank,level,count(*) as value FROM score GROUP BY rank,level;
```

用 MapReduce 实现分组操作的执行过程如图 8-12 所示。

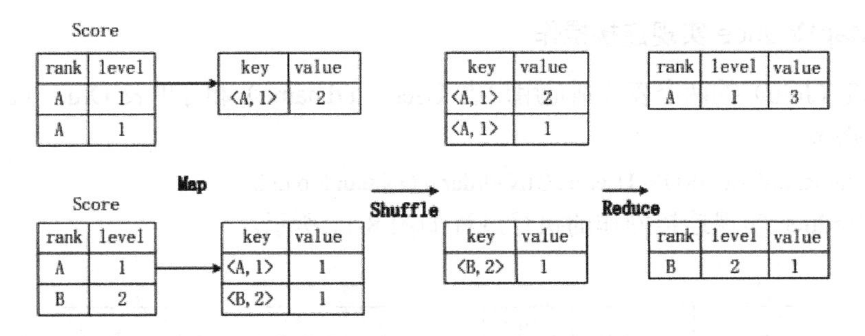

图 8-12 用 MapReduce 实现分组操作的执行过程

（1）Map 阶段。

对 Score 表进行 Map 操作，生成一系列键值对，其键为“”，值为“拥有该组合值的记录的条数”。比如，因为 Score 表的第一片段中有两条记录（A,1），所以在进行 Map 操作后，转化为键值对(,2)。

（2）Shuffle 阶段。

先对 Score 表生成的键值对，按照“键”的值进行 Hash，然后根据 Hash 结果传送给对应的 Reduce 机器去执行。比如，先将键值对(,2)、(,1)传送到同一台 Reduce 机器上，键值对(,1)传送到另一台 Reduce 机器上；然后，Reduce 机器对接收到的这些键值对按“键”的值进行排序。

（3）Reduce 阶段。

把具有相同键的所有键值对的“值”进行累加，生成分组的最终结果。比如，在同一台 Reduce 机器上的键值对(,2)和(,1)经过 Reduce 操作后的输出结果为(A,1,3)。

8.2.5.4 SQL 查询转换成 MR 作业的过程

当 Hive 接收到一条 HQL 语句后，需要与 Hadoop 交互工作来完成该操作。HQL 首先进入驱动模块，由驱动模块中的编译器解析编译，并由优化器对该操作进行优化计算，然后交给执行器去执行。执行器通常启动一个或多个 MR 任务，有时也不启动，如 SELECT * FROM tb1，全表扫描，不存在投影和选择操作。

Hive 中 SQL 查询的 MapReduce 作业转换过程如图 8-13 所示。

（1）由驱动模块中的编译器——Antlr 语言识别工具，对用户输入的 SQL 语句进行词法和语法解析，将 HQL 语句转换成抽象语法树（AST Tree）的形式。

（2）遍历抽象语法树，转化成查询块查询单元。因为 AST 结构复杂，不方便直接翻译成 MR 算法程序。其中，查询块是一个最基本的 SQL 语法组成单元，包括输入源、计算过程和输入三个部分。

（3）遍历查询块，生成操作树（Operator Tree）。操作树由很多逻辑操作符组成，如 TableScanOperator、SelectOperator、FilterOperator、JoinOperator、GroupByOperator 和 ReduceSinkOperator 等。这些逻辑操作符可在 Map、Reduce 阶段完成某一特定操作。

（4）Hive 驱动模块中的逻辑优化器对操作树进行优化，变换操作树的形式，合并多余的操作符，减少 MR 任务数、Shuffle 阶段的数据量。

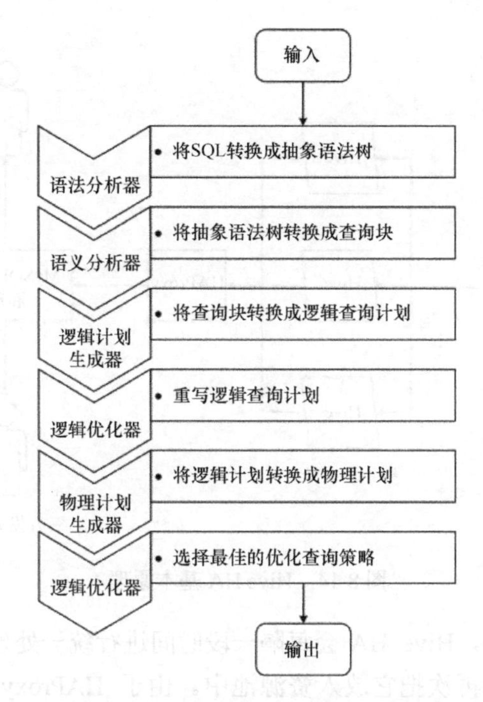

图 8-13 Hive 中 SQL 查询的 MapReduce 作业转换过程

（5）遍历优化后的操作树，根据操作树中的逻辑操作符生成需要执行的 MR 任务。

（6）启动 Hive 驱动模块中的物理优化器，对生成的 MR 任务进行优化，生成最终的 MR 任务执行计划。

（7）有 Hive 驱动模块中的执行器，对最终的 MR 任务执行输出。

Hive 驱动模块中的执行器执行最终的 MR 任务时，Hive 本身不会生成 MR 算法程序。它通过一个表示“Job 执行计划”的 XML 文件来驱动内置、原生的 Mapper（简称 Map）和 Reducer 模块。Hive 通过和 JobTracker 通信来初始化 MR 任务，而不需直接部署在 JobTracker 所在管理节点上执行。通常在大型集群中，会有专门的网关机来部署 Hive 工具，这些网关机的作用主要是远程操作和管理节点上的 JobTracker 通信来执行任务。Hive 要处理的数据文件常存储在 HDFS 上，HDFS 由名称节点 NameNode 来管理。

8.2.5.5 Hive HA 基本原理

在实际应用中，Hive 也暴露出不稳定的问题，在极少数情况下，会出现端口不响应或进程丢失问题。Hive HA（High Availability）可以解决这类问题。Hive HA 基本原理如图 8-14 所示。

在 Hive HA 中，在 Hadoop 集群上构建的数据仓库是由多个 Hive 实例进行管理的，这些 Hive 实例被纳入一个资源池中，由 HAProxy 提供统一的对外接口。客户端的查询请求，首先访问 HAProxy，由 HAProxy 对访问请求进行转发。HAProxy 收到请求后，会轮询资源池中可用的 Hive 实例，执行逻辑可用性测试。

如果某个 Hive 实例逻辑可用，则会把客户端的访问请求转发到 Hive 实例上；如果某个实例不可用，则把它放入黑名单，并继续从资源池中取出下一个 Hive 实例进行逻辑可用性测试。

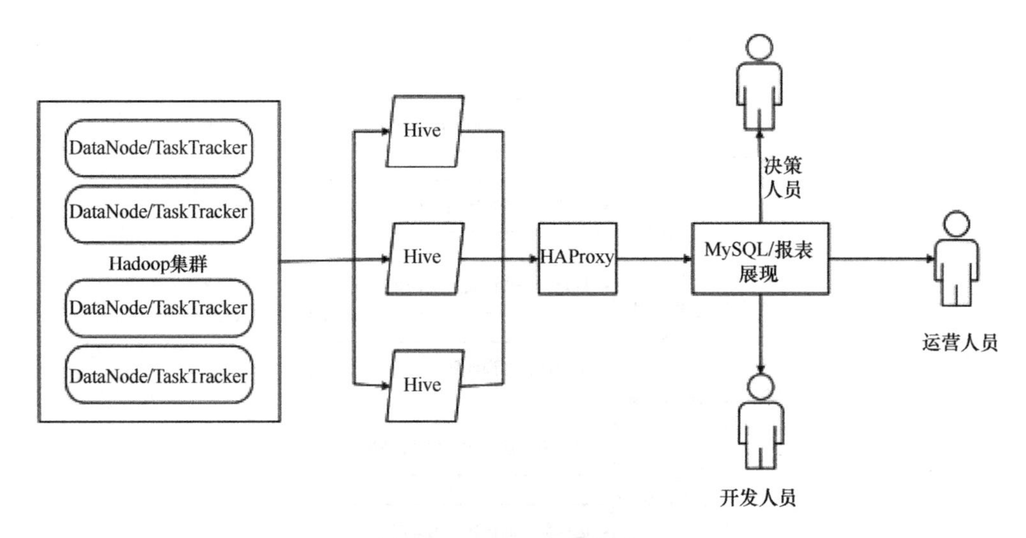

图 8-14　Hive HA 基本原理

对于黑名单中的 Hive，Hive HA 会每隔一段时间进行统一处理，首先尝试重启该 Hive 实例，如果重启成功，则再次把它放入资源池中。由于 HAProxy 提供统一的对外访问接口，因此，对于程序开发人员来说，可把它看成一台超强“Hive”。

8.2.5.6　Hive 连接到数据库的模式

1. 单用户模式

单用户模式连接到一个内存内的数据库 Derby，一般用于单元测试，如图 8-15 所示。

2. 多用户模式

多用户模式通过网络连接到一个数据库中，是最常使用的模式，如图 8-16 所示。

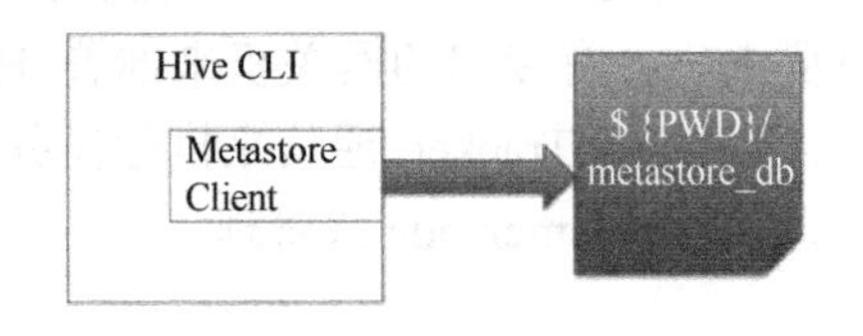

图 8-15　单用户模式

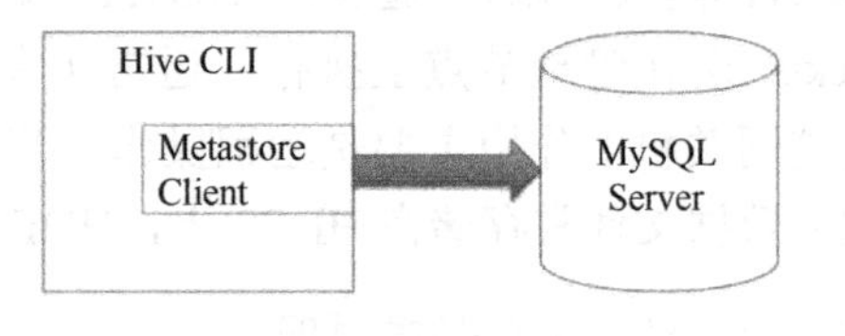

图 8-16　多用户模式

3. 远程服务器模式

远程服务器模式用于非 Java 客户端访问元数据库，在服务器端启动 Metastore Server，客户端利用 Thrift 协议通过 Metastore Server 访问元数据库，如图 8-17 所示。

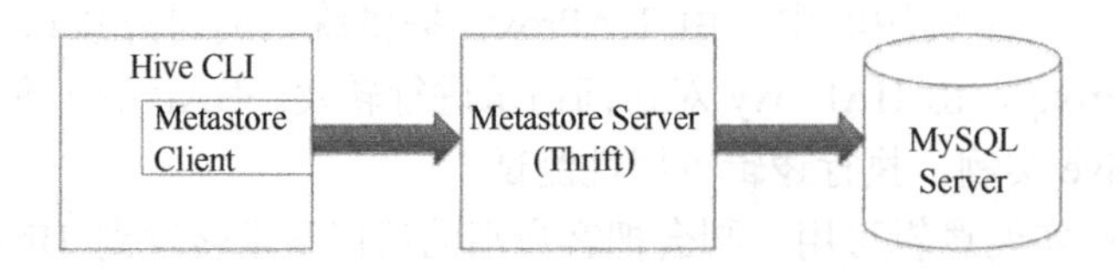

图 8-17　远程服务器模式

8.2.6　Hive 的数据模型

对于数据存储，Hive 没有专门的数据存储格式，也没有为数据建立索引，用户可以非常自由地组织 Hive 中的表，只需要在创建表时给出 Hive 数据中的列分隔符和行分隔符，Hive 就可以解析数据。

Hive 中所有的数据都存储在 HDFS 中，存储结构主要包括数据库、文件、表和视图。Hive 中包含以下数据模型：Table（内部表）、External Table（外部表）、Partition（分区）、Bucket（桶）。Hive 默认可以直接加载文本文件，还支持序列文件、RCFile。类似传统数据库的 DataBase，数据在第三方数据库里实际是一张表。

简单示例命令行：

```
hive > create database test_database;
```

8.2.6.1　Table

Hive 的 Table 与数据库中的 Table 在概念上类似。每个 Table 在 Hive 中都有一个相应的目录存储数据。例如，一个表 pvs，它在 HDFS 中的路径为/wh/pvs，其中 wh 是在 hive-site.xml 中由${hive.metastore.warehouse.dir}指定的数据仓库的目录，所有的 Table 数据（不包括 External Table）都保存在这个目录中。删除表时，元数据与数据都会被删除。

Table 简单示例如下。

（1）创建数据文件：test_inner_table.txt。

（2）创建表：create table test_inner_table (key string)。

（3）加载数据：LOAD DATA LOCAL INPATH 'filepath' INTO TABLE test_inner_table。

（4）查看数据：select * from test_inner_table;　select count(*) from test_inner_table。

（5）删除表：drop table test_inner_table。

8.2.6.2　External Table

External Table 指向已经在 HDFS 中存在的数据，可以创建 Partition。它和 Table 在元数据的组织上是相同的，而实际数据的存储则有较大的差异。Table 的创建过程和数据加载过程这两个过程既可以分别独立完成，也可以在同一个语句中完成。在加载数据的过程中，实际数据会被移动到数据仓库目录中；之后对数据的访问将会直接在数据仓库目录中完成。删除表时，表中的数据和元数据会被同时删除。而 External Table 只有一个过程，加载数据和创建表同时完成（CREATE EXTERNAL TABLE…LOCATION），实际数据是存储在 LOCATION 后面指定的 HDFS 路径中，并不会移动到数据仓库目录中。当删除一个 External Table 时，仅删除该链接。

External Table 简单示例如下。

（1）创建数据文件：test_external_table.txt。

（2）创建表：create external table test_external_table (key string)。

（3）加载数据：LOAD DATA INPATH ‘filepath’ INTO TABLE test_inner_table。

（4）查看数据：select * from test_external_table。

（5）查看数据条数：select count(*) from test_external_table。

（6）删除表：drop table test_external_table。

8.2.6.3 Partition

Partition 对应于数据库中的 Partition 列的密集索引，但 Hive 中 Partition 的组织方式和数据库中的很不相同。在 Hive 中，表中的一个 Partition 对应于表下的一个目录，所有的 Partition 的数据都存储在对应的目录中。

例如，pvs 表中包含 ds 和 city 两个 Partition，则对应于 ds = 20090801, ctry = US 的 HDFS 子目录为/wh/pvs/ds=20090801/ctry=US；对应于 ds=20090801,ctry=CA 的 HDFS 子目录为/wh/pvs/ds=20090801/ctry=CA。

Partition 简单示例如下。

（1）创建数据文件：test_partition_table.txt。

（2）创建表：create table test_partition_table (key string) partitioned by (dt string)。

（3）加载数据：LOAD DATA INPATH 'filepath' INTO TABLE test_partition_table partition (dt='2006')。

（4）查看数据：select * from test_partition_table; select count(*) from test_partition_table。

（5）删除表：drop table test_partition_table。

8.2.6.4 Bucket

Bucket 是将表的列通过 Hash 算法进一步分解成不同的文件存储。它对指定列计算 hash 值，根据 hash 值切分数据，目的是为了并行，每个 Bucket 对应一个文件。

例如，将 User 列分散至 32 个 Bucket，首先对 User 列的值计算 hash 值，对应 hash 值为 0 的 HDFS 目录为/wh/pvs/ds=20090801/ctry=US/part-00000；hash 值为 20 的 HDFS 目录为/wh/pvs/ds=20090801/ctry=US/part-00020。如果想应用很多的 Map 任务，则这是不错的选择。

Bucket 的简单示例如下。

（1）创建数据文件：test_bucket_table.txt。

（2）创建表：create table test_bucket_table (key string) clustered by (key) into 20 buckets。

（3）加载数据：LOAD DATA INPATH 'filepath' INTO TABLE test_bucket_table。

（4）查看数据：select * from test_bucket_table。

（5）设置：set hive.enforce.bucketing = true。

8.2.6.5 Hive 的视图

Hive 的视图与传统数据库的视图类似。该视图是只读的，它基于基本表，如果改变，则数据增加不会影响视图的呈现；如果删除，则出现问题。

如果不指定视图的列，则根据 select 语句后的字段生成。

示例：create view test_view as select * from test。

8.2.7 Hive 基本操作

在 Hive 中，Hive 是 SQL 解析引擎，它先将 SQL 语句转译成 M/R Job，然后在 Hadoop

中执行。Hive 的表其实就是 HDFS 的目录/文件，按表名把文件夹分开。如果是分区表，则分区值是子文件夹，可以直接在 M/R Job 里使用这些数据。

因为 Hive 是建立在 Hadoop 环境安装之上的，所以需要 Hadoop 的集群环境搭建，Hive 既需要依赖 HDFS 又需要依赖 YARN。安装好 Hadoop 后需要启动 HDFS 和 YARN。

8.2.7.1 Hive 下载及安装

（1）Hive 下载。

执行命令：

```
wget http://mirror.bit.edu.cn/apache/hive/hive-2.3.0/apache-hive-2.3.0-bin.tar.gz
```

（2）解压 Hive 包。

bin：包含 Hive 的命令 shell 脚本。

binary-package-licenses：包含 LICENSE 说明文件。

conf：包含 Hive 配置文件。

examples：包含示例。

hcatalog：Metastore 操作的元数据目录。

jdbc：提供 hive-jdbc-2.3.0-standalone.jar 包。

scripts：提供 sql 脚本。

（3）修改环境变量。

执行命令：

```
vi /etc/profile
export JAVA_HOME=/usr/local/software/jdk1.8.0_66
export CLASSPATH=.:$JAVA_HOME/lib/dt.jar:$JAVA_HOME/lib/tools.jar
export HADOOP_HOME=/usr/local/software/hadoop_2.7.1
export HBASE_HOME=/usr/local/software/hbase_1.2.2
export HIVE_HOME=/usr/local/software/apache-hive-2.3.0-bin
export
PATH=.:$JAVA_HOME/bin:$HADOOP_HOME/bin:$HBASE_HOME/bin:$HIVE_HOME/bin:$PATH
```

执行命令：

```
source /etc/profile
```

刷新环境变量。

8.2.7.2 配置 Hive

修改 hive-site.xml 配置文件。

（1）执行命令。

```
cd/usr/local/software/apache-hive-2.3.0-bin/conf/
mv hive-default.xml.templatehive-site.xml
```

（2）新建 hdfs 目录。

使用 Hadoop 新建 hdfs 目录，因为在 hive-site.xml 中有如下默认配置。

```
<property>
    <name>hive.metastore.warehouse.dir</name>
    <value>/user/hive/warehouse</value>
    <description>location of defaultdatabase for the warehouse</description>
```

```
</property>
```

（3）进入 Hadoop 安装目录，执行 Hadoop 命令新建/user/hive/warehouse 目录，并授权，用于存储文件。

```
hadoop fs -mkdir -p /user/hive/warehouse
hadoop fs -mkdir -p /user/hive/tmp
hadoop fs -mkdir -p /user/hive/log
hadoop fs -chmod -R 777 /user/hive/warehouse
hadoop fs -chmod -R 777 /user/hive/tmp
hadoop fs -chmod -R 777 /user/hive/log
```

用以下命令检查目录是否创建成功。

```
hadoop fs -ls /user/hive
```

（4）修改 hive-site.xml。

搜索 hive.exec.scratchdir，将该 name 对应的 value 修改为/user/hive/tmp。

```
<property>
  <name>hive.exec.scratchdir</name>
  <value>/user/hive/tmp</value>
</property>
```

搜索 hive.querylog.location，将该 name 对应的 value 修改为/user/hive/log/hadoop。

```
<property>
<name>hive.querylog.location</name>
<value>/user/hive/log/hadoop</value>
<description>Location of Hive run time structured logfile</description>
</property>
```

搜索 javax.jdo.option.connectionURL，将该 name 对应的 value 修改为 MySQL 的地址。

```
<property>
  <name>javax.jdo.option.ConnectionURL</name>
  <value>jdbc:mysql://127.0.0.1:3306/hive?createDatabaseIfNotExist=true</value>
        <description>
              JDBC connectstring for a JDBC metastore.
              To use SSL toencrypt/authenticate the connection, provide
              database-specific SSL flag in theconnection URL.
              For example,jdbc:postgresql://myhost/db?ssl=true for postgres database.
        </description>
</property>
```

搜索 javax.jdo.option.ConnectionDriverName，将该 name 对应的 value 修改为 MySQL 驱动类路径。

```
<property>
  <name>javax.jdo.option.ConnectionDriverName</name>
  <value>com.mysql.jdbc.Driver</value>
  <description>Driverclass name for a JDBC metastore</description>
</property>
```

搜索 javax.jdo.option.ConnectionUserName，将对应的 value 修改为 MySQL 数据库登录名。

```
<property>
```

```
    <name>javax.jdo.option.ConnectionUserName</name>
    <value>root</value>
    <description>Username touse against metastore database</description>
</property>
```

搜索 javax.jdo.option.ConnectionPassword，将对应的 value 修改为 MySQL 数据库的登录密码。

```
<property>
    <name>javax.jdo.option.ConnectionPassword</name>
    <value>root</value>
    <description>password to useagainst metastore database</description>
</property>
```

创建 tmp 目录。

执行命令。

```
mkdir -p/usr/local/software/apache-hive-2.3.0-bin/tmp
```

（5）修改 hive-site.xml。

把${system:java.io.tmpdir}改成/usr/local/software/apache-hive-2.3.0-bin/tmp。

把${system:user.name}改成${user.name}。

（6）修改 hive-env.sh。

```
mv hive-env.sh.template hive-env.sh
HADOOP_HOME=/usr/local/software/hadoop_2.7.1
export HIVE_CONF_DIR=/usr/local/software/apache-hive-2.3.0-bin/conf
```

（7）下载 mysql 驱动包。

执行命令。

```
cd/usr/local/software/apache-hive-2.3.0-bin/lib/
wget http://central.maven.org/maven2/mysql/mysql-connector-java/5.1.38/mysql-connector-java-5.1.38.jar
```

8.2.7.3 初始化 MySQL

（1）对 MySQL 数据库进行初始化，首先确保在 MySQL 中已经创建 Hive 库。

执行命令。

```
cd /usr/local/software/apache-hive-2.3.0-bin/bin
./schematool-initSchema -dbType mysql
```

看到内容提示：“schemaTool completed”，表示初始化成功。

（2）对 MySQL 数据库进行初始化，首先确保在 MySQL 中已经创建 Hive 库。

执行命令。

```
use hive
```

（3）查看 Hive 库中所有的表。

执行命令。

```
show tables;
```

8.2.7.4 启动 Hive

执行命令。

```
/usr/local/software/apache-hive-2.3.0-bin/bin/hive
```

在命令行显示：“OK”，表示已经查看数据库成功。

8.3 Impala

8.3.1 Impala 简介

Impala 由 Cloudera 公司开发，提供 SQL 语义，可查询存储在 Hadoop 和 HBase 上的 PB 级海量数据。Hive 也提供 SQL 语义，但底层执行任务仍借助于 MR，实时性不好，查询延迟较高。

Impala 作为新一代开源大数据分析引擎，最初参照 Dremel（由 Google 开发的交互式数据分析系统），支持实时计算，提供与 Hive 类似的功能，在性能上比 Hive 高出 3~30 倍。Impala 可能会超过 Hive 的使用率能成为 Hadoop 上最流行的实时计算平台。Impala 采用与商用并行关系数据库类似的分布式查询引擎，可直接从 HDFS、HBase 中用 SQL 语句查询数据，不需把 SQL 语句转换成 MR 任务，降低延迟，可很好地满足实时查询需求。

Impala 不能替换 Hive，可提供一个统一的平台用于实时查询。Impala 的运行依赖于 Hive 的元数据（Metastore）。Impala 和 Hive 采用相同的 SQL 语法、ODBC 驱动程序和用户接口，可统一部署 Hive 和 Impala 等分析工具，同时支持批处理和实时查询。

已有的 Hive 系统虽然也提供了 SQL 语义，但由于 Hive 底层执行使用的是 MapReduce 引擎，仍然是一个批处理过程，难以满足查询的交互性。相比之下，Impala 的最大特点、最大卖点就是速度快。

1．Impala 的优点

（1）Impala 不需要把中间结果写入磁盘，节省了大量的 I/O 开销。

（2）节省了 MapReduce 作业启动的开销。MapReduce 启动 Task 的速度很慢（默认每个心跳间隔是 3s），Impala 直接通过相应的服务进程来进行作业调度，速度快了很多。

（3）Impala 完全抛弃了 MapReduce 这个不太适合做 SQL 查询的范式，而是像 Dremel 一样借鉴了 MPP 并行数据库的思想另起炉灶，因此可做更多的查询优化，从而节省不必要的 Shuffle、Sort 等开销。

（4）通过使用 LLVM（Low Level Virtual Machine，低层次虚拟机）来统一编译运行时代码，避免了为支持通用编译而带来的不必要开销。

（5）用 C++实现，做了很多有针对性的硬件优化，如使用 SSE 指令。

（6）使用了支持 Data Locality 的 I/O 调度机制，尽可能将数据和计算分配在同一台机器上进行，减少了网络开销。

2．Impala 的功能

（1）Impala 可以根据 Apache 许可证作为开源免费提供。

（2）Impala 支持内存中数据处理，它访问/分析存储在 Hadoop 数据节点上的数据，而不需要移动数据。

（3）使用类 SQL 查询访问数据。

（4）Impala 为 HDFS 中的数据提供了更快的访问能力。

（5）可以将数据存储在 Impala 存储系统中，如 Apache HBase 和 Amazon S3。

（6）Impala 支持各种文件格式，如 LZO、序列文件、Avro、RCFile 和 Parquet。

3. Impala 组件

Impala 是基于 MPP 技术架构的新型实时交互 SQL 大数据查询引擎，查询组件主要由分布式查询引擎 Impalad、集群状态监视器 StateStore、元数据监视器 Catalog、客户端（调度工作站）和接口组成，如图 8-18 所示。

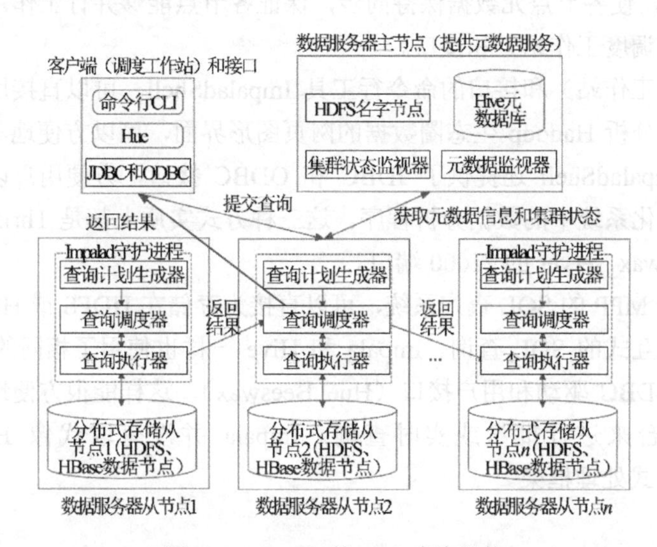

图 8-18　Impala 的 MPP 查询组件

（1）分布式查询引擎 Impalad。

Impalad 是 Impala 的核心组件，以守护进程的形式运行在分布式存储系统的从节点上，由查询计划生成器（QueryPlanner）、查询调度器（QueryCoordinator）/查询执行器（QueryExecEngine）组成 MPP 并行查询组件。其中，查询计划生成器称为前端，由 Java 实现；查询调度器和查询执行器称为后端，由 C++实现。在 Impalad 中启动了 3 个 ThriftServer：beeswax_server、hs2_server、be_server 对系统外和系统内提供服务。其中，beeswax_server 用于连接客户端，端口为 2100；hs2_server 对系统外提供 Query、DML、DDL 相关操作，端口为 21050；be_server 对系统内其他 Impalad 提供 ImpalaInternalService 服务，端口为 22000。

任一从节点的 Impalad 都可以接收客户端的查询请求，接收请求的节点作为本次查询的“协调者节点”。协调者节点调用查询计划生成器解释查询语句，生成查询计划树，发给查询调度器，再由查询调度器把计划树发给其他含有相应数据块的 Impalad 节点的查询执行器。多个从节点的查询执行器并行执行查询，并把结果通过网络流式地传回给协调者节点，由协调者返回给调度工作站。

（2）集群状态监视器 StateStor。

集群状态监视器运行在分布式存储系统的主节点上，监视集群中所有分布式查询引擎的健康状况，并将集群健康状况分发给所有从节点。当某个 Impalad 节点因硬件或网络故障不能正常工作时，协调者节点就不会将查询计划发给此故障节点，增强了集群的健壮性。集群状态监视器对于查询来说，并非至关重要。即使集群状态监视器停止运行，整个查询引擎仍能工作，只是当出现故障节点时，协调者节点不能获知，就有可能把计划发给了故障节点，导致查询失败。

（3）元数据监视器 Catalog。

元数据监视器负责监视集群的元数据信息，当某个 Impalad 节点执行的查询语句（如 DDL 或 DML）引起元数据变化时，元数据监视器通过集群状态监视器将这些变化发送到其他 Impalad 节点，使各节点元数据保持同步，保证各节点能够并行工作。

（4）客户端（调度工作站）和接口。

客户端（调度工作站）和接口的命令行工具 ImpaladShell，可以直接用查询语句进行查询。Hue 则是用于分析 Hadoop 生态圈数据的网页图形界面，可以方便地与 Impalad 进行图形化界面交互。ImpaladShell 还提供了 JDBC 和 ODBC 接口，方便用户以编程的方式执行查询，如配电自动化系统中的数据分析程序。这三种方式实质上都是 Thrift 的 Client，连接到 Impalad 的 beeswax_server 的 21000 端口。

Impala 是基于 MPP 的 SQL 查询系统，可以直接为存储在 HDFS 或 HBase 中的 Hadoop 数据提供快速、交互式的 SQL 查询。Impala 和 Hive 一样也使用了相同的元数据、SQL 语法（HiveSQL）、ODBC 驱动和用户接口（Hue Beeswax），这样能很方便地为用户提供一个相似且统一的平台来进行批量或实时查询。Impala 并没有取代像 Hive 这样的基于 MapReduce 的分布式处理框架。

8.3.2 Impala 架构

1. Impala 系统架构

Impala 系统架构如图 8-19 所示。

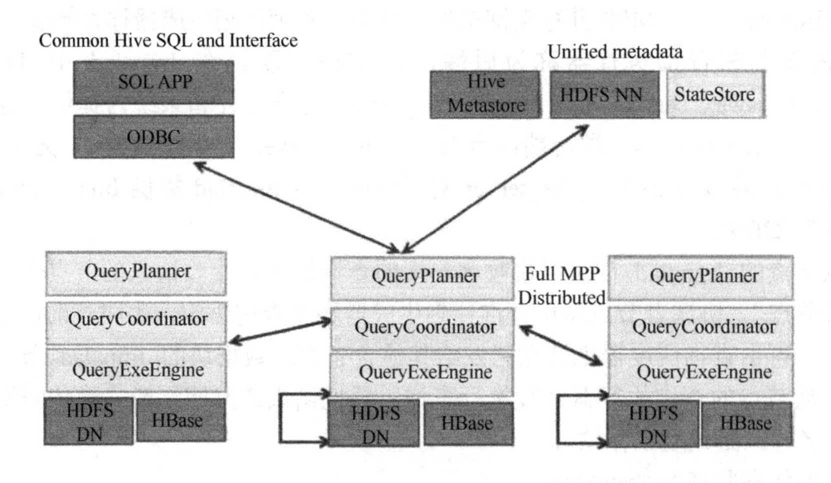

图 8-19 Impala 系统架构

Impala 主要包括以下组成部分[3]。

- ImpalaShell：客户端工具，提供一个交互接口 ODBC，供使用者连接到 Impalad 发起数据查询或管理任务等。
- Impalad：分布式查询引擎，由 QueryPlanner、QueryCoordinator 和 QueryExecEngine 部分组成，可以直接从 HDFS 或 HBase 中用 SELECT、JOIN 和统计函数查询数据。
- StateStore：主要跟踪各个 Impalad 实例的位置和状态，让各个 Impalad 实例以集群的方式运行起来。
- CatalogService：主要跟踪各个节点上对元数据的变更操作，并且通知到每个节点。

2．Impala 特性

Impala 支持以下特性。

- 支持 ANSI-92SQL 所有子集，包括 CREATE、ALTER、SELECT、INSERT、JOIN 和 Subqueries。
- 支持分区 Join、完全分布式聚合，以及完全分布式 Top-n 查询。
- 支持多种数据格式：Hadoop 原生格式（PacheAvro、SequenceFile、RCFilewithSnappy、GZIP、BZIP 或未压缩）、文本（未压缩或者 LZO 压缩）和 Parquet（Snappy 或未压缩）。
- 可以通过 JDBC、ODBC、HueGUI 或者命令行 Shell 进行连接。

3．Impala 内部架构

Impala 内部架构如图 8-20 所示。Impala 内部包括 Impalad、StateStored 和 Catalogd 这三个组件。

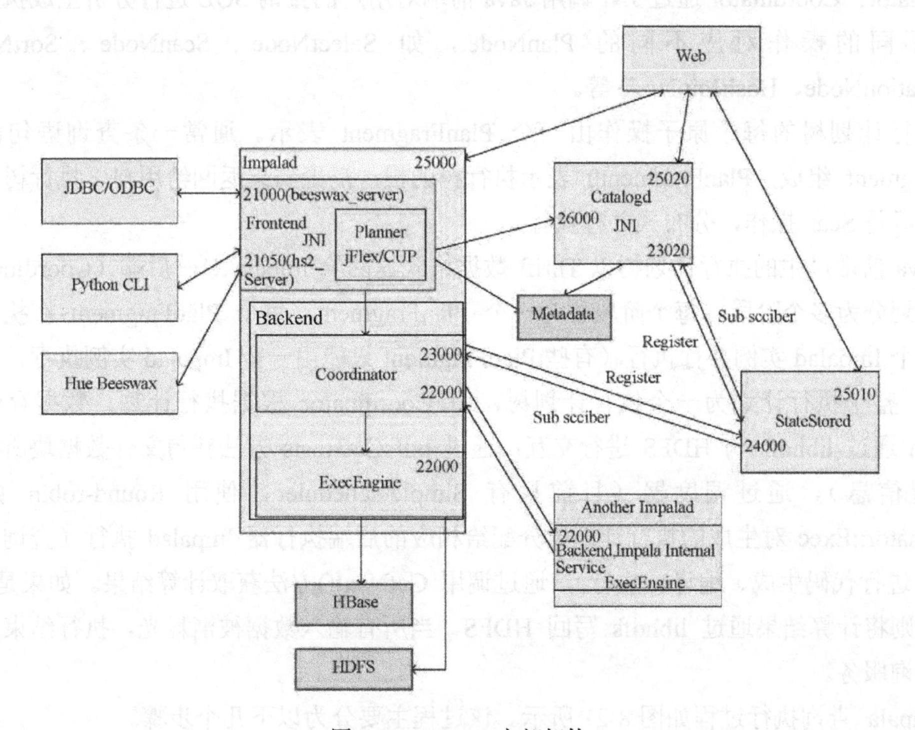

图 8-20　Impala 内部架构

（1）Impalad。

Impalad 分为 Frontend（前端）和 Backend（后端）两部分。Frontend 接收 Impala-shell 命令、Hue、JDBC 和 ODBC 发来的请求，解析成执行计划，通过 Backend 的 Coordinator 发送消息给 ExecEngine 和集群中其他 Impala 节点 Backend 的 ExecEngine，其他节点返回查询结果给此节点。查询可以发送给任意一个节点上运行的 Impalad 进程，这个节点称为这个查询的协调节点，其他处理协调节点发送请求的节点，返回各自查询结果给协调节点，所有节点的返回结果构成了最终的查询结果。

（2）StateStored。

StateStored 是集群内各个 BackendService 的数据交换中心，每个 Backend 会在 StateStored 注册，以后 StateStored 会与所有注册过的 Backend 交换 Update 消息。每个集群中只有一个 StateStored 进程。如果一个 Impala 节点进程离线，则 StateStored 通知所有其他 Impala 节点。因此，以后的查询不会发送给此不可及的节点。

（3）Catalogd。

此进程负责操作 Metedata。当 ImpalaSQL 语句改变了 Metadata 时，它通过 StateStored 传递 Metadata 改变信息给集群中所有 Impala 节点。每个集群中只有一个 Catalogd 进程。

8.3.3 Impala 执行过程

Impalad 分为 Java 前端与 C++处理后端，接受客户端连接的 Impalad 作为此次查询的 Coordinator；Coordinator 通过 JNI 调用 Java 前端对用户的查询 SQL 进行分析生成执行计划树，不同的操作对应不同的 PlanNode，如 SelectNode、ScanNode、SortNode、AggregationNode、HashJoinNode 等。

执行计划树的每个原子操作由一个 PlanFragment 表示。通常一条查询语句由多个 PlanFragment 组成，PlanFragment0 表示执行树的根，汇聚结果返回给用户，执行树的叶子节点一般是 Scan 操作，分布式并行执行。

Java 前端产生的执行计划树以 Thrift 数据格式返回给 Impala C++后端（Coordinator）。执行计划分为多个阶段，每个阶段称为一个 PlanFragment，每个 PlanFragment 在执行时可以由多个 Impalad 实例并行执行（有些 PlanFragment 只能由一个 Impalad 实例执行，如聚合操作），整个执行计划为一个执行计划树，由 Coordinator 根据执行计划，数据存储信息（Impala 通过 libhdfs 与 HDFS 进行交互；通过 hdfsGetHosts 方法获得文件数据块所在节点的位置信息），通过调度器（目前只有 Simple-scheduler，使用 Round-robin 算法）Coordinator::Exec 对生成的执行计划树分配给相应的后端执行器 Impalad 执行（查询会使用 LLVM 进行代码生成、编译、执行），通过调用 GetNext()方法获取计算结果。如果是 Insert 语句，则将计算结果通过 libhdfs 写回 HDFS，当所有输入数据被消耗光，执行结束后注销此次查询服务。

Impala 查询执行过程如图 8-21 所示。该过程主要分为以下几个步骤。

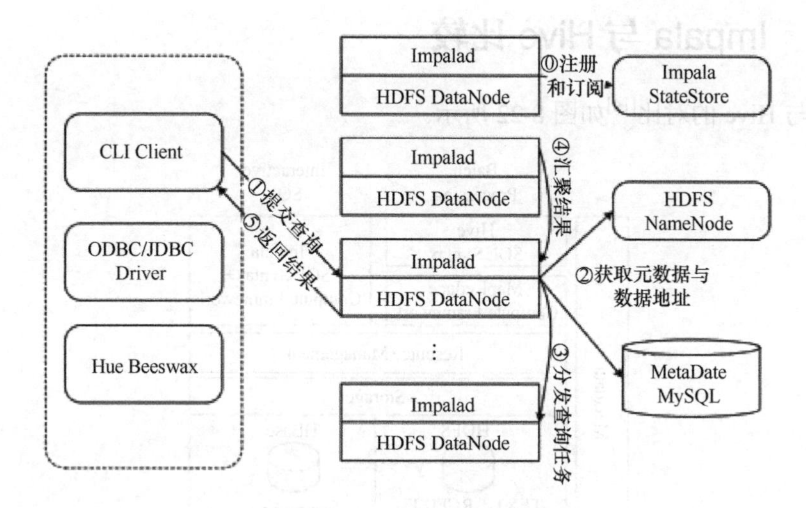

图 8-21　Impala 查询执行过程

1．注册和订阅

在用户提交查询前，Impala 先创建一个 Impalad 进程来负责协调客户端提交的查询，该进程会向 StateStore 提交注册订阅信息，StateStore 会创建一个 StateStored 进程，StateSored 进程通过创建多个线程来处理 Impalad 的注册订阅信息。

2．提交查询

通过 CLI 提交一个查询到 Impalad 进程，Impalad 的 QueryPlanner 对 SQL 语句解析，生成解析树；Planner 将解析树变成若干 PlanFragment，发送到 QueryCoordinator。其中，PlanFragment 由 PlanNode 组成，能被分发到单独的节点上执行，每个 PlanNode 表示一个关系操作和对其执行优化需要的信息。

3．获取元数据与数据地址

QueryCoordinator 从 MySQL 元数据库中获取元数据（查询需要用到哪些数据），从 HDFS 的名称节点中获取数据地址（数据被保存到哪个数据节点上），从而得到存储这个查询相关数据的所有数据节点。

4．分发查询任务

QueryCoordinator 初始化相应的 Impalad 上的任务，即把查询任务分配给所有存储这个查询相关数据的数据节点。

5．汇聚结果

QueryExecutor 通过流式交换中间输出结果，并由 QueryCoordinator 汇聚来自各个 Impalad 的结果。

6．返回结果

QueryCoordinator 把汇总后的结果返回给 CLI 客户端。

8.3.4 Impala 与 Hive 比较

Impala 与 Hive 的对比[14]如图 8-22 所示。

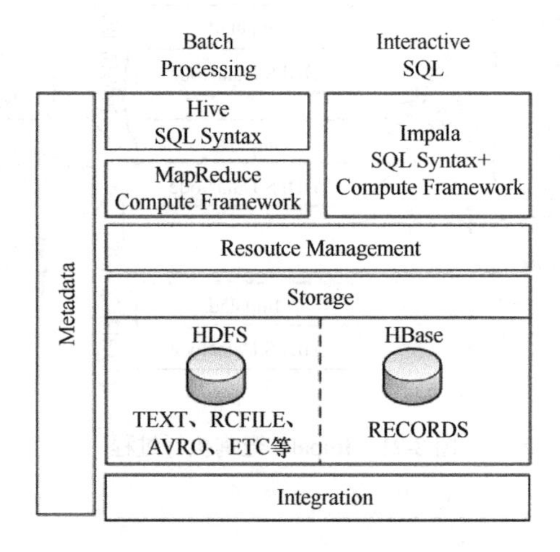

图 8-22 Impala 与 Hive 的对比

1. 不同点

- Hive 适合进行长时间批处理查询分析；而 Impala 适合进行交互式 SQL 查询。
- Hive 依赖于 MR 计算框架，执行计划组合成管道型 MR 任务模型进行执行；而 Impala 则把执行计划表现为一个完整的执行计划树，可更自然地分发执行计划到各个 Impalad 执行查询。
- Hive 在执行过程中，若内存放不下所有数据，则会使用外存，以保证查询能够顺利执行完成；而 Impala 在遇到内存放不下数据时，不会利用外存，所以 Impala 处理查询时会受到一定的限制。

2. 相同点

- 使用相同的存储数据池，都支持把数据存储在 HDFS 和 HBase 中，其中 HDFS 支持存储 TEXT、RCFILE、PARQUET、AVRO、ETC 等格式的数据，HBase 存储表中记录。
- 使用相同的元数据。
- 对 SQL 的解析处理比较类似，都是通过词法分析生成执行计划。

8.3.5 Impala 基本操作

1. 基本操作

Impala 基本操作主要包括 Impala 启动、停止、查看日志、使用 shell。

（1）启动。

Impala 可以运行 shell 脚本启动集群内所有 Impala 服务。命令如下：

```
cd{IMPALA_HOME}/bin/
./start-impala-cluster.sh
```

另外，如使用 Cloudera Impala，可通过 Cloudera Manager 在页面上启动 Impala 服务。

（2）停止。

Impala 可以运行 shell 脚本停止集群内所有 Impala 服务。命令如下：

```
cd{IMPALA_HOME}/bin/
./stop-impala-cluster.sh
```

同样，如使用 Cloudera Impala，也可通过 Cloudera Manager 在页面上停止 Impala 服务。

（3）查看日志。

Impala 运行日志在如下路径：

```
/{IMPALA_HOME}/log/impalad.INFO
/{IMPALA_HOME}/log/catalogd.INFO
/{IMPALA_HOME}/log/statestored.INFO
```

可以通过以下 http 端口访问日志：

```
http://impalad 主机 ip:25000/logs
http://statestored  主机 ip:25010/logs
http://catalogd  主机 ip:25020/logs
```

举例如下：

```
http://192.168.1.101:25000/logs
```

（4）使用 shell

使用 Impala shell 采用以下命令：

```
Impala-shell –i 主机名或 IP [-f sql 文件名]
```

举例如下：

```
impala-shell -i 192.168.1.101 -f customer_setup.sql
```

2．SQL 操作

下面介绍 Impala 使用的 SQL 语句语法。

（1）创建数据库。

SQL 语法如下：

```
CREATE (DATABASE|SCHEMA) [IF NOT EX-ISTS] database_name [COMMENT'database_comment']
|LOCATION hdfs_path]
```

举例如下：

先创建数据库，然后创建。

```
Create database first
Use first
Create table t1(x int)
```

（2）删除数据库。

SQL 语法如下：

```
DROP (DATABASE|SCHEMA) [IF EXISTS] database_name
```

举例如下：

```
drop database first
```

8.4 Spark SQL

Hive 先将 HiveSQL 转换成 MapReduce 然后提交到集群中去执行，大大简化了编写 MapReduce 程序的复杂性。由于 MapReduce 这种计算模型执行速度比较慢，所以 Spark SQL 应运而生，它先是将 Spark SQL 转换成 RDD，然后提交到集群中去运行，执行速度非常快。

本节介绍 Spark SQL，关于 Spark 的内容详见第 2 章 2.2.7 节，关于 Spark Streaming 的内容详见第 9 章 9.2 节，关于其他 Spark 生态库的内容，请自行参考网上相关资料。

8.4.1 Spark SQL 简介

Spark SQL 是 Spark 用来处理结构化数据的一个模块，它起到一个编程抽象叫 DataFrame 且作为分布式 SQL 查询引擎的作用。

相比于 Spark RDD API，Spark SQL 包含对结构化数据和在其上运算的更多信息，Spark SQL 使用这些信息进行额外的优化，使对结构化数据的操作更加高效和方便。

有多种方式使用 SparkSQL，包括 SQL、DataFrames API 和 Datasets API。但无论是哪种 API 或者编程语言，它们都基于同样的执行引擎，因此可以在不同的 API 之间随意切换。

Spark SQL 模拟 SQL 的执行过程，把 SQL 分成三个部分：Project 模块、DataSource 模块、Filter 模块。当生成执行部分时又把它们称为 Result 模块、DataSource 模块和 Operation 模块。

在关系数据库中，当写完一个查询语句进行执行时，Hive 的执行过程如图 8-23 所示。

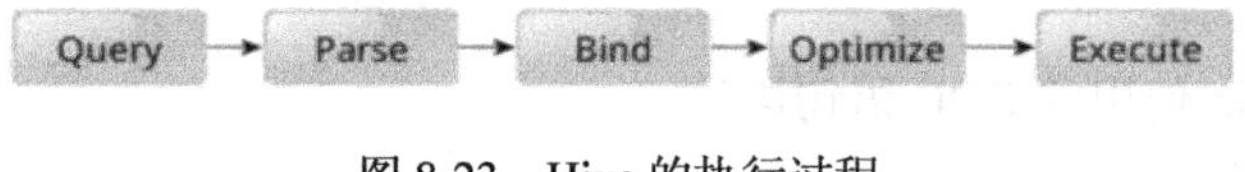

图 8-23 Hive 的执行过程

整个执行流程是：Query→Parse→Bind→Optimize→Execute。

（1）写完 SQL 查询语句，SQL 查询引擎首先对查询语句进行解析，即 Parse 过程，解析过程是对查询语句进行分割，把 Project、DataSource 和 Filter 三个部分解析出来从而形成一个逻辑解析树。在解析的过程中还会检查 SQL 语法是否有错，如缺少指标字段、数据库中不包含这张数据表等。当发现有错误时立即停止解析，并报错。当顺利完成解析时，会进入绑定（Bind）过程。

（2）绑定过程是把 Parse 过程后形成的逻辑解析树与数据库的数据字典绑定的过程。绑定后会形成一个执行树，从而让程序知道表在哪里、需要什么字段等。

（3）完成绑定过程后，数据库查询引擎会提供几个查询执行计划，并且给出查询执行计划的一些统计信息。既然提供了几个执行计划，那么有比较就有优劣，数据库会根据这些执行计划的统计信息选择一个最优的执行计划，因此这个过程是优化过程。

（4）选择一个最优的执行计划后，进行执行（Execute）过程。最后执行的过程和解析的过程是不一样的。知道执行的顺序对以后写 SQL 语句及优化都有很大帮助。执行查询后，先执行 where 部分，然后找到数据源的数据表，最后生成 select 部分。执行的顺序是：Operation→DataSource→Result。

8.4.2　Spark SQL 系统架构

类似于关系型数据库，Spark SQL 也是语句，也是由 Projection（a1a2a3）、Data Source（tableA）、Filter（condition）组成，分别对应 SQL 查询过程中的 Result、DataSource、Operation，也就是说 SQL 语句按 Result→DataSource→Operation 的顺序来描述。

Spark SQL 系统架构[15]如图 8-24 所示。执行 Spark SQL 语句的顺序如下。

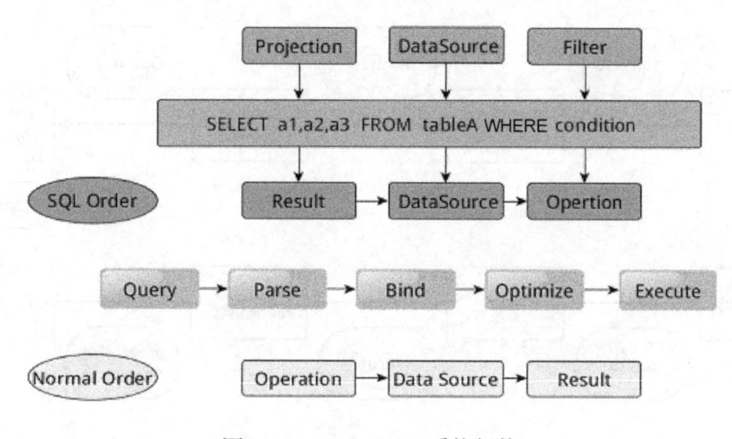

图 8-24　Spark SQL 系统架构

（1）对读入的 SQL 语句进行解析（Parse），分辨出 SQL 语句中的哪些词是关键词（如 SELECT、FROM、WHERE），哪些是表达式、哪些是 Projection、哪些是 DataSource 等，从而判断 SQL 语句是否规范。

（2）将 SQL 语句和数据库的数据字典（列、表、视图等）进行绑定（Bind）。如果相关的 Projection、DataSource 等都存在，则表示这个 SQL 语句是可以执行的。

（3）一般的数据库会提供几个执行计划，这些计划一般都有运行统计数据，数据库会在这些计划中选择一个最优计划。

（4）计划执行（Execute）按 Operation→DataSource→Result 的顺序来进行。在执行过程，有时甚至不需要读取物理表就可以返回结果，比如重新运行刚运行过的 SQL 语句，可能直接从数据库的缓冲池中获取返回结果。

Spark SQL 对 SQL 语句的处理和关系型数据库对 SQL 语句的处理采用了类似的方法，首先将 SQL 语句进行解析，然后形成一个树，后续的绑定、优化等处理过程都是对树的操作，而操作的方法是采用 Rule，通过模式匹配，对不同类型的节点采用不同的操作。在整个 SQL 语句的处理过程中，树和 Rule 相互配合，完成了解析、绑定（在 Spark SQL 中称为 Analysis）、优化、物理计划等过程，最终生成可以执行的物理计划。

8.4.3 HiveContext 和 SQLContext 的运行过程

SQLContext 运行过程如图 8-25 所示。

（1）SQL 语句经过 SqlParse 解析成 UnresolvedLogicalPlan。

（2）使用 Analyzer 结合数据字典（catalog）进行绑定，生成 resolvedLogicalPlan。

（3）使用 Optimizer 对 resolvedLogicalPlan 进行优化，生成 optimizedLogicalPlan。

（4）使用 SparkPlan 将 LogicalPlan 转换成 PhysicalPlan。

（5）使用 prepareForExecution()将 PhysicalPlan 转换成可执行物理计划。

（6）使用 execute()执行可执行物理计划。

（7）生成 SchemaRDD。

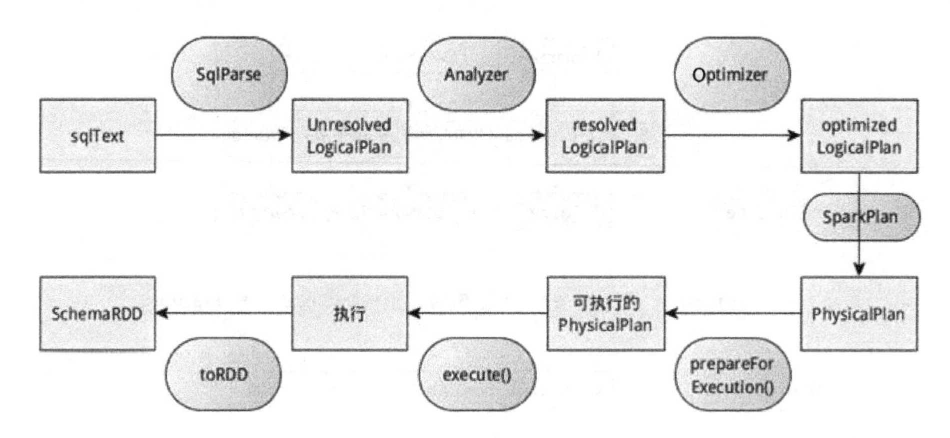

图 8-25　SQLContext 运行过程

在整个运行过程中涉及多个 Spark SQL 的组件，如 SqlParse、Analyzer、Optimizer、SparkPlan 等。

HiveContext 运行过程如图 8-26 所示。

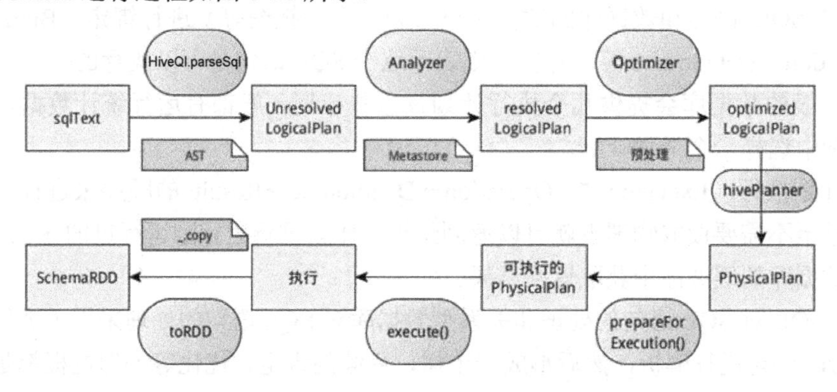

图 8-26　HiveContext 运行过程

（1）SQL 语句经过 HiveQl.parseSql 解析成 UnresolvedLogicalPlan。在这个解析过程中先对 HiveQL 语句使用 getAst()获取 AST 树，然后再进行解析。

（2）使用 Analyzer 结合 Hive 源数据 Metastore（新的 catalog）进行绑定，生成 resolved LogicalPlan。

（3）使用 Optimizer 对 resolvedLogicalPlan 进行优化，生成 optimizedLogicalPlan，优化前使用了 ExtractPythonUdfs(catalog.PreInsertionCasts(catalog.CreateTables(analyzed)))进行预处理。

（4）使用 hivePlanner 将 LogicalPlan 转换成 PhysicalPlan。

（5）使用 prepareForExecution()将 PhysicalPlan 转换成可执行物理计划。

（6）使用 execute()执行可执行物理计划。

（7）执行后，使用 map(_.copy)将结果导入 SchemaRDD。

8.4.4 Shark 和 Spark SQL

Shark 是一个为 Spark 设计的大规模数据仓库系统，它与 Hive 兼容。Shark 建立在 Hive 的代码基础上，并将 Hive 的部分物理执行计划交换出来。这个方法使 Shark 的用户可以加速 Hive 的查询，但 Shark 继承了 Hive 的大且复杂的代码导致 Shark 很难优化和维护，同时 Shark 依赖于 Spark 的版本。随着我们遇到了性能优化的上限，以及集成 SQL 的一些复杂的分析功能，发现 Hive 的 MapReduce 设计的框架限制了 Shark 的发展。

随着 Spark 的发展，对于野心勃勃的 Spark 团队来说，Shark 对于 Hive 的太多依赖（如采用 Hive 的语法解析器、查询优化器等）制约了 Spark 的用一个栈建立所有规则（One Stack Rule Them All）的既定方针，制约了 Spark 各个组件的相互集成，因此提出了 Spark SQL 项目[4]。Spark SQL 抛弃了原有 Shark 的代码，汲取了 Shark 的一些优点，如内存列存储（In-Memory Columnar Storage）、Hive 兼容性等，重新开发了 Spark SQL 代码；由于摆脱了对 Hive 的依赖性，Spark SQL 无论在数据兼容、性能优化、组件扩展方面都获得了极大的方便。

在数据兼容方面，Shark 不但可以兼容 Hive，还可以从 RDD、Parquet 文件、JSON 文件中获取数据，未来版本甚至支持获取 RDBMS 数据及 Cassandra 等 NoSQL 数据；在性能优化方面，除采取内存列存储、字节码生成等优化技术外，引进成本模型对查询进行动态评估、获取最佳物理计划等；在组件扩展方面，无论是 SQL 的语法解析器、分析器，还是优化器都可以重新定义、进行扩展。

2014 年 6 月 1 日，Shark 项目和 Spark SQL 项目的主持人 Reynold Xin 宣布：停止对 Shark 的开发，团队将所有资源放在 Spark SQL 项目上，至此，给 Shark 的发展画上了句号，但也因此发展出两个分支：Spark SQL 和 Hive on Spark。

其中，Spark SQL 作为 Spark 生态的一员继续发展，而不再受限于 Hive，只是兼容 Hive；而 Hive on Spark 是一个 Hive 的发展计划，该计划将 Spark 作为 Hive 的底层引擎之一，也就是说，Hive 将不再受限于一个引擎，可以采用 Map-Reduce、Tez、Spark 等引擎。

Shark 的出现，使得 SQL-on-Hadoop 的性能比 Hive 有了 10～100 倍的提高，如图 8-27 所示。

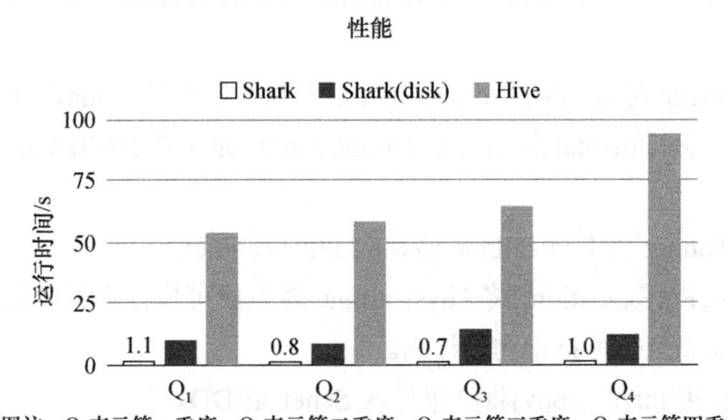

（图注：Q_1表示第一季度，Q_2表示第二季度，Q_3表示第三季度，Q_4表示第四季度）

（100个EC2节点上的1.7TB真实仓库数据。EC2指Amazon Elastic Compute Cloud，即亚马逊弹性计算云）。

图 8-27　Spark 性能

摆脱了 Hive 的限制，Spark SQL 的性能又有怎么样的表现呢？虽然没有 Shark 相对于 Hive 那样的瞩目性能提升，但也表现得非常优异，如图 8-28 所示。

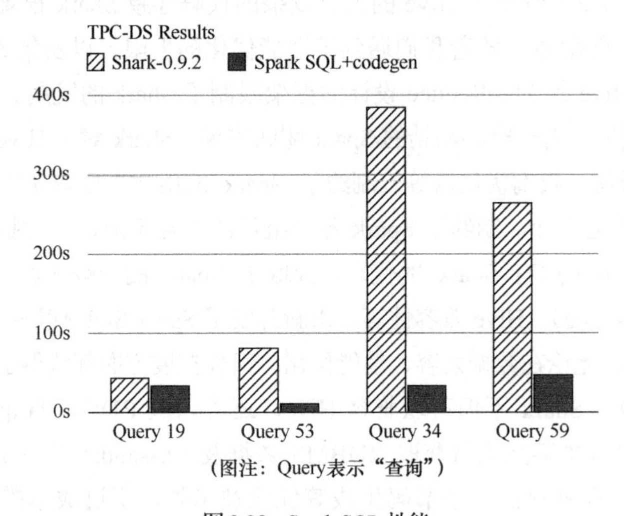

（图注：Query表示“查询”）

图 8-28　Spark SQL 性能

为什么 Spark SQL 的性能会得到这么大的提升呢？主要原因是：Spark SQL 在以下方面做了优化。

1．内存列存储（In-Memory Columnar Storage）

Spark SQL 的表数据在内存中存储不是采用原生态的 JVM 对象存储方式，而是采用内存列存储，如图 8-29 所示。

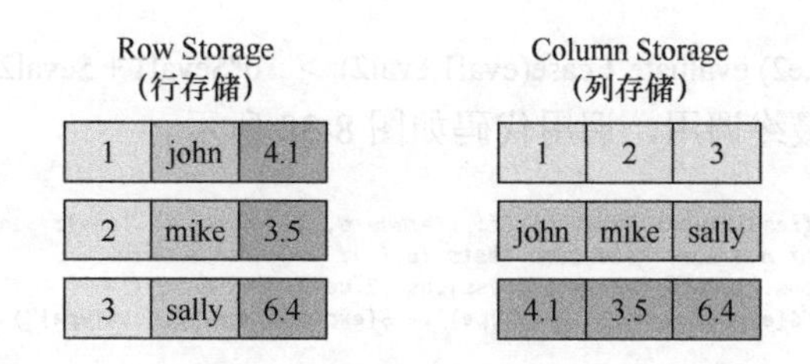

图 8-29 Spark SQL 内存列存储

内存列存储方式在空间占用量和读取吞吐率方面都占有很大优势。

对于原生态的 JVM 对象存储方式，每个对象通常要增加 12～16B 的额外开销，对于一个 270MB 的 TPC-H 行元素表数据，使用这种方式读入内存，要使用 970MB 左右的内存空间（通常是 2～5 倍于原生数据空间）。另外，使用这种方式，每个数据记录产生一个 JVM 对象，如果是大小为 200B 的数据记录，则 32GB 的堆栈产生 1.6 亿个对象。这么多的对象对于 GC 来说，可能要消耗几分钟的时间来处理（JVM 的垃圾收集时间与堆栈中的对象数量呈现线性相关）。显然，这种内存存储方式对于基于内存计算的 Spark 来说，很昂贵也负担不起。

对于内存列存储来说，将所有原生数据类型的列采用原生数组来存储，将 Hive 支持的复杂数据类型（如 array、map 等）先序化、后并接成一个字节数组来存储。这样，每个列创建一个 JVM 对象，从而可以快速地 GC（Garbage Collection，垃圾回收）和紧凑的数据存储。另外，还可以使用低廉 CPU 开销的高效压缩方法（如字典编码、行长度编码等压缩方法）降低内存开销。更有趣的是，对于分析查询中频繁使用的聚合特定列，性能会得到很大的提高，原因就是这些列的数据放在一起，更容易读入内存进行计算。

2．字节码生成技术（byteCode Generation，CG）

在数据库查询中一个昂贵的操作是查询语句中的表达式，主要是由于 JVM 的内存模型引起的。例如以下一个查询：

SELECT a + b FROM table

在这个查询里，如果采用通用的 SQL 语法途径去处理，则会先生成一个表达式树（有两个节点的 Add 树），在物理处理这个表达式树时将会执行以下 7 个步骤。

（1）调用虚函数 Add.eval()，需要确认 Add 两边的数据类型。

（2）调用虚函数 a.eval()，需要确认 a 的数据类型。

（3）确定 a 的数据类型是 Int，装箱。

（4）调用虚函数 b.eval()，需要确认 b 的数据类型。

（5）确定 b 的数据类型是 Int，装箱。

（6）调用 Int 类型的 Add。

（7）返回装箱后的计算结果。

其中多次涉及虚函数的调用，虚函数的调用会打断 CPU 的正常流水线处理，减慢执行速度。

Spark 1.1.0 在 catalyst 模块的 expressions 中增加了 codegen 模块，如果使用动态字节码生成技术（配置 spark.sql.codegen 参数），则 Spark SQL 在执行物理计划时对匹配的表达式采用特定的代码，动态编译，然后运行。如上例，先匹配到 Add 方法：

```
case Add(e1,e2)=>   (e1,e2) evaluate { case(eval1,eval2)=>   q"$eval1 + $eval2" }
```

然后，通过调用，最终调用，调用代码如图 8-30 所示。

```
def evaluateAs(resultType: DataType)(f: (TermName, TermName) => Tree): Seq[Tree] = {
  // TODO: Right now some timestamp tests fail if we enforce this...
  if (expressions._1.dataType != expressions._2.dataType) {
    log.warn(s"${expressions._1.dataType} != ${expressions._2.dataType}")
  }

  val eval1 = expressionEvaluator(expressions._1)
  val eval2 = expressionEvaluator(expressions._2)
  val resultCode = f(eval1.primitiveTerm, eval2.primitiveTerm)

  eval1.code ++ eval2.code ++
  q"""
    val $nullTerm = ${eval1.nullTerm} || ${eval2.nullTerm}
    val $primitiveTerm: ${termForType(resultType)} =
      if($nullTerm) {
        ${defaultPrimitive(resultType)}
      } else {
        $resultCode.asInstanceOf[${termForType(resultType)}]
      }
  """.children : Seq[Tree]
}
```

图 8-30 调用代码

最终实现效果类似如下伪代码：

```
val a: Int = inputRow.getInt(0)
val b: Int = inputRow.getInt(1)
val result: Int = a + b
resultRow.setInt(0, result)
```

对于 Spark 1.1.0，对 SQL 表达式都做了 CG 优化，具体可以参看 codegen 模块。CG 优化的实现主要还是依靠 Scala 2.10 的运行时放射机制。对于 Spark SQL CG 优化，可以简单地用图 8-31 来表示。

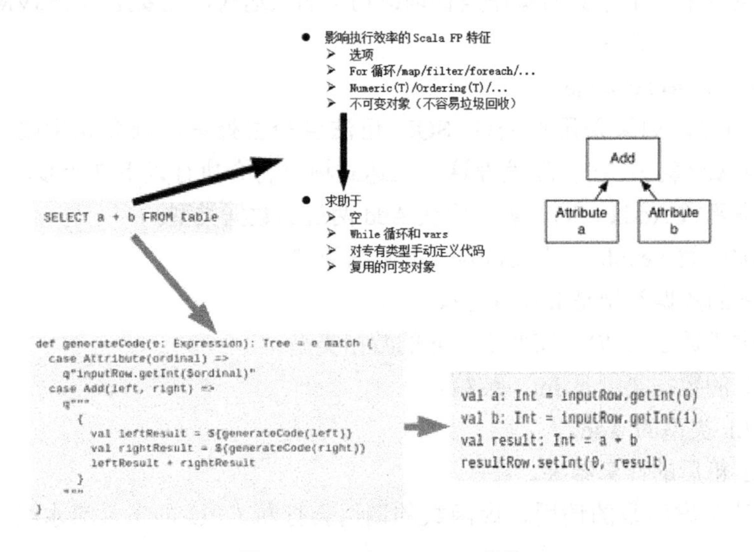

图 8-31 Spark SQL CG 优化

3. Scala 代码优化

另外，在 Spark SQL 中使用 Scala 编写代码的时候，应尽量使用避免低效的、容易 GC

的代码；尽管增加了编写代码的难度，但对于用户来说，还是使用统一的接口，没有使用上的困难。一个 Scala 代码优化的示意图如图 8-32 所示。

图 8-32 Scala 代码优化的示意图

8.4.5 Spark SQL 基本操作

CLI（Command-Line Interface，命令行界面）是指可在用户提示符下输入可执行指令的界面，它通常不支持鼠标，用户通过键盘输入指令，计算机接收到指令后予以执行。Spark CLI 指先使用命令界面直接输入 SQL 命令，然后发送到 Spark 集群进行执行，在界面中显示运行过程和最终的结果。

Spark 1.1 与 Spark 1.0 的最大差别就在于 Spark 1.1 增加了 Spark SQL CLI 和 ThriftServer，使 Hive 用户及用惯了命令行的 RDBMS 数据库管理员能较容易地上手，在真正意义上进入了 SQL 时代。

8.4.5.1 硬软件环境

主机操作系统：Windows 64 位，双核 4 线程，2.2GHz 主频，10GB 内存。

虚拟软件：VMware® Workstation 9.0.0 build-812388。

虚拟机操作系统：CentOS 64 位，单核。

虚拟机运行环境：

JDK：1.7.0_55 64 位。

Hadoop：2.2.0（需要编译为 64 位）。

Scala：2.11.4。

Spark：1.1.0（需要编译）。

Hive：0.13.1。

8.4.5.2 机器网络环境

集群包含三个节点，节点之间可以免密码 SSH 访问。节点 IP 地址和主机名分布如表 8-2 所示。

表 8-2 节点 IP 地址和主机名分布

序号	IP 地址	机器名	类型	核数/内存	用户名	目录
1	192.168.0.61	hadoop1	NN/DN/RM Master/Worker	单核/3GB	hadoop	/app 程序所在路径 /app/scala-... /app/hadoop /app/complied
2	192.168.0.62	hadoop2	DN/NM/Worker	单核/2GB	hadoop	
3	192.168.0.63	hadoop3	DN/NM/Worker	单核/2GB	hadoop	

8.4.5.3 配置并启动

下面具体说明 Spark SQL 的配置启动方法[5]。

1．创建并配置 hive-site.xml

因在运行 Spark SQL CLI 时需要用到 Hive Metastore，故需要在 Spark 中添加其 uris。具体方法是先在 SPARK_HOME/conf 目录下创建 hive-site.xml 文件，然后在该配置文件中添加 hive.metastore.uris 属性：

```
<configuration>
<property>
<name>hive.metastore.uris</name>
<value>thrift://hadoop1:9083</value>
<description>Thrift URI for the remote metastore. Used by metastore client to connect to remote metastore.< /description>
</property>
</configuration>
```

2．启动 Hive

在使用 Spark SQL CLI 之前，需要启动 Hive Metastore（如果数据存放在 HDFS 文件系统中，则需要启动 Hadoop 的 HDFS），使用如下命令可以使 Hive Metastore 启动后运行在后台，可以通过 jobs 查询：

```
$nohup hive --service metastore > metastore.log 2>&1 &
```

3．启动 Spark 集群和 Spark SQL CLI

通过如下命令启动 Spark 集群和 Spark SQL CLI：

```
$cd /app/hadoop/spark-1.1.0
$sbin/start-all.sh
$bin/spark-sql --master spark://hadoop1:7077 --executor-memory 1g
```

在集群监控页面可以看到启动了 Spark SQL 应用程序。

这时，就可以使用 HQL 语句对 Hive 数据进行查询。另外，可以使用 COMMAND，如使用 set 进行设置参数。在默认情况下，采用 Spark SQL Shuffle 的时候是 200 个 partition，可以使用如下命令修改该参数：

```
SET spark.sql.shuffle.partitions=20;
```

运行同一个查询语句，参数改变后，Task（partition）的数量就由 200 变成了 20。

4．命令参数

通过 bin/spark-sql --help 可以查看 CLI 命令参数。

[options]是 CLI 启动一个 Spark SQL 应用程序的参数，如果不设置--master，则在启动 spark-sql 的机器以 local 方式运行时，只能通过 http://机器名:4040 进行监控；这部分参数，可以参照 Spark 1.0.0 应用程序部署工具 spark-submit 的参数。

[cli option]是 CLI 的参数，CLI 通过这些参数可以直接运行 SQL 文件、进入命令行运行 SQL 命令等，类似以前的 Shark 的用法。需要注意的是，因为 CLI 不使用 JDBC 连接，所以不能连接到 ThriftServer；但可以配置 conf/hive-site.xml 先连接到 Hive 的 Metastore，然后对 Hive 数据进行查询。

ThriftServer 是一个 JDBC/ODBC 接口。用户可以通过 JDBC/ODBC 连接 ThriftServer 来访问 Spark SQL 的数据。ThriftServer 启动时会启动一个 Spark SQL 的应用程序，而通过 JDBC/ODBC 连接进来的客户端共同分享这个 Spark SQL 应用程序的资源，也就是说不同的用户之间可以共享数据；ThriftServer 启动时还开启一个侦听器，等待 JDBC 客户端的连接和提交查询。因此，在配置 ThriftServer 的时候，至少要配置 ThriftServer 的主机名和端口。如果要使用 Hive 数据，则还要提供 Hive Metastore 的 uris。

使用 Spark SQL 的目的[4]是：解决用写 SQL 语句不能解决或者解决起来比较困难的问题。在平时的开发过程中，不能为了看起来高级，什么样的 SQL 语句问题都是用 Spark SQL 解决，这不是最高效的办法。使用 Spark SQL，主要是利用写代码处理数据逻辑的灵活性，但也不能完全只使用 Spark SQL 提供的 SQL 方法，这是走向另一个极端。由上面的讨论可知，在使用 JOIN 操作时，如果使用 Spark SQL 的 JOIN 操作，则有很多的弊端。为了能结合 SQL 语句的优越性，可以先把要进行链接的 DataFrame 对象注册成内部的一个中间表，然后通过写 SQL 语句，用 SQLContext 提供的 SQL()方法来执行写的 SQL 语句，这样的处理更加合理且高效。在开发过程中，要结合写代码和写 SQL 语句的各自所长来处理问题，这样会更加高效。

8.5 案例

8.5.1 大数据仓库设计案例

传统数据仓库大都只用到结构化数据处理技术。大数据仓库不仅要处理关系数据库中的结构化数据，还要处理海量半结构化和非结构化数据，并为大数据分析提供平台，需要结合大数据技术设计和构建。下面分别从技术选型、高可用性、系统设计这三个方面介绍大数据仓库设计[6]。

8.5.1.1 技术选型

Hive 是基于 Hadoop 的数据仓库工具，可以提供类 SQL 查询功能，其本质是将 SQL 查询转换为 MapReduce 程序。MapReduce 框架主要适用于大批量的集群任务，批量执行导致时效性偏低，并不适合在线数据处理的场景，一般用来做数据的离线处理。使用 Hive 来做离线数据分析，比直接用 MapReduce 程序开发的效率更高。因为大多数数据仓库应用程序是基于关系数据库实现的，所以 Hive 减少了将这些应用程序移植到 Hadoop 上的障碍。

MapReduce 框架及其生态相对较为简单，对计算机性能的要求也相对较弱，运行更稳定，方便搭建及扩充集群，适合长期后台运行。但其执行速度慢，不适合实时性要求较高的查询场景，在保证系统稳定、减少运维难度的前提下，融合同样基于 Hadoop 平台且系统相对稳定的 Spark 框架是更好的选择，并且能为在线分析、数据挖掘等提供支持。

Spark 是借鉴了 MapReduce 框架并在其基础上发展起来的，继承了其分布式计算的优点并改进了 MapReduce 的明显缺陷。Spark SQL 作为 Spark 生态主要组件之一，与 Hive 基于 MapReduce 进行查询类似，Spark SQL 使用 Spark 作为计算引擎，在使用时需要处于 Spark 环境。Spark SQL 几乎完全兼容 HiveQL 语法，只是不支持 Hive 特有的一些优化参数及极少用语法。

Hive on Spark 是由 Cloudera 发起，由 Intel、MapR 等公司共同参与的开源项目。它把 Spark 作为 Hive 的一个计算引擎，将 Hive 查询作为 Spark 任务提交到 Spark 集群进行计算。Hive on Spark 和 Spark SQL 只是 SQL 引擎不同，并无本质的区别，都是把 SQL 查询翻译成分布式可执行的 Spark 程序。而 Hive on Spark 与 Hive on MapReduce 一样可以使用 HiveQL 语法。如果要在数据仓库中使用 Spark 作为计算引擎，融入 Hive on Spark 则是更好的选择。

综上所述，Hive on Spark 与 Hive on MapReduce 相结合，可以高效切换计算引擎，同时提高资源利用率、降低运维成本。

8.5.1.2 高可用性

高可用性（High Availability，HA），指通过尽量缩短因日常维护和突发系统崩溃导致的停机时间来提高系统与应用的可用性。

分布式系统通常采用主从结构，即一个主节点连接 N 个从节点。主节点负责分发任务，从节点负责执行任务。当主节点发生故障时，整个集群都会失效，这种故障称为单点故障。

HDFS 集群的不可用性主要包括以下两种情况：一是主节点主机死机，导致集群不可用；二是计划内的主节点软件或硬件升级，导致集群在短时间内不可用。

在 Hadoop 2.0 之前，也有若干技术试图解决单点故障的问题，如元数据备份、Secondary NameNode、Backup NameNode、Facebook AvatarNode 方案等，还有若干解决方案，基本上都是依赖外部的 HA 机制，如 DRBD、Linux HA、VMware 的 FT 等。但以上方案存在需要手动切换、恢复时间过长、需要引入另一个单点等问题。

为了解决上述问题，Hadoop 社区在 Hadoop 2.X 版本中给出了真正意义上的高可用 HA 方案：Hadoop 集群由两个 NameNode 组成，一个 NameNode 处于活动状态，另一个 NameNode 处于备用状态。活动节点对外提供服务，而备用节点仅同步活动节点的状态，以便能够在它失败时快速进行切换。高可用性原理如图 8-33 所示。集群通过 ZooKeeper 进行心跳检测，通过 JournalNode 独立进程进行相互通信，同步 NameNode 状态。

在生产环境中，必然要考虑到集群的高可用性，因此集群需要设置一个主节点和一个备用节点，在主节点出现故障后能够及时切换到备用节点，保证集群可用性。

8.5.1.3 系统设计

基于以上分析，本案例采用基于 Hive 的 MapReduce+Spark 双计算引擎混合架构进行大数据仓库系统设计，满足了项目对于数据仓库高效、高可用性和可扩展性的需求。为了更好地管理 Hadoop 和 Spark 两个计算集群，提高集群资源的利用率及集群的计算效率，采用 YARN 进行资源管理，保证了整个系统的稳定性和可靠性，系统技术架构如图 8-34 所示。

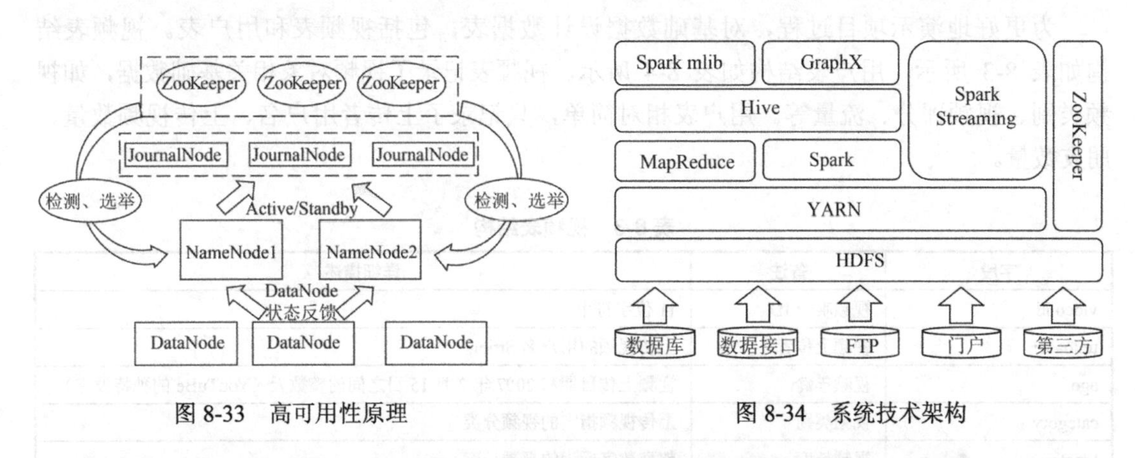

图 8-33 高可用性原理　　图 8-34 系统技术架构

系统将来自不同数据库、互联网、第三方的多源异构数据汇聚到文件系统 HDFS，采用 Hive 进行管理和索引，再通过上层计算引擎对数据进行查询分析和计算。通过 YARN 进行 Hadoop 集群和 Spark 集群的资源分配与管理，并通过 ZooKeeper 实现系统中 Hadoop、Spark、YARN 组件的高可用性，可按需扩展集群节点进行扩容。

依据计算需求不同，通过配置或简单命令可以随时切换 Hive 计算引擎。在对实时性要求不高或对稳定性要求较高的场景下使用 MapReduce 引擎；在对实时性有一定要求时使用 Spark 引擎。两种引擎均使用 HiveQL 对数据进行操作，不需要切换开发环境，可以高效利用集群资源对数据进行抽取、转换，为机器学习和图计算提供数据源。系统还可以通过 Spark Streaming 基于 HDFS 对数据进行流处理，为实时流处理提供平台。

8.5.2 YouTuBe 项目实战

本节以统计 YouTuBe 视频数据为例进行项目实战。先对项目进行介绍，设计相关数据结构，选择适当技术，使用 ETL 技术处理数据，最后对各项业务进行数据分析。

8.5.2.1 项目描述

本项目主要统计 YouTuBe 视频网站的常规指标，各种 TopN 指标如下。

- 统计视频观看数 Top10。

- 统计视频类别热度 Top10。
- 统计视频观看数 Top20 所属类别包含该 Top20 视频的个数。
- 统计视频观看数 Top50 所关联视频的所属类别 Rank。
- 统计每个类别中的视频热度 Top10。
- 统计每个类别中的视频流量 Top10。
- 统计上传视频最多的用户 Top10 及他们上传的视频。
- 统计每个类别视频观看数 Top10。

原始数据 youtube 在此下载：https://pan.baidu.com/s/1we1KPA2IIEAGIJczyr2dMQ。

8.5.2.2 数据结构

为更好地演示项目过程，对基础数据设计数据表，包括视频表和用户表。视频表结构如表 8-3 所示，用户表结构如表 8-4 所示。视频表记录了视频对象相关基础数据，如视频类别、视频评分、流量等。用户表相对简单，只记录了上传者用户名、上传视频数量、朋友数量。

表 8-3 视频表结构

字段	备注	详细描述
video id	视频唯一 ID	11 位字符串
uploader	视频上传者	上传视频的用户名 String
age	视频年龄	视频上传日期和 2007 年 2 月 15 日之间的整数天（YouTuBe 的独特设定）
category	视频类别	上传视频指定的视频分类
length	视频长度	整型数字标识的视频长度
views	视频观看数	视频被浏览的次数
rate	视频评分	满分为 5 分
ratings	流量	视频的流量，整型数字
comments	评论数	一个视频的整数评论数
relatedids	相关视频 ID	相关视频的 ID，最多 20 个

表 8-4 用户表结构

字段	备注	详细描述
uploader	上传者用户名	string
videos	上传视频数量	int
friends	朋友数量	int

8.5.2.3 原始数据存放地

HDFS 目录：

视频数据集：/youtube/video/2008。

用户数据集：/youtube/users/2008。

8.5.2.4 技术选型

Hadoop 2.7.2。

Hive 1.2.2。
MySQL 5.6。
数据清洗：Hadoop MapReduce。
数据分析：MapReduce or Hive。

8.5.2.5　ETL 原始数据

通过观察原始数据形式，可以发现，视频可以有多个所属分类，每个所属分类用&符号分隔，并且分隔的两边有空格字符；相关视频也可以有多个元素，多个相关视频又用“\t”进行分隔。为了分析数据时方便对存在多个子元素的数据进行操作，首先进行数据重组清洗操作：将所有的类别用&符号分隔，同时去掉两边空格，多个相关视频 id 也使用&符号进行分隔。

该项目的 pom.xml 文件：

```
<project xmlns="http://maven.apache.org/POM/4.0.0"
xmlns:xsi="http://www.w3.org/2001/XMLSchema-instance
xsi:schemaLocation="http://maven.apache.org/POM/4.0.0 http://maven.apache.org/xsd/maven-4.0.0.xsd">
<modelVersion>4.0.0</modelVersion>
<groupId>com.z</groupId>
<artifactId>youtube</artifactId>
<version>0.0.1-SNAPSHOT</version>
<packaging>jar</packaging>
<name>youtube</name>
<url>http://maven.apache.org</url>
<properties>
<project.build.sourceEncoding>UTF-8</project.build.sourceEncoding>
</properties>
<repositories>
<repository>
<id>center</id>
<url>http://central.maven.org/maven2/</url>
</repository>
</repositories>
<dependencies>
<dependency>
<groupId>junit</groupId>
<artifactId>junit</artifactId>
<version>3.8.1</version>
<scope>test</scope>
</dependency>
<dependency>
<groupId>org.apache.hadoop</groupId>
<artifactId>hadoop-client</artifactId>
<version>2.7.2</version>
</dependency>
<dependency>
<groupId>org.apache.hadoop</groupId><artifactId>hadoop-yarn-server-resourcemanager</artifactId>
```

```
<version>2.7.2</version>
    </dependency>
    </dependencies>
    </project>
```

1．ETL 之 ETLUtil

```
package com.z.youtube.util;
public class ETLUtils {
/**
*    1．过滤不合法数据
*    2．去掉&符号左右两边的空格
*    3．\t 换成&符号
*    @param ori
*    @return
*/
public static String getETLString(String ori){
String[] splits = ori.split("\t");
//1. 过滤不合法数据
if(splits.length < 9) return null;
//2. 去掉&符号左右两边的空格
splits[3] = splits[3].replaceAll(" ", "");
StringBuilder sb = new StringBuilder();
//3. \t 换成&符号
for(int i = 0; i < splits.length; i++){
sb.append(splits[i]);
if(i < 9){
if(i != splits.length - 1){
sb.append("\t");
}
}else{
if(i != splits.length - 1){
sb.append("&");
}
}
}
return sb.toString();
}
}
```

2．ETL 之 Mapper

```
package com.z.youtube.mr.etl;
import java.io.IOException;
import org.apache.commons.lang.StringUtils;
import org.apache.hadoop.io.NullWritable;
import org.apache.hadoop.io.Text;
import org.apache.hadoop.mapreduce.Mapper;
import com.z.youtube.util.ETLUtil;
public class VideoETLMapper extends Mapper<Object, Text, NullWritable, Text>{
```

```
Text text = new Text();
@Override
protected void map(Object key, Text value, Context context) throws IOException, InterruptedException {
String etlString = ETLUtil.oriString2ETLString(value.toString());
if(StringUtils.isBlank(etlString)) return;
text.set(etlString);
context.write(NullWritable.get(), text);
}
}
```

3. ETL 之 Runner

```
package com.z.youtube.mr.etl;
import java.io.IOException;
import org.apache.hadoop.conf.Configuration;
import org.apache.hadoop.fs.FileSystem;
import org.apache.hadoop.fs.Path;
import org.apache.hadoop.io.NullWritable;
import org.apache.hadoop.io.Text;
import org.apache.hadoop.mapreduce.Job;
import org.apache.hadoop.mapreduce.lib.input.FileInputFormat;
import org.apache.hadoop.mapreduce.lib.output.FileOutputFormat;
import org.apache.hadoop.util.Tool;
import org.apache.hadoop.util.ToolRunner;

public class VideoETLRunner implements Tool {
private Configuration conf = null;

@Override
public void setConf(Configuration conf) {
this.conf = conf;
}

@Override
public Configuration getConf() {
return this.conf;
}

@Override
public int run(String[] args) throws Exception {
conf = this.getConf();
conf.set("inpath", args[0]);
conf.set("outpath", args[1]);
Job job = Job.getInstance(conf, "youtube-video-etl");
job.setJarByClass(VideoETLRunner.class);
job.setMapperClass(VideoETLMapper.class);
job.setMapOutputKeyClass(NullWritable.class);
job.setMapOutputValueClass(Text.class);
```

```
job.setNumReduceTasks(0);
this.initJobInputPath(job);
this.initJobOutputPath(job);
return job.waitForCompletion(true) ? 0 : 1;
}

Configuration conf = job.getConfiguration();
String outPathString = conf.get("outpath");
FileSystem fs = FileSystem.get(conf);
Path outPath = new Path(outPathString);
if(fs.exists(outPath)){
fs.delete(outPath, true);
}
FileOutputFormat.setOutputPath(job, outPath);
}

private void initJobInputPath(Job job) throws IOException {
Configuration conf = job.getConfiguration();
String inPathString = conf.get("inpath");
FileSystem fs = FileSystem.get(conf);
Path inPath = new Path(inPathString);
if(fs.exists(inPath)){
FileInputFormat.addInputPath(job, inPath);
}else{
throw new RuntimeException("HDFS 中该文件目录不存在： " + inPathString);
}
}

public static void main(String[] args) {
try {
int resultCode = ToolRunner.run(new VideoETLRunner(), args);
if(resultCode == 0){
System.out.println("Success!");
}else{
System.out.println("Fail!");
}
System.exit(resultCode);
} catch (Exception e) {
e.printStackTrace();
System.exit(1);
}
}
}
```

4．执行 ETL

Maven 编译打包命令提示：-P local clean package。

```
bin/yarn jar ~/softwares/jars/youtube-0.0.1-SNAPSHOT.jar \
```

```
com.z.youtube.etl.ETLYoutubeVideosRunner \
/youtube/video/2018/0222 \
/youtube/output/video/2018/0222
```

8.5.2.6 准备工作

1．创建表

创建表：youtube_ori，youtube_user_ori。

创建表：youtube_orc，youtube_user_orc。

youtube_ori：

```
create table youtube_ori(
videoId string,
uploader string,
age int,
category array<string>,
length int,
views int,
rate float,
ratings int,
comments int,
relatedId array<string>)
row format delimited
fields terminated by "\t"
collection items terminated by "&"
stored as textfile;
```

youtube_user_ori：

```
create table youtube_user_ori(
uploader string,
videos int,
friends int)
clustered by (uploader) into 24 buckets
row format delimited
fields terminated by "\t"
stored as textfile;
```

把原始数据插入 orc 表中。

youtube_orc：

```
create table youtube_orc(
videoId string,
uploader string,
age int,
category array<string>,
length int,
```

```
views int,
rate float,
ratings int,
comments int,
relatedId array<string>)
clustered by (uploader) into 8 buckets
row format delimited fields terminated by "\t"
collection items terminated by "&"
stored as orc;
```

youtube_user_orc：

```
create table youtube_user_orc(
uploader string,
videos int,
friends int)
clustered by (uploader) into 24 buckets
row format delimited
fields terminated by "\t"
stored as orc;
```

2．导入 ETL 后的数据

youtube_ori：

```
load data inpath "/youtube/output/video/2008/0222" into table youtube_ori;
```

youtube_user_ori：

```
load data inpath "/youtube/user/2008/0903" into table youtube_user_ori;
```

3．向 orc 表插入数据

youtube_orc：

```
insert into table youtube_orc select * from youtube_ori;
```

youtube_user_orc：

```
insert into table youtube_user_orc select * from youtube_user_ori;
```

8.5.2.7 业务分析

1．统计视频观看数 Top10

思路：使用 order by 按照 views 字段做一个全局排序即可，同时设置只显示前 10 条数据。代码如下：

```
select videoId, uploader,age,category,length,views,rate,ratings,comments
from youtube_orc
order by views desc
limit 10;
```

2．统计视频类别热度 Top10

思路：

（1）统计每个类别有多少个视频，显示出包含视频最多的前 10 个类别。

（2）先按照类别 group by（聚合），然后 count（统计）组内的 videoId 个数。

（3）因为当前表结构是一个视频对应一个类或多个类别，所以如果要 group by 类别，则要先将类别进行列转行（展开），然后再进行 count。

（4）最后按照热度排序，显示前 10 条数据。

代码如下：

```
select category_name as category,count(t1.videoId) as hot
from (
    select videoId,category_name
    from youtube_orc lateral view explode(category) t_category as category_name) t1
group by t1.category_name
order by hot desc
limit 10;
```

3. 统计视频观看数最高的 20 个视频的所属类别及类别包含该 Top20 视频的个数

思路：

（1）找到视频观看数最高的 20 个视频所属条目的所有信息，降序排列。

（2）把这 20 条信息中的 category 分离出来（列转行）。

（3）查询视频分类名称和该分类下有多少个 Top20 的视频。

代码如下：

```
select category_name as category,count(t2.videoId) as hot_with_views
from (
    select videoId,category_name
    from (
        select   *
        from youtube_orc
        order by views desc
        limit 20
        ) t1 lateral view explode(category) t_catetory as category_name) t2
group by category_name
order by hot_with_views desc;
```

4. 统计视频观看数 Top50 所关联视频的所属类别的热度排名

思路：

（1）查询视频观看数最多的前 50 个视频的所有信息（当然包含每个视频对应的关联视频），记为临时表 t1。

t1：观看数前 50 的视频。

代码如下：

```
select *
from youtube_orc
order by views desc
limit 50;
```

（2）将找到的 50 条视频信息的相关视频 relatedId 列转行，记为临时表 t2。

t2：将相关视频的 id 进行列转行操作。

```
select explode(relatedId) as videoId
from t1;
```

（3）将相关视频的 id 和 youtube_orc 表进行 inner join 操作，得到临时表 t5。

t5：得到两列数据，一列是 category，另一列是之前查询出的相关视频 id。

```
(select distinct(t2.videoId),t3.category
from t2 inner join
youtube_orc t3 on t2.videoId = t3.videoId) t4 lateral view explode(category) t_category as category_name;
```

（4）按照视频类别进行分组，统计每组视频个数，然后排行。

最终代码如下：

```
select category_name as category,count(t5.videoId) as hot
from (
    select videoId,category_name
    from (
        select distinct(t2.videoId),t3.category
        from (
            select explode(relatedId) as videoId
            from (
                select *
                from youtube_orc
                order by views desc limit 50) t1) t2
      inner join youtube_orc t3 on t2.videoId = t3.videoId) t4 lateral view explode(category)
      t_category as category_name) t5
group by category_name
order by hot desc;
```

5. 统计每个类别中的视频热度 Top10，以 Music 为例

思路：

（1）若想统计 Music 类别中的视频热度 Top10，需要先找到 Music 类别，需要将 category 展开，所以可以创建一张表用于存放 categoryId 展开的数据。

（2）向 category 展开的表中插入数据。

（3）统计对应类别（Music）中的视频热度。

代码如下。

创建类别表：

```
create table youtube_category(
videoId string,
uploader string,
age int,
categoryId string,
length int,
views int,
rate float,
ratings int,
comments int,
```

```
relatedId array<string>)
row format delimited
fields terminated by "\t"
collection items terminated by "&"
stored as orc;
```

向类别表中插入数据：

```
insert into table youtube_category
select videoId,uploader,age,categoryId,length,views,rate,ratings,comments,relatedId
from youtube_orc lateral view explode(category) category as categoryId;
```

统计 Music 类别的 Top10（也可以统计其他数据）：

```
select videoId,views
from youtube_category
where categoryId = "Music"
order by views desc
limit 10;
```

6．统计每个类别中的视频流量 Top10，以 Music 为例

思路：创建视频类别展开表（categoryId 列转行后的表），按照 ratings 排序。

代码如下：

```
select videoId,views,ratings
from youtube_category
where categoryId = "Music"
order by ratings desc
limit 10;
```

7．统计上传视频最多的用户 Top10 及他们上传的观看次数在前 20 的视频

思路：

（1）先找到上传视频最多的 10 个用户的用户信息。

```
select *
from youtube_user_orc
order by videos desc
limit 10;
```

（2）通过 uploader 字段与 youtube_orc 表进行 join，将得到的信息按照 views 观看次数进行排序。

最终代码：

```
select t2.videoId,t2.views,t2.ratings,t1.videos,t1.friends
from (
    select *
    from youtube_user_orc
    order by videos desc
    limit 10) t1
    join youtube_orc t2 on t1.uploader = t2.uploader
order by views desc
limit 20;
```

8．统计每个类别视频观看数 Top10

思路：

（1）先得到 categoryId 展开的表数据。

（2）子查询先按照 categoryId 进行分区，然后在分区内排序，并生成递增数字，该递增数字这一列起名为 rank 列。

（3）通过子查询产生的临时表，查询 rank 值小于等于 10 的数据行。

代码如下：

```
select t1.*
from (
    select videoId,categoryId,views,
        row_number() over(partition by categoryId order by views desc) rank
    from youtube_category) t1
where rank <= 10;
```

习　　题

1．简述数据仓库的结构。

2．传统数据仓库的问题有哪些？

3．列举目前流行的数据仓库工具及平台。

4．简述 Hive 的工作原理。

5．简述 Impala 的整体架构。

6．简述 Spark SQL 的架构。

7．选用一种数据仓库工具平台，建立一个自己的数据仓库。

参 考 文 献

[1] 佚名. 基于 Hadoop 的数据仓库 Hive——基础知识[EB/OL]. [2016-9-21]. https://blog.csdn.net/namelessml/article/details/52608881.

[2] FLORATOU A, MINHAS U F, OZCAN F. SQL-on-Hadoop:Full circle back to shared-nothing database architectures[J]. Proceedings of the VLDB Endowment, 2014,7(12):1-12.

[3] 徐东辉. Impala：大数据丛林中敏捷迅速的黑斑羚[EB/OL]. [2017-11-6]. https://www.sohu.com/a/202681431_465944?_trans_=010004_pcwzy.

[4] SparkSQL[EB/OL]. [2020-11-20]. https://spark.apache.org/sql/.

[5] 郭景瞻. Spark 入门实战系列[EB/OL]. [2015-8-26]. https://www.cnblogs.com/shishanyuan/p/4723604 .html.

[6] 李翀，张彤彤，杜伟静，刘学敏. 基于 Hive 的高可用双引擎数据仓库[J]. 计算机系统应用，2019，28（9）：65-71.

第9章 流计算

在信息时代，数据量的无限增大使大数据成为时代的话题，而人们对于实时性的需求使流计算进入人们的认知领域并成为大数据领域中新的宠儿。

本章将对流计算产生的背景、概念、特点及流计算的适用场景逐一展开介绍，主要针对目前三大流行的流计算框架Spark Streaming、Storm、Flink的基本原理及运行架构进行讲解。通过实例学习让读者由浅入深地理解三大流计算框架的运行机制并掌握其应用实现。

流计算导览如图9-1所示。

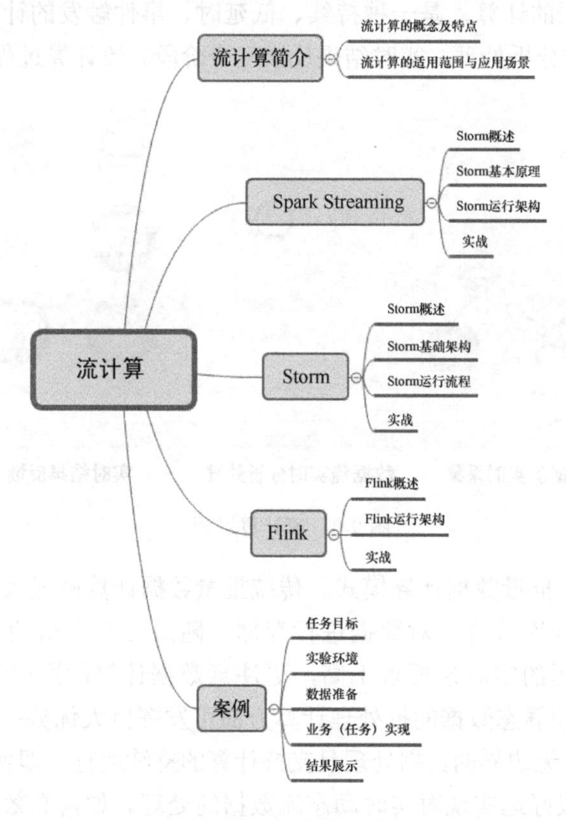

图9-1　流计算导览

9.1 流计算简介

随着计算机网络、信息技术的普及与快速发展及各行各业应用系统规模的增大，行业应用所产生数据的爆炸性增长，“大数据”的概念应运而生，大数据处理技术也不断发展；而大量的 Web、IoT（Internet of Things，物联网）等技术的发展，以及股票分析、外卖点餐、线上网购、线下打车、智能家居、智能医疗等场景的应用需求，给数据实时性处理带来了巨大挑战，由此逐渐催化了流数据与流计算的诞生。流数据，单从表面意思上就不难理解其动态性、持续性，就像开了闸的水管一样，数据源不间断地流出，比如视频流、音频流、用户点击流、股票交易实时交易数据流等；除此之外，对流数据的处理的实时性是关注的焦点，因此对数据的存储要求不高，实时性非常高的数据经处理后有被丢弃的可能。据希捷公司预测，全球数据到 2025 年将高达 163ZB，其中 25%的数据需要被实时计算与处理，这些数据主要应用于物联网、AI 等领域[1]。

9.1.1 流计算的概念及特点

流计算是对流数据的计算，是一种持续、低延时、事件触发的计算，主要包括数据流实时采集、数据流实时分析处理、实时结果反馈三个阶段。流计算过程如图 9-2 所示。

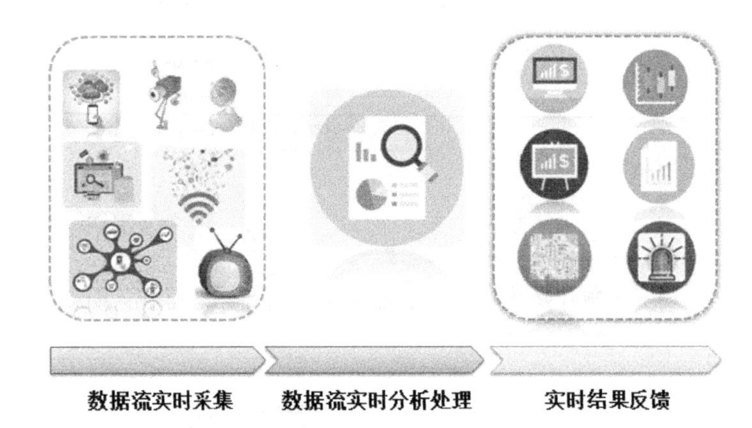

图 9-2 流计算过程

流计算不同于传统批量数据计算模式。传统批量数据计算模式大多是对静态数据的处理，首先以构建数据仓库等方式对数据进行存储，随后可有充裕的时间进行数据分析处理，对数据及处理过程的实时性要求不高，更注意数据计算的准确性及整体性分析。因此，MapReduce 在处理静态数据的批处理计算方面可发挥巨大优势；而流计算对实时性要求非常高，是对动态、无边界的数据处理且支持计算的持续运行，即使用 MapReduce 的切片处理模式，也无法很好地实现对实时动态流数据的处理。如何高效地进行流数据处理成为业界广泛关注的焦点。目前开源的流计算处理框架有 Apache Storm、Spark Streaming、Apache Samza、Apache Flink、Akka Streaming、Apache Beam 等。

一般流计算系统至少应满足以下特征。

（1）高承载：可承载（支持）TB 级、PB 级的大数据规模。

（2）实时性：在数据采集、分析处理、结果反馈各阶段均可确保一个较低的时间延迟，达到秒级甚至毫秒级别。

（3）高计算能力：具有高效的大数据计算（分析处理）能力，可达到每秒处理几十万条数据的能力。

（4）可靠性：流数据处理结果的可靠性。

（5）分布式：支持分布式流处理框架，即支持对动态数据的细粒度处理模式，可对不断产生的动态数据进行处理。

（6）易用性：能够快速进行环境部署与开发。

9.1.2 流计算的适用范围与应用场景

流计算适用于解决哪类问题呢？我们首先做如下定义：用 X 表示输入数据源，ΔX 为增量流入数据，$F(X)$表示对数据的处理（或者说解决问题需要对数据进行的某种操作），如果满足：

$$F(X+\Delta X)=F(X)\,\mathrm{op}\,H(\Delta X) \quad \text{（式 9-1）}$$

即我们对数据 X 与增量数据ΔX 的处理 $F(X+\Delta X)$，可以在保留对历史数据 X 的处理的基础上（即 $F(X)$），与对增量数据的处理 $H(\Delta X)$结合后再进行某种处理得到。我们将以上这种对不断增量数据流入系统的处理方式称为流计算。

目前，流计算已广泛应用于互联网、物联网、金融、融媒体等诸多领域，如实时股市分析、精准广告投放、交通实时监控预警与路线规划、日志实时采集、店商实时流量监控及促销策略分析、实时舆情分析预警等场景，主要是为了满足以上场景下高实时性的应用需求。

9.2 Spark Streaming

Spark Streaming 是 Spark 中的流计算框架，可以与 SparkSQL、图像处理、机器学习等进行无缝对接以实现多场景的应用；同时可结合批处理和交互式查询方式实现对历史数据与实时数据相关联的数据分析处理。

9.2.1 Spark Streaming 概述

Spark Streaming 是基于 Spark 构建的实时计算框架，是 Spark 的核心 API 扩展，可支持对实时流数据的高吞吐量容错及拓展性处理。如图 9-3 所示，Spark Streaming 支持多数据源的实时数据获取，包括 Kafka、Flume、Twitter、Kinesis、ZeroMQ、Time Tunnel、Scribe 及 TCP Sockets；获取数据后，可使用 map、reduce、join 等高级函数进行复杂算法的处理；处理完毕后，可将处理结果存储到文件系统（HDFS）、数据库（Database），或显示在仪表盘（Dashboard）中。

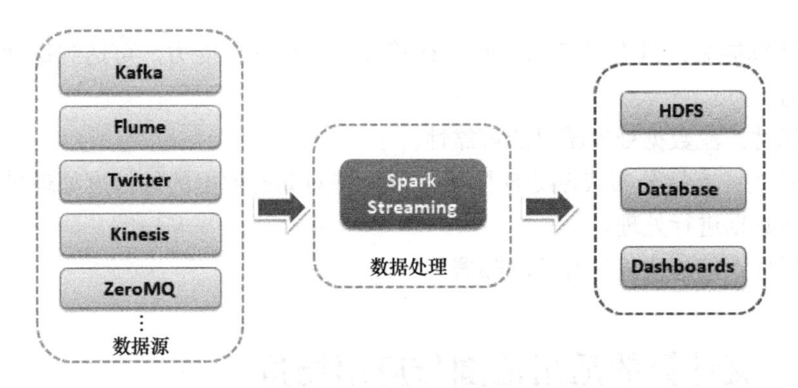

图 9-3 Spark Streaming 数据处理流程

9.2.2 Spark Streaming 基本原理

Spark Streaming 将流计算分解成一系列短小的批处理作业，批处理仍采用 Spark 引擎。如图 9-4[2]所示，Spark Streaming 将实时接收到的数据流以时间片 Δt 为单位切分成若干 Batches（块），并将 Batches 抽象为离散数据流（Discretized Stream，即 DStream；Spark Streaming 对 DStream 中的 Transformation 操作变为 Spark 中对 RDD 的 Transformation 操作，将 RDD 经过操作变成中间结果保存在内存中，整个流计算过程可根据业务需求对中间的结果进行叠加操作，或者存储到外部设备。在此过程中，每个块都会先生成一个 Spark 任务处理，然后分批次提交任务到集群中去运行，运行每个任务的执行过程和真正的 Spark 任务几乎没有任何区别。

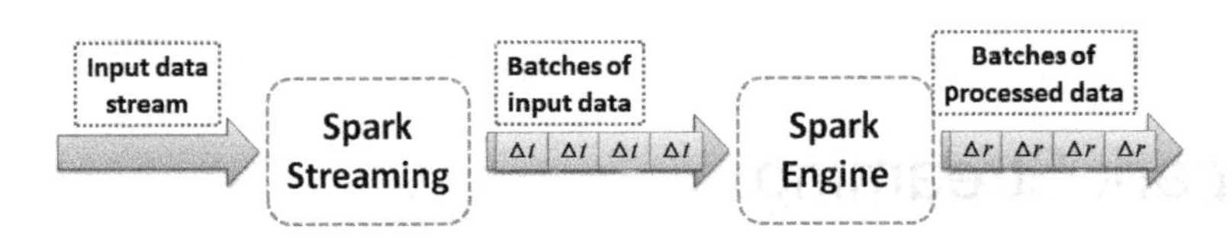

图 9-4 Spark Streaming 基本原理

9.2.3 Spark Streaming 运行架构

如图 9-5 所示，Spark Streaming 运行流程大致分为启动流数据引擎、接收存储流数据、流数据处理、处理结果输出这四个步骤。

1. 启动流数据引擎

初始化并启动 StreamingContext 对象，实例化 DStreamGraph（类似于 DRG 图，用于存储各 DStream 之间的相互依赖关系）及 JobScheduler（Spark Streaming 所有 Job 调度中心）类。JobScheduler 中包括 ReceiverTracker（接收器管理者）和 JobSGenerator（批处理作业生成器）；ReceiverTracker 负责根据接收器分发策略通知相应的 Executor（执行器）中的 ReceiverSupervisor 接收器主管准备开始接收数据。

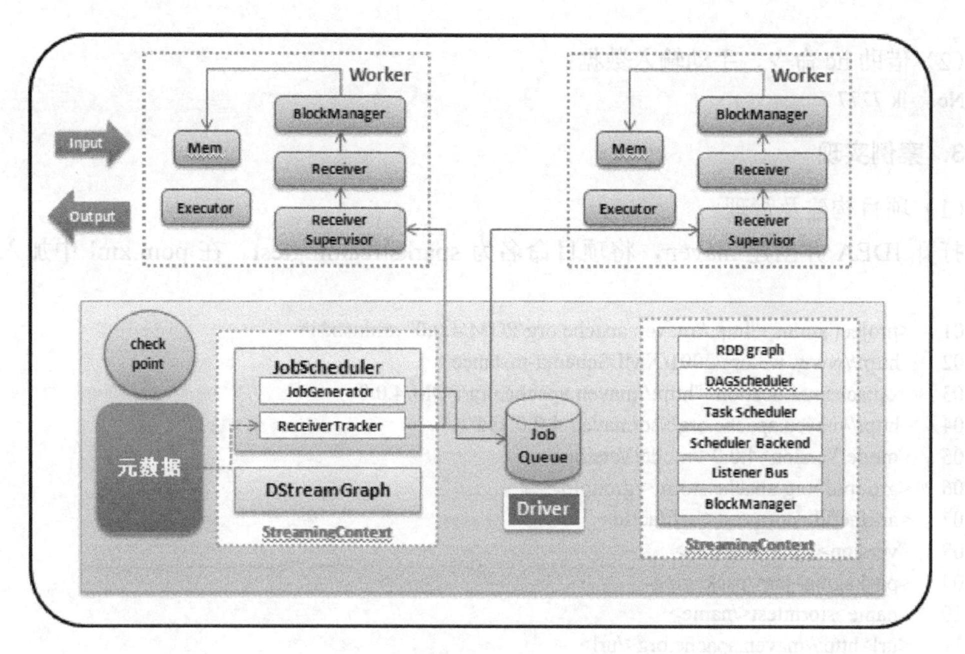

图 9-5 Spark Streaming 运行构架

2. 接收存储流数据

由 ReceiverSupervisor 通知各 Worker（工作者）节点上的 Receiver（接收器）写内存或磁盘，在数据写满时通知 ReceiverTracker 提交数据保存位置，将数据元信息汇报给 ReceiverTracker。

3. 流数据处理

StreamingContext 的定时器 JobGenerator 开始工作。JobGenerator 主要负责 Job 的生成，在其中维护一个定时器，该定时器在批处理时间到来前完成：通知 ReceiverTacker 提交数据给集群，要求 DStreamGraph 生成 Job Queue，将 Job Queue、批处理时间及本次元数据封包为 JobSet 交由 Spark Core 处理，根据指定时间执行 checkpoint 等操作。

4. 处理结果输出

在 Spark Core 完成 Job 处理后输出到外部系统中。

由于流计算过程的实时性、连续性等特征，以上过程会周而复始地持续运行。

9.2.4 实战

1. 任务目标

模拟从 Socket 接收数据并进行单词统计，理解 Spar Streaming 的运行机制。

2. 实验准备

（1）本案例采用 IDEA 作为开发环境，用 maven 作为项目构建和管理的工具，代码主体用 Scala 编写。

（2）借助 nc 命令，手动输入数据：

```
Nc  -lk 7777
```

3．案例实现

（1）项目构建及管理。

打开 IDEA 并创建 maven，将项目命名为 sparkstreamingtest。在 pom.xml 中加入如下配置：

```
01  <project xmlns="http://maven.apache.org/POM/4.0.0" xmlns:xsi=
02   http://www. w3.org/2001/XMLSchema-instance
03   xsi:schemaLocation="http://maven.apache.org/POM/4.0.0
04   http://maven.apache.org/xsd/maven-4.0.0.xsd">
05  <modelVersion>4.0.0</modelVersion>
06  <groupId>org.apache.storm</groupId>
07  <artifactId>stormtest</artifactId>
08  <version>1.2.3</version>
09  <packaging>jar</packaging>
10  <name>stormtest</name>
11  <url>http://maven.apache.org</url>
12  <properties>
13  <project.build.sourceEncoding>UTF-8</project.build.sourceEncoding>
14  <scala.version>2.11.8</scala.version>
15  <spark.version>2.2.0</spark.version>
16  </properties>
17  <dependencies>
18  <dependency>
19  <groupId>org.scala-lang</groupId>
20  <artifactId>scala-library</artifactId>
21  <version>${scala.version}</version>
22  </dependency>
23  <dependency>
24  <groupId>org.apache.kafka</groupId>
25  <artifactId>kafka_2.2.0</artifactId>
26  <version>${kafka.version}</version>
27  </dependency>
28  <dependency>
29  <groupId>org.apache.hadoop</groupId>
30  <artifactId>hadoop-client</artifactId>
31  <version>${hadoop.version}</version>
32  </dependency>
33  <dependency>
34  <groupId>org.apache.spark</groupId>
35  <artifactId>spark-streaming_2.11</artifactId>
36  <version>${spark.version}</version>
37  </dependency>
38  </dependencies>
39  <build>
40  <sourceDirectory>src/main/scala</sourceDirectory>
41  <testSourceDirectory>src/test/scala</testSourceDirectory>
42  <plugins>
43  <plugin>
```

```
44    <groupId>org.scala-tools</groupId>
45    <artifactId>maven-scala-plugin</artifactId>
46    <executions>
47    <execution>
48    <goals>
49    <goal>compile</goal>
50    <goal>testCompile</goal>
51    </goals>
52    </execution>
53    </executions>
54    <configuration>
55    <scalaVersion>${scala.version}</scalaVersion>
56    <args>
57    <arg>-dependencyfile</arg>
58    <arg>${project.build.directory}/.scala_dependencies</arg>
59    </args>
60    </configuration>
61    </plugin>
62    </plugins>
63    </build>
64    </project>
```

（2）代码实现。

```
01    import org.apache.spark.SparkConf
02    import org.apache.spark.storage.StorageLevel
03    import org.apache.spark.streaming.{Seconds, StreamingContext}
04    import org.apache.spark.streaming.StreamingContext.toPairDStreamFunctions
05
06    object StreamingWordCount {
07        def main(args: Array[String]) {
08
09            //创建 StreamingContext 参数：sparkConf 与 batch interval
10            val sparkConf = new SparkConf().setAppName("NetworkWordCount")
11            val ssc = new StreamingContext(sparkConf, Seconds(5))
12
13            //从 Socket 获取字符并统计
14            val lines = ssc.socketTextStream("localhost",7777)   //创建一个链接到主机名的 DStream
15            val words = lines.flatMap(_.split(""))
16            val wordCounts = words.map(x => (x, 1)).reduceByKey(_ + _)
17
18            wordCounts.print()
19            ssc.start()
20            ssc.awaitTermination()
21        }
22    }
```

9.3 Storm

Storm 是 Twitter 的开源分布式基于内存的实时计算系统，被业界称为实时版的

Hadoop，它对于实时计算的意义堪比 Hadoop 对批处理的意义。

9.3.1 Storm 概述

Storm 是一个实时、可靠、高容错的分布式数据流处理系统。Storm 可以可靠、高效地处理流数据，目前已经广泛应用于实时性要求较高的实时推荐、实时交通监控与导航、金融系统、预警分析系统、实时推荐等场景中。

Storm 具有如下特性。

（1）开源性：Storm 的开源性与友好性被业界大小公司广泛采用。

（2）高效性：Storm 具有高速的实时处理能力。

（3）高扩展性（伸缩性）：Storm 可使用 ZooKeeper 协调集群内各种资源实现其扩展性。

（4）可靠性：Storm 通过数据之间的 Acker 机制以确保数据不丢失。

（5）健壮性/高容错性：在消息处理过程中出现异常，Storm 会进行故障节点的重试（重启及任务重新分配）。

（6）编程语言支持友好：Storm 支持各种编程语言来定义 Topology 及消息处理组件（Bolt）。

9.3.2 Storm 基础架构

Storm 集群采用主从架构方式：主节点是 Nimbus、从节点是 Supervisor，ZooKeeper 集群存储与调度相关的信息，如图 9-6 所示。

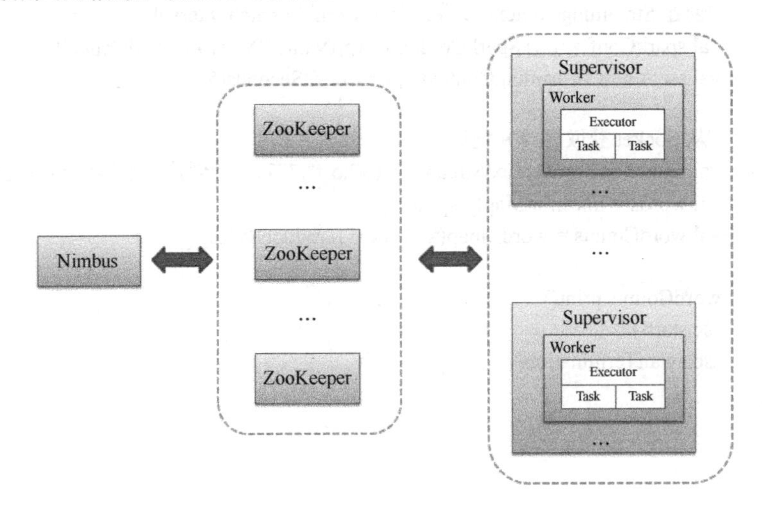

图 9-6 Storm 基础架构

1. Nimbus

Nimbus 是 Storm 集群的主节点，负责接收用户提交到集群的 Topology jar，然后指派给具体的 Supervisor 节点上的 Worker 节点并监控 Topology 运行状态，确保 Topology 对应的组件（Spout/Bolt）的 Task 正常运行；另外，Nimbus 还会监控所有的 Supervisor 的状态，当某 Supervisor 发生故障时，将原分配给它的任务分配到其他 Supervisor 上以确保 Topology 稳定运行在 Supervisor 集群上。

2. Supervisor

Supervisor 是 Storm 集群的从节点（在 conf/storm.yaml 中配置 Supervisor），负责接受 Nimbus 分配的任务，管理运行在 Supervisor 节点上的每个 Worker 进程的启动和终止。通过 Storm 的配置文件中的 Supervisor. slots. ports 配置项，指定在 Supervisor 上所允许的 Slot 数量上限（Slot 数一般设置为 OS 核数的整倍数），Slot 与 Worker 一一对应。

3. ZooKeeper

ZooKeeper 是 Storm 中 Nimbus 与 Supervisor 之间的协调者，在集群中公有数据（如心跳信息、集群状态与配置信息）及 Nimbus 给 Supervisor 分配的任务均会写入 ZooKeeper。当 Supervisor 因故障出现问题而无法正常运行 Topology 时，Nimbus 会通过 ZooKeeper 第一时间感知并重新分配 Topology 到其他可用的 Supervisor 上运行。

4. Worker

Worker 是 Storm 中真正具体负责处理组建逻辑的进程，它与 Topology 的关系是一对多的关系，即一个 Topology 可以包含多个 Worker（并行运行在不同的物理机上），而一个 Worker 进程仅对应一个 Topology，一个 Worker 进程是一个 Topology 子集的执行。

5. Executor

Executor 与 Worker 进程是一对多的关系，即一个 Worker 进程可包含一个或多个 Executor，线程，一个 Executor 仅对应一个 worker 进程。

6. Task

Bolt/Spout 实例，Task 与 Executor 线程是一对多的关系，即一个 Executor 可执行一个或多个 Tasks（默认是一个 Task），每个 Task 仅对应一个 Executor。Task 并行度通常通过调用 TopologyBuilder.setSpout 和 TopBuilder.setBolt 来设置。

9.3.3 Storm 运行流程

Storm 运行流程如图 9-7 所示，主要包含以下几个步骤。

（1）客户端创建并提交 Topology（拓扑）到 Nimbus。

（2）Nimbus 针对该拓扑建立本地的存放目录，根据 Topology（初始化 Spout/Bolt）配置的 Task 数量，分配对应的 Task（指定 task_id），在 ZooKeeper 上建立 Assignments 节点存储 Task，以及 Supervisor 机器节点中 Worker 的对应关系。

（3）Nimbus 在 ZooKeeper 上创建 Taskbeats 节点用以监控 Task 的心跳；在 ZooKeeper 的 Storm/topology-id 节点下存放 Task 的运行时间、状态等信息。

（4）Supervisor 定期检查 ZooKeeper 上的 Storm 节点是否有新的任务，并根据 Nimbus 指定的任务信息启动 Worker 线程。

（5）每个 Worker 可对应生成多个 Task，一个 Task 对应一个 Worker 线程。Worker 查看需要执行的 Task 任务信息（Spout/Bolt 任务信息）并执行具体的 Operation，根据 IP 及端口发送消息数据；各 Task 之间是通过 ZeroMQ 管理的。

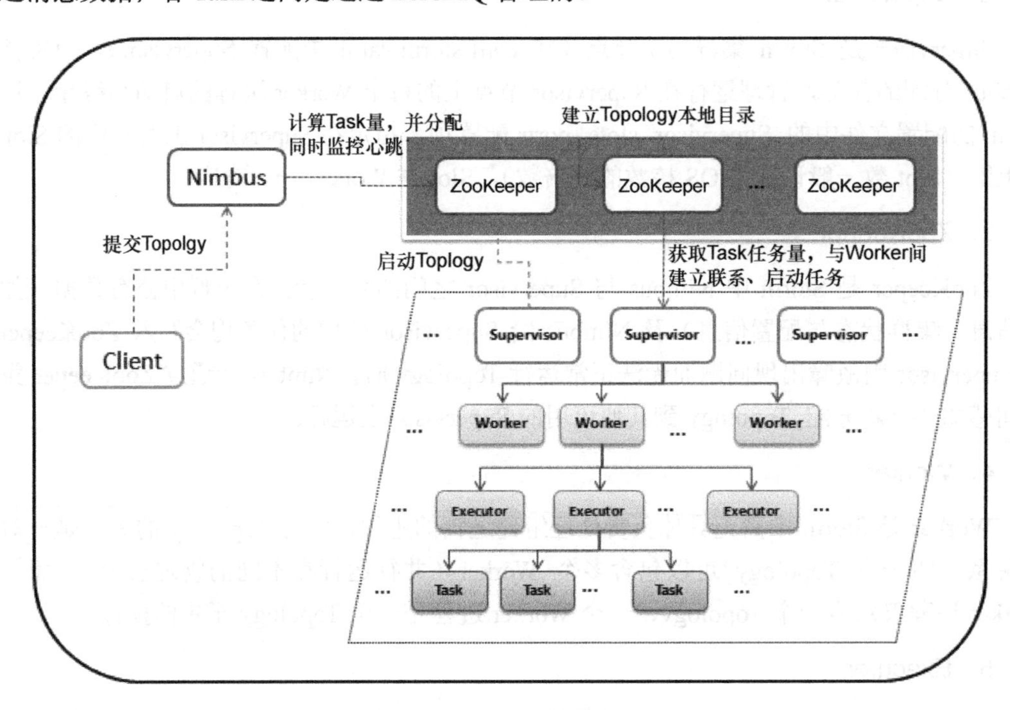

图 9-7　Storm 运行流程

9.3.4　实战

1. 任务目标

通过模拟读取输出日志文件理解 Storm 的运行机制。

2. 实验准备

（1）本案例采用 Eclipse 作为开发环境，用 maven 作为项目构建和管理的工具，代码主体用 Java 编写。

（2）数据准备。为便于展示，模拟了一份用户访问新闻网站的日志数据 user_Visitlog.txt，将其放置到资源文件目录 src/main/resources 下。日志数据结构如表 9-1 所示。

表 9-1　日志数据结构

user_guid	timestamp	ip	url
用户 ID	访问时间	IP 地址	访问 URL

3. 案例实现

1）项目构建及管理

打开 Eclipse 并创建 maven，项目命名为 stormtest。在 pom.xml 中加入如下配置。

```
01  <project xmlns="http://maven.apache.org/POM/4.0.0" xmlns:xsi=
    http://www. w3.org/2001/XMLSchema-instance
    xsi:schemaLocation="http://maven.apache.org/POM/4.0.0
    http://maven.apache.org/xsd/maven-4.0.0.xsd">
02  <modelVersion>4.0.0</modelVersion>
03  <groupId>org.apache.storm</groupId>
04  <artifactId>stormtest</artifactId>
05  <version>1.2.3</version>
06  <packaging>jar</packaging>
07  <name>stormtest</name>
08  <url>http://maven.apache.org</url>
09  <properties>
10  <project.build.sourceEncoding>UTF-8</project.build.sourceEncoding>
11  </properties>
12  <dependencies>
13  <dependency>
14  <groupId>junit</groupId>
15  <artifactId>junit</artifactId>
16  <version>4.12</version>
17  <scope>test</scope>
18  </dependency>
19  <dependency>
20  <groupId>org.apache.storm</groupId>
21  <artifactId>storm-core</artifactId>
22  <version>1.2.3</version>
23  <scope>provided</scope>
24  </dependency>
25  <dependency>
26  <groupId>org.apache.logging.log4j</groupId>
27  <artifactId>log4j-slf4j-impl</artifactId>
28  </dependency>
29  <dependency>
30  <groupId>org.slf4j</groupId>
31  <artifactId>slf4j-api</artifactId>
32  </dependency>
33  <dependency>
34  <groupId>org.apache.logging.log4j</groupId>
35  <artifactId>log4j-api</artifactId>
36  </dependency>
37  <dependency>
38  <groupId>org.apache.logging.log4j</groupId>
39  <artifactId>log4j-core</artifactId>
40  </dependency>
41  </dependencies>
42  </project>
```

2）代码实现

（1）WebLogSpout.java（日志读取）。

```
01    package org.apache.storm.stormtest;
02    import java.io.BufferedReader;
03    import java.io.File;
04    import java.io.FileNotFoundException;
05    import java.io.FileReader;
06    import java.io.IOException;
07    import java.util.Map;
08    import org.apache.storm.spout.SpoutOutputCollector;
09    import org.apache.storm.task.TopologyContext;
10    import org.apache.storm.topology.OutputFieldsDeclarer;
11    import org.apache.storm.topology.base.BaseRichSpout;
12    import org.apache.storm.tuple.Fields;
13    import org.apache.storm.tuple.Values;
14    public class WebLogSpout extends BaseRichSpout {
15    private SpoutOutputCollector collector;
16    private BufferedReader mReader;
17
18        //数据源初始化
19        public void open(Mapmap, TopologyContext topologyContext, SpoutOutputCollector
spoutOutputCollector) {
20            this.collector = spoutOutputCollector;
21            //读取日志文件
22            try {
23                String root=System.getProperty("user.dir");
24                String FileName="user_Visitlog.txt";
25                String
filePath=root+File.separator+"src"+File.separator+"main"+File.separator+"resources"+File.separator+FileName;
26                mReader = new BufferedReader(new FileReader(filePath));
27            } catch (FileNotFoundException e) {
28                e.printStackTrace();
29            }
30        }
31        String log = null;
32        //将 Tuple 发送至下游
33        public void nextTuple() {
34            try {
35                while (null != (log = mReader.readLine())) {
36                    //写出数据
37                    this.collector.emit(new Values(log));
38                }
39            } catch (IOException e) {
40                e.printStackTrace();
41            }
42        }
43        //输出
44        public void declareOutputFields(OutputFieldsDeclarer outputFieldsDeclarer) {
45            //写出数据的名称
```

```
46              outputFieldsDeclarer.declare(new Fields("log"));
47          }
48  }
```

（2）WebLogBlot.java（日志处理）。

```
01  package org.apache.storm.stormtest;
02  import org.apache.storm.topology.BasicOutputCollector;
03  import org.apache.storm.topology.OutputFieldsDeclarer;
04  import org.apache.storm.topology.base.BaseBasicBolt;
05  import org.apache.storm.tuple.Tuple;
06  import org.slf4j.Logger;
07  import org.slf4j.LoggerFactory;
08
09  public class WebLogBlot extends BaseBasicBolt {
10     private static final Logger logger = LoggerFactory. getLogger(WebLogBlot.class);
11
12      private int count;
13      public void execute(Tuple tuple, BasicOutputCollector basicOutputCollector) {
14               count++;
15              //数据处理
16              String log = tuple.getStringByField("log");
17
18              String[] split = log.split(",");
19              String user_guid = split[0];
20              String url= split[3];
21              logger.error("WebLogBlot    execute() user_guid:{}, ThreadId: {},url:{},count:{} ", user_guid,
Thread.currentThread().getId(), url,count);
22          }
23
24      Public void declareOutputFields(OutputFieldsDeclarer outputFieldsDeclarer) {}
25  }
```

（3）WebLogDevice.java（在 main 方法中定义 Topology 且综合设置。

```
01  package org.apache.storm.stormtest;
02  import org.apache.storm.Config;
03  import org.apache.storm.LocalCluster;
04  import org.apache.storm.StormSubmitter;
05  import org.apache.storm.generated.AlreadyAliveException;
06  import org.apache.storm.generated.AuthorizationException;
07  import org.apache.storm.generated.InvalidTopologyException;
08  import org.apache.storm.topology.TopologyBuilder;
09
10  public class WebLogDevice {
11      public static void main(String[] args) {
12
13              TopologyBuilder builder = new TopologyBuilder();      //创建 Topology
14              builder.setSpout("WebLogSpout", new WebLogSpout(), 1);            //设置 spout bolt
15              builder.setBolt("WebLogBolt", new WebLogBlot(), 1).shuffleGrouping("WebLogSpout");
16
```

```
17                  Config config = new Config();          //获取配置
18                  config.setNumWorkers(1);        //设置 workers
19                  if (args.length > 0) {
20                      try {
21                  StormSubmitter.submitTopology(args[0], config, builder. createTopology());     //提交拓扑
22                      } catch (AlreadyAliveException e) {
23                          e.printStackTrace();
24                      } catch (InvalidTopologyException e) {
25                          e.printStackTrace();
26                      } catch (AuthorizationException e) {
27                          e.printStackTrace();
28                      }
29                  } else {
30                      //本地提交
31                      LocalCluster localCluster = new LocalCluster();
32              localCluster.submitTopology("WebLogTopology", config, builder.createTopology()); //提交集群
33                  }
34          }
```

9.4 Flink

Flink 最早诞生于柏林大学的一个大数据研究项目 StratoSphere，于 2014 年由该研究团队核心成员孵化出 Flink 并于同年捐赠给 Apache。目前，Flink 已经成为时下较流行的流计算（处理）框架，同时受到阿里巴巴、华为、腾讯、滴滴、京东、美团、爱奇艺、网易等国内多家技术公司的广泛青睐。2015 年，阿里巴巴引进 Flink 并在其基础上进行不断修改与完善，创立了 Flink 的分支 Blink，并于 2019 年将 Blink 正式开源。Blink 也可以说是阿里巴巴开发的基于 Flink 的内部版本，该平台基础构造如图 9-8 所示，创建于 Hadoop 集群之上，采用 HDFS 存储及 YARN 模式进行资源调度管理，因此可实现与 Hadoop 大数据软件的无缝对接。

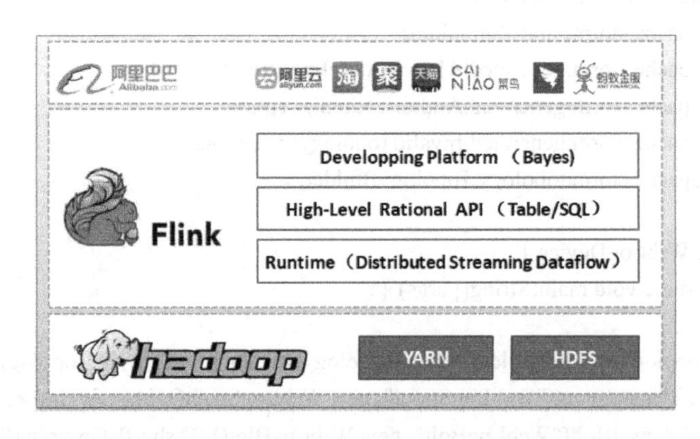

图 9-8　阿里巴巴的 Blink 平台基础构造

9.4.1 Flink 概述

Flink 是一种分布式流处理框架。在 Flink 中，所有的数据都被看成流，在对待数据的批处理问题上，Flink 仅把批处理当成流处理中的一种特殊情况，这一点明显不同于 Spark。同时，Flink 不同于 Storm、Spark Streaming 的是，除提供高性能的流计算引擎外，还提供状态计算、状态管理等高级功能 API，以及可满足机器学习、图分析、关系数据库等多场景的类库。Flink 可与许多开源生态系统集成，也可脱离 Hadoop 部署而仅依赖于 Java 环境。

Flink 是最原生的流处理系统，其优势在广泛应用中逐渐突显，具有如下主要特点。

1．真正意义的“流”

在 Flink 世界中，一切数据都被看成“流”，可对有界流（Bounded Stream）与无界流（Unbounded Stream）提供支持，如图 9-9 所示。有界流的特征是定义了流的开始与结束并可在提取所有数据后再进行相应操作，对有界流的处理类似于批处理的过程。无界流的特征是定义了流测开始，但没有定义流的结束，同时数据被提取后需要立即进行某种定义操作，对无界流的处理过程可理解为真正的实时计算。

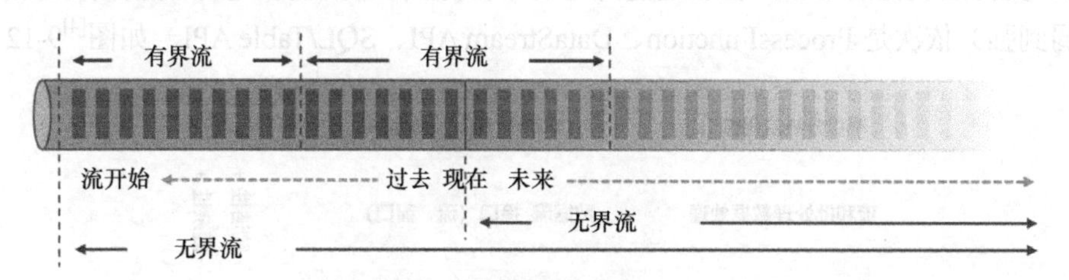

图 9-9 Flink 世界中的“流”

Flink 为流（Streaming）处理和批（Batch）处理应用共用一个通用的引擎，将批处理作为一种特殊的流处理应用高效地运行；Spark Streaming 基本上可看成一个微批处理模式，而 Flink 是真正的实时流处理模式。批处理模式与实时流处理模式的比较如图 9-10[3]所示。

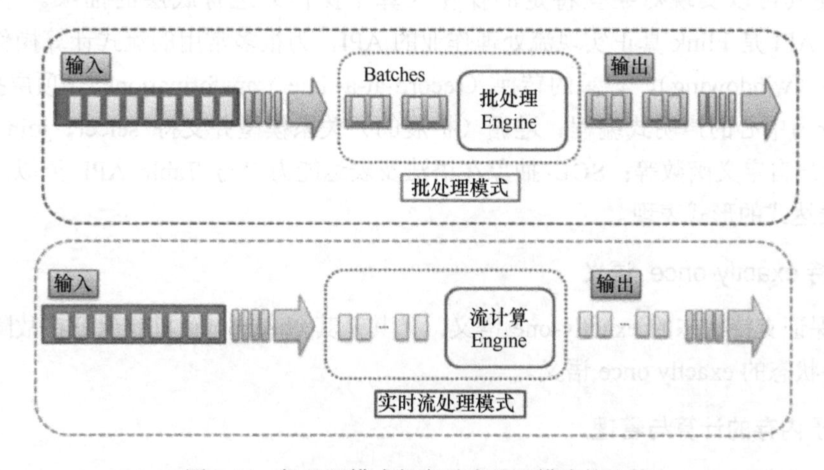

图 9-10 批处理模式与实时流处理模式的比较

2. 事件驱动

事件驱动（Event-Driven）即根据事件的不同响应不同的操作。Flink 的事件驱动应用如图 9-11 所示，即从一个或多个事件中摄取数据后，由事件触发一系列或相应的计算、状态的更新或其他 Operation（操作）。

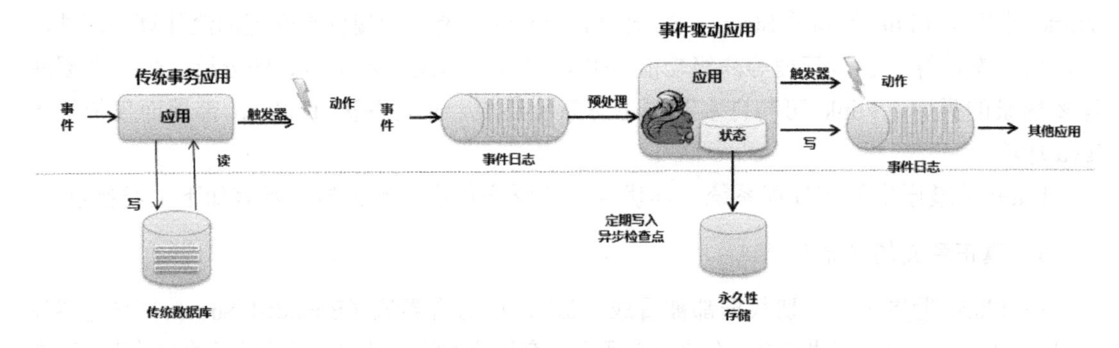

图 9-11　Flink 的事件驱动应用

3. 支持分层 API

Flink 支持层次化的 API，在表达能力与易用性方面权衡兼顾。按表达能力由强到弱（易用性由弱到强）依次是 ProcessFunction、DataStream API、SQL/Table API，如图[4]9-12 所示。

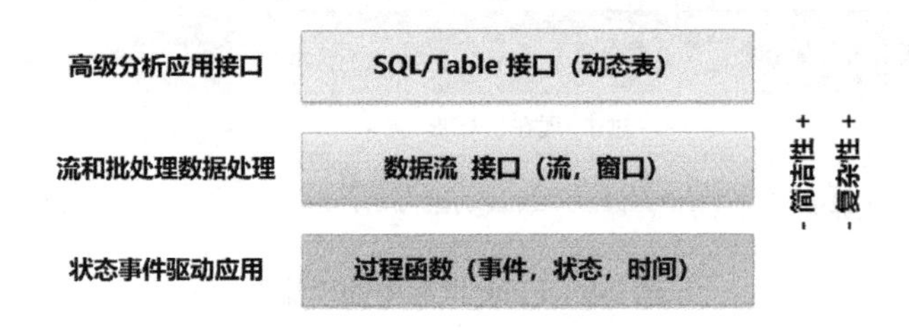

图 9-12　Flink 分层 API

其中，底层抽象 ProcessFunction 通过过程函数（Process Function）被嵌入 DataStream API 中，使其可以实现对某些特定的操作（算子操作）进行底层的抽象。中间层抽象 DataStream API 是 Flink 真正实现流处理作业的 API，为很多常用的流式计算操作提供了基元，如窗口（windowing）、记录的转换（record-at-a-time transformations）。顶层抽象 Table API 是以表为中心的声明式编程、遵循（扩展的）关系模型并支持 select、join、group-by 等操作及用户自定义函数等；SQL 抽象在语法及表达能力上与 Table API 类似，但程序以 SQL 查询表达式的形式表现。

4. 支持 exactly-once 语义

Flink 保证支持状态的 exactly-one 语义，尤其是其 checkpoint 机制保证在故障发生情况下也能支持状态的 exactly once 语义。

5. 基于内存的计算与管理

Flink 也是基于内存的计算方式，在 JVM 中实现了其自身的内存管理，基于 Flink 的应用可以超出主存的大小限制并承受更少的收集垃圾的开销。

除上述特点外，Flink 还具有良好的容错机制，以及高吞吐低延时、支持事件时间（event-time）与处理时间（processing-time）语义、支持多存储系统（如 Kafka、JDBC 等）连接器等特点。

9.4.2　Flink 运行架构

Flink 有 Flink Local、Flink Standalone、Flink on YARN 三种部署模式。Fink Standalone 部署模式下的运行架构如图 9-13 所示。Flink on YARN 部署模式下的运行架构如图 9-14 所示。

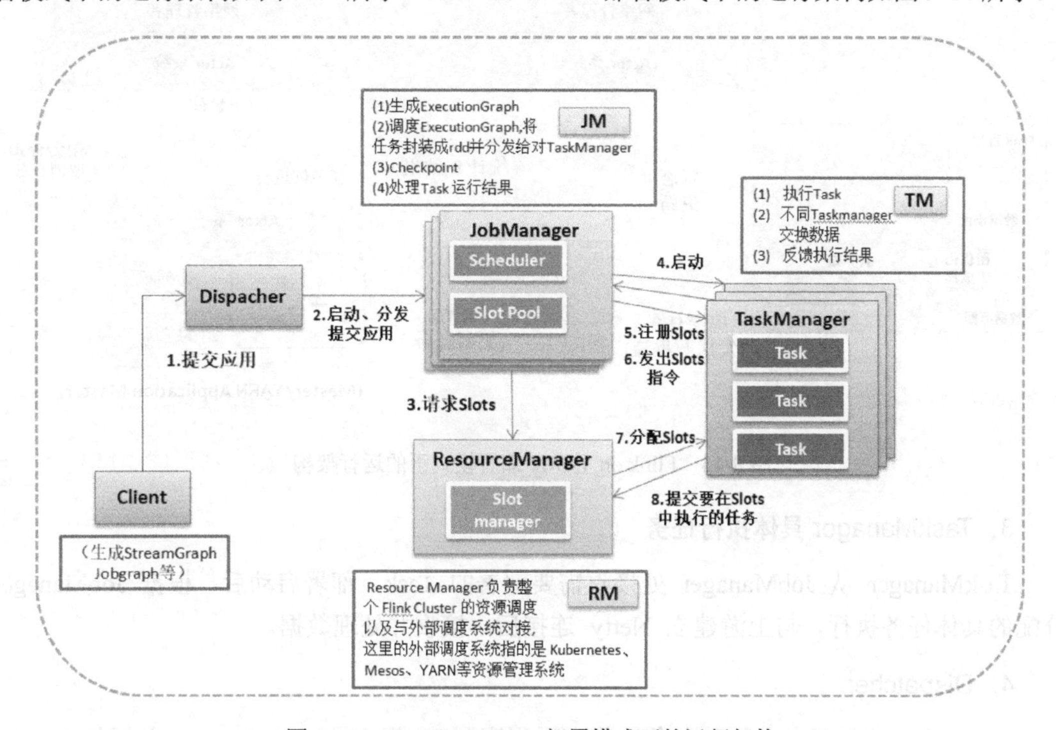

图 9-13　Flink Standalone 部署模式下的运行架构

Flink 基本运行过程及涉及的主要组件如下。

1. Client 提交任务

一般在 Flink Standalone 模式下，Client 从 Flink 程序中提取相关内容生成 StreamGraph\JobGraph 等提交给 Dispatcher（调度）。

在 Flink on YARN 模式（dispatcher 可选）下，一般由 Client 对用户提交的 Flink 程序进行预处理，并从中获取 JobManager 地址建立于 JobManager 的链接；由 Client 将 Flink 程序组装成一个 JobGraph，在消息 SubmitJob 中以 JobGraph 形式描述 Job 的基本信息（JobID、Job 名称、配置信息、JobVertex 等）。

2. JobManager 调度监控

JobManager 主要负责调度 Job 的各个 Task 的执行并协调 Task 做 checkpoint（检查点）。

JobManager 先向 ResourceManager 请求必要 Job、jar 包、Slots 等资源并生成执行计划，然后调度任务到各个 TaskManager 去执行，将心跳和统计信息汇报给 JobManager。TaskManager 之间以流的形式进行数据的传输。

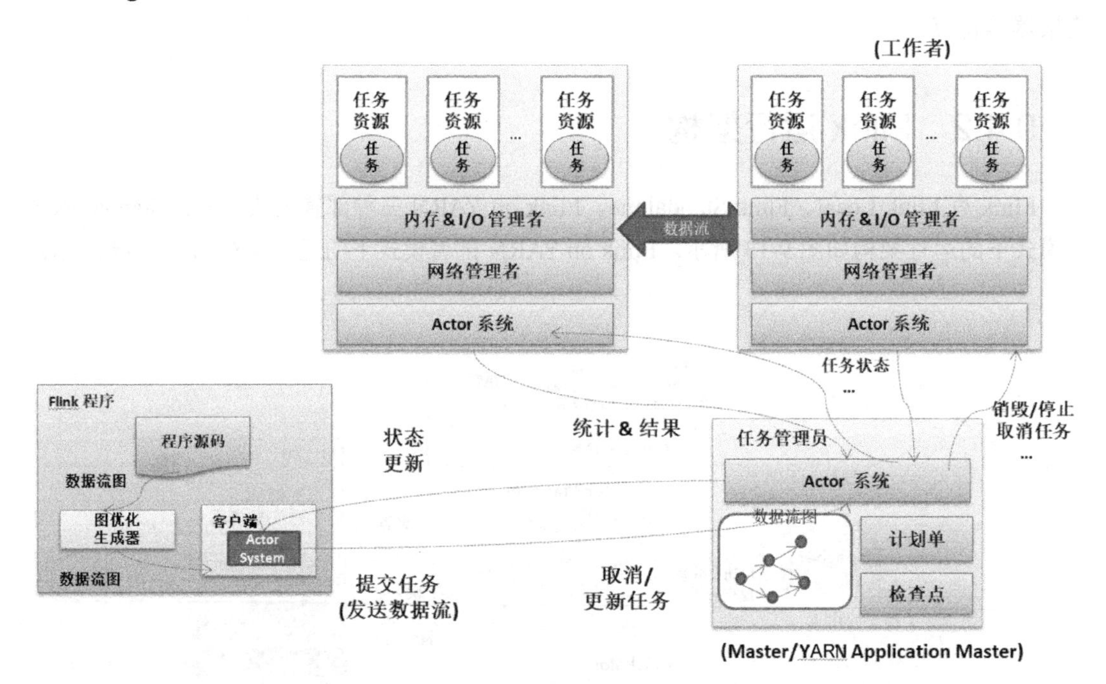

图 9-14 Flink on YARN 部署模式下的运行架构

3. TaskManager 具体执行任务

TaskManager 从 JobManager 处接收需要部署的 Task，部署启动后，根据 JobManager 分配的具体任务执行，与上游建立 Netty 连接后，接收并处理数据。

4. Dispatcher

Dispatcher 充当任务分发的角色，将应用程序 APP 提交给 JoBManager 并提供 WebUI 界面，主要用于 Flink Standalone 模式下，对于 Flink on YARN 模式可选。

5. ResourceManager

ResourceManager 负责集群中所有资源的统一管理与分配，它接收来自各个节点（NodeManager）的资源汇报信息，并将按一定策略进行资源分配。

9.4.3 实战

1. 任务目标

实时统计新闻网站热门新闻分类，每 10s 更新 1 次（对 30min 内热点分类排序），此案例的结果将对 9.5 节新闻分类的权重提供数据支撑。

2．实验准备

（1）本案例采用 IDEA 作为开发环境，用 maven 作为项目构建和管理的工具，代码主体用 Scala 编写。

（2）数据准备。为便于展示，模拟了一份用户访问新闻网站的日志数据 user_Visitlog.txt，将其放置到资源文件目录 src/main/resources 下。日志文件数据结构如表 9-2 所示。

表 9-2　日志文件数据结构

user_guid	timestamp	ip	url	categoryId
用户 ID	访问时间	IP 地址	访问 URL	分类 ID

3．案例实现

（1）项目构建及管理。

打开 IDEA 并创建 maven，项目命名为 HotNewscategoryIdAnalysis。在 pom.xml 中加入如下配置。

```
01<properties>
02<flink.version>1.7.2</flink.version>
03<scala.binary.version>2.11</scala.binary.version>
04<kafka.version>2.2.0</kafka.version>
05</properties>
06<dependencies>
07<dependency>
08    <groupId>org.apache.flink</groupId>
09    <artifactId>flink-scala_${scala.binary.version}</artifactId>
10    <version>${flink.version}</version>
11    </dependency>
12    <dependency>
13    <groupId>org.apache.flink</groupId>
14    <artifactId>flink-streaming-scala_${scala.binary.version}</artifactId>
15    <version>${flink.version}</version>
16    </dependency>
17    <dependency>
18    <groupId>org.apache.kafka</groupId>
19    <artifactId>kafka_${scala.binary.version}</artifactId>
20    <version>${kafka.version}</version>
21    </dependency>
22    <dependency>
23    <groupId>org.apache.flink</groupId>
24    <artifactId>flink-connector-kafka_${scala.binary.version}</artifactId>
25    <version>${flink.version}</version>
26    </dependency>
27    </dependencies>
28    <build>
29    <plugins>
30    <plugin>
31    <groupId>net.alchim31.maven</groupId>
32    <artifactId>scala-maven-plugin</artifactId>
33    <version>3.4.6</version>
```

```
34  <executions>
35  <execution>
36  <goals>
37  <goal>testCompile</goal>
38  </goals>
39  </execution>
40  </executions>
41  </plugin>
42  <plugin>
43  <groupId>org.apache.maven.plugins</groupId>
44  <artifactId>maven-assembly-plugin</artifactId>
45  <version>3.0.0</version>
46  <configuration>
47  <descriptorRefs>
48  <descriptorRef>
49            jar-with-dependencies
50  </descriptorRef>
51  </descriptorRefs>
52  </configuration>
53  <executions>
54  <execution>
55  <id>make-assembly</id>
56  <phase>package</phase>
57  <goals>
58  <goal>single</goal>
59  </goals>
60  </execution>
61  </executions>
62  </plugin>
63  </plugins>
64  </build>
```

（2）代码实现。

```
01  import java.sql.Timestamp
02  import java.util.Properties
03  import org.apache.flink.api.common.functions.AggregateFunction
04  import org.apache.flink.api.common.serialization.SimpleStringSchema
05  import org.apache.flink.api.common.state.{ListState, ListStateDescriptor}
06  import org.apache.flink.api.java.tuple.{Tuple, Tuple1, Tuple2}
07  import org.apache.flink.configuration.Configuration
08  import org.apache.flink.streaming.api.TimeCharacteristic
09  import org.apache.flink.streaming.api.functions.KeyedProcessFunction
10  import org.apache.flink.streaming.api.scala._
11  import org.apache.flink.streaming.api.windowing.time.Time
12  import org.apache.flink.streaming.api.windowing.windows.TimeWindow
13  import org.apache.flink.streaming.connectors.kafka.FlinkKafkaConsumer
14  import org.apache.flink.util.Collector
15  import scala.collection.mutable.ListBuffer
16
17  case class UserVisitBehavior(user_guid: Long, timestamp Long, ip: String, url: String,categoryId: Int )
18  //定义窗口聚合
```

```
19  case class CatalogViewCount(catalogId Long, windowEnd: Long, count: Long)
20
21  object HotCatalogs {
22    def main(args: Array[String]) {
23      //设置环境变量
24      val env = StreamExecutionEnvironment.getExecutionEnvironment
25      env.setParallelism(1)
26      env.setStreamTimeCharacteristic(TimeCharacteristic.EventTime)
27
28      //使用相对路径，读取用户访问新闻页面日志文件
29      val source = getClass.getResource("/user_Visitlog.txt")
30      val dataStream = env.readTextFile(source.getPath)
31        .map(data => {
32          val LineArray = data.split(",")
33          UserVisitBehavior(LineArray(0).trim.toLong,    LineArray(1).trim.toLong,LineArray(2).trim,
LineArray(3).trim, LineArray(4). trim. toInt, )
34        }) //将数据转为 UserVisitBehavior
35        //指定时间戳
36        .assignAscendingTimestamps(_.timestamp * 1000)
37
38        //对新闻类别分组
39        .keyBy(_.categoryId)
40        .timeWindow(Time.minutes(30), Time.seconds(10)) //对流设置滑动窗口，前参为窗口大小，
后为步长
41        .allowedLateness(Time.seconds(60) )
42        .aggregate(new CountAgg(), new WindowResult()) //窗口聚合，前为预聚合效率提升，遇到 1
条累加 1 条
43      val processedStream = dataStream
44      .keyBy(_.windowEnd) //因前边逻辑已经划分了 30min 内的窗口，所以这里直接按窗口进行
分组统计
45      .process(new TopNHotCatalogs(6)) //自定义 ProcessFunction
46      //Sink 直接输出
47      processedStream.print("process")
48      //执行
49      env.execute("HotCatalogs job")
50    }
51  }
52
53  //自定义聚合函数
54  class CountAgg() extends AggregateFunction[UserVisitBehavior, Long, Long] {
55    override def createAccumulator(): Long = 0L //初始值
56    override def merge(acc: Long, acc1: Long): Long = acc + acc1
57    override def getResult(acc: Long): Long = acc //输出终值
58    override def add(in: UserBehavior, acc: Long): Long = acc + 1
59  }
60
61  //窗口处理函数
```

```
62  class WindowResult() extends WindowFunction[Long, CatalogViewCount, String, TimeWindow] {
63    override def apply(key: Long, w: TimeWindow, iterable: Iterable[Long],
64                       collector: Collector[CatalogViewCount]): Unit = {
65      collector.collect(CatalogViewCount(key, w.getEnd, iterable. iterator. next))
66    }
67  }
68
69  //自定义新闻分类排序处理函数
70  class TopNHotItems(topSize: Int) extends KeyedProcessFunction[Long,  CatalogViewCount, String] {
71  lazy val CatalogState:ListState[ItemViewCount] =  .getListState(new ListStateDescriptor[ItemView
Count]("catalog-state", classOf[CatalogViewCount],
72
73  override def processElement(value: (String, Long), ctx: ProcessFunction[(String, Long), String]
#Context, out: Collector[String]): Unit = {
74    CatalogState.add(value)
75      ctx.timerService().registerProcessingTimeTime(value.windEnd+1)
76    }
77
78  override def onTimer(timestamp: Long, ctx: KeyedProcessFunction[Long, ItemViewCount, String]#
OnTimerContext,out: Collector[String]): Unit = {
79      //将所有 State 中的数据取出放到一个 List Buffer 中
80      val allItems: ListBuffer[CatalogViewCount]= new ListBuffer()
81      val iter= CatalogState.get().iterator()
82      while(iter.hashNext){
83          allItems+=iter.next()
84      }
85
86        CatalogState.clear()
87        var sortedCatalogs=allUrlViews.sortWith(_.count>_.count).take(topSize)
88
89        //格式化结果输出
90        val result:StringBuilder=new StringBuilder()
91        result.append("时间：).append(new Timestamp (( timestamp : -1)). append ("\n")
92
93      for(i<-sortedCatalogs.indices)
94      {
95        val currentCatalog=sortedCatalogs(i)
96        result.append("NO").append(i+1).append(":")
97        .append("Catalog").append(currentCatalog.categoryId)
98        .append("VisitCount：").append(currentCatalog.count).append("\n")
99      }
100     result.append("==================")
101     Thread.sleep(1000)
102     out.collect(result.toString(result.toString())
103   }
104 }
```

在以上代码实现中增加了对新闻分类的排序功能。读者可根据实际需要选择是否启用该部分代码。

9.5 案例

9.5.1 任务目标

本案例模拟流数据的采集与分析处理过程，实现根据用户浏览的页面标签信息记录用户行为轨迹并实时推荐（弹出）相关广告漂浮。

9.5.2 实验环境

1. 硬件环境

- 标准 x64 位 PC 硬件环境。
- 处理器在 1.6GHz 以上。
- 4GB 内存。
- 1Mbps 可上网网络。

2. 软件环境

（1）操作系统。

Windows 7 SP1 以上版本建议采用 64 位环境，推荐 Windows 2008 R2 以上服务器版本+IIS 环境。

（2）运行框架环境。

- Microsoft .Net Framework 4.51。
- jQuery 1.4.4 以上版本 js 库。
- 第三方 JSON 解析库 Json.NET（Newtonsoft）。
- IIS Express 提供 HTTPD 服务。

（3）测试环境。

Firefox、Chrome、Internet Explorer 10 以上等官方发布的最新浏览器可以呈现效果；如效果无法呈现，则应适当关闭屏蔽广告的浏览器插件或者软件。

9.5.3 数据准备

1. 数据背景

为了便于对案例的理解，下面简单说明案例（数据）有关的概念、背景及业务逻辑。

（1）广告探针用户系统也可称为广告跟踪系统，是一种非常有商业价值的分析技术，在这里用最小的代码环境阐述其系统运行的原理，并且将流数据的过程序列化（本案例过程序列化不会过多关注性能）以便于读者理解可视化数据。

（2）广告跟踪的用户主要有两类：一是匿名用户，浏览器对于用户首次访问会自动产生 GUID（Globally Unique Identifier，全局唯一标识符）值，通过 JavaScript 的方式存储在浏览器 Cookie 和 LocalStorage 中；二是注册用户，该类用户通过登录后会产生 GUID 值和 Token 会话值，通过 JavaScript 的方式存储在浏览器 Cookie 和 LocalStorage 中。接口通过判断 Token 置换用户的唯一 ID 进行分析处理，同时根据浏览器的状态，处理用户之前的 GUID 数据与用户的唯一 ID 进行捆绑分析。为便于阅读，将集群采集用户信息数据导出并存到本地磁盘中。用户信息数据文件夹如图 9-15 所示。

图 9-15 用户信息数据文件夹

2. 业务逻辑

1）用户行为轨迹跟踪

由于篇幅限制，在此仅介绍匿名用户的相关原理。

针对匿名用户，首次浏览时系统会临时动态随机生成一个 GUID 分配给该用户并为其创建文件夹，格式如图 9-16 所示。GUID 用于唯一标识该匿名用户身份（或身份识别）信息，可根据 GUID 对用户浏览器中的访问行为进行轨迹的跟踪及动态数据的存储，其中包含 IP、访问页面、点击内容等信息。探针在用户浏览的过程中通过某种方式植入并存储在浏览器的 Cookie 及 LocalStorage 中，用户访问页面的行为轨迹会通过探针与 Cookie、Local Storage 实时跟踪记录比对。

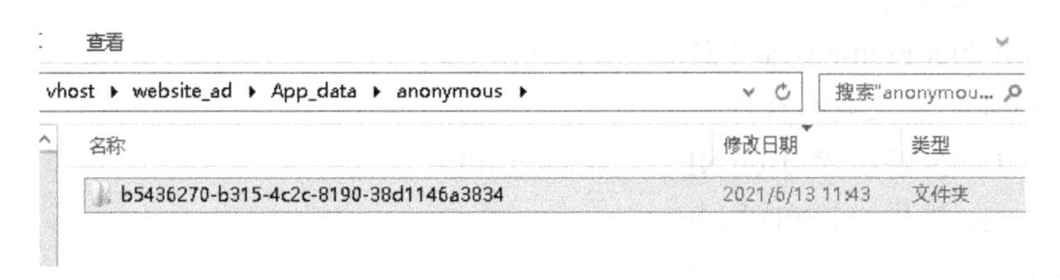

图 9-16 匿名用户 GUID 创建格式

匿名用户 GUID 目录下分为两种文件（如图 9-17 所示）：一种是.txt 格式的日志文件；另一种是 ad_logic.js 文件，该文件根据分系统后回传的广告逻辑序列化形成。

名称	修改日期	类型
2020080219.txt	2020/8/2 19:01	文本文档
ad_logic.js	2020/8/2 19:01	JavaScript 文件

图 9-17 匿名用户 GUID 目录下的两种文件

日志文件以 yyyyMMddHH 的格式命名，以下给出其样例内容。

{"user_guid":"c4a62bd4-cb35-41a7-955e-d74c26b6a073","datetime":"2020-08-02 19:01:38","ip":"::1","meta":"护肤 美容","count":1}
{"user_guid":"c4a62bd4-cb35-41a7-955e-d74c26b6a073","datetime":"2020-08-02 19:01:40","ip":"::1","meta":"护肤 美容","count":2}
{"user_guid":"c4a62bd4-cb35-41a7-955e-d74c26b6a073","datetime":"2020-08-02 19:01:40","ip":"::1","meta":"护肤 美容","count":3}
{"user_guid":"c4a62bd4-cb35-41a7-955e-d74c26b6a073","datetime":"2020-08-02 19:01:40","ip":"::1","meta":"护肤 美容","count":4}
{"user_guid":"c4a62bd4-cb35-41a7-955e-d74c26b6a073","datetime":"2020-08-02 19:01:41","ip":"::1","meta":"护肤 美容","count":5}
{"user_guid":"c4a62bd4-cb35-41a7-955e-d74c26b6a073","datetime":"2020-08-02 19:01:41","ip":"::1","meta":"护肤 美容","count":6}
{"user_guid":"c4a62bd4-cb35-41a7-955e-d74c26b6a073","datetime":"2020-08-02 19:01:41","ip":"::1","meta":"护肤 美容","count":7}
{"user_guid":"c4a62bd4-cb35-41a7-955e-d74c26b6a073","datetime":"2020-08-02 19:01:43","ip":"::1","meta":"电玩","count":1}
{"user_guid":"c4a62bd4-cb35-41a7-955e-d74c26b6a073","datetime":"2020-08-02 19:01:44","ip":"::1","meta":"电玩","count":2}
{"user_guid":"c4a62bd4-cb35-41a7-955e-d74c26b6a073","datetime":"2020-08-02 19:01:44","ip":"::1","meta":"电玩","count":3}
{"user_guid":"c4a62bd4-cb35-41a7-955e-d74c26b6a073","datetime":"2020-08-02 19:01:45","ip":"::1","meta":"电玩","count":4}
{"user_guid":"c4a62bd4-cb35-41a7-955e-d74c26b6a073","datetime":"2020-08-02 19:01:46","ip":"::1","meta":"电玩","count":5}

其中，user_guid 是用户的临时会话 ID；datetime 记录访问时间；ip 记录用户访问 IP；meta 是用户访问的文章分类；count 是计数器。用户日志数据均由系统实时自动采集、实时分析处理传回。其中，需要实时采集的用户数据至少包括用户 GUID、访问服务器时间、用户 IP、代理后端 IP、用户当前浏览的页面相关信息。实时行为流数据分析处理内容主要包括用户 GUID 每次访问不同页面的间隔时间（服务器时间）；在用户 GUID 不变的情况下判断 IP 是否发生变更；在用户 GUID 不变的情况下代理服务器 IP 和后端 IP 是否发生变更；用户当前所访问的页面顺序、频次等。

2）探针植入的主要方法

（1）伪装成图片的方法的通过率最高，一般可以通过大部分防火墙，但所采集的信息量也最少。

（2）采用单一动态文件引入方法，可使用<script src="动态页+固定参数"></script>的方式，通过首次访问和 ajax 过程提交的方法获取用户的数据，但容易被浏览器反广告软件所屏蔽。

（3）这种方法是第二种方法的增强版本，通过浏览器引入 Flash 等 Active 动态插件获取更多的信息，并且提交数据不采用标准浏览器数据通信的协议方法，相对不容易被拦截。

在现实中，需要结合这三种数据做分析。另一方面，由于客户端浏览器差异和反广告插件的限制，很多数据可能根本就无法获取；另一方面，要做数据清洗。在这里，为了简化更便于理解和学习，我们把探针伪装成一张广告图片，通过当前页面调用图片的逻辑，实现基本的数据采集功能。更复杂的模式属于数据前端采集的范畴，本章节不再深入剖析。

3）探针在业务逻辑中的作用分析

探针导航逻辑要充分考虑到探针的访问量，例如程序需要部署到多台服务器上。举例：采用多台 Windows Server 部署 IIS，上面运行探针站点，站点的前端采用多台 Linux+Nginx 服务器，做反向代理+负载均衡，一方面处理探针站点的应用程序请求；另一方面实现广告图片和通过 Flink 对用户行为画像分析的串行化数据结果的请求。

根据探针检测到的用户请求，将处理流程主要划分为三个阶段，也称为 Topology 的生成原则。

（1）粗粒度划分原则（粗筛阶段）：根据用户 GUID 的访问情况，通过 Flink 实现对用户行为轨迹的画像分析，对用户进行实时粗粒度聚类分析，并与相应广告分类建立关联关系；同时根据广告分类与集群的对应关系，将用户的相关数据及处理操作交由对应集群；新用户则先放置到随机集群中。

（2）集群接收响应任务（Job）后，根据用户与广告之间的关联分析结果，在通过探针显示内容的同时继续实时采集用户的行为并且上报，由 Flink 进行用户行为分析的逻辑画像处理和 Topology 的规划优化。

（3）在用户不断地浏览过程中，若能保持用户 GUID 的会话不丢失（用户不完全退出或关闭浏览器），可将用户再次根据实时采集分析结果指向新的集群中。用户再次通过同 IP 登录时可提示用户注册或登录，注册后，用户的 GUID 就可以捆绑到永久性用户对象中，提高了分析的准确性。

9.5.4 业务（任务）实现

1. 准备工作

1）用户画像的数据串行化

在这里，我们将用户对象和综合采集的信息传递给 Storm 系统的计算模块进行用户画像，处理结果通过由计算模块生成的一份串行化数据进行回传。ad_logic.js 是 Storm 对用户行为分析后的广告权重排序结果。数据被串行化为 json 格式存储在硬盘上。为了便于实例分析，在此仅提取部分<key, value>数据，其格式如下：

```
{"logic":[
{ "item": "化妆品","count":0, "tag": ["保湿","美妆","护肤"] },
{ "item": "零食","count":0, "tag": ["小吃","美食","野餐"] },
{ "item": "沙发","count":0, "tag": ["家具","装修","布置"] },
{ "item": "时装","count":0, "tag": ["服装","时尚"] },
{ "item": "显卡","count":0, "tag": ["pc", "计算机","diy"] },
{ "item": "游戏机","count":0, "tag": ["娱乐", "game","电玩"] }
]}
```

其中，logic 是根据用户画像结果的广告分类，按照从化妆品类到游戏机类的广告对象进行 ASC 排序，每个广告主分类都包含 N 个 tag，用于对用户浏览文章的对象根据 tag 分类。

2）广告分类资源库模拟数据

用户可见的广告，可以预加载到广告前端的探针系统中，相当于做了高响应的缓存机制；一般情况下，广告分类资源数据存储于分布式系统中（如 fastDFS 或者 Hadoop），为便于演示（测试），抽取部分数据导出至站点的 res 物理目录中，如图 9-18 所示，其分类文件中主要存储与相应分类相对应的广告 JPG 文件。

名称	修改日期	类型	大小
化妆品	2020/8/1 17:30	文件夹	
零食	2020/8/1 17:31	文件夹	
沙发	2020/8/1 17:31	文件夹	
时装	2020/8/1 17:31	文件夹	
显卡	2020/8/1 17:31	文件夹	
游戏机	2020/8/1 17:31	文件夹	
ad_logic	2020/8/1 17:30	JavaScript 文件	1 KB

图 9-18　广告分类资源库模拟数据文件夹

3）分析目标（网站）的预部署

（1）目标网站搭建基础环境要求。

对 Windows 7 SP1 以上版本建议采用 64 位环境，安装.net framework 4.5.1，需要至少安装 IIS Express 用于部署两个站点（有条件的建议采用 IIS 方式部署），分别为广告探针站点和新闻头条站点。

（2）广告探针站点部署。

只需要下载 http://安装包解压即可，为了便于调试，未调用第三方数据库或大数据存储系统，可单机执行；站点创建后，执行以下命令：

```
"C:\ProgramFiles (x86)\Common Files\Microsoftshared\DevServer\11.0\WebDev.WebServer40.exe" /port:3700 /path:"F:\vhost\edatabase\website" /vpath: "/"
```

在此需要注意的是：不同系统的安装位置可能不同，相关内容可查阅微软官方文档。

（3）新闻头条站点。

目标网站可选择自有网站，本案例中网站可通过以下方式部署搭建。在 https://sscms.com/ 下载稳定版本 6.x，下载后可按照提示进行安装部署，具体可参考广告探针站点建站的方式。可通过模板导入的方式完成快速建站，同时在 head.html 模块加上基础的 jquery.js 和漂浮广告代码，在 footer.html 部分加上广告图片的接口实例，搭建新闻头条网站的前台及后台。

2．探针实现代码

探针实现代码如下：

```
1 --------api.aspx
2 <%@ Page Language="C#" AutoEventWireup="true" CodeFile="api.aspx.cs" Inherits="api" %>
3 -------api.aspx.cs
4 using common;
5 using common.Model;
6 using Newtonsoft.Json;
7 using System;
8 using System.Collections.Generic;
9 using System.IO;
```

```
10 using System.Linq;
11 using System.Web;
12 using System.Web.UI;
13 using System.Web.UI.WebControls;
14 public partial class api : System.Web.UI.Page
15 {
16 string user_guid = "";
17 protected void Page_Load(object sender, EventArgs e)
18 {
19 switch (RequestData.GetParamsString("s"))
20 {
21 case "ad":
22 break;
23 case "ad_loading":              //载入广告逻辑，并返回图片
24 ad_logic_loading();
25 break;
26 }
27 }
28 /// <summary>
29 ///产生唯一的 USER.GUID
30 /// </summary>
31 /// <param name="name"></param>
32 private void set_userid_cookies(string name)
33 {
34 set_cookies(name, "anonymous:" + Guid.NewGuid().ToString());
35 }
36 /// <summary>
37 ///存储 USER.GUID 值
38 /// </summary>
39 /// <param name="name"></param>
40 /// <param name="value"></param>
41 private void set_cookies(string name, string value)
42 {
43 if (get_cookies(name) == null)
44 {
45 HttpCookie Cookie1 = new HttpCookie(name);
46 Cookie1.Expires = DateTime.Now.AddDays(9999);    //设置过期时间
47 Cookie1.Value = value;
48 //Cookie1.SameSite = SameSiteMode.None;
49 //Cookie1.Secure = true;
50 Response.Cookies.Add(Cookie1);    //响应一个 Cookies
51 user_guid = value;
52 }
53 else
54 {
55 user_guid = get_cookies(name);
56 }
```

```
57 }
58 /// <summary>
59 ///获取 Cookie
60 /// </summary>
61 /// <param name="name"></param>
62 /// <returns></returns>
63 private string get_cookies(string name)
64 {
65 if (Request.Cookies.AllKeys.Contains(name))
66 {
67 HttpCookie cookies1 = Request.Cookies[name];
68 eturn cookies1.Value;
69 }
70 return null;
71 }
72 /// <summary>
73 ////广告探针，仿真大数据流实时处理逻辑，单机版
74 /// </summary>
75 private void ad_logic_loading()
76 {
77 string _ad_meta = RequestData.GetParamsString("m");
78 //创建用户 GUID，如果已存在，则写入当前会话的全局变量
79 set_userid_cookies("user_tracker");
80 //初始化模拟数据
81 FileInfo user_access_model = new FileInfo(Server.MapPath("App_data/" + user_guid.Replace(":",
"/").ToString() + "/ad_logic.js"));
82 string[] _ad_metas = new string[] { };
83 string _json = "{}";
84 //检查是否存在大数据系统分析的用户类型
85 if (user_access_model.Exists)
86 {
87 _json = IOHelper.file_readtext(user_access_model.FullName);
88 }
89 else
90 {
91 //若不存在则读取大数据系统对未知匿名用户推荐的随机库
92 _json = IOHelper.file_readtext(Server.MapPath("res/ad_logic.js"));
93 }
94 //串行化过程
95 ad_logic_RootObject a = JsonConvert.DeserializeObject<ad_logic_RootObject>(_json);
96 ad_logic_model find_m = null;
97 int find_m_index = -1;
98 //当存在用户行为跟踪时、自定义数据时，推荐采用顺序排列
99 if (user_access_model.Exists)
100 {
101 a.logic.Sort((x, y) => -x.count.CompareTo(y.count));
102 }
```

```
103 //通过文章的 tag 对比结果找出广告的类型
104 if (_ad_meta.Length > 0)
105 {
106 ad_metas = _ad_meta.ToLower().Split(' ');
107 for (int i = 0; i < a.logic.Count; i++)
108 {
109 foreach (string tag in _ad_metas)
110 {
111 if (a.logic[i].tag.Contains(tag))
112 {
113 find_m = a.logic[i];
114 find_m_index = i;
115 break;
116 }
117 }
118 if(find_m!=null)
119 {
120 break;
121 }
122 }
123 }
124 else
125 {
126 //存在大数据平台返回的串行化数据时，采用推荐的数据
127 if(user_access_model.Exists)
128 {
129 find_m_index=0;
130 find_m=a.logic[0];
131 }
132 else
133 {
134 find_m_index=(newRandom()).Next(1,a.logic.Count-1);
135 find_m=a.logic[find_m_index];
136 }
137 //randpics
138 }
139 //广告分类匹配后+1
140 find_m.count+=1;
141
142 //回写数据
143 a.logic[find_m_index]=find_m;
144 //获取某种本地缓存的广告图片
145 DirectoryInfodi=newDirectoryInfo(Server.MapPath("~/res/"+find_m.item));
146 FileInfo[]fi=di.GetFiles("*.jpg");
147 //在探针内存中做 cache 处理以防止频繁地读取硬盘数据
148 //随机选取一个广告图片
149 FileInfofi_select=fi[(newRandom()).Next(1,fi.Length-1)];
```

```
150 //当缓存不存在时，读取这个二进制文件，并通过二进制流的方式输出给浏览器，同时加入cache 内
151 using(FileStreamfs=newFileStream(fi_select.FullName,FileMode.Open))
152 {
153 byte[]_byte=newbyte[fs.Length];
154 IAsyncResultir=fs.BeginRead(_byte,0,(int)fs.Length,null,null);
155 fs.Read(_byte,0,fs.EndRead(ir));
156 fs.Close();
157 Response.ContentType="image/jpeg";
158 Response.BinaryWrite(_byte);
159 }
160 //写入用户请求日志，模拟向大数据分析系统推送
161      FileInfo_log=newFileInfo(Server.MapPath("App_data/"+user_guid.Replace(":","/").ToString()+"/"+DateTime.Now.ToString("yyyyMMddHH")+".txt"));
162 if(!_log.Directory.Exists)
163 {
164 _log.Directory.Create();
165 }
166 IOHelper.file_log(_log,
167 string.Format("{{\"user_guid\":{0},\"datetime\":\"{1:yyyy-MM-ddHH:mm:ss}\",\"ip\":\"{2}\",\"meta\":\"{3}\",\"count\":{4}}}\r\n"
168 user_guid.Replace("anonymous:","")
169 ,DateTime.Now
170 ,ip_access.GetRemoteIP()
171 ,_ad_meta
172 ,find_m.count)
173 );
174 //回写广告访问计数器，模拟大数据采集
175 string_out_json=JsonConvert.SerializeObject(a);
176 IOHelper.file_write(user_access_model,_out_json);
177 }
178 }
179 //用到的模型类：
180 //ad_logic_model.cs    序列化 JSON 用
181 usingSystem;
182 usingSystem.Collections.Generic;
183 usingSystem.Linq;
184 usingSystem.Text;
185 usingSystem.Threading.Tasks;
186
187 namespacecommon.Model
188 {
189 publicclassad_logic_model
190 {
191 publicstringitem{get;set;}
192 publicintcount{get;set;}
193 publicList<string>tag{get;set;}
```

```
194 }
195 publicclassad_logic_RootObject
196 {
197 publicList<ad_logic_model>logic{get;set;}
```

9.5.5 结果展示

程序运行结果图如图 9-19、图 9-20 所示。

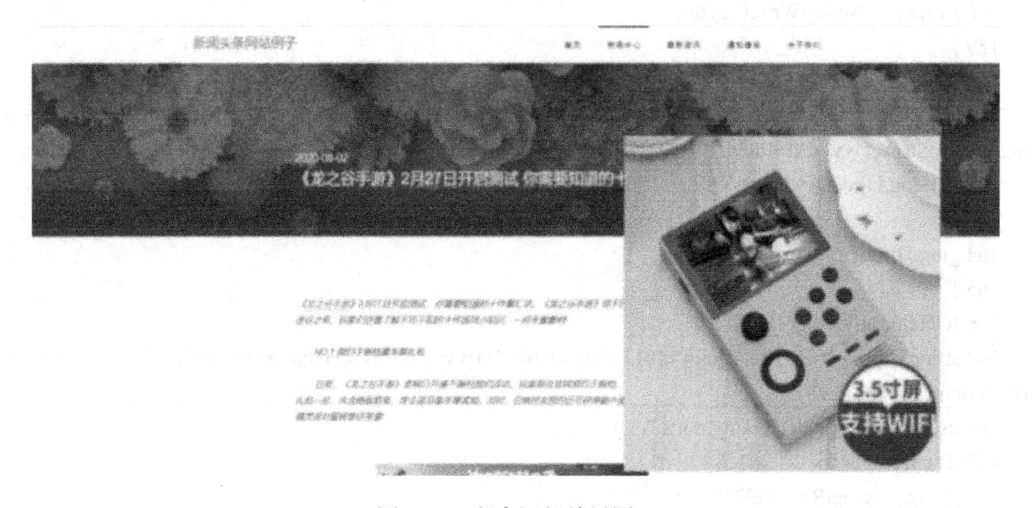

图 9-19　程序运行结果图 1

用户访问《龙之谷手游》时就仅显示游戏机的广告。

图 9-20　程序运行结果图 2

用户访问《CEO 三足鼎立超低价电脑能走多远?》则会推送与计算机有关的显卡广告。

同时，探针已经记录了用户的访问轨迹，并提交给 Storm；当用户多次观看与“笔记本”有关的新闻后，广告针对用户策略达到一定权重值，当用户访问新的网页时，会有效地推送“笔记本”的广告信息。

习　题

1．简述流计算的定义及目前流计算的主要应用场景。

2．简述 Spark Streaming、Storm、Flink 流计算框架各自的特点。

3．简述 Flink 的事件驱动机制。

4．查阅资料，简述流计算技术的发展前景。

参 考 文 献

[1] 彭安妮，周威，贾岩，张玉清. 物联网操作系统安全研究综述[J]. 通信学报，2018，39（3）：22-34.

[2] 宋灵城. Flink 和 Spark Streaming 流式计算模型比较分析[J]. 通信技术，2020，53（1）：59-62.

[3] 蔡鲲鹏，马莉娟. 基于 Flink on YARN 平台的应用研究[J]. 科技创新与应用，2020，（16）：173-175+178.

[4] 白玉辛，刘晓燕. Hadoop 与 Flink 应用场景研究[J]. 通信技术，2020，53（6）：1559-1568.

第10章 Pregel图计算

关联性计算是大数据计算的核心，图数据结构很好地表达了数据之间的关联性。但是，传统的图计算解决方案无法解决大型图的计算问题。为了解决大型图的分布式计算问题，Google 开发了一种基于 BSP（Bulk Synchronous Parallel，整体同步平行）计算模型的并行图处理系统——Pregel。Pregel 搭建了一套可扩展、有容错机制的平台，该平台提供了一套非常灵活的 API，可以描述各种各样的图计算。因图计算广泛的实际应用需求，自 Pregel 于 2009 年公开之后，一些开源的方案也被实现出来，如 Spark 的 GraphX 就实现了 Pregel API。Pregel 作为一个从十几年前起就广为人知的算法，新近又提出了不少增强和改进的技术，在大数据时代更具旺盛的生命力。

本章主要介绍 Pregel 图计算模型、工作原理、体系结构、应用实例及 Pregel 的开源实现 Hama，应重点掌握 Pregel 的工作原理及 Dijkstra、PageRank 算法的 Pregel 和 Hama 实现。

Pregel 图计算导览如图 10-1 所示。

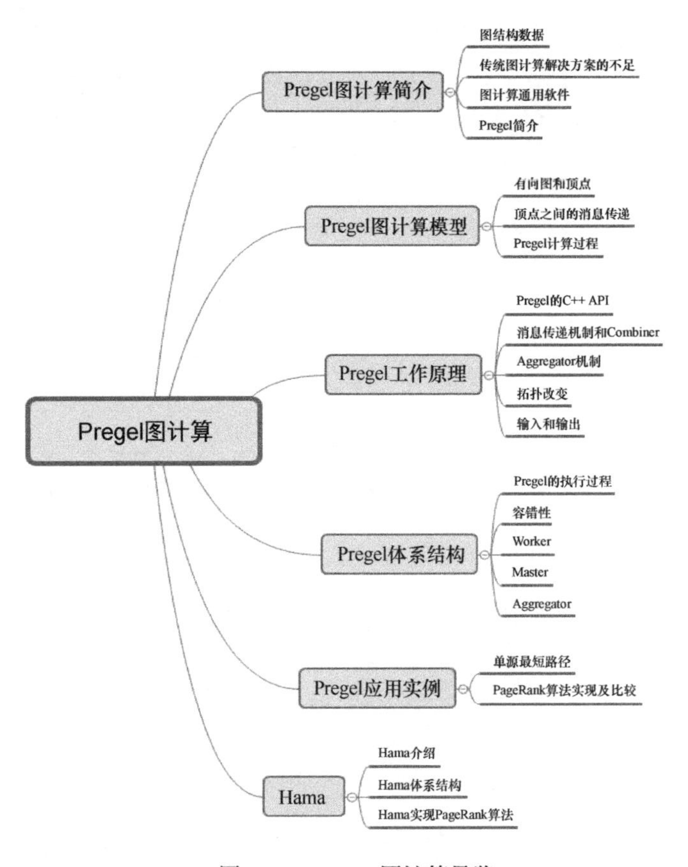

图 10-1　Pregel 图计算导览

10.1　Pregel 图计算简介

10.1.1　图结构数据

许多大数据都以大型图或网络的形式呈现，如社交网络、传染病传播途径、交通事故对路网的影响等；许多非图结构的大数据也常常会在转换为图模型后被分析挖掘[1]。

图数据结构很好地表达了数据之间的关联性，关联性计算是大数据计算的核心——通过获得数据的关联性，可以从噪声很多的海量数据中抽取出有用的信息。比如，通过为购物者之间的关系建模，就能很快找到口味相似的用户，并为之推荐商品；或者在社交网络中，通过传播关系发现意见领袖。

10.1.2　传统图计算解决方案的不足

很多传统的图计算算法都存在以下几个典型问题[1,2]。

（1）常常表现出比较差的内存访问局部性。

（2）针对单个顶点的处理工作过少。

（3）计算过程中伴随着并行度的改变。

针对大型图（如社交网络和网络图）的计算问题，可能的解决方案及其不足之处如下。

（1）为特定的图应用定制相应的分布式实现：通用性不好。

（2）基于现有的分布式计算平台进行图计算：在性能和易用性方面往往无法达到最优。现有的并行计算框架如 MapReduce 还无法满足复杂的关联性计算，MapReduce 作为单输入、两阶段、粗粒度数据并行的分布式计算框架，在表达多迭代、稀疏结构和细粒度数据时力不从心。例如，有公司利用 MapReduce 进行社交用户推荐，对于 5000 万名注册用户，50 亿个关系对，利用 10 台机器的集群，需要超过 10h 的计算，这是用户无法接受的。

（3）使用单机的图算法库：比如 BGL、LEAD、NetworkX、JDSL、Standford GraphBase 和 FGL 等，在可以解决的问题的规模方面具有很大的局限性。

（4）使用已有的并行图计算系统：比如 Parallel BGL 和 CGM Graph，实现了很多并行图算法，但对大规模分布式系统非常重要的一些方面（如容错）无法提供较好的支持。

10.1.3　图计算通用软件

因为传统的图计算解决方案无法解决大型图的计算问题，所以需要设计能够解决这些问题的通用图计算软件。针对大型图的计算，目前通用的图计算软件主要包括以下两种。

（1）基于遍历算法、实时的图数据库，如 Neo4j、OrientDB、DEX 和 Infinite Graph。

（2）以图顶点为中心、基于消息传递批处理的并行引擎，如 GoldenOrb、Giraph、

Pregel 和 Hama。这些图处理软件主要是基于 BSP 计算模型（Bulk Synchronous Parallel Computing Model，正体同步并行计算模型）实现的并行图处理系统。

一次 BSP 计算过程包括一系列全局超步（Superstep，所谓的超步就是计算中的一次迭代），每个超步主要包括以下三个组件[1,2]，如图 10-2 所示。

（1）局部计算。每个参与的处理器都有自身的计算任务，它们只读取存储在本地内存中的值，不同处理器的计算任务都是异步并且独立的。

（2）通信。处理器群相互交换数据，交换的形式是由一方发起推送（Put）和获取（Get）操作。

（3）路障（也称栅栏）同步（Barrier Synchronization）。当一个处理器遇到路障时，会等到其他所有处理器完成它们的计算步骤；每次同步也是一个超步的完成和下一个超步的开始。

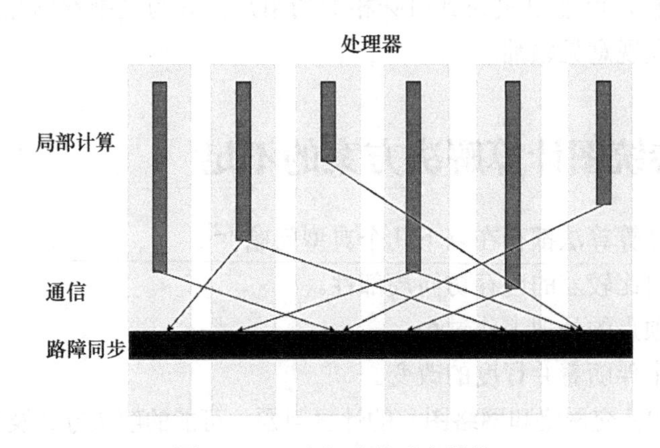

图 10-2　一个超步的垂直结构

10.1.4　Pregel 简介

在 Hadoop 兴起之后，Google 又发布了三篇研究论文，分别阐述了 Caffeine、Pregel、Dremel 这三种技术，这三种技术也被称为 Google 公司在后 Hadoop 时代的新“三架马车”。其中的 Pregel 是由 Google 开发的一种基于 BSP 模型实现的并行图处理系统。为了解决大型图的分布式计算问题，Pregel 搭建了一套可扩展的、有容错机制的平台，该平台提供了一套非常灵活的 API，可以描述各种各样的图计算。

在 Pregel 计算模式中，输入是一个有向图，该有向图的每个顶点都有一个相应的独一无二的顶点 ID（Vertex Identifier，顶点标识符）。每个顶点都有一些属性，这些属性可以被修改，其初始值由用户定义。每条有向边都和其源顶点关联，并且也拥有一些用户定义的属性和值，同时还记录了其目的顶点的 ID。

一个典型的 Pregel 计算过程如下：读取输入，初始化该图，当图被初始化好后运行一系列的超步，每个超步都在全局的角度上独立运行，直到整个计算结束，输出结果。

Pregel 作为分布式图计算的计算框架，主要用于图遍历（BFS）、最短路径（SSSP）计算、网页 PageRank 值的计算（流行度分析）等。

10.2 Pregel 图计算模型

10.2.1 有向图和顶点

Pregel 计算模型以有向图作为输入，其有向图结构如图 10-3 所示。有向图的每个顶点都有一个 String 类型的顶点 ID，每个顶点都有一个可修改的用户自定义值与之关联，每条有向边都和其源顶点关联，并记录了其目标顶点 ID，边上有一个可修改的用户自定义值与之关联。

超步示意图如图 10-4 所示。在每个超步 S 中，所有顶点都会并行执行相同的用户自定义函数。每个顶点可以接收前一个超步（S–1）中发送给它的消息，修改其自身及其出射边的状态，并发送消息给其他顶点，甚至是修改整个图的拓扑结构。

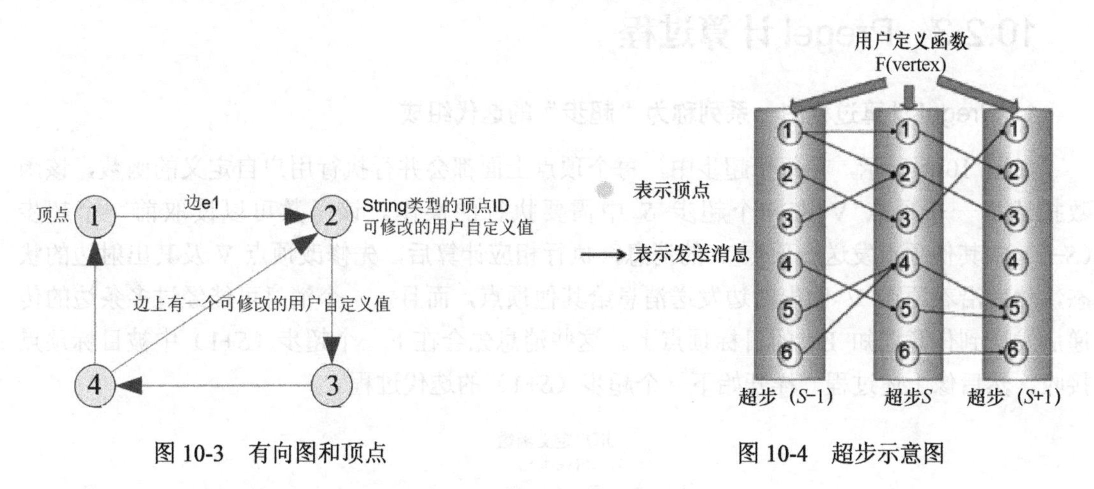

图 10-3 有向图和顶点

图 10-4 超步示意图

在这种计算模式中，“边”并不是核心对象，在边上面不会运行相应的计算，只有顶点才会执行用户自定义函数进行相应计算。

10.2.2 顶点之间的消息传递

传递消息的基本方式有远程读取、基于共享内存、基于消息传递等。在 Pregel 图计算中采用基于消息传递方式，主要基于以下两个原因。

（1）基于消息传递具有足够的表达能力，没有必要使用远程读取或基于共享内存的方式。远程读取具有较高的延迟，如 MapReduce 采用远程读取，延迟较高；基于消息传递采用异步和批量的方式，延迟低。

（2）有助于提升系统整体性能。大型图计算通常是由一个集群完成的，在集群环境中执行远程读取数据会有较高的延迟，Pregel 的基于消息传递采用异步和批量的方式，因此可以缓解远程读取的延迟。纯消息传递模型如图 10-5 所示。

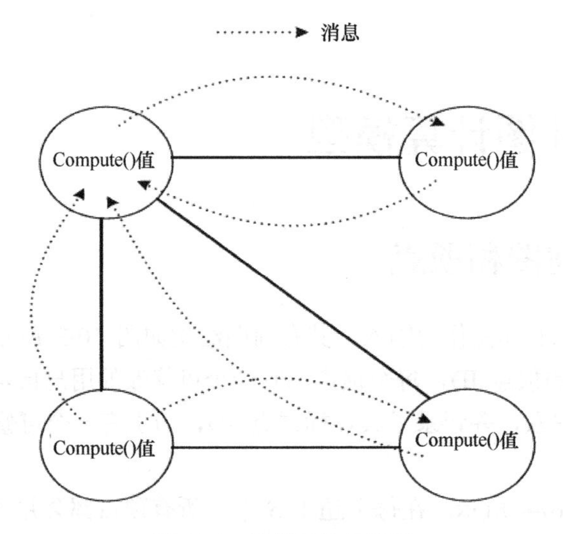

图 10-5 纯消息传递模型

10.2.3 Pregel 计算过程

1. Pregel 计算过程由一系列称为“超步”的迭代组成

如图 10-6 所示，在每个超步中，每个顶点上面都会并行执行用户自定义的函数，该函数描述了一个顶点 V 在一个超步 *S* 中需要执行的操作。该函数可以读取前一个超步（*S*−1）中其他顶点发送给顶点 V 的消息，执行相应计算后，先修改顶点 V 及其出射边的状态，然后沿着顶点 V 的出射边发送消息给其他顶点，而且，一个消息可能经过多条边的传递后发送到任意已知 ID 的目标顶点上。这些消息先会在下一个超步（*S*+1）中被目标顶点接收，然后像上述过程一样开始下一个超步（*S*+1）的迭代过程。

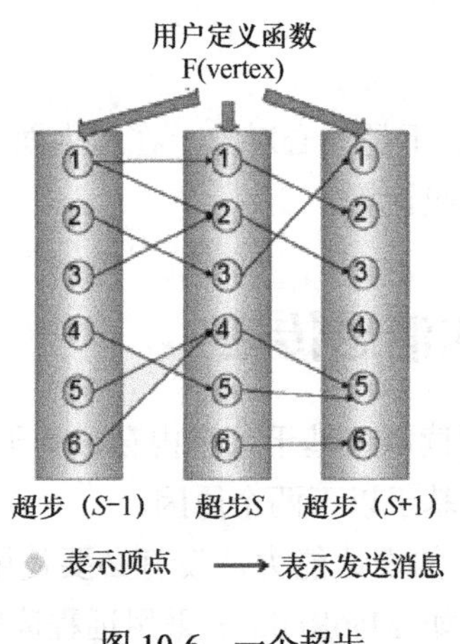

图 10-6 一个超步

2. 在 Pregel 计算过程中由所有顶点的状态决定一个算法在什么时候结束

Pregel 中的顶点会有状态变化，一个顶点存在两种状态：活跃（Active）状态和非活跃（Inactive）状态。在第 0 个超步，所有顶点处于活跃状态，都会参与该超步的计算过程；当一个顶点不需要继续执行进一步的计算时，就会把自己的状态设置为“停机”（Vote to Halt），进入非活跃状态，如图 10-7 所示；一旦一个顶点进入非活跃状态，后续超步中就不会再在该顶点上执行计算，除非其他顶点给该顶点发送消息把它再次激活；当一个处于非活跃状态的顶点收到来自其他顶点的消息时，Pregel 计算框架必须根据条件判断来决定是否将其显式唤醒进入活跃状态；当图中所有的顶点都已经标识其自身达到非活跃状态且没有消息在传送时，算法就停止运行。

3．实例

求一个最大值的 Pregel 计算过程如图 10-8 所示。下面以图 10-8 为例详细介绍 Pregel 的计算过程。

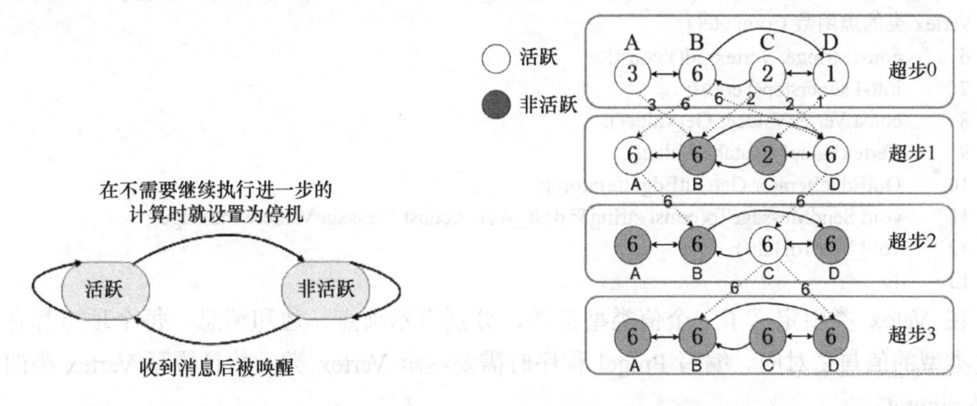

图 10-7　一个简单的状态机　　　　图 10-8　求一个最大值的 Pregel 计算过程

（1）超步 0：初始超步，不接收信息，只负责将当前顶点的值传递出去，并设置所有顶点状态为活跃。

（2）超步 1：顶点 A 接收的信息为 6，将当前顶点的值设置为 6，状态设置为活跃，并将 6 作为消息发送给顶点 B（顶点 B 在下一个轮次会收到，当前轮次不会收到）；顶点 B 接收的信息为 3 和 2，均小于当前顶点值 6，不更新当前顶点值，并将顶点的状态设置为非活跃；顶点 C 接收的信息为 1，小于当前顶点值 2，不更新当前顶点值，并将顶点的状态设置为非活跃；顶点 D 接收信息为 2 和 6，将当前顶点的值更新为 6，状态设置为活跃，并将 6 作为消息发送给顶点 C。

（3）超步 2：顶点 A 未接收到信息，并且状态为非活跃，什么都不做；顶点 B 接收到顶点 A 上一个轮次发送的消息，由于当前顶点值为 6，不小于接收到的消息 6，因此不更新当前顶点值，并将顶点的状态设置为非活跃；顶点 C 接收到的消息为 6，当前顶点值为 2，将当前顶点的值更新为 6，状态设置为活跃，并将 6 作为消息发送给顶点 B 和 D；顶点 D 未接收到信息，并且状态为非活跃，什么都不做。

（4）超步 3：顶点 A 未接收到信息，并且状态为非活跃，什么都不做；顶点 B 接收到顶点 C 上一个轮次发送的消息，由于当前顶点值为 6，不小于接收到的消息 6，因此不更新当前顶点值，并将顶点的状态设置为非活跃；顶点 C 未接收到任何信息，因此将状态设置为非活跃；顶点 D 接收到顶点 C 上一个轮次发送的消息，由于当前顶点值为 6，不小于接收到的消息 6，因此不更新当前顶点值，并将顶点的状态设置为非活跃。

所有顶点的状态均为非活跃，迭代停止，输出结果。

10.3 Pregel 工作原理

10.3.1 Pregel 的 C++ API

Pregel 已经预先定义好一个基类——Vertex 类：

```
1  //定义了三个值类型参数，分别表示 VertexValue 顶点、EdgeValue 边和 MessageValue 消息
2  template <typename VertexValue, typename EdgeValue, typename MessageValue>
3  class Vertex {
4    public:
5      virtual void Compute(MessageIterator* msgs) = 0; //编写 Pregel 程序时需要继承 Vertex 类，并且覆写 Vertex 类的虚函数 Compute()
6      const string& vertex_id() const;
7      int64 superstep() const;
8      const VertexValue& GetValue();
9      VertexValue* MutableValue();
10     OutEdgeIterator GetOutEdgeIterator();
11     void SendMessageTo(const string& dest_vertex,const MessageValue& message);
12     void VoteToHalt();
13     };
```

在 Vetex 类中定义了三个值类型参数，分别表示顶点、边和消息。每个顶点都有一个给定类型的值与之对应。编写 Pregel 程序时需要继承 Vertex 类，并且覆写 Vertex 类的虚函数 Compute()。

在 Pregel 执行计算过程时，每个超步都会并行调用在每个顶点上定义的 Compute()函数；允许 Compute()方法查询当前顶点及其边的信息，以及发送消息到其他的顶点；Compute()方法可以调用 GetValue()方法来获取当前顶点的值；调用 MutableValue()方法来修改当前顶点的值；通过由出射边的迭代器提供的方法来查看、修改出射边对应的值。对状态的修改，对于被修改的顶点而言是立即可见，但对于其他顶点而言是不可见的，因此，不同顶点并发进行的数据访问是不存在竞争关系的。

在整个 Pregel 计算过程中，唯一需要在超步之间持久化的顶点级状态是顶点和其对应的边所关联的值，因此，Pregel 计算框架所需要管理的图状态就只包括顶点和边所关联的值。这种做法大大简化了计算流程，同时也有利于图的分布和故障恢复。

10.3.2 消息传递机制和 Combiner

Pregel 中顶点之间的通信是借助消息传递机制来实现的，每条消息都包含了消息值和需要到达的目标顶点 ID。用户可以通过 Vertex 类的模板参数来设定消息值的数据类型。

在一个超步 S 中，一个顶点可以发送任意数量的消息，这些消息将在下一个超步（S+1）中被其他顶点接收。也就是说，在超步（S+1）中，当 Pregel 计算框架在顶点 V 上执行用户自定义的 Compute()方法时，所有在前一个超步 S 中发送给顶点 V 的消息，都可以通过一个迭代器访问。迭代器不能保证消息的顺序，但可以保证消息一定会被传送且不

会被重复传送。

一个顶点 V 通过与之关联的出射边向外发送消息，并且消息要到达的目标顶点并不一定是与顶点 V 相邻的顶点，一个消息可以连续经过多条连通的边到达某个与顶点 V 不相邻的顶点 U，U 可以从接收的消息中获取到与其不相邻的顶点 V 的 ID。

由于基于消息传递机制的顶点之间可以传递消息，Pregel 还面临一个比较重要的问题：通过网络发送大量消息的成本较高。某些情况下，可以在发送消息前先将消息聚合。例如，若在算法中只关心接收到消息的最大值，那么与其在把所有消息都发送到目的地后再计算，不如先将最大值求出，这样可以极大地减少需要发送的消息数量。Pregel 允许用户自定义 Combiner 来实现这一目的。

在 Pregel 计算框架发出消息之前，Combiner 可以将发往同一个顶点的多个整型值进行求和后得到一个值，只需向外发送这个“求和结果”，从而实现了由多个消息合并成一个消息，大大减少了传输和缓存的开销。

在默认情况下，Pregel 计算框架并不会开启 Combiner 功能，因为通常很难找到一种对所有顶点的 Compute()函数都合适的 Combiner。当用户打算开启 Combiner 功能时，可以继承 Combiner 类并覆写虚函数 Combine()。

此外，通常只对那些满足交换律和结合律的操作可以开启 Combiner 功能，因为 Pregel 计算框架无法保证哪些消息会被合并，也无法保证消息传递给 Combine()的顺序和合并操作执行的顺序。

一个 Combiner 应用例子如图 10-9 所示。

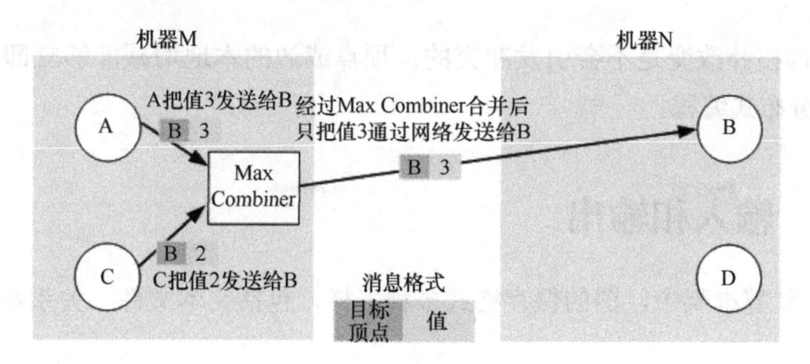

图 10-9　Combiner 应用例子

10.3.3　Aggregator 机制

Pregel 需要解决的另一个问题是：部分图论算法无法使用上述顶点状态来判断是否结束。有些时候可能需要全图的所有节点共同提供一些信息，统计出一些指标来进行判断。在另一些情况下，用户也希望对算法的进展进行衡量和追踪。因此，Pregel 还引入了 Aggregator。Aggregator 提供了一种全局通信、监控和数据查看的机制。

在一个超步 S 中，每个顶点都可以向一个 Aggregator 提供一个数据，Pregel 计算框架会对这些值进行聚合操作产生一个值，在下一个超步（S+1）中，图中的所有顶点都可以看见这个值。

Aggregator 的聚合功能，允许在整型和字符串类型上执行最大值、最小值、求和操作，比如可以定义一个“Sum” Aggregator 来统计每个顶点的出射边数量，最后相加可以得到整个图的边的数量。

Aggregator 还可以实现全局协同的功能，比如可以设计“and” Aggregator 来决定在某个超步中 Compute()函数是否执行某些逻辑分支，只有当“and” Aggregator 显示所有顶点都满足了某条件时，才去执行这些逻辑分支。

10.3.4 拓扑改变

最后一个需要解决的问题是改变拓扑的问题。有些图算法在迭代过程中需要增删节点和边。Pregel 并没有中心服务掌控整个图的状态，这一需求也被抽象为消息传递机制得以解决。为了防止接收到的拓扑修改的消息相互冲突，这些消息会按照一定的顺序被应用，用户也可以定义函数用于冲突处理。

Pregel 计算框架允许用户在自定义函数 Compute()中定义操作，修改图的拓扑结构，比如在图中增加（或删除）边或顶点。

对于全局拓扑改变，Pregel 采用了惰性协调机制，在改变请求发出时，Pregel 不会对这些操作进行协调，只有当这些改变请求的消息到达目标顶点并被执行时，Pregel 才会对这些操作进行协调。这样，所有针对某个顶点 V 的拓扑修改操作所引发的冲突，都会由顶点 V 自己来处理。

本地的局部拓扑改变是不会引发冲突的，顶点或边的本地增减能够立即生效，在很大程度上简化了分布式编程。

10.3.5 输入和输出

在 Pregel 计算框架中，图的保存格式多种多样，包括文本文件、关系数据库或键值数据库等。

在 Pregel 中，“从输入文件生成得到图结构”和“执行图计算”这两个过程是分离的，从而不会限制输入文件的格式。

对于输出，Pregel 也采用了灵活的方式，可以以多种方式进行输出。

10.4 Pregel 体系结构

10.4.1 Pregel 的执行过程

在 Pregel 计算框架中，一个大型图会被划分成许多个分区，每个分区都包含一部分顶点及以其为起点的边[1,3]，如图 10-10 所示。

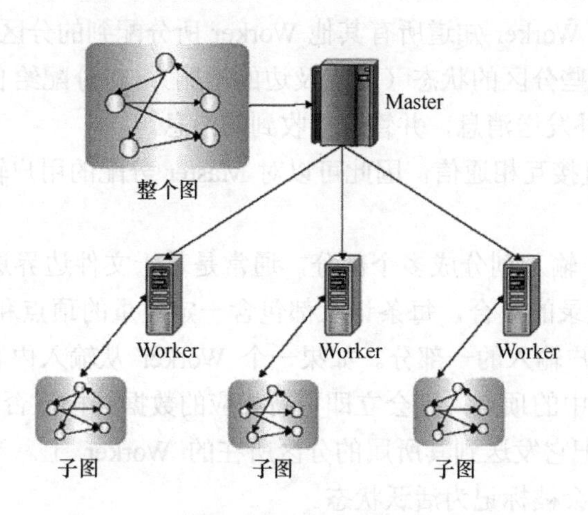

图 10-10　图的划分

一个顶点应该被分配到哪个分区上是由一个函数决定的，系统默认函数为 hash(ID) mod N，其中，N 为所有分区总数，ID 是这个顶点的标识符。当然，用户也可以自己定义这个函数。这样，无论在哪台机器上，都可以简单根据顶点 ID 判断出该顶点属于哪个分区，即使该顶点可能已经不存在了。

在理想的情况下（不发生任何错误），一个 Pregel 用户程序的执行过程如图 10-11 所示。

（1）程序执行过程遵循主（Master）从（Slave）结构。

选择集群中的多台机器执行图计算任务，每台机器上运行用户程序的一个副本，其中，有一台机器会被选为 Master（主服务器），其他机器作为 Worker（工作服务器，即从服务器）。Master 只负责协调多个 Worker 执行任务，系统不会把图的任何分区分配给它。Worker 借助于名称服务系统可以定位到 Master 的位置，并向 Master 发送自己的注册信息。

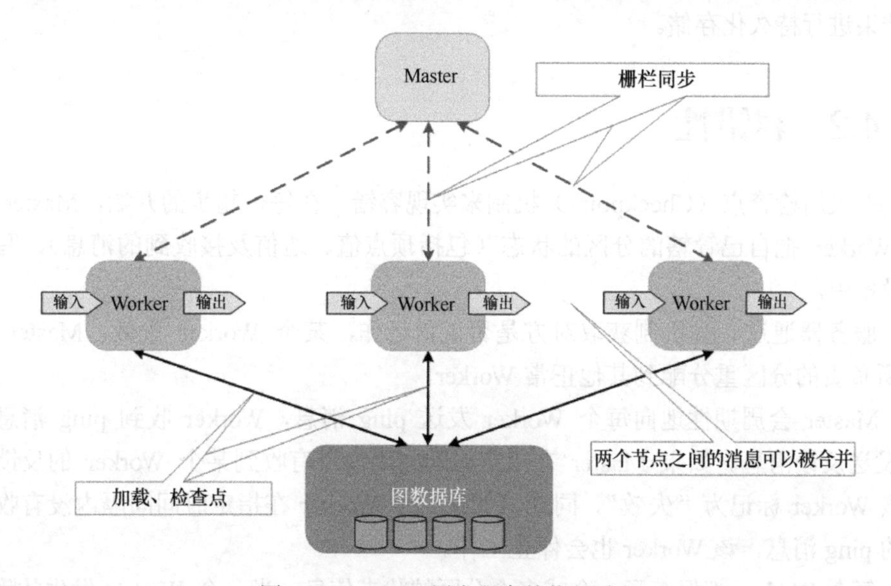

图 10-11　Pregel 用户程序的执行过程

（2）Master 把一个图分成多个分区，并把分区分配到多个 Worker。一个 Worker 会收到一个或多个分区，每个 Worker 知道所有其他 Worker 所分配到的分区情况。每个 Worker 负责维护分配给自己的那些分区的状态（顶点及边的增删），对分配给自己的分区中的顶点执行 Compute()函数，向外发送消息，并管理接收到的消息。

（3）Worker 可以直接互相通信，因此可以对 Master 分配的用户输入进行容错，彼此交换所需输入内容。

Master 会先把用户输入划分成多个部分，通常是基于文件边界进行划分的。划分后，每个部分都是一系列记录的集合，每条记录都包含一定数量的顶点和边。然后，Master 会为每个 Worker 分配用户输入的一部分。如果一个 Worker 从输入内容中加载到的顶点刚好是自己所分配到的分区中的顶点，则会立即更新相应的数据结构。否则，该 Worker 会根据加载到的顶点的 ID，把它发送到其所属的分区所在的 Worker 上。当所有的输入都被加载后，图中的所有顶点都会被标记为活跃状态。

（4）Worker 为每个分区分配一个线程（同步锁），所有线程计算结束后结束本次迭代，通知 Master 下一次迭代自己可以使用的活跃顶点。Master 协调执行下一次迭代任务，直到所有顶点不再活跃。

Master 向每个 Worker 发送指令，Worker 收到指令后开始运行一个超步。Worker 会为自己管辖的每个分区分配一个线程，对于分区中的每个顶点，Worker 会把来自上一个超步的发给该顶点的消息传递给它，并调用处于活跃状态的顶点上的 Compute()函数，在执行计算过程中，顶点可以对外发送消息，但所有消息的发送工作必须在本超步结束之前完成。当所有这些工作都完成以后，Worker 会通知 Master，并把自己在下一个超步还处于活跃状态的顶点的数量报告给 Master。上述步骤会被不断重复，直到所有顶点都不再活跃且系统中不会有任何消息在传输，这时，执行过程才会结束。

（5）计算过程结束后，Master 会给所有的 Worker 发送指令，通知每个 Worker 对自己的计算结果进行持久化存储。

10.4.2 容错性

Pregel 采用检查点（Checkpoint）机制来实现容错。在每个超步的开始，Master 会通知所有的 Worker 把自己管辖的分区的状态（包括顶点值、边值及接收到的消息），写入持久化存储设备中。

主从服务器通过心跳机制获取对方是否正常运作，某个 Worker 失效，Master 会将该 Worker 所负责的分区重分配到其他正常 Worker。

（1）Master 会周期性地向每个 Worker 发送 ping 消息，Worker 收到 ping 消息后会给 Master 发送反馈消息。如果 Master 在指定时间间隔内没有收到某个 Worker 的反馈消息，就会把该 Worker 标记为“失效”。同样，如果一个 Worker 在指定时间间隔内没有收到来自 Master 的 ping 消息，该 Worker 也会停止工作。

（2）每个 Worker 都保存了一个或多个分区的状态信息，当一个 Worker 发生故障时，它所负责维护的分区的当前状态信息就会丢失。Master 监测到一个 Worker 发生故障失效后，会把失效的 Worker 所分配到的分区，重新分配到其他处于正常工作状态的 Worker 集合上，然后，所有这些分区会从最近的某超步 S 开始时写出的检查点中重新加载状态信息。

10.4.3 Worker

在一个 Worker 中，它所管辖的分区的状态信息保存在内存中。分区中顶点的状态信息包括以下各项。

（1）顶点的当前值。

（2）以该顶点为起点的出射边列表，每条出射边包含目标顶点 ID 和边的值。

（3）消息队列，包含所有接收到、发送给该顶点的消息。

（4）标志位，用来标记顶点是否处于活跃状态。

在每个超步中，Worker 会对自己所管辖的分区中的每个顶点进行遍历，并调用顶点上的 Compute()函数，在调用时，会把以下三个参数传递进去。

（1）该顶点的当前值。

（2）一个接收到的消息的迭代器。

（3）一个出射边的迭代器。

在 Pregel 中，为了获得更好的性能，“标志位”和输入消息队列是分开保存的。

（1）对于每个顶点而言，Pregel 只保存一份顶点值和边值，但会保存两份“标志位”和输入消息队列，分别用于当前超步和下一个超步。

（2）在超步 S 中，当一个 Worker 在进行顶点处理时，用于当前超步的消息会被处理，同时，它在处理过程中还会接收到来自其他 Worker 的消息，这些消息会在下一个超步（S+1）中被处理。因此，需要两个消息队列用于存放作用于当前超步 S 的消息和作用于下一个超步（S+1）的消息。

（3）如果一个顶点 V 在超步 S 接收到消息，那么它表示 V 将会在下一个超步（S+1）中（而不是当前超步 S 中）处于活跃状态。

当一个 Worker 上的一个顶点 V 需要发送消息到其他顶点 U 时，该 Worker 会首先判断目标顶点 U 是否位于自己机器上。

（1）如果目标顶点 U 在自己的机器上，则直接把消息放入与目标顶点 U 对应的输入消息队列中。

（2）如果发现目标顶点 U 在远程机器上，则这个消息会被暂时缓存到本地，当缓存中的消息数目达到一个事先设定的阈值时，这些缓存消息会被批量异步发送出去，传输到目标顶点所在的 Worker 上。

（3）如果存在用户自定义的 Combiner 操作，则当消息被加入输出队列或者到达输入队列时，就可以对消息执行合并操作，这样可以节省存储空间和网络传输开销。

10.4.4 Master

Master 主要负责协调各个 Worker 执行任务，每个 Worker 会借助于名称服务系统定位到 Master 的位置，并向 Master 发送自己的注册信息，Master 会为每个 Worker 分配一个唯一的 ID。

（1）Master 维护着关于当前处于有效状态的所有 Worker 的各种信息，包括每个 Worker 的 ID 和地址信息，以及每个 Worker 被分配到的分区信息。

（2）虽然在集群中只有一个 Master，但是，它仍然能够承担起一个大型图计算的协调任务，这是因为 Master 中保存这些信息的数据结构的大小，只与分区的数量有关，而与顶点和边的数量无关。

一个大型图计算任务会被 Master 分解到多个 Worker 去执行，在每个超步开始时，Master 都会先向所有处于有效状态的 Worker 发送相同的指令，然后等待这些 Worker 的回应[1,4]。

（1）如果在指定时间内收不到某个 Worker 的反馈，Master 就认为这个 Worker 失效。

（2）如果参与任务执行的多个 Worker 中的任意一个发生了故障失效，Master 就会进入恢复模式。

（3）在每个超步中，图计算的各种工作，如输入、输出、计算、保存和从检查点中恢复，都会在路障之前结束；在路障同步之前完成所有检错，这样保证了整个系统的健壮性、计算结果的正确性。

（4）如果路障同步成功，则说明一个超步顺利结束，Master 就会进入下一个处理阶段，图计算进入下一个超步的执行。

Master 在内部运行了一个 HTTP 服务器来显示图计算过程的各种信息，用户可以通过网页随时监控图计算执行过程的各个细节：

（1）图的大小。

（2）关于出度分布的柱状图。

（3）处于活跃状态的顶点数量。

（4）当前超步的时间信息和消息流量。

（5）所有用户自定义 Aggregator 的值。

10.4.5 Aggregator

每个用户自定义的 Aggregator 都会采用聚合函数对一个值集合进行聚合计算得到一个全局值。

（1）每个 Worker 都保存了一个 Aggregator 的实例集，其中的每个实例都是由类型名称和实例名称来标识的。

（2）在执行图计算过程的某个超步 S 中，每个 Worker 都会利用一个 Aggregator 对当前本地分区中包含的所有顶点的值进行归约，得到一个本地的局部归约值。

（3）在超步 S 结束时，所有的 Worker 都会先将所有包含局部归约值的 Aggregator 的值进行最后汇总，得到全局值，然后提交给 Master。

（4）在下一个超步 S+1 开始时，Master 会将 Aggregator 的全局值发送给每个 Worker。

10.5 Pregel 应用实例

10.5.1 单源最短路径

Dijkstra 算法是解决单源最短路径问题的贪婪算法，如图 10-12 所示。在图规模巨大无法被放入单机内存的场景下，Pregel 的消息传递模型仍然适用[1,3]。

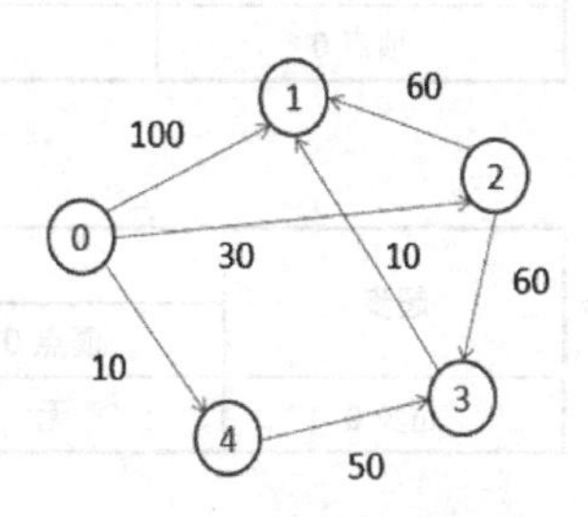

图 10-12 Dijkstra 算法示例

Pregel 非常适合用来解决单源最短路径问题，其实现代码如下：

```
1  class ShortestPathVertex
2    : public Vertex<int, int, int> {
3    void Compute(MessageIterator* msgs) {
4        int mindist = IsSource(vertex_id()) ? 0 : INF;
5        for (; !msgs->Done(); msgs->Next())
6            mindist = min(mindist, msgs->Value());
7        if (mindist < GetValue()) {
8            *MutableValue() = mindist;
9            OutEdgeIterator iter = GetOutEdgeIterator();
10           for (; !iter.Done(); iter.Next())
11               SendMessageTo(iter.Target(),
12                             mindist + iter.GetValue());
13   }
14   VoteToHalt();
15   }
16 };
```

说明：

（1）每个顶点并行执行 Compute()函数。

（2）超步 0：超步 0 开始时的顶点值如表 10-1 所示，超步 0 结束时的顶点值如表 10-2 所示。超步 0 结束时，所有顶点非活跃，顶点 0 向其他顶点发送的消息如表 10-3 所示，超步 0 中发出的消息如表 10-4 所示。

表 10-1 超步 0 开始时的顶点值

超步	顶点				
	顶点 0	顶点 1	顶点 2	顶点 3	顶点 4
超步 0	INF	INF	INF	INF	INF

表 10-2 超步 0 结束时的顶点值

超步	顶点				
	顶点 0	顶点 1	顶点 2	顶点 3	顶点 4
超步 0	0	INF	INF	INF	INF

表 10-3　顶点 0 向其他顶点发送的消息

发出顶点	接收顶点			
	顶点 1	顶点 2	顶点 3	顶点 4
顶点 0	100	30	无	10

表 10-4　超步 0 中发出的消息

超步	顶点				
	顶点 0	顶点 1	顶点 2	顶点 3	顶点 4
超步 0	无	100	30	无	10

（3）超步 1 开始时的顶点值如表 10-5 所示。

超步 1 具体计算过程如下。

顶点 0：没有收到消息，依然非活跃。

顶点 1：收到消息 100（唯一消息），被显式唤醒，执行计算，mindist 变为 100，小于顶点值 INF，顶点值修改为 100，没有出射边，不需要发送消息，最后变为非活跃。

顶点 2：收到消息 30，被显式唤醒，执行计算，mindist 变为 30，小于顶点值 INF，顶点值修改为 30，有两条出射边，向顶点 3 发送消息 90（30+60），向顶点 1 发送消息 90（30+60），最后变为非活跃。

顶点 3：没有收到消息，依然非活跃。

顶点 4：收到消息 10，被显式唤醒，执行计算，mindist 变为 10，小于顶点值 INF，顶点值修改为 10，向顶点 3 发送消息 60（10+50），最后变为非活跃。

超步 1 结束时的顶点值如表 10-6 所示，从图中可以看出，超步 1 结束时，所有顶点非活跃；顶点 2 向其他顶点发送的消息如表 10-7 所示；顶点 4 向其他顶点发送的消息如表 10-8 所示；超步 1 中发出的消息如表 10-9 所示。

表 10-5　超步 1 开始时的顶点值

超步	顶点				
	顶点 0	顶点 1	顶点 2	顶点 3	顶点 4
超步 0	0	INF	INF	INF	INF

表 10-6　超步 1 结束时的顶点值

超步	顶点				
	顶点 0	顶点 1	顶点 2	顶点 3	顶点 4
超步 1	0	100	30	INF	10

表 10-7　顶点 2 向其他顶点发送的消息

发出顶点	接收顶点			
	顶点 0	顶点 1	顶点 3	顶点 4
顶点 2	无	90	90	无

表 10-8 顶点 4 向其他顶点发送的消息

发出顶点	接收顶点			
	顶点 0	顶点 1	顶点 2	顶点 3
顶点 4	无	无	无	60

表 10-9 超步 1 中发出的消息

发出顶点	接收顶点				
	顶点 0	顶点 1	顶点 2	顶点 3	顶点 4
顶点 2	无	90	无	90	无
顶点 4	无	无	无	60	无

（4）……剩余超步省略。

（5）当所有顶点非活跃且没有消息传递时，就结束。

10.5.2 PageRank 算法实现及比较

1. PageRank 算法

PageRank 是一个函数，它为网络中每个网页赋一个权值。可以通过该权值来判断网页的重要性。该权值分配的方法不是固定的，对 PageRank 算法的一些简单变形都会改变网页的相对 PageRank 值（简称 PR 值）。

PageRank 是 Google 的网页链接排名算法，其基本公式如下：

$$\mathrm{PR} = \beta \sum_{i=1}^{n} \frac{\mathrm{PR}_i}{N_i} + (1-\beta)\frac{1}{N} \quad \text{（式 10-1）}$$

对于任意一个网页链接，其 PR 值为链入该链接的源链接的 PR 值对该链接的贡献和，其中，N 表示该网络中所有网页的数量，N_i 为第 i 个源链接的链出度，PR_i 表示第 i 个源链接的 PR 值。

网络链接之间的关系可以用一个连通图来表示，如图 10-13 所示。该图是由四个网页（A,B,C,D）互相链入/链出组成的连通图，从图中可以看出，网页 A 中包含指向网页 B、C 和 D 的外链，网页 B 和 D 是网页 A 的源链接。

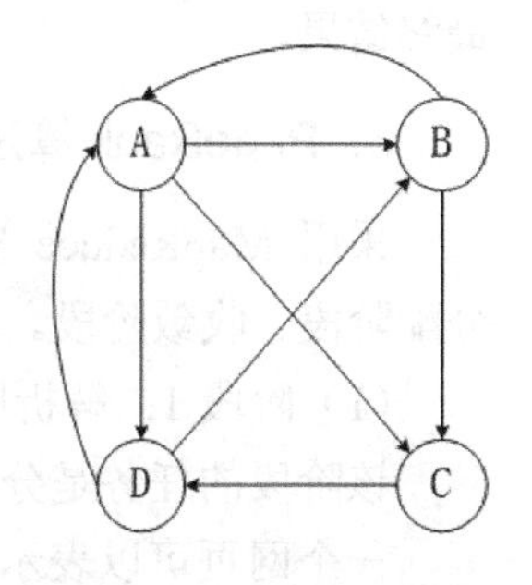

图 10-13 网页连通图

2. PageRank 算法在 Pregel 中的实现

在 Pregel 计算模型中，图中的每个顶点会对应一个计算单元，每个计算单元包含以下三个成员变量。

（1）顶点值（Vertex Value）：顶点对应的 PR 值。

（2）出射边（Out Edge）：只需要表示一条边，可以不取值。

（3）消息（Message）：传递的消息，因为需要将本顶点对其他顶点的 PR 贡献值传递给目标顶点。

每个计算单元包含一个成员函数 Compute()，该函数定义了顶点上的运算，包括该顶点的 PR 值计算，以及从该顶点发送消息到其链出顶点。

PageRank 算法在 Pregel 中的实现代码如下：

```
1  class PageRankVertex: public Vertex<double, void, double> {
2  public:
3         virtual void Compute(MessageIterator* msgs) {
4      if (superstep() >= 1) {
5         double sum = 0;
6         for (;!msgs->Done(); msgs->Next())
7         sum += msgs->Value();
8         *MutableValue() =
9         0.15 / NumVertices() + 0.85 * sum;
10     }
11    if (superstep() < 30) {
12           const int64 n = GetOutEdgeIterator().size();
13           SendMessageToAllNeighbors(GetValue()/ n);
14        } else {
15          VoteToHalt();
16        }
17     }
18 };
```

说明：PageRankVertex 继承自 Vertex 类，顶点值类型是 double，用来保存 PageRank 中间值；消息类型也是 double，用来传输 PageRank 值；边的 value 类型是 void，因为不需要存储任何信息。

（1）这里假设在第 0 个超步时，图中各顶点值被初始化为 1/NumVertices()，其中，NumVertices()表示顶点数目。

（2）在前 30 个超步中，每个顶点都会沿着它的出射边，发送它的 PageRank 值除以出射边数目以后的结果值。从第 1 个超步开始，每个顶点会将到达的消息中的值加到 sum 值中，同时将它的 PageRank 值设为 0.15/NumVertices()+0.85*sum。

（3）在第 30 个超步之后，就没有需要发送的消息了，同时所有的顶点停止计算，得到最终结果。

3．PageRank 算法在 MapReduce 中的实现

采用 MapReduce 实现 PageRank 的计算过程包括三个阶段：解析网页阶段、PageRank 分配阶段、收敛阶段。

（1）阶段 1：解析网页。

该阶段的任务是分析一个页面的链接数并赋初值。

一个网页可以表示为由网址和内容构成的键值对<URL,page content>，作为 Map 任务的输入。阶段 1 的 Map 任务把<URL,page content>映射为<URL,<PRinit,url_list>>后进行输出，其中，PRinit 是该 URL 页面对应的 PageRank 初始值，url_list 包含了该 URL 页面中的外链所指向的所有 URL。Reduce 任务只是恒等函数，输入和输出相同。

对于图 10-13，每个网页的初始 PageRank 值为 1/4。在该阶段中，Map 任务的输入为：

```
1  <AURL,Acontent>
2  <BURL,Bcontent>
3  <CURL,Ccontent>
4  <DURL,Dcontent>
```

Map 任务的输出为：

```
1  <AURL,<1/4,<BURL,CURL,DURL>>>
2  <BURL,<1/4,<AURL,CURL>>>
3  <CURL,<1/4,DURL>>
4  <DURL,<1/4,<AURL,BURL >>>
```

（2）阶段 2：PageRank 分配。

该阶段的任务是多次迭代计算页面的 PageRank 值。

在该阶段中，Map 任务的输入是<URL,<cur_rank,url_list>>，其中，cur_rank 是该 URL 页面对应的 PageRank 当前值，url_list 包含了该 URL 页面中的外链所指向的所有 URL。

对于 url_list 中的每个元素 u，Map 任务输出<u,<URL,cur_rank/|url_list|>>（其中，|url_list|表示外链的个数），并输出链接关系<URL,url_list>。

每个页面的 PageRank 当前值被平均分配给它们的每个外链。Map 任务的输出会作为下面 Reduce 任务的输入。对于图 10-13，第一次迭代 Map 任务的输入与输出如下。

输入为：

```
1  <AURL,Acontent>
2  <BURL,Bcontent>
3  <CURL,Ccontent>
4  <DURL,Dcontent>
```

输出为：

```
1  <BURL,<AURL,1/12>>
2  <CURL,<AURL,1/12>>
3  <DURL,<AURL,1/12>>
4  <AURL,<BURL,CURL,DURL>>
5  <AURL,<BURL,1/8>>
6  <CURL,<BURL,1/8>>
7  <BURL,<AURL,CURL>>
8  <DURL,<CURL,1/4>>
9  <CURL,DURL>
10  <AURL,<DURL,1/8>>
11  <BURL,<DURL,1/8>>
12  <DURL,<AURL,BURL>>
```

在该阶段的 Reduce 阶段，Reduce 任务会获得<URL,url_list>和<u,<URL,cur_rank/|url_list|>>，Reduce 任务对于具有相同 key 值的 value 进行汇总，并把汇总结果乘以 d，得到每个网页的新的 PageRank 值 new_rank，然后输出<URL,<new_rank,url_list>>，作为下一次迭代过程的输入。

Reduce 任务把第一次迭代后 Map 任务的输出作为自己的输入，经过处理后，本轮迭代阶段 2 的 Reduce 输出为：

```
1  <AURL,<0.2500,<BURL,CURL,DURL>>>
2  <BURL,<0.2147,<AURL,CURL>>>
```

```
3  <CURL,<0.2147,DURL>>
4  <DURL,<0.3206,<AURL,BURL>>>
```

经过本轮迭代，每个网页都计算得到了新的 PageRank 值。下一次迭代阶段 2 的 Reduce 输出为：

```
1  <AURL,<0.2200,<BURL,CURL,DURL>>>
2  <BURL,<0.1996,<AURL,CURL>>>
3  <CURL,<0.1996,DURL>>
4  <DURL,<0.3808,<AURL,BURL>>>
```

Mapper 函数的伪码为：

```
1  input <PageN, RankN> -> PageA,PageB,PageC ...   //PageN 外链指向 PageA,PageB,PageC ...
2  begin
3      Nn := the number of outlinks for PageN;
4      for each outlink PageK
5          output PageK -> <PageN, RankN/Nn>
6      output PageN -> PageA, PageB, PageC ...   //同时输出链接关系，用于迭代
7  end
8  /***************************
9  Mapper 输出如下（已经排序，所以 PageK 的数据排在一起，最后一行则是链接关系对）：
10  PageK -> <PageN1, RankN1/Nn1>
11  PageK -> <PageN2, RankN2/Nn2>
12  ...
13  PageK -> <PageAk, PageBk, PageCk>
```

Reducer 函数的伪码为：

```
1  input mapper's output
2  begin
3      RankK :=(1-beta)/N;   //N 为整个网络的网页总数
4      for each inlink PageNi
5          RankK += RankNi/Nni * beta
6      //输出 PageK 及其新的 PageRank 值用于下一次迭代
7      output <PageK, RankK> -> <PageAk, PageBk, PageCk...>
8  end
9  /***************************
10 该阶段是一个多次迭代过程，迭代多次后，当 PageRank 值趋于稳定时，就得出了较为精确的
PageRank 值。
```

（3）阶段 3：收敛阶段。

该阶段的任务是由一个非并行组件决定是否达到收敛。如果达到收敛，则写出 PageRank 生成的列表。否则，回退到 PageRank 分配阶段的输出，作为新一轮迭代的输入，开始新一轮 PageRank 分配阶段的迭代。

一般判断是否收敛的条件是所有网页的 PageRank 值不再变化，或者运行 30 次以后就认为已经收敛了。

4．PageRank 算法在 Pregel 和 MapReduce 中的实现比较

从以上分析可以看出，PageRank 算法在 Pregel 和 MapReduce 中实现方式的区别主要表现在以下几个方面。

（1）Pregel 将 PageRank 处理对象看成连通图，而 MapReduce 则将其看成键值对。

（2）Pregel 将计算细化到顶点，同时在顶点内控制循环迭代次数；而 MapReduce 则将计算批量化处理，按任务进行循环迭代控制。

（3）图算法如果用 MapReduce 实现，则需要一系列的 MapReduce 的调用。从一个阶段到下一个阶段，它需要传递整个图的状态，会产生大量不必要的序列化和反序列化开销，Pregel 使用超步简化了这个过程。

10.6　Hama

10.6.1　Hama 介绍

Hama 是 Google Pregel 的开源实现，与 Hadoop 适合于分布式大数据处理不同，Hama 主要用于分布式矩阵、Graph、网络算法的计算。简单地说，Hama 是在 HDFS 上实现的 BSP 计算框架，弥补 Hadoop 在计算能力上的不足。BSP 计算技术的最大优势是加快迭代速度，在解决最小路径等问题中可以快速得到可行解。Hama 提供简单的编程，如 Flexible 模型、传统消息传递模型；兼容很多分布式文件系统，如 HDFS、HBase 等。用户可以使用现有的 Hadoop 集群实现 Hama BSP。

10.6.2　Hama 体系结构

如图 10-14 所示，Hama 主要由 BSPMaster、GroomServer 和 ZooKeeper 三部分构成[1,5]。Hama 体系结构与 Hadoop 体系结构很相似，但没有通信和同步机制的部分。

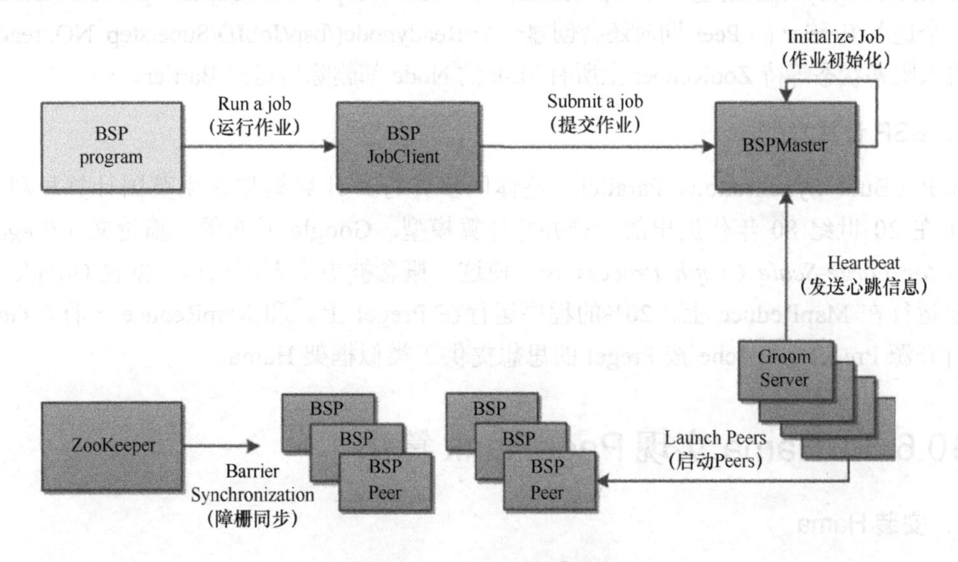

图 10-14　Hama 体系结构

Hama 的集群由一个 BSPMaster 和多个互不关联的 GroomServer 作计算节点组成，HDFS 和 ZooKeeper 都可以是独立的集群。启动从 BSPMaster 开始，如果是 Master 则启动 BSPMaster、GroomServer 两个进程；如果只是计算节点，则只会启动 GroomServer。启动/关闭脚本都是 Master 机器远程在 GroomServer 机器上执行。

1. BSPMaster

BSPMaster 即集群的主服务器，负责集群各 GroomServer 节点的管理与作业的调度。它存在单点的问题，相当于 Hadoop 的 JobTracker 或 HDFS 的 NameNode。BSPMaster 的基本作用如下。

（1）维持 GroomServer 状态。

（2）维护 Supersteps 和集群中的计数器。

（3）维护 Job 的进度信息。

（4）调度作业和任务分配给 GroomServer

（5）分配执行的类和配置，整个 GroomServer。

（6）为用户提供集群控制接口（Web 和基于控制台）。

2. GroomServer

GroomServer 是一个 processor（并行计算进程），通过 BSPMaster 启动 BSP 任务。每个 Groom 都有 BSPMaster 通信，可以通过 BSPMaster 获取任务，报告状态。GroomServer 在 HDFS 或者其他文件系统上运行，通常，GroomServer 与数据节点在一个物理节点上运行，以保证获得最佳性能。

3. ZooKeeper

ZooKeeper 用来管理 BSPPeer 的同步，以实现 Barrier Synchronisation 机制。在 ZooKeeper 上，进入 BSPPeer 主要有进入 Barrier 和离开 Barrier 操作，所有进入 Barrier 的 Peer 会在 ZooKeeper 上创建一个 Ephemeral 的 Node（/bsp/JobID/Superstep NO./TaskID），最后一个进入 Barrier 的 Peer 同时还会创建一个 Readynode(/bsp/JobID/Superstep NO./ready)，Peer 进入阻塞状态等待 ZooKeeper 上所有 Task 的 Node 都删除后退出 Barrier。

4. BSP 计算模型

BSP（Bulk Synchronous Parallel，整体同步并行）计算模型是由英国计算机科学家 Viliant 在 20 世纪 80 年代提出的一种并行计算模型。Google 发布的一篇论文（*Pregel: A System for Large-Scale Graph Processing*）使这一概念被更多人所认识，据说 Google 80% 的程序运行在 MapReduce 上，20%的程序运行在 Pregel 上。和 MapReduce 一样，Google 并没有开源 Pregel，Apache 按 Pregel 的思想提供了类似框架 Hama。

10.6.3 Hama 实现 PageRank 算法

1. 安装 Hama

Hama 单机环境安装配置过程如下[6]。

（1）安装好合适版本的 JDK 和 Hadoop，并且进行测试，保证它们能用。

（2）从官网下载 Hama 安装文件，如 Hama 0.7.0 版本。

（3）下载文件后，运用下面命令：

```
sudo tar -zxf ~/下载/hama-dist-0.7.0.tar.gz -C /usr/local
```

解压至/usr/local/hama，再运用下面命令：

```
sudo mv ./hama-0.7.0/ ./hama
```

修改目录名称方便使用。

（4）进入 Hama 中的 conf 文件夹，修改 hama-env.sh 文件，在其中加入 Java 的 home 路径，即加入：

```
export JAVA_HOME=/usr/lib/jvm/java-7-openjdk-amd64
```

（5）修改 hama-site.xml 文件，这是 Hama 配置的核心文件，具体内容如下：

```
1  <configuration>
2      <property>
3          <name>bsp.master.address</name>
4          <value>local</value>
5          <description>The address of the bsp master server. Either the
6          literal string "local" or a host:port for distributed mode
7          </description>
8      </property>
9
10     <property>
11         <name>fs.default.name</name>
12         <value>local</value>
13         <description>
14             The name of the default file system. Either the literal string
15             "local" or a host:port for HDFS.
16         </description>
17     </property>
18
19     <property>
20         <name>hama.zookeeper.quorum</name>
21         <value>localhost</value>
22         <description>Comma separated list of servers in the ZooKeeper Quorum.
23         For example, "host1.mydomain.com,host2.mydomain.com,host3.mydomain.com".
24         By default this is set to localhost for local and pseudo-distributed modes
25         of operation. For a fully-distributed setup, this should be set to a full
26         list of ZooKeeper quorum servers. If HAMA_MANAGES_ZK is set in hama-env.sh
27         this is the list of servers which we will start/stop zookeeper on.
28         </description>
29     </property>
30 </configuration>
```

2．运行 Hama 实现 PageRank

（1）生成 randomgraph，运行如下命令：

```
./bin/hama jar hama-examples-0.7.0.jar gen fastgen -v 100 -e 10 -o randomgraph -t 2
```

生成的文件位于/usr/local/hama 下的 randomgraph。它表示 100 个节点、1000 条边的数据，存储在两个文件（part-00000、part-00001）中。

```
hadoop@dsj-Lenovo:/usr/local/hama$ ls ./randomgraph
part-00000  part-00001
```

（2）执行 pagerank。

```
./bin/hama jar hama-examples-0.7.0.jar pagerank -i randomgraph -o pagerankresult -t 4
```

运行结果保存在 pagerankresult 文件中。

注意：单机模式下，数据读取都是在本地文件系统上完成的，不需要读取 HDFS 中的文件。

随着需要处理的问题规模越来越大，像 Pregel 这样的分布式计算模型的应用价值也会越来越高，甚至有可能会逐渐超过传统的算法。

习　　题

1．简述 Pregel 的工作原理。

2．用 Pregel 实现 Dijkstra 算法。

3．分别用 Pregel、Hama 实现 PageRank 算法。

参考文献

[1] 林子雨. 大数据技术原理与应用[M]. 北京：人民邮电出版社，2015.

[2] ChanZany. 大数据之图计算[EB/OL]. [2020-04-04]. https://blog.csdn.net/qq_41819729/java/article/details/105318090.

[3] 曹世宏. Pregel（图计算）技术原理[EB/OL]. [2018-06-02]. https://blog.csdn.net/qq_38265137/article/details/80547763.

[4] PeixinYe. Pregel 体系结构[EB/OL]. [2018-03-26]. https://blog.csdn.net/PeixinYe/article/details/79703598.

[5] 张茄子. 图解分布式图算法 Pregel：模型简介与实战案例[EB/OL]. [2018-03-24]. https://zhuanlan.zhihu.com/p/34908140.

[6] TxyITxs. 图计算-Pregel-Hama [EB/OL]. [2020-05-12]. https://blog.csdn.net/TxyITxs/article/details/105987297.

第 11 章　大数据安全技术及应用

随着互联网、物联网、通信、云计算、人工智能等信息技术的高速发展，大数据已成为这个时代的标签并被广泛应用于各行各业，包括生活消费的大数据、交通运输的大数据、电信行业的大数据、医疗健康的大数据等。大数据应用就像一把“双刃剑”，一方面，使人们生活更加便利；另一方面，数据泄露、数据篡改、数据滥用、隐私安全等风险与挑战也日渐凸显。大数据环境下，数据安全、隐私保护等相关问题已成为各国家各行业普遍关注的焦点。

本章主要介绍大数据安全的定义、大数据安全威胁的形式、大数据安全管理和应用等，并通过相关案例阐述大数据安全的重要性及预防措施。

大数据安全及应用导览如图 11-1 所示。

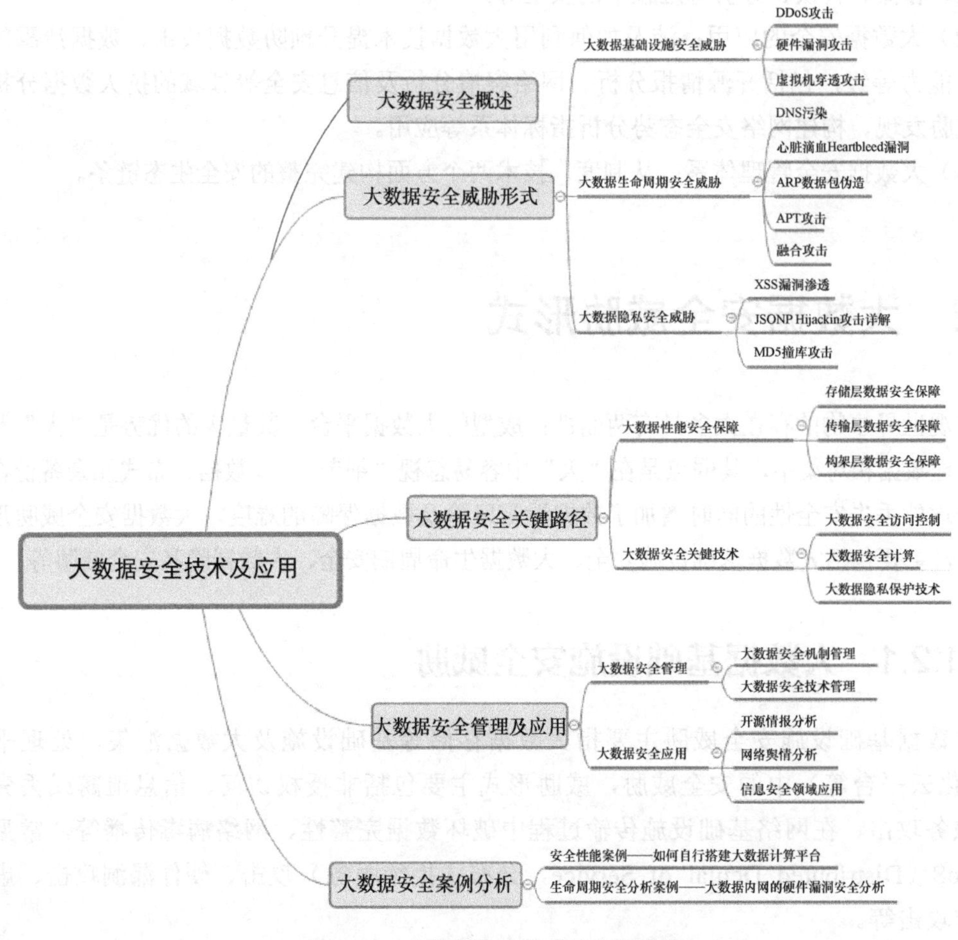

图 11-1　大数据安全技术及应用导览

11.1　大数据安全概述

由于对大数据的理解、研究者背景及研究视角的不同，对大数据安全的定义也是“百家争鸣”：在互联网、电信、金融、医疗、工业、政府等不同领域对大数据安全分别做出了诠释，并不同程度地解释了在大数据环境安全、大数据隐私安全、大数据存储安全、大数据信任安全、抗大数据安全保护等方面的关键技术与应用。

全国信息安全标准化技术委员会在 2018 年第一次工作组“会议周”上发布的《大数据安全标准化白皮书（2018 版）》[1]中给出了大数据安全的相对完整的定义，指出了大数据安全的主要目的是确保大数据不被窃取、破坏、滥用及大数据平台的安全稳定运行，需要整体构建系统、数据及服务层面的安全框架，其安全保障体系涉及技术、管理、过程、运行等多个维度。

综合国内外著名学者的观点，笔者认为大数据安全主要涉及大数据自身的安全、大数据安全的应用、大数据安全管理体系三个层面。

（1）大数据自身的安全：涉及大数据物理设施安全、网络安全、平台安全，以及数据在采集、存储、转换、分析等过程中的安全等。

（2）大数据安全的应用：涉及如何利用大数据技术提升预防数据攻击、数据泄露的安全防护能力等级，包括开源情报分析、网络舆情分析及信息安全等领域的抗大数据分析、安全威胁发现、构建网络安全态势分析指标体系等应用。

（3）大数据安全管理体系：从制度、技术两个方面构建完整的安全生态链条。

11.2　大数据安全威胁形式

客观世界事物的存在大多具有两面性：成型的大数据平台，其最大的优势是“大”及分析和处理数据相对集中，其弱点是在“大”中容易忽视“细节”；大数据分布式冗余备份在提高数据意外丢失安全性的同时增加了数据泄露风险及数据保障的难度。大数据安全威胁形式非常多，主要包括大数据基础设施安全、大数据生命周期安全、大数据隐私安全威胁等。

11.2.1　大数据基础设施安全威胁

大数据基础设施安全威胁主要指大数据存储等基础设施及大数据汇集、处理平台（虚拟化云平台等）中的安全威胁，威胁形式主要包括非授权访问、信息泄露或丢失、拒绝服务攻击、在网络基础设施传输过程中破坏数据完整性、网络病毒传播等，常见的有 DDoS（Distributed Denial of Service，分布式拒绝服务）攻击、硬件漏洞攻击、虚拟机穿透攻击等。

1．DDoS 攻击

DDoS 攻击通常指攻击者利用或模拟多个地址终端对目标发起攻击，大量占用、消耗目标资源致使其他访问者无法正常访问目标对象。华为发布的《2020 年全球 DDoS 攻击与趋势分析报告》从攻击态势、僵尸网络、攻击源三个维度详细剖析了 2020 年 DDoS 攻击。该报告指出，相比于 2019 年，2020 年 DDoS 攻击仍然呈现整体上升态势；攻击者为了持续获得显著的攻击效果，利用新技术使攻击手法更复杂和多样，以提升攻击强度和复杂度，使现有防御技术更加难以缓解 DDoS 攻击。该报告还对 2021 年 DDoS 攻击趋势提出了预测。

2．硬件漏洞攻击

硬件漏洞攻击主要利用硬件自身存在的缺陷（如芯片级漏洞）进行非法访问或破坏式攻击。网络黑客利用处理器漏洞作为窃取、破坏数据的一个突破点，其防御及数据保护、恢复难度极高，极可能造成网络瘫痪、数据文件受损等特大风险。某医院曾因 Intel CPU 漏洞而导致局域网核心设备不断重启和网络临时瘫痪，幸运的是因当时信息科负责人冷静判断并及时购置更换核心硬件设备、数据异地备份、数据迁移等处理方法，故最终没有造成数据丢失或篡改（具体情况详见 11.5 节的案例分析）。

3．虚拟机穿透攻击

虚拟机穿透攻击通常指利用虚拟化模拟硬件来打破虚拟机与宿主机之间的虚拟化隔离防护而发起攻击的方式。其危害性主要体现在三个方面：一是获取对宿主机的控制权，利用宿主机发起更深层次的攻击；二是使宿主机瘫痪，进而影响同一宿主机上其他虚拟机的正常运行；三是窃取与宿主机相关的所有虚拟机的重要敏感信息。

11.2.2　大数据生命周期安全威胁

大数据生命周期安全威胁涉及大数据传输生命周期的各个阶段、各个环节，包括在存储过程及传输过程（网络）的安全威胁等，常见的有 DNS 污染、心脏滴血漏洞、ARP 数据包伪造、APT 攻击、融合攻击等。

1．DNS 污染

DNS 污染：攻击者通常伪造 DNS 数据包，致使域名将域名解析到错误的 IP 地址致使用户无法访问网站或恶意指向其他 IP 地址。百度在 2010 年遭受 DNS 污染直接导致经济损失达 700 多万元。

2．心脏滴血漏洞

心脏滴血（Heartbleed）漏洞出现在广泛应用于 TLS（Transport Layer Security，传输层安全）协议的 OpenSSL 库（1.0.1 版本）的心跳扩展中。2014 年 4 月 7 日首次披露该漏洞（CVE-2014-0160）。由于未能在 memcpy 函数调用前进行正确的边界检查，攻击者构建一个特殊数据包使用户心跳包中无法提供足够多的数据，致使 memcpy 函数把 SSLv3 记录之后的数据直接输出而造成数据泄露。理论上，该漏洞可使攻击者以每次最多 64KB 的速度窃取远程数据。

3．ARP 数据包伪造

ARP（Address Resolution Protocol，地址解析协议）数据包伪造也称 ARP 欺骗、ARP 毒化、ARP 攻击等，主要通过伪装数据包发送，造成局域网内其他主机更新 ARP 缓存表，形成错误的 IP、MAC 对应关系表，致使区域网内其他主机无法正常连线，数据在传输过程中被拦截、窃取和篡改。例如，HTTP 请求被加广告，ARP 欺骗将造成瞬时 restHTTP 接口大量失效。

4．APT 攻击

APT（Advanced Persistent Threat，高级持续性威胁）攻击往往是“蓄谋已久的”，对数据的窃取及侵袭性比较强，是一种定向、有针对性且具有隐蔽性、专业性、长期规划性的攻击。

APT 攻击与威胁往往针对某组织甚至某国家的能源、电力、金融、国防等关系到国计民生或者国家核心利益的网络基础设施；实施攻击者通常具有较丰富的专业背景，对最新的攻击技术、攻击手段比较敏感并能熟练掌握；在规划及实施攻击的过程中往往伴随有间谍活动，常利用组织内部人员作为攻击跳板。该攻击的隐蔽性、持续性较强，这种持续性往往是“不达目的不罢休”，它会不断尝试攻击并长期蛰伏，直到收集到重要情报。

下面列举两个经典的 APT 攻击的案例。

1）SecureID 窃取攻击

图 11-2 描述了 EMA 公司遭受 SecureID 窃取攻击的基本过程：Attacker（攻击者）给 EMA 公司的 RSA 部门的 4 名员工发送了两组恶意邮件。邮件标题和正文都很简单，Attacker 利用了当时电子表格含有的 Adobe Flash 的 0day 漏洞（CVE-2011-0609）将恶意代码植入附件中。当有员工打开附件时，该主机被植入臭名昭著的 Poison Ivy 远端控制工具，并开始自 BotNet 的 C&C 服务器（位于 good.mincesur.com）下载指令进行任务。该主

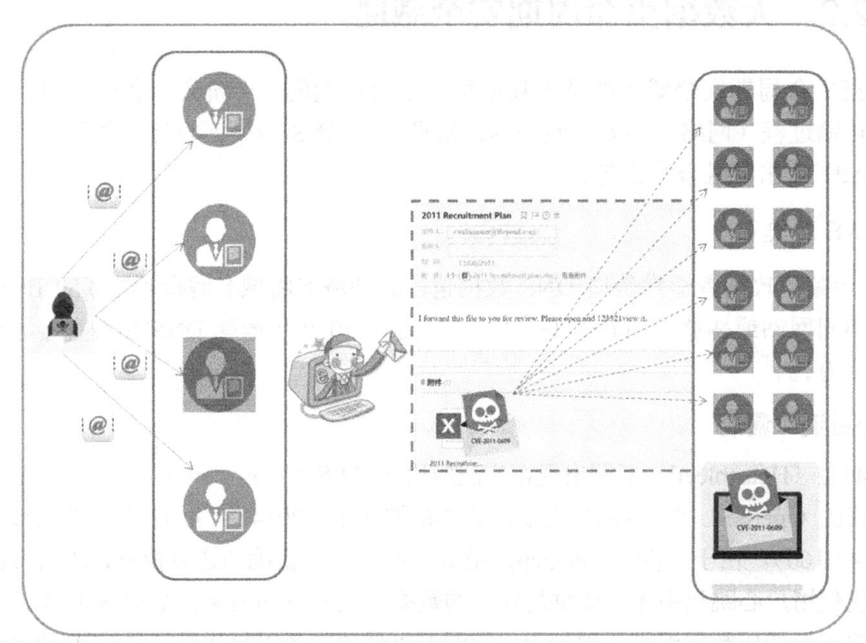

图 11-2　EMA 公司遭受 SecureID 窃取攻击的基本过程

机被攻击后，该公司内网计算机设备相继遭受攻击。当 RSA 发现开发用服务器（Staging Server）遭入侵时，Attacker 将采集到的文件资料（其中包含 SecureID）采用 RAR 格式压缩、加密并通过 FTP 上传至远端服务器、清除痕迹。Attacker 在取得 SecureID 信息后，就开始对使用 SecureID 的公司发起入侵。

2）震网攻击

震网（Stuxnet）病毒被业界认为是第一个专门攻击能源设施的蠕虫病毒，其破坏性非常严重。最著名的攻击案例是 2010 年伊朗布什尔核电站遭遇的 Stuxnet 攻击事件。Stuxnet 以核电站内部相关人员的个人 PC 等作为跳板，进一步感染内部网络能接触到的 U 盘等接入设备接口，继而进入核电站网络内部潜伏并取得控制权。Stuxnet 利用了多种漏洞，其中包括当时的 0day 漏洞，可极为巧妙的、精确地控制攻击范围。

5．融合攻击

最终的难题——融合攻击。对以上提到的所有的单一攻击，都有防火墙和杀毒软件可以解决。但是，近几年的攻击都是以上多种攻击方式的融合版，新的入侵方式有多种策略，根据不同的策略安插不同类的病毒攻击程序，隐藏后实施定时脚本攻击，并且利用网络 HTTP+CDN 的方式隐藏攻击程序主体，利用污染的 DNS 和反向代理隐秘端口来实现大规模的拓扑探索威胁内网安全。

11.2.3　大数据隐私安全威胁

大数据中通常包含大量用户基本属性及行为信息且贯穿整个大数据采集、处理的各个阶段，若保护不足，则极易带来隐私安全问题。大数据隐私窃取、非法或不合理使用成为主要的隐私安全问题，常见的安全威胁有 XSS 漏洞渗透、JSONP Hijackin 攻击、MD5 撞库攻击等。

1．XSS 漏洞渗透

XSS 漏洞渗透属于被动式攻击，是一种跨站的脚本攻击方式，通过在 E-mail 或 Web 页面中植入恶意 html 代码，当用户触发“点击”或“浏览”行为时，恶意脚本被执行，从而达到恶意窃取数据等目的。

2．JSONP Hijackin 攻击

JSONP Hijackin 是一种脚本化攻击。第一种可能性是：攻击者只是为了利用大数据设备的算力，通过暴力破解内网设备的账号密码；第二种可能性：为了比特币挖矿；第三种可能性：纯粹拖慢系统的速率。其原理是感染一台设备后，先通过特殊的尝试摸清楚整个系统的拓扑情况，再通过漏洞扫描或者弱密码扫描查找漏洞设备。在这个过程中，与人为攻击不同，采用比较现代化的脚本，如 Python、Sh、PowerShell 等脚本引擎，先通过漏洞服务器从外网下载漏洞扫描库、漏洞 HACK 代码和撞库工具，同病毒一样自我复制并感染其他有漏洞的主机，然后继续扫描可能性较大的计算机。这种新类型攻击的可怕之处：（1）代码结构简单，基本上和批处理差不多就是调用，但它可以自动升级按需下载扩展库；（2）因为和一般的常用脚本差不多，所以一般的防护软件难以发现。

3. MD5 撞库攻击

MD5 是一种 Hash 的高级实现，大部分都采用它作为签名使用，在过去，这几乎是一个无法伪造的技术。但是，现在有两种技术可能直接打破它的安全性：第一种是基于 GPU 通用计算的技术，可以利用显卡的计算单元实现超高并发的撞库运算；第二种是量子计算时代的计算方式，因为有了量子现象的帮助，人类可以有效地执行几种指数型耗时甚至不可能的计算任务。有文章表明，只有几百个量子位的量子计算机能够同时执行比已知宇宙中的原子更多的计算任务。

11.3 大数据安全关键路径

大数据安全涉及大数据自身安全、大数据应用安全、大数据安全管理体系。这里先从存储、传输、构架层方面讨论大数据自身安全的问题。因为本书不属于专业的黑客攻击与防御方向，所以在此仅介绍大数据安全技术实现的核心思想不涉及代码与演示，同时对大数据的安全建设提出建议。

11.3.1 大数据性能安全保障

首先从与大数据有关的硬件基础技术谈起。大数据的特点是“大”，各数据之间存在关联性，微小数据的损坏会带来多米诺骨牌效应，可谓“千里之堤，毁于蚁穴”。因此，大数据性能安全成为首要考虑的问题。大数据的整个生命周期包括大数据的产生、采集、传输、存储、分析使用等多个环节（大数据生命周期主要阶段如图 11-3 所示），每个环节都面临不同程度的安全威胁。本节针对较为突出的数据存储、数据传输两个环节，分别介绍存储层、传输层、构架层等涉及的相关技术。

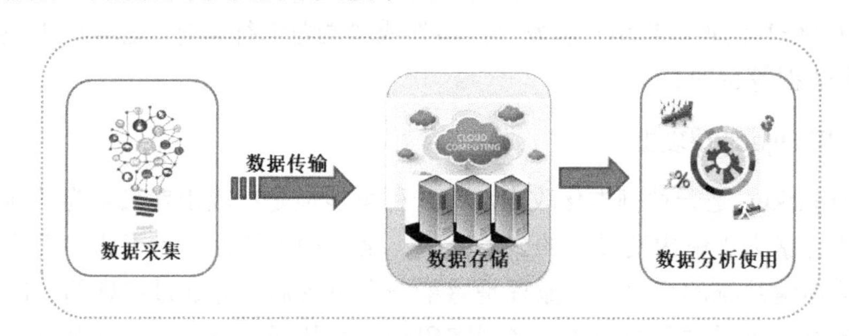

图 11-3 大数据生命周期主要阶段

11.3.1.1 存储层数据安全保障

1. 大数据存储介质的发展与存储选择的多样性

早期的大数据存储主要采用硬盘（HDD）方式作为实时存储，但硬盘最大的问题是对供电稳定、意外震动和机械老化有寿命限制。随着 PB/ZB 时代的到来，硬盘的安全性（即使增加了 ECC 校验技术）、容量增长速度和存储速度远远满足不了发展；同时随着磁盘片的密度提升，小容量硬盘还可以采用比较传统的磁盘修复工具进行数据恢复，而大容量硬盘的灾难恢复难度大且周期极长，明显不适应互联网时代的发展。针对硬盘的问题，引入了一些替代存储技术，即磁带存储技术、可擦式光存储技术、内存式存储技术等。

随着技术的发展与商业化因素的考量，给大数据安全存储提供了多种选择。

1）磁带存储技术

目前，该技术已经发展到 LTO-8，作为备份技术的存储介质，其性价比极高。但是，由于磁带技术本身的限制、无随机读写能力、磁带机的读写设备昂贵、保存环境要求苛刻，所以不适合个人或中小型企业大规模使用。

2）可擦写式光存储技术

该技术的优点是：存储介质的成本远低于磁带存储或内存式存储技术，抗磁、抗震的优势远超硬盘或者磁带。其缺点是：其技术壁垒大战导致无法形成统一的规范。在光存储技术大战中，蓝光存储技术最终取得了胜利，但由于过度的竞争消耗导致成本高居不下，再加上互联网网络存储技术的发展，使光存储技术逐步演进并用于大数据备份中。

3）内存式存储技术

随着半导体技术发展已逐步民用化，内存式存储已俨然成为现阶段最有前途的存储技术，目前主要分为 SLC/MLC/TLC/QLC/PLC。其亟待解决的问题是写寿命较短、容量太小，但随着 3D XPoint 技术的发展、NAND 容量的增大、SSD 主控技术的升级，使该问题的解决成为可能。

4）其他存储技术

除以上介绍的存储技术外，还有 DNA 存储技术、全息光盘存储技术、激光玻璃存储技术等，但目前商业化进程较为缓慢。

2．本地存储数据安全性能保障

本地存储数据安全性能保障主要依靠 Raid 技术，如 Raid1、Raid5、Raid6、Raid10/11、Raid50/51 等。

Raid1 是两块硬盘同步写、同步读（部分算法支持双线程并行读取），这样即使坏掉一块硬盘也不会丢失全部数据，提升了安全性和读取效率，但牺牲了一块硬盘的容量。Raid5/6 是采用多块硬盘，通过算法牺牲 1/3 的空间使用多块盘互为校验。Raid5 可以承受一块盘掉线的安全性，部分算法同时可以增加一块热备盘随时补充掉线硬盘；Raid6 则把掉线硬盘的比例提高。Raid10/11、Raid50/51 是一种更高级的保护，可以把多组 Raid0/Raid5 构成一个新的 Raid1，安全性大大提升但性能和硬件投入会越来越大，尤其是 Raid51 这种级别构架的复杂配套设施极为昂贵。

为了优化存储，各大厂家也相继研发并推出了新的软件分区技术，如 ADFS（HFS+替代）、NTFS、XFS、ZFS。需要特别指出的是，APFS/ZFS 已经支持比较成熟的 Dedup 技术，当文件或文件块大量重复存在时，分区表仅标注文件的副本属性实现文件链接，大大减少了大数据在单一存储上重复文件所占存储的情况。NTFS 也支持类似 Dedup 技术，但一般由应用程序实现；ZFS 在很多方案中可以将 SSD 作为分层存储，使传统机械硬盘的性能大大提升，加上 RaidZ 方案的支持数据安全性大大提高。

3. 分布式存储系统安全性能保障

目前，分布式存储系统已被广泛使用，尤其是区块链的兴起更将其优势发挥到极致。其特点是建立在已有的操作系统分区基础上实现的分布式存储，采用通用环境无特殊硬件需求，对于计算中心来说是高效且低成本的技术实现。分布式存储在降低大数据存储成本、提升存储安全性能方面做出了突出贡献。目前较为主流的分布式存储技术主要有 HDFS、GPFS、GFS、Swift、Ceph 等。

11.3.1.2 传输层数据安全保障

在解决了大数据存储层的安全性能问题后，再来探讨传输层的相关技术。数据传输的可靠性是对数据安全性强有力的保障。下面主要介绍数据传输过程的技术与发展。

1. 存储传输协议或硬件接口

计算机存储接口（数据传输协议）经历了 IDE、SCSI、SATA、SAS、SSD、TYPE-C、雷电等不同演绎过程。

1）传统硬盘设备接口

IDE 最早用于家用，SCSI 用于服务器，SCSI 使在线更换硬盘设备成为可能但成本较高；随着存储技术的发展，计算机存储接口的方式从并行 IDE 转为串行化标准的 SATA/SAS 技术，SATA/SAS 的成本相对低廉，进而使服务器大容量存储使用 SATA 硬盘由此催生了互联网网盘的兴起，但在 SATA 3.0 之后由于机械硬盘本身的限制存储使其遇到了瓶颈，SSD 的出现打破了这个格局。

2）SSD 接口

SSD 是由专门的主控控制一堆非易失型内存组成一套存储介质。SSD 满足读写速度快、为 NoSQL 技术提供可数据持久化方案、为传统机械硬盘做高速缓存等要求，使机械式硬盘逐步退出历史舞台。SSD 目前尚存在寿命有限、价格高、接口标准不统一等缺点。

3）TYPE-C 与雷电技术

目前，USB 标准已经普及，但 TYPE-C、USB 3.1、USB 3.2 及直通技术雷电 3.0/4.0（以下简称“雷电”）会让很多人无所适从。其中，雷电接口把 PCI-E 的总线通过 USB 的 TYPE-C 接口共享给外置处理器，这就为外置存储或 GPU 计算的大规模应用带来了契机。但是，在下一代的 USB 4 中就不再混乱了，直接集成了雷电协议。另外，更多的厂家推出了 GPU 外置方案，为未来大数据的边缘集群计算带来了曙光。

2. 网络传输协议

下面从计算机内部的传输切换视角来看一下网络传输技术与发展。在网络传输中，HFC 光纤技术的普及使万兆、百万兆的传输能力成为可能；万物互联和云计算的爆发式增长使互联网从 IPv4 步入了 IPv6 时代；5G 技术的诞生为网络数据快速、安全传输提供了新的支撑。

大数据传输协议的主流是基于 TCP/IP 的 Socket 协议和 HTTP。其中，Socket 协议的自定义性强，而且速度快，更适用于会话式信息交互模式；而 HTTP 是 Socket 的超集，封装性比较强，浏览器的普及使 HTTP 在数据跟踪领域的占比越来越大。

由于 Socket 的自定义性强且速度快，尤其在维持会话方面的优势很大，所以在数据库、IM 实时通信、视频传输等应用方面的应用很多。Socket 的缺点也很明显：开发难度较大，一般采用 CS 架构居多，在涉及多线程、跨 NAT、跨防火墙的问题上难度很大。Socket 的安全性全靠程序员的水平，即使采用了框架，除了上面提到多线程、跨 NAT、跨防火墙这几个问题，仅仅由于一个端口释放的程序逻辑出现 BUG 就可能造成巨大的内网网络风暴。以著名的 SQLExp 蠕虫病毒为例，因为 MSSQL 在 1433 上有一个小小的 BUG 则造成交换机的网络带宽完全占满，其类似攻击原理的病毒也发生在 Redis 上。因此，目前很多基于 Socket 通信的裸协议软件，也采用封装型通信协议，例如在通信方式中引入 SSL 证书，同时传输数据的封包模式也逐步采用 google.protobuf 方式以替代较为复杂庞大的 XML/JSON 格式来节省带宽。

下面再探讨一下 HTTP。在大数据的各种传输方式中，论兼容性没有超过 HTTP 协议的，从安全方面考虑可以引入 SSL 来增加防护。采用 Rest 的 HTTP 几乎兼容任何主流开发语言，其开发成本大大降低。尽管 HTTP 包比较大，尤其是采用会话认证模式后，业务流程步骤较长执行速度较慢，但开发难度成几何式的降低利于调试上线。另外，HTTP 便于实现负载均衡和数据分发，也便于实现二进制文件的缓存。

11.3.1.3　构架层数据安全保障

目前，大数据计算机框架主要向分布式方向发展，并且这种分布式并不是简单机房内集中式分布式部署的环境，而是朝着互联网全开放式的分布式计算发展，在安全层面也带来了巨大的挑战。

对于大数据安全，第一要做好构架设计并提供安全机制和制度作为基础保障；第二要保持系统的强壮性；第三要保持系统的灵活扩展性，在现实中没有不过时的软硬件，大数据系统扩展性应很强；第四要保持性价比高。

1．制度安全

大多数大数据安全问题是在制度制定或者执行上出的问题。在现有可参考的“遭遇大数据安全攻击”案例中，很少出现因构架设计方案漏洞问题而导致严重的彻底系统崩盘或者数据大规模丢失。

2．构架扩展的安全

下面举例说明构架扩展的问题。

Hadoop 已经发展到 3.x，但很多实际项目还运行在 2.7.x 甚至更低的版本上，原因如下。

最直接的原因是：升级带来的问题就是可怕的成本。从成本考虑，扩容或迁移的冷迁移成本是最低的，而热迁移成本非常高，甚至每次大数据的底层热升级带来的结果不是一战成名就是身败名裂。

关于应采用冷迁移还是热迁移的问题的争论较多。对于业务停机时间长短不敏感的小型化企业，冷迁移是最经济的手段；但对于大中型互联网公司来说，1s 的停机都可能关乎上千万元的损失。例如，若 3min 打不开百度页面，则股票市值会受到严重打击，因为这是生产系统。Hadoop 从 2.7 到 3.x 的热迁移操作是一个很恐怖的过程,因为小数据量下的升级很简单，但数据量在 TB 以上的这种版本升级是否真的有必要则需要商榷。因此，推荐以下三个原则。

（1）升级底层构架：建议采用业务型迭代升级，即新需求、新平台、新构架逐步升级。

（2）数据安全隐患的升级：优先级要高于性能急迫性升级的任务。

（3）平台构架的版本化存留：至少保留 2 个版本以上的旧版本平台测试版本。

关于数据迁移的过程，给出以下两个参考。

（1）https://blog.csdn.net/tomson8975/article/details/52412144（Hadoop 2.x hdfs（热/冷）升级步骤）。

（2）https://blog.csdn.net/aillymo/article/details/81364578（Hadoop 跨集群之间迁移 HDFS 数据）。

因为此内容不属于本章的要点，故这里仅列出热迁移时必须注意的以下内容。

（1）因为 Hadoop 2.x 与 3.x 还是有差异的，而且基于 Hadoop 的升级，所以上层应用如 Hive、HBase 的版本一定要注意做好实验测试，若条件允许则最好做 1∶1 的实验环境。首先要搭建实验环境运行新的程序，将所有的准备工作都测试好，推荐将所有的脚本通过 SVN 或者 GIT 进行版本记录，出现问题时需要及时修正。

（2）以下以纯物理构架为例（当然此逻辑在虚拟化上也是可行的），首先配置好新的 3.x 环境，处理好域名和路由割接脚本，保证割接时新用户可以顺利请求到新的应用程序。

（3）开始同步数据，在新环境同步旧 2.7x 系统中取得一个完整版本的同步后，在 3.x 上实施快照，然后切换到测试环境进行全业务用例测试。同时要测算好网络和存储 I/O 的影响，适当地调节 Hadoop 的一些参数，提高状态检查频率的周期。

（4）如果测试环境的流程测试无误，可对 3.x 采用快照还原版本，继续从旧数据中实现同步；选择一个用户请求压力较低的时间段进行割接，停止 2.7x 上的服务和到 3.x 的同步，同时切换业务导流入口。建议重要操作可以临时封闭正式用户请求，在系统割接后的短暂时间对全业务系统进行测试后，再开放用户请求。

（5）在割接计划的前后一定要注意重要数据的备份，同时还要防止这些数据被窃取。

3．构建大数据安全的思路

无论是测试环境还是正式环境，建议引入虚拟化作为构架基础，相对于物理环境，虚拟化的部署测试的便利性都很高，采用虚拟化快照便于系统的闪回，并且硬件的重复利用率会很高。

1）存储构架

可以采用的方案有 KVM/ESX，另外部分组件可以部署在 Docker 下采用热、温和冷存储三级存储架构实现存储方案。由于目前主要以 x64 框架为主，加上内存和存储价格不断降低，可以组合以下三种存储介质类型。

（1）热存储一般为由内存或高性能 SSD 组建的存储空间，用于运行内存数据库，如果有极致性能的需求可建成易失型的。标准的 x64 PC 目前以锐龙 R5 3600x 为例，配合主板可组成 128GB 的内存，并通过两路 NVMe 组成 Raid0 或 Raid1 的热存储，再通过 Linux 部署 NoSQL 软件都可以轻易实现高性能热存储计算能力。

（2）温存储一般为以闪存存储、闪存+机械硬盘的混合存储，其性能较强且存储空间比热存储大，目前比较廉价的方案可参考 Storinator 硬件方案，根据网络上的资料单设备通过扩充闪存缓冲加上 Linux 部署 ZFS 的方式，单机最大可部署近似 1PB 的存储空间。

（3）冷存储一般为硬盘组建的存储池，对读写性能要求不高但空间较大，用于存储低访问数据、热存储的数据持久化、日志数据、备份数据。通过普通 1U 或刀片服务器可部署极为廉价的分布式存储模式实现海量空间；磁带备份更专业一些。

2）数据备份方案

对于数据备份，采用高性能的压缩算法更易于节约时间成本。例如，Snappy、LZO 等算法可使速度比 ZIP/7-ZIP 快几十倍，虽然压缩比不高但大数据中的数据更多的是压缩比很高的内容，提高了备份速度。

3）数据迁移方案

数据迁移用于海量数据时不要放弃使用本地化物理备份方式，如硬盘、SSD、磁带等方式，因为请安保公司押运海量离线的迁移数据比通过互联网直接传输节约更多的成本。

大数据背景下的小文件优化问题一般指文件存储量小于 256KB 的海量文件数据。这种数据量超过 1 亿 B 后，在很多操作系统原生的分区下都会出现很多问题，同样在 HDFS 下这种巨量的小文件会直接影响 HDFS 的性能。推荐采用 key/value 的技术实现小文件的打包技术，如 Hadoop Archive、Sequence file、CombineFileInputFormat，HDFS 小文件的打包技术可参考 https://blog.csdn.net/wzc8961661/article/details/104509550。

4．网络安全构架

内外网的隔离构架：所有的内外网数据交换不要直通，一定要有数据中间件的机制，并且要设计好接口的会话认证机制。

网络拓扑规划可以使用多 VALAN 来实现。例如，Hadoop 的内部通信可采用 10.0.0.0/255.0.0.0 段规划管理段、服务端和对外接口段网络，把服务器划分为以下几种类型：堡垒机，采用双 IP 负责对服务器进行管理，管理员操作日志需要做实时记录；可细分不同的管理员权限访问不同的服务器集群；存储节点，负责实施 Hadoop 相关的数据存储，采用单 IP 只能与本集群服务器通信；应用节点，负责计算和提供接口，通过不同的网卡与 Hadoop 集群进行通信，对外部业务的通信采用另外一个网卡通过配置 VLAN 和路由实现接口通信，如采用 SOAP 或 Socket 进行通信，避免外部直接访问 Hadoop 的数据。

对于大数据而言，对外服务遇到超并发是很常见的，大数据除内部计算外，对外接口无论是数据采集、数据查询、数据同步还是数据导出，根据不同的时段、不同的业务形态可能请求压力瞬间就会提升，从而导致“雪崩”效应。

最简单的方法是，租用弹性的云平台作为前端响应机制，采用专线或 VPN 与自己的大数据系统进行对接。其优点是，共有云平台建立在强大的 CDN 基础上，可针对不同运营商的网络做优化，这样可以减少前端的延时并减少超并发的“雪崩”问题；共有云平台可以设置系统资源为弹性制，这样按需较节省成本；共有云平台对防止 DDOS 等大规模攻击有一定的作用；共有云平台可以部署部分非高并发计算的初级数据清洗能力。

为满足安全需求时，需要自己搭建前端系统，除借鉴共有云平台的一些特点来实施自己的系统外，还需要考虑以下问题。

网络的 CDN 节点问题：至少要根据中国的网络现状考虑公共大数据的支持，前端要支持几大运营商，如移动、联通、电信、教育网、广电网及多家 CDN 的网络和路由优化；前端节点要有 CDN 的机制，推荐的软方案是 LVS+KeepAlived+ Nginx。

如果应用是 B/S 结构，则可充分利用用户客户端浏览器的 JavaScript、Cookie 和 HTML5 本地存储的能力实现一些简单的数据存储，至少可以将多次请求的数据打包提交；优化方面可利用 Flash 实现一定的计算（但 Flash 已经被大部分系统弃用，因目前市场占比还较大，故可以考虑阶段性地使用），另外越来越多的浏览器开始支持 WebAssembly 技术。

如果用户客户端是 PC，则更需要利用好用户的本地计算资源。PC 端除应具有丰富的计算能力外，还要考虑用户当前应用压力，适当降低用户客户端的资源占用率。当用户处在电池模式时要考虑用户接受使用协议和应用节电的问题，在跟踪用户地理位置时目前 PC 端主要采用以太或 WiFi 方式上网，可以租用第三方大数据平台来处理。很多 PC 处理器已经支持 AVX 等高级指令，客户端程序可采用处理器高级指令作为空闲时间的算力，并且 PC 上大部分 2016 年之后的显卡，已经支持 Opencl、nVIDIA Cuda、Intel 通用计算的接口，可实现异构计算，可以降低大数据中心的计算压力。

如果用户客户端是手机 APP，同样可以缓解计算压力，与 PC 不同的是，APP 的重点不是降低数据中心的压力，而是如何降低用户端的流量和电力消耗。

5. 异构数据计算

采用 GPU、FPGA 或其他异构计算卡，实现大数据相关的 Hash、RSA、SHA、MD5、数据压缩等算法的计算，减轻服务器的计算压力。引入异构数据计算的优点如下。

GPU 的异构数据计算目前是最廉价的，其中几个大厂商的情况如下：Intel 公司的异构计算从代码上讲最接近 x86，相对容易移植一些，同时从构架上可以充分利用 Intel 处理器的增强指令；AMD 公司的 Opencl 方案因为这几年很火的比特币交易相对是应用范围最广的，并且 Opencl 的方案兼容性很好，可参考的开源代码较多；nVIDIA 公司的异构计算 Cuda 起步较早且已广泛应用。

FPGA 协处理器案例（http://www.elecfans.com/pld/633770.html）：FPGA 方案与 ASIC 方案不同，在处理特殊算法（如 SHA-256 哈希算法）上，其性能可以做到极致，从 2013 年左右低成本、灵活性强的 FPGA 被用于挖掘比特币，远远超出了当年 CPU+GPU 的方案；现在很多基于大数据、AI 的计算卡都是 FPGA 方案。

6. 监控和审计

随时找出我们构架的“短板”来优化，在大数据构架的设计上调试非常重要，因为我们最容易忽视的就是细微的设计错误，而这种错误就像蝴蝶效应一样可能只在巨大的计算量下才会发生。

举个实际中遇到的案例：一天，前端项目的页面突然非常缓慢，但登录服务器 CPU/磁盘请求都很低，从交换机上看到流量也正常且比平时少，但请求量排队却很大，最后在机房查出原因是，因为网线质量较差，所以网卡与交换机之间的网速从 1000Mbps 降到了 100Mbp。经过技术协商后确定了最终解决方案：（1）在网络节点增加一个新交换机做冗余；（2）利用每台 Linux 服务器都有多网口的特性，采用 Linux Bonding 技术，即将多块网卡绑定到同一 IP 地址对外提供服务。

此案例中所遇到的问题看似是一个小问题，但却会带来数据拥堵、数据延迟、服务中断等一系列问题，形成“雪崩效应”。若没有完备的网络、服务器等实时监控系统，类似故障所带的损失可能无法估量。

综上所述，大数据的安全一定要考虑数据的存取安全。根据长期以来数据中心的经验，首先硬件 Raid 技术在很长一段时间内一定是数据存储安全的基础，尤其是核心数据的存储；其次是内外网网络构架，隐私数据一定要存储在内网或虚拟网内，从物理层隔绝数据的直接存储；最后是构架设计的安全性，当然除了技术方，制度的完善同样重要。

11.3.2　大数据安全关键技术

11.3.2.1　大数据安全访问控制

大数据安全访问控制技术主要通过账号角色管理、认证管理、授权管理、数据识别、安全审计等技术及管理手段实现，这其中主要包括基于密码学的访问控制（主要指各种公钥密钥加密技术）、电子签名认证、基于角色的访问控制、智能角色分配、风险自适应识别与访问控制等技术手段。

11.3.2.2　大数据安全计算

大数据安全计算主要涉及大数据的加密、可验证计算等方面的技术及算法。

1. 同态加密

同态加密（Homomorphic Encryption，HE）过程如图 11-4 所示。原始数据经过同态加密后，对密文数据进行特定计算处理，对前一步骤得到的密文结果进行同态解密后的结果等同于对原始数据直接进行相同计算处理的结果，实现对数据的“可算不可见”。同态加密包括半同态加密与全同态加密。现阶段的同态加密算法基本属于半同态加密，如 RSA 算法、ElGamal 算法、Paillier 算法、Boneh-Goh_Nissim 方案、MPC（安全多方计算）等，目前已在区块链、云计算等多场景实现了应用，主要用于对数据隐私的相关计算。

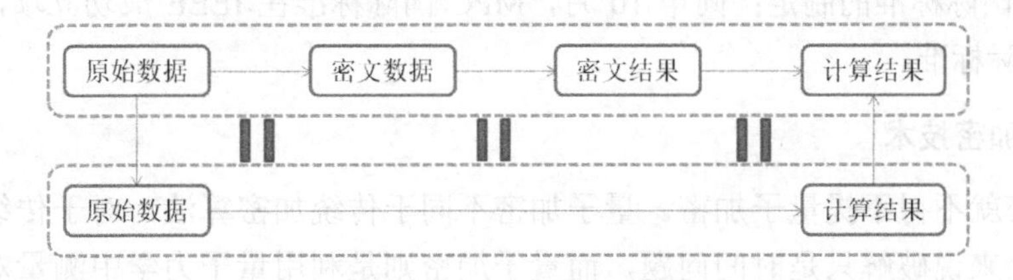

图 11-4　同态加密过程

2．可验证计算

可验证计算（Verifiable Computing，VC）主要应用在分布式计算与云计算[2]环境中，主要用于解决任务分发或委托过程中对计算结果的可靠性或可信任性验证问题，通俗来说就是将计算任务交给第三方算力提供者，第三方在完成计算结果的同时提交结果正确性的证明。在此过程中，计算者通常会先将计算任务转换成算术电路，然后通过密码学算法创建一些公开且可以被快速验证的数学关系式及各项参数并将其发送给验证者。验证者可以通过这些输入的值校验公开的验证关系式是否满足。目前在区块链领域总不乏见到可验证计算的“身影”，如 zk-SNARKs 技术、YottaBytes 可信计算协议等。

3．安全多方计算

MPC（Secure Multi-Party Computation，安全多方计算）于 1982 年由华裔计算机科学家姚期智院士提出[3]。MPC 协议允许多个数据所有者在互不信任的情况下进行协同计算，输出计算结果并保证任何一方均无法得到除计算结果外的其他信息，也就是说，MPC 技术可在不泄露原始数据的前提下通过计算获取数据使用价值，MPC 框架如图 11-5 所示。

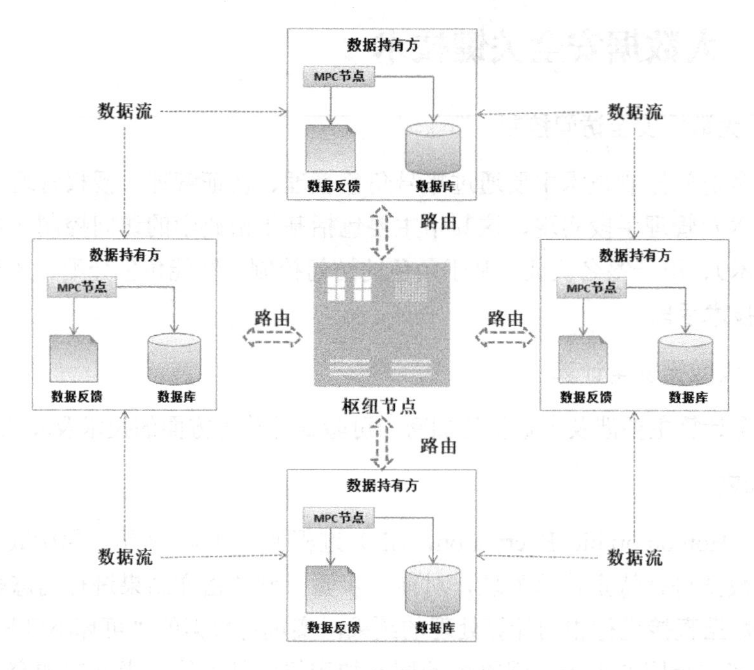

图 11-5　MPC 框架

2019 年 3 月，阿里巴巴实现了 MPC 新突破，首次实现“公开可验证”的安全方案并致力于 MPC 国际标准的制定；同年 10 月，MPC 国际标准在 IEEE 成功立项，也成为全球首个 MPC 国际标准。

4．量子加密技术

说到加密就不得不提量子加密。量子加密不同于传统加密算法，对于传统加密算法，从某种意义上来说破解只是时间问题，而量子加密则是利用量子力学中测量对物理状态产生不可逆影响的属性以确保密钥传输的安全性，不仅确保了密钥的传输，也确保了在传输过程中的不被监听或泄露信息。一旦被监听或测量等就会出现海森堡的不确定性原理，从而改变量子的状态。中国在量子通信领域不断与多国建立量子通信技术合作，阿里巴巴早在 2017 年 3 月就公布了某网商银行的一组信贷业务数据在专有云上实现了量子加密通信；中科院在 2020 年 3 月公布了将量子密钥分发的安全距离推至 500km 以上，成为量子技术领域的又一重大突破。

11.3.2.3　大数据隐私保护技术

大数据分析与数据隐私有时是天然的矛盾体。基于大数据分析的安全隐私保护（也称抗大数据的隐私保护）成为研究的热点课题之一。大数据技术推动了 IoT、AI 等多领域的发展，给人们生活也带来了许多便利，但与此同时也带来了许多隐私（尤其是个人隐私）泄露等数据安全问题，这也使大数据隐私保护技术成为伴随大数据分析技术发展必不可少的课题。

大数据隐私保护技术主要通过运用统计学、密码学及数据变化等技术实现对公开数据进行隐私保护，以保证其数据隐私性、对交换流转数据中敏感隐私信息（如个人身份信息、商业机密等）进行脱敏处理，来达到隐私保护的目的。

在介绍之前先定义以下几个属性分类名称。

- Key attributes：主键标识，可以唯一确定一条用户记录。
- Quasi-identifier：标准标识，可通过多列关联操作推断标识用户。
- Sensitive attributes：敏感属性，是一般研究者比较关心的属性。

1．*k*-匿名（*k*-anonymity）

k-匿名通过统计学方法（对某列属性进行抽象分类）和隐匿技术（使用字符替换或不发布）技术，使每条数据记录至少与公开发布的数据表中 *k*–1 条记录具有完全相同的标准标识属性以达到对数据隐私的保护。某 HIS（Hospital Information System，医院信息系统）测试数据 1 如表 11-1 所示。

表 11-1　某 HIS（Hospital Information System，医院信息系统）测试数据 1

姓名	性别	年龄/岁	邮编	疾病诊断
张三	男	54	450213	糖尿病
李四	男	53	450214	高血压
王五	女	56	450102	冠心病
赵六	女	57	450104	脑血栓
孙七	男	55	450002	糖尿病
周八	男	56	450001	糖尿病
吴九	女	54	450011	心肌缺血
郑十	女	53	450012	高血压

对表 11-1 中数据进行 2-anonymization 后的数据如表 11-2 所示。

表 11-2 对表 11-1 中数据进行 2-anonymization 后的数据

姓名	性别	年龄/岁	邮编	疾病诊断
*	男	(50-60]	45021*	糖尿病
*	男	(50-60]	45021*	高血压
*	女	(50-60]	45010*	冠心病
*	女	(50-60]	45010*	脑血栓
*	男	(50-60]	45000*	糖尿病
*	男	(50-60]	45000*	糖尿病
*	女	(50-60]	45001*	心肌缺血
*	女	(50-60]	45001*	高血压

从表 11-2 中，即使我们知道张三（性别为男，年龄为 54 岁，邮编为 450213），但依然无法判断出其疾病诊断是糖尿病还是高血压；但对于周八，我们通过表 11-2 就可以锁定其疾病诊断是糖尿病（因为性别为男、年龄为 50～60 岁，邮编以 45000 开头的患者在表 11-2 中的疾病诊断均为糖尿病）。

因此，当某 *k*-匿名组内对应的敏感属性值唯一或攻击者具有背景知识，*k*-匿名技术就仍有泄露隐私的可能性。

2．*L*-diversity（*L*-多样化）

L-diversity 确保每个等价类的敏感属性至少有一个不同的值，数据源仍以表 11-1 为例，对表 11-1 中数据进行 3-diversity 后的数据如表 11-3 所示。

表 11-3 对表 11-1 中数据进行 3-diversity 后的数据

姓名	性别	年龄	邮编	疾病诊断
*	男	(50-60]	4502*	糖尿病
*	男	(50-60]	4502*	高血压
*	女	(50-60]	4501*	冠心病
*	女	(50-60]	4501*	脑血栓
*	男	(50-60]	4500*	糖尿病
*	男	(50-60]	4500*	糖尿病
*	女	(50-60]	4500*	心肌缺血
*	女	(50-60]	4500*	高血压

在表 11-3 中，性别为男、年龄为 50～60 岁、邮编以 4500 开头的疾病诊断结果有糖尿病、心肌缺血、高血压三种可能性，对周八通过其性别、年龄、邮编属性就无法直接判断出其疾病诊断名称，从而达到了数据隐私保护的目的。

3．*t*-closeness

t-closeness 要求发布的数据在满足 *k*-匿名化的同时，其等价类内敏感属性值的分布与敏感属性值在匿名化表中的总体分布的差异不超过 *t*，下面举例加以说明。某 HIS（医院信息系统）测试数据 2 如表 11-4 所示数据。

表 11-4　某 HIS（医院信息系统）测试数据 2

姓名	性别	年龄	邮编	疾病诊断	均次住院费用/元
*	男	(50-60]	45021*	糖尿病	(4000,5000]
*	男	(50-60]	45021*	高血压	(6500,7000]
*	女	(50-60]	45010*	冠心病	(11000,12000]
*	女	(50-60]	45010*	脑血栓	(15000,16000]
*	男	(50-60]	45000*	糖尿病	(5000,5500]
*	男	(50-60]	45000*	脑血栓	(5500,6000]
*	女	(50-60]	45001*	心肌缺血	(8000,9000]
*	男	(50-60]	45001*	高血压	(5000,5500]

对于孙七（男，55，450002），通过我们已知的背景知识，根据其均次住院费用为 5200 元，可推断出其疾病诊断为糖尿病。因此，需要对数据做进一步处理，运用 *t*-closeness 后数据如表 11-5 所示。

表 11-5　运用 *t*-closeness 后的数据

姓名	性别	年龄	邮编	疾病诊断	均次住院费用/元
*	男	(50-60]	4502*	糖尿病	(4000,5000]
*	男	(50-60]	4502*	高血压	(6500,7000]
*	女	(50-60]	4501*	冠心病	(11000,12000]
*	女	(50-60]	4501*	脑血栓	(15000,16000]
*	男	(50-60]	4500*	糖尿病	(5000,5500]
*	男	(50-60]	4500*	脑血栓	(5500,6000]
*	女	(50-60]	4500*	心肌缺血	(8000,9000]
*	男	(50-60]	4500*	高血压	(5000,5500]

对孙七无法通过我们已知的背景知识推断出其疾病诊断，从而达到对隐私数据的保护。

4．差分隐私保护

差分隐私保护的概念最早由 Cynthia Dwork 等人提出，其主要目的是在最大化提供查询结果的同时确保个人隐私安全，主要分为本地化差分隐私保护与中心化差分隐私保护。其主要实现原理是通过对数据增加噪声方式得到新数据集，对新数据集查询拥有较高概率的相似值，可在保护数据隐私的同时基本确保对整体样本的统计学信息（均值、方差）等不受影响。Apple、Google 等互联网公司在信息搜索中较多地运用了差分隐私保护方法。

除以上介绍的隐私保护方法外，还有零知识证明（Zero-Knowledge Proof）等隐私保护方法。

11.4　大数据安全管理及应用

大数据技术与各行业的深度融合，使人们的生活发生了日新月异的变化，在给整个社会创造无限价值的同时，对国家及全球政治、军事、经济等也产生巨大影响，已经成为国家重要战略资源。随着互联网、云计算等技术的快速发展，网络边界逐渐模糊甚至消失，大数据安全成为目前各国所面临的巨大挑战；而大数据安全管理的效率将直接影响到公民隐私的安全、社会要素的安全及国家安全的风险程度，越来越多的国家把大数据安全管理及应用提到前所未有的国家层高度。

11.4.1 大数据安全管理

大数据安全管理主要涉及安全机制管理与技术管理两个维度，两者的协同联动才能更好地为大数据安全护航。

11.4.1.1 大数据安全机制管理

大数据安全管理与其他管理类似，“三分靠技术、七分靠管理”，管理要有体系，有体系才能有策略。因此，构建大数据安全机制是大数据安全管理的重中之重。大数据安全机制管理主要从法律及制度层面建立标准与规范，逐步健全并完善大数据信息安全管理制度（包括平台建设、数据采集分析管理、运维管理等）、信息安全监管制度、机构与人员管理制度及相关的各流程规范。数据立法是对大数据安全最坚实、有效的保障。国内外在数据安全立法方面做出了努力、探索与实践。

1. 我国相关法律法规

2017 年 5 月 17 日，工业和信息化部明确，我国将建设全国一体化的国家大数据中心，同时加强安全监管，强化数据资源在采集、存储、应用和开放等环节的安全保护，推动电信和互联网数据管理细则的出台。

2017 年 6 月 1 日，我国《网络安全法 1.0》正式实施，标志着我国数据应用进入了法治化进程，为数据应用相关制度提供了参考借鉴，但尚未对大数据做出明确规定。

2018 年 4 月，全国信息安全标准化技术委员会正式发布《大数据安全标准化白皮书（2018 版），书中介绍了大数据安全相关的法律、法规及标准化情况，分析了目前面临的大数据安全现状，同时规划了大数据安全标准的工作重点并对如何开展大数据标准化提出了建议。

2019 年 5 月，《网络安全等级保护制度 2.0》国家标准发布并于 2019 年 12 月 1 日起正式实施。在制度中加强了对个人信息的保护，提出了在未授权情况下不允许运营商访问和使用用户的个人数据。《网络安全等级保护制度 2.0》在《网络安全等级保护制度 1.0》标准优化的基础上，针对云计算、物联网、移动互联网、工业控制、大数据新技术提出了新的安全扩展要求。

2019 年 8 月 30 日，国家市场监督管理总局、中国国家标准化管理委员会联合发布了《信息安全技术——大数据安全管理指南》标准。该标准提出了大数据安全管理目标、主要内容、角色及责任及基本原则，规定了大数据安全需求、数据分类分级、大数据活动的安全要求、评估大数据安全风险，为各大数据使用单位安全使用大数据及第三方大数据安全评估机构提供了参考依据。

2．国外相关法律法规

欧盟：2016 年 4 月，欧盟议会通过了《通用数据保护条例》（*General Data Protection Regulation*，GDPR），旨在防止数据泄露并保护公民隐私。GDPR 对数据收集方面做出了严格规定，要求在收集数据之前必须取得用户的许可。该条例于 2018 年 5 月 25 日起生效。

美国：2014 年 5 月，美国发布《大数据：把握机遇，守护价值》白皮书。该白皮书提出大数据在发挥正面价值的同时应该警惕大数据应用对隐私带来的影响，同时建议推进消费者隐私法案、全国数据泄露立法、将隐私保护对象扩展到非美国公民、修订电子通信隐私法案等。

英国：2012 年 6 月，英国发布《开放数据白皮书》以促进其公共服务数据的开放性。该白皮书专门针对个人隐私保护进行了规范，要求在处理涉及个人数据时严格执行个人隐私影响评估工作制度。

日本：2014 年 7 月，日本引进“美国网络防御系统”并以此为基础研发数据安全和保护技术；2015 年 4 月，审议了《个人信息保护法》和《个人号码法》修正案，以此推动并规范大数据安全应用。

德国：2002 年，德国通过《联邦数据保护法》并于 2009 年进行修订。该保护法中规定私营组织在记录个人信息前需告知信息所有人。

新加坡：2012 年，新加坡政府公布了《个人资料保护法》（PDPA），旨在防范国内及境外个人数据的滥用行为。

印度：2012 年，印度政府拟定了一个非共享数据清单以保护国家安全、隐私、机密、商业秘密和知识产权等数据的安全。

澳大利亚：2012 年 7 月，澳大利亚发布《信息安全管理指导方针：整合性信息的管理》，为大数据整合中涉及的安全风险提供了管理实践指导。

俄罗斯：2014 年 7 月，俄罗斯公布了“所有收集俄罗斯公民信息的互联网公司都应当将这些数据存储在俄罗斯国内”法律。该法律于 2016 年 9 月 1 日生效。

韩国：2013 年，韩国对个人信息领域限制做出了适当修订并制订了以促进大数据产业发展同时兼顾对个人信息保护的数据共享标准。

法国：2018 年 11 月 7 日，法国发布的《个人数据保护法》生效，该保护法是法国落实欧盟《通用数据保护条例》的立法举措，旨在保护公民个人数据安全。

11.4.1.2　大数据安全技术管理

大数据安全技术管理针对大数据平台的整个生命周期及安全管理的各个流程，划分不同的安全域采用相关技术防护方案，以确保物理基础设施安全、网络安全、大数据平台安全、数据本身安全、业务安全。

1．物理基础设施安全

物理基础设施安全主要指机房、通信线路、硬件设备、供电、防雷等基础设施的安全，是大数据平台安全的最基本保障。通过设置多路供电（UPS 电源）保证基础及冗余存储等基础设施安全，并加强稳控、防控、监控、电磁屏蔽等设施布控，确保物理设备、链路及其他配套设施的最大安全性能。

2．网络安全

随着大数据分析能力的逐渐提高，给传统行业带来了颠覆性的“变革”，同时也带来了巨大的经济价值。数据的大量聚集，使黑客们在某种程度上降低了“进攻成本”，更愿意一次次地尝试“铤而走险”所带来的巨大收益，大数据中心成为黑客攻克的目标。网络安全是大数据平台的基础防线，也是黑客网络攻击的重要突破口。要想有效地确保大数据平台的网络安全，除加强网络防火墙、Web 安全防护、入侵防护等传统的网络安全防护措施外，还需利用大数据技术进行网络实时监测、安全态势分析，加强 APT 防护的能力。

3．大数据平台安全

大数据的存储、分析与处理、资源调配等流程都依托大数据平台及业务系统，大数据平台安全是数据安全的基础保证。

目前，企业大数据平台基于开源化 Hadoop 平台，在安全方面的考虑有所欠缺。大数据平台安全技术指通过平台各组件与系统的漏洞扫描管理、规范化的基线核查管理、平台态势感知，加强大数据平台传输、存储、运算等资源的安全防护，从而确保平台主机、系统、组件自身的安全和身份鉴别、访问控制、接口安全等。

4．数据本身安全

数据本身安全涉及大数据采集、存储、传输处理、加工、交换等全生命周期，包括数据采集阶段的质量监控；数据存储阶段的安全存储、数据副本、数据归档、数据时效性；数据传输处理阶段的安全身份认证技术访问控制、身份验证、数据审计；数据加工阶段的分布式处理安全、数据加密、数据脱敏、防止非法或越权访问、数据溯源；数据交换阶段的数据导入导出、共享、发布、交换监控；数据销毁阶段的介质使用管理、数据销毁、介质销毁等安全。

5．业务安全

业务安全指针对业务应用场景、业务流程相关的环节，运用数据挖掘、分析、机器学习等大数据技术感知、预测业务存在的安全风险，包括对敏感数据的访问行业及敏感业务的实时分析、机器学习与预测。

11.4.2 大数据安全应用

11.4.2.1 开源情报分析

1．开源情报分析概述

开源情报（OSINT）分析主要指在个人或组织公开的各种公共来源中收集数据并分析，是网络安全的重要组成部分。开源情报分析通常利用网络聚焦爬虫技术从公共记录数据库、政府报告、互联网、网络社交媒体（微信、博客、BBS 等）、大众媒体等公共信息来源中进行数据的收集，并运用文本分类、知识抽取、知识推理对公开的信息进行大数据关联分析，目前主要应用于群体画像、人物搜索、技术分析等场景。欧美国家在开源情报分析领域中起步较早，代表性的作品有 Palantir（帕兰提尔）Gotham、IBM i2 等，主要应用于军事与政府部门中。中国首个基于大规模互联网数据的 OSINT 系统是湖南星汉数智研发的“星汉天箭”系统，目前其在军事、商业等领域均已取得成功应用并被科技部纳入“科技助力经济 2020”重点专项支持范围。

2．开源情报分析应用场景举例

目前开源情报分析比较典型的应用场景是根据大数据预测犯罪，比如根据网络摄像头、突发新闻、聊天记录等数据为破案提供线索并对犯罪行为实时预警。

洛杉矶警察局是第一个跃进大数据时代、采取大数据公安警务模式的公安机构，伦敦也利用开源数据分析绘制犯罪事件预测地图等。

在 2020 年的疫情战中，开源情报分析更是崭露头角，大数据分析、区块链、人脸识别及物联网等技术的融合，对推动疫情防控工作起到了重要作用。

11.4.2.2　网络舆情分析

网络及网络媒体在一定程度上“唤醒”或者“激发”了人们的主人翁意识，使人们更加及时、方便地获得“知情权”并行使“自由言论”的权利。在网络媒体上发声使人们自主参与到社会民主政治中。网络舆情的动态监测与分析成为大数据应用于安全的一项重要内容，技术的发展与成熟可使突发事件中的不安全、不稳定因素更好地抑制在“萌芽期”状态，防微杜渐，变被动防堵为主动梳理，提高政府对突发政治事件的发现、引导与防控治理能力。

1．网络舆情的概念

网络舆情是指以网络（主要指互联网）为载体，针对现实生活中关心的话题或焦点问题发表观点、表达意愿、传播情感并互动的集合，主要是社会舆论的网络表现形式，一般具有较强的影响力。

2．网络舆情的特点

网络舆情自身的概念决定了网络舆情具有直接性、突发性、多元化、隐蔽性、偏差性等特点。随着信息技术、自媒体的发展，公众舆情表达已经不局限于通过 BBS、新闻网站、博客等传统网络媒体，微信、抖音、快手、优酷、爱奇艺、今日头条、bilibili 等平台已成为目前最快速、最直接民意表达、网络互动的平台；表达方式已经不局限于文字，图像、视频等成为一种更加活跃的表达方式；网络技术的发展使信息突破时间、空间限制，重大新闻事件可在网络上迅速传播，成为广泛关注的焦点。值得注意的是，网络舆情目前还主要反映或者代表了“网络舆情社区”中最活跃的那一部分，但有时会有大量“水军”“虚假新闻”“偏激性言论”“反社会倾向”等出于不同目的的干扰噪声，从而导致存在网络舆论的偏差性。实时地收集舆情并进行及时的分析、预测成为研究的一项重要内容，尤其是重大公共突发事件的舆情分析、监测、及时预警、智能干预对政府决策及构建良好的网络舆情环境有重要理论与实践意义。

3．网络舆情技术

1）话题发现技术

话题发现技术或称话题检测技术目前主要指运用话题爬虫、全文检索、文本识别、语音识别、语义识别、关联分析、聚类、分类技术构建话题集，并按时间段抽取较为集中、关注度较高的热点与敏感话题。

2）虚拟社区发现技术

人们在互联网上的广泛使用逐渐构建起跨地域并在一定时间周期内相对稳定的虚拟社区，同时在科研网络、交通网络、电商网络、影视圈网络、医疗网络、金融网络等不同应用领域之间可能存在着交叉的节点。通过检索网络节点、构建关联、聚类等技术找出其相对集中的节点结构的过程称为虚拟社区发现技术，虚拟社区发现技术尤其是动态社区发现技术已经成为目前的一个研究热点[4]。虚拟社区发现网络结构示例如图 11-6 所示。1993 年，Howard Reheingold 提出了“虚拟社区”的概念；2004 年，Newman 和 Girvan 提出了 Modularity（模块度）的概念作为虚拟社区划分的一种衡量。虚拟发现领域较为经典的算法有 LPA（Label Propagation Algorithm，标签传播算法）、SLPA（Speaker-Listener Label Propagation Algorithm，Speaker-Listener 标签传播算法）、HNAP（Hop Attenuation &Node Preference，跳跃衰减和节点倾向性选择）、BMLPA（Balanced Multi-Label Propagation Algorithm，平衡多标签传播算法）、Fast Unfolding Algorithm（快速展开算法）等。

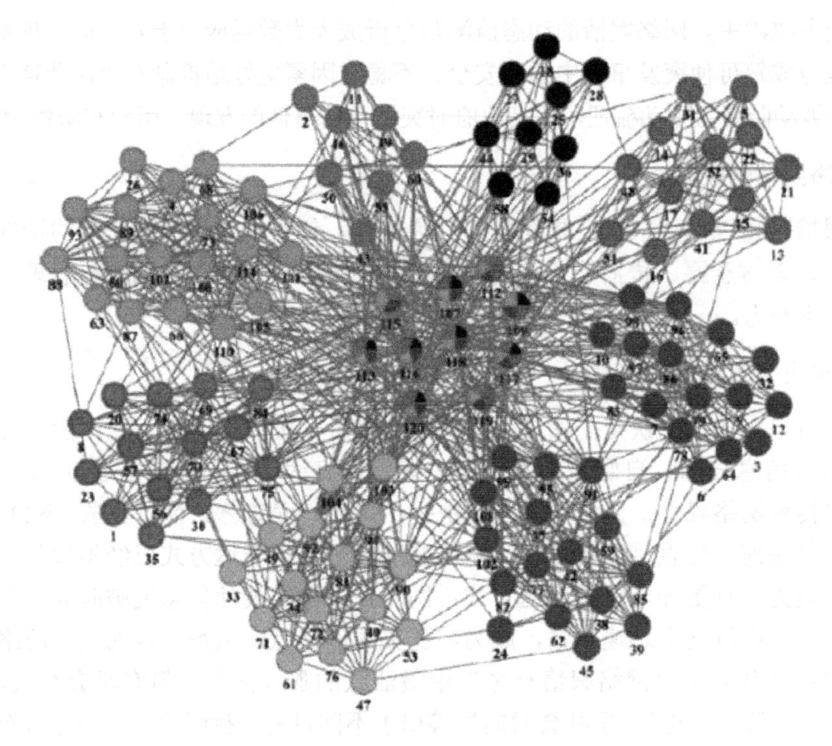

图 11-6　虚拟社区发现网络结构示例

3）情感分析技术

情感分析在很大程度上是大数据与人工智能高度融合的一项技术。通过情感分析来识别关键信息以获取在特定场景或事件中的实时动态感知，可有效降低突发焦点事件的爆发速度及规模，根据情感分析结果采取针对性行动，为政府制定相关政策提供参考。

情感分析通常从基础情感分析与意见挖掘两个维度进行研究。目前的情感分析技术多基于文本的情感分析，通过建立情感数据字典、自然语言切分、语义分析，运用朴素贝叶斯、*k*-means、支持向量机等算法设计情感分类器实现对短句、段落、全文的情感分析与监测。基于音频的情感分析受到大家普遍认可的典型代表有慕尼黑开源情感与情感识别工具包（OpenEAR），国内科大讯飞，阿里也在情绪识别领域做出了积极探索。视频的情感分析技术目前还未发展成熟。

4）其他技术

网络舆情分析技术还涉及影响力分析、信息传播跟踪等技术。通过对舆情影响力的分析可快速找出某时间段内舆情导向的关键节点，积极引导，从而有效提升对舆情导向的把控度。网络传播跟踪技术关注信息传播的路径，通过网络传播监测分析、轨迹追踪，可有效识别焦点事件的发起源及分享传播网络，在突发公共安全舆情事件中可提高风险点抑制及舆论引导路径优化。

11.4.2.3 信息安全领域应用

1．大数据安全在信息安全领域应用概述

在大数据决战的信息年代，大数据技术已应用于人们生活、企事业经济运营乃至政府决策的方方面面。数据的所有权占有、数据的深度价值挖掘、大数据安全等成为企业乃至国家发展的生命线。一旦大数据中心遭到黑客网络攻击就有可能带来知识产权泄密、数据篡改等危害，从而造成经济损失、政府决策失误、社会秩序混乱等严重影响。大数据在安全领域的应用备受关注。在信息安全领域，应长期秉承“预防大于治理”的理念，大数据在信息安全领域的应用有助于实时监控并快速发现网络异常行为，找出数据网络中的风险点并提供预警机制，可有效地预防攻击、防止信息泄露，为数据的安全分析提供基础保障。

目前大数据在信息安全领域的应用包括两个方面：宏观层面的网络安全态势感知、微观层面的安全威胁发现与防护。

网络态势感知：是运用大数据存储、计算、分析等相关技术从全局角度对网络安全状态的认知，包括对海量安全事件的数据提取、实时分析等，并以此为基础建立网络安全体系，能主动识别出各类网络中的异常行为，对网络系统的安全态势可全面把握并起到实时安全检测预警的作用。

安全威胁发现：微观上发现某一具体的安全威胁，主要通过全面收集重要系统日志信息，利用大数据分析技术检测、还原和模拟攻击场景并采取措施，以动态监测安全威胁、防范安全风险的过程。

大数据安全的防护技术有数据资产梳理（对敏感数据、数据库等进行梳理）、数据库加密（核心数据存储加密）、数据库安全运维（防运维人员恶意和高危操作）、数据脱敏（敏感数据匿名化）、数据库漏扫（数据安全脆弱性检测）等。

2．网络安全态势分析过程及相关技术

过去，人们保护信息安全的通常做法是购买瑞星、金山、卡巴斯基、赛门铁克、360等公司的杀毒软件安装到本地运行，并通过定期更新病毒库来提升防御网络攻击的能力，

但杀毒软件运行时会占用大量的 CPU 及内存资源。随着云计算和大数据技术的发展，传统的网络安全技术已经显得力不从心。

基于大数据技术的网络信息安全分析从单纯的安全日志、IP 数据包、系统日志分析扩展到漏洞信息、用户访问信息、配置信息、业务流程信息、应用信息、外部情报分析等更加全方位的分析，数据来源也呈现出“多源化”异构分析，因此对全面数据采集、数据异构存储、数据清洗、实时流数据分析处理、网络安全指标量化、网络监测预警等方面都提出了更高的要求。基于大数据技术的网络安全态势分析也经历了从基于特征的监测到面向复杂时间的关联分析，再到网络安全态势及指标体系的建立、评估、预测，其过程主要包括网络安全大数据的采集和存储管理、网络安全事件研判、量化网络安全指标体系、网络安全事件预测等。

大数据安全领域应用成功案例有美国的 NCPS（The National Cybersecurity Protection System，国家网络空间安全保护系统，俗称“爱因斯坦计划”）、阿里巴巴的网络安全态势分析系统、知道创宇的“星图”风险态势感知平台、360 的态势感知与安全运营平台 NGSOC、国防科大的 YHSAS（安全态势分析系统）等。

11.5 大数据安全案例分析

11.5.1 安全性能案例——如何自行搭建大数据计算平台

1. 案例描述

近年来，PC x64 构架大幅提升了可靠性、计算能力、存储能力、可扩展性，引进与应用新硬件技术为提升大数据平台计算效率、安全性能等指标奠定了基石，同时也极大地降低了大数据平台搭建的成本，个人搭建大数据平台成为可能。在自行搭建大数据计算平台过程中，应如何考虑并优化安全性能呢？

2. 案例分析

仅从个人研究角度讲，通过合理的配置，个人研究也可以组成一个性能相当的大数据硬件系统。

这里应用上面的知识，给出一个用于搭建个人研究大数据的思路：采用比较流行的 AMD 锐龙平台，搭建成本相对较低，采用 X570 主板+AMD R7 3700X。ZFS 对校验运算的压力较高，选择 AMD R7 3700X 可以满足要求，同时运算能力也可以满足大数据的需求；这是支持 PCI-E 4.0 标准的家用平台，PCT-E 4.0 意味着可以提供更多的带宽（PCT-E 带宽相关参数如图 11-7 所示）。按照 X570（其构架如图 11-8 所示）标准，主板自带的两个 NVME 接口不会出现上一代基于 PCT-E 3.0 出现的数据带宽不足的问题。但是，AMD 锐龙系列比较新，如果使用 Linux 平台则选择较新的 Linux 内核。

PCI Express 版本	编码方案	传输速率	吞吐量			
			×1	×4	×8	×16
1.0	8b/10b	2.5GT/s	250MB/s	1GB/s	2GB/s	4GB/s
2.0	8b/10b	5GT/s	500MB/s	2GB/s	4GB/s	8GB/s
3.0	128b/130b	8GT/s	984.6MB/s	3.938GB/s	7.877GB/s	15.754GB/s
4.0	128b/130b	16GT/s	1.969GB/s	7.877GB/s	15.754GB/s	31.508GB/s
5.0	128b/130b	32 or 25GT/s	3.9 or 3.08GB/s	15.8 or 12.3GB/s	31.5 or 24.6GB/s	63.0 or 49.2GB/s

图 11-7　PCI-E 带宽相关参数

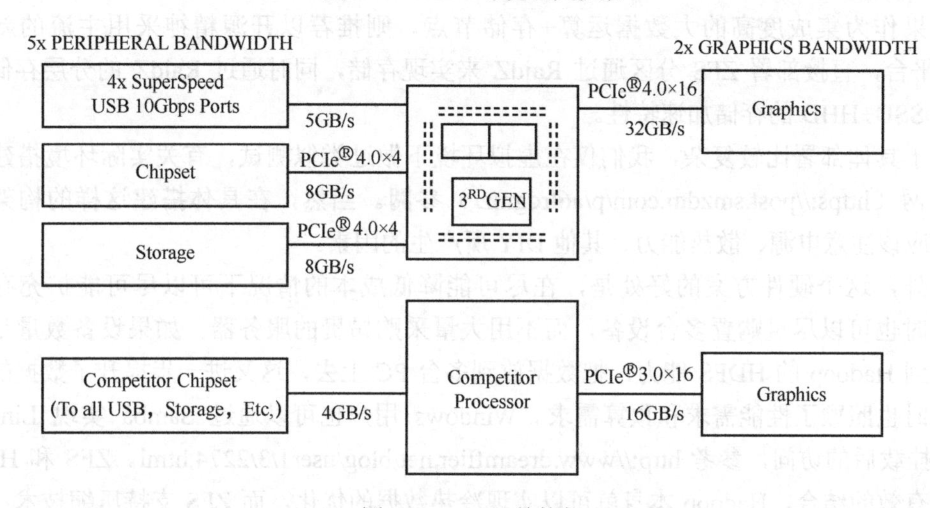

图 11-8　X570 的构架

主机的总线富余带宽可以满足计算用的通用 GPU 显卡的运行，通过 Cuda/Opencl 技术完成大数据计算和 AI 学习，当然这要实际考虑主机的整体带宽问题。在虚拟化方面可以采用显卡映射，在 PCI-E4.0 支持下可以保证 GPU 虚拟化映射后的性能。

在内存方面，考虑大数据运算的稳定性推荐采用 ECC 内存（普通内存也是可以的，但稳定性相对差一些），选择 X470/X570 的认证主板都是支持 ECC 的；在容量方面推荐至少在 16GB 以上，64GB 为最佳。

在网络传输方面推荐至少为多路 1000MB/s 网卡，通过交换机和单机的多网卡并联提高带宽吞吐能力；1 万兆/10 万兆的网卡在有条件的情况下可以考虑。另外，在搭建大数据集群时要注意网卡硬件加速和虚拟化加速问题，因为独立网卡与主板集成的网卡分为软网卡和硬网卡。软网卡指低端家用网卡自身的芯片会把大量的网络计算压力通过计算机的 CPU 进行计算，如果网络超过 1000MB/s 的速率则会严重影响主机性能或网络传输效率。硬网卡本身都采用独立芯片，可以大幅度降低网络传输时计算机处理器和总线的压力。硬网卡也要区分是否支持虚拟化加速协议，否则当采用多台工作站组合虚拟化集群时，如果网卡不兼容硬件的虚拟化指令或性能不足，那么在虚拟计算机上处理大数据流时则会出现网速缓慢的情况。

实现极限大存储：利用主板上的 PCI-E 槽加上两块 SAS/SATA4 口扩展卡，含主板自带的 6 个 SATA 接口，可以使单台 PC 实现 18 块 PMR 机械硬盘的 NO-RAID 部署，并且 PCI-

E4.0 总线的带宽瓶颈可以降到最低。如果按照每块 PMR 硬盘 4TB 的存储容量计算，可以得到约 72TB 的存储容量（不做 Raid）；同时单台 PC 可以安装两个 2TB 的 NVME SSD 硬盘作为二级缓存。

对于这么大的存储量，如果只考虑做存储服务器，则这里推荐以下三个软件分层存储方案。

（1）基于 NTFS 的 Windows Storage Server 2008（WSS08）/2012/2016。

（2）基于 ZFS 的 NexentaStor/FreeNAS。

（3）基于 EXT3/4 的 Openfiler。

如果作为集成度高的大数据运算+存储节点，则推荐以开源精神采用主流的新内核 Linux 平台，直接部署 ZFS 分区通过 RaidZ 来实现存储，同时通过 RaidZ 的分层存储特性来实现 SSD+HHD 的存储加速特性。

由于具体部署比较复杂，我们仅在虚拟环境下做过类似测试，有关实际环境搭建的文章可上网（https://post.smzdm.com/p/a6lrdgmz/）参阅。当然，在具体搭建这样的构架的时候，还应该注意电源、散热能力、其他 DIY 所产生的因素。

另外，这个硬件方案的好处是，在尽可能降低成本的情况下可以尽可能扩充存储能力，同时也可以尽量购置多台设备，而不用大量采购昂贵的服务器。如果设备数量足够，就要用到 Hadoop 的 HDFS 能力，把数据放到多台 PC 上去，这又进一步提升了数据的安全性，同时也照顾了性能需求和预算需求。Windows 用户也可以通过 Samba 实现 Linux 下 HDFS 挂载后的访问，参考 http://www.dreamflier.net/blog/user1/3/2274.html。ZFS 和 Hadoop 可实现有效的结合，Hadoop 本身就可以实现冷热数据的优化，而 ZFS 支持压缩技术（参考 https://www.ctolib.com/topics-130487.html），可以进一步提高各个节点的存储潜力。

11.5.2 生命周期安全分析案例——大数据内网的硬件漏洞安全分析

1．案例描述

某省级医院的核心 Oracle 服务器（基于 Windows 2008 R2）突然不断重启，重启现象类似于早期的 RPC 病毒，提示 1s 内重启。

本案例中，该医院的基础硬件环境：服务器采用 Oracle 的热备方式，两台服务器为双网口，一个为 Oracle 心跳线，另一个对医院内网提供服务。处理器为 2008 年左右的 E5-26XX 系列处理器，32GB 内存，采用外置 iSCSI 磁盘柜，核心数据有 1TB 左右。

试着分析安全故障产生的原因及解决的基本方案。

2．案例分析

1）安全故障原因分析

近几年，很多底层操作系统的漏洞锁造成的严重后果，已经让很多大企业提高了对 IT 安全的重视程度。从 2018 年开始，全球处理器占用量最高的 Intel 暴露出严重的处理器漏洞。据统计，从 2008 年到 2017 年，几乎所有处理器都受到严重的威胁（据 Google 的评测，范围甚至扩大到 1995 年之后的处理器），其安全威胁等级甚至超过 OpenSSL 漏洞。因为这种漏洞又属于缓存溢出漏洞，所以带来的可怕结果就是无数的蠕虫、勒索病毒可以随便地对存在 Intel CPU 漏洞的计算机、服务器进行攻击。

发生故障后，运维人员发现拔除网线后，服务器可正常进入系统，因此可认定医院局域网存在病毒感染。医院对信息化建设的重视程度较为薄弱，造成故障的主要原因如下。

（1）所有的 PC 端仅安装 360 或者电脑管家等免费安全软件，并且由于内外网隔离的原因，免费安全软件的升级频次极低。

（2）几乎所有的服务器均遭受病毒攻击，其中大部分服务器处于低性能状态，少部分服务器完全崩溃；基于 Windows XP 和 Windows 7 的办公计算机大面积死机。

（3）运维人员能力较差，未意识到是病毒造成的，遇到紧急情况未及时断网且未主动备份数据，甚至对其中一台故障服务器进行重装操作，但仍无法恢复；万幸的是另一台服务器带有备份数据。

（4）医院内部因预算原因没有防火墙和病毒预警系统；也未对运维人员进行专业的培训。

（5）服务器设备过于老旧，在此基础上部署虚拟化环境，造成 I/O 性能极差，数据备份和数据恢复性能极差；同时也无更多的资源可用。

（6）由于服务器一直运行业务，并且和软件厂家的维护协议尚未签订，所以无法定期安装安全补丁。

2）应急处理方案

经过运维人员紧急处理后，故障依然未修复；信息科负责人邀请专业人员到场做出以下紧急处理。

（1）对重要服务器做断网处理，同时备份重要数据；备份后发现病毒不联网就无传染性，并且备份的数据经过正版杀毒软件确认无毒。

（2）通过样本判断是变种勒索病毒，但由于内外网隔离部分，病毒自身不完整未造成更严重的数据破坏；怀疑是从外联医疗系统的专网或移动设备传输进来的病毒。

（3）确认并发现已经重装的服务器通过内部网络运行仍自动染毒，只能更换重装方式，断绝内网，利用手机 4G 网络热点更新最新操作系统安全补丁；根据安全专家的建议在 BIOS 中禁用处理器的超线程能力，在配置妥当后，服务器接入内网意外死机次数大大降低。

（4）对院内 PC 进行抽查，Windows XP、Windows 7 等操作系统的大部分设备均感染此病毒，自带的杀毒或安全软件均失效；对设备进行重装，安装完毕后，安装杀毒软件并安装最新安全补丁。

（5）此病毒感染的协议主要以 RPC 为主，同时病毒也尝试攻击其他端口，但屏蔽 139/445 等端口后，很多业务工作不正常；病毒的复杂程度高，运行时会启动其他病毒和感染其他设备。

（6）邀请软件厂家工程师远程处理本次故障后的设备恢复。

（7）信息科负责人紧急向院里申请购置新服务器和存储设备，并且决定将所有原虚拟机和物理机迁移到新虚拟化环境。

（8）虚拟化环境部署。为提高性能采用如下方法。

① 安装并部署最新安全补丁后部署作为基础模板。

② 设置每个操作系统的基础盘为自动扩展方式，保证原始操作系统分区尽量小并存放于 SSD 存储分区上。

③ 因 SAS 硬盘的 Raid 空间较大，为每个操作系统分配合适空间大小的数据。

④ 每台服务器均规划 SATA 备份盘组成本次存储的 Raid 空间，用于数据热备空间。

⑤ 网卡配置均采用虚拟化专用驱动。

⑥ 专门部署 WSUS（Windows Server Update Services，Windows 服务器更新服务）补丁服务器、CentOS 7 的本地镜像源和杀毒软件服务器，并对每个虚拟化模板做了初始配置，保证未来内网也可以进行补丁安全升级。

（9）业务及数据迁移。经过大约一周的新虚拟化处理，利用新的虚拟化基础构架，将原有重要的旧虚拟化设备和物理服务器上的业务均迁移到新虚拟化环境。

3）安全管理问题分析

（1）信息科在院方不受重视，其所制定的信息制度无法在全院范围形成约束；同时，在权限方面，信息科无干预不安全行为。

（2）运维人员不专业，也未接受过外部专业的培训，单位也未指定安全维护的公司进行定期维护。

（3）设备老化，并且无冗余资源做备份。

（4）内部缺乏防火墙和系统级安全软件的保护，生产网、维护网、办公网、业务专网、互联网未有效实现安全隔离。

4）安全技术手段及安全管理建议

（1）应该参照国家和卫健委的规定实施信息安全制度的设计和执行。

（2）硬件层面应该在满足业务基本需求的层面上，增加适当的热备份设备和备份设备。

（3）网络层面必须对生产网、维护网、办公网、业务专网、互联网规划有效实现安全隔离，对于部分业务的方式必须采用 VPN 方式（或前端审计设备）接入；对于网络直通的业务，必须限制 VLAN、IP 和端口；建议主要采用以 RestHTTP 接口为主的业务接口方式，一方面可以采用 SSL 加固保护，另一方面便于故障追踪；对广播、组播等业务要做有效控制；定期对内网交换机流量进行监控，一般病毒爆发时会突然产生大流量。

（4）服务器的硬件保护应该主要采用虚拟化方案，这样可以混合服务器本地存储资源和专业磁盘柜存储资源（Raid 保护），将数据划分为热数据、温数据和冷数据。目前，SSD 存储方式已经逐步普及，极大地提升了硬件性能，可以有效地构建热数据存储环境。对于 Intel 处理器的频发故障问题，可以在软件兼容的前提下考虑用 AMD 的方案进行替代。国产处理器异军突起，以 RISC-V 和 ARM 为构架的服务器环境可以作为长远目标。服务器之间的通信除与交换机外的通信，应该考虑冗余网卡的内部通信，既可减轻交换机压力，又可提高效率。要预留极为富裕的冷备份资源，有条件的可以采用 LTO 7 以上的磁带机或者蓝光存储，对于预算少的可在采用双 PC 部署 Linux 后采用 ZFS 作为存储方式。

（5）在服务器的软件层面，无论是 Linux 还是 Windows，都要选用最新的主流操作系统版本，对于过旧的操作系统应该有计划地替换。在数据库方面，除非有特殊需求，建议采用主流版本的开源数据库和 NoSQL 数据库，应该以 Hadoop 为主流的分布式系统架构为主提高性能和安全。在软件语言方面，需要密切关注目前国外大公司动向，避免例如 Oracle 在 2019 年年末发布的对于 Java 的授权调整的影响。在安全软件方面，推荐采用主流的国内外杀毒软件；对 Windows/Linux 的相关版本必须建立内网的安全补丁和 Linux 镜像，避免服务器和办公区直接访问互联网；对服务器运行的软件建议采用虚拟化部署，例如一个应用一个虚拟机；对于 Linux 推荐采用 Docker 方式部署，避免一个系统出漏洞交叉感染多个漏洞。

（6）在有条件的情况下，可以把主从设备部署在不同的楼层机房内，若发生大面积故障则可采用备用设备进行业务独立运行。

（7）为了保证终端安全最好采用定制化操作系统，如国产 Linux。若没有条件或软件兼容有问题，则可以采用最新版本的 Windows 或者基于 VDI 的瘦客户端 Windows。安全软件应采用认可有效的软件防护，升级包应采用本地缓存升级的方式而不要直接上外网。用户上网需要审计，不能随便关闭安全防护软件。应重点防御 USB 等接口，对于断网修改 IP 等操作要支持审计或安全记录。

本节对两个在实际应用中遇到的大数据安全案例进行了解读与分析，希望对大数据安全更加重视，从组织管理、标准规范、技术手段等多方面着手做好大数据安全防范工作。

习　题

1．简述大数据安全涵盖的主要内容。

2．大数据安全威胁的形式有哪些？

3．简述大数据生命周期的主要阶段、面临的主要安全威胁及安全防范措施。

4．举例说明大数据隐私安全保护的技术手段或方法。

5．查阅资料，列举目前大数据安全方面的主要应用。

参考文献

[1] 全国信息安全标准化技术委员会. 大数据安全标准化白皮书（2018 版）[M]. 2018.

[2] 张琳. 云计算视角下可验证计算的分析研究[J]. 长春工程学院学报（自然科学版），2018，19（01）：100-102.

[3] 马敏耀. 安全多方计算的一些研究进展[J]. 中国新通信，2020，22（18）：114-115.

[4] 齐金山，梁循，张树森，陈燕方. 在线社会网络的动态社区发现及其演化[J]. 北京理工大学学报，2017，37（11）：1156-1162.

12 第 12 章　行业大数据采集与处理

大数据时代的到来为社会各行各业的发展带来了多方位的影响，使得散落在互联网上的海量数据迸发出巨大的价值财富。大数据的能量是不可估量的，而且它已经渐渐渗透到社会的各个行业中。在大数据时代背景下，政府、航空、金融、电商、医疗、电信、交通、电力、煤炭、教育等各个行业或企业都在纷纷挖掘大数据。如何从大数据中采集出有用的信息并合理地存储起来已经是大数据发展的最关键因素，数据采集与处理是大数据产业的基石。

本章结合大数据应用的各行业背景，主要介绍电商、煤炭、教育、医疗、电信、交通等行业的大数据采集与处理。

12.1　电商大数据采集与处理

12.1.1　电商行业大数据概述

随着互联网的普及与人们生活水平的提高，中国的网购规模逐年增大，入驻行业的平台与商家越来越多，市场竞争越来越激烈。伴随网络购物渗透率的上升，电商行业越来越意识到数据驱动业务增长的重要性。例如，京东于 2004 年正式涉足电商领域；2019 年，京东的市场交易额超过 2 万亿元；2019 年 7 月，京东第四次入榜《财富》全球 500 强，位列第 139 位，是中国线上线下最大的零售集团。京东有着 EB 级规模的历史数据，每天有近 PB 级的数据增长，同时每天有百万级的数据处理任务在执行。数据井喷式的增长给数据采集、数据处理、数据管理、数据应用、数据质量、数据运维带来了极大的考验。

下面首先以京东为例介绍电商行业大数据采集与处理[1]；然后以某电商网站数据分析为背景，介绍一个完整的数据采集、清洗、处理的离线数据分析案例[2]，以期给读者展示一个系统的实践操作过程。

12.1.2　京东大数据采集与处理

12.1.2.1　京东大数据平台总体架构

京东的数据包含电商、金融、广告、配送、智能硬件、运营、线下、线上等场景数据，每个场景数据背后都有众多复杂的业务逻辑。为了简化数据获取流程和方便进行数据统计分析，京东搭建了一套完整的数据解决方案。京东大数据平台总体架构如图 12-1 所示，该平台对分散在四处的线上系统数据（多为结构化的业务数据）或各种日志文件、文档、图片、音频、视频等非结构化数据进行采集。可以先分别借助实时和离线的数据处理平台，将数据抽取至实时数据仓库和离线仓库；然后借助平台内的工具对数据进行加工处理，同时辅以各种平台产品对数据进行统一管理、监控、处理、查询、分析等，并结合具体的业务需求，形成相应的数据应用产品。

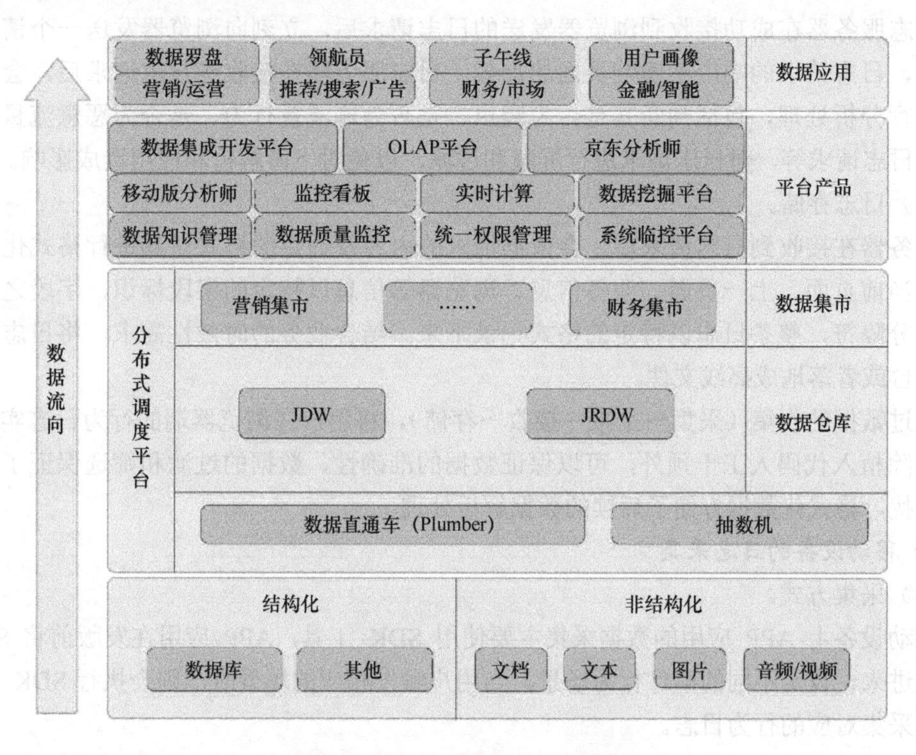

图 12-1　京东大数据平台总体架构

12.1.2.2　京东大数据采集方案

京东包含电商所涉及的营销、交易、仓储、配送、售后等环节，在每个环节中都会产生大量的业务数据；同时，用户在网站上进行的浏览、购物、消费等活动，以及用户在移动设备上对应用的使用情况，包括各种系统的操作行为，也会生成海量的行为数据。为了采集上述结构化业务数据及非结构化用户行为日志，京东搭建了一套标准化采集方案，能够将业务分析所需的数据进行标准化采集，并将数据传输到大数据平台，以便进行后续的加工处理及上层的数据应用。该数据采集方案主要分为两大类：用户行为日志采集方案和通用数据采集方案，下面分别加以详细介绍。

1．用户行为日志采集方案

用户行为日志采集方案又称点击流系统，分为两种使用场景：浏览器和 APP 应用。

1）浏览器端的日志采集

（1）日志采集。

浏览器日志采集首先需要在统计日志的页面中预先植入一段 JavaScript 脚本，当页面被浏览器加载时，执行该脚本。脚本中预设了一些采集需求，包括收集页面信息、访问信息（访次、上下文）、业务信息、运行环境信息（浏览器信息、访问时间、访问地址）等。日志采集脚本在被执行后，会向服务器端发送一条 HTTPS 的请求，请求内容包含收集到的日志信息。

（2）服务器日志接收。

日志服务器在成功接收到浏览器发送的日志请求后，立刻向浏览器发送一个请求成功的响应，日志请求的响应不影响页面的加载。日志服务器在接收到日志请求后，会对日志请求进行分析处理，包括判断其是否为爬虫、是否为刷流量行为、是否为恶意流量、是否为正常日志请求等，对日志请求进行屏蔽和过滤，以免对下游解析和应用造成影响。

（3）日志存储。

服务器在接收到日志请求后，会依据请求的内容及约定的格式对其进行格式化落地。例如，当前页面、上一页面、业务信息、浏览器等信息以特定的字段标识，字段之间使用特定的分隔符，整条日志以特定的格式记录下来。结合业务的时效性需求，将日志分发到实时平台或者落地成离线文件。

经过数据的收集（采集→上报→接收→存储），将用户在浏览器端的行为日志实时记录下来。除植入代码人工干预外，可以保证数据的准确性，数据的过滤和筛选保证了异常流量的干扰，格式化数据方便了后续的数据解析处理。

2）移动设备的日志采集

（1）采集方式。

移动设备上 APP 应用的数据采集主要使用 SDK 工具，APP 应用在发版前将 SDK 工具集成进来，设定不同的事件行为场景，当用户触发相应的场景时，则会执行 SDK 相应的脚本，采集对应的行为日志。

（2）日志存储。

用户的各种场景都会产生日志，为了减少用户的流量损耗，将日志在客户端进行缓存并对数据进行聚合，在适当时机对数据进行加密和压缩后上报至日志服务器，数据的聚合和压缩也可以减少对服务器的请求。

2．通用数据采集方案

通用数据采集方案又称数据直通车，是为线上数据提供接入数据仓库的完整解决方案，为后续的查询、分发、计算和分析提供数据基础。数据直通车提供丰富多样、简单易用的数据处理功能，可满足离线接入、实时计算、集成分发等多种需求，并进行全程状态监控。

数据直通车接入数据类型如图 12-2 所示。根据抽取的数据量及抽取对线上的影响，可分为定时的离线接入和实时接入两种抽取方式。每种抽取方式支持不同的数据类型，每天在零点后先获取前一天完整的数据，然后将一整天的数据进行集中加工处理，并将数据最终储存到目标表对应的分区中。

图 12-2 数据直通车接入数据类型

12.1.2.3　京东大数据处理平台

1．实时数据平台

在电商的应用场景中，越来越多的需求更加倚重实时数据的处理和分析，越来越多的面向用户和商家的业务场景开始尝试实时技术带来的收益。京东实时数据平台为帮助用户更快地发现自己想要的商品（推荐搜索）、帮助商家更快地制定销售策略（实时数据分析报表）提供强有力的支撑。如图 12-3 所示，京东实时数据平台包括三大部分：MAGPIE（实时数据接入）、JDQ（实时数据传输）和 JRC（实时数据计算）。

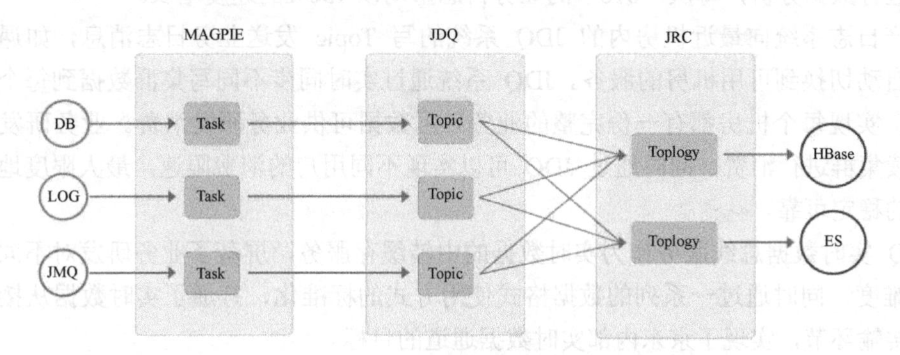

图 12-3　京东实时数据平台

1）实时数据接入

实时数据的源头是各个线上业务系统的各种类型数据源，主要包括三个部门：

（1）线上业务系统数据库：MySQL、SQL Server、Oracle。

京东内部线上系统基本都切换成 MySQL。实时数据接入系统 Magpie 完全支持上述三个关系型数据库的数据实时接入，其原理为数据库的主从复制模式，通过伪装从库的方式，实时抓取关系型数据库的 Binlog 日志并解析发送到 JDQ 内。对于 MySQL 数据库，实时接入程序按照服务粒度抓取 MySQL 单用户服务上的所有 Binlog，在程序内部进行 Binlog 的实时解析并过滤出所需要的库表，再发送到表粒度的 Topic 上，方便下游用户进行业务表粒度的实时处理。

（2）线上业务日志系统：统一流量（用户浏览点击日志）、统一日志（各业务系统服务日志）。

业务日志先由线上系统先发送到 JDQ 的写集群，再由 Magpie 任务实时同步到 JDQ 的读集群。通过这种方式实现了日志数据的读写分离，极大地提高了系统稳定性和服务能力。

（3）线上消息系统：JMQ。

JMQ 是京东内部线上系统的消息中间件，很多业务数据在存入数据库之前都会经过 JMQ 系统在不同业务系统之间进行传递。Magpie 同样可以先把 JMQ 内的线上系统消息实时地同步到 JDQ 内，再面向数据处理用户进行消费，极大地提高了数据处理系统的服务能力。

京东内部所有系统的实时数据都会经过 Magpie 系统接入和转发到 JDQ 系统，统一由 JDQ 对数据处理的业务需求提供消息服务。该方案帮助业务用户在技术层面屏蔽了接入的复杂度问题，并把服务稳定性和能力提高到满足大数据实时处理的要求。

2）实时数据总线

实时数据总线如图 12-4 所示。实时数据在由 Magpie 进行统一接入处理后，需要一个面向业务研发用户的消息消费服务。京东基于 Kafka 的 JDQ 服务就是满足这个需求的产品。

在原生 Kafka 的基础之上，京东封装了权限、限速、监控报警等一系列服务；针对重要业务进行了双机房读写分离的部署方案，大大提高了消息服务的可靠性和服务能力。2019 年，京东“618”当天产生 291TB 交易数据、8000 亿行数据。各个系统越来越重视通过日志进行数据分析，每次“618”的业务日志量均以 150%的速度增长。

生产日志系统向最近机房内的 JDQ 系统的写 Topic 发送业务日志消息，如遇机房故障，则自动切换到可用机房的服务。JDQ 系统通过实时同步不同写集群数据到每个机房的读集群，实现每个机房都有一份完整的业务日志数据可供业务研发消费。业务研发就近机房选择读集群进行消费，同时通过 JDQ 可以实现不同用户的消费限速，最大限度地保证集群服务的稳定可靠。

JDQ 实时数据总线服务作为实时数据的中转缓存服务，屏蔽了业务研发对不同数据源的接入难度，同时通过一系列的数据格式使用方式的标准化，打通了实时数据从接入业务处理的传输环节，实现了京东内部实时数据通道的目标。

3）实时数据计算

实时数据要想体现业务价值，最终还需要业务研发方进行计算和分析。京东内部主流的实时计算平台是 JRC 计算平台，该平台脱胎于早期的 Storm 版本，由平台研发并进行了深度的改造和产品化，满足了业务研发用户完全的 Web 产品任务管理和监控的需求，同时整合了 JDQ 数据来源，实现了用户在数据计算平台的无缝对接实时数据。2019 年，京东“618” 达到 1.1 万亿次的日处理次数。JRC 架构如图 12-5 所示。

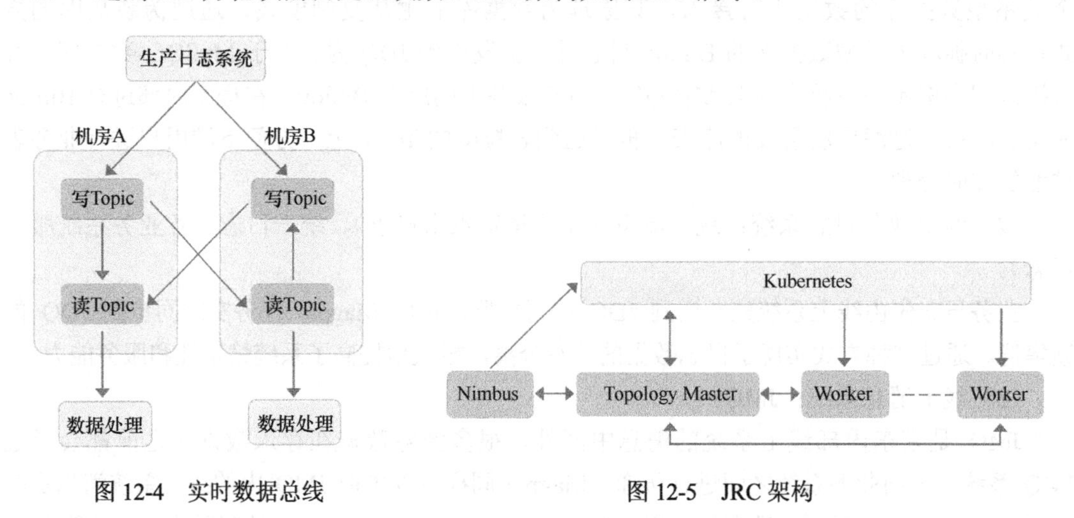

图 12-4 实时数据总线　　图 12-5 JRC 架构

JRC 架构的特点如下。

（1）通过 Kubernetes 实现 Topology 执行节点的容器化，资源随用随申请，提高资源利用率。

（2）通过 Kubernetes 和二级调度的方案，把 Topology 调度逻辑放在 Kubernetes 层面和

Topology 内部，提高了调度的效率，避免了不同 Topology 之间的干扰。

（3）心跳只在 Timbus 和 Topology Master、Topology Master 和 Worker 之间进行，避免了传统方案任务量大时的心跳压力。

目前，京东内部实时计算场景多样，京东平台已经开始在线上正式提供 Spark Streaming 和 Flink 等多种计算框架的产品化服务；京东实时数据解决方案整套流程已经接入线上的上千张业务表数据流和数百个业务日志数据流，覆盖京东内部所有核心业务系统和大部分实时处理业务，主要面向京东内部各个业务部门的个性化推荐、秒杀、实时运营、商家报表等。未来，离线数据处理需求会越来越多地迁移到实时数据处理上。

2. 离线平台

京东大数据离线平台的整体架构如图 12-6 所示。离线处理架构为数据存储+数据缓存+数据处理+数据应用。

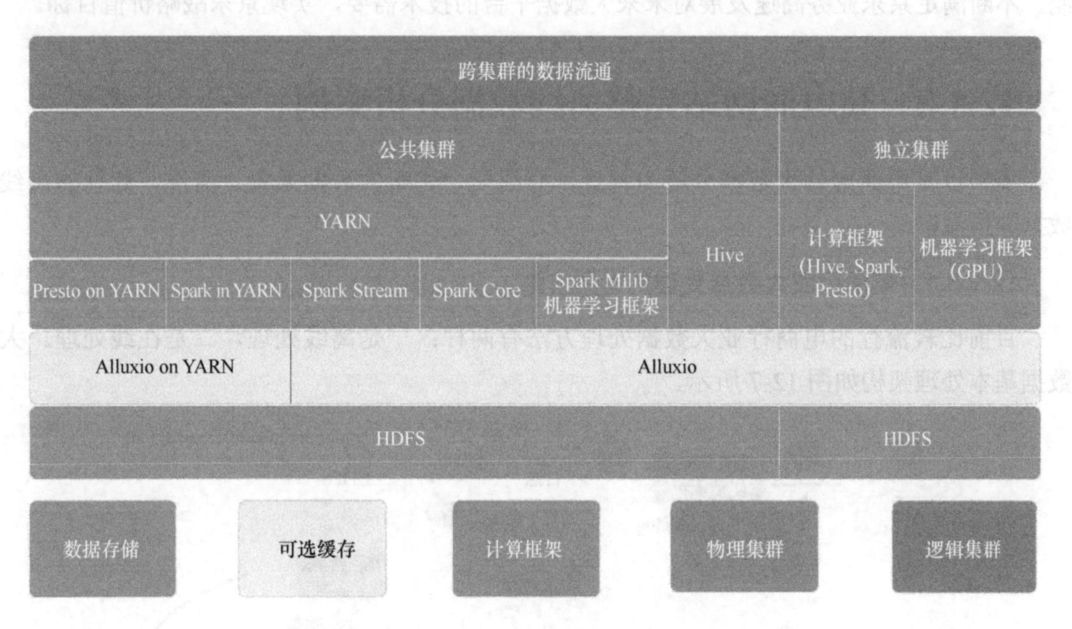

图 12-6　京东大数据离线平台的整体架构

1）数据存储

以前，数据仓库是 LZO，线上业务是 SQL Server、Oracle。现在，数据仓库是 ORC，线上业务是 MySQL、HBase。

2）数据缓存

Alluxio 是一个基于内存的分布式文件系统，它是架构在底层分布式文件系统和上层分布式计算框架之间的一个中间件，其主要职责是以文件形式在内存或其他存储设施中提供数据存取服务。

3）数据处理

京东大数据平台中的数据处理采用混合型引擎，按需按量分配，以及根据不同业务场景，选择不同处理方式，统一由 YARN 做资源管理。

4）数据应用

京东大数据平台服务京东消费数据的几乎所有场景，如数据挖掘、分析报告、常规报表、即席查询等。

在京东大数据平台中有多个物理集群、十几个集群应用软件、十几个大数据产品、30多个数据集市、6000 多个平台用户；日运行 Job 数量超过 40 万个；日计算数据量超过15PB。在如此庞大的业务场景、海量数据计算场景、复杂数据处理流程场景下，一个高效实用的大数据离线平台显得尤为重要。

京东大数据平台已经实现了海量数据的实时与离线计算，也满足高并发、高容错、高扩展、低成本的集团发展需要；同时，在保证现有大数据平台稳定的基础上，通过与京东30 多个业务集市的深入接触沟通，在业务发展基础上，结合最新、最适合的前沿技术，不断完善大数据平台的业务实现范围、大数据平台技术创新、大数据平台更好的运营管控机制，不断满足京东业务高速发展对未来大数据平台的技术需要，实现京东战略价值目标。

12.1.3 某电商网站完整离线数据分析案例

本节以某电商网站大数据分析为背景，介绍一个完整的数据采集、清洗、处理的离线数据分析案例。

12.1.3.1 电商行业大数据处理的常用方法

目前比较流行的电商行业大数据处理方法有两种：一是离线处理，二是在线处理。大数据基本处理架构如图 12-7 所示。

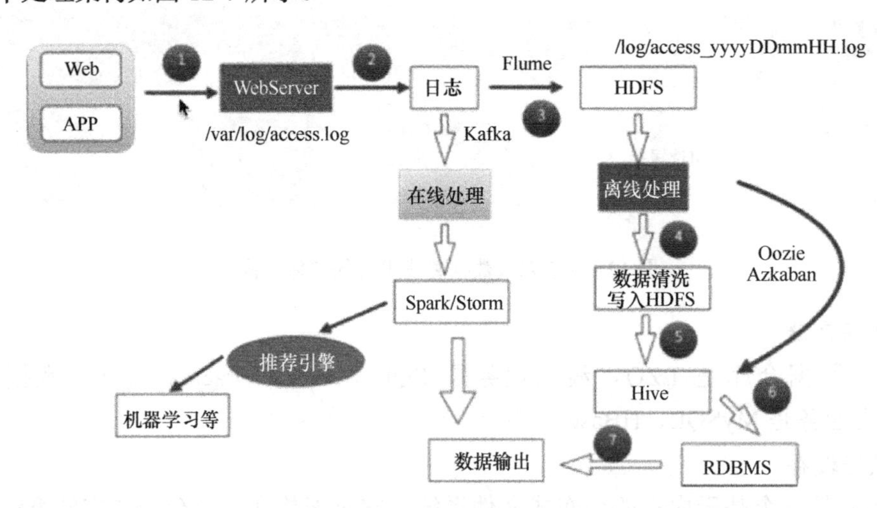

图 12-7 大数据基本处理架构

在互联网应用中，不管采用哪一种处理方式，其基本数据来源都是日志数据。例如，对于 Web 应用来说，可能是用户的访问日志、用户的点击日志等。

如果对于数据的分析结果在时间上有比较严格的要求，则可以采用在线处理方法来对数据进行分析，如使用 Spark、Storm 等进行处理。比如天猫“双十一”的成交额，在其展板上可以看到，交易额是实时动态进行更新的，对于这种情况需要采用在线处理方法。

如果只是希望得到数据分析结果，对处理时间的要求不严格，则可以采用离线处理方法。比如，可以先将日志数据采集到 HDFS 中，然后再进一步使用 MapReduce、Hive 等来对数据进行分析。

本节主要分享对某电商网站产生的用户访问日志（access.log）进行离线处理与分析的过程，基于 MapReduce 的处理方式，最后统计出某一天不同省份访问该网站的点击量（pv）与独立访客量（uv）。

12.1.3.2 生产场景与需求

在案例场景中，Web 应用部署架构如图 12-8 所示，即比较典型的 Nginx 负载均衡+KeepAlive 高可用集群架构。在每台 Web 服务器上都会产生用户的访问日志，业务需求方给出的日志数据格式如图 12-9 所示。

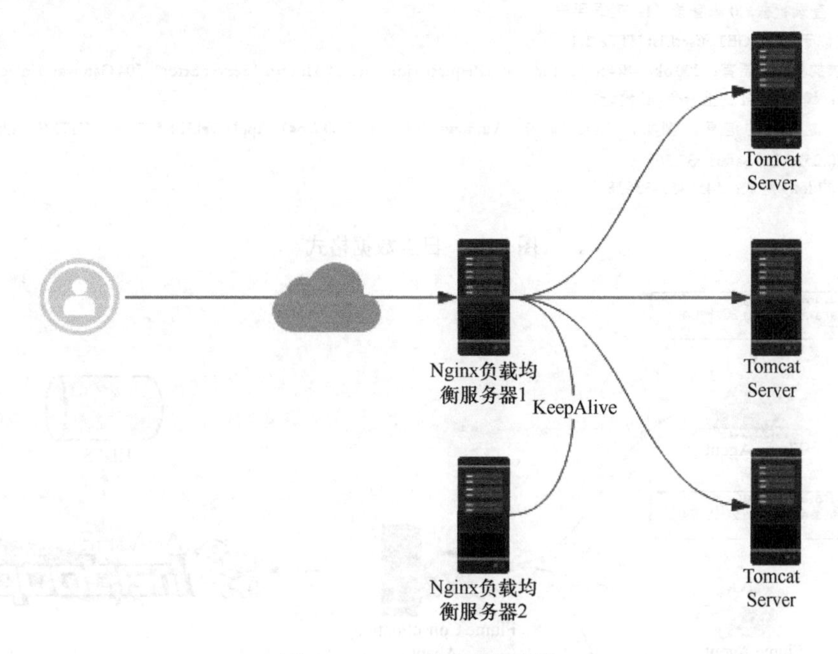

图 12-8　Web 应用部署架构

根据给定的时间范围内的日志数据，现在业务方有如下需求：统计出每个省每日访问的 pv、uv。

12.1.3.3 数据采集：获取原生数据

数据采集工作由运维人员来完成。对于用户访问日志的采集，使用的是 Flume，并且会将采集的数据保存到 HDFS 中。案例数据采集架构如图 12-10 所示。

从图 12-10 可以看到，不同的 Web Server 上都会部署一个 Agent 用于该 Server 上日志数据的采集，之后，不同 Web Server 的 Flume Agent 采集的日志数据会下沉到另一个称为 Flume Consolidation Agent（Flume 聚合 Agent）的 Flume Agent 上，该 Flume Agent 的数据落地方式为输出到 HDFS。

日志格式如下：

1001　211.167.248.22　eecf0780-2578-4d77-a8d6-e2225e8b9169　40604　1　GET /top HTTP/1.0　408　null　null　1523188122767

1003　222.68.207.11　eecf0780-2578-4d77-a8d6-e2225e8b9169　20202　1　GET /tologin HTTP/1.1　504　null　Mozilla/5.0 (Windows; U; Windows NT 5.1)Gecko/20070309 Firefox/2.0.0.3　1523188123267

1001　61.53.137.50　c3966af9-8a43-4bda-b58c-c11525ca367b　0　1　GET /update/pass HTTP/1.0　302　null　null　1523188123768

1000　221.195.40.145　1aa3b538-2f55-4cd7-9f46-6364fdd1e487　0　0　GET /user/add HTTP/1.1　200　null　Mozilla/4.0 (compatible; MSIE 7.0; Windows NT5.2)　1523188124269

1000　121.11.87.171　8b0ea90a-77a5-4034-99ed-403c800263dd　20202　1　GET /top HTTP/1.0　408　null　Mozilla/5.0 (Windows; U; Windows NT 5.1)Gecko/20070803 Firefox/1.5.0.12 1523188120263

其每个字段的说明如下：

appid ip mid userid login_type request status http_referer user_agent time

其中：

appid 包括：web:1000,android:1001,ios:1002,ipad:1003

mid:唯一的 id 此 id 第一次会种在浏览器的 cookie 里。如果存在则不再种。作为浏览器唯一标示。移动端或者 pad 直接取机器码。

login_type：登录状态，0 未登录、1：登录用户

request：类似于此种 "GET /userList HTTP/1.1"

status：请求的状态主要有：200 ok、404 not found、408 Request Timeout、500 Internal Server Error、504 Gateway Timeout 等

http_referer：请求该 url 的上一个 url 地址。

user_agent：浏览器的信息，例如："Mozilla/5.0 (Windows NT 6.1; WOW64) AppleWebKit/537.36 (KHTML, like Gecko) Chrome/47.0.2526.106 Safari/537.36"

time：时间的 long 格式：1451451433818。

图 12-9　日志数据格式

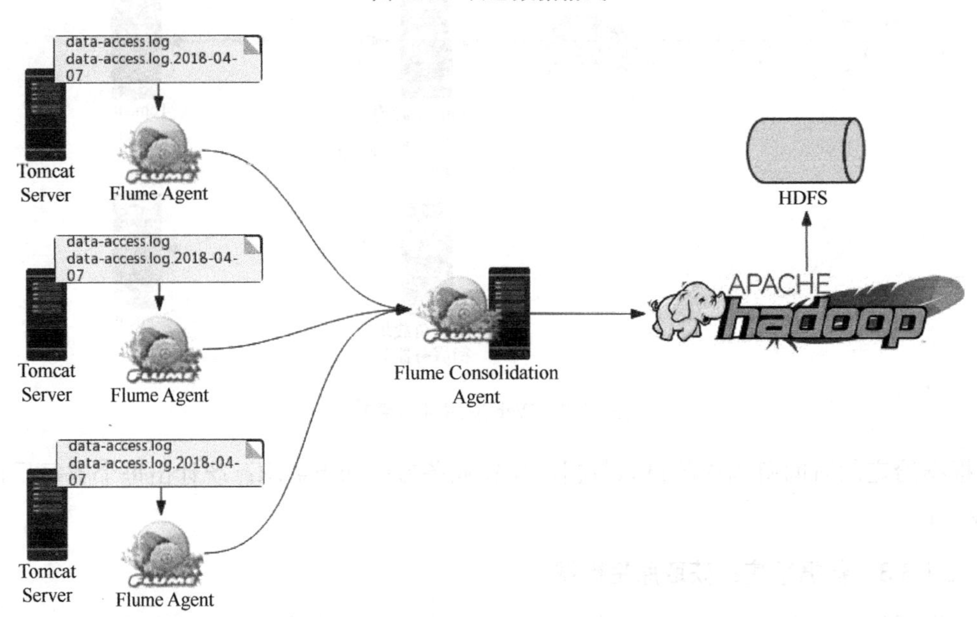

图 12-10　案例数据采集架构

在 HDFS 中，可以查看到其采集的日志信息如图 12-11 所示。

下面的工作是基于 Flume 采集到 HDFS 中的数据进行离线处理与分析。

Hadoop　Overview　Datanodes　Snapshot　Startup Progress　Utilities

Browse Directory

/input/data-clean/access/2018/04/08　Go!

Permission	Owner	Group	Size	Replication	Block Size	Name
-rw-r--r--	uplooking	supergroup	5.79 MB	3	128 MB	access.1523156471371.log
-rw-r--r--	uplooking	supergroup	4.21 KB	3	128 MB	access.1523184064181.log.tmp

图 12-11　采集的日志信息

12.1.3.4　数据清洗：将不规整数据转化为规整数据

1．数据清洗目的

刚才采集到的 HDFS 中的原生数据也称为不规整数据，目前来说，该数据格式还无法满足我们对数据处理的基本要求，需要对其进行预处理，转化为后面工作所需要的较为规整的数据。因为数据清洗其实指的就是对数据进行基本的预处理，以方便后面的统计分析，所以这一步并非必须进行，而要根据不同的业务需求来进行取舍，只是在我们的场景中需要对数据进行一定的处理。

2．数据清洗方案

原来的日志数据格式如图 12-9 所示，如果需要按照省份来统计 uv、pv，则其所包含的信息还不够，需要对这些数据做一定的预处理。比如，对于其中包含的 IP 信息，需要将其对应的 IP 信息解析出来；为了方便其他统计，也可以将其 request 信息解析为 method、request_url、http_version 等。

按照上面的分析，我们希望预处理之后的日志数据包含如下数据字段：即在原来的基础上，增加其他新的字段，如 province、city 等。

采用 MapReduce 对数据进行预处理，预处理之后的结果保存到 HDFS 中，即采用如图 12-12 所示的架构。

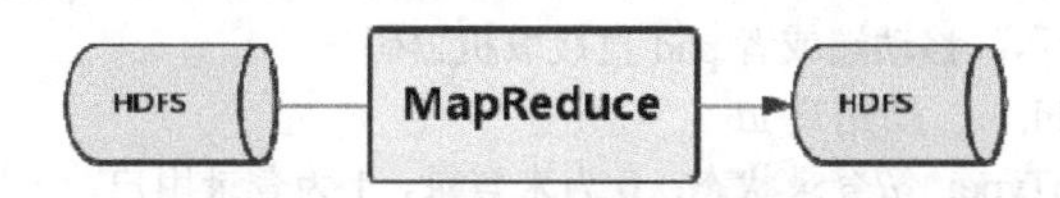

图 12-12　案例数据预处理架构

3．数据清洗过程

数据清洗过程主要是编写 MapReduce 程序，MapReduce 程序的编写又分为编写 Mapper、Reducer、Job 三个基本的过程。但在这个案例中，要达到数据清洗的目的，实际上只需要 Mapper 就可以了，并不需要 Reducer。这是因为我们只是预处理数据，在 Mapper

中就可以对数据进行处理了，其输出的数据并不需要进一步经过 Reducer 来进行汇总处理，因此下面就直接编写 Mapper 和 Job 的程序代码。

（1）AccessLogCleanMapper。

```
package cn.xpleaf.dataClean.mr.mapper;
import cn.xpleaf.dataClean.mr.writable.AccessLogWritable;
import cn.xpleaf.dataClean.utils.JedisUtil;
import cn.xpleaf.dataClean.utils.UserAgent;
import cn.xpleaf.dataClean.utils.UserAgentUtil;
import org.apache.hadoop.io.LongWritable;
import org.apache.hadoop.io.NullWritable;
import org.apache.hadoop.io.Text;
import org.apache.hadoop.mapreduce.Mapper;
import org.apache.log4j.Logger;
import redis.clients.jedis.Jedis;
import java.io.IOException;
import java.text.DateFormat;
import java.text.SimpleDateFormat;
import java.util.Date;
/**
 * access 日志清洗的主要 mapper 实现类
 * 原始数据结构：
 * appid ip mid userid login_tpe request status http_referer user_agent time ---> 10 列内容
 * 清洗之后的结果：
 * appid ip province city mid userid login_type request method request_url http_version status http_referer user_agent browser yyyy-MM-dd HH:mm:ss
 */
public class AccessLogCleanMapper extends Mapper<LongWritable, Text, NullWritable, Text> {

    private Logger logger;
    private String[] fields;
    private String appid;       //数据来源 web:1000,android:1001,ios:1002,ipad:1003
    private String ip;
    //通过 ip 衍生出来的字段 province 和 city
    private String province;
    private String city;
    private String mid;         //mid：唯一的 id，此 id 第一次会种在浏览器的 cookie 里。如果存在则不再种。作为浏览器唯一标示。移动端或者 pad 直接取机器码
    private String userId;      //用户 id
    private String loginType;   //登录状态：0 为未登录，1 为登录用户
    private String request;     //类似于此种 "GET userList HTTP/1.1"
    //通过 request 衍生出来的字段 method request_url http_version
    private String method;
    private String requestUrl;
    private String httpVersion;
    private String status;      //请求的状态主要有 200 ok、/404 not found、408 Request Timeout、500 Internal Server Error、504 Gateway Timeout 等
```

```
    private String httpReferer;   //请求该 url 的上一个 url 地址
    private String userAgent; //浏览器的信息，例如"Mozilla/5.0 (Windows NT 6.1; WOW64)
AppleWebKit/537.36 (KHTML, like Gecko) Chrome/47.0.2526.106 Safari/537.36"
    //通过 userAgent 来获取对应的浏览器
    private String browser;
    //private long time;          //action 对应的时间戳
    private String time;          //action 对应的格式化时间 yyyy-MM-dd HH:mm:ss
    private DateFormat df;
    private Jedis jedis;
    @Override
    protected void setup(Context context) throws IOException, InterruptedException {
        logger = Logger.getLogger(AccessLogCleanMapper.class);
        df = new SimpleDateFormat("yyyy-MM-dd HH:mm:ss");
        jedis = JedisUtil.getJedis();
    }
    /**
     * appid ip mid userid login_tpe request status http_referer user_agent time ---> 10 列内容
     * ||
     * ||
     * appid ip province city mid userid login_type request method request_url http_version status
http_referer user_agent browser yyyy-MM-dd HH:mm:ss
     */
    @Override
    protected void map(LongWritable key, Text value, Context context) throws IOException,
InterruptedException {
        fields = value.toString().split("\t");
        if (fields == null || fields.length != 10) { //有异常数据
            return;
        }
   //因对所有的字段未进行特殊操作，只是文本输出，故没有必要设置特定类型，全部设置为字符
    串即可，这样在进行下面的操作时就可省去类型的转换，但若对数据的合法性有严格的验证，
    则要保持类型的一致
        appid = fields[0];
        ip = fields[1];
        //解析 IP
        if (ip != null) {
            String ipInfo = jedis.hget("ip_info", ip);
            province = ipInfo.split("\t")[0];
            city = ipInfo.split("\t")[1];
        }
        mid = fields[2];
        userId = fields[3];
        loginType = fields[4];
        request = fields[5];
        method = request.split(" ")[0];
        requestUrl = request.split(" ")[1];
        httpVersion = request.split(" ")[2];
```

```
            status = fields[6];
            httpReferer = fields[7];
            userAgent = fields[8];
            if (userAgent != null) {
                UserAgent uAgent = UserAgentUtil.getUserAgent(userAgent);
                if (uAgent != null) {
                    browser = uAgent.getBrowserType();
                }
            }
            try { //转换有可能出现异常
                time = df.format(new Date(Long.parseLong(fields[9])));
            } catch (NumberFormatException e) {
                logger.error(e.getMessage());
            }
            AccessLogWritable access = new AccessLogWritable(appid, ip, province, city, mid,
                    userId, loginType, request, method, requestUrl,
                    httpVersion, status, httpReferer, this.userAgent, browser, time);
            context.write(NullWritable.get(), new Text(access.toString()));
        }

        @Override
        protected void cleanup(Context context) throws IOException, InterruptedException {
            //资源释放
            logger = null;
            df = null;
            JedisUtil.returnJedis(jedis);
        }
    }
```

（2）AccessLogCleanJob。

```
package cn.xpleaf.dataClean.mr.job;

import cn.xpleaf.dataClean.mr.mapper.AccessLogCleanMapper;
import org.apache.hadoop.conf.Configuration;
import org.apache.hadoop.fs.Path;
import org.apache.hadoop.io.NullWritable;
import org.apache.hadoop.io.Text;
import org.apache.hadoop.mapreduce.Job;
import org.apache.hadoop.mapreduce.lib.input.FileInputFormat;
import org.apache.hadoop.mapreduce.lib.input.TextInputFormat;
import org.apache.hadoop.mapreduce.lib.output.FileOutputFormat;
import org.apache.hadoop.mapreduce.lib.output.TextOutputFormat;
/**
 * 清洗用户 access 日志信息
 * 主要的驱动程序
 * 主要用作组织 mapper 和 reducer 的运行
 *
 * 输入参数:
```

```
 * hdfs://ns1/input/data-clean/access/2018/04/08 hdfs://ns1/output/data-clean/access
 * 即 inputPath 和 outputPath
 * 目前 outputPath 统一到 hdfs://ns1/output/data-clean/access
 * 而 inputPath 则不确定，因为我们的日志采集是按天来生成一个目录的
 * 所以上面的 inputPath 只是清洗 2018-04-08 这一天的
 */
public class AccessLogCleanJob {
    public static void main(String[] args) throws Exception {

        if(args == null || args.length < 2) {
            System.err.println("Parameter Errors! Usage <inputPath...> <outputPath>");
            System.exit(-1);
        }

        Path outputPath = new Path(args[args.length - 1]);

        Configuration conf = new Configuration();
        String jobName = AccessLogCleanJob.class.getSimpleName();
        Job job = Job.getInstance(conf, jobName);
        job.setJarByClass(AccessLogCleanJob.class);

        //设置 mr 的输入参数
        for( int i = 0; i < args.length - 1; i++) {
            FileInputFormat.addInputPath(job, new Path(args[i]));
        }
        job.setInputFormatClass(TextInputFormat.class);
        job.setMapperClass(AccessLogCleanMapper.class);
        job.setMapOutputKeyClass(NullWritable.class);
        job.setMapOutputValueClass(Text.class);
        //设置 mr 的输出参数
        outputPath.getFileSystem(conf).delete(outputPath, true);//避免 job 在运行时出现输出目录已存在
的异常
        FileOutputFormat.setOutputPath(job, outputPath);
        job.setOutputFormatClass(TextOutputFormat.class);
        job.setOutputKeyClass(NullWritable.class);
        job.setOutputValueClass(Text.class);
        job.setNumReduceTasks(0);    //map only 操作，没有 reducer
        job.waitForCompletion(true);
    }
}
```

（3）执行 MapReduce 程序。

将上面的 MapReduce 程序打包后上传到 Hadoop 环境中，这里，对 2018-04-08 这一天产生的日志数据进行清洗，执行如下命令。

```
yarn jar data-extract-clean-analysis-1.0-SNAPSHOT-jar-with-dependencies.jar\
cn.xpleaf.dataClean.mr.job.AccessLogCleanJob \
hdfs://ns1/input/data-clean/access/2018/04/08 \
```

```
hdfs://ns1/output/data-clean/access
```

数据清洗 MapRcduce 程序执行结果如图 12-13 所示。

```
......
18/04/08 20:54:21 INFO mapreduce.Job: Running job: job_1523133033819_0009
18/04/08 20:54:28 INFO mapreduce.Job: Job job_1523133033819_0009 running in uber mode : false
18/04/08 20:54:28 INFO mapreduce.Job:   map 0% reduce 0%
18/04/08 20:54:35 INFO mapreduce.Job:   map 50% reduce 0%
18/04/08 20:54:40 INFO mapreduce.Job:   map 76% reduce 0%
18/04/08 20:54:43 INFO mapreduce.Job:   map 92% reduce 0%
18/04/08 20:54:45 INFO mapreduce.Job:   map 100% reduce 0%
18/04/08 20:54:46 INFO mapreduce.Job: Job job_1523133033819_0009 completed successfully
18/04/08 20:54:46 INFO mapreduce.Job: Counters: 31
......
```

图 12-13　数据清洗 MapReduce 程序执行结果

从图 12-13 中可以看到 MapReduce Job 执行成功。

4．数据清洗结果

上面的 MapReduce 程序执行成功后，可以看到在 HDFS 中生成的数据清洗结果文件输出目录如图 12-14 所示。

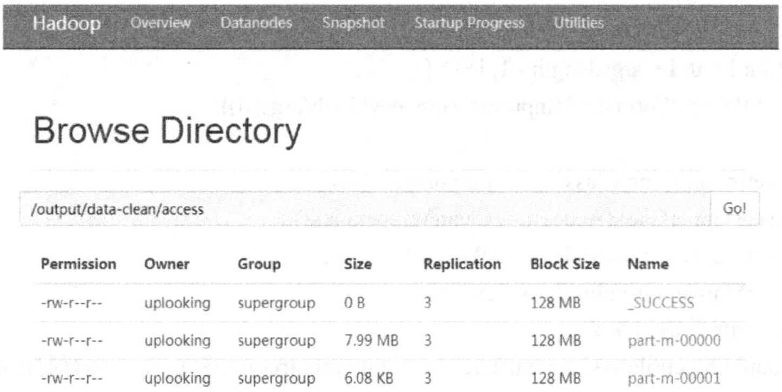

Hadoop　Overview　Datanodes　Snapshot　Startup Progress　Utilities

Browse Directory

/output/data-clean/access　Go!

Permission	Owner	Group	Size	Replication	Block Size	Name
-rw-r--r--	uplooking	supergroup	0 B	3	128 MB	_SUCCESS
-rw-r--r--	uplooking	supergroup	7.99 MB	3	128 MB	part-m-00000
-rw-r--r--	uplooking	supergroup	6.08 KB	3	128 MB	part-m-00001

图 12-14　数据清洗结果文件输出目录

下载其中一个数据清洗结果文件，并用 Notepadd++打开查看其信息，如图 12-15 所示。

```
1000    [illegible].9.221.188   河南省  [illegible]市  eecf0780-2578-4d77-a8d6-e2225e8b9169   20201  0   GET /top HTTP/1.0    GET /top    H
1002    [illegible].155.234.99  河北省  [illegible]区  b73a3986-5dfe-41f1-b7e3-bc6ecc4a3205   40604  0   GET /check/detail HTTP/1.1   GET /
1001    [illegible].11.87.171   北京市  [illegible]区  null   20202   1   GET /userList HTTP/1.1  GET /userList   HTTP/1.1   504 null   n
1003    [illegible].39.129.67   海南省  [illegible]市  eecf0780-2578-4d77-a8d6-e2225e8b9169   10207  1   GET /getDataById HTTP/1.0   GET /
1003    [illegible].194.55.160  海南省  [illegible]市  b73a3986-5dfe-41f1-b7e3-bc6ecc4a3205   10207  1   POST /stat HTTP/1.1 POST    /stat
1000    [illegible].172.249.96  北京市  [illegible]区  b3ddebee-401b-48b5-a90f-7abc3973cd70   20202  1   GET /update/pass HTTP/1.0   GET /
1003    [illegible].12.227.208  江西省  [illegible]市  1c6d5348-a132-427d-9cca-1d682308588d   20201  0   POST /updateById?id=21 HTTP/1.1 P
1003    [illegible]2.68.207.11  海南省  [illegible]市  88ab3aa1-bd33-45a6-a67e-89b8deb047e8   10022  0   GET /getDataById HTTP/1.0   GET /
1003    [illegible]1.155.234.99 河北省  [illegible]区  1e13d96f-f4c6-4d0f-bd54-2a1bce42d878   20101  0   GET /tologin HTTP/1.0   GET /tolo
1003    [illegible]1.8.9.6 80   海南省  [illegible]口市  null   10207   0   POST /updateById?id=21 HTTP/1.1 POST    /updateById?id=21  HTTP/
```


图 12-15　查看数据清洗结果文件信息

12.1.3.5　数据处理：对规整数据进行统计分析

经过数据清洗之后，就得到了做数据分析统计所需要的比较规整的数据，下面就可以进行数据统计分析了，即按照业务需求，统计出某一天中每个省份的 pv 和 uv。

数据处理依然是需要编写 MapReduce 程序，并且将数据保存到 HDFS 中，其架构与前面的数据清洗是一样的（如图 12-12 所示）。

1．数据处理思路：如何编写 MapReduce 程序

现在，我们已经得到了规整的数据，关键在于如何编写 MapReduce 程序。

因为要统计的是每个省对应的 pv 和 uv（pv 是点击量，uv 是独立访客量），所以需要将省相同的数据拉取到一起。拉取到一起的数据中的每条记录代表一次点击（pv + 1），这里面有同一个用户产生的数据（通过 mid 来唯一地标识是同一个浏览器，用 mid 进行去重，得到的就是 uv）。

拉取数据可以使用 Mapper 来完成，对数据的统计（pv、uv 的计算）则可以通过 Reducer 来完成，即 Mapper 的各个参数可以如下：

```
Mapper<LongWritable, Text, Text(Province), Text(mid)>
```

Reducer 的各个参数可以如下：

```
Reducer<Text(Province), Text(mid), Text(Province), Text(pv + uv)>
```

2．数据处理过程：编写 MapReduce 程序

根据前面的分析，下面编写 MapReduce 程序。

（1）ProvincePVAndUVMapper。

```
package cn.xpleaf.dataClean.mr.mapper;

import org.apache.hadoop.io.LongWritable;
import org.apache.hadoop.io.Text;
import org.apache.hadoop.mapreduce.Mapper;

import java.io.IOException;

/**
 * Mapper<LongWritable, Text, Text(Province), Text(mid)>
 * Reducer<Text(Province), Text(mid), Text(Province), Text(pv + uv)>
 */
public class ProvincePVAndUVMapper extends Mapper<LongWritable, Text, Text, Text> {
    @Override
    protected void map(LongWritable key, Text value, Context context) throws IOException,
InterruptedException {
        String line = value.toString();
        String[] fields = line.split("\t");
        if(fields == null || fields.length != 16) {
            return;
        }
        String province = fields[2];
        String mid = fields[4];
        context.write(new Text(province), new Text(mid));
    }
```

```
}
```

（2）ProvincePVAndUVReducer。

```
package cn.xpleaf.dataClean.mr.reducer;

import org.apache.hadoop.io.Text;
import org.apache.hadoop.mapreduce.Reducer;

import java.io.IOException;
import java.util.HashSet;
import java.util.Set;

/**
 * 统计该标准化数据，产生结果
 * 省    pv    uv
 * 这里面有同一个用户产生的数|据（通过 mid 来唯一地标识是同一个浏览器，用 mid 进行去重，得
到的就是 uv）
 * Mapper<LongWritable, Text, Text(Province), Text(mid)>
 * Reducer<Text(Province), Text(mid), Text(Province), Text(pv + uv)>
 */
public class ProvincePVAndUVReducer extends Reducer<Text, Text, Text, Text> {

    private Set<String> uvSet = new HashSet<>();

    @Override
    protected void reduce(Text key, Iterable<Text> values, Context context) throws IOException,
InterruptedException {
        long pv = 0;
        uvSet.clear();
        for(Text mid : values) {
            pv++;
            uvSet.add(mid.toString());
        }
        long uv = uvSet.size();
        String pvAndUv = pv + "\t" + uv;
        context.write(key, new Text(pvAndUv));
    }
}
```

（3）ProvincePVAndUVJob。

```
package cn.xpleaf.dataClean.mr.job;

import cn.xpleaf.dataClean.mr.mapper.ProvincePVAndUVMapper;
import cn.xpleaf.dataClean.mr.reducer.ProvincePVAndUVReducer;
import org.apache.hadoop.conf.Configuration;
import org.apache.hadoop.fs.Path;
import org.apache.hadoop.io.Text;
import org.apache.hadoop.mapreduce.Job;
import org.apache.hadoop.mapreduce.lib.input.FileInputFormat;
import org.apache.hadoop.mapreduce.lib.input.TextInputFormat;
import org.apache.hadoop.mapreduce.lib.output.FileOutputFormat;
import org.apache.hadoop.mapreduce.lib.output.TextOutputFormat;
```

```
/**
 * 统计每个省的 pv 和 uv
 * 输入：经过 clean 之后的 access 日志
 * appid ip province city mid userid login_type request method request_url http_version status http_referer
user_agent browser yyyy-MM-dd HH:mm:ss
 * 统计该标准化数据，产生结果
 * 省    pv    uv
 *
 * 分析：因为要统计的是每个省对应的 pv 和 uv
 * pv 是点击量，uv 是独立访客量
 * 需要将省相同的数据拉取到一起，拉取到一起的数据中的每条记录代表一次点击（pv + 1）
 * 这里面有同一个用户产生的数据（通过 mid 来唯一地标识是同一个浏览器，用 mid 进行去重，得
到的就是 uv）
 * Mapper<LongWritable, Text, Text(Province), Text(mid)>
 * Reducer<Text(Province), Text(mid), Text(Province), Text(pv + uv)>
 *
 *  输入参数：
 *  hdfs://ns1/output/data-clean/access hdfs://ns1/output/pv-uv
 */
public class ProvincePVAndUVJob {
    public static void main(String[] args) throws Exception {

        if (args == null || args.length < 2) {
            System.err.println("Parameter Errors! Usage <inputPath...> <outputPath>");
            System.exit(-1);
        }

        Path outputPath = new Path(args[args.length - 1]);

        Configuration conf = new Configuration();
        String jobName = ProvincePVAndUVJob.class.getSimpleName();
        Job job = Job.getInstance(conf, jobName);
        job.setJarByClass(ProvincePVAndUVJob.class);

        //设置 mr 的输入参数
        for (int i = 0; i < args.length - 1; i++) {
            FileInputFormat.addInputPath(job, new Path(args[i]));
        }
        job.setInputFormatClass(TextInputFormat.class);
        job.setMapperClass(ProvincePVAndUVMapper.class);
        job.setMapOutputKeyClass(Text.class);
        job.setMapOutputValueClass(Text.class);
        //设置 mr 的输出参数
        outputPath.getFileSystem(conf).delete(outputPath, true);//避免 job 在运行时出现输出目录已存在
的异常
        FileOutputFormat.setOutputPath(job, outputPath);
        job.setOutputFormatClass(TextOutputFormat.class);
        job.setReducerClass(ProvincePVAndUVReducer.class);
        job.setOutputKeyClass(Text.class);
        job.setOutputValueClass(Text.class);
```

```
        job.setNumReduceTasks(1);

        job.waitForCompletion(true);
    }
}
```

（4）执行 MapReduce 程序。

将上面的 MapReduce 程序打包后上传到 Hadoop 环境中，这里对前面预处理之后的数据进行统计分析，执行如下命令。

```
yarn jar data-extract-clean-analysis-1.0-SNAPSHOT-jar-with-dependencies.jar \
cn.xpleaf.dataClean.mr.job.ProvincePVAndUVJob \
hdfs://ns1/output/data-clean/access \
hdfs://ns1/output/pv-uv
```

数据处理 MapReduce 程序执行结果如图 12-16 所示。

```
......
18/04/08 22:22:42 INFO mapreduce.Job: Running job: job_1523133033819_0010
18/04/08 22:22:49 INFO mapreduce.Job: Job job_1523133033819_0010 running in uber mode : false
18/04/08 22:22:49 INFO mapreduce.Job:    map 0% reduce 0%
18/04/08 22:22:55 INFO mapreduce.Job:    map 50% reduce 0%
18/04/08 22:22:57 INFO mapreduce.Job:    map 100% reduce 0%
18/04/08 22:23:03 INFO mapreduce.Job:    map 100% reduce 100%
18/04/08 22:23:03 INFO mapreduce.Job: Job job_1523133033819_0010 completed successfully
18/04/08 22:23:03 INFO mapreduce.Job: Counters: 49
......
```

图 12-16　数据处理 MapReduce 程序执行结果

从图 12-16 中可以看出 MapReduce Job 执行成功。

3．数据处理结果

上面的 MapReduce 程序执行成功后，可以看到在 HDFS 中生成的数据处理结果文件输出目录，如图 12-17 所示。

可以下载其中一个数据处理结果文件，并用 Notepadd++打开查看其信息，如图 12-18 所示：

Hadoop　Overview　Datanodes　Snapshot　Startup Progress　Utilities

Browse Directory

/output/pv-uv　Go!

Permission	Owner	Group	Size	Replication	Block Size	Name
-rw-r--r--	uplooking	supergroup	0 B	3	128 MB	_SUCCESS
-rw-r--r--	uplooking	supergroup	110 B	3	128 MB	part-r-00000

图 12-17　数据处理结果文件输出目录

上海市	1975	1137
北京市	12142	8638
江西省	2055	683
河北省	6008	3930
海南省	7915	4839

图 12-18　查看数据处理结果文件信息

至此，就完成了一个完整的数据采集、清洗、处理的离线数据分析案例。

12.2 煤炭大数据采集与处理

12.2.1 煤炭行业大数据概述

工业大数据是未来工业在全球市场竞争中发挥优势的关键。无论是德国工业 4.0，还是美国工业互联网等，各国制造业创新战略的实施基础都是工业大数据的采集和特征分析，以及以此为未来制造系统搭建的无忧环境。不论智能制造发展到何种程度，数据采集与处理都是生产中最实际、最高频的需求，也是工业 4.0 的先决条件[3]。煤炭行业乃至整个能源产业都是国民经济的基础工业，对整个国民经济的影响非常大。

当前，我国煤炭行业在智能化生产、智能化建设方面实现了跨越式发展，尤其是综采智能化无人开采技术已广泛适用于大采高、中厚煤层、薄煤层及放顶煤工作面。目前，全国已建成近 200 多个智能化采煤工作面，实现了地面一键启动、井下有人巡视、无人值守。根据国家矿山安全监察局发布的数据，全国很多矿井的主要生产系统都实现了地面远程集中控制，井下无人值守的机电岗位是 2016 年的 2.4 倍。

2016 年，《推进煤炭大数据发展的指导意见》（以下简称《指导意见》）提出，以全国煤炭交易数据平台为基础，力争 2020 年前建成全国煤炭大数据平台，实现煤炭数据资源适度向社会开放，为煤炭企业探索新业态、新模式和行业转型升级提供支撑[5]。

《指导意见》提出五大重点任务：一是构建煤炭大数据开放、共享体系。推动国家大数据战略在煤炭行业的全面实施，逐步拓展数据采集范围，实现煤炭生产、运输、销售、安全、资源等相关领域数据全覆盖，努力实现与相关市场主体的数据集成和共享。二是构建煤炭大数据标准体系。研究制定有关煤炭大数据的基础标准、技术标准、应用标准和管理标准等。加快建立煤炭企业信息采集、存储、公开、共享、使用、质量保障和安全管理的技术标准。三是加快煤炭企业数据平台建设。支持煤炭企业加强数据资源管理，梳理各业务层面产生的数据资源，融合大量结构化、非结构化、历史的、实时的及地理信息等各类数据，整合、优化企业现有技术组件，构建企业级大数据平台。四是建立全国煤炭数据平台。依托互联网和大数据技术，在整合行业内各部门数据及协会会员单位数据的基础上，通过产品展示，挖掘和吸引更多数据到数据平台，逐步建立覆盖全国的煤炭大数据平台。五是推动煤炭大数据运用。推动煤炭大数据在宏观决策中的运用，为政府部门提供统计分析评估、预测预警和数据智能分析模型等全面准确的数据服务。推动煤炭大数据在企业战略规划、资源分配、生产布局、企业管理中的运用。降低运营成本和减少失误，提高运行效率。

2019 年 1 月 2 日，国家矿山安全监察局印发 2019 年第 1 号公告，制定并发布了《煤矿机器人重点研发目录》，共涉及掘进、采煤、运输、安控和救援等关键危险岗位的 5 类、38 种煤矿机器人。同时，山东省、河南省等出台相关指导意见和激励政策，明确煤矿智能化建设目标，大力推进煤矿智能化建设。《山东省煤矿智能化建设实施方案》提出，利用 1 年至 2 年时间，全省冲击地压煤矿和大型煤矿实现智能化开采；河南省提出力争到 2021 年年底年产 60 万吨及以上煤矿基本完成智能化改造；2020 年 2 月 25 日，国家发改委等 8 部门印发《关于加快煤矿智能化发展的指导意见》，提出到 2025 年，大型煤矿和灾害严重煤矿基本实现智能化；到 2030 年，各类煤矿基本实现智能化。

为达到煤炭智能开采的目标，煤炭的数据采集与处理则成为重中之重。下面主要针对煤炭行业大数据采集与处理方法及框架平台进行介绍。

12.2.2 煤炭行业大数据采集与处理

煤炭行业数据主要来源于机器设备数据、信息化数据和产业链相关数据。从数据采集的类型上看，不仅要涵盖基础的数据，还将逐步包括半结构化用户行为数据、网状社交关系数据、文本或音频类型的用户意见和反馈数据、设备和传感器采集的周期性数据、网络爬虫获取的互联网数据，以及未来越来越多有潜在意义的各类数据，主要包括以下 8 种[3]。

（1）海量的 Key-Value 数据。在传感器技术飞速发展的今天，包括光电、热敏、气敏、力敏、磁敏、声敏、湿敏等不同类别的工业传感器在现场得到了大量应用，而且在很多时候机器设备的数据大概要到 ms 的精度才能分析海量的工业数据，因此，这部分数据的特点是每条数据内容很少，但频率极高。

（2）文档数据。包括工程图纸、仿真数据、设计的 CAD 图纸等，还有大量的传统工程文档。

（3）信息化数据。由工业信息系统产生的数据，一般是通过数据库形式存储的，这部分数据是最好采集的。

（4）接口数据。由已经建成的工业自动化或信息系统提供的接口类型的数据，包括 TXT 格式、JSON 格式、XML 格式等。

（5）视频数据。工业现场会有大量的视频监控设备，这些设备会产生大量的视频数据。

（6）图像数据。包括工业现场各类图像设备拍摄的图片（例如，巡检人员用手持设备拍摄的设备、环境信息图片）。

（7）音频数据。包括语音及声音信息（例如，操作人员的通话、设备运转的音量等）。

（8）其他数据。例如遥感遥测信息、三维高程信息等。

在当今包含煤炭等行业的制造业领域中，数据采集是一个难点。很多企业的生产数据采集主要依靠传统手工作业方式，在采集过程中容易出现人为的记录错误且效率低下。有些企业虽然引进了相关技术手段，并且应用了数据采集系统，但出于系统本身的原因及企业没有选择最适合自己的数据采集系统，所以无法实现信息采集的实时性、精确性和延伸性管理，各单元出现了信息断层的现象。技术难点主要包括以下几方面。

（1）数据量巨大。任何系统在不同的数据量面前，需要的技术难度都是完全不同的。如果单纯采集数据，则比较容易完成，但采集之后还需要处理，因为必须考虑数据的规范与清洗。因为大量的工业数据是“脏”数据，直接存储无法用于分析，所以在存储之前必须进行处理。对海量的数据进行处理，从技术上又提高了难度。

（2）工业数据的协议不标准。在互联网数据采集中一般都是我们常见的 HTTP 等协议，但在工业领域会出现 ModBus、OPC、CAN、ControlNet、DeviceNet、Profibus、ZigBee 等各类型的工业协议，而且各个自动化设备生产及集成商还会自己开发各种私有的工业协议，导致在工业协议的互联互通上出现极大难度。很多开发人员在工业现场实施综合自动化等项目时，遇到的最大问题就是面对众多的工业协议无法有效地进行解析和采集。

（3）视频传输所需带宽巨大。传统工业信息化由于都是在现场进行数据采集，视频数据传输主要在局域网中进行，所以带宽不是主要的问题。但随着云计算技术的普及及公有云的兴起，大数据需要大量的计算资源和存储资源，因此工业数据逐步迁移到公有云已经是大势所趋了。但是，一个工业企业可能会有几十路视频，成规模的企业会有上百路视频，如何将这大量的视频文件通过互联网顺畅地传输到云端，是开发人员面临的巨大挑战。

（4）对原有系统的采集难度大。在工业企业实施大数据项目时，数据采集往往不是针对传感器或者 PLC，而是采集已经完成部署的自动化系统上位机数据。在部署这些自动化系统时，由于厂商的水平参差不齐，所以大部分系统是没有数据接口的，文档也大量缺失，大量的现场系统没有电表等基础设置数据，从而导致这部分数据的采集难度极大。

12.2.3　煤炭行业大数据平台案例

下面以某煤机公司为例介绍煤炭行业大数据平台案例，本案例中主要包含两大软件平台系统，分别是自动化集控平台系统和大数据平台系统。大数据平台总体设计如图 12-19 所示。

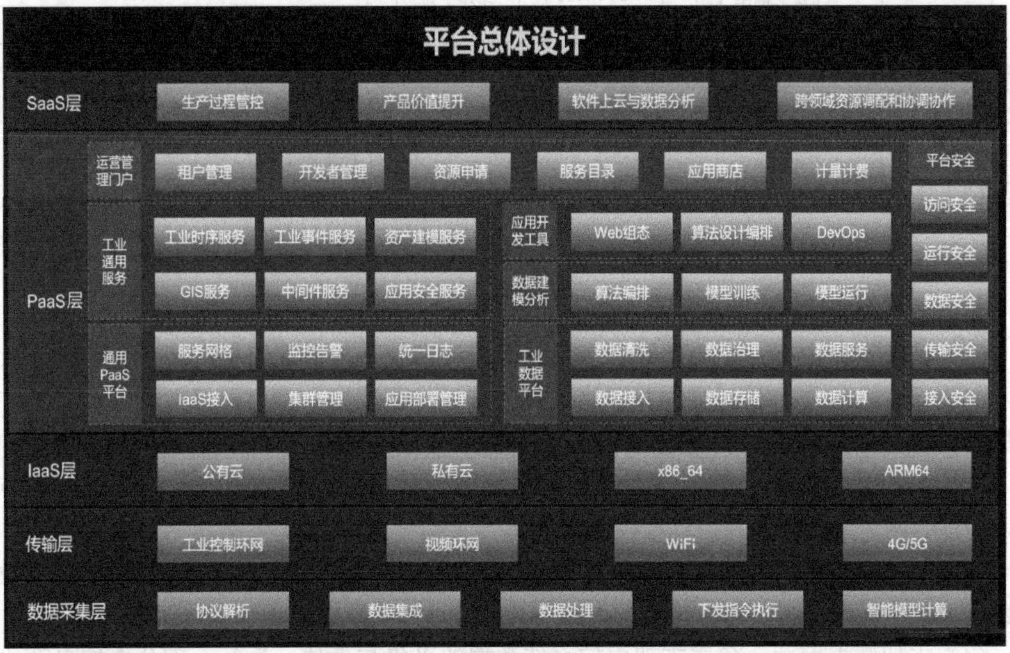

图 12-19　大数据平台总体设计

本书主要针对数据采集与处理，本案例中的自动化集控平台系统对应数据采集部分，大数据平台系统对应数据处理部分。

12.2.3.1 自动化集控平台系统

自动化集控平台系统基于服务的架构设计。该系统包含一系列软件，一个网络节点可以运行一个或多个软件，一个软件又包含一个或多个服务，一个软件可以在网络上注册这些服务，也可以使用网络上其他节点提供的服务，服务可以自由进出系统，服务使用者无须关心服务的位置及实现。基于服务的架构可以实现不同软件之间的松散耦合，满足自动化集控平台软件对分布式、灵活性及扩展性的要求。

1. 平台系统组成

自动化集控平台系统包含多个子系统，如图 12-20 所示。

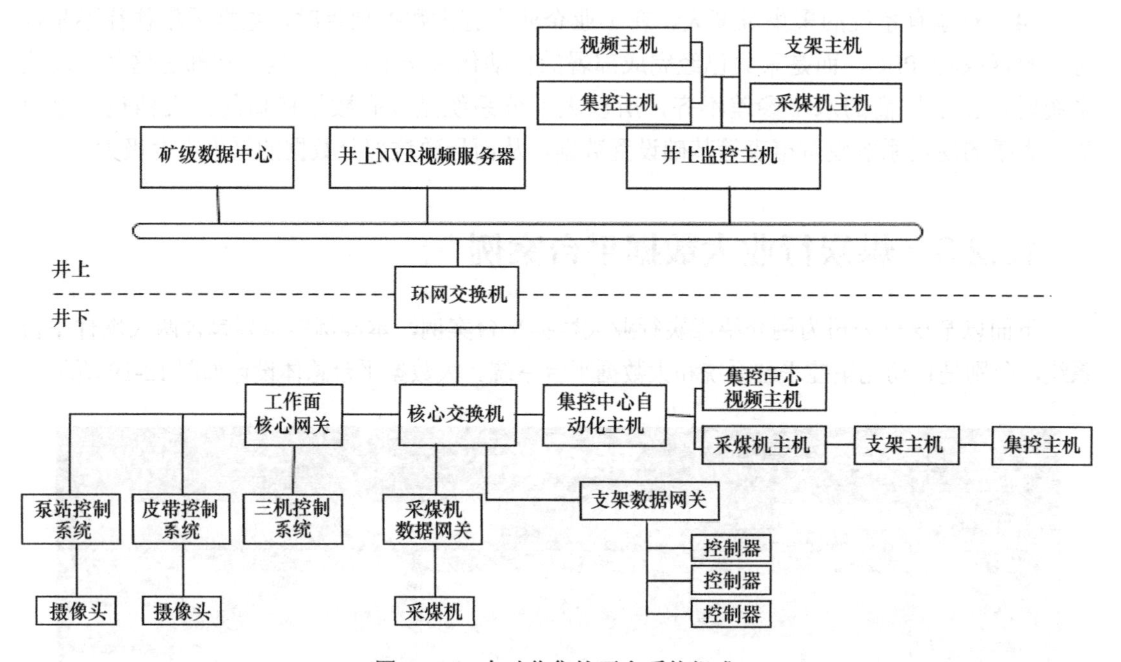

图 12-20 自动化集控平台系统组成

各子系统功能如下。

（1）矿级数据中心。存储矿级所有工作面配置参数，与云端对接实现参数配置、软件版本的检查、上传与下载。接收并存储矿井所有工作面数据，作为矿级数据终端，是矿级数据向局级上传的出口；对内提供查询分析业务接口，提供矿级 Web 发布功能。

（2）井上监控主机。监控自动化控制系统的运行状态，完成操作台指令的采集与发送，与核心网关配合实现井上远程控制。

（3）工作面核心网关。接收其他网关/节点的数据，运行系统核心业务逻辑，完成设备的数据采集与远程控制，向矿级数据中心及其他节点提供数据源。

（4）支架数据网关。负责支架电控系统数据的采集与上传，运行一部分电控自动化相关业务逻辑，作为核心网关的扩展节点存在。

（5）采煤机数据网关。实现采煤机的各项基本功能，运行一部分采煤机自动化业务，与核心网关配合实现采煤机的远程控制。

（6）集控中心自动化主机。监控自动化控制系统的运行状态，完成操作台指令的采集与发送，与核心网关配合实现井下远程控制。

（7）集控中心视频主机。集控中心视频主机主要包括视频跟机、支架视频、定点视频、运行跟机控制逻辑等功能。

2．平台层次划分

自动化集控平台从系统业务层面可分解为多层，层次划分如下。

（1）数据模型/业务层。数据模型/业务层是整个自动化集控平台系统软件的核心。该层需要完成对工作面设备数据的原始采集和标准化处理，基于标准化后的数据完成自动化软件的各项业务功能，向外部提供统一的数据访问接口；要求系统具有扩展性，能够根据现场设备的增减和型号不同对软件进行灵活配置。

（2）数据管理中心。是整个业务层的核心，提供一个全局共享的数据管理中心，提供数据处理（清洗、合并、分解、单位转换等）、缓存、读写、通知服务。

（3）设备模型层。由一系列设备代理插件组成，设备代理是真实物理设备在系统中的抽象，每个设备代理对应一个或一组物理设备，设备代理直接与物理设备通信，向系统提供物理设备的原始数据点和控制点。设备代理层具备扩展性，可通过增加新的设备代理插件使系统支持新的物理设备。

（4）统一接口层。主要负责本节点与网络上其他节点的通信，提供多种通信方式（发布订阅、远程调用、ModBus 发布）等，实现本节点与其他节点的协同作业。

3．平台数据来源

从以上层次划分来看，设备模型层才是数据采集的基础。设备模型层由多个插件组成，不同插件可能会采用不同的协议对接不同的控制器进行数据的采集。常用的数据协议有 CAN 协议、RS-485、以太网协议等。主要的数据源有以下几种。

（1）支架。支架数据主要包括控制器基础数据（压力、位移、倾角）、控制器故障信息（短路、断路）监测等。

（2）采煤机。采煤机数据主要包括采煤机运行工况数据（滚筒高度、速度，位置）监测、采煤机故障信息等。

（3）运输系统。运输系统数据主要包括运输机、刮板机、破碎机、皮带等设备运行工况数据。

（4）供液系统。供液系统数据主要包括泵站、过滤站、液箱、水处理等设备运行工况数据。

（5）语音集控系统。语言集控系统数据主要包括沿线话机数量、闭锁状态等设备运行工况数据。

12.2.3.2　大数据平台系统

大数据平台的核心是基于工业大数据平台的工业数据对外提供服务，采用分层架构模式，层与层之间通过数据流向连为一体，可满足不同管理层次的数据处理分析需求和灵活部署管理需求；每层可独立部署运行，保证各层的松耦合性，避免各层间因计算资源竞争导致的性能下降。

1. 系统架构

大数据平台系统架构如图 12-21 所示。

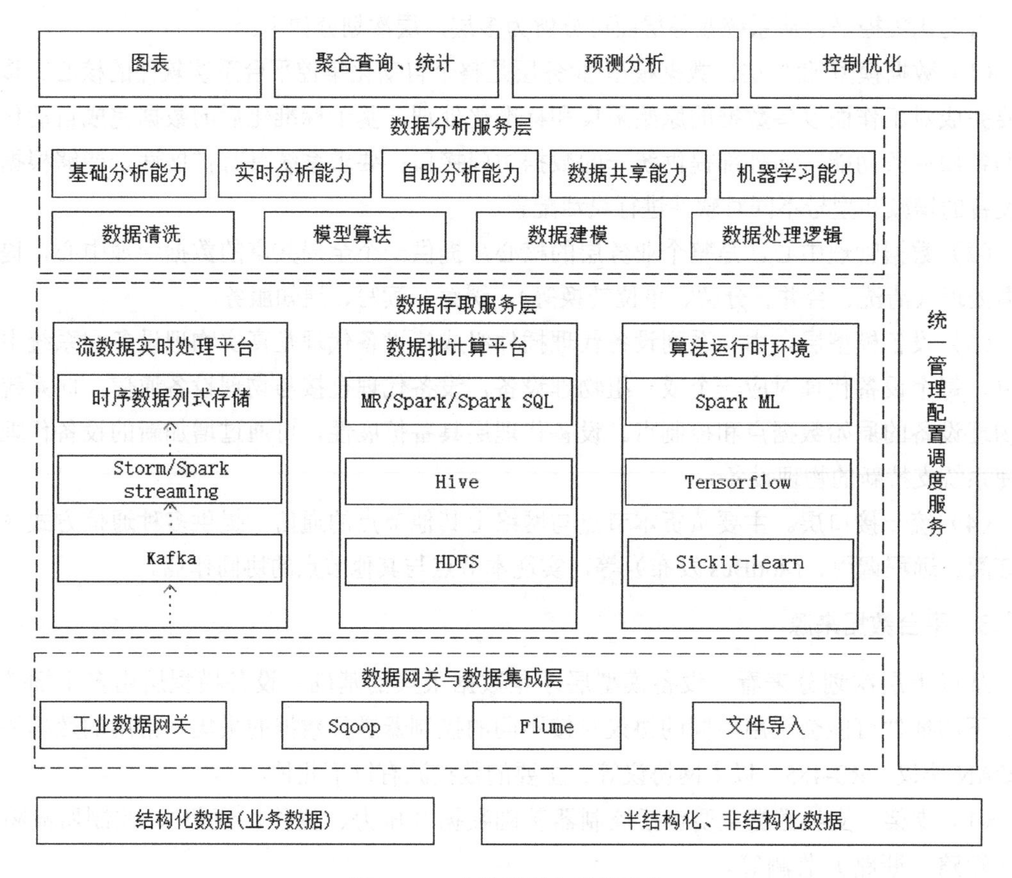

图 12-21　大数据平台系统架构

大数据平台系统架构可以划分为以下三层。

1）数据网关与数据集成层

通过数据网关对接边缘层的数据采集系统，实现工业互联复杂网络环境下产品、工厂、系统、机器等实体各类数据安全接入。通过数据集成对边缘层的各类信息系统（MES/ERP），实现信息化数据的集成；通过媒体数据接入对音视频媒体进行接入，满足实时视频、录像回放及视频分析的需要。

2）数据存取服务层

基于统一数据描述和建模标准，实现结构化/非结构化工业数据的集中管理和共享交换，对企业工业数据进行有效整合，打破企业信息孤岛；提供必备的软件容错机制、扩展机制、分布式索引机制等分布式系统管理功能，确保系统的扩展性、并发性和高性能处理能力；提供基于可视化控件的拖曳式数据预处理任务开发及任务的工作流方式调度和执行，方便工程人员和业务用户的日常数据预处理操作；提供操作海量工业数据的简单易用 API 调用接口，为上层个性化数据服务提供开发支持。

3）数据分析服务层

基于“数用分离”的设计理念，基于微服务的框架实现数据服务的封装，实现数据的管理及利用，包括基础分析、实时分析、交互式自主分析、数据共享及机器学习等；实现数据可视化及深度挖掘，向上对接数据建模与分析平台；统一数据存储与管理。

2. 大数据平台数据处理

大数据平台数据处理主要包含以下几方面。

1）数据对接

边缘侧终端通过轻量化数据计算技术实现各类工业数据的接入、清洗、压缩、聚合及存储，数据对接平台系统设计如图 12-22 所示。

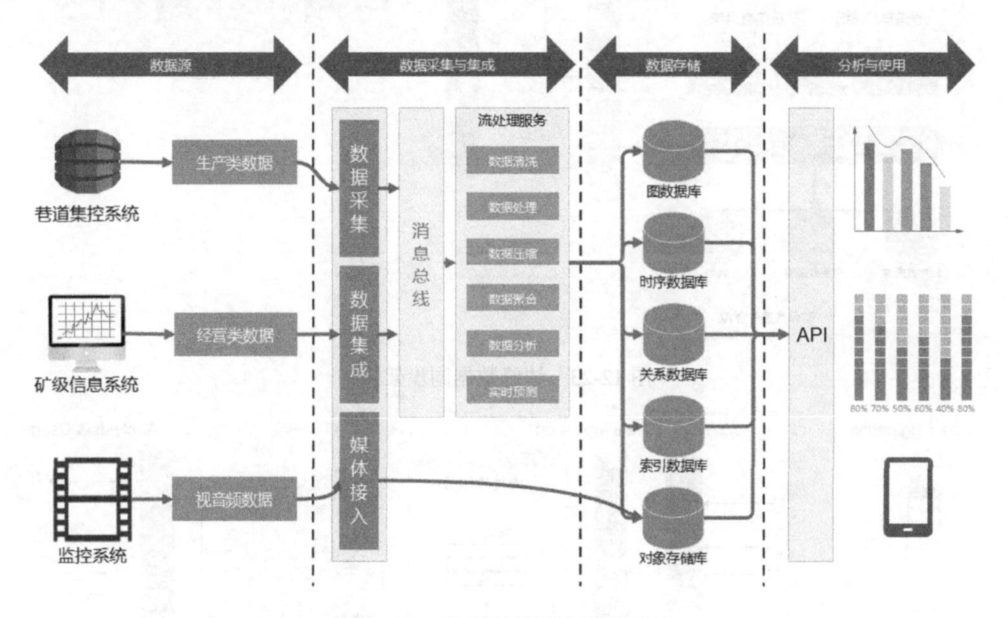

图 12-22　数据对接平台系统设计

2）边缘数据同步（数据采集与集成）

边缘进行数据接入后，可根据需要将数据上报至云端平台，边缘数据同步架构如图 12-23 所示。平台通过消息中间件的跨数据中心消息复制机制实现矿级数据中心与局级数据中心的数据同步，保证数据同步的实时性。

3）数据存储与管理

针对工业数据异构性、海量规模的特点，根据每种数据特性选择合适的存储方式，采用数据库技术（SQL/NoSQL/NewSQL/图关系/分布式索引/内存数据/文件数据等）实现数据统一存储解决方案，如图 12-24 所示，满足了工业场景下异构、海量数据高并发、高吞吐、低延时、高可用的数据使用要求。

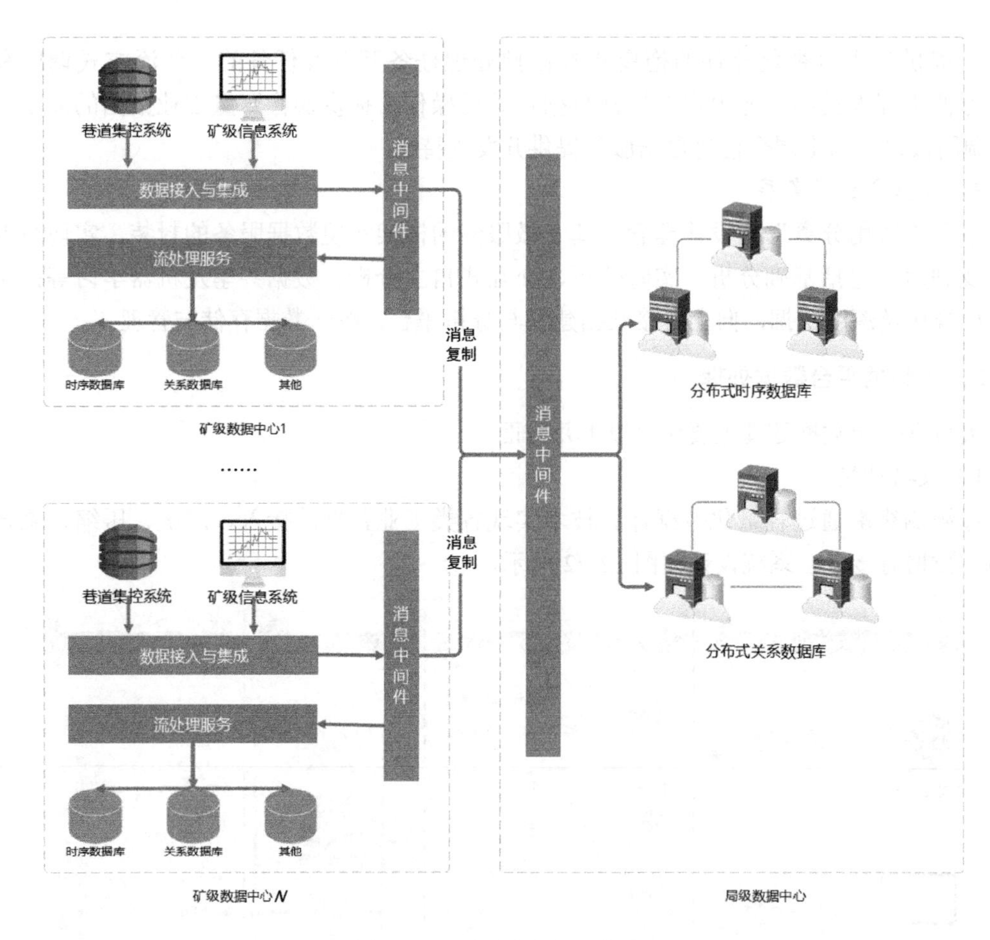

图 12-23　边缘数据同步架构

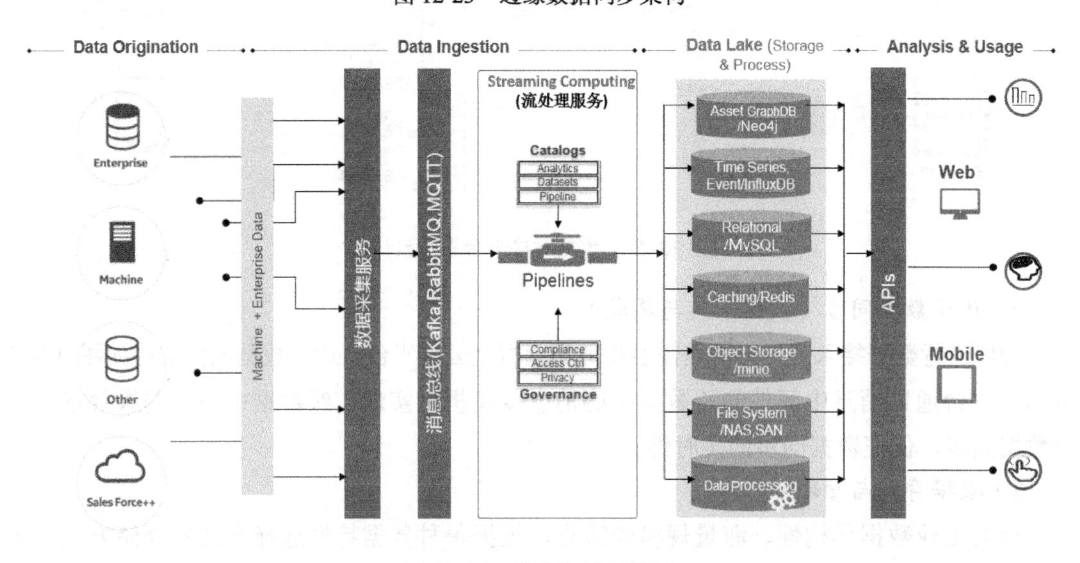

图 12-24　数据存储与管理

统一数据存储与管理主要技术如下。

（1）SQL：数据规模小且增长频度小的结构化数据适合采用 SQL 类型的数据库存储。例如，平台租户管理及其组织、用户、角色、权限数据，统一配置数据等都具有此数据特征。

（2）NoSQL：数据规模海量、动态快速增长的时序数据，如设备测点的时序数据采用列存储模式，具有高性能、扩展性强、部署简单、查询效率高等优势。

（3）NewSQL：支持大并发、交互式的数仓（数据仓库）与 BI 分析数据服务，底层基于 Hadoop 可扩展的平台，与传统数仓相比有更高的性价比和扩展性。

（4）模型数据（图数据）：信息模型的层次化结构及模型/对象之间的各种关联关系（如继承、关联、依赖、聚合、组合、分组等），采用新式的图数据库来存取，与传统 SQL 数据库解决方案相比，该模型具有更开放、更易扩展的优势，而且原来在 SQL 数据库下的大量模型/对象间的关联关系产生的复杂计算极限问题，就可以通过查找相关点及图遍历高性能检索方式解决。

（5）缓存数据：需要加速及缓存处理的数据采用分布式内存数据库（Redis）来存储及处理。

（6）分布式索引数据：采用 ElasticSearch 来存储及处理该数据。

（7）文件数据：图片、视频等非结构化数据使用对象存储服务来存储及处理。CAD 图纸、BOM 文件等数据采用 NAS、SAN 存储。

4）数据计算（分析与使用）

数据计算可根据数据类型及业务的不同划分为以下计算方法。

（1）实时计算。流计算通过对一定时间窗口内应用系统产生的实时变化数据不进行持久化存储，直接导入内存进行计算，实现数据实时计算和反馈的能力。流计算组件适用于对动态产生的数据进行实时计算并及时反馈结果的应用场景，包括采集量测类应用、实时计算等场景，如煤炭生产实时系统的实时查看、设备状态监测系统的实时监测等。

（2）离线计算。离线计算组件适用于大规模数据的离线数据处理、非实时（响应时间在分钟级以上）或者无交互的数据应用场景，包括决策分析类应用场景。

（3）内存计算。内存计算利用 CPU、内存的速度和性能优势，将数据存储和计算全部置于内存中，结合并行计算技术，消除磁盘 I/O 性能瓶颈，实现数据快速计算，提高系统并发访问能力。

（4）查询计算。查询计算采用关系数据库及 MPP 数据库的并行计算能力，基于 SQL 实现数据库存储的结构化数据的加工计算，适合决策分析类应用。

大数据平台通过云计算、大数据和人工智能等新一代的互联网 IT 技术，构建基于海量数据采集、汇聚、分析的服务体系，以及支持资源弹性供给、高效配置的应用开发操作系统。通过分布式消息集群与大数据集群的高可用性及冗余扩展策略支持，保证了工业数据处理环节中任何一个节点都不会成为单点，从而实现系统高可用性。

基于平台的大数据能力，以“模型+深度数据分析”模式结合数据分析结果等方法指导各个环节的控制与管理决策，通过效果监测的反馈闭环，实现决策控制持续优化。通过人工智能在工业领域的应用，能不断丰富和迭代分析与决策能力，以适应变幻不定的工业环境，并完成多样化的工业任务，最终达到提升企业洞察力，提高生产效率或设备产品性能的目的。

12.3 教育大数据采集与处理

在大数据环境下，教育领域中沉淀着越来越多的校园数据，智能校园[6,7,8]的建设问题的根基在于海量的数据，多样的教育数据形式难以合理充分地利用。如能对海量沉淀的数据进行充分利用，则使智能校园有很大的发展空间，并且可以科学地进行决策分和指导分析。

所谓教育大数据，是指在整个教育活动过程中所产生的、根据教育需要采集到的、一切用于教育发展并可创造巨大潜在价值的数据集合。教育大数据有两大来源：教学活动过程产生+教育管理过程采集。教育大数据要能服务教育发展，具有教育目的性，而非盲目地囊括一切数据。教育大数据之“大”并非指数量之大，而是强调“价值”之大。教育大数据的应用的重点在于知道要分析哪些数据、如何收集这些数据。建立一个好的数据分析体系是最重要的事情。

下面以某高校学生学业预警系统为例，介绍教育大数据采集与处理[9]。

12.3.1 总体技术架构

基于系统总体业务流程，结合高校信息化建设的现状，学生学业系统总体技术架构如图 12-25 所示。

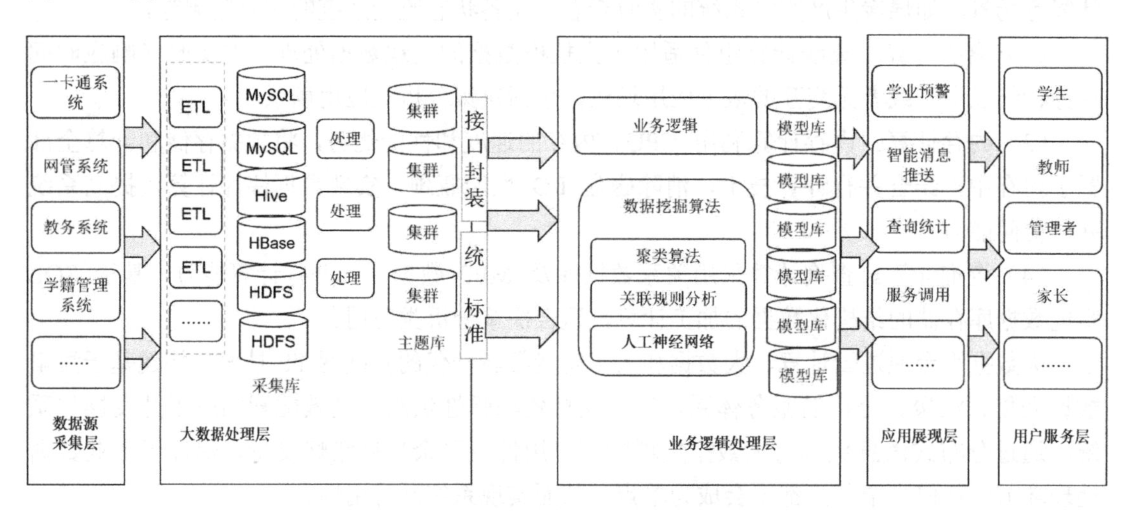

图 12-25 学生学业系统总体技术架构

如图 12-25 所示，基于 Hadoop 的学生学业系统总体技术架构按层次化设计思想依次分为数据源采集层、大数据处理层、业务逻辑处理层、应用展示层和用户服务层这五个层次，各层的主要功能及建设内容如下。

1. 数据源采集层

数据源采集层的主要功能是，从相关系统中采集数据并建立学业预警相关历史数据库。实现方法是定制数据采集 ETL 工具库，利用 ETL 工具库从已有系统中采集与学生学业预警相关的全量及新增数据，形成历史数据库。数据采集应支持对外接口，如 Socket、数据库、FTP；依据学业预警需求和数据量大小，针对数据库中结构化数据、非结构化数据等类型数据，制定数据采集频率，从而监控数据质量和迭代优化数据质量。

2. 大数据处理层

大数据处理层具有对历史数据库中数据进行预处理、主题划分、数据存储等功能，包括建立原始数据库，用来存储采集到的原始全量、增量数据；备份业务系统的数据，并且将数据进行清洗和标准化处理，为后续数据挖掘建模做准备。大数据处理层还提供高效数据管理和检索服务，根据对数据平台的授权对外提供数据访问接口，共享订阅式数据。大数据处理层采用 Hadoop 标准架构设计。

3. 业务逻辑处理层

业务逻辑处理层的主要功能是，根据预警模型的数据需求进行数据的同步和加工处理，以及各类模型的训练与基于各类模型的大数据分析等。其中，各类数据挖掘模型的训练及大数据分析基于 Spark 设计，数据挖掘算法主要有朴树贝叶斯、决策树、人工神经网络等。

4. 应用展现层

应用展现层的主要功能是，以可视化的方式向用户反馈查询结果。通过 jQuery+EasyUI+ ECharts 组件设计系统前端应用展示门户，通过可视化技术，将大数据分析效果为用户进行可视化服务。

5. 用户服务层

用户服务层的主要功能是，向用户提供统一功能服务调用接口。系统设计用户访问使用统一的 Portal 门户，同时与高校现有的数字化校园统一门户系统和统一身份认证系统对接进行统一访问，在保证信息安全的同时，提高访问和使用的便捷性。

12.3.2 Hadoop 与 Spark 集成平台

Hadoop 是一个开源的可运行在大规模集群上的分布式文件系统和运行处理基础框架，可以基于多个廉价的计算机设备所构成的集群来进行并行计算，至今已经发展成为一类独立的生态系统。其中，HDFS 和 MapReduce 是框架中的两个核心组件，分别提供了非常出色的存储能力和计算能力。与 Hadoop 相比，Spark 针对大数据拥有更高的处理速度，能更好地用于数据挖掘所需要迭代的 MapReduce 的算法。为提高学生学业预警系统内各类模型算法的处理速度，案例采用了一种 Hadoop+Spark 集成平台设计方案，如图 12-26 所示。

首先，利用定制 ETL 从原始系统中进行数据采集，生成原始数据源，并存储到原始数据服务器中；然后，由业务服务器根据预设规则触发调用数据清洗模块，数据清洗模块从原始数据源中获取原始数据，进行数据预处理，并把处理后的数据结果存放到数据服务器中；最后，调用数据挖掘模块，数据挖掘模块基于清洗后的数据，利用模型生成算法进行模型训练，并将模型训练结果保存到模型数据库中，供应用服务层调用。在整个过程中，原始数据源、处理后的数据、数据挖掘模块训练得到的各类模型在 Hadoop 框架内利用 Hadoop DFS 分别存储在原始数据源服务器、数据服务器、模型服务器中。数据清洗模块、数据挖掘模块封装在算法运行服务器内，在 Spark 框架内实现。

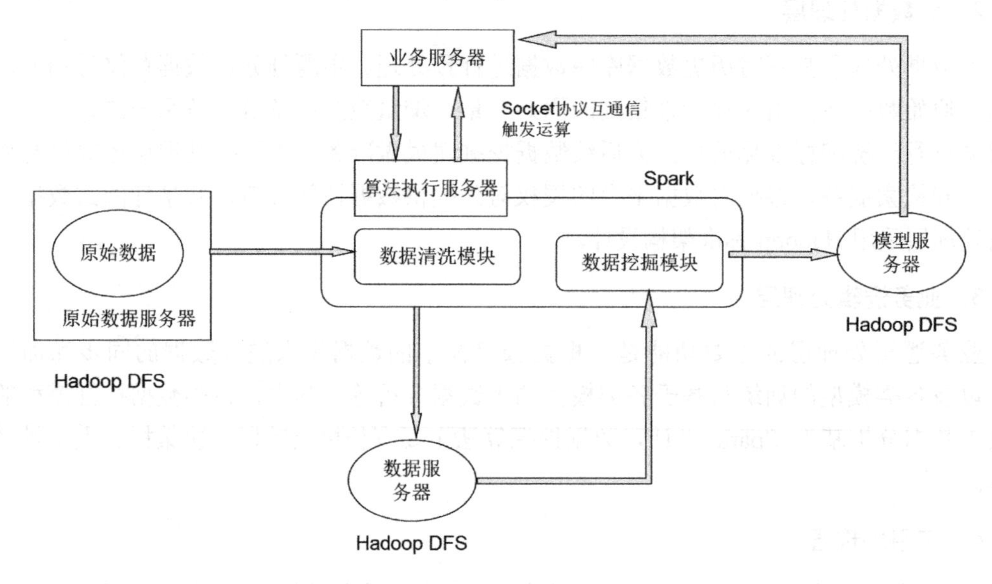

图 12-26　Hadoop+Spark 集成平台设计方案

12.3.3　数据采集方案设计

12.3.3.1　数据源分析

结合学生学业预警系统的建设目标和功能需求，尤其是各类数据分析挖掘算法的基础数据需求，系统设计可接入的主要数据源系统包括校园一卡通系统、教务系统、教案管理系统、图书馆管理系统、上网认证系统和学生管理系统等，数据源包括结构化数据、非结构化数据、半结构化数据。

12.3.3.2　数据采集方式选择

根据数据类型和来源不同，定制开发数据采集 ETL 工具库，主要包括全量和增量相结合的结构化数据采集工具、面向半结构化和非结构数据的采集解析工具。利用数据采集模块分类调用数据采集工具接口，实现原始数据的采集和入库处理，过程中建立数据采集日志记录，记录各个系统采集的起始时间、历史数据的采集记录、更新数据量大小、数据采集行数和采集出错等信息，实时监控采集到的数据质量。

在数据采集频次方面，根据各个业务系统的实时性要求，对不同业务系统采取差异化数据采集频率策略，如对实时性较高的校园一卡通系统、图书管理系统等每 5min 采集数据一次，对实时性要求不高的教务系统则每天采集一次，对数据无显著变化的学生管理系统等采用数据库导入方式进行数据采集。数据采集方式设计如图 12-27 所示。

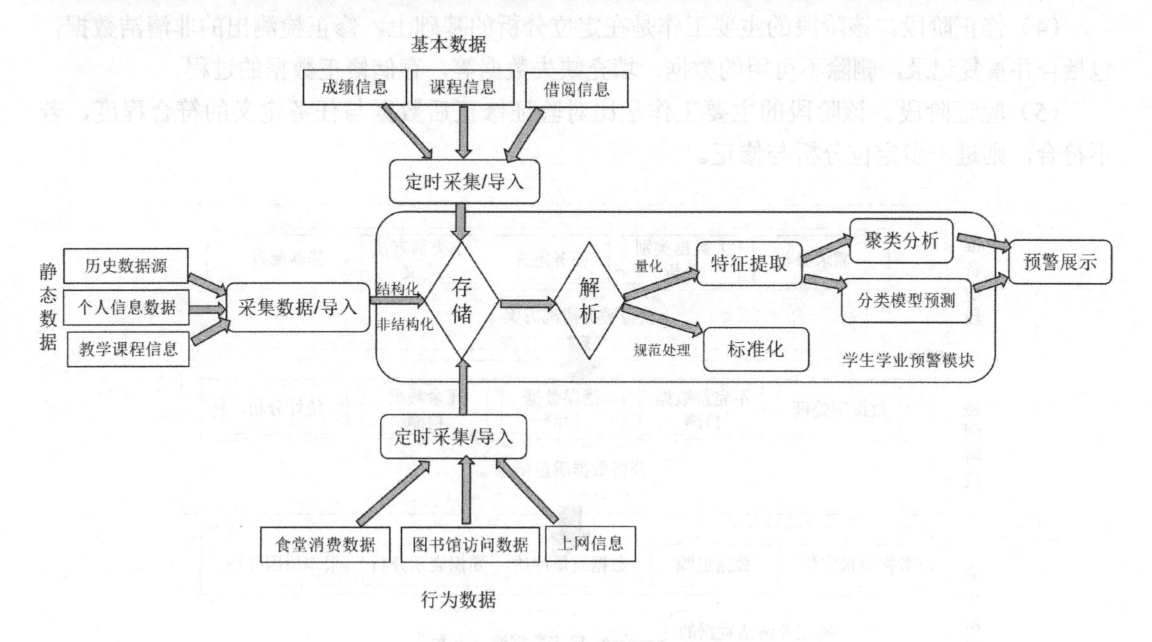

图 12-27　数据采集方式设计

12.3.4　数据清洗方案设计

在本案例中，数据清洗特指在建立数据仓库和实现数据挖掘分析前对历史数据源进行处理，确保数据的准确性、完整性、一致性、有效性、适时性，从而适应后续的一系列操作。

通过对某高校学业预警相关业务系统的调研分析，在数据层面存在的主要问题如下。

（1）数据不规整，并且存在数据缺失、散乱的情况。

（2）业务系统众多且相互独立，数据多元异构且存在重复情况。

（3）元数据类型多样，缺乏标准统一的元数据存储。

（4）各主题业务系统间数据变更后，无法快速进行数据统一。

（5）缺乏业务词汇标准，各类同义词汇在不同业务系统中命名各异。

（6）由于录入或其他情况，存在数据不一致和数据冗余、重复等情况。

针对上述问题，采用的数据清洗技术框架分为五个阶段，如图 12-28 所示。

（1）准备阶段。该阶段的主要工作内容包括需求分析、大数据类别分析、任务定义、小类别方法定义、基本配置等，形成相对完整的数据清洗方案。

（2）检测阶段。该阶段的主要工作是对数据本身及数据间的预处理操作可能存在的非清洁数据进行检测，包括对重复记录、缺失信息的记录、异常数据等的检测，并对检测结果进行统计分析。

（3）定位阶段。该阶段针对归档信息进行评估，对数据进行追踪分析，确定非清洁数据的类别与位置，给出修正非清洁数据方案，归档相关信息，在执行过程中，根据定位分析情况，可能需要返回检测阶段，进一步定位需要修正数据的位置。

（4）修正阶段。该阶段的主要工作是在定位分析的基础上，修正检测出的非清洁数据，包括合并重复记录，删除不可用的数据，填充缺失数据等，存储修正数据的过程。

（5）验证阶段。该阶段的主要工作是比对验证修正后数据与任务定义的符合程度，若不符合，则进一步定位分析与修正。

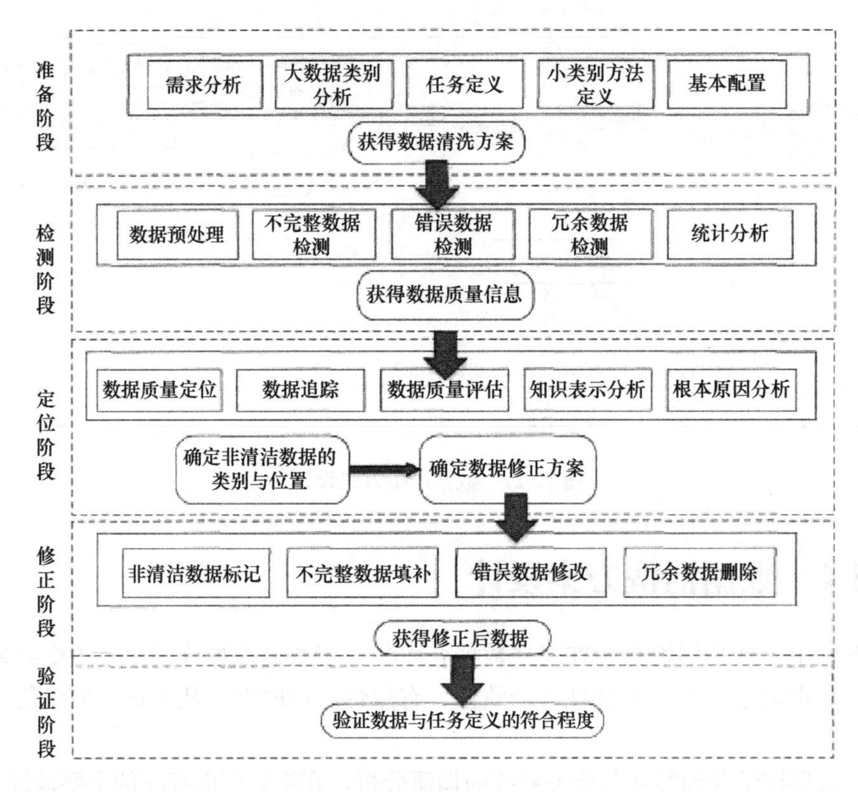

图 12-28　数据清洗技术框架

12.3.5　数据存储方案设计

12.3.5.1　数据存储技术架构

选择 Hadoop 数据仓库作为存储工具，以提供分布式数据存储和高并发数据访问能力。系统数据存储方案设计由原始库、Impala 标准数据检索架构、ElasticSearch 分布式全文检索框架、主题库、数据可视化管理五大核心组件组成，其中五个组件的主要功能如下。

（1）原始库：原始库由 HBase、Hive、HDFS 组成，非结构文件统一存放在 HDFS 中，从传统关系数据库（MySQL、Oracle 等）采集的数据将主要存放在 Hive 数据库中，当需要对数据规模极庞大的数据进行存储与检索时，考虑设计专门的 HBase 数据库。

（2）Impala 标准数据检索架构：该类数据本质上以 Hive 数据格式存放在 HDFS 中，并且使用 Impala 的 MPP 查询架构对存放信息进行高速查询。

（3）主题库：数据通过清洗之后进入标准 Hive 数据库，主题库面对上层应用进行单独的主题数据聚合、抽取，并构建相应主题数据库。

（4）数据可视化管理：数据管理人员的统一入口，内部包含对数据权限的划分，数据可视化管理操作、数据组件的管理与数据查询的交互窗口等。

（5）ElasticSearch 分布式全文检索框架：采用高可用的分布式集群搜索方案，从海量数据中通过关键字查询进行全文检索。

12.3.5.2　数据仓库设计

数据仓库设计的基本策略是：先在现存的业务系统中抽取全量数据和持续增量数据，利用 Hadoop 大数据仓库存储，创建原始数据仓库，对原始数据进行标准化处理，并存入数据库；然后分析建模建立应用主题库，将数据同步到应用访问库，给前端应用提供数据访问。数据仓库设计的逻辑架构如图 12-29 所示。

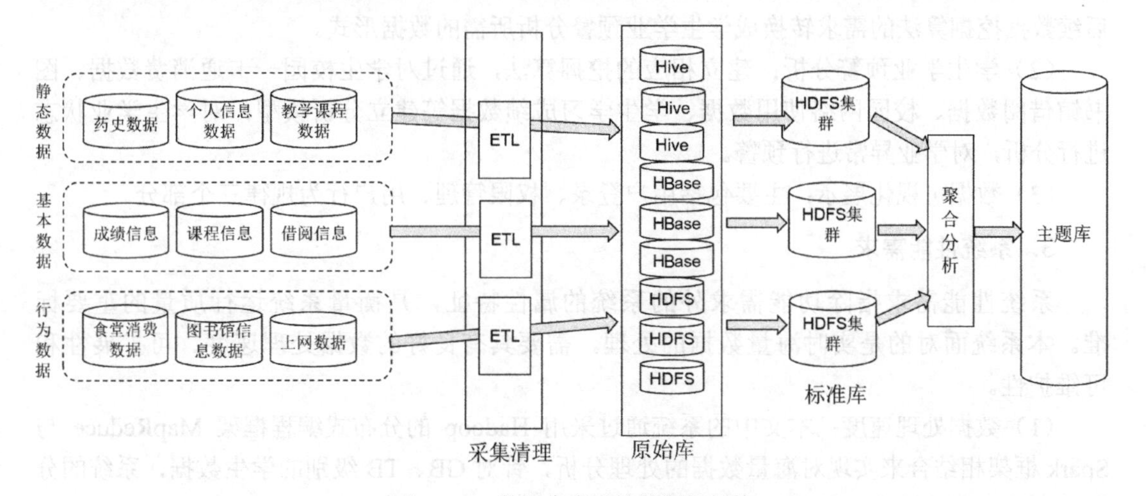

图 12-29　数据仓库设计的逻辑架构

如图 12-17 所示，原始库构建是整个数据仓库构建的关键。在原始库构建方面，采用 HDFS 作为基础的文件系统，开辟一定的空间将原始数据在文件系统上进行持久化存放。HDFS 存放的文件分为两类：一类为数据库类型文件，如 HBase、Hive；另一类为非结构化文件。

12.3.6　学生学业预警系统需求分析

1. 设计目标

基于 Hadoop 的学生学业预警系统的总体设计目标是，结合学校的实际情况和发展需求，按照中国教育大数据的建设规范，构建学校学生学业预警分析大数据平台，通过对学校与学生学业分析相关的历史业务系统中的各类数据进行采集和挖掘分析，提高学生学业分析预警能力和科学化管理水平。

基于 Hadoop 的分布式数据存储能力和 Spark 的大数据分析能力，设计基于 Hadoop 的学生学业预警系统，其要实现的具体目标如下。

（1）实现对海量学生课业数据、学习行为数据的采集与存储，形成大数据集合，为后续规律挖掘提供数据基础。

（2）实现对原始大数据集中非清洁数据的有效处理，提高系统运行的稳定性。

（3）充分发挥大数据优势，利用适当的数据挖掘算法，挖掘学生学业状态与学生行为规律特征之间的关联规则，构建科学有效的学生学业预警模型。

（4）完成对学生学业预警分析结果的可视化展示，根据图像中包含的基本特征清晰地展现出抽象的数据，便于用户对于系统的理解。

2．功能需求

依据系统设计的目标要求，原型系统主要包括数据预处理、学生学业预警分析、数据可视化展示三部分功能需求。

（1）数据预处理：包括数据清洗和数据解析。数据清洗实现对原始数据集合中“脏数据”，如数据缺失、关键字段缺失和数据重复等的处理。数据解析实现将不同的原始数据按后续数据挖掘算法的需求转换成学生学业预警分析所需的数据形式。

（2）学生学业预警分析：建立相应的挖掘算法，通过对学生校园一卡通消费数据、图书馆借阅数据、校园网络使用数据、学生学习成绩数据等建立分析模型，对学生学业状态进行分析，对学业异常进行预警。

（3）数据可视化展示：主要包括用户登录、权限管理、用户行为规律三个部分。

3．系统性能需求

系统性能需求指除功能需求外的系统的属性特征，是衡量系统运行质量的重要标准。本系统面对的是实时海量数据的处理，需要具有良好的数据处理速度、可扩展性和可维护性。

（1）数据处理速度：本文中的系统通过采用 Hadoop 的分布式编程框架 MapReduce 与 Spark 框架相结合来实现对海量数据的处理分析，针对 GB、TB 级别的学生数据，系统的分析处理速度可以达到分钟的级别。

（2）可扩展性：原型系统应在原始数据采集类型、数据挖掘算法和预警分类等方面提供预留接口，以提高系统的可扩展性。

（3）可维护性：系统应能够快速、准确地定位系统中存在的错误并修改，通过完善系统功能，提高系统适应性。

12.3.7 系统体系结构设计

结合系统的设计目标、功能需求、性能需求，基于系统数据流程和功能之间关系的系统架构设计如图 12-30 所示。该架构包括数据采集、数据预处理、学生行为与学业状态规律挖掘、基于 WebService 的数据可视化展示等。

（1）数据预处理：主要包括数据清洗和数据解析两个部分。数据清洗把采集到的数据中的“脏”部分“洗掉”，数据解析主要将清洗后的数据转换成标准格式。

（2）学生行为与学业状态规律挖掘：以不同的学生学业数据和行为数据为切入点，

对已清洗和解析的原始数据，利用数据挖掘算法进行规律挖掘，得出相应规律。在此部分中，使用分布式存储系统 HDFS 实现海量数据的存储，结合 Spark 计算框架实现规律挖掘。

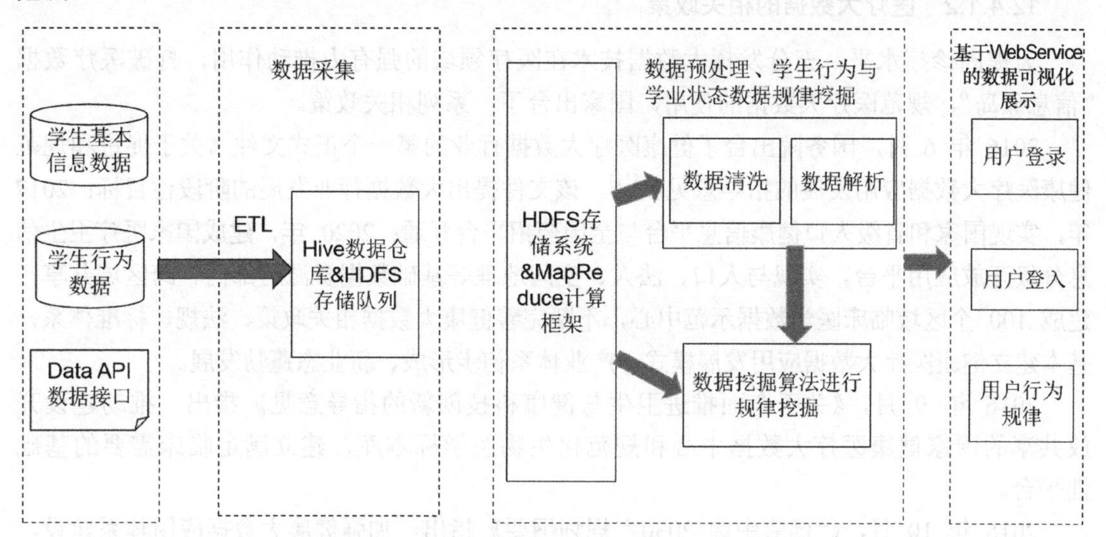

图 12-30　系统架构设计

（3）数据可视化展示：学生学业状态存储和行为规律存储在 HDFS 中，将其同步到 MySQL 数据库中，基于 SSM 框架，从而实现对挖掘出的用户行为规律的直观化展示。

12.4　医疗大数据采集与处理

随着大数据技术的发展及人员对精准医疗的关注，如何利用大数据使其发挥在医疗健康领域中应有的价值已成为大家关注的焦点。有数据显示，医疗保健行业的大数据市场规模每年增长 22%[10]左右。本节主要介绍医疗行业大数据的概念、来源、特点等，并引入医疗大数据采集与处理过程中的实际案例，希望对读者有所启发。

12.4.1　医疗大数据概述

12.4.1.1　医疗大数据的概念

医疗大数据通常指患者在诊疗整个过程中及与医疗业务相关的数据集合，涵盖患者的基本身份信息、电子病历、检验检测信息、医学影像信息、手术信息、远程诊疗信息、医保信息、医疗费用相关经济数据、医疗设备及仪器数据等。

近几年，人们生活水平不断提高，越来越多的人从诊疗意识逐渐提升到关注个人健康及健康管理上，医疗大数据也越来越多地融入健康管理的内容。因此，广义的医疗大数据既包含健康及医疗活动全过程产生的数据，也包含人在整个生命周期过程中因免疫接种、体检、诊疗、健康管理等相关活动产生的大数据，该过程涉及医疗服务、社区免疫接种、健康保健与管理、疾病防控等多方面的数据融合。

12.4.1.2 医疗大数据的相关政策

为提高诊疗水平，充分发挥大数据技术在医疗领域的强有力推动作用，打破医疗数据“信息孤岛”，规范医疗大数据的使用，国家出台了一系列相关政策。

2016 年 6 月，国务院出台了健康医疗大数据行业的第一个正式文件《关于促进和规范健康医疗大数据应用发展的指导意见》[11]。该文件提出大数据行业发展的阶段性目标：2017 年，实现国家和省级人口健康信息平台与全国药招平台互通；2020 年，建成国家医疗卫生信息分级开放应用平台，实现与人口、法人、空间地理等基础数据资源跨部门、跨区域共享，建成 100 个区域临床医学数据示范中心，不断完善健康大数据相关政策、法规、标准体系，基本建立健康医疗大数据应用发展模式，产业体系初步形成、新业态蓬勃发展。

2016 年 9 月，《关于全面推进卫生与健康科技创新的指导意见》指出，推动建设开放共享的国家健康医疗大数据中心和规范化生物医学标本库，建立满足临床需要的基础性平台。

2016 年 10 月，《“健康中国 2030”规划纲要》指出，加强健康大数据应用体系建设，推进基于区域人口健康信息平台的医疗健康大数据开放共享、深度挖掘和广泛应用。全面深化健康医疗大数据在行业治理、临床和科研、公共卫生、教育培训等领域的应用。

2016 年 10 月 21 日、2017 年 12 月 12 日，国家卫健委分别确定两批国家健康医疗大数据中心试点名单，各试点省市也纷纷明确各种大数据中心建设的阶段性目标、实施方案、数据安全规划等内容。

2018 年 4 月，国家药品监督管理局公布了《药品实验数据保护实施办法（暂行）（征求意见稿）》，明确了试验数据的保护范围，拓宽了数据保护的对象，延长了数据保护的时间。

2018 年 7 月，国家卫健委发布了《国家健康医疗大数据标准、安全和服务管理办法（试行），从数据标准、安全、服务管理三个方面促进了健康医疗大数据的规范化应用。

2019 年 9 月，国家发改委、国家卫健委等 21 个部门联合印发了《促进健康产业高质量发展行动纲要（2019—2022 年）》，提出建立全国健康医疗数据资源目录体系，建设以居民电子健康档案、电子病历等为核心的基础数据库，与国民体质测定、健康体检及其他外部数据源加强对接，逐步实现全人群全生命周期的健康信息大数据管理。

2020 年，在新冠肺炎疫情影响下，许多医疗大数据行业也纷纷加入抗疫行列。大数据技术在对流动人员进行疫情监测、支撑服务疫情态势研判等方面大显身手。

12.4.1.3 医疗大数据的应用

医疗大数据的发展，以及与人工智能、物联网的融合，为医疗卫生事业的发展提供了强有力的数据、技术支撑。目前，医疗大数据技术主要应用于医疗活动流程及医学研究等多个方面，包括疾病的诊断与预测、辅助决策、慢病及健康管理、智能康养、医药研发、医院资源精细化管理、精准医疗等多个方面，可使诊疗效果更直观，医疗诊断及描述更精确、更客观，诊断分析效率有效提升，个人健康评估管理个性化成为可能。大数据在医院资源精细化管理方面的应用（HRP）可实现医院资源优化配置、节约医院资源、提高医院管理整体水平；在医疗社保方面，可利用医疗大数据技术提供更加精准的医疗保险相关服务。

12.4.2　医疗行业大数据采集与处理

12.4.2.1　医疗大数据的主要特征

医疗大数据除具备大数据 4V，即 Volume（大量）、Velocity（高速）、Variety（多样）、Value（价值）的一般特征外，同时还具备多态性、不完整性、时间性、冗余性、隐私性等特征。

1．多态性

医疗大数据包含可以纯数值表述的数据（如检验数据、科研实验数据等）、文本数据（如患者主诉、现病史/既往史、诊断描述、报告描述等）、以信号图谱表达的数据（如心电信号、脑电信号等）、医疗影像数据（在超声、CT、核磁等医学影像检查过程中产生的数据，主要是 DICOM 与 JPG 文件）、声音数据（超声检查过程中的声音资料）等多种形态的数据。多态性是医疗大数据区别于其他行业大数据的最显著特征。

2．不完整性

在整个医疗活动中，各种原因导致的数据不完整性包括患者或医生的主观因素导致的（主观判断或描述不清楚）及收集处理过程相脱节导致的患者信息不完整性。

3．时间性

医疗数据的时间性体现在部分数据的时间连续性（生理指标监测的连续性）、部分数据的时间有效性（检测结果在一定时间内有效）上。

4．冗余性

数据的冗余性在一定程度上是不可避免的，如各医疗信息系统之间、不同医疗机构之间、患者信息之间等都可能包含大量重复、无关紧要甚至相互矛盾的数据。

5．隐私性

医疗数据包含个人基础信息、生命体征及就医过程的大量隐私数据。隐私性也是区别于其他行业的重要特征之一。

12.4.2.2　医疗大数据的来源

目前，医疗大数据主要来源于诊疗与健康体检活动、临床医疗与科研实验、药物研发与生命科学、移动互联网与物联网等方面。

1．诊疗与健康体检活动

诊疗与健康体检活动的数据主要来自 HIS（Hospital Information System，医院信息系统）、EMR（Electronic Medical Record，电子病历）、LIS（Laboratory Information System 检验信息系统）、PACS（Picture Archiving and Communication System，医学影像存储与传输系

统）、HRP（Hospital Resource Planning，医院资源管理）系统，包括个体的基本信息、问诊信息、检验检查结果、影像检查图像数据、医生对个体的临床诊治、用药、手术数据、个体的就医体检费用等相关数据的集合。

2．临床医疗与科研实验

医学的发展离不开临床医疗与科研实验，在实验过程中产生的数据与临床诊治产生的数据往往相互融合，没有严格的区分边界。

3．药物研发与生命科学

药物研发与生命科学数据主要指在药物研发的采集、分析、处理各过程中产生的数据，包括实验过程中的化学反应数据、用药成分数据、药物生效时间数据、药效（症状改善）表象数据及生命科学基因组等相关数据。

4．移动互联网与物联网

各种智能穿戴设备的应用、便携式健康检测设备的逐渐普及、移动互联网技术的高速发展，极大地推动了物联网与医疗大数据更紧密结合。据 Business Insider 新近发布的报告预测，预计 2022 年医疗物联网规模会增长到 1580 亿美元[12]。个人生命体征数据通过各种可穿戴设备及移动互联网的接入，由此产生的医疗大数据将不可估量。

医疗大数据除了数据自身多态性带来的异构数据特点，还由于其高价值性、隐私性特点及数据安全等问题加大了数据采集的难度。有研究机构对我国医疗数据的采集途径、难度、价值进行了分析并整理成如表 12-1 所示的表格[13]。

表 12-1　我国医疗数据采集途径、难度、价值一览表

序号	来源	数据采集难度	数据价值
1	电子病历数据	★★★☆☆	★★★★★
2	检验数据	★★☆☆☆	★★★★☆
3	影像数据	★★☆☆☆	★★★★★
4	费用数据	★★★★☆	★★★★☆
5	基因测序数据	★★★★☆	★★★★★
6	医药研发数据	★★★★☆	★★★★☆
7	药品流通数据	★★★★☆	★★★☆☆
8	智能穿戴数据	★★★☆☆	★★☆☆☆
9	移动问诊数据	★★★☆☆	★★☆☆☆
10	体检数据	★★★☆☆	★★☆☆☆

目前，大数据源仍以各医院信息系统（包括 EMR、LIS、PACS、LIS、HRP、健康管理系统等）的数据、智能可穿戴设备的数据、移动 APP 的采集数据为主。

12.4.2.3　医疗大数据平台架构设计

目前，医疗大数据采集与处理主要包括数据的采集接入过程（利用 ETL、网络爬虫等）、各种异构数据源的解析、大数据的存储、大数据的分析、大数据的可视化等方面，目前普遍通过构建医疗大数据平台实现上述过程。根据《医院信息化建设应用技术指引（试行）》中有关医疗大数据平台建设的相关标准，医疗大数据平台架构主要包括数据源层、数

据采集与处理层、数据分析服务与应用引擎层、数据应用层，以及相应的数据安全认证与管理体系等。医疗大数据平台架构如图 12-31 所示。

图 12-31　医疗大数据平台架构

12.4.3　医疗大数据采集与处理案例

12.4.3.1　案例描述

本案例描述某医院在实际 PACS 数据迁移过程中面临的主要难题，以及对大数据异构采集的解决方案。

1. 相关背景介绍

医院原有 PACS 服务器运行 10 年以上，系统自身老化、数据量剧增、负载能力已达上限。

1）原有 PACS 系统运行环境

（1）原有 PACS 系统运行在 Windows 2008 R2 64 位系统中，服务器为 4 核双处理器，内存为 16GB。

（2）数据采用 NTFS 存储，存储在一台 IP NAS 磁盘存储柜中。

（3）数据库采用 SQL Server 2005 64 位版本，存储 PACS 对应文件存储包的索引和信息。

2）目前面临的实际问题

（1）服务器在运营状态、业务量较大。

（2）IP NAS 系统硬件读写性能老化，业务处理高峰期的 I/O 平均响应时间超过 100ms，平均磁盘复制速度为 6～33MB/s 左右，并且容易影响在线业务，在业务处理量较低的时候，文件复制速度最高为 170MB/s 左右。

（3）需要迁移的总数据量在 33TB 以上，存储在 NTFS 分区中。

（4）文件存储在 NTFS 的动态卷基础上，经过磁盘柜硬盘的多次动态扩容，NTFS 分区的$MFT 和$Extend 产生大量碎片，但出于业务执行性能原因无法整理磁盘分区。

2．目标任务

对原有服务器的所有影像数据文件（主要是 DICOM 文件）进行异步动态数据采集并迁移到基于 Hadoop 开发的第三方定制化存储系统上，同时保证原有业务系统的正常运行；待数据同步完成后，选择服务器低负载时间段完成数据割接。

数据迁移过程必须满足如下要求。

（1）保证数据完整性，如果检测到数据库对应的 PACS 的 DICOM 文件数据有更改，则需要重新上传文件。

（2）确保在线业务不受影响，遇到业务对磁盘的高请求时需要暂停数据同步，峰值过去后恢复数据同步。

（3）要求 7d×24h 利用一切业务空闲时间进行数据同步。

（4）优化数据效率，避免已同步数据的重复复制。

3．解决方案

（1）开发一个应用程序：实时监控 PACS 存储分区的硬盘响应时间，当超过一定阈值时，放弃本次读取并暂停；当硬盘响应时间恢复正常时，继续恢复数据复制。

（2）了解源 PACS 的数据库表结构，增加一个数据修改时间日志表，当 PACS 出现内容数据修改时自动触发数据修改时间日志表的状态修改。

（3）在另一台设备上部署一套 Redis 数据库，同步应用程序将数据库中 PACS 的 DICOM 文件字典表缓存进去，并且定时扫描 DICOM 文件字典表和数据修改日志表的增长情况，若有新数据则缓存到同步队列中。

（4）上传过程要过防火墙，数据只能采用 HTTP 进行传输，并把数据同步做 CRC 校验处理，防止数据损坏。

12.4.3.2 仿真实验环境搭建

1．数据准备

PACS 主要数据表结构如表 12-2 所示（为便于演示，此处仅选取部分字段）。

表 12-2 PACS 主要数据表结构

字段	类型	说明
ID	Int	自增主键
Title	Varchar(255)	PACS 文件标题
Filename	Varchar(255)	存储名称
UpdateTime	DateTime	文件修改时间

2．基础环境配置

同步服务端采用 IIS 搭建一个站点，运行 HTTP 上传程序，满足文件上传逻辑即可；PACS 环境上的同步应用程序通过扫描数据，读取 DICOM_FILES.PATH 获取文件的路径后，将与文件路径对应的文件扫描后上传。数据采集过程如图 12-32 所示。

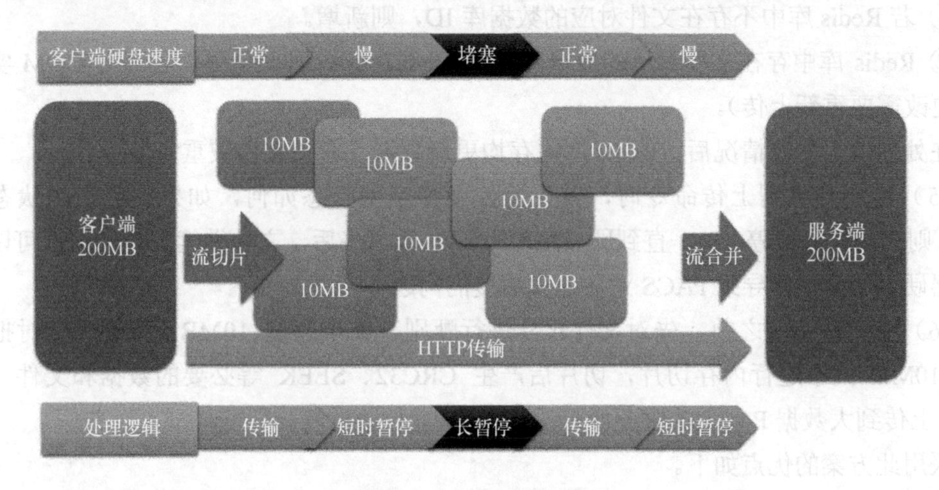

图 12-32　数据采集过程

3．工程师入场后的调试工作

设计程序时要了解磁盘 I/O 压力，Microsoft SQL 数据库的一般查询是瞬时查询，执行主要表的全表查询时间为 30s 左右可读取完毕，经过分析只需要读取 ID、 Title、Filename、 UpdateTime 列的数据即可，可将数据读取时间缩短到 16s；对一些条件增加索引后，有效查询时间缩短到 13s。

旧 PACS 存储目录下的文件约有 33TB，其中要同步的数据是 DICOM 文件。因为这种文件格式是封装的，类似于 OpenOffice 的文件格式包含多种图文格式，所以体积较大；因为长期运行和写机制的问题导致在硬盘上读取文件的速度较慢。因为 DICOM 文件名与 Filename 字段关联，所以可以很轻松地获取到与数据库对应的文件。

因为 PACS 还在商用期间，所以会随机性地读写硬盘；因为 DICOM 文件较大，所以每次读取对硬盘的 I/O 占用时间较长。

为了减少系统查询的压力，我们部署一套 Redis 3.0.5 版本的 NoSQL 库，建议开启 Redis 的持久化开关并设置访问密码；Redis 启动后，设置应用程序的.config 文件，配置数据库服务器 IP、端口和密码。

12.4.3.3　项目实施及测试

1．应用程序设计

（1）设计开发 Common、BLL 和 DAL 层的代码构架，其中，Common 层负责公共方法库和数据库驱动的封装。

（2）在 DAL 层，负责编写数据操作逻辑的方法。

（3）在 BLL 层，负责编写业务流程的处理。

（4）客户端采用命令行，通过调用 BLL 库实现业务的操作；启动后定时查询 PACS 的数据库，一次性把结果读取到内存中，再通过与 Redis 库全保存的数据进行对比实现本地 PACS 文件的上传。

逻辑分为以下两种。

① 若 Redis 库中不存在文件对应的数据库 ID，则新增。

② Redis 库中存在文件对应的数据库 ID（UpdaTetime 时间变更，表示 DICOM 实体文件被更改需要重新上传）。

在处理以上两种情况后，Redis 库内存均更新数据，避免文件被重复上传。

（5）客户端收到上传命令时，首先监控硬盘空闲状态如何，如果硬盘空闲状态小于 10%，则上传任务暂停 10s，直到硬盘空闲时间大于 10%后，文件继续上传，这样可以规避服务器硬盘速度过慢导致 PACS 业务速度缓慢的问题。

（6）在文件上传之前，先对文件尺寸进行甄别，如果超过 10MB，则在上传时把文件按照 10MB 大小进行内存切片，切片后产生 CRC32、SEEK 等必要的数据和文件，采用 HTTP 上传到大数据 PACS 的服务器上。

采用此方案的优点如下。

① 对于硬盘来说，每次只读取文件中 10MB 的一块，可以减轻读取的压力。

② 由于文件的内容已经载入内存中，所以在上传期间不会再用到硬盘的性能。

③ 由于在每次文件块上传的过程中，只需要占用大约 10MB 的内存，所以即使上传 1024MB 的文件也不会造成内存占用过大的问题。

④ 在每次上传文件块之前，也可以检查当前硬盘空闲状态，如果读取压力大，则允许上传文件块的暂停；由于大数据 PACS 服务器端采用 restHTTP 构架，所以上传暂停多长时间也不会引发会话丢失的问题。

⑤ 因为大数据 PACS 服务器端的配置高，所以可以将上传的临时文件保存到内存或 SSD 硬盘中，等待所有文件上传完毕后可瞬间合并，并导入大数据存储中。

⑥ 采用 HTTP 可以轻松地穿透防火墙，同时采用 CRC32 进行文件块的验证，可支持重新尝试多次上传，以减少整体文件重复上传的时间浪费。

（7）上传完毕后，客户端程序可保持长时间定时运行，可以一直运行到 PACS 新旧系统的割接操作前。

（8）PACS 大数据新版，可以通过扫描 Redis 库实现 DICOM 文件的迁移处理工作。

（9）实际案例执行了 40 天左右同步完 33TB，经过文件校验未发现问题。

2. 测试方法

在数据开始上传的过程中，开启磁盘压力测试程序对硬盘的数据进行读写操作，上传过程立即暂停。当关闭磁盘压力测试程序后，上传自动恢复。推荐使用硬盘压力测试工具 CrystalDiskMark。案例中存储性能压力测试结果及企业级分层存储性能压力测试结果分别如图 12-33、图 12-34 所示。

CrystalDiskMark 6.0.1 x64

文件(F) 设置(S) 主题(T) 帮助(H) 语言(L)(Language)

All	5 1GiB N: 72% (741/1035GiB)	
	Read [MB/s]	Write [MB/s]
Seq Q32T1	170.0	158.1
4KiB Q8T8	0.603	0.882
4KiB Q32T1	0.607	0.889
4KiB Q1T1	0.418	0.883

图 12-33　案例中存储性能压力测试结果

Random Write 4KiB [4/5]

文件(F) 设置(S) 主题(T) 帮助(H) 语言(L)(Language)

Stop	5 1GiB F: 91% (3378/3726GiB)	
	Read [MB/s]	Write [MB/s]
Stop	9034.4	7493.9
Stop	1837.4	1684.7
Stop	644.2	701.0
Stop	503.3	129.3

图 12-34　企业级分层存储性能压力测试结果

测试过程尽量不要采用 SSD 固态硬盘或分层存储方式的存储测试，否则不容易重现 I/O 过高的效果。因为真实的服务器案例的环境硬盘性能已经不如低端的 U 盘速度，所以可用 USB 2.0 的 U 盘或移动硬盘测试。

3．测试结果

案例测试代码略，案例测试结果如图 12-35 所示。

```
标记管理员: 命令提示符 - PACS_sync_Console sync F:\Temp\create_test_data 10 10
Progress: Uploading... 832KB of 1024KB - 81
Progress: Uploading... 896KB of 1024KB - 87
Progress: Uploading... 960KB of 1024KB - 93
Progress: Uploading... 1024KB of 1024KB - 99
Progress: Uploading... 1024KB of 1024KB - 100
Completed: ok:PASS!
Progress: Uploading... 64KB of 1024KB - 6
Progress: Uploading... 128KB of 1024KB - 12
Progress: Uploading... 192KB of 1024KB - 18
Progress: Uploading... 256KB of 1024KB - 24
Progress: Uploading... 320KB of 1024KB - 31
Progress: Uploading... 384KB of 1024KB - 37
Progress: Uploading... 448KB of 1024KB - 43
Progress: Uploading... 512KB of 1024KB - 49
Progress: Uploading... 576KB of 1024KB - 56
Progress: Uploading... 640KB of 1024KB - 62
Progress: Uploading... 704KB of 1024KB - 68
Progress: Uploading... 768KB of 1024KB - 74
Progress: Uploading... 832KB of 1024KB - 81
Progress: Uploading... 896KB of 1024KB - 87
Progress: Uploading... 960KB of 1024KB - 93
Progress: Uploading... 1024KB of 1024KB - 99
Progress: Uploading... 1024KB of 1024KB - 100
Completed: ok:PASS!
Progress: Uploading... 0KB of 0KB - 100
Completed: ok:0<br>1<br>2<br>3<br>4<br>5<br>6<br>7<br>8<br>9<br>10<br>PASS!
IO压力超过100%, IO 等待10秒
IO压力超过100%, IO 等待10秒
IO压力超过100%, IO 等待10秒
```

图 12-35　案例测试结果

12.5　电信大数据采集与处理

电信行业的发展与大数据的发展是密不可分的，互联网时代产生的“信息爆炸”一词就预示着大数据应用和大数据优化将伴随其共同发展。互联网、物联网（IoT）技术及大数据技术的发展呈现“几何式”发展态势，给电信行业带来了前所未有的机遇与挑战。电信业务的发展模式从以单纯的数据化、语音服务为主转换为以多媒体技术为核心的融媒体模

式。本节主要介绍电信行业大数据的概念、发展历史等，并引入电信行业大数据应用与优化过程中的实际案例，以期对读者有所启发。

12.5.1 电信行业大数据概述

12.5.1.1 电信行业大数据的概念和发展历史

1. 电信行业大数据的概念

目前，电信行业大数据没有非常明确的概念。综合相关资料，电信行业大数据涉及的范围较广，主要包括在电信业务运营过程中产生的数据，以及在电信业务相关交叉领域的应用中衍生出来的电信生态数据。涵盖企业的内部资源信息、运营数据、网络资源信息、电信客户基本身份信息、用户行为信息，以及与电信业务相关的其他行业的接口数据等。

2. 电信行业大数据的发展历史

电信行业大数据涉及的范围极广，比较常见的有移动通信、移动数据（3G、4G、5G）、宽带业务、物联网业务、IPTV 业务、专网业务等领域的大数据分析、预警、舆情、优化等。下面介绍电信行业大数据的发展历史。

1）电信话务时代

早期的中国电信行业的数据处理技术落后、数据能力极差，安装电话也需等待若干天。直到 97 系统即“市话业务计算机综合管理”系统的出现，才使电信市话业务管理变得更科学化、系统化，服务水平、工作效率大幅提高，成本也随之降低。该系统是国内早期用户关系管理（CRM）平台的雏形。97 系统作为电信公司的一个基础应用平台，不仅提高了维护环境的便利，而且其应用接口的拓展为数据信息共享提供了支撑；“客户营销”的概念就此在电信行业逐渐兴起，通过大规模应用对客服服务信息的挖掘不断提升了在电信局实现“决策支持层”的地位；与此同时，“97 工程”的不断深入，使电信公司在当时脱颖而出。

2）互联网门户时代

在 163/169 的拨号时代，中国电信行业跟随国际互联网的发展，涌现出一大批网易、搜狐、新浪门户型网站，当时的中国电信经历过政策调整，改组为移动、联通、网通、电信和多家电信公司，而当时的电信巨头们以省一级发展各地的信息港门户，为中国后来的互联网格局打下了基础。这个时代对互联网最重要的价值是计数器和广告点击量的数据分析和统计，而电子商务还处在萌芽阶段。在这个时代，聊天室、IM、网络游戏已经出现萌芽式发展，同时无数开发者已经意识到：数据的留存和分析可获取大众对一件事务的态度，甚至根据分析的结果再次回馈大众可以引发舆论效应。

3）移动门户时代

进入 2G 时代，GSM+CDMA+PHS 打开了中国手机数据业务门户，从早期的短信发展到 WAP 技术，使手机瘦客户端可以通过低速数据业务随时随地享受图文交互信息。在 2G 时代末期，诺基亚的塞班系统演化出现在的 APP 概念，之后敲开移动大门的苹果推出了划时代的 iPhone，从真正意义上让手机访问门户的方式变成手机使用 APP 的时代。

在这个时期，用户的隐私关注受到巨大提升。因为从某种角度讲，手机号已经成为一个人不可替代的第二身份证，通过跟踪注册信息、地理位置、IP、访问对象等诸多信息可以为用户画像；同时，互联网也悄悄地在 Google 的带领下进入搜索引擎替代门户网站的时代，这便是个人画像向大数据挖掘延展的时代；很多技术逐步出现，如 SSD 存储、ADSL 宽带、光纤宽带、64 位处理、显卡的 GPU 向通用计算进化、软件开源、电子支付，都为后来的大数据应用提供了基石。

4）区块链时代

2001 年，BitTorrent（比特流）的概念提出，或许其发明者的初衷很简单，只是为了文件共享而已，但这个开源技术却打开了区块链研究的大门；2009 年，比特币出现在互联网，区块链技术的兴起打开了一个全新的大数据处理保护的大门。区块链虽是一种看不见、摸不着的虚拟技术，但其价值不只在于支撑虚拟货币一路前行，其影响正在超出金融及科技领域。

区块链引发了全球越来越多的专家、学者和业内人士的思考，探讨它给社会带来的变化、影响及可能面临的风险。区块链在技术研究、产业应用、监管服务方面都有很长的路要走。

5）异构计算时代

随着人工智能、大数据、物联网等新技术的推动，应用类型呈现多样化，其对计算的需求也呈现差异化的特点。为了应对计算多元化的需求，越来越多的场景开始引入 GPU、FPGA 等硬件进行加速，异构计算应运而生。异构计算（Heterogeneous Computing）主要指不同类型的指令集和体系架构的计算单元组成的系统的计算方式。异构计算具有广泛的发展空间，越来越多的异构计算架构在承载应用方面发挥越来越重要的作用。

12.5.1.2 电信行业大数据相关政策

2017 年 1 月，工业和信息化部发布的《大数据产业发展规划（2016—2020 年）》[14]指出：统筹布局大数据基础设施，建设大数据产业发展创新服务平台，建立大数据统计及发展评估体系，创造良好的产业发展环境；推动电信、能源、金融、商贸、农业、食品、文化创意、公共安全等行业领域大数据应用；选择电信、互联网、工业、金融、交通、健康等数据资源丰富、信息化基础较好、应用需求迫切的重点行业领域，建设跨行业跨领域大数据平台

国家发改委在 2019 年 4 月 20 日的新闻发布会上，首次明确了“新基建”的范围——包括信息基础设施、融合基础设施、创新基础设施三个方面[15]。

（1）信息基础设施，主要指基于新一代信息技术演化生成的基础设施，如以 5G、物联网、工业互联网、卫星互联网为代表的通信网络基础设施，以人工智能、云计算、区块链等为代表的新技术基础设施，以数据中心、智能计算中心为代表的算力基础设施等。

（2）融合基础设施，主要指深度应用互联网、大数据、人工智能等技术，支撑传统基础设施转型升级，进而形成的融合基础设施，如智能交通基础设施、智能能源基础设施等。

（3）创新基础设施，主要指支撑科学研究、技术开发、产品研制的具有公益属性的基础设施，如重大科技基础设施、科教基础设施、产业技术创新基础设施等。

12.5.1.3 电信行业大数据应用

随着国家政策的引导与支持，尤其是各行各业“互联网”+应用的推动，电信行业与政

务、金融、医疗、教育、交通、旅游、零售（以电商为主）等行业业务的不断融合，以及电信业务自身运营发展的需要，电信行业大数据的应用呈现出蓬勃发展态势。目前，主要应用集中在两大方面：电信行业内部应用与各行业间交叉应用。

1. 电信行业内部应用

电信行业内部大数据应用，主要指基于业务系统数据、CRM（Customer Relationship Management，客户关系管理）系统、ERP（Enterprise Resource Planning，企业资源计划）等进行的企业资源管理、运营管理与决策支持（基于 ERP 的数据分析）、内部网络资源优化、服务优化、用户画像精准营销、客户流失预警等。

2. 行业间交叉应用

电信与各行业间合作优势互补，其交叉大数据应用主要基于对用户基本信息、网络行为轨迹追踪分析（IP 定位、访问信息等）内容、网络舆论（包括文字、图像、声音、视频等）进行模式识别、聚类、分类等数据处理分析，形成用户行为画像，并通过机器学习逐步建立目标模型，为合作方提供精准的业务流量分析、关系链研究、精准营销与实时营销[16]、客户信用分析、行为预测、活动轨迹定位、舆情分析、安全监测预警等大数据支撑服务。

在 2020 年疫情抗击战中，电信大数据大显身手、尽显行业优势，通过电信网络进行数据收集，同时结合人口流动大数据“热图”为疫情区域化防控、疫情轨迹追踪供了强有力的技术服务支撑。

12.5.2 电信行业大数据采集与处理

12.5.2.1 电信行业数据来源

1. 企业或集团内部数据

各企业或集团内部人力资源数据，通常采集于企业内部的 ERP 系统、HRM（Human Resource Manager，人力资源管理者）系统等，主要包括企业的人（组织架构）、财（人员工资、营业收入、成本、预算、经济运营指标等）、物（产品、网络资源）等信息数据。

2. 业务相关数据

业务相关数据主要来源于与业务相关的产品、经营、渠道（资源）等数据，如 CRM、呼叫通信系统、网络业务系统中的数据，包括用户数据（用户的身份姓名、性别、职业、ID 卡号、出生日期、家庭单位住址、电话号码、网络账号、终端号等）、企业用户信息（企业法人信息、主营业务、联系方式、IP 地址等）、业务运营数据（呼叫通信记录、上网 IP 行为轨迹等）。

3. 交叉资源数据

交叉资源数据主要指与政府、金融机构、医疗机构、教育机构、科研机构、交通、商业及其他各行业伙伴通过签订战略合作协议或业务合作协议，经由数据交换接口获得的基础数据、渠道数据、业务交换、业务发展数据等。

12.5.2.2　电信行业大数据采集与处理的挑战

电信行业大数据具有一般数据的 4V 特性，其数据也呈现出多阳性的特点，既包括企业内部及企业外部客户基本数据信息、呼叫通话信息、用户位置信息、终端数据信息、业务流相关的交易信息等结构化数据，也包括用户访问日志等半结构化数据及流媒体业务数据等非结构化数据。电信行业大数据涉及大量的用户隐私数据，在数据安全与保护方面是电信行业大数据采集与处理的关键点与巨大挑战。

1. 数据加密与隐私保护

针对电信行业大数据采集、存储、传输等过程中的敏感数据（如用户个人 ID 卡号、电话号码等敏感信息），根据分级安全管理设置进行脱敏及分级加密处理。

2. 法律法规及安全管理制度

电信行业大数据采集及应用应严格遵守国家标准 GB/Z 28828—2012、电信行业标准 YD/T 2782—2014、《电信和互联网用户个人信息保护规定》《全国人民代表大会常务委员会关于加强网络信息保护的决定》及其他保护个人信息的相关法律法规；电信行业内部也应指定完善、可行的数据安全管理制度，包括数据平台访问控制机制、数据保密安全协议、数据分级管理、数据操作安全防范措施等。

12.5.2.3　电信行业大数据平台架构设计

电信行业大数据平台架构主要包括数据源层、数据采集与处理层、数据分析服务与应用引擎层、数据应用层及数据安全认证与管理体系等。电信行业大数据平台架构如图 12-36 所示。

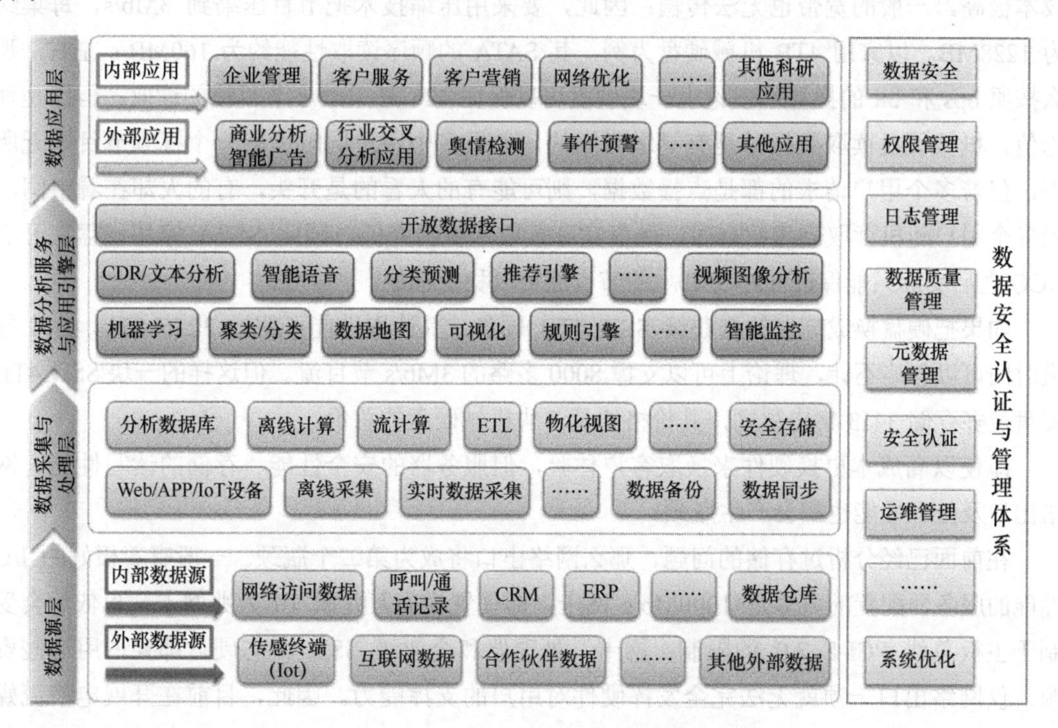

图 12-36　电信行业大数据平台架构

12.5.3 电信行业大数据案例

12.5.3.1 案例描述

1. 案例背景

电信行业大数据应用的范围非常广，本节将以 IPTV（交互式网络电视）为应用场景介绍电信大数据应用中的实例。

在我国，目前互联网上抖音、今日头条、爱奇艺、优酷、腾讯视频等已经发展成为主流应用，而微信、QQ、钉钉、淘宝、京东朝着办公型、应用型方向发展，这些应用的共性是主要以“视频”为导向吸引“眼球”。例如，淘宝的直播带货，爱奇艺的 VIP 电视剧，抖音、快手刷短视频，微信、钉钉布置工作等，无一例外地融入视频业务。相比早期的图文信息类业务，视频业务的运营成本之高可能超出了一般人的想象。举个最简单的例子：百度网盘的年会员费用是 230 元左右，但根据网上一些资料的分析，每个用户所占用资源的运营成本+租用第三方大数据中心+带宽的 CDN 费用基本上在 220 元左右，而这才是网盘应用的成本；而我们日常由各家视频运营商 APP 提供的点播或者直播服务的实际成本远高于此。

下面剖析造成上述想象的原因，总的思路就是“找瓶颈”。

通常，影视节目采用 H264+AAC 技术压缩，1080P 未压缩的图像大小约为 6MB，按照 25 帧每秒计算，需要 1187Mb/s 的带宽，这样一部电视剧如果不采用压缩技术则会导致存储成本极高，一般的宽带也无法传输；因此，要采用压缩技术把节目压缩到 3Mb/s，每集约为 1228MB。以家用 4TB 机械硬盘为例，其 SATA 的顺序读取性能约为 160MB/s 左右，那么按照 bps 和 bit 的换算，理论上一块硬盘可以保证 426 路 3Mb/s 节目流的读取；但这是理论值，机械硬盘读取数据时是有寻道时间的，如果多个用户同时读取一个视频节目则无所谓，但若多个用户请求的都是点播数据，则可能有的人看的是开头，有的人却在看中间。当多个用户随机读取硬盘数据时，硬盘实际读取速度会降低，因此 SATA 家用硬盘在开启 NCQ 之后实际只能保证 8 路 3Mb/s 的节目流可以稳定播放。

如果把硬盘换成高速的企业级 SSD 4TB 硬盘，其读取性能可超过 3276MB/s，加上寻道时间可以忽略不计，理论上可以支撑 8000 多路的 3Mb/s 节目流。但这样的一块 SSD 4TB 硬盘最多存储 3413 集电视剧，其价格约是 7 块机械硬盘的总价。

即使以高成本更换硬件来换取客户体验，但服务器的安全性能、存储的读写性能、网络出口及处理性能也都会产生瓶颈。

在前面已经分析过存储的问题，那么网络出口将成为第二个瓶颈。一般有着极好的 I/O 性能的服务器配置的大多是 1000Mb/s 网卡，即使置换为万兆或 10 万兆网卡，也依然会受制于主板总线 PCI-E 3.0 的限制；网卡、处理器和企业级 SSD 固态硬盘都要占用这些资源，仅网络出口一项就无法完全发挥硬件对用户的支撑能力。因此，目前在开展电信流媒体业务时，为大规模数量的用户提供服务还是有一定难度的。

如何解决上述问题呢？可以换个思路。

2．解决思路分析

目前，客户日常观看视频的模式主要有直播模式和分点播模式。直播模式主要采用广播技术。在基于互联网 TCP/IP 的技术下，电信运营商主要以组播技术为主，可以实现较好的大负载能力、网络带宽优化和低延迟效果，但对网络和相关通信设备的要求很高，尤其是目前在移动网络上直播主要采用高延迟的切片技术传输。未来，随着科技的进步和 5G 的普及，这一问题会逐渐被解决。在视频直播、点播的图像质量、稳定性、延时度等方面，传统广播技术表现较优，但其硬件耦合度高、成本高，因此不适在互联网环境下推广。下面介绍的一种基于软件的视频数据切片分布式技术，可有效地节约成本并解决传统广播技术耦合度较高的问题。

视频为什么要切片？对视频流进行切片并镜像到多台服务器上的优点如下。

（1）利用操作系统分区表的特性可以快速定位文件，避免单一大文件重复寻道。

（2）适当大小的小文件传输和缓存难度比超大文件要小，利于优化。

（3）适当大小的小文件利于服务器释放缓存和 I/O 压力。

（4）CDN 可以采用策略避免同步用户不看的部分。

目前，常见的切片技术主要有 HLS、MPEG DASH 技术。这两种技术虽然存在延迟较大的问题，但由于其低成本及高兼容性，因此已在互联网行业中普及。

视频切片的优点如下。

1）可以最大优化存储空间，提高传统硬盘的寻道速度

无论是传统硬盘分区表技术还是大数据分布式存储技术，遇到超大的文件都会采用块技术。比如，现有硬盘分区表底层数据块有 512B、4KB 的，软件分区表有以 4、8、16、32、64、128、256KB 作为区块大小的，文件通常通过分区表切成无数片存储在硬盘上；常见的大数据区块 Hadoop 1.x 的 HDFS 默认块大小为 64MB；Hadoop 2.x 的默认块大小为 128MB。因此，在设计视频文件的切片大小时，往往会参考存储系统的区块大小，以得到最佳的寻道速度。

2）便于分布式存储、CDN 分发和优化访问策略

目前，传统硬盘存储的性价比是最高的，而 SSD 的性能又是使用者最欣赏的，由此可考虑将两者相互结合以实现优化访问策略。视频切片后，可以在每个运营商的 CDN 节点上进行同步；首页主推的视频节目和用户点击率、收藏率最高的视频主要存放在 SSD 的区块上，比较冷的节目分别存放在传统硬盘上，所有原始节目可存储在冷备份的系统上。定时通过大数据策略对有限的 SSD 存储上的数据进行清理，将访问率低的数据移到传统硬盘上，给更新或访问率高的数据腾出空间。

3）便于实现 DRM 和本地化存储与 P2P 技术

DRM（Data Rights Management，数字版权保护）技术基于数字证书技术，一般采用非对称加密技术，比传统的对称加密技术更加复杂且难以破解，但是，问题也随之而来，即对一个巨大的文件来说，加密和解密时间都很长，而把视频切片后再用 DRM 加密解决了这一问题。

（1）一部电影一套证书切片为多个文件进行流的加密和解密，能让用户在观看时就避免一次性解密的超长时间等待。

（2）切片式离线存储在客户端是最经济、最快速的方式。

（3）切片式文件更适合在运营商管理的服务端与网络终端的客户端之间进行传递，从而实现边缘的雾计算。

12.5.3.2 仿真环境搭建

1. 模拟系统架构搭建

（1）部署在 9 个服务器上，分别代表电信、联通、移动、有线线路的 CDN 服务器各两台，另外一台服务器模拟播放器的路由控制。

（2）播放器采用开源的 hls.js，通过 C#开发的站点实现在线环境播放器。

（3）FFmpeg 负责视频文件修改格式。

（4）一台 PC，通过切换 IP 段模拟电信、联通、移动、有线的用户。

2. 网络模拟多运营商的架构规划

虚拟 CDN 服务器的网段规划如表 12-3 所示，主服务器地址为 192.168.31.25。

表 12-3 虚拟 CDN 服务器的网段规划

线路	网关	子网掩码	服务器 IP	
电信	192.168.10.0	255.255.0.0	192.168.10.253	192.168.10.254
联通	192.168.11.0	255.255.0.0	192.168.11.253	192.168.11.254
移动	192.168.12.0	255.255.0.0	192.168.12.253	192.168.12.254
广电	192.168.13.0	255.255.0.0	192.168.13.253	192.168.13.254

网段规划配置好后，将各个虚拟运营商的 IP 库载入 Redis。

12.5.3.3 解决方案

1. 方案描述

（1）服务端代码，基于 IIS 的 ASP.NET 实现 hs.js 的前端播放器渲染；同时实现后端访问用户的 IP 判断和视频资源切换。

（2）实验用客户端 PC，可以随机分配电信、联通、移动、有线的 192.168.10～192.168.13 的网络 IP 端，访问 http://192.168.31.25/hls.aspx。

（3）视频文件（m3u8+ts）通过 C#开发的上传应用程序上传到 192.168.10～192.168.13 服务器上，并将索引数据同步到 Redis 的内存库中。

2. 数据准备

（1）下载 http://vfx.mtime.cn/Video/2019/03/18/mp4/190318231014076505.mp4（电影预告片），作为资源文件来生成 m3u8+ts 格式。

（2）Redis 内存库设计（DB1），分隔符号采用“:”，Redis 开启持久化。Redis 内存库结构设计示例如表 12-4 所示。

表 12-4　Redis 内存库结构设计示例

一级	二级	三级	四级	值的格式	说明
IPMAP	运营分类： 10000 电信 10010 联通 10086 移动 96266 有线	IP 段+掩码，格式例子： 192.168.10.0/255.255.255.0	无	字符串	存放虚拟运营商的 IP 段
SERVER_COUNT	运营分类： 10000 电信 10010 联通 10086 移动 96266 有线	服务器的 IP，例如： 192.168.10.253	有效期计数器，例如：COUNT/99993 有效期 24h	整数	用户访问计数器
PLAY	节目 HASH	上传过此服务器的 IP，例如： 192.168.10.253	计数器，例如： COUNT/99	JSON 存放节目名称 播放信息等	存放可以播放的节目

（3）下载 FFmpeg Windows 编译版本，建议在 4.0 以上。

（4）下载 hls.js 的 HTML5 播放器。

3．流媒体大数据采集及分布式存储过程

（1）把 MP4 文件通过 FFmpeg 切片为 HLS 格式（m3u8+ts）。

例如：c:\convert\movie1\index.m3u8。

```
ffmpeg.exe -i 190318231014076505.mp4 -acodec copy -vcodec copy  -hls_list_size 0 -hls_wrap 10 -hls_time 10 -f hls  c:\convert\movie1\index.m3u8 -y
```

*注意，如果原片的音视频格式不对，请参考 FFmpeg 的帮助进行转码。

（2）通过 sync_hls.exe c:\convert\movie1\index.m3u8，实现文件上传。

（3）上传后用高版本 chrome\firefox 浏览器，访问 http://192.168.31.25/hls.aspx 页面。

（4）hls.aspx 首先判断用户的 IP，例如，若属于电信用户，则分配 192.168.10 的服务器 IP，这样用户访问的 m3u8 文件的地址路径将最优选播放路径指向 192.168.10.253 和 192.168.10.254 中的低负载服务器。

（5）用户每次点播时会给用户访问的服务器负载值+1，这样每次访问节目的用户会请求负载较低的服务器。

12.6　交通大数据采集与处理

交通作为人类行为的重要组成和重要条件之一，是百姓生活与经济活动的基础。随着互联网+、大数据、人工智能、自动驾驶等相关技术日趋成熟，新技术应用于交通领域并渗入日常生活，使得传统交通行业正向智能交通迈进，交通管理更加精细化、交通信息更加准确化、交通服务更加个性化、交通驾驶更加智能化。自大数据诞生以来，世界各国高度重视，积极探索数据的来源、安全等问题，并将其应用于智能交通、智能政府、智能金融等各行各业、各领域。

2019 年 9 月，中共中央、国务院印发《交通强国建设纲要》，明确大力发展智能交通：推动大数据、互联网、人工智能、区块链、超级计算等新技术与交通行业深度融合；推进数据资源赋能交通发展，加速交通基础设施网、运输服务网、能源网与信息网络融合发展，构建泛在先进的交通信息基础设施；构建综合交通大数据中心体系，深化交通公共服务和电子政务发展，推进北斗卫星导航系统应用。

本节首先对交通大数据进行概述，然后介绍交通大数据平台架构设计及相关技术的案例，希望读者能够掌握交通大数据的相关知识。

12.6.1 交通大数据概述

12.6.1.1 交通大数据分类

目前，交通大数据按交通方式广义上主要分为四大类：铁路、公路、水路、航空。若对每大类再细分，又能分出很多种类，种类繁多。这里着重介绍交通领域内已经可以应用的高速大数据、车辆大数据、ETC（Electronic Toll Collection，电子不停车收费）大数据、运力大数据和运政大数据。

1. 高速大数据

高速大数据的开放最为全面，目前已开放的国有高速大数据覆盖全国范围 13 万多公里的高速网络（西藏、海南除外），20 000 多个高速出入口站点实时采集车辆通行数据，从 2017 年 6 月 1 日起，客货共计超过 1.93 亿辆车产生的 188.3 亿条高速行驶记录，其中客车超过 1.82 亿辆，货车超过 3700 万辆，活跃货车超过 1204 万辆，包括里程、载重、通行时间、站点、频次等多个重要因子，是目前全国范围车辆数据覆盖最全的国有交通大数据。高速大数据已经应用在保险、物流等领域，未来还会在更多领域中应用。

在保险领域，基于高速大数据目前已经开发出高速里程保、货车风险分、货车信用宝等模型产品。简单地说，未来买车险保费可以做到“一车一价”了。这对于很多人来说，尤其是货车司机而言是个福音。

2. 车辆大数据

目前开放的共享车辆大数据包含 2013 年之后的全部乘用车及商用车的信息，包括车辆上所有零部件的数据。但是，因为数据量太大，目前商用过程中只可查询部分数据，包括车牌号、VIN（Vehicle Identification Number，车辆识别码）、车辆档案详情等。车辆档案详情包括总质量、出厂日期、整备质量、核定载质量、最大功率、轴数、品牌名称、轴距、车身颜色、前轮距、使用性质、后轮距、车辆类型、车牌型号、发动机号、发动机型号、初次登记日期、车架号、机动车所有人、车辆状态、核定载客数、强制报废期止、燃料种类、排量、车牌号、车辆类型代号、姓名是否一致等信息。

目前，车辆大数据是由交通运输部直接对外开发的，在细粒度、更新、覆盖面、连续性、信息丰富度上，比从 4S 店、主机厂拿来的数据更加全面。

车辆大数据可应用场景丰富，最直接的就是用在二手车交易中，让价格更加透明，此外在保险、维修、汽车金融等领域都可以应用。

（1）二手车行业：用于核查车辆信息，用于二手车交易。

（2）汽车金融行业：用于核查及评估车辆价值，用于汽车融资及租赁。

（3）汽车保险行业：用于保险登记、理赔、保险费率浮动等信息查询。

（4）共享汽车/物流行业：用于车辆的管理及维护（车辆登记注册，实现车辆信息化管理）。

（5）车辆维修及服务行业：诊断、计算机自动匹配、配件订购/推荐、客户关系管理等。

3．ETC 大数据

ETC 大数据主要指车辆通行费支付行为，目前其应用场景比较窄，主要应用在物流金融领域，帮助金融机构在针对司机发卡时做评估。

高速数据包含高速车辆通行次数、通行里程、高速运力指数、高速通行支付方式、高速超载、超速行为、高速月过路费评估等数据因子。在疫情期间，高速大数据可应用于疫情防控，通过高速大数据可以判断车辆近期有无去过疫情高发区。高速大数据还可以应用在以下方面。

（1）物流平台、企业车队的经营管理优化及风险评估。

（2）金融机构针对物流企业的企业贷款风控评估（评估企业经营状况）。

（3）过路费/运费贷款场景的风控评估。

（4）货车（汽车）保险保额评估及定价。

4．运力大数据

通过车牌号获取货车排名占比（指定月份的累计上路时长在当月所有高速行驶的同车型货车上路时长的排名占比），百分比越高，表示该车辆排名越靠前，上路时长越多；同时给出该指数同比及环比的变化趋势，这就是运力指数数据。运力指数可以应用的场景很丰富：

（1）银行等金融机构运力贷、ETC 信用卡、ETC 贷款等针对中小物流企业及司机的信贷产品的贷前用户筛选及风控。

（2）货车融资租赁、保理等物流金融平台对承租企业车辆运力情况进行定期跟踪，了解企业车辆的运营情况及物流企业的经营情况。

（3）大中型物流企业了解外部车辆的历史运力情况，筛选外部合作车辆，提升车辆管理能力。

（4）网络货运平台了解入驻平台车辆的历史运力情况，优化车货智能匹配算法。

（5）货车险保前定价模型优化、保前风勘信息核验。

（6）物流科技企业、物流系统集成商优化系统运力模块、司机管理模块功能，提升客户服务能力。

（7）货车二手车企业了解货车历史的运输情况，对货车价值进行参考评估。

5．运政大数据

运政也称道路运输管理机构，执行国家道路运输法律法规和方针政策；通过行业管理，保护合法经营，保障货主和旅客的正当利益；按照管理权限，对道路运输行业进行行政许可，并对道路运输管理行业实施实行管理，维护运输行业安全和市场秩序；监管道路客货运输、运输站场、汽车维修及运输服务等。目前，运政大数据对外开放的是道路运输许可证核验、企业道路运输经营许可证核验、道路运输从业人员资格证核验、企业运力评估核验这四大类，下面重点介绍前三类。

1）道路运输许可证核验

道路运输许可证是证明营运车辆合法经营的有效证件，也是记录营运车辆审验情况和对经营者奖惩的主要凭证，道路运输许可证必须随车携带，在有效期内全国通行。通过输入车牌号码、车牌颜色等信息就可以核验道路运输证号、证照状态、营运状态等信息。目前，该数据和高速大数据一样，均覆盖全国范围。该数据的开放可以帮助以下行业。

（1）物流行业：物流企业及网络货运平台对申请加盟企业或入驻平台的车辆的道路运输许可证进行实时核验，并对企业或平台车辆的证件到期时间进行提前预警，提醒车主更新证件。

（2）物流金融/银行：对申请办理运力贷、运费贷、货车 ETC 记账卡的车辆进行实时的证件真伪核验。

（3）汽车行业：货车二手车交易企业或平台对入驻平台的二手货车进行实时证件核验。

2）企业道路运输经营许可证核验

道路运输经营许可证，是单位、团体、和个人有权从事道路运输经营活动的证明，即从事物流和货运站场企业经营时必须取得的前置许可，物流公司根据经营范围的不同视当地政策情况办理道路运输经营许可证。有此证的公司方可有营运的车辆，该证是车辆营运证的必要条件。道路运输经营许可证是地方道路运输管理局颁发的证件，有效期为 4 年，到期需换证。

通过输入道路运输经营许可证编号、企业名称等信息就可以核验企业的经营状态、证照状态、经营范围等信息，可有效帮助以下方面。

（1）物流行业：物流企业及网络货运平台对申请加盟企业或入驻平台的中小物流企业/车队的经营许可证件进行实时核验，并对企业/车队的证件到期时间进行提前预警，提醒企业/车队更新证件。

（2）物流金融/银行：对申请办理运力贷、运费贷、货车 ETC 记账卡的中小物流企业/车队进行实时的证件真伪核验。

（3）汽车：在商用车汽车金融业务中，对申请货车融资租赁、购车贷款的中小物流企业/车队进行实时的证件真伪核验，以降低欺诈风险。

3）道路运输从业人员资格证核验

道路运输从业人员资格证是道路运输从业人员从业资格证件的简称。道路运输从业人员资格证是通过交通部门道路运输有关知识、技能考试合格后核发的一种证件，也是一种通过职业驾驶等活动而获取报酬的一种资质。根据《道路运输从业人员管理规定》规定，《中华人民共和国道路运输从业人员从业资格证》和《中华人民共和国机动车驾驶培训教练员证》统称道路运输从业人员从业资格证件，应用场景同企业道路运输经营许可证。

12.6.1.2　交通大数据应用分析

2016 年，以智能城市为代表的“互联网+交通”项目在全国范围内遍地开花，有效提升了城市的智能化水平。交通大数据是“互联网+交通”发展的重要依据，其发展及应用在宏观层面能为综合交通运输体系的“规、设、建、管、运、养” 等提供支撑；在微观层面能够指导优化区域交通组织，如优化交通信号、交通诱导、路况融合、规范停车场管理等。交通大数据是“互联网+交通”发展的关键支撑，是“互联网+交通”科学决策的重要依据，是构建智能出行系统，缓解城市交通拥堵，实现绿色出行的基础。因此，在“互联网+交通”背景下，不仅要关注交通大数据的发展方向与发展形势，如何解决交通大数据的来源、安全、储存及使用效率，充分发挥交通大数据的价值更为关键。

下面从交通大数据的基本特征、来源、应用价值进行分析。

1．交通大数据的基本特征

在“互联网+交通”背景下，交通大数据与传统数据相比具有以下四大特征（4V）。

（1）规模大。交通大数据涉及交通系统的各个方面，如人员数据、车辆数据、线路数据、环境数据、管理数据等，导致交通大数据的规模比传统数据的规模更大。

（2）种类多。在交通系统中，人、车、路、环境等不同的交通数据具有不同的属性，如人、车的空间位置数据与移动轨迹数据，各个监控摄像头的视频数据，天气变化数据，交通事故数据等，导致交通大数据的种类繁多。

（3）价值密度低。由于交通大数据的规模大、种类多，不同类型的交通数据具有不同的属性，交通大数据在具体的应用过程中需要从海量数据中筛选出有用数据，其难度较大，导致交通大数据的价值密度较低。

（4）速度快。交通大数据具有实时性，数据实时采集，更新速度快，以交通大数据为城市居民提供基本出行服务为例，根据视频摄像头、感应线圈等专用设备采集到的数据，通过实时处理，剔除无效数据，挖掘交通数据的基本变化规律并及时反馈给出行者，出行者根据反馈的信息选择出行线路与出行方式。

2．交通大数据的来源

“互联网+交通”的发展促进了传统静态的交通基础数据向交通大数据的演变，互联网技术是获取交通大数据的关键技术，车联网技术则是获取交通大数据的关键途径。研究表明，交通大数据主要来源于基于互联网的公众出行服务数据、基于行业的运营企业生产监管数据、基于物联网与车联网终端设备的传感器采集数据三个方面。其中，公众出行服务数据主要包括网上售票、城市公交一卡通、公交服务在线查询、网购电商物流等；运营企业生产监管数据主要包括运输企业的客货运班列的运量数据、车辆检修数据等；传感器采集数据主要包括车辆定位数据、运行轨迹数据、车辆能耗数据、车辆性能数据、路网传感线圈与视频监控数据等。

3．交通大数据的应用价值

交通大数据采集后，由于其价值密度低的特性，需要对采集的数据进行分析和处理，这就需要构建一套完善的理论体系架构（如图 12-37 所示），指导交通大数据开发与利用。

根据交通大数据的属性，借助交通大数据理论体系架构，不仅可以构建交通数据语义网络，为交通行业发展科学决策提供支撑，而且有助于提高城市交通信息化管理水平，制定科学合理的管理系统与管理方法，缓解城市交通拥堵。

12.6.1.3 交通大数据面临挑战

1. 数据采集问题

交通大数据的采集主要依靠综合交通运输体系中的基础设施联网及自动识别与监控系统实现，然而传统交通基础数据主要掌握在基层管理部门，由于基层管理部门资金补助不到位、信息化建设跟不上、数据采集缺乏统一标准、各部门之间缺乏协作机制等问题，导致采集的基础数据的质量受到影响。

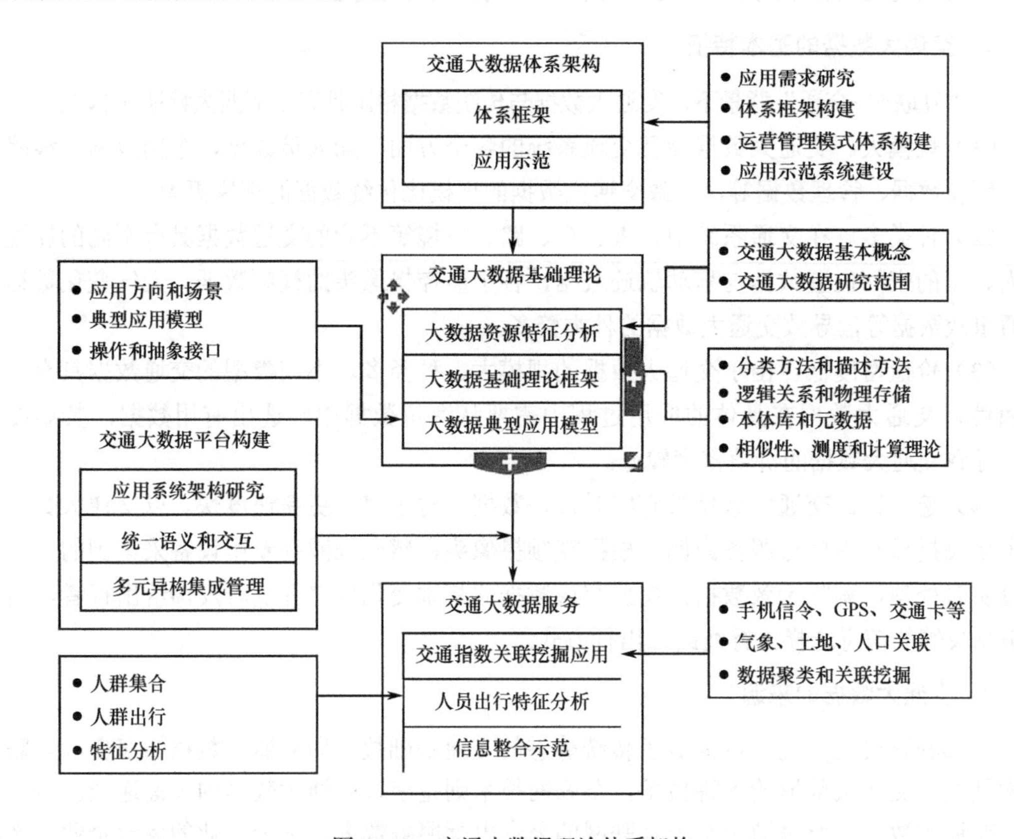

图 12-37 交通大数据理论体系架构

2. 数据安全问题

在“互联网+交通”背景下，交通大数据涉及的内容越来越广泛，不仅包括道路、车辆、驾驶员、交通量等基础数据，而且还包括涉及国家安全和个人隐私的数据。因此，在数据开发与利用过程中，如何在充分挖掘交通大数据使用价值的基础上，保障其安全与隐私成为亟待解决的问题。目前，由于交通大数据在开发与利用过程中缺乏统一的规范和管理标准，导致交通大数据的传输及与外网之间的互联互通缺乏安全性。

3. 网络通信问题

交通大数据采集后需要数据传输系统与网络通信系统的支撑，目前数据的传输主要采用自建通信专网与租用城市公共通信网络相结合的模式，形成有线通信与无线通信交互使用的通信系统，支撑了当前交通大数据的网络通信。随着行业发展与交通大数据的深入挖掘，数据量呈现量级增加，对未来交通大数据的网络通信提出更高要求。

4. 计算效率问题

交通大数据在为用户提供服务的过程中，需要其快速反应，这就对数据的计算效率提出了更高要求。以出行诱导系统为例，用户在提出出行诱导需求时，智能交通系统要在瞬间完成数据的识别、采集、分析、反馈等多个步骤，及时为用户推荐出行比选方案。

5. 数据存储问题

交通大数据的突出特点是“大”，无论是历史沉淀数据，还是新采集的数据及数据的传输均需要数据存储技术的支撑。由于数据存储技术的发展速度远跟不上交通大数据的更新速度，这就给交通大数据特别是非结构化连续采集的数据的存储带来一定的压力。为缓解交通基础数据的存储问题，当前主要采用数据滚动存储的办法，即存储系统中只保留固定时段长度的数据，新数据补充后，同样时段长度的历史数据被自动清除，这不仅降低了交通大数据的存储质量，而且对大数据的开发利用造成一定的影响。

12.6.2　交通行业大数据采集与处理

12.6.2.1　交通大数据采集

交通大数据采集是将先进的信息技术、数据通信传输技术、电子传感技术、电子控制技术、计算机处理技术等集成起来运用于整个交通运输管理体系，建立起一种在大范围内发挥作用的，实时、准确、高效的综合运输和管理系统[17]。目前在交通领域常见的几种数据采集技术如下[18]。

1. 地感线圈

技术原理：通过一个电感器件即环形线圈与车辆检测器构成一个调谐电子系统，当车辆通过或停在线圈上时会改变线圈的电感量，激发电路产生一个输出，从而检测到通过或停在线圈上的车辆。

优点：线圈检测技术成熟、易于掌握、计数非常精确、性能稳定。

缺点：交通流数据单一，安装过程对可靠性和寿命影响很大，修理或安装需中断交通，影响路面寿命，易被重型车辆、路面修理等损坏。另外，高纬度开冻期和低纬度夏季路面及路面质量不好的地方的线圈维护工作量比较大。

2. 视频检测方式

视频检测方式是一种基于视频图像分析、计算机视觉技术对路面运动目标物体进行检测分析的视频处理技术。它能实时分析输入的交通图像，通过判断图像中框选的一个或者多个检测区域内的运动目标物体，获得所需的交通数据。

优点：无须破坏路面，安装和维护比较方便，可为事故管理提供可视图像，可提供大量交通管理信息，单台摄像机和处理器可检测多车道。

缺点：精度不高，容易受环境、天气、照度、干扰物等影响，对高速移动车辆的检测和捕获有一定困难。因为拍摄高速移动车辆需要有足够快的快门（至少是 1/3000s）、足够数目的像素及好的图像检测算法的支持，所以成本高昂；由于视频检测需要进行计算，往往无法捕获到高速运动物体。

3．微波（多普勒）检测方式

微波式交通检测器通过发射低能量的连续频率调制微波信号，处理回波信号，可以检测出多达 8 个车道的车流量、道路占有率、平均车速、长车流量等交通流参数。微波检测由发射天线和发射接收器组成。发射器对检测区域发射微波，当车辆通过时，由于多普勒效应，反射波会以不同的频率返回，通过检测反射波的频率可检测车辆是否通过。

优点：在恶劣气候下性能出色，可以全天候工作，可检测静止的车辆，可直接检测速度，可以侧向方式检测多车道，安装维护方便。

缺点：侧面安装只能区分长车、短车，相邻车道同时过车时可能漏计车辆数。雷达是依据多普勒效应的一种微波检测方式。雷达先发出一个频率为 1000MHz 的脉冲微波，如果微波射在静止不动的车辆上，被反射回来，它的反射波频率不会改变，仍然是 1000MHz。反之，如果车辆在行驶，而且速度很快，那么根据多普勒效应，反射波频率与发射波的频率就不相同。通过对这种微波频率微细变化的精确测定，求出频率的差异，就可以换算出汽车的速度。雷达测速有效范围为 24～255km/h，测速范围比较大，精确度也相当高。对于速度较快、车流量较少且方向统一的高速公路，采用微波雷达配合高速摄像机是一种不错的选择。对于多车道、车辆并行、人车混杂的复杂路段，单纯只使用多普勒效应的微波雷达对路口、路段违法车辆进行检测，则具有较大困难；在检测范围内如果出现多个车辆，往往无法区分目标车辆。另外，测速雷达一般安装在公路中间 6m 高的横臂上面，如果比较高的大型车辆（如挂车、货柜车等）经过，由于车体比较高，造成车体顶部距离雷达太近，雷达发出的脉冲微波射在车体顶部被反射回来的距离大大缩短，往往造成了计算出来的速度值比较大，会产生比较大的误差。

4．无线地磁检测方式

地球磁场的强度为 0.5～0.6 高斯，地球磁场在很广阔的区域（大约几公里）内，其强度是一定的。当一个铁磁性物体，如汽车置身于磁场中，它会使磁场扰动。此时，放置于其附件的地磁传感能测量出地磁场强度的变化，从而对车辆的存在性进行判断。

优点：检测精度高，具有自适应、自学习能力，适应各种复杂天气，抗干扰性强、工作稳定可靠，安装维护方便，使用寿命长等。

无线地磁车辆检测器虽然优势明显，但因价格较高使很多厂商望而却步。近两年，随着研发厂家的增多，价格已恢复理性。目前，国内外一线信号机厂家，如麦肯、科力、海信、中兴等，都已经将地磁检测器作为其主要车辆检测设备。

5．浮动车采集路况信息技术

这项技术是基于搭载在汽车上的 GPS 终端来进行路况数据采集的。目前，市面上的大部分出租车、物流车等公共交通工具都装有这类 GPS 终端，通过通信网络，把这些车的经纬度、车头方向、速度等信息传递到数据处理中心，就可以计算出实时路况数据。当某个网络内的车辆足够多的时候，这种方式得到的结果也足够精准。唯一的问题是时效性差，因为路况是随时都在变化的。按照现在的技术，数据传输延迟可控制在 3～5min。

下面以交通信号控制系统、交通视频监控系统、电子系统等产品为例，介绍采集技术的应用及原理[19]。相关的采集设备如图 12-38 所示。

行人过街语音提示柱是行人过街人性化设计设施的辅助设备，有主柱和副柱之分，安装于人行斑马线两端的两侧，将主柱与副柱同时接入人行信号灯的输入线，按照红色和绿色两线接入；将主柱、副柱的光栅位置进行调整，使其能够接收到副柱信号并与人行信号灯同步。以视觉和听觉方式提醒过街的行人不要闯红灯，按人行灯信号安全通过马路。研发交通大数据采集的数据是光栅红外对射信号。在人行信号灯的绿灯亮期间，行人从主柱和副柱之间通过，就阻断阻断光栅红外对射信号，但设备不会发出语音提示；在人行信号灯的红灯亮期间，行人从主柱和副柱之间通过，就阻断光栅红外对射信号，此时，主柱和副柱会同时发出语音提示，以提示行人已经闯红灯。可定制并现场即时更改语音提示内容。

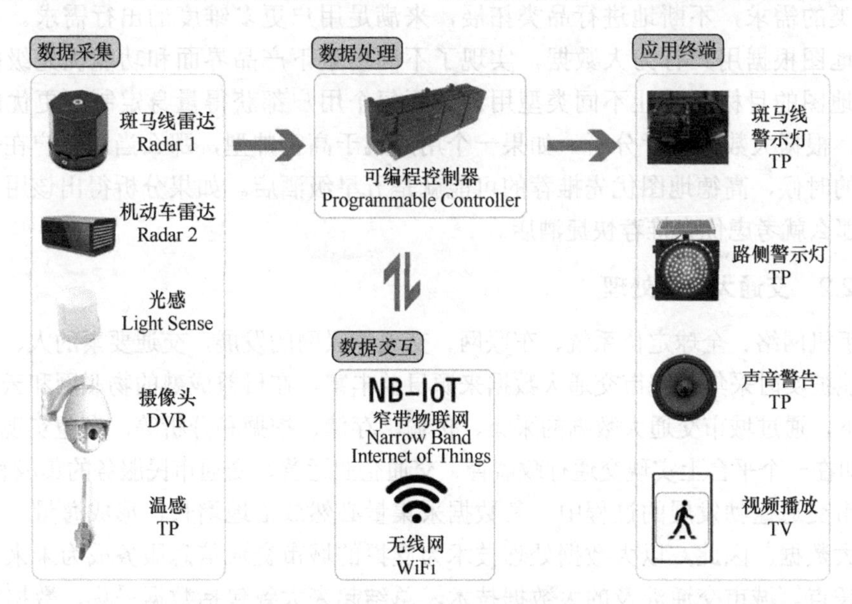

图 12-38　交通大数据采集设备

在大数据采集技术之上，可以根据采集技术提供的数据做出很多服务。例如，高德在某次发布会上发布升级了“活地图”模式，目标是实现大数据采集个性化定制。高德活地图的“路活、车活和人活”，分别对应着地图基础数据采集方式的变革、城市交城市交通大数据能力的释放及地图产品的学习与进化，从底层技术变革的角度诠释了下一代地图的发展方向。下面简单介绍路活、车活和人活的概念[19]。

（1）路活。

从传统采集到智能采集。采取一种全新的方式做地图，数亿名高德用户每天使用地图和导航服务，加上阿里巴巴大数据中的运单数据、物流数据、外卖数据等，还有来自高德服务的移动应用及政府交管的大数据，能够及时掌握道路变化、门址变化等信息。

（2）车活。

从实时交通到预测交通。路上跑的车是流动的，车流和交通事件都会导致实时路况不断变化。路况是出行感受的最直接影响因素，也是城市及高速交通亟待解决的问题。流动的交通使路况变化万千，要想做到精准的实时交通服务，就需分秒捕捉交通动态，这离不开大数据的支撑。高德地图 2018 年日均接收的浮动车定位超过 200 亿频次，月度覆盖的驾驶里程（参配、图片、询价）超过 200 亿公里，月度交通事件报送量也超过 260 万个。高德地图当时研发的深度计算模型，将历史交通数据与天气情况、交通事件等综合影响因素纳入交通大脑，利用精确到道路级别的交通拥堵延时指数和先知算法模型，对于未来 1h 内、24h 内、甚至一周内的城市交通与道路交通情况进行准确预测。

（3）人活。

从统一地图到专属地图。高德地图通过学习海量用户行为，在功能扩展、场景细分和用户偏好学习方面不断进化。在功能扩展方面，高德地图从最初的三类出行方式（驾车、公交、步行）扩展到目前的五类出行方式（新增骑行和火车），未来还会不断地挖掘用户更加细分品类的需求，不断地进行品类拓展，来满足用户更多维度的出行需求。在场景方面，高德地图根据用户行为大数据，实现了不同场景下产品界面和功能优先级的动态调整。高德地图的目标是，让不同类型用户甚至每个用户都获得量身定制、更优的产品体验。例如，根据大数据进行分析，如果一个用户属于高富帅型，那么当该用户在住宿场景进行搜索的时候，高德地图优先推荐的可能就是五星级酒店。如果分析得出该用户是勤俭持家型，那么就考虑优先推荐快捷酒店。

12.6.2.2 交通大数据处理

随着手机网络、全球定位系统、车联网、交通物联网的发展，交通要素的人、车、路等的信息都能被实时采集，城市交通大数据来源日益丰富。在日益成熟的物联网和云计算平台技术支持下，通过城市交通大数据的采集、传输、存储、挖掘和分析等，有望实现城市交通一体化，即在一个平台上实现交通行政监管、交通企业运营、交通市民服务的集成和优化。

在城市交通蓬勃发展的过程中，其数据采集量必然成倍地增长，形成海量、动态、实时的交通大数据。因此，以大数据处理技术为支撑的城市交通信息服务成为未来智能交通发展的增长点。城市交通涉及的大数据技术，总结起来大致包括数据采集、数据预处理、数据存储、数据分析挖掘、数据可视化等内容，如图 12-39 所示。

从大数据处理的技术层面讲，可总结如下：

1．基于 Hadoop 框架的 MapReduce 模式技术

Hadoop 是一个能够对大量数据进行分布式处理的软件框架，而 MapReduce 是 Hadoop 的核心计算模型，它将复杂运行于大规模集群上的并行计算过程高度地抽象到两个函数。Hadoop 实现了一个分布式文件系统（Hadoop Distributed File System，HDFS）。HDFS 具有

高容错性的特点，用来部署在低廉的硬件上。而且，它能提供高传输率来访问应用程序的数据，适合那些有着超大数据集的应用程序。

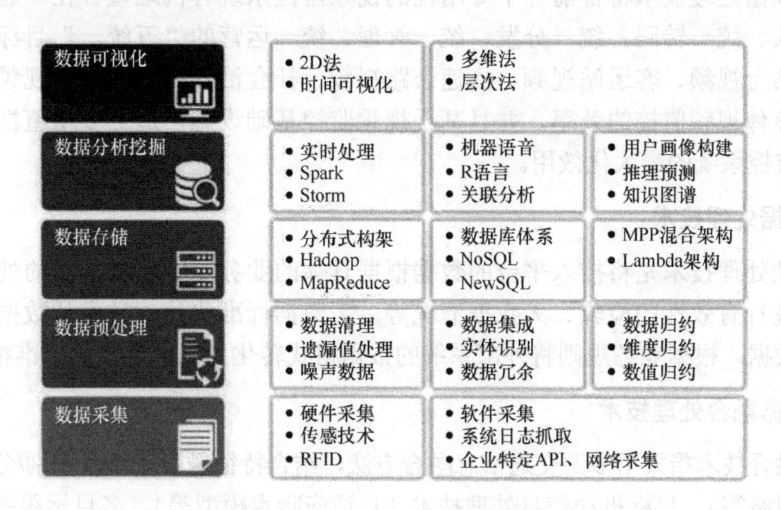

图 12-39　城市交通涉及的大数据技术

2. 数据仓库技术

数据仓库是决策支持系统（Decision Supporting System，DSS）和联机分析应用数据源的结构化数据环境，研究和解决从数据库中获取信息等问题。数据仓库的特征是面向主题、集成性、稳定性和时变性。数据仓库的主要功能是，将组织通过资讯系统的联机交易处理（On-Line Transaction Processing，OLTP）经年累月所累积的大量资料、数据仓库理论所特有的资料存储架构进行系统的分析整理，以利于各种分析方法如线上分析处理（On-Line Analytical Processing，OLAP）、数据挖掘（Data Mining）的进行，进而支持决策支持系统、主管资讯系统（Executive Information System，EIS）等的创建，帮助决策者快速、有效地从大量数据资料中分析出有价值的信息，以利于决策拟定及快速回应外在环境变动，实现商业智能化。

3. 中央数据登记簿技术

中央数据登记簿系统是平台数据统一管理、综合交通信息服务的基础，包括与交通信息有关的数据表示和交互及交通信息服务、适合综合交通环境的数据字典与消息模板、交通数据项定义规则、注册和管理机制等。

4. 平台 GIS-T 应用技术

平台 GIS-T 应用技术是交通地理信息系统的支撑技术，可为交通信息服务提供高效的信息查询功能、海量的存储功能，提供出租车、公交车、综合交通视频信息等数据；提供优秀用户体验的 WebGIS 引擎，让用户享受基于浏览器的交通信息服务。

5. 基于非序列性数据操作技术

基于非序列性数据操作技术包括虚拟化环境及流数据处理技术，通过网络将大量服务器的内存空间整合在一起，使之形成一个超大型的虚拟内存，然后在其上进行数据配置，可实现对现有设备资源的最大使用效率，同时实现对即时性数据的反馈能力。

6．视频大数据处理技术

视频大数据处理技术将目前各个专用性的视频监控系统有机地整合在一起，实现视频资源统一接入、统一转码、统一分发、统一管理、统一运营的“五统一”目标。它可整合交通视频、站台视频、客运站视频、高速公路视频、社会治安视频、车载视频等多种视频资源，提高整体视频监控的效率，并且基于视频监控基础设施创造更多增值性的应用，从而实现视频监控系统的最大化效用。

7．大数据处理技术

大数据预处理技术是将接入平台的数据根据具体的业务规则做进一步的处理，包括对接入的数据进行有效性的检验、大数据清洗等。大数据标准化处理技术从数据库中取出经过清洗后的数据，根据业务规则将外部系统的数据格式转化为平台定义的标准格式。

8．大数据融合处理技术

大数据融合技术指采用多源交通信息融合方法，结合特征融合技术（识别/分类、神经网络、贝叶斯网络等）、目标机动信息处理技术（自适应噪声模型等）、多目标跟踪的信息融合技术，提高信息系统的顽健性及可靠性。多源交通大数据信息融合分为三级：第一级是数据级融合，只完成数据的预处理和简单关联；第二级是特征级融合，根据现有数据的特征预测交通参数；第三级是状态级融合，根据当前交通流信息判断交通状态。交通流信息融合的基本过程包括多源信息提取、信息预处理、融合处理，以及目标参数获取和状态估计。

9．实时数据分发订阅技术

海量交通大数据具有数据量大、更新频繁、时效性高等特点，往往需要由来自其他系统的实时数据来支持其业务逻辑。比如，浮动车辆的 GPS 数据、目前城市道路的路况分析和收费站排队监控分析、省级运政卫星定位联网监控系统的上报、营运车辆安全监管系统等监控分析系统需要向外单位共享的数据。

10．大数据挖掘技术

多源交通大数据挖掘是一个多步骤的过程，可以分为问题定义、数据准备、数据分析、模式评估等基本阶段。

城市交通大数据的集成与分析技术研究，对我国智能城市的发展具有战略性意义。交通大数据具有种类繁多、异质性、时空尺度跨越大、动态多变、高度随机性、局部性和有限生命周期等特征。如何有效地集成交通大数据，满足高时效性和知识牵引等城市交通智能化需求，是各个大中城市面临的前所未有的发展机遇和挑战。

12.6.3 交通大数据案例

12.6.3.1 天迈城市公共交通大数据平台

本节介绍郑州天迈科技股份有限公司的城市公共交通大数据平台[20]。

天迈科技股份有限公司是智能交通和智能充电综合解决方案提供商，10 多年来一直致力于智能交通行业的发展和技术的进步，积极运用新产品和新理念，为全球 400 多个城市、600 余家交通运输企业及行业管理部门提供产品服务和技术支持，拥有行业先进，国内一流的核心技术、核心产品，得到了社会的积极认可和公交用户的广泛信任。

1．部—省—市—企业四级联动平台

为进一步贯彻落实《国务院关于城市优先发展公共交通的指导意见》（国发〔2012〕64 号）精神，按照《国务院关于印发“十三五”现代综合交通运输体系发展规划的通知》（国发〔2017〕11 号）和《城市公共交通“十三五”发展纲要》（交运发〔2016〕126 号）等有关部署，加快推进智能交通建设，不断提高交通运输信息化发展水平，充分发挥信息化对促进现代综合交通运输体系建设的支撑和引领作用。《交通运输部关于公布“十三五”期全面推进公交都市建设第一批创建城市名单的通知》中指出：为便于部、省、市级交通运输主管部门及时掌握各创建城市工作情况，部组织开发了“公交都市发展监测与考核评价系统”，用于各创建城市公共交通发展基础数据填报，年度工作任务、创建指标完成进展、创建工作动态、年度总结报告报送等。因此，天迈科技股份有限公司搭建了部—省—市—企业四级联动平台。部—省—市—企业四级联动平台架构如图 12-40 所示，该四级联动平台

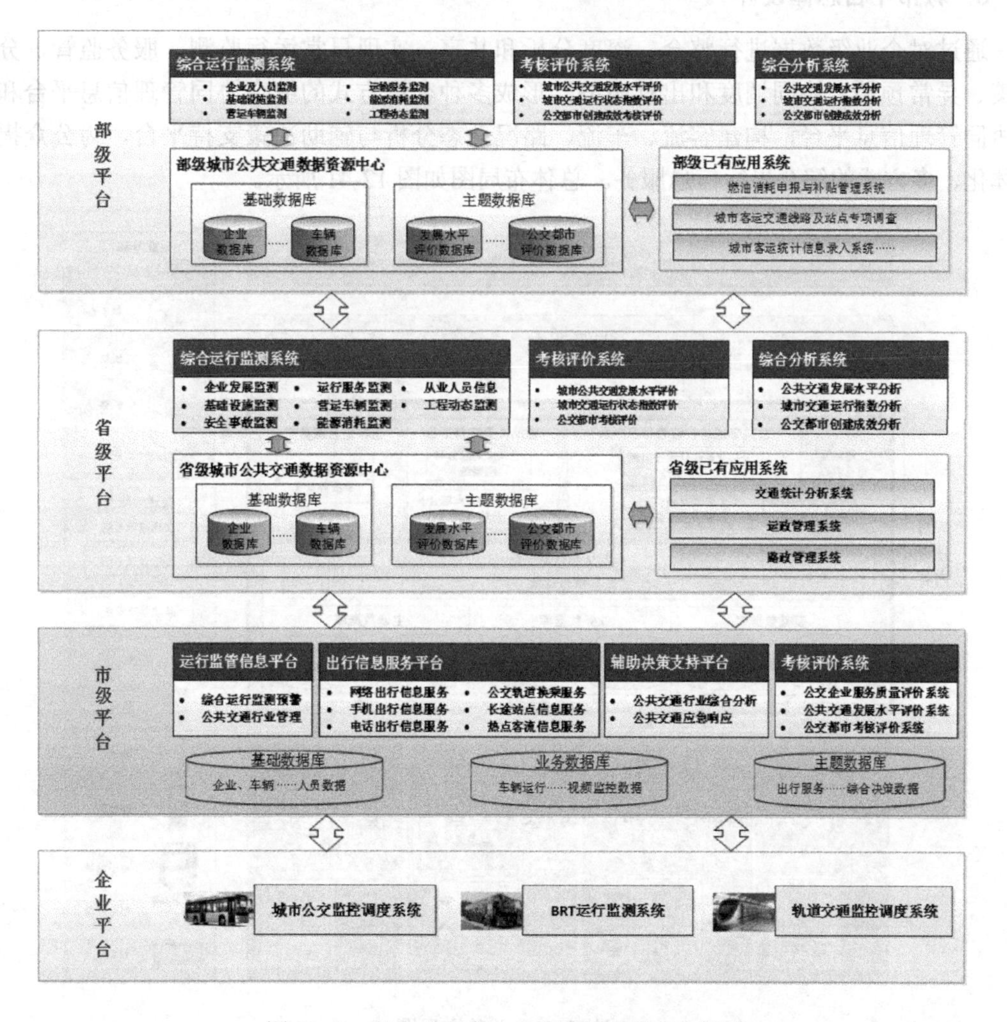

图 12-40　部—省—市—企业四级联动平台架构

初步形成了部与省两级数据资源平台的交换机制。基于试点省已经建设的企业与市、省之间的数据交换机制，完善了省与部之间的数据资源交换机制。

2. 平台概述

部—省—市—企业四级联动平台通过对企业级的基础数据、定位数据、运营数据进行整合、分析和共享，建设涵盖公交、轨道、出租、长途客运、公共自行车、水上巴士等多种交通运输方式的监管平台；最终建成城市公共交通数据资源体系，强化行业主管部门与运营企业间的数据交换与共享，提升行业主管部门在监管、运营、安全、服务等方面的管理力度，提高城市内不同客运方式之间的应急协同调度能力，构建一体化、多方式的综合出行信息服务体系，为行业宏观决策管理、企业协同调度、综合出行信息服务提供一体化解决方案。

三大服务对象：行业、企业、公众。

五大示范效果：数据资源共享、宏观运行监测、企业协同调度、业务协调管理、综合出行服务。

3. 城市平台总体设计

通过对企业级数据进行整合、深度分析和共享，实现日常运行监测、服务监管、分析决策、异常预警、协同调度和出行服务，形成多种客运方式的综合协同管理信息平台和综合协同管理信息平台，构建客流、车流、路况动态分析与辅助决策支持平台，为公众提供一体化、多方式的综合出行信息服务。总体布局图如图 12-41 所示。

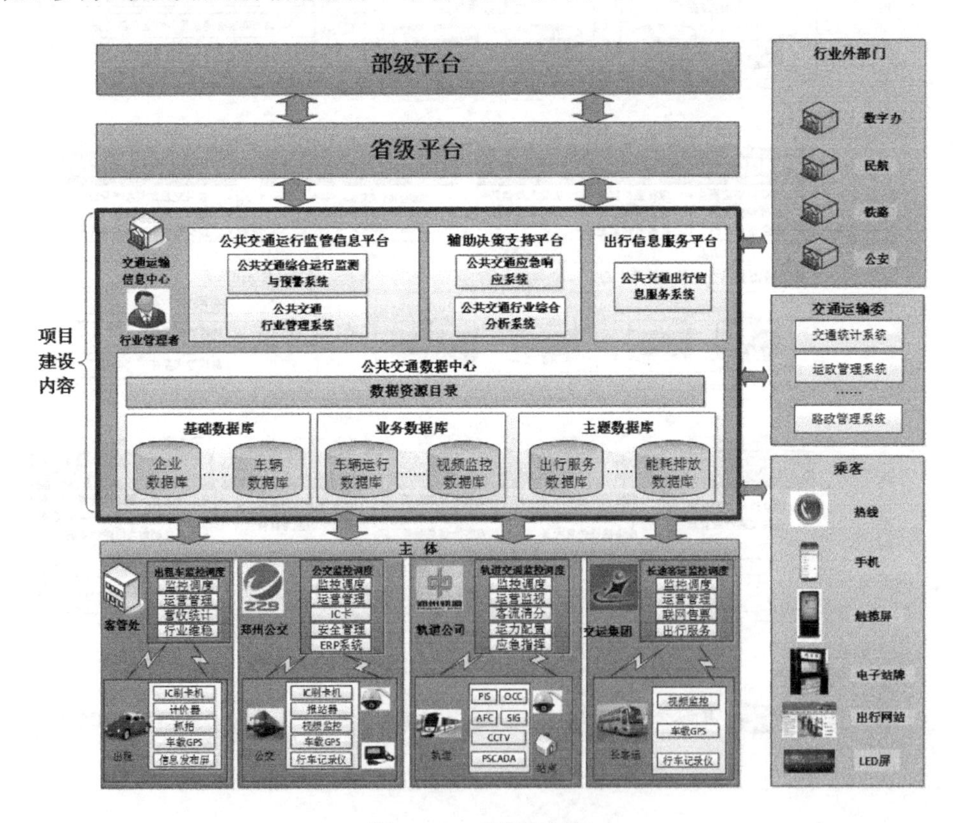

图 12-41 总体布局图

4. 平台特色

（1）整合各种客运方式全方位数据资源（强化数据资源整合）：覆盖城市内点（枢纽与重要站点）、线（客运走廊及快速客运通道）、面（全线网、所有站点、全路网），涵盖常规公交、BRT（Bus Rapid Transit，快速公交系统）、轨道交通、出租车、长途客运、公共自行车、轮渡等多种运输方式的车辆、客流、路况、场站等全方位的公共交通综合运行监测网络与信息采集体系。

（2）实时、稳定的行业监测解决方案：通过专业的数据抽取与处理方式，有效地降低数据采集延时，实现数据的实时展示。监测系统与数据采集系统采用分布式部署方式，有效地降低故障概率，保证系统稳定运行。

（3）合理、及时的预警解决方案：建立一整套交通运输异常监测数学模型库，对监测到的数据进行异常分析，一旦发现异常数据，通过预警系统及时发出报警通知。

（4）智能、快速的应急解决方案：通过信息融合和互通，形成覆盖全行业的应急指挥管理信息化网络，实现交通运输安全生产跨区域、跨部门的应急联动处置，提高应急能力。

（5）灵活、安全的行业管理解决方案：为行业管理部门提供各类行政审批业务办理平台，采用工作流技术，实现审批业务的信息共享，按照角色、审批流程进行任务分配和处理。行业管理部门可全面、及时掌握行业基本运行状况，获取全面、准确的基础数据，也为其他行业应用系统建设提供数据基础和业务支撑。

（6）全面、准确的行业大数据分析方案：建立整套城市公共交通大数据分析模型，从社会效益与经济效益两方面进行数据综合分析，为行业决策提供数据支持。

（7）综合、开放的出行服务解决方案：综合发布地铁、公交、自行车、出租、长途、轮渡、火车、航班等各种交通方式的实时出行资讯。独创的开放式 APP 平台为多方式的商业合作提供了解决方案。

12.6.3.2 天迈大数据采集与处理

下面在天迈科技股份有限公司的众多产品中选择几种，简单介绍其系统开发背景、数据类型、数据采集与处理、功能及特点等[20]。

1. 车载视频监控系统

随着人们安全意识的逐步加强，公共交通安全成为社会大众十分关心的问题。城市公交作为城市交通的重要组成部分，是政府和公众提倡的低碳环保、绿色出行的首选交通工具。但是，由于城市公交属于公共交通，在公交安全和治安管理方面存在一些盲区。如何有效遏止公交车上如行窃等各种违法犯罪行为？如何减少超速及违规驾驶引起的多事故？如何有效防止票款遗失？如何有效规范驾驶员行为？出现碰撞事故时，如何复现事故现场？等。各个公交公司迫切需要在公交车厢内外安装 3G/4G 网络的视频设备，进行全方位视频记录，实现视频数据的实施回传，有效地控制车辆违规，确保车辆的行驶安全和运营秩序。在突发情况下，也能利用车载视频设备对现场情况进行记录，不仅使乘客的安全多了一份保障，也为社会治安良好有序的发展创造了必要的条件。

车载视频监控系统由前端车载视频终端、探头、视频监控平台服务器组成。车载视频终端外接 4 路/8 路（可扩展配置，最多 16 路）摄像头，实时采集视频数据，存储至硬盘；

同时能够通过 CDMA/TD-CDMA、WCDMA 网络，将视频图像上传至视频监控平台服务器，使监控中心实现实时监控、拍照、录像、回放和调取视频图像。车载视频监控效果如图 12-42 所示。

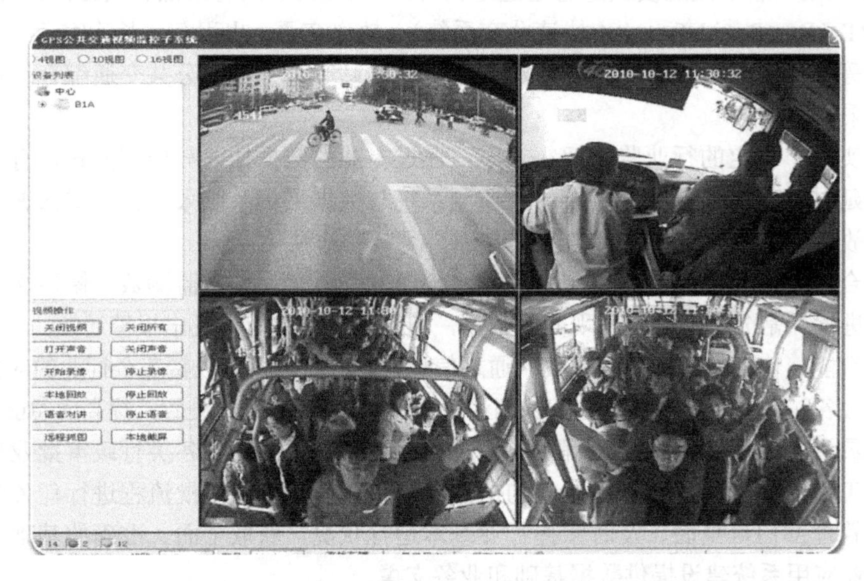

图 12-42　车载视频监控效果

该系统具有以下功能。

（1）平台采用多服务器的方式架构，使用主流数据库，平台依托组件实现视频监控和录像回放，平台软件的设计具有实用性、兼容性、扩展性等基本的网络管理要求。

（2）平台具有无线网络中断后自动连接功能，接入平台的所有设备能够自动连接到监控系统并正常工作。

（3）平台能够自动识别搜索在运行设备并连接。

（4）通过平台完成车辆配置管理。

（5）具有远程实时跟踪监控、视频图像存储、实时回放、车辆历史回放功能。

（6）具有语音对讲功能。

（7）具有视频抓拍功能，视频、图片本地存储功能。

（8）支持单视图、4 视图、6 视图、9 视图、16 视图、全屏预览视频。

（9）具有日志存储、问题追溯功能，可按时间和空间清除日志。

2．车辆主动安全预警与管理平台

车辆主动安全预警与管理平台对 ADAS、DSM、CAN 总线监测形成的数据、酒精检测数据、人脸识别数据、易燃易爆挥发物监测数据等安全数据进行全方位分析与挖掘；通过融合行车过程中人、车、路的全场景数据，识别和分析各类影响安全驾驶的因素，形成驾驶员、车队、企业的安全驾驶报表、安全运营分析报告、危险多发地地图和安全行车指引等，为驾驶员培训和考核、企业安全管理等提供有力的科学证据。

该平台主要对采集到的驾驶员行为数据、车辆运行监测数据等进行管理和分析。驾驶行为监测终端、智能防撞预警终端等设备通过车载主机向平台实时传输数据（图像、视频、车辆、告警信息数据等），并收集车辆行驶过程中的前方防碰撞预警、车道偏离预警、安全车距预警、疲劳驾驶、超速数据等进行分析，用于纠正驾驶员的驾驶习惯，提升驾驶安全，同时方便对车辆和驾驶员进行管理。该平台主要包含首页、安全监控、统计分析、基础信息、系统管理模块。由于篇幅有限，下面只介绍安全监控模块。

安全监控模块主要包括实时定位、实时报警、告警处理、轨迹查询、远程控制等。

（1）实时定位。能够实时查询车辆位置，掌握车辆报警时的报警类型、报警位置、车速及其他状态，并获取报警的图片/视频信息。

（2）实时报警。可以根据车辆查询报警事件，并展示报警图片和视频。支持按照公司、车队、车辆、开始时间和结束时间查询报警多媒体信息。

（3）告警处理。提供异常数据人工鉴别功能，针对可能存在的误报、错报等情况提供人工处理入口；支持通过下发自定义语音提醒、设置备注信息等方式对报警信息进行处理。

（4）轨迹查询。能够查询车辆轨迹，可显示车辆轨迹点明细（时间、经度、纬度、方向）、异常报警信息、车辆上下线明细等。

（5）远程控制。能够远程对车辆执行抓拍、重启、语音下发等其他指令操作。

3．公交智能调度系统

公交智能调度系统通过双定位、车联网、大数据分析、云计算、GIS（Geographic Information System，地理信息系统）等技术，实现城市公交运营监管、车辆排班、出行服务、视频监管、车辆诊断等功能，提供解决客户的公里及趟次准确统计、发车和到达准点统计、驾驶行为规范化、车辆行驶安全、调度系统与其他系统融合等问题的高端集成智能化解决方案。公交智能调度系统架构如图 12-43 所示。

该系统平台主要以运营监管、公交调度为核心，以提高公交运营效率，合理制定行车计划，以及为公众提供优质出行服务为目标，主要提供公交调度、运营监管、出行服务、视频监管、车辆诊断、运营监测系统等服务，实现公交企业的智能化管理。

通过智能调度系统的使用，一方面用计算机统计数据来代替人工统计，减轻调度人员及管理人员的工作量；另一方面通过系统的智能化根据实际道路情况、计划完成情况合理调度车辆，提高车辆利用率，节约运营成本。

通过调度监管，规范驾驶员的驾驶行为，提高车辆准点率，减少车辆大间隔，保障发车频次，提高服务水平，提高公众满意度，吸引客流，提高公交出行分担率。实时掌握客流动态，精准掌握客流规律，通过先进的双目体感客流计数器，对每辆车每站的上下车客流情况进行精确统计，实时计算车内人数、车辆满载率，并可对历史客流数据从时间和空间两个维度进行规律分析，通过客流分析结果来进行客流预测、计划排班。

通过手机 APP、电子站牌、触摸屏为公众出行提供准确的候车信息、便捷的换乘及周边查询功能。

利用 CAN 总线技术将车内电子设备形成局域网，实时掌握车内设备状态，并可随时改变车内设备信息，提高车辆利用率，并且减少现场维护工作，节约人力成本。

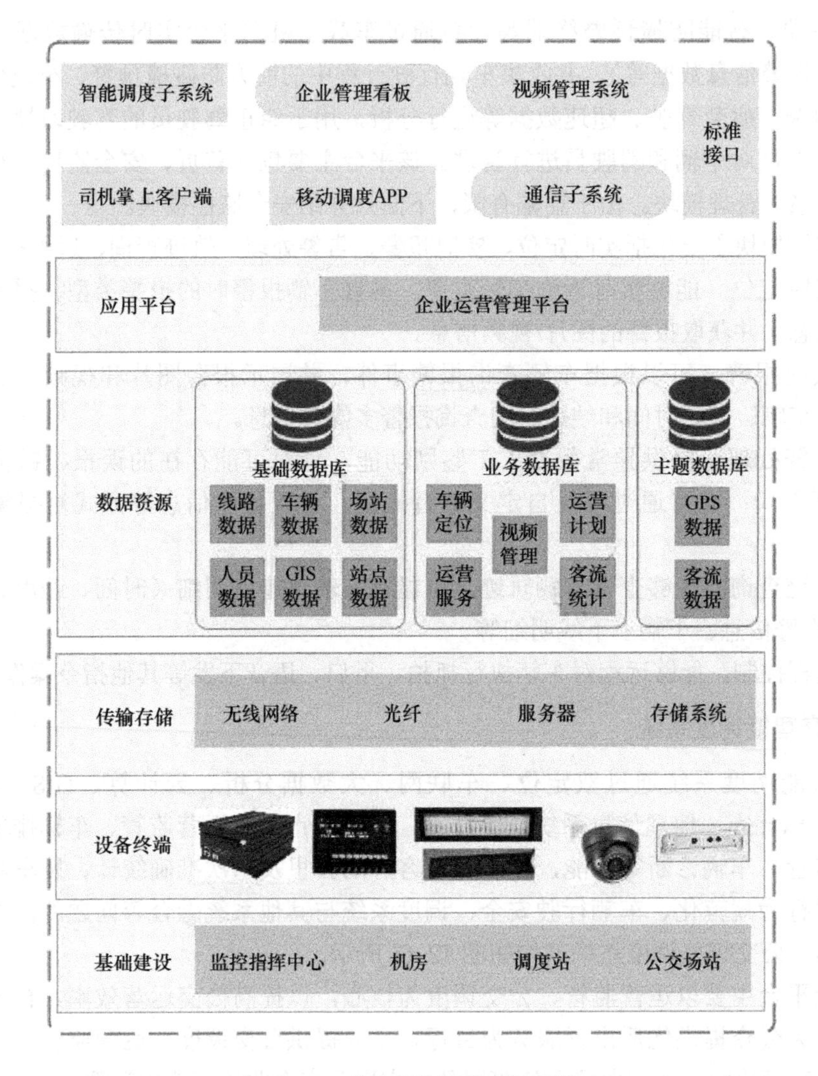

图 12-43　公交智能调度系统架构

实时掌握全市道路通行情况，及时对公交车辆进行合理指挥，缓解城市拥堵。

实时掌握车内发动机、发电机、电池 SoC（State of Charge，荷电状态）、电池电压等数据状态，及时获取车辆异常状况，提高车辆使用安全性。

4. 公交客流分析系统

客流数据是公交调度重要的参考数据，其在时间和空间上有规律性特征。通过大量的客流数据可以制订科学的行车作业计划，规划公交线路网，提高车辆运力，节约运营成本，引导乘客出行，提高乘车质量。

天迈科技股份有限公司以客流调查器为前端统计客流，以客流排班分析系统为后台进行客流分析和应用。安装于公交车辆前后门的摄像头采集视频图像，经客流调查器处理分析后得到上下车人数，通过车辆 CAN（Controller Area Network，控制器局域网络）总线传给车载监控主机，由车载监控主机通过 3G/4G 无线通信传给后台，由客流排班分析系统进行客流数据的统计分析及排班、线网规划等应用。

公交客流分析系统主要由以下两个部分组成。

1）客流调查器

客流调查器负责采集客流数据，形成站点的客流人数统计，TM8206 客流调查器支持双目体感技术，采集深度图像，可处理徘徊、滞留、行李等复杂公交情景，并且可以自动统计双向客流人数，准确率可达 93%。

2）客流排班分析系统

客流排班分析系统能够对采集过来的客流数据做空间和时间上的分析和跟踪，采用排班算法，根据客流满载情况，制订实时的线路调配计划、车辆发车计划，是一个完善的系统。通过数据分析车辆的使用情况、运能上的安排，使车辆运营的分配更加合理化。管理上更合理的调度安排，使市民的出行安排更加便捷方便。

公交客流分析系统组成如图 12-44 所示。

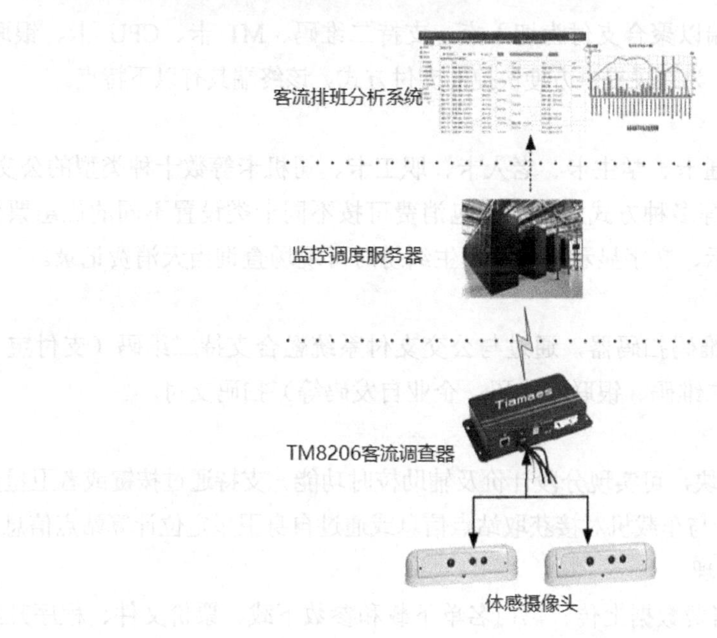

图 12-44　公交客流分析系统组成

5．交通一卡通系统

交通一卡通系统，通过 IC 卡读写技术、4G 无线通信、NFC 通信、人脸识别、大数据、密钥算法等多种技术，实现 IC 卡、二维码、银联云闪付、人脸识别等多种消费方式，满足乘客多样化支付与便捷出行的需求；能够降低投币量，解决企业收银、点钞工作中的人力成本及假币残币等诸多问题。同时，通过一卡通移动支付系统的建设，提高了城市生活品质与城市公共交通服务水平。

交通一卡通系统主要包括一卡通移动支付系统、车载收费终端、自发码 APP、售卡&充值、自动充值机五部分，其系统组成如图 12-45 所示。

由于篇幅有限，下面主要介绍移动支付终端。

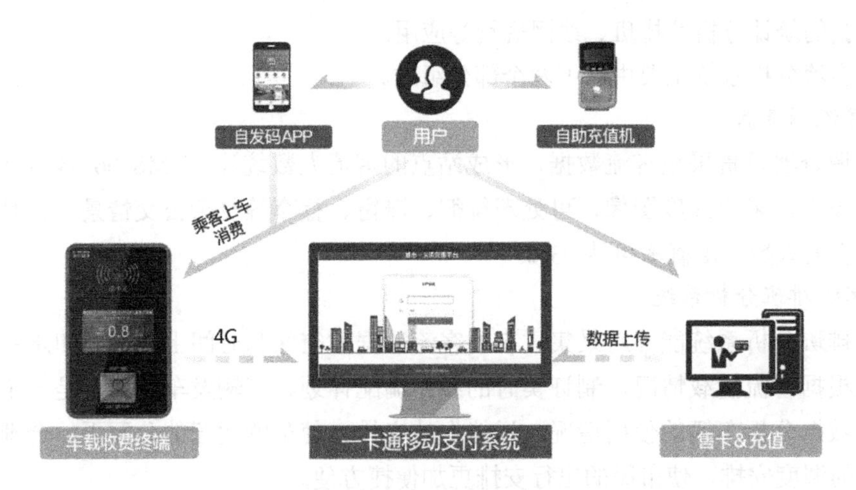

图 12-45　交通一卡通系统组成

TM6158 车载收费终端以聚合支付为切入点，支持二维码、M1 卡、CPU 卡、银联卡/码、NFC 等多种支付方式，为市民提供方便快捷的支付方式。该终端具有以下特点。

1）刷卡支付

车载收费终端支持普通卡、学生卡、老人卡、职工卡、司机卡等数十种类型的公交 IC 卡，支持电子钱包、月票等多种方式消费，钱包消费可按不同卡类设置不同的优惠票价；乘客消费时有各种语音提示、文字显示提示；发生纠纷时可现场查询当天消费记录。

2）扫码支付

车载收费终端内嵌二维码扫码器，通过与公交支付系统融合支持二维码（支付宝二维码、微信二维码、交通部二维码、银联二维码、企业自发码等）扫码支付。

3）分段计费

内置 GPS/北斗定位模块，可实现分段计价及辅助校时功能。支持通过按键或者卫星定位来实现分段计费功能。支持与车载机对接获取站点信息或通过自身卫星定位计算站点信息。

4）参数下载和远程管理

支持 4G 全网通无线消费数据上传、黑白名单下载和参数下载、票价文件、程序升级、时钟校准等。

支持连接后台进行时钟校准，支持 U 盘数据采集及 U 盘更新设备数据等操作。

5）数据存储

车载收费终端最多可存储 100 万条刷卡或二维码消费记录及 50 万条黑名单记录。

6）运营收入自动统计

车载收费终端具有司机运营收入的自动统计功能，能把司机、售票员上班刷卡签到后的运营收入统计在该司机、售票员名下；司机、售票员可通过卡机查询自己当班的运营收入情况。

7）安全性

可有效防止黑卡、伪卡、过期卡等异常卡消费；可防止车载收费终端内数据被非法篡改、伪造；可通过人工采集或无线通信的方式将系统生成的黑名单记入车载收费终端中。

6. 出租车监管服务平台

随着经济的快速发展、城市化进程的不断加快，对加强道路运输秩序管理的要求日益提高。出租车作为城市一个“流动文明窗口”，一方面反映出一个城市的交通系统的发展水平，另一方面也反映出一个城市的文明形象。出租汽车行业面临的问题：车辆投放不均匀、高峰时期打车难、运价调整滞后、服务质量监管考核不到位、非法运营持续存在、行车安全无法保障等。这些问题已成为推动行业发展的“短板”，对城市形象造成了很大影响。

天迈科技股份有限公司为解决出租车行业目前面临的诸多问题，自主研发了出租车综合监管服务平台，实现了巡游车和网约车融合监管、巡游车和网约车大数据分析、巡游车和网约车服务质量信誉考评、巡游车和网约车多媒体监控等功能，先通过出租车智能服务终端采集出租车营运过程中的信息数据，然后通过大数据平台的清洗、分析、处理，为出租车、网约车行业监管服务提科学化、信息化、可视化的辅助决策解决方案。

1）融合监管平台

实现对出租车网约车的一体化监管，通过智能服务终端的数据采集，将巡游车和网约车实现融合监管。

2）大数据分析

实现对出租车网约车的大数据挖掘分析，通过大数据平台的处理，实现点、线、面、等多个维度的综合分析和横向对比分析。

3）服务质量信誉考评

实现对出租车网约车的服务质量信誉考评，通过接入运政数据结合交通部服务质量信誉考核指标，实现信誉考评，并生成信息报告。

4）多媒体监控

实现对出租车网约车的多媒体监管，实现视频抓拍、视频实时监控、历史视频回放、不良驾驶行为多媒体信息检索、紧急预警和紧急报警视频查看。

出租车监管服务平台架构如图 12-46 所示。

该系统平台优势如下。

（1）支持 4G 高清视频、人脸识别签到、驾驶行为分析、主动安全分析。

（2）单点登录、多平台之间支持账号统一授权。

（3）支持热点推介、乘客人数识别统计、自动化一键考评、动态稽查。

（4）支持自动化报警、在线车辆调度、海量数据挖掘分析。

（5）可视化效果好、交互方便、操作简单。

（6）基于微服务架构，可扩展性强、性能稳定。

（7）大数据分析结果科学合理，可有效辅助行业政策落地。

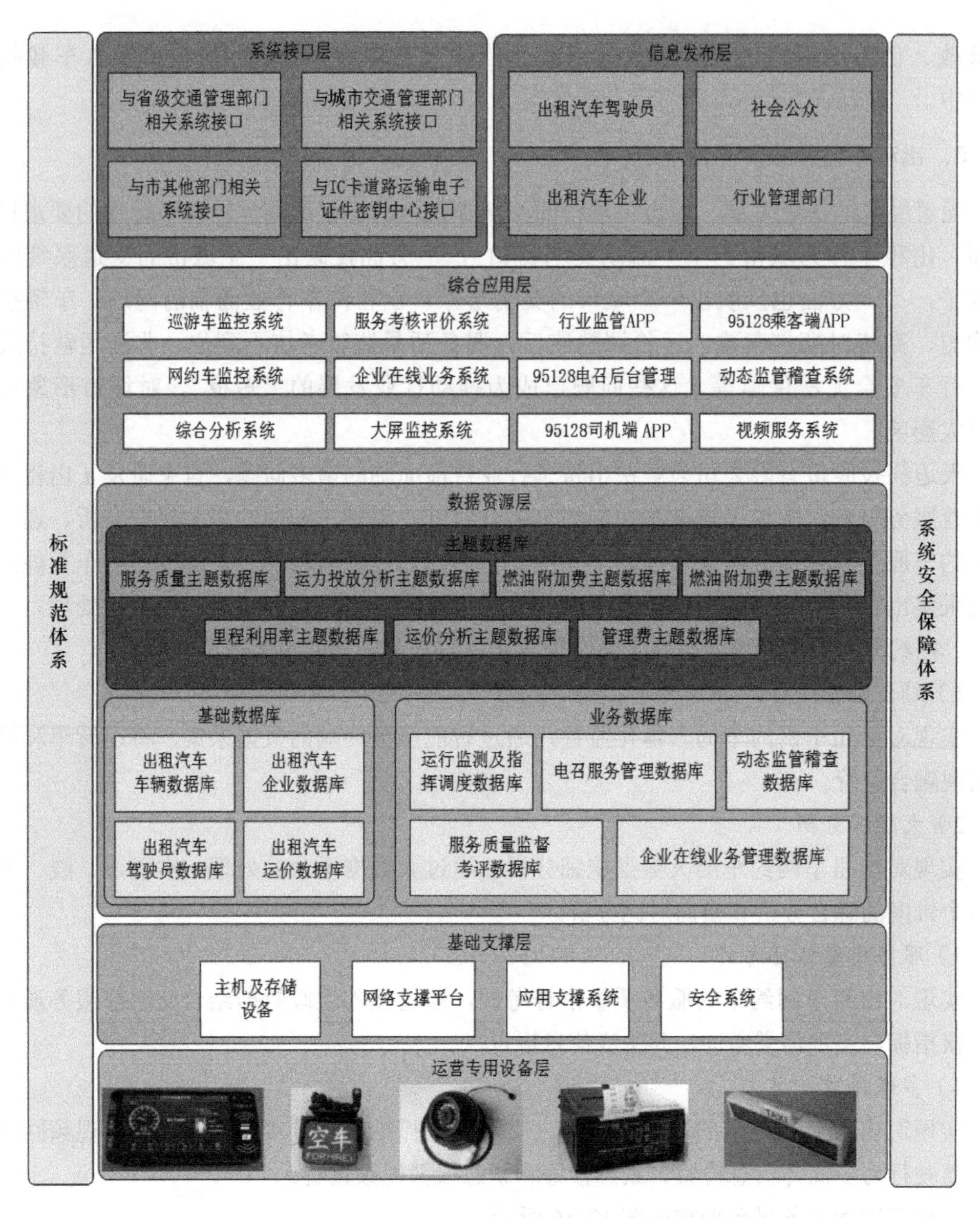

图 12-46　出租车监管服务平台架构

习　题

1. 简述各行业大数据的来源与主要特征。
2. 查阅资料，简述各行业流行的大数据采集与存储方案。
3. 查阅资料，简述各行业大数据面临的主要挑战。
4. 查阅资料，简述各行业大数据的主要应用场景及发展趋势。

参考文献

[1] 京东大数据技术揭秘：数据采集与数据处理[EB/OL]. [2018-06-06]. https://zhuanlan.zhihu.com/p/3775712 1.

[2] 大数据采集、清洗、处理：使用 MapReduce 进行离线数据分析完整案例[EB/OL]. [2018-04-08]. https://blog.51cto.com/xpleaf/2095836.

[3] 工业大数据之数据采集的那些事[EB/OL]. [2018-06-06]. https://zhuanlan.zhihu.com/p/37766392.

[4] 中国能源大数据报告（2020）——煤炭篇[EB/OL]. [2020-06-06]. https://zhuanlan.zhihu.com/p/146242257.

[5] 《推进煤炭大数据发展指导意见》[EB/OL]. [2016-07-20]. https://www.sohu.com/a/106821687_353595.

[6] 周庆，牟超，杨丹．教育数据挖掘研究进展综述[J]．软件学报，2015，26（11）：3026-3042.

[7] 孟志远，卢潇，胡凡刚．大数据驱动教育变革的理论路径与应用思考——首届中国教育大数据发展论坛探析[J]. 远程教育杂志, 2017（2）：9-18.

[8] 蒋东兴，付小龙，袁芳．大数据背景下的高校智慧校园建设探讨[J]. 华东师范大学学报（自然科学版），2015（S1）：119-125.

[9] 廉宇. 基于 Hadoop 的学业预警系统的设计与关键技术研究[M]. 大连海事大学, 2019.

[10] 大数据在医疗保健领域应用的 10 个令人关注的例子[EB/OL]. [2020-02-03]. http://bigdata.idcquan.com/news/174578.shtml.

[11] 2019 年全国及各省市健康医疗大数据行业政策汇总及解读（全）[EB/OL].[2019-02-13]. https://www.qianzhan.com/analyst/detail/220/190213-0cca4eab.html.

[12] 蒙光伟. 医疗物联网飞速发展，医疗大数据分析迎来新机遇[EB/OL].[2020-03-13]. http://www.qianjia.com/zhike/html/2020-03/13_20696.html.

[13] 医疗大数据采集难度分析 大健康产业将乘数据快车前行[EB/OL]. [2018-10-11].https://www.askci.com/news/chanye/20181011/1735131133974.shtml.

[14] 工业和信息化部关于印发《大数据产业发展规划（2016－2020 年）》的通知 [EB/OL].[2017-01-17]. http://www.cac.gov.cn/2017-01/17/c_1120330820.htm.

[15] WEFore. 国家发改委首次明确新基建概念范围 [EB/OL]. [2020-04-24]. https://www.sohu.com/a/390833315 _530801.

[16] 智能交通领域常见的四大数据采集技术[EB/OL]. [2018-12-17]. https://mp.weixin.qq.com/s/g1jnkx-EIwiCfBc0i_tZnw.

[17] 交通信息采集技术变革 大数据彰显力量 [EB/OL]. [2014-09-18]. https://mp.weixin.qq.com/s/UfXb3xk6vGHiCbw7nUWGuA.

[18] 大数据在电信行业的应用[EB/OL]. [2018-04-11]. https://baijiahao. baidu.com/s?id=1597410803812389643.

[19] 高德发布升级“活地图”：大数据采集 个性化定制 [EB/OL]. [2017-04-20].http://tech.cnr.cn/techgd/20170420/t20170420_523717440.shtml.

[20] 天迈公交智能调度（智慧公交）解决方案[EB/OL]. [2020-08-29]. http://www.tiamaes.cn/fangan/54.html.

反侵权盗版声明